21世纪液压气动经典图书系统系列

现代冶金设备液压传动与控制

方庆琯　钱有明　等编著

孔祥东　主审

机　械　工　业　出　版　社

本书结合现代冶金设备，介绍了液压传动与伺服控制技术，其中所附液压原理图全部按最新国标 GB/T 786.1—2009 绘制。书中第 1 章 ~ 第 6 章讲解了液压传动的基本理论和知识（液压流体力学、液压泵、液压马达与液压缸、液压控制阀、液压辅件和液压基本回路）；第 7 章 ~ 第 11 章结合国内各大型冶金企业的最新设备实例，介绍了主要冶金设备（包括冶炼设备、连铸设备、热连轧线、酸洗线、冷连轧线）液压传动系统和带钢连轧液压伺服控制系统；第 12 章液压伺服系统的设计与校正和第 13 章冶金设备液压系统的故障处理是前 11 章知识的综合应用。考虑到初学读者和高等学校教师的需求，第 14 章列出了液压传动理论的知识要点、例题及习题。

本书可供冶金设备领域的工程技术人员和其他行业从事液压传动与控制技术的工程师作为技术参考书，也可用作高等院校机械自动化类专业本科生、研究生的教材和教学参考书。

图书在版编目（CIP）数据

现代冶金设备液压传动与控制/方庆琯等编著. —北京：机械工业出版社，2016.6

（21 世纪液压气动经典图书系统系列）

ISBN 978-7-111-53530-0

Ⅰ.①现…　Ⅱ.①方…　Ⅲ.①冶金设备－液压传动②冶金设备－液压控制　Ⅳ.①TF3

中国版本图书馆 CIP 数据核字（2016）第 077831 号

机械工业出版社（北京市百万庄大街22 号　邮政编码 100037）

策划编辑：张秀恩　责任编辑：张秀恩　王　珑

责任校对：刘怡丹　封面设计：陈　沛

责任印制：李　洋

北京宝昌彩色印刷有限公司印刷

2016 年 8 月第 1 版第 1 次印刷

169mm × 239mm　· 27.25 印张 ·　插页 · 529 千字

0001—2500册

标准书号：ISBN 978-7-111-53530-0

定价：79.00元

凡购本书，如有缺页、倒页、脱页，由本社发行部调换

电话服务　　网络服务

服务咨询热线：010-88361066　　机 工 官 网：www. cmpbook. com

读者购书热线：010-68326294　　机 工 官 博：weibo. com/cmp1952

010-88379203　　金 书 网：www. golden-book. com

教育服务网：www. cmpedu. com

前　言

融合了电气和计算机控制的液压传动与控制技术是现代制造工程的基础技术。液压传动可在较大的散布区域内向各方位输送被精准调控的较大动力，这是现有机械传动无法实现的，同时，液压传动的功率密度比又大得令电力传动相形见绌。这些液压传动的优点正好适应了现代冶金设备对传动的需求，所以，现代冶金设备广泛应用了液压传动与控制技术，可以说，离开了液压传动与控制，就没有现代冶金设备。从 20 世纪七八十年代的武钢 1700 工程、上海宝钢工程开始，国内冶金设备中液压传动与控制技术的大规模成套应用已经走过了 40 年左右的历程。目前，国内的各大型冶金企业，从冶炼到轧制，从输送到成型，在冶金生产的全流程中，液压传动与控制系统已无处不在。液压传动与控制技术已成为冶金行业工程技术人员不可或缺的知识。

为了给在职或正在院校学习准备入职冶金设备行业的工程技术人员提供包含最新冶金设备液压传动与控制知识的技术参考书和教材，受中国机械工程学会流体传动与控制分会委托，我们历时 7 年编著了本书。本书在编著过程中，选录了编者相关的论文和教材，参考了相关的科技文献（编者对引用的参考文献的作者深切致谢），对数千页的冶金设备技术资料进行了取舍和改写，还依据现行国标重新绘制了 400 余幅附图。书中列举的冶金设备液压传动与控制案例均来自具有国际先进水平的冶金生产线。

本书提及的液压传动理论知识，是为了说明冶金设备液压传动与控制系统的原理，也是编者依据 40 年从业冶金设备液压传动与控制教学科研的实际体会择需选入的，并且在选入时，精简了对通用元件的介绍，强化了冶金设备液压系统中常用的二通插装阀、伺服阀和比例阀的说明，所选内容既适合初学者掌握，又能满足专业技术人员的需求。本书的最大特点是：紧密结合先进的冶金工艺流程和最新的冶金设备来介绍液压传动与控制技术，将液压传动与控制的基本理论融入主机设备和工艺流程之中。脱离主机和具体工况，就液压论液压，把液压知识局限在流量和压力的计算上，这是不可取的。液压传动与控制不是传动的万能钥匙，离开了主机和工况，液压传动与控制就是空中楼阁，不可实用。从这一观点出发，编者向冶金设备行业的工程技术人员和大学学生特推荐本书。本书的另一特点是：传动与控制并重、液压与电控结合。离开了电控（含传感器技术和计算机控制）就没有现代液压传动与控制技术。

书中第1章~第6章讲解了液压传动的基本理论和知识（液压流体力学、液压泵、液压马达与液压缸、液压控制阀、液压辅件和液压基本回路）；第7章~第11章结合国内各大型冶金企业的设备实例，介绍了主要冶金设备（包括冶炼设备、连铸设备、热连轧线、酸洗线、冷连轧线）液压传动系统和带钢连轧液压伺服控制系统；第12章液压伺服系统的设计与校正和第13章冶金设备液压系统的故障处理是前11章内容和知识的综合应用，有助于提高读者对冶金设备液压传动与控制系统的综合分析能力。考虑到初学读者和高等学校教师的需求，第14章中列出了液压传动理论的知识要点、例题及习题。

本书的编写得到了“华冶”液压专业（原冶金部所属华东冶金学院流体传动与控制专业，现安徽工业大学机械自动化系）教师和校友的大力支持与帮助。工作在宝钢集团有限公司（以下简称宝钢）、马鞍山钢铁股份有限公司（以下简称马钢）、武汉钢铁集团公司（以下简称武钢）等各大钢铁公司的“华冶”液压校友，为本书的编写提供了丰富的资料和图片，参与编写的作者也都是“华冶”液压的教师和校友。本书的出版是“华冶”液压校友团结努力的成果，也是对“华冶”流体传动与控制专业设立30周年的纪念和庆祝。

本书的第1、2、7、11、12、13章由安徽工业大学方庆琯编写，第3、4、5、6、14章由安徽工业大学方庆琯、邓克、王刚、叶小华编写，第8、9、10章由马钢钱有明、朱培显、姚威、郑圆编写。全书由方庆琯统稿。参与本书策划及编写工作的还有安徽工业大学包家汉、黄建中和马钢戴本俊。肖红涛、朱立勇、方皓、胡勇、程伟、张超参与了本书电子文档的整理和附图绘制。为本书出版提供帮助的还有安徽工业大学在宝钢、上海宝冶集团有限公司（以下简称宝冶）、武钢、中国重型机械研究院的校友曾兵、何波、徐笑、解通护等。

承蒙燕山大学副校长、中国机械工程学会流体传动与控制分会主任委员、博士生导师孔祥东教授主审了本书。孔教授及权凌霄老师、艾超老师认真审阅了书稿，对本书的章节规划、内容取舍、公式推导、图文规范都提出了严谨的修改意见。编者在此对孔祥东教授及权凌霄、艾超两位老师表示衷心感谢。

编者

目　录

第1章 液压传动基本知识

1.1 液压传动概述

传动的含义是能量（动力）形式受控的转换和传递。根据能量转换和传递的介质不同，传动可分为机械传动、电力传动和流体传动三种形式。液压传动是流体传动的主要形式，是以压力液体（油、液或水）为工作介质进行有控能量传递的一种传动形式。

1.1.1 液压传动的工作原理

液压传动的工作原理可以用一个液压千斤顶的动作来说明。

图1-1所示为液压千斤顶的工作原理图。大液压缸9和大活塞8组成举升液压缸。杠杆手柄1、小液压缸2、小活塞3、单向阀4和7组成手动液压泵。提起杠杆手柄1使小活塞3向上移动，小活塞下端油腔容积增大，形成局部真空，这时单向阀4打开，通过吸油管5从油箱12中吸油；用力压下杠杆手柄1，小活塞3下移，小活塞下腔压力升高，单向阀4关闭，单向阀7打开，下腔的油液经管道6输入大液压缸9的下腔，迫使大活塞8向上移动，顶起重物。再次提起手柄吸油时，单向阀7自动关闭，使油不能倒流，从而保证了重物不会自行下落。不断地往复扳动手柄，就能不断地把油液压入大液压缸9的下腔，使重物逐渐地升起。如果打开截止阀11，大液压缸下腔的油液通过管道10、截止阀11流回油箱，重物就向下移动。

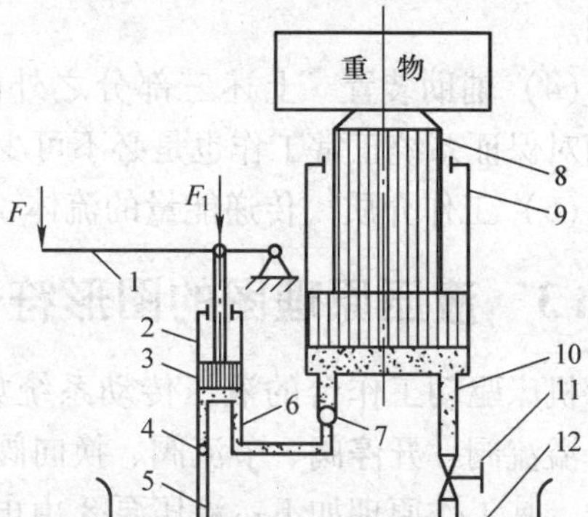

图1-1 液压千斤顶工作原理图

1—杠杆手柄 2—小液压缸 3—小活塞 4、7—单向阀 5—吸油管 6、10—管道 8—大活塞 9—大液压缸 11—截止阀 12—油箱通过对上面液压千斤顶工作过程的分析，可以了解液压传动的基本工作原理。液压传动是利用有压力的油液作为传递动力的工作介质。压下杠杆时，小液压缸 2 输出液压油，将机械能转换成油液的压力能，液压油经过管道 6 及单向阀 7，推动大活塞 8 举起重物，将油液的压力能又转换成机械能。大活塞 8 举升的速度取决于单位时间内流入大液压缸 9 中油容积的多少。由此可见，液压传动传递动力的过程也是一个不同能量的转换过程。

1.1.2 液压传动系统的组成

液压千斤顶是一种简单的液压传动装置，也是最简单的液压传动系统。从液压千斤顶的组成可以看出，一个完整的、能够正常工作的液压系统应该由以下五个主要部分来组成：

（1）能源装置　它是供给液压系统液压油，把机械能转换成液压能的装置。最常见的形式是液压泵。液压千斤顶采用的是手动液压泵。

（2）执行装置　它是把液压能转换成机械能的装置。其形式有做直线运动的液压缸，有做回转运动的液压马达，它们又称为液压系统的执行元件，如液压千斤顶的举升液压缸。

（3）控制调节装置　它是对系统中的压力、流量或流动方向进行控制或调节的装置，包括溢流阀、节流阀、换向阀、开停阀等，如液压千斤顶中的单向阀。

（4）辅助装置　上述三部分之外的其他装置，如油箱、过滤器和油管等。它们对保证系统正常工作也是必不可少的。

（5）工作介质　传递能量的流体，如液压油。

1.1.3 液压原理图的图形符号

机床驱动工作台的液压传动系统如图 1-2 所示。它由油箱、过滤器、液压泵、溢流阀、开停阀、节流阀、换向阀、液压缸以及连接这些元件的油管、接头组成。其工作原理如下：液压泵 8 由电动机驱动后，从油箱 10 中吸油；油液经过滤器 9 进入液压泵，油液在泵腔中从入口低压变换到泵出口高压；在图 1-2a 所示状态下，高压油液通过换向阀 6、调速阀 5、换向阀 4 进入液压缸左腔，推动活塞使工作台向右移动。同时，液压缸右腔的油经换向阀和回油管排回油箱。

图 1-2a 所示的是一种半结构式液压系统的工作原理图，它直观性强，容易理解，但图形复杂，绘制麻烦。我国已经制定了一种用规定的职能化图形符号来表示液压系统各元件和连接管路的国家标准，即 GB/T 786.1—2009《流体传动系统及元件图形符号和回路图　第 1 部分：用于常规用途和数据处理的图形符号》。图 1-2b 所示即为采用职能化图形符号（简称图形符号）绘制的驱动工作

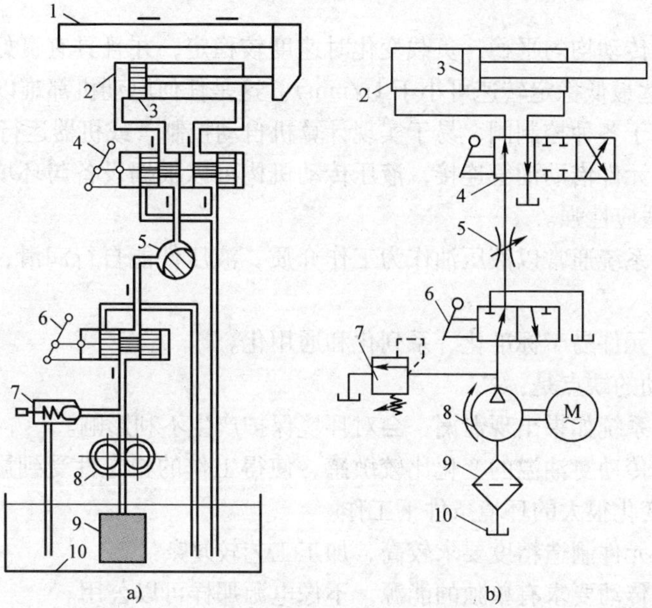

图 1-2　机床驱动工作台的液压传动系统

1—工作台　2—液压缸　3—活塞　4、6—换向阀

5—调速阀　7—溢流阀　8—液压泵　9—过滤器　10—油箱

台液压传动系统原理图。使用这些图形符号可使液压系统原理图简单明了，便于绘图。

在标准 GB/T 786.1—2009 中，对于图形符号有以下几条基本规定：

1）符号只表示元件的职能，连接系统的通路，不表示元件的具体结构和参数，也不表示元件在机器中的实际安装位置。

2）元件符号内的油液流动方向用箭头表示，线段两端都有箭头的，表示流动方向可逆。

3）符号表示的是元件未受激励的状态（非工作状态）。

1.1.4　液压传动的优缺点

液压传动之所以能得到广泛的应用，是由于它具有以下的主要优点：

1）液压传动可方便地实现大范围内的无级调速，调速范围可达 1000∶1；调速功能不受功率大小的限制。这是机械传动和电传动都难以做到的。

2）与电传动相比，液压传动具有质量轻、体积小、惯性小、响应快等突出优点。液压泵和液压马达的单位功率的质量仅为电动机的 1/10 左右。液压马达的转矩与转动惯量比（驱动转矩与转动惯量之比）约为电动机的 10 倍，故加速性能好。

3）液压传动均匀平稳，负载变化时速度较稳定，并且具有良好的低速稳定性（液压马达最低稳定转速可小于 1r/min）。这是任何电动机都难以做到的。

4）借助于各种控制阀，易于实现计算机自动控制，或机器运行自动化。

5）液压元件借助油管连接，液压传动机构可以根据设备与环境要求方便灵活地布置，适应性强。

6）液压系统通常以液压油作为工作介质，液压件能自行润滑，可延长元件使用寿命。

7）液压元件易于标准化、系列化和通用化。

液压传动的缺点是：

1）液压系统如果出现泄漏，会对环境保护产生不利影响。

2）液压传动对油温的变化比较敏感，使得工作的稳定性受到影响，所以它不宜在温度变化很大的环境条件下工作。

3）液压元件制造精度要求较高，加工工艺较复杂。

4）液压传动要求有单独的能源，不像电源那样可以公用。

5）液压系统发生故障不易检查和排除。

1.1.5 液压技术的应用

由于液压传动和控制技术具有独特的优点，借助于现代科学技术的最新成果，液压技术不断发展和进步，其缺点逐步被克服，性能不断提高，因此从民用到国防、从一般传动到精度很高的控制系统，都得到了广泛的应用，主要表现在以下几个方面：

（1）工业机械　包括各类机床、机械加工中心、矿山机械、冶金机械、包装机械、锻压机械、锻造机械、注塑机、试验机、机器人及他生产设备（一般称为工业液压技术），常见的有电弧炼钢炉、板坯连铸机、钢材轧制设备、采煤机、液压支架、掘进机和钻装机等。

（2）行走机械　包括汽车、火车、工程机械、建筑机械、农业机械及其他可移动设备（一般称行走液压技术），常见的有自卸汽车、汽车起重机、挖掘机、推土机、铲装机、装载机、盾构机和联合收割机等。

（3）航空及航天　包括飞机、宇宙飞船及卫星发射装置（一般称为航空航天液压技术），典型的例子有飞机的主飞行控制系统、起落架收放系统、主起落架制动系统、飞机增升（机翼）控制系统、卫星和飞船发射台架等。

（4）船舶　包括用于船舶、舰艇中的甲板机械、操纵系统、控制系统及货物装卸设备（一般称船舶液压技术），典型的例子有船舶的舵机控制系统、艉锚机液压系统、船舶减摇鳍液压系统等。

（5）海洋工程　包括应用于海洋开发平台、海底钻探、海洋工作机械、水下作业工具等（一般称为海洋工程液压技术），典型的例子有海洋石油钻探、开采平台、海洋调查船采样和提升装置、打桩船和起重船的吊装设备等。

（6）兵器工业　典型的例子有自行高炮、自行地面火炮、坦克和装甲车、导弹和鱼雷发射装置。

（7）液压机具　液压机具具有重量轻、结构小巧、出力大的特点，广泛用于工程施工、交通运输、抢险救灾、维修等方面，典型的例子有液压千斤顶、液压扳手、液压钳、液压镐等。

1.1.6　液压传动工作介质的物理性质

液压传动最常用的工作介质是液压油。本节主要介绍液压油的物理性质。

1. 密度和重度

单位体积液体的质量称为液体的密度。体积为 V，质量为 m 的液体的密度（kg/m^3）为

$$\rho = \frac{m}{V}$$

某种液压油，其单位体积所具有的重量称为该液压油的重度，通常以符号 γ（N/m^3）表示：

$$\gamma = \frac{G}{V}$$

式中　G——液体重量（N）。

密度和重度的关系为

$$\gamma = \rho g$$

式中　g——重力加速度，$g = 9.8 m/s^2$。

液压油的密度和重度是随温度和压力而变化的，但在通常使用的温度和压力范围内这种变化很小，所以在一般计算中可以近似地把它们看作是常数。常用的矿物油，密度 $\rho = 900 \sim 930 kg/m^3$；重度 $\gamma = 8900 \sim 9100 N/m^3$。

2. 可压缩性

压力为 p_0、体积为 V_0 的液体，如果压力增大 Δp 时体积减小 ΔV，则此液体的可压缩性可用单位压力变化下的体积相对变化量，即体积压缩系数 k 来表示：

$$k = -\frac{1}{\Delta p}\frac{\Delta V}{V_0}$$

由于压力增大时液体的体积减小，因此上式右边须加一负号，以使 k 成为正值。

液体体积压缩系数的倒数，称为体积弹性模量 E，简称体积模量，即 $E = 1/k$。

石油基液压油体积模量 $E=(1.4\sim1.9)\times10^3$MPa。

石油基液压油的体积模量与温度、压力有关。温度升高，k 值减小，在正常工作温度范围内，E 值有5% ~25%的变化；压力增大，E 值增大。这种变化关系不呈线性关系，当 $p\geqslant3$MPa 时，E 值基本不再增大。

3. 液体膨胀性

液体膨胀性是指液体在压力不变的情况下，温度升高后其体积会增大、密度会减小的特性。液体膨胀性的大小可用热膨胀系数 α（1/℃）表示，其定义为：当液体的温度改变1℃时，其体积 V 的相对变化值，即

$$\alpha=\frac{1}{\Delta t}\cdot\frac{\Delta V}{V}$$

式中 Δt——温度变化值（℃）；

V——液体膨胀前的体积（m^3）；

ΔV——液体膨胀后体积的增加值（m^3）。

因此，液体温度升高 Δt 后的体积 V' 可由下式计算：

$$V'=V(1+\alpha\Delta t)$$

常用液压油的热膨胀系数（1/℃）为 $\alpha=(8.5\sim9.0)\times10^{-4}$。

4. 黏性

液体受外力作用而流动时，液体内部产生摩擦力或切应力的性质，叫作液体的黏性。黏性所起的作用是阻止液体内部的相互滑动。黏性的大小可用黏度来表示。

（1）牛顿液体内摩擦定律　液体在外力作用下流动（或有流动趋势）时，分子间的内聚力要阻止分子相对运动而产生一种内摩擦力，这种现象叫作液体的黏性。液体只有在流动（或有流动趋势）时才会呈现出黏性，静止液体是不呈现黏性的。

黏性使流动液体内部各处的速度不相等，以图1-3为例，若两平行平板间充满液体，下平板不动，而上平板以速度 u_0 向右平动。由于液体的黏性作用，紧靠下平板和上平板的液体层速度分别为零和 u_0。通过实验测定得出，液体流动时相邻液层间的内摩擦力 F_t 与液层接触面积 A、液层间的速度梯度 $\frac{du}{dy}$ 成正比，即

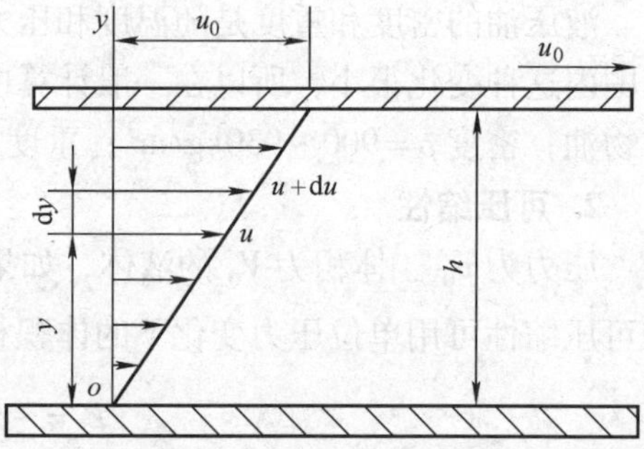

图1-3　液体内部的速度

$$F_t = \mu A \frac{\mathrm{d}u}{\mathrm{d}y}$$

式中，μ 为比例常数，称为黏性系数或黏度。如果以 τ 表示切应力，即单位面积上的内摩擦力，则 $\tau = \frac{F_t}{A} = \mu \frac{\mathrm{d}u}{\mathrm{d}y}$。这就是牛顿液体内摩擦定律。

（2）黏性的度量　黏性的大小可用黏度来表示，黏度是液体最重要的特性之一，是流动液体最基本的物理性质，是液压系统中选择液压油的主要指标，黏度大小会直接影响系统的正常工作、效率和灵敏性。常用的表示黏度大小的单位制有动力黏度、运动黏度和相对黏度。

1）动力黏度：定义牛顿液体内摩擦定律中的比例常数 μ 为动力黏度，又称绝对黏度，动力黏度 μ 的单位是 Pa · s（帕 · 秒），一般称为泊，泊的百分之一称为厘泊。动力黏度是表征流动液体内摩擦力大小的黏性系数：

$$\mu = \frac{\tau}{\frac{\mathrm{d}u}{\mathrm{d}y}}$$

如果绝对黏度只与液体种类有关而与速度梯度无关，则这种液体称为牛顿液体，否则为非牛顿液体。石油基液压油一般为牛顿液体。

2）运动黏度：液体的动力黏度与其密度的比值，称为液体的运动黏度，即

$$\nu = \frac{\mu}{\rho}$$

运动黏度的单位为 m^2/s。以前沿用的单位为 St（斯），$1m^2/s = 10^4 St = 10^6 mm^2/s = 10^6 cSt$（厘斯）。液压传动工作介质的黏度等级是以 40℃ 时运动黏度（以 mm^2/s 计）的平均值来划分的，如牌号 L-HL32 普通液压油指这种油在 40℃ 时运动黏度的平均值为 $32mm^2/s$（厘斯）。

动力黏度和运动黏度是理论分析和推导中经常使用的黏度单位，它们较难于直接测量，因此工程上常采用另一种黏度表示法，即相对黏度。

3）相对黏度：相对黏度是以液体的黏度相对于水的黏度的大小程度来表示该液体的黏度。相对黏度又称条件黏度。各国采用的相对黏度单位有所不同，有的用赛氏黏度，有的用雷氏黏度，我国采用恩氏黏度。

恩氏黏度用恩氏黏度计来测定，将 $200cm^3$ 被试液体在某温度下从恩氏黏度计的小孔（孔径为 2.8mm）流完的时间 t_1 与相同体积蒸馏水在 20℃ 时从同一小孔流完所需时间 t_2 的比值叫作该液体的恩氏黏度。恩氏黏度常用符号 $°E$ 表示：

$$°E = \frac{t_1}{t_2}$$

式中　t_1——$200cm^3$ 被试液体流过恩氏黏度计小孔所需时间（s）；

t_2——$200cm^3$ 蒸馏水在 20℃ 时流过恩氏黏度计小孔所需时间（s）。

温度 t 时的恩氏黏度用符号 $°E_t$ 表示。在工程机械液压传动系统中一般以50℃作为测定恩氏黏度的标准温度，用 $°E_{50}$ 表示。

国际标准化组织 ISO 已规定统一采用运动黏度来表示油的黏度。运动黏度 ν（厘斯）与恩氏黏度换算可用下述近似经验公式来表示：

$$\nu = 7.31°E - \frac{6.31}{°E}$$

（3）调和油的黏度　有时，一种液压油的黏度不合乎要求，必须用几种液压油调和以达到要求的黏度，则此调和油的黏度可用下式计算：

$$°E = \frac{a°E_1 + b°E_2 - c(°E_1 - °E_2)}{100}$$

式中　$°E_1$、$°E_2$、$°E$——分别为参加调和的两种油的黏度及调和后油的黏度，而且 $°E_1 > °E_2$；

a、b——分别为参加调和的两种油各占的百分数，$a + b = 100$；

c——试验所得的系数，见表 1-1。

表 1-1　调和油的系数 c

a（%）	10	20	30	40	50	60	70	80	90
b（%）	90	80	70	60	50	40	30	20	10
c	6.7	13.1	17.9	22.1	25.5	27.9	28.2	25	17

（4）温度对黏度的影响　温度变化使液体内聚力发生变化，因此液体黏度对温度变化十分敏感。温度升高，黏度下降，这一特性称为液体的黏-温特性。常用液压油的黏-温特性曲线如图 1-4 所示。可用黏度指数 VI 来度量黏-温特性。VI 高，说明黏度随温度变化小，其黏-温特性好。

（5）压力对黏度的影响　对液压传动工作介质来说，压力增大时，黏度增大。在一般液压系统使用的压力范围内，增大的数值很小，可以忽略不计；当 $p > 50\text{MPa}$ 时，影响趋于显著。压力对黏度影响的计算公式为

$$\nu_p = \nu_a e^{cp} \approx \nu_a(1 + cp)$$

式中　p——液体压力；

ν_p——压力为 p 时液体的运动黏度；

ν_a——大气压力下液体的运动黏度；

e——自然对数的底；

c——系数，对于石油基液压油，$c = 0.015 \sim 0.035\text{MPa}^{-1}$。

5. 其他性质

液压传动工作介质还有些其他性质，如稳定性（热稳定性、氧化稳定性、水解稳定性、剪切稳定性等）、抗泡沫性、抗乳化性、防锈性、润滑性以及相容

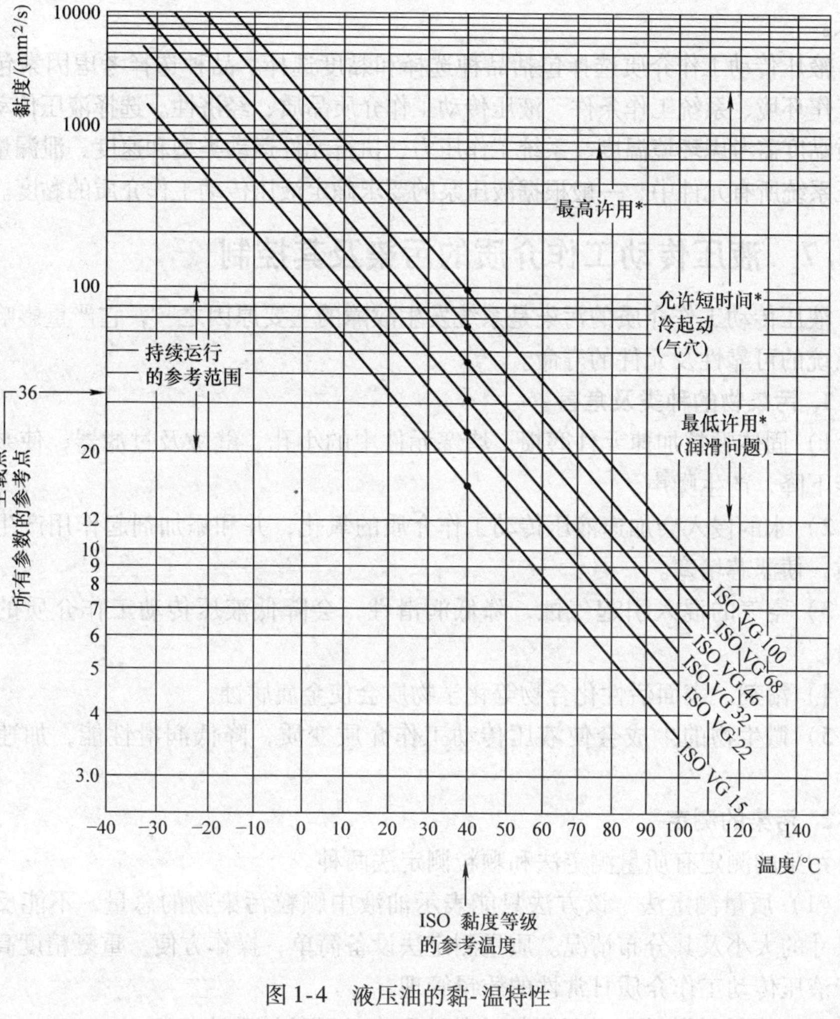

图 1-4　液压油的黏-温特性

性（对所接触的金属、密封材料、涂料等作用程度）等，它们对工作介质的选择和使用有重要影响。这些性质需要在精炼的矿物油中加入各种添加剂来获得，常用的添加剂有：增黏剂、消泡剂、抗氧化剂、防锈蚀剂等。现代液压系统应用的液压油几乎都含有各种用途的添加剂，其含量为 1% ~20%（质量分数）。

6. 液压传动对工作介质的要求

不同的工作机械、不同的使用情况对液压传动工作介质的要求有很大的不同。为了很好地传递运动和动力，液压传动工作介质应具备如下性能：①合适的黏度，较好的黏-温特性；②润滑性能好；③对金属和密封件有良好的相容性；④对热、氧化、水解和剪切都有良好的稳定性；⑤抗泡沫性好，抗乳化性好，腐蚀性小，防锈性好；⑥流动点和凝固点低，闪点和燃点高；⑦对人体无害，成本低。

液压传动工作介质选择包括品种选择和黏度选择。品种选择考虑因素包括系统工作环境、系统工作条件、液压传动工作介质品质、经济性。选择液压传动工作介质黏度需考虑环境温度、系统工作压力、执行元件运动类型和速度、泄漏量。在液压系统所有元件中，一般根据液压泵的要求确定液压传动工作介质的黏度。

1.1.7 液压传动工作介质的污染及其控制

液压传动工作介质的污染是系统发生故障的主要原因之一，它严重影响着液压系统的可靠性及元件的寿命。

1. 污染物的种类及危害

1）固体颗粒加速元件磨损，堵塞元件中的小孔、缝隙及过滤器，使泵、阀性能下降，产生噪声。

2）水的侵入会加速液压传动工作介质的氧化，并和添加剂起作用产生黏性胶质，使滤芯堵塞。

3）空气的混入引起气蚀，降低润滑性，会降低液压传动工作介质的体积模量。

4）溶剂、表面活性化合物等化学物质会使金属腐蚀。

5）微生物的生成会使液压传动工作介质变质，降低润滑性能，加速元件腐蚀。

2. 污染的测定

污染的测定有质量测定法和颗粒测定法两种。

（1）质量测定法　该方法只能表示油液中颗粒污染物的总量，不能反映颗粒尺寸的大小及其分布情况。质量测定法设备简单，操作方便，重复精度高，适用于液压传动工作介质日常性的质量管理。

（2）颗粒计数法　分显微镜计数法和自动颗粒计数法。

显微镜计数法的优点是能够直接看到颗粒的种类、大小及数量，从而可推测污染的原因；其缺点是测定时间长，劳动强度大，精度低，重复性较差，且要求熟练人员操作。

自动颗粒计数法是利用光源照射油液样品，通过油液中颗粒在光电传感器上投影所发出的脉冲信号来测定油液的污染等级的。其特点是能自动计数，测定简便、迅速、精确，可以及时从高压管道中抽样测定，因此得到了广泛应用。

3. 控制工作介质污染的措施

1）严格清洗元件和系统。

2）保持系统所有部位良好的密封性，防止污染物从外界侵入。

3）采用高性能的过滤器。

4）控制液压传动工作介质的温度。

5）定期检查和更换液压传动工作介质并形成制度。

1.2 液压流体力学基础

1.2.1 液体静力学

液体静力学主要是讨论液体静止时的平衡规律以及这些规律的应用。“液体静止”指的是液体内部质点间没有相对运动，不呈现黏性，至于盛装液体的容器，不论容器是静止的或是匀速、匀加速运动都没有关系。

1. 液体静压力及帕斯卡原理（静压传递原理）

当液体静止时，液体质点间没有相对运动，不存在摩擦力，所以静止液体的表面力只有法向力。液体内某点处单位面积 ΔA 与其所受到的法向力 ΔF 之比，叫作压力 p（静压力），即 $p=\lim\limits_{\Delta A\to 0}\dfrac{\Delta F}{\Delta A}$。

如果法向力 F 均匀地作用于面积 A 上，则压力可表示为

$$p=\frac{F}{A}$$

液体的静压力具有两个重要特性：①液体静压力的方向总是作用面的内法线方向；②静止液体内任一点的液体静压力在各个方向上都相等。这两个重要特性可表述为帕斯卡原理（静压传递原理）：在密闭容器内，液体表面的压力可等值传递到液体内部所有各点。

2. 压力的表示方法及单位

（1）压力的表示方法　压力的表示方法有两种：一种是以绝对真空作为基准所表示的压力，称为绝对压力；另一种是以大气压力作为基准所表示的压力，称为相对压力。由于大多数测压仪表所测得的压力都是相对压力，故相对压力也称表压力。

绝对压力与相对压力的关系为

$$\text{绝对压力}=\text{相对压力}+\text{大气压力}$$

绝对压力小于大气压时，负相对压力数值部分叫作真空度，即

$$\text{真空度}=\text{大气压}-\text{绝对压力}=-(\text{绝对压力}-\text{大气压})$$

由此可知，当以大气压为基准计算压力时，基准以上的正值是表压力，基准以下的负值就是真空度。绝对压力、相对压力和真空度的相互关系如图 1-5 所示。

（2）压力的单位　SI（国际单位制）导出的压力单位为帕斯卡（Pa），$1Pa = 1N/m^2$。

实际工程中常用 bar 作为压力单位，$1bar = 10^5Pa = 0.1MPa$。

3. 液体静压力对固体壁面的作用力

静止液体和固体壁面相接触时，固体壁面上各点在某一方向上所受静压作用力的总和，便是液体在该方向上作用于固体壁面上的力。在液压传动计算中质量力可以忽略，静压力处处相等，所以可认为作用于固体壁面上的压力是均匀分布的。

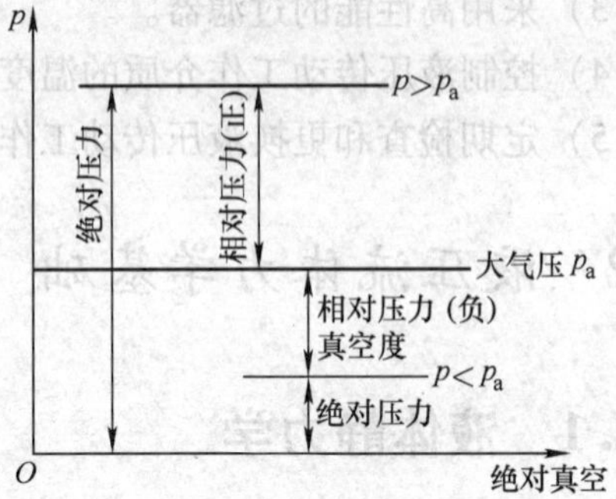

图 1-5　绝对压力、相对压力和真空度

当固体壁面是曲面时，作用在曲面各点的液体静压力的方向是不平行的，曲面上所受液压作用力在某一方向上的分力等于液体静压力和曲面在该方向的垂直面内投影面积的乘积。

1.2.2　液体动力学

本节主要讨论三个基本方程式，即液流的连续性方程、伯努利方程和动量方程。它们和刚体力学中的质量守恒、能量守恒及动量守恒原理相对应，都用于描述运动物体的力学特性。液流的连续性方程、伯努力方程描述了压力、流速与流量之间的关系，以及液体能量相互间的变换关系，动量方程描述了流动液体与固体壁面之间作用力的情况。

1. 基本概念

（1）理想液体与恒定流动　液体具有黏性，并在流动时表现出来，因此研究流动液体时就要考虑其黏性，而液体的黏性阻力是一个很复杂的问题，这就使我们对流动液体的研究变得复杂。因此，我们引入理想液体和恒定流动的概念。理想液体就是指没有黏性、不可压缩的液体。我们把既具有黏性又可压缩的液体称为实际液体。

液体流动时，若液体中任何一点的压力、速度和密度都不随时间而变化，则这种流动就称为恒定流动（定常流动或非时变流动）。在流体的运动参数中，只要有一个运动参数随时间而变化，液体的运动就是非恒定流动或非恒定流动，如图 1-6 所示。

（2）通流截面、流量和平均流速

1）通流截面：液体在管道中流动时，其垂直于流动方向的过流断面为通流截面。

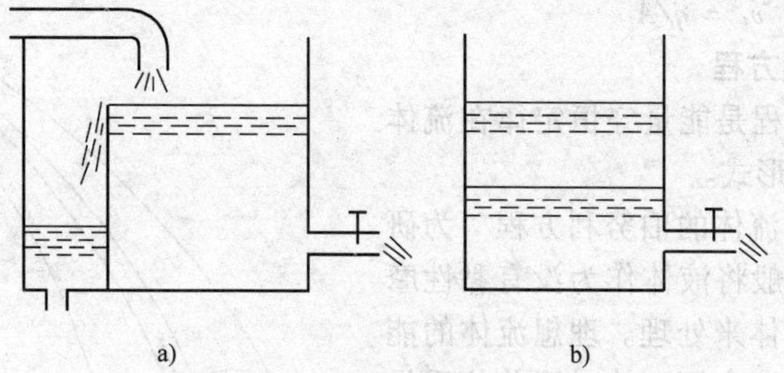

图 1-6　液体流动

a）恒定出流　b）非恒定出流

2）流量：单位时间内通过通流截面的液体的体积称为流量，用 q 表示，流量的常用单位为 L/min。

对微小流束，通过 $\mathrm{d}A$ 上的流量为 $\mathrm{d}q$，其表达式为 $\mathrm{d}q = u\mathrm{d}A$，在通流截面上积分可得

$$q = \int_A u\mathrm{d}A$$

3）平均流速：在实际液体流动中，由于黏性摩擦力的作用，通流截面上流速 u 的分布规律难以确定，因此引入平均流速的概念，即认为通流截面上各点的流速均为平均流速，用 v 来表示，则通过通流截面的流量就等于平均流速乘以通流截面积。令此流量与上述实际流量相等，得

$$q = \int_A u\mathrm{d}A = vA$$

则平均流速为

$$v = \frac{q}{A}$$

2. 流量连续性方程

流量连续性方程是质量守恒定律在流体力学中的一种表达形式。在如图1-7所示的流体中，任选两个通流截面 A_1 和 A_2，则不可压缩流体做恒定流动的连续性方程为

$$v_1A_1 = v_2A_2$$

由于通流截面是任意取的，则有

$$q = v_1A_1 = v_2A_2 = v_3A_3 = \cdots\cdots = v_nA_n = \text{常数}$$

式中　v_1、v_2——分别是流管通流截面 A_1 及 A_2 上的平均流速。

此式表明通过流管内任一通流截面上的流量相等。当流量一定时，任一通流截面上的通流面积与流速成反比，则有任一通流断面上的平均流速为

$$v_i = q/A_i$$

3. 伯努利方程

伯努利方程是能量守恒定律在流体中的一种表达形式。

(1) 理想流体的伯努利方程　为研究的方便，一般将液体作为没有黏性摩擦力的理想流体来处理。理想流体的能量在流动中应该守恒，故对于单位重量理想流体有

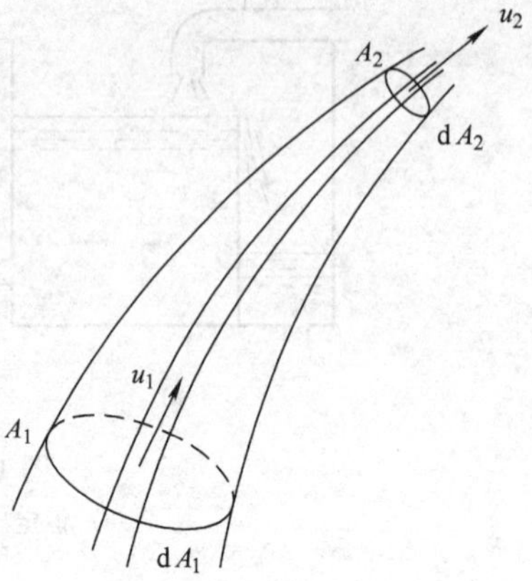

图 1-7　流量连续性示意图

$$\frac{p_1}{\rho g} + Z_1 + \frac{v_1^2}{2g} = \frac{p_2}{\rho g} + Z_2 + \frac{v_2^2}{2g}$$

式中　$\frac{p_1}{\rho g}$、$\frac{p_2}{\rho g}$——单位重量液体所具有的压力能；

Z_1、Z_2——单位重量液体所具有的势能；

$\frac{v_1^2}{2g}$、$\frac{v_2^2}{2g}$——单位重量液体所具有的动能，它们的量纲都为长度，下标 1 和 2 分别代表流动中上下游位置通流断面的序号，如图 1-8 所示。

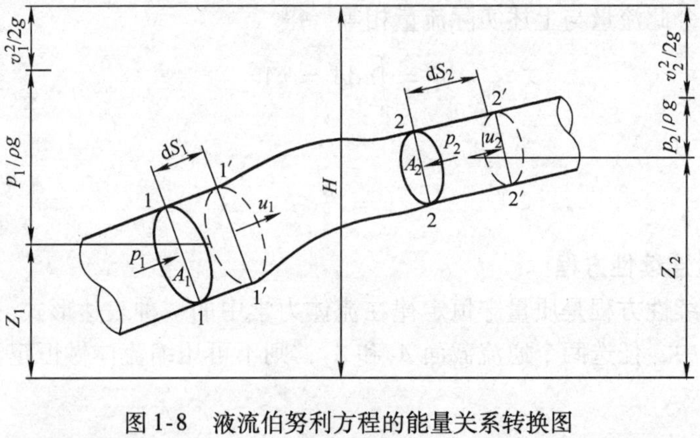

图 1-8　液流伯努利方程的能量关系转换图

伯努利方程的物理意义为：在密封管道内做恒定流动的理想液体在任意一个通流断面上具有三种形成的能量，即压力能、势能和动能。三种能量的总和是一个恒定的常量，而且三种能量之间是可以相互转换的，即在不同的通流断面上，同一种能量的值会是不同的，但各断面上的总能量值都是相同的。

(2) 实际液体的伯努利方程　由于液体存在着黏性，并表现为对液体流动

的阻力，实际液体的流动要克服这些阻力，表示为机械能的消耗和损失，因此当液体流动时，液流的总能量或总比能在不断地减少。所以，实际液体的伯努力方程为

$$\frac{p_1}{\gamma}+\frac{\alpha_1 v_1^2}{2g}+Z_1=\frac{p_2}{\gamma}+\frac{\alpha_2 v_2^2}{2g}+Z_2+h_w$$

式中 α_1、α_2——分别为两个通流截面处的动能修正系数，紊流流动时可将动能修正系数取为1；

h_w——两个通流截面之间机械能的消耗和损失。

应用伯努利方程式来解决实际问题时必须满足以下的限制条件：

1）液体的流动是稳定流动，即流过空间某一固定点的液体质点的速度、压力不随时间而变化。

2）所选择的两个通流面必须符合渐变流条件，至于在两个通流面之间的水流，可以是渐变流，也可以是急变流。所谓渐变流是一种流线几乎是平行的直线运动。液体在渐变流时，通流面可近似地看作是平面，在同一通流面上各点的 $Z+\frac{p}{\gamma}$ = 常数，这是因为在渐变流时在液流的垂直方向上没有液体流动，故在液流的垂直方向上不存在摩擦阻力。

3）液体所受的力只是压力与重力（忽略惯性力的影响）。

4）液体是连续的、不可压缩的，即密度 ρ = 常数。

例：伯努利方程式在安全阀流量计算中的具体应用。

液压系统中，当液压油的压力超过安全阀的弹簧力时，安全阀就打开，油液经此而流回油箱。压力越大，打开的通道截面越大，通过安全阀的流量也就越大。但是它们之间到底是一个什么样的数量关系呢？下面就来分析这个问题。

如图1-9所示，在安全阀打开状态取两个截面，一个是油的通道截面1—1，一个是在钢球支座的通道上以2—2为素线的截锥表面（素线与此处的流速垂直）。假设1—1和2—2为渐变流，根据伯努利方程式，得

$$\frac{p_1}{\gamma}+\frac{v_1^2}{2g}+Z_1=\frac{p_2}{\gamma}+\frac{v_2^2}{2g}+Z_2+h_w$$

式中 p_1、v_1——截面1—1上的压力和流速；

p_2、v_2——截面2—2上的压力和流速。

可以近似地认为截面1—1和截面2—2所在的位置相等，即 $Z_1=Z_2$。由于截面1—1比

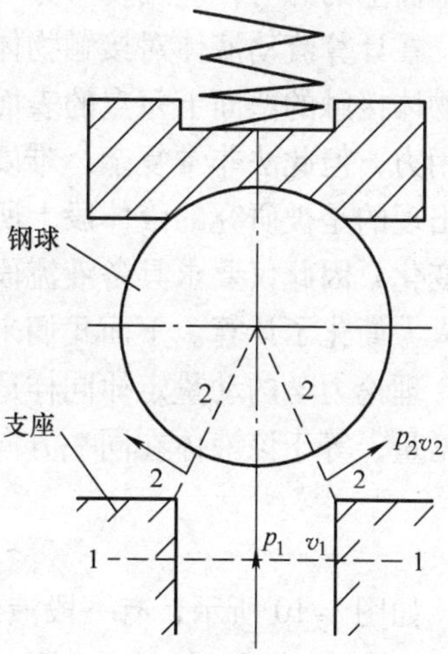

图1-9 安全阀流量计算

截面 2—2 大得多，故 v_1 比 v_2 要小得多，在计算时可以略去$\frac{v_1^2}{2g}$这一项，压力损失这一项放在以后考虑，则得

$$\frac{p_1}{\gamma} = \frac{p_2}{\gamma} + \frac{v_2^2}{2g}$$

$$v_2 = \sqrt{\frac{2g}{\gamma}(p_1 - p_2)} = 1478\sqrt{p_1 - p_2}$$

式中　g——重力加速度，$g = 9.8\mathrm{m/s^2}$；

γ——液压油重度，$\gamma \approx 9 \times 10^3 \mathrm{N/m^3}$；

v_2——2—2 截面的平均流速（m/s）；

p_1、p_2——安全阀前后压力（Pa）。

若以 A 表示 2—2 截面面积（$\mathrm{m^2}$），则通过 2—2 截面的流量 q（L/min）为

$$q = Av_2 \frac{60}{100 \times 100} = 0.885A\sqrt{p_1 - p_2}$$

由于局部压力损失及断面收缩，实际流量要比上式求得的小，所以要乘一修正系数 c，即

$$q = 0.885cA\sqrt{p_1 - p_2}$$

式中　c——流量系数，根据实验，$c = 0.62 \sim 0.75$。

4. 动量方程

流动液体的动量方程是流体力学的基本方程之一，它是研究液体运动时作用在液体上的外力与其动量的变化之间的关系。在液压传动中，计算液流作用在固体壁面上的力时，应用动量方程去解决就比较方便。

在计算流动液体对接触物体的总作用力时可以用两种方法：一是先求出液体与物体接触的壁面上每点的表面力，即压力和切力，再对整个接触面积分求出总作用力，但此法非常复杂，难以实际应用；另一种是利用动量方程式，在方程式中出现的是被研究的液体段上所作用的外力，以及由这些外力所引起的液体的动量变化，因此仅要求具备液流段边界面上的数据，而不需要液体内部的数据，这就大大简化了计算。下面我们来推导流动液体的动量方程式。

理论力学的动量定律同样适用于液体，即在单位时间内，液体沿某方向动量的增量，等于该液体在同一方向所受外力的和，可表示为

$$\sum F_i = \frac{\Delta(mv_i)}{\Delta t} \tag{1-1}$$

如图 1-10 所示，有一段液体 1—2 在管道内做稳定流动，在通流面 1—1 和 2—2 的断面处平均流速分别为 v_1 和 v_2，面积为 A_1 和 A_2。经过很短的时间 Δt 后，液体从 1—2 位置流到 1′—2′的位置。因为是稳定流动，故液体段 1′—2 内各点

的流速是不变的，它的体积和质量也是不变的，所以其动量也没有发生变化。这样在时间 Δt 内，液体段 1—2 的动量变化将等于 2—2′液体段的动量与 1—1′液体段的动量之差，即等于在同一时间内经过液流段 1—2 流出和流入的液体动量的差值，一般用下式表示：

$$\begin{aligned}\Delta(mv) &= (mv_2)_{2-2'} - (mv_1)_{1-1'} \\ &= \rho q \Delta t v_2 - \rho q \Delta t v_1 \\ &= \rho q \Delta t (v_2 - v_1)\end{aligned} \tag{1-2}$$

式中 $m = \rho q \Delta t = \frac{\gamma}{g} q \Delta t$（液体段 1—1′或 2—2′的质量）；

ρ——液体密度；

q——液体流量。

将式（1-2）代入式（1-1），有

$$F = \rho q (v_2 - v_1) = \frac{\gamma q}{g}(v_2 - v_1) \tag{1-3}$$

式（1-3）称为液体稳定流动的动量方程式。

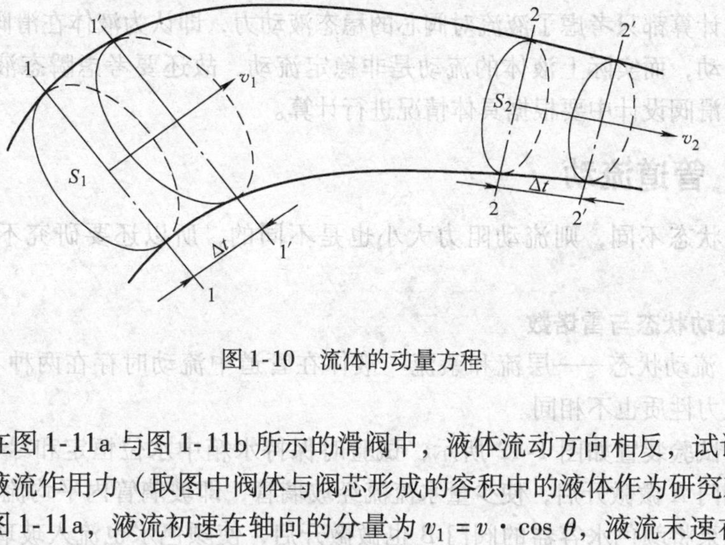

图 1-10 流体的动量方程

例：在图 1-11a 与图 1-11b 所示的滑阀中，液体流动方向相反，试计算阀芯所受到的液流作用力（取图中阀体与阀芯形成的容积中的液体作为研究对象）。

对于图 1-11a，液流初速在轴向的分量为 $v_1 = v \cdot \cos\theta$，液流末速在轴向的投影为零，则这部分液体在轴向受到阀芯的作用力为

$$F' = \frac{\gamma q}{g}(0 - v\cos\theta)$$

从而液流对阀芯的作用力为

$$F = -F' = \frac{\gamma q}{g} v\cos\theta$$

力 F 的方向与液流的速度 v 沿阀芯轴向投影方向相同，即向右。

对于图 1-11b，液流初速在轴向投影为零，液流末速在轴向的分量为 $v\cos\theta$，则这部分液体在轴向受到阀芯的作用力为

$$F' = \frac{\gamma q}{g} v\cos\theta$$

从而液流对阀芯的作用力为

$$F = -F' = -\frac{\gamma q}{g} v\cos\theta$$

力 F 的方向与液流的速度 v 沿阀芯轴向的投影方向相反，即也向右。

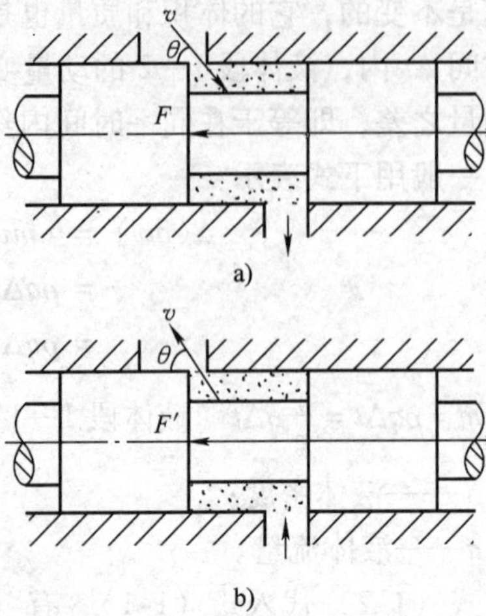

图 1-11　液压流经滑阀时的液动力

本例中，由于液体通过阀口流动而产生的对阀芯的轴向作用力通常叫作液动力。由于在阀口的关闭过程中，流速很高，因而此力往往很大，尤其是对大流量的阀，在高压下工作（此时流速 v 也很大）时这个力更大，需要我们在设计滑阀时认真对待。

上述计算都只考虑了液流对阀芯的稳态液动力，即认为液体在滑阀中的流动为稳定流动，而实际上液体的流动是非稳定流动，故还要考虑瞬态液动力的作用。这在滑阀设计中要根据具体情况进行计算。

1.2.3　管道流动

流动状态不同，则流动阻力大小也是不同的，所以还要研究不同的流动状态。

1. 流动状态与雷诺数

(1) 流动状态——层流和紊流　液体在管道中流动时存在两种不同状态，它们的阻力性质也不相同。

雷诺试验装置如图 1-12 所示，试验时保持水箱中水位恒定和尽可能平静，然后将阀门 A 微微开启，使少量水流流经玻璃管，即玻璃管内平均流速 v 很小。这时，如果将颜色水容器的阀门 B 也微微开启，使颜色水也流入玻璃管内，我们可以在玻璃管内看到一条细直而鲜明的颜色流束，而且不论颜色水放在玻璃管内的任何位置，它都能呈直线状，这说明管中水流都是安定地沿轴向运动，液体质点没有垂直于主流方向的横向运动，所以颜色水和周围的液体没有混杂，液流按层运动。如果把 A 阀缓慢开大，管中流量和它的平均流速 v 也将逐渐增大，直至平均流速增大至某一数值，颜色流束开始弯曲颤动，这说明玻璃管内液体质点不再保持安定，开始发生脉动，不仅具有横向的脉动速度，而且也具有纵向脉动

速度。如果 A 阀继续开大，脉动加剧，颜色水就完全与周围液体混杂而不再维持原来按层运动的状态。

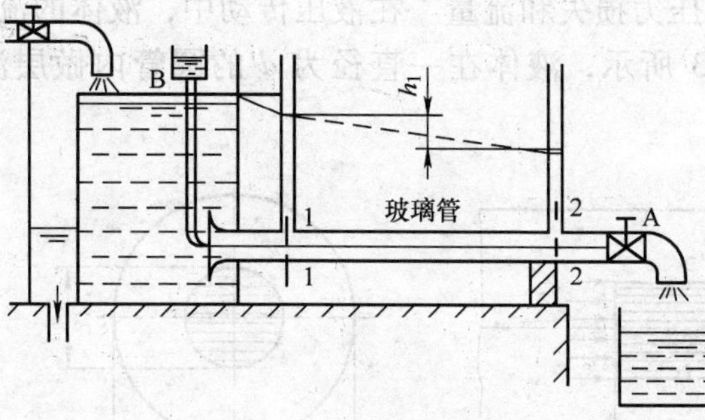

图 1-12　雷诺试验装置

层流：在液体运动时，如果质点没有横向脉动，不引起液体质点混杂，而是层次分明，能够维持安定的流束状态，这种流动称为层流。

紊流：如果液体流动时质点具有异向脉动，引起流层间质点相互错杂，这种流动称为紊流或湍流。

（2）雷诺数　实验证明，由层流状态转变为紊流状态的流速要比由紊流状态转变为层流状态的流速大得多。我们把从层流状态转变为紊流状态时的流速叫作上临界流速，用 v'_{kp} 表示，而把从紊流状态转变为层流状态时的流速叫作下临界流速，用 v_{kp} 表示。液体在圆管中的流动状态不仅与管内的平均流速 v 有关，还和管径 d、液体的运动黏度 ν 有关。决定液流状态的，是这三个参数所组成的一个称为雷诺数 Re 的无量纲数，即

$$Re = \frac{vd}{\nu} \tag{1-4}$$

液体流动时究竟是层流还是紊流，须用雷诺数来判别。液流的雷诺数相同，它的流动状态也相同。相应于上临界流速 v'_{kp} 的雷诺数，叫作上临界雷诺数；相应于下临界流速 v_{kp} 的雷诺数，叫作下临界雷诺数。试验指出，虽然在不同管径、不同液体运动黏度时的临界流速 v_{kp}、v'_{kp} 是不同的，但它的临界雷诺数却有一定的数值界限。金属圆管中液流的下临界雷诺数为

$$Re_{xp} = \frac{v_{kp}d}{\nu} = 2320$$

当液流的雷诺数 Re 小于下临界雷诺数时，液流为层流；反之，液流大多为紊流。

2. 液体流动时的沿程压力损失

液体在直管中流动时的压力损失是由液体流动时的摩擦引起的，称之为沿程

压力损失。它主要取决于管路的长度和内径、液体的流速和黏度等。液体的流态不同，沿程压力损失也不同。

(1) 层流时的压力损失和流量　在液压传动中，液体的流动状态多数是层流流动。如图 1-13 所示，液体在一直径为 d 的圆管内做层流运动，即 $Re < Re_{xp} = 2320$。

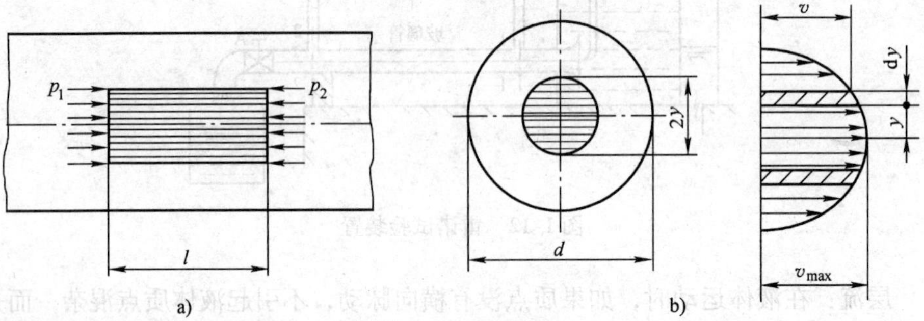

图 1-13　圆管中的层流

在液流中取一小圆柱体，小圆柱体的直径为 $2y$，长度为 l，并设液流从左向右流动。左端的油压力为 p_1，右端的油压力为 p_2，由于 $p_1 > p_2$，故圆柱体所受向右作用力 F_1 为

$$F_1 = (p_1 - p_2)\pi y^2$$

液体在圆管中流动时，由于液体具有黏性，因此在不同半径的各同心圆处液体的流速也不同，圆管中心流速最高，管壁处流速为零，速度分布呈抛物线体形状。由于各液流层之间有速度差，因此流层之间作用有摩擦力 T。如前所述（参见本章 1.1.6 节），此摩擦力与接触面积 S、速度梯度 $\frac{dv}{dy}$ 成正比。在图 1-13b 所示坐标系中，速度随着 y 的增加而减小，为使摩擦力计算值为正，故在牛顿内摩擦力公式中加了负号，即

$$T = -\mu S \frac{dv}{dy}$$

切应力 $\tau = \frac{T}{S}$，则

$$\tau = -\mu \frac{dv}{dy}$$

因此，图 1-13a 中，小圆柱体的外表面上所受的向左的作用力 F_2 为

$$F_2 = -\mu \frac{dv}{dy} 2\pi y l$$

F_1 和 F_2 两力应当互相平衡，即

$$(p_1 - p_2)\pi y^2 = -\mu \frac{dv}{dy} 2\pi y l$$

或

$$\frac{dv}{dy} = -\mu \frac{(p_1 - p_2)}{2\mu l} y$$

对上式进行积分，得

$$v = -\frac{(p_1 - p_2) y^2}{4\mu l} + C \tag{1-5}$$

因为在管壁处的流速为零，即 $y = \frac{d}{2}$ 时 $v = 0$，所以利用此边界条件，从式（1-5）可求得积分常数 $C = \frac{(p_1 - p_2) d^2}{16\mu l}$。

将积分常数 C 代入式（1-5），可得管中流速的表达式为

$$v = \frac{(p_1 - p_2)}{4\mu l}\left(\frac{d^2}{4} - y^2\right) \tag{1-6}$$

管中心，即 $y = 0$ 处，流速最大，其值为

$$v_{\max} = \frac{(p_1 - p_2) d^2}{16\mu l}$$

从式（1-6）可知，液体在直管中做层流运动时，其速度分布呈抛物线体形状，如图 1-13b 所示。

下面讨论管中的流量，液体流经直管的流量 q 就是图 1-13b 所表示的抛物线体的体积，因此：

$$q = \int_0^{\frac{d}{2}} 2\pi v y \, dy = \frac{\pi(p_1 - p_2)}{2\mu l}\int_0^{\frac{d}{2}}\left(\frac{d^2}{4} - y^2\right) y \, dy$$

$$= \frac{\pi d^4 (p_1 - p_2)}{128\mu l} = \frac{\pi d^4 \Delta p}{128\mu l} \tag{1-7}$$

从式(1-7)可得层流时直管中沿程压力损失 Δp 为

$$\Delta p = \frac{128\mu l q}{\pi d^4} = \frac{32\mu l v_{平均}}{d^2} \tag{1-8}$$

从式（1-8）可知，层流时沿程压力损失与流速及管长成正比，与管径的平方成反比。

式（1-7）和式（1-8）中各参数的单位应取得一致，如果采用常用单位，并将液体的黏度改用运动黏度，则可得

$$q = \frac{144\Delta p d^4}{\gamma \nu l} \tag{1-9}$$

及

$$\Delta p = \frac{6.9 q\gamma\nu l}{d^4} \times 10^2 \tag{1-10}$$

式中 q——流经直管的流量（l/min）；

d——直管的内径（m）；

γ——液体的重度（N/m^3）；

ν——液体的运动黏度（m^2/s）；

Δp——直管中沿程压力损失（Pa）；

l——直管的长度（m）。

从式（1-8）可求得液流平均速度 $v_{平均}$ 为

$$v_{平均} = \frac{q}{\frac{\pi d^2}{4}} = \frac{(p_1 - p_2)d^2}{32\mu l} \tag{1-11}$$

将式（1-11）与最大流速式比较，可得

$$v_{平均} = \frac{1}{2}v_{max}$$

在实际计算中，为了简化起见，常将式（1-10）改写成下面将要叙述到的紊流沿程压力损失公式的形式，即

$$\Delta p_\lambda = \lambda\gamma\frac{l}{d}\frac{v^2}{2g} \tag{1-12}$$

式中 λ——沿程压力损失系数；

v——液体的平均流速（m/s）；

g——重力加速度（m/s^2）；

Δp_λ——沿程压力损失（Pa）。

其他各参数的单位与式（1-10）中的相同。

将式（1-12）和式（1-8）对比，可得式（1-12）中的阻力系数 λ 相当于：

$$\lambda = \frac{64\mu}{vpd} = \frac{64\nu}{vd} \tag{1-13}$$

而 $\frac{vd}{\nu}$ 即相当于雷诺数 Re，所以当液体流动状态为层流时，如果用式（1-12）计算压力损失 Δp_λ，则式中的阻力系数 λ 为

$$\lambda = 64/Re \tag{1-14}$$

在实际计算时，考虑到管子截面可能有收缩和变形，以及靠近管壁的液层有可能冷却，对金属管可取 $\lambda = 75/Re$，对橡胶管取 $\lambda = 80/Re$。

式（1-14）中的雷诺数 Re 可根据式（1-4）式计算。

由式（1-14）可知，沿程阻力系数 λ 仅与雷诺数 Re 有关，而与管壁表面粗糙度无关。也就是说，在层流运动时，沿程压力损失 Δp 与管壁的表面粗糙度无关。

（2）紊流时的压力损失　层流流动中各质点有沿轴向的规则运动，而无横向运动。紊流的重要特性之一是液体各质点不再是有规则的轴向运动，而是在运动过程中互相渗混合脉动。这种极不规则的运动，引起质点间的碰撞，并形成旋涡，使紊流能量损失比层流大得多。

3. 局部压力损失

当液体流动时，除了上述沿程摩擦阻力外，还可能有局部阻力。所谓局部阻力是指液体流过某局部区域时，由于通流面或液流形状的突然改变而引起的阻力，结果造成局部压力损失。例如，液流通过扩大、缩小、转弯等处时，流速要进行重新分布，形成旋涡（见图 1-14），使液体质点互相碰撞而消耗能量。这些都是产生局部压力损失的主要原因。

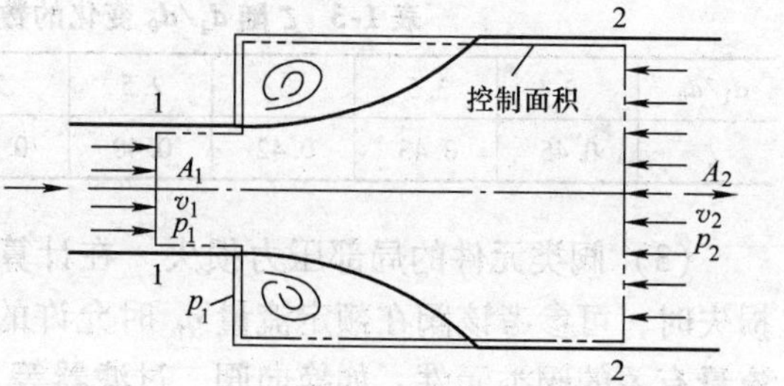

图 1-14　突然扩大处的局部损失

由于液流经过局部阻力区的运动十分复杂，因此只有很少的几种局部压力损失可用理论推导求出，一般均需依靠试验确定。

各种局部压力损失的实质是一样的，普遍的局部压力损失计算公式为

$$\Delta p_{\zeta} = \zeta \gamma \frac{v^2}{2g} \tag{1-15}$$

几种常见的局部阻力系数 ζ 的参考数值如下：

（1）管道扩大处的局部阻力系数　管道扩大处的局部阻力系数随管道扩大形式及扩大程度而定。当管道为突然扩大时（见图 1-15），ζ 随管道直径比值 d_1/d_0 变化的数值见表 1-2。

（2）管道缩小处的局部阻力系数　管道缩小处的局部阻力系数 ζ 也是随着管道缩小型式及缩小程度而定。当管道为突然缩小时（见图 1-16），ζ 随管道直

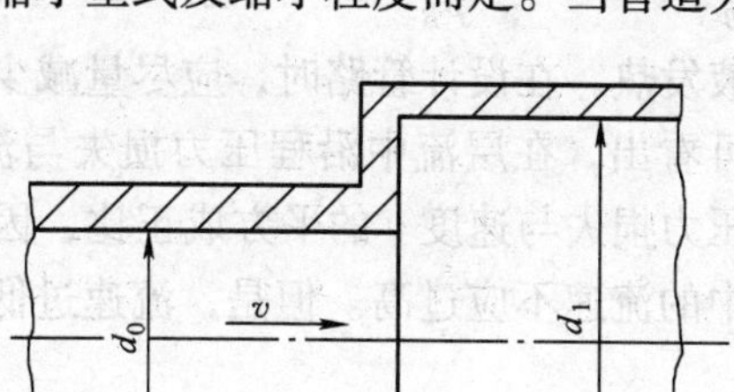

图 1-15　管道的突然扩大

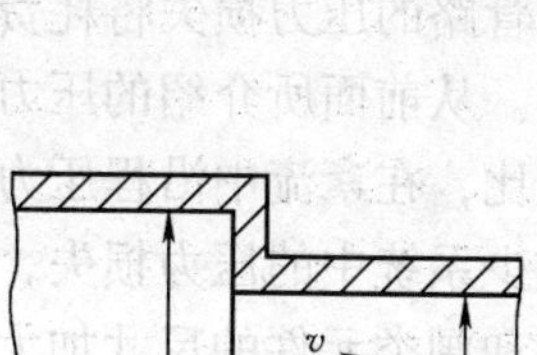

图 1-16　管道的突然缩小

径比值 d_1/d_0 变化的数值见表1-3。

表1-2 ζ 随 d_1/d_0 变化的数值（参考图1-15）

d_1/d_0	1.5	2.0	3.0	4.0	5.0
ζ	0.3	0.56	0.82	0.88	0.89

表1-3 ζ 随 d_1/d_0 变化的数值（参考图1-16）

d_1/d_0	4	3.5	3	2.5	2	1.5	1.25	1.1	1.0
ζ	0.45	0.43	0.42	0.40	0.37	0.28	0.19	0.10	0

（3）阀类元件的局部压力损失　在计算液流经过标准阀类元件的局部压力损失时，可参考该阀在额定流量 q_h 时允许的压力损失 $\Delta p_{\zeta h}$。但对于压力损失与流量有关的阀类元件，如换向阀、过滤器等，如果通过该阀的实际流量为 q，则压力损失 Δp_ζ 应按下式计算：

$$\Delta p_\zeta = \frac{q^2}{q_h^2}\Delta p_{\zeta h}$$

4. 管路系统中的总压力损失与效率

管路系统的总压力损失 $\Delta p_{总}$ 等于所有沿程压力损失和所有局部压力损失之和，即

$$\Delta p_{总} = \sum \Delta p_\zeta + \sum \Delta p_\lambda = \sum \zeta\gamma\frac{v^2}{2g} + \sum \lambda\gamma\frac{l}{d}\frac{v^2}{2g}$$

在设计液压系统时，如果液压执行机构（如液压缸等）所需要的有效工作油压为 p_s，则考虑到系统中的压力损失时，液压泵输出压力应为

$$p_B = p_s + \Delta p_{总}$$

因此，管路系统的压力效率 η_l 为

$$\eta_l = \frac{p_s}{p_B} = \frac{p_B - \Delta p_{总}}{p_B} = 1 - \frac{\Delta p_{总}}{p_B}$$

管路的压力损失将耗费功率和使油液发热，在设计管路时，应尽量减少液压损失。从前面所介绍的压力损失公式中可看出，在层流中沿程压力损失与流速 v 成正比，在紊流中沿程压力损失及局部压力损失与速度 v 的平方成正比，因此为了减少系统中的压力损失，液体在管道中的流速不应过高。但是，流速过低会使管道和阀类元件的尺寸加大，成本增高。

1.2.4　小孔及间隙流动

在液压传动系统中常遇到油液流经小孔或间隙的情况，如节流阀中的节流小孔及液压元件相对运动表面间的各种间隙。研究液体流经这些小孔和间隙的流量

压力特性，对于研究节流调速性能、计算泄漏都是很重要的。

1. 小孔流动

液体流经小孔的情况可以根据孔长 l 与孔径 d 的比值分为三种情况：$l/d \leqslant 0.5$ 时，称为薄壁小孔；$0.5 < l/d \leqslant 4$ 时，称为短孔；$l/d > 4$ 时，称为细长孔。

（1）液流流经薄壁小孔的流量　液体流经薄壁小孔的情况如图 1-17 所示。液流在小孔上游大约 $d/2$ 处开始加速并从四周流向小孔。由于流线不能突然转折到与管轴线平行，在液体惯性的作用下，外层流线逐渐向管轴方向收缩，逐渐过渡到与管轴线方向平行，从而形成收缩截面 A_c。对于圆孔，约在小孔下游 $d/2$ 处完成收缩。通常把最小收缩面积 A_c 与孔口截面积之比值称为收缩系数 C_c，即 $C_c = A_c/A$。其中 A 为小孔的通流截面积。

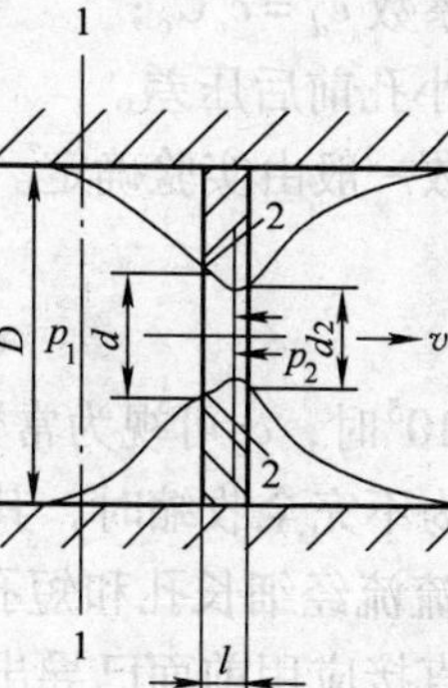

图 1-17　液体在薄壁小孔中的流动

液流收缩的程度取决于 Re、孔口及边缘形状、孔口离管道内壁的距离等因素。对于圆形小孔，当管道直径 D 与小孔直径 d 之比 $D/d \geqslant 7$ 时，流速的收缩作用不受管壁的影响，称为完全收缩。反之，管壁对收缩程度有影响时，则称为不完全收缩。

对于图 1-17 所示的通过薄壁小孔的液流，取截面 1—1 和 2—2 为计算截面，设截面 1—1 处的压力和平均速度分别为 p_1、v_1，截面 2—2 处的压力和平均速度分别为 p_2、v_2。由于选轴线为参考基准，则 $Z_1 = Z_2$，列伯努利方程为

$$\frac{p_1}{\gamma} + \frac{\alpha_1 v_1^2}{2g} = \frac{p_2}{\gamma} + \frac{\alpha_2 v_2^2}{2g} + h_w$$

由于小孔前管道的通流截面积 A_1 比小孔的通流截面积 A 大得多，故 $v_1 << v_2$，v_1 可忽略不计。此外，式中的 h_w 部分主要是局部压力损失，由于2—2 通流截面取在最小收缩截面处，所以它只有管道突然收缩而引起的压力损失。h_w 按下式计算：

$$h_w = \zeta v_2^2 / 2g$$

将上式代入伯努利方程中，并令 $\Delta p = p_1 - p_2$，求得液体流经薄壁小孔的平均速度 v_2 为

$$v_2 = \frac{1}{\alpha_2 + \zeta}\sqrt{\frac{2\Delta p}{\rho}}$$

令 $c_v = \dfrac{1}{\alpha_2 + \zeta}$（$c_v$为小孔流速系数），由于 v_2 是最小收缩截面上的平均速度，

设最小通流截面的面积为 A_c，与小孔通流截面积 A 的比值为 $A_c/A=C_c$，则流经小孔的流量为

$$q = AC_c v_2 = C_c c_v A\sqrt{\frac{2\Delta p}{\rho}} = c_d A\sqrt{\frac{2\Delta p}{\rho}} \tag{1-16}$$

式中　流量系数 $c_d=c_v C_c$；

Δp——小孔前后压差。

流量系数一般由实验确定。在液流完全收缩的情况下，当 $Re\leqslant 10^5$ 时，c_d 可按下式计算：

$$c_d = 0.964Re^{-0.05}$$

当 $Re>10^5$ 时，c_d 可视为常数，取值 $c_d=0.60\sim0.62$。

当液流为不完全收缩时，其流量系数 $c_d\approx0.7\sim0.8$。

(2) 液流流经细长孔和短孔的流量　液体流经细长小孔时一般都是层流状态，所以可直接应用前面已导出的直管流量式（1-7）来计算。当孔口直径为 d 时，截面积为 $A=\pi d^2/4$，可写成：

$$q = \pi d^4\Delta p/128\mu l \tag{1-17}$$

比较式（1-16）和式（1-17）不难发现，通过孔口的流量与孔口的面积、孔口前后的压力差以及孔口形式决定的特性系数有关。由式（1-16）可知，通过薄壁小孔的流量与油液的黏度无关，因此流量受油温变化的影响较小，但流量与孔口前后的压力差呈非线性关系；由式（1-17）可知，油液流经细长小孔的流量与小孔前后的压差 Δp 呈线性关系，同时由于公式中也包含油液的黏度 μ，因此流量受油温变化的影响较大。为了分析问题方便起见，将式（1-16）和式（1-17）一并用式（1-18）表示，即

$$q = kA\Delta p^m \tag{1-18}$$

式中　m——指数，当孔口为薄壁小孔时 $m=0.5$，当孔口为细长孔时 $m=1$；

k——孔口的通流系数，当孔口为薄壁孔时 $k=c_d\sqrt{2/\rho}$，当孔口为细长孔时 $k=d^2/32\mu l$。

液流流经短孔的流量仍可套用薄壁小孔的流量计算式：$q=c_dA(2\Delta p/\rho)^m$。由于短孔介于细长孔和薄壁孔之间，故有：$0.5<m<1$，其中特定短孔的流量系数 m 可在有关液压设计手册中查得。短孔加工比薄壁小孔容易，常用作固定节流器使用。

2. 间隙流动

液压元件内各零件间有相对运动，必须要有适当间隙。间隙过大，则会造成泄漏；间隙过小，则会使零件卡死。零件间的泄漏如图 1-18 所示。泄漏是由压差和间隙造成的。内泄漏的损失转换为热能，使油温升高，外泄漏污染环境，两者均影响系统的性能与效率。因此，研究液体流经间隙的泄漏量、压差与间隙量

之间的关系，对提高元件性能及保证系统正常工作是必要的。间隙中的流动一般为层流，一种是压差造成的流动称为压差流动，另一种是相对运动造成的流动称剪切流动，还有一种是在压差与剪切同时作用下的流动。

（1）平行平板的间隙流动　液体流经平行平板间隙的一般情况是既受压差 $\Delta p = p_1 - p_2$ 的作用，同时又受到平行平板间相对运动的作用，如图 1-19 所示。设平板长为 l，宽为 b（图中未画出），两平行平板间的间隙为 h，且 $l >> h$，$b >> h$，液体不可压缩，质量力忽略不计，黏度不变。在液体中取一个微元体 $\mathrm{d}x\,\mathrm{d}y$（宽度方向取单位长），作用在它与液流相垂直的两个表面上的压力为 p 和 $p+\mathrm{d}p$，作用在它与液流相平行的上下两个表面上的切应力为 τ 和 $\tau+\mathrm{d}\tau$，因此它的受力平衡方程为

$$p\mathrm{d}y + (\tau + \mathrm{d}\tau)\mathrm{d}x = (p + \mathrm{d}p)\mathrm{d}y + \tau\mathrm{d}x$$

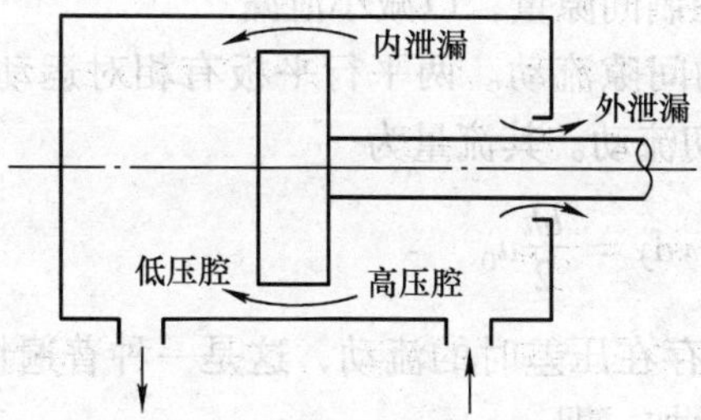

图 1-18　内泄漏与外泄漏

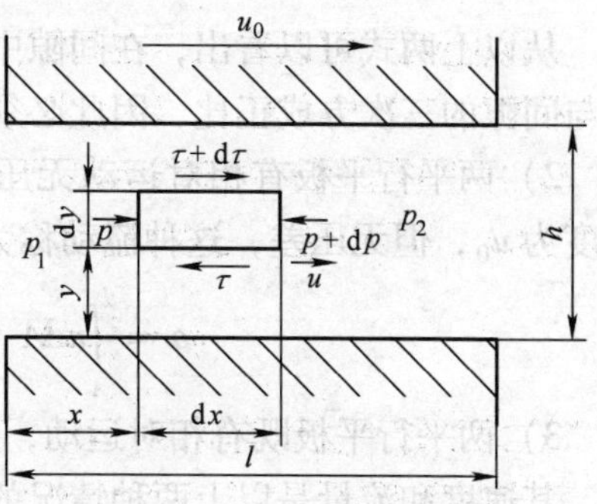

图 1-19　平行平板间隙流动

经过整理并将液体内摩擦力公式代入后有

$$\frac{\mathrm{d}^2 u}{\mathrm{d}y^2} = \frac{1}{\mu}\frac{\mathrm{d}p}{\mathrm{d}x}$$

对上式二次积分可得

$$u = \frac{y^2}{2\mu}\frac{\mathrm{d}p}{\mathrm{d}x} + C_1 y + C_2 \tag{1-19}$$

式中　C_1、C_2——积分常数。

下面分三种情况进行讨论。

1）固定平行平板间隙流动（压差流动）。上、下两平板均固定不动，液体在间隙两端的压差的作用下而在间隙中流动，称为压差流动。

将边界条件（当 $y=0$ 时，$u=0$；当 $y=h$ 时，$u=0$）代入式（1-19），得

$$C_1 = -\frac{h}{2\mu}\frac{\mathrm{d}p}{\mathrm{d}x}$$

$$C_2 = 0$$

所以

$$u = -\frac{h}{2\mu}(h - y)\frac{\mathrm{d}p}{\mathrm{d}x}$$

于是有

$$b\mathrm{d}y = -q = \int_A u\mathrm{d}A = -\int_0^h \frac{h}{2\mu}(h - y)y\frac{\mathrm{d}p}{\mathrm{d}x}b\mathrm{d}y = -\frac{bh^3}{12\mu}\frac{\mathrm{d}p}{\mathrm{d}x}$$

因为液流做层流流动时 p 只是 x 的线性函数，即

$$\frac{\mathrm{d}p}{\mathrm{d}x} = (p_1 - p_2)/l = -\Delta p/l$$

将此关系式代入上述流量公式，得

$$q = \frac{bh^3}{12\mu l}\Delta p \tag{1-20}$$

从以上两式可以看出，在间隙中的速度分布规律呈抛物线状，通过间隙的流量与间隙的三次方成正比，因此必须严格控制间隙量，以减小泄漏。

2）两平行平板有相对运动无压差时的间隙流动。两平行平板有相对运动，速度为 u_0，但无压差，这种流动称为纯剪切流动。其流量为

$$q = \int_A u\mathrm{d}A = \int_0^h \frac{u_0}{h}y\mathrm{d}y = \frac{bh}{2}u_0$$

3）两平行平板既有相对运动，两端又存在压差时的流动，这是一种普遍情况，其速度和流量是以上两种情况的线性叠加，即

$$q = \frac{bh^3}{12\mu l}\Delta p \pm \frac{bh}{2}u_0 \tag{1-21}$$

式（1-21）中正负号的确定：当长平板相对于短平板的运动方向和压差流动方向一致时，取“+”号；反之取“-”号。

由式（1-21），泄漏所造成的功率损失可写成：

$$P_{\mathrm{L}} = \Delta pq = \Delta p\left(\frac{bh^3}{12\mu l}\Delta p \pm \frac{bh}{2}u_0\right)$$

由此得出结论：间隙 h 越小，泄漏功率损失也越小。但是 h 的减小会使液压元件中的摩擦功率损失增大，因而间隙 h 有一个使这两种功率损失之和达到最小的最佳值，并不是越小越好。

（2）圆柱环形间隙流动

1）同心环形间隙在压差作用下的流动。图 1-20 所示为同心环形间隙流动，当 $h/r \ll 1$ 时，可以将环形间隙间的流动近似地看作是平行平板间隙间的流动，只要将 $b = \pi d$ 代入式（1-20），就可得到这种情况下的流动，即

$$q = \frac{\pi dh^3}{12\mu l}\Delta p \pm \frac{\pi dh}{2}u_0 \tag{1-22}$$

该式中“+”号和“-”号的确定同式（1-21）。

2）偏心环形间隙在压差作用下的流动。液压元件中经常出现偏心环状的情况，如活塞与液压缸不同心时就形成了偏向环状间隙。偏心环状间隙中的液流如图 1-21 所示。R 为外圆半径，r 为内圆半径，e 为环形间隙的偏心距。定义：$R-r=h$，$\frac{e}{h}=\varepsilon$（相对偏心量），则偏心环状间隙中的流量（推导从略）为

$$q=\frac{\pi dh^3}{12\mu l}\Delta p(1+1.5\varepsilon^2) \tag{1-23}$$

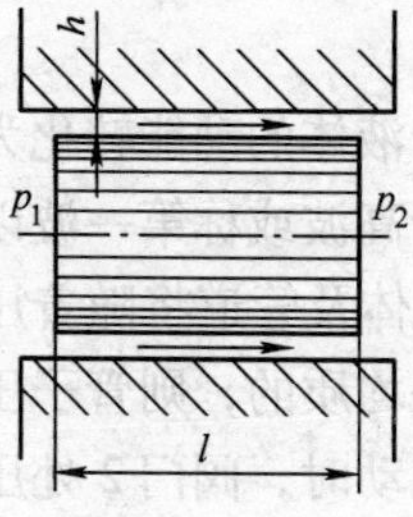

图 1-20　同心环形间隙间的液流

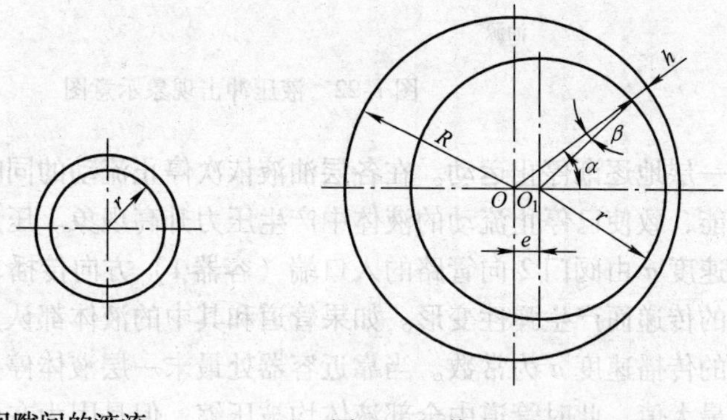

图 1-21　偏心环状间隙中的液流

在式（1-23）中，如果 $\varepsilon=0$，则相当于同心环形缝隙的情况，这时式（1-23）就变成式（1-22）。如果偏心距达到最大值，即 $e=h$，相当于 $\varepsilon=1$，这时由式（1-23）可得通过偏心环形缝隙的最大流量为

$$q_{max}=\frac{\pi dh^3}{12\mu l}\Delta p(1+1.5)$$

即

$$q_{max}=2.5q$$

由上述可知，环形缝隙由于偏心可使泄漏量增大，当偏心最大时，可使泄漏量增大 2.5 倍。

1.2.5　液压冲击及空穴现象

1. 液压冲击

在液压系统中，当极快地换向或关闭液压回路，致使液流速度急速地改变（变向或停止）时，由于流动液体的惯性或运动部件的惯性，会使系统内的压力发生突然升高或降低，这种现象称为液压冲击（水力学中称为水锤现象）。

图 1-22 表示，液体在压力管道中流动，如果在某一瞬间，换向阀 2 突然关闭，则紧靠阀 2 的一层油液首先停止运动，从这一层油液开始，管子中的油液将

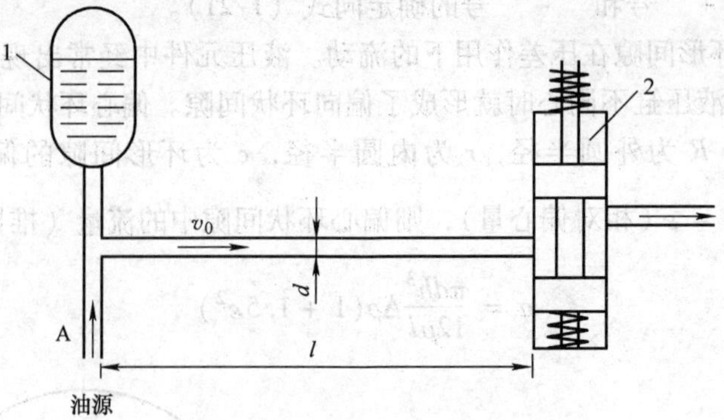

图 1-22　液压冲击现象示意图

一层一层地逐渐停止运动。在各层油液依次停止流动的同时，液体的动能转化为压力能，致使已停止流动的液体中产生压力升高现象。压力升高波或称第一波以很高速度 a 由阀门 2 向管路的入口端（容器 1）方向传播，液体及管道将随着压力波的传递而产生弹性变形。如果管道和其中的液体都认为是均质的，则管子压力波的传播速度 a 为常数。当靠近容器处最末一层液体停止流动时，阀门 2 处压力达最大值。此时管道中全部液体均被压缩。但是因为在此瞬间容器中的压力小于阀门处的压力，因而液体转向容器方向流动，管道中压力开始降低，压力衰减波逐层向阀门处传递，称为第二波。

当液压冲击波第一波刚结束时，阀门处压力达最大值，此值即为我们所要求的最大压力升高值。设管道的通流面面积为 A，第一波从产生到结束的时间为 t，管长为 l，管子中压力升高值为 Δp，管中油液的密度为 ρ，管中的起始流速为 v_0，关闭后流速为 v'（当阀门全闭时，$v'=0$），对这段液体运用动量定律，可得

$$\Delta pA = \frac{\rho(v_0 - v')Al}{t}$$

$$\Delta p = \rho(v_0 - v')\frac{l}{t}$$

但 $\frac{l}{t} = a$，为冲出波之传播速度，故有

$$\Delta p = \rho(v_0 - v')a \tag{1-24}$$

如果阀门为全闭，则

$$\Delta p = \rho v_0 a \tag{1-25}$$

式（1-24）和式（1-25）中的 Δp 值为液压冲击中可能产生的最大压力升高值。

液压冲击根据阀门关闭的快慢不同而有所差异，设阀门的关闭时间为 t_0(s)，

冲击波从起始点开始再反射到起始点上的时间为 t （s），则 t 可采用下式表示：

$$t = 2l/a$$

如果阀门关闭的时间 $t_0 < t$ ，这种情况称为瞬时关闭，这时液流由于速度改变所引起的能量变化全部转变为液压能，这种液压冲击一般称为完全冲击。压力升高值可按式（1-24）和式（1-25）计算。

如果阀门关闭的时间 $t_0 > t$ ，这种情况称为逐渐关闭，这时液流由于速度改变所引起的能量变化仅有一部分（相当于 t/t_0 的部分）转变为液压能，这种液压冲击一般称为非完全冲击。此时，Δp 可近似地用下式计算：

$$\Delta p = \rho(v_0 - v')a \frac{t}{t_0} \tag{1-26}$$

从式（1-24）、式（1-25）和式（1-26）可知，只要能算出冲击波传播速度 a 的值，则液压冲击压力升高值即可求出。

液压冲击的危害是很大的。发生液压冲击时管路中的冲击压力往往急增很多倍，而使按工作压力设计的管道破裂。此外，所产生的液压冲击波会引起液压系统的振动和冲击噪声。因此，在液压系统设计时要考虑这些因素，应当尽量减少液压冲击的影响。为此，一般可采用如下措施：

1）缓慢关闭阀门，削减冲击波的强度。

2）在阀门前设置蓄能器，以减小冲击波传播的距离。

3）应将管中流速限制在适当的范围内，或采用橡胶软管来减小液压冲击。

4）在系统中装置安全阀，可起泄压作用。

2. 空穴现象

一般液体中溶解有空气，如水中溶解有约 2% 体积的空气，液压油中溶解有 6% ~12% 体积的空气。成溶解状态的气体对油液体积弹性模量没有影响，成游离状态的小气泡则对油液体积弹性模量产生显著的影响。液体中空气的溶解度与压力成正比。当压力降低时，原先压力较高时溶解于油液中的气体成为过饱和状态，于是就要分解出游离状态微小气泡；当压力低于空气分离压 p_τ 时，溶解的气体就要以很高速度分解出来。微小气泡聚合长大，使原来充满油液的管道变为混有许多气泡的不连续状态，这种现象称为空穴现象。油液的空气分离压随油温及空气溶解度而变化，当油温 $t = 50℃$ 时，$p_\tau < 3.5\text{Pa}$（绝对压力）。

空穴现象会引起系统的振动，产生冲击、噪声、气蚀，使工作状态恶化。为此，应采取如下预防措施：

1）限制泵吸油口距油面高度，泵吸油口要有足够的管径，过滤器压力损失要小，自吸能力差的泵要采用辅助供油。

2）管路密封要好，防止空气渗入。

第2章 液压泵

液压泵起着向系统提供动力源的作用，是液压系统的动力元件。液压泵将原动机（电动机或内燃机）输出的机械能转换为工作液体的压力能，也是一种能量转换装置。

2.1 液压泵概述

2.1.1 液压泵的工作原理及特点

1. 液压泵的工作原理

液压泵都是依靠密封容积变化的原理来进行工作的，故一般称为容积式液压泵。图2-1所示为单柱塞液压泵的工作原理图。图2-1中柱塞2装在缸体3中形成一个密封容积a，柱塞在弹簧4的作用下始终压紧在偏心轮1上。原动机驱动偏心轮1旋转使柱塞2做往复运动，使a密封容积的大小发生周期性的交替变化。当a由小变大时就形成部分真空，使油箱中油液在大气压作用下，经吸油管顶开单向阀6进入油腔a而实现吸油；反之，当a由大变小时，a腔中吸满的油液将顶开单向阀5流入系统而实现压油。这样液压泵就将原动机输入的机械能转换成液体的压力能，原动机驱动偏心轮1不断旋转，液压泵就不断地吸油和压油。

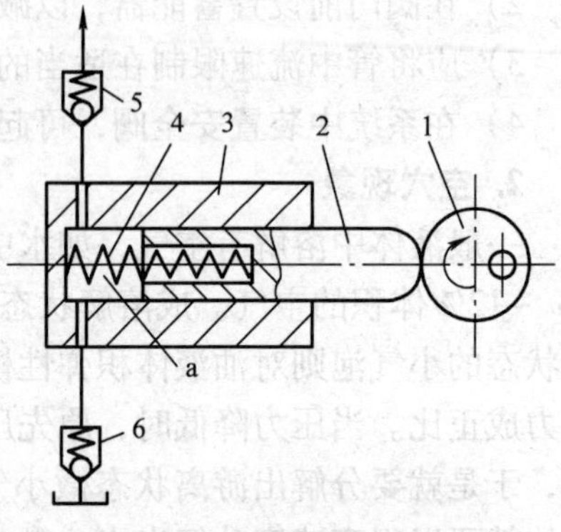

图2-1 液压泵工作原理图
1—偏心轮 2—柱塞 3—缸体
4—弹簧 5、6—单向阀

2. 液压泵的特点与分类

容积式液压泵有以下三个基本特点：

1）具有可以周期性变化容积的密封空间。密封空间容积变大时，吸油；密封空间容积变小时，压油。这是容积式液压泵的基本特性。

2）具有相应的配流机构，既可将吸油腔和压油腔隔开，又能保证容积变大的密封空间和吸油腔连通，容积变小的密封空间和压油腔连通。液压泵的结构原理不同，其配油机构也不相同，如图2-1中的单向阀5、6就是配油机构。

3）油箱内液体的绝对压力必须等于或大于大气压力。这是容积式液压泵能够吸入油液的外部条件。

此外，容积式液压泵还有以下性能：

1）吸油高度过高或吸油管路阻力太大，会使吸油腔真空度过高而影响液压泵的自吸能力，压油腔的压力则取决于外负载和排油管路的压力损失。

2）容积式液压泵排油的理论流量取决于液压泵的有关几何尺寸和转速，而与排油压力无关。但排油压力会影响泵的内泄漏和油液的压缩量，从而影响泵的实际输出流量，所以液压泵的实际输出流量随排油压力的升高而降低。

液压泵按其在单位时间内所能输出的油液的体积是否可调节而分为定量泵和变量泵两类；按结构形式可分为齿轮式、叶片式和柱塞式三大类。定量泵的图形符号如图2-2a所示，变量泵的元件图形符号如图2-2b所示。

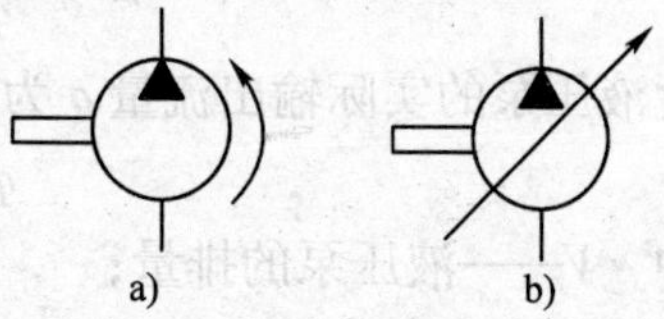

图2-2　泵的图形符号

2.1.2　液压泵的主要性能参数

1. 压力

（1）工作压力　液压泵实际工作时的输出压力称为工作压力。工作压力的大小取决于外负载的大小和排油管路上的压力损失，而与液压泵的流量无关。

（2）额定压力　液压泵在正常工作条件下，按标准规定连续运转的最高压力称为液压泵的额定压力。

（3）最高允许压力　在超过额定压力的条件下，允许液压泵短暂运行的最高压力值，称为液压泵的最高允许压力。

2. 排量和流量

（1）排量 V　液压泵每转一周，由其密封容积几何尺寸变化计算而得的排出液体的体积叫作液压泵的排量。排量可调节的液压泵称为变量泵，排量为常数的液压泵则称为定量泵。

（2）理论流量 q_t　理论流量是指在不考虑内外泄漏流量的情况下，液压泵在单位时间内所排出液体体积的平均值。显然，如果液压泵的排量为 V，其主轴转速为 n，则该液压泵的理论流量 q_t 为

$$q_t = Vn \tag{2-1}$$

（3）实际流量 q　液压泵在某一具体工况下，单位时间内所排出的液体体积称为实际流量，它等于理论流量 q_t减去泄漏流量 Δq，即

$$q = q_t - \Delta q \tag{2-2}$$

（4）额定流量 q_n　液压泵在正常工作条件下，按试验标准规定（如在额定压力和额定转速下）必须保证的流量。

3. 功率和效率

（1）液压泵的功率损失　液压泵的功率损失有容积损失和机械损失两部分。

1）容积损失。容积损失是指液压泵流量上的损失。液压泵的实际输出流量总是小于其理论流量，其主要原因是由于液压泵内部高压腔的泄漏。液压泵的容积损失用容积效率来表示，它等于液压泵的实际输出流量 q 与其理论流量 q_t之比，即

$$\eta_V^P = \frac{q}{q_t} = \frac{q_t - \Delta q}{q_t} = 1 - \frac{\Delta q}{q_t} \tag{2-3}$$

因此液压泵的实际输出流量 q 为

$$q = q_t \eta_V^P = Vn\eta_V^P \tag{2-4}$$

式中　V——液压泵的排量；

n——液压泵的转速；

η_V^P——液压泵的容积效率。

液压泵的容积效率随着液压泵工作压力的增大而减小，且随液压泵的结构类型不同而异。

2）机械损失。机械损失是指液压泵在转矩上的损失。液压泵的实际输入转矩 T 总是大于理论上所需要的转矩 T_t，其主要原因是由于液压泵体内相对运动部件之间因机械摩擦而引起的摩擦转矩损失以及液体的黏性而引起的摩擦损失。液压泵的机械损失用机械效率表示，它等于液压泵的理论转矩 T_t与实际输入转矩 T 之比。设转矩损失为 ΔT，则液压泵的机械效率为

$$\eta_m^P = \frac{T_t}{T} = \frac{1}{1 + \frac{\Delta T}{T_t}} \tag{2-5}$$

（2）液压泵的功率

1）输入功率 P_i。液压泵的输入功率是指作用在液压泵主轴上的机械功率，当输入转矩为 T，角速度为 ω 时，有

$$P_i = T\omega \tag{2-6}$$

2）输出功率 P_o。液压泵的输出功率是指液压泵在工作过程中的实际吸、压油口间的压差 Δp 和输出流量 q 的乘积，即

$$P_o = \Delta pq \tag{2-7}$$

式中　P_o——液压泵的输出功率（W）；

Δp——液压泵吸、压油口之间的压力差（Pa）；

q——液压泵的实际输出流量（m^3/s）。

在实际的计算中，若油箱通大气，液压泵吸、压油的压力差往往用液压泵出口压力 p 代入。凡涉及功率、转矩和力的计算时，在上述各公式中，各参数的单位必须采用国际标准米、千克、秒制。

（3）液压泵的总效率　液压泵的总效率是指液压泵的实际输出功率与其输入功率的比值，即

$$\eta_t^P = \frac{P_o}{P_i} = \frac{\Delta pq}{T\omega} = \frac{\Delta pq_t\eta_V^P}{\frac{T_t\omega}{\eta_m^P}} = \eta_V^P\eta_m^P \tag{2-8}$$

其中，$\frac{\Delta pq_t}{\omega} = T_t$，$T_t$ 为理论输入转矩。

由式（2-8）可知，液压泵的总效率等于其容积效率与机械效率的乘积，所以液压泵的输入功率也可写成：

$$P_i = \frac{\Delta pq}{\eta_t^P} \tag{2-9}$$

液压泵的各个参数和压力之间的关系如图 2-3 所示。

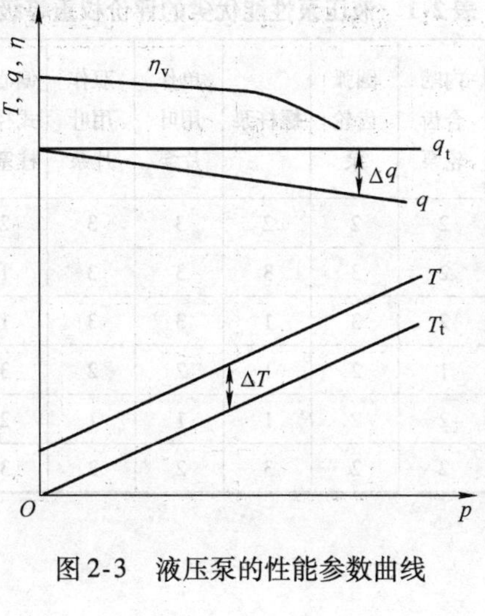

图 2-3　液压泵的性能参数曲线

4. 液压泵的种类

根据使密封工作腔容积发生变化的运动部件的不同，可对液压泵进行分类，如图 2-4 所示。

每种液压泵都有各自的功能特点，优缺点也因使用工况不同而异。各种液压

泵性能优劣的评价权重等级见表2-1，其中1表示优，2表示良，3表示中，4表示差。

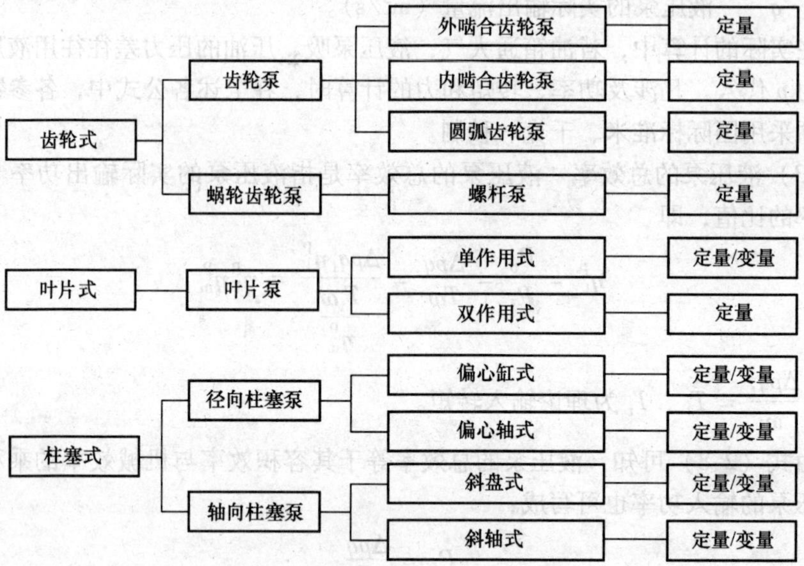

图2-4　液压泵分类

表2-1　液压泵性能优劣的评价权重等级

种类 权重 性能	外啮合齿轮泵	内啮合齿轮泵	圆弧齿轮泵	螺杆泵	单作用叶片泵	双作用叶片泵	偏心轴式径向柱塞泵	偏心缸式径向柱塞泵	斜轴式轴向柱塞泵	斜盘式轴向柱塞泵
工作转速范围	1	2	2	2	3	3	2	2	2	2
工作压力范围	2	2	3	3	3	3	1	1	1	1
黏度范围	1	2	3	1	3	3	1	1	1	1
最高噪声	4	1	2	1	2	2	3	3	3	3
寿命	3	2	2	1	1	1	2	2	2	2
价格	1	2	2	3	2	2	3	3	3	3

2.2　齿轮泵

齿轮泵是液压系统中广泛采用的一种液压泵，它是定量泵。按结构不同，齿轮泵分为外啮合齿轮泵和内啮合齿轮泵，而以外啮合齿轮泵应用最广。

2.2.1 齿轮泵的工作原理和结构

齿轮泵的工作原理如图 2-5 所示，它是分离三片式结构，三片是指泵盖 4、8 和泵体 7。

泵体 7 内装有一对齿数相同、宽度和泵体接近而又互相啮合的齿轮 6，这对齿轮与两端盖和泵体形成一密封腔，并由齿轮的齿顶和啮合线把密封腔划分为两部分，即吸油腔和压油腔。两齿轮分别用键固定在由滚针轴承支承的主动轴 12 和从动轴 15 上，主动轴由电动机带动旋转。当泵的主动齿轮按图示箭头方向旋转时，齿轮泵右侧（吸油腔）齿轮脱开啮合，齿轮的轮齿退出齿间，使密封容积增大，形成局部真空，油箱中的油液在外界大气压的作用下，经吸油管路、吸油腔进入齿间。随着齿轮的旋转，吸入齿间的油液被带到另一侧，进入压油腔。这时轮齿进入啮合，使密封容积逐渐减小，齿轮间部分的油液被挤出，形成了齿轮泵的压油过程。齿轮啮合时齿向接触线把吸油腔和压油腔分开，起配油作用。当齿轮泵的主动齿轮由电动机带动不断旋转时，轮齿脱开啮合的一侧由于密封容积变大则不断从油箱中吸油，轮齿进入啮合的一侧由于密封容积减小则不断地排油，这就是齿轮泵的工作原理。CB- B 齿轮泵的实体结构如图 2-6 所示。

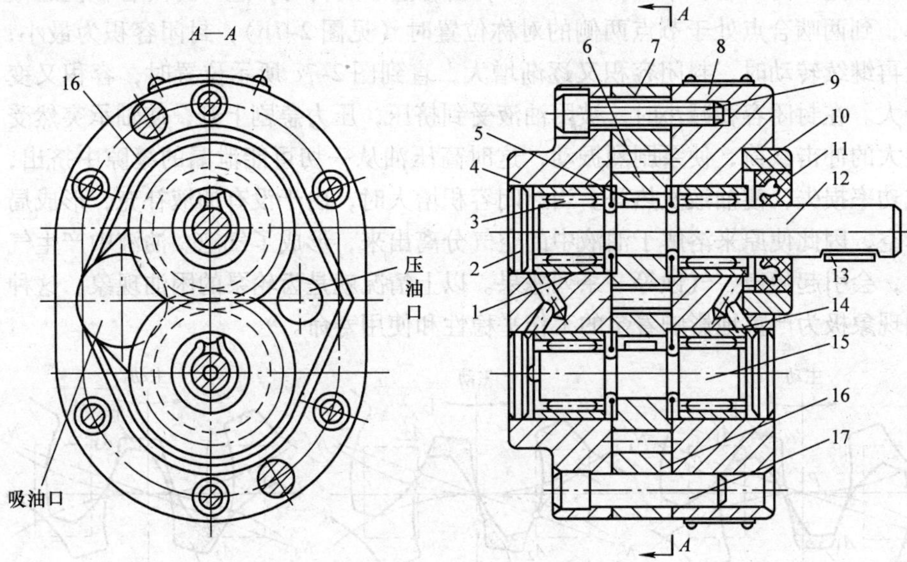

图 2-5 CB- B 齿轮泵的结构

1—轴承外环 2—堵头 3—滚子 4—后泵盖 5、13—键 6—齿轮 7—泵体 8—前泵盖 9—螺钉 10—压环 11—密封环 12—主动轴 14—泄油孔 15—从动轴 16—泄油槽 17—定位销

图 2-6　CB-B 齿轮泵的实体结构

2.2.2　齿轮泵的困油问题

齿轮泵要能连续地供油，就要求齿轮啮合的重叠系数 ε 大于 1，也就是当一对齿轮尚未脱开啮合时，另一对齿轮已进入啮合，这样，就出现同时有两对齿轮啮合的瞬间，在两对齿轮的齿向啮合线之间形成了一个封闭容积，一部分油液也就被困在这一封闭容积中（见图 2-7a）；齿轮连续旋转时，这一封闭容积便逐渐减小，到两啮合点处于节点两侧的对称位置时（见图 2-7b），封闭容积为最小；齿轮再继续转动时，封闭容积又逐渐增大，直到图 2-7c 所示位置时，容积又变为最大。在封闭容积减小时，被困油液受到挤压，压力急剧上升，使轴承突然受到很大的冲击载荷，使泵剧烈振动，这时高压油从一切可能泄漏的缝隙中挤出，造成功率损失，使油液发热等。当封闭容积增大时，由于没有油液补充，形成局部真空，因此使原来溶解于油液中的空气分离出来，形成了气泡。油液中产生气泡后，会引起噪声、气蚀等一系列恶果。以上情况就是齿轮泵的困油现象。这种困油现象极为严重地影响着泵的工作平稳性和使用寿命。

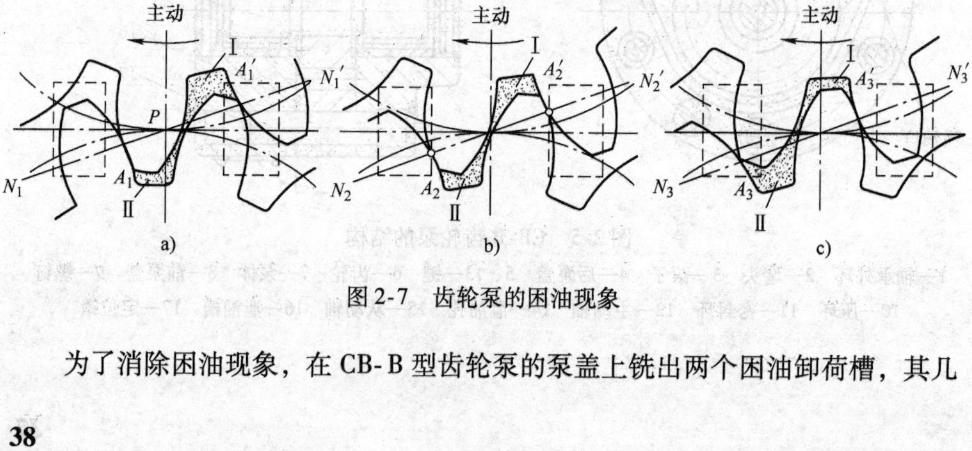

图 2-7　齿轮泵的困油现象

为了消除困油现象，在 CB-B 型齿轮泵的泵盖上铣出两个困油卸荷槽，其几何关系如图2-8所示。卸荷槽的位置应该使困油腔由大变小时能通过卸荷槽与压油腔相通，而当困油腔由小变大时能通过另一卸荷槽与吸油腔相通。两卸荷槽之间的距离为 a，必须保证在任何时候都不能使压油腔和吸油腔互通。

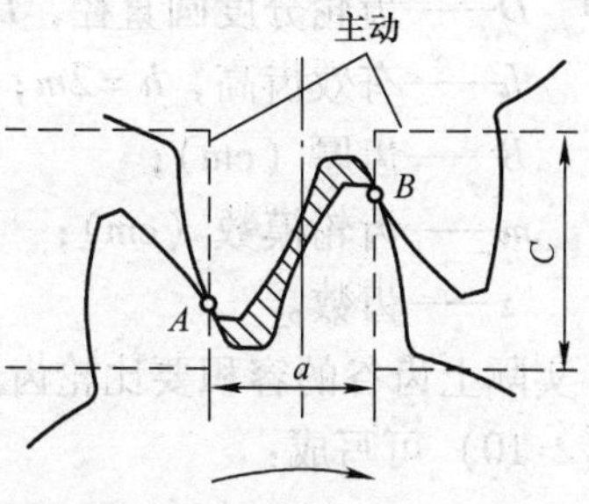

图2-8 齿轮泵的困油卸荷槽图

按上述对称开的卸荷槽，当困油封闭腔由大变至最小时（见图2-8），由于油液不易从即将关闭的缝隙中挤出，故封闭油压仍将高于压油腔压力；齿轮继续转动，当封闭腔和吸油腔相通的瞬间，高压油又突然和吸油腔的低压油相接触，会引起冲击和噪声。于是CB-B型齿轮泵将卸荷槽的位置整个向吸油腔侧平移了一个距离。这时封闭腔只有在由小变至最大时才和压油腔断开，油压没有突变，封闭腔和吸油腔接通时，封闭腔不会出现真空也没有压力冲击，这样改进后，使齿轮泵的振动和噪声得到了进一步改善。

2.2.3 齿轮泵的径向不平衡力

齿轮泵工作时，在齿轮和轴承上承受径向液压力的作用。如图2-9所示，泵的右侧为吸油腔，左侧为压油腔，在压油腔内有液压力作用于齿轮上，沿着齿顶的泄漏油具有大小不等的压力，就是齿轮和轴承受到的径向不平衡力。液压力越高，这个不平衡力就越大，其结果不仅加速了轴承的磨损，降低了轴承的寿命，甚至使轴变形，造成齿顶和泵体内壁的摩擦等。为了解决径向力不平衡问题，在有些齿轮泵上采用开压力平衡槽的办法来消除径向不平衡力，但这将使泄漏增大，容积效率降低等。CB-B型齿轮泵则采用缩小压油腔，以减少液压力对齿顶部分的作用面积来减小径向不平衡力，所以泵的压油口孔径比吸油口孔径要小。

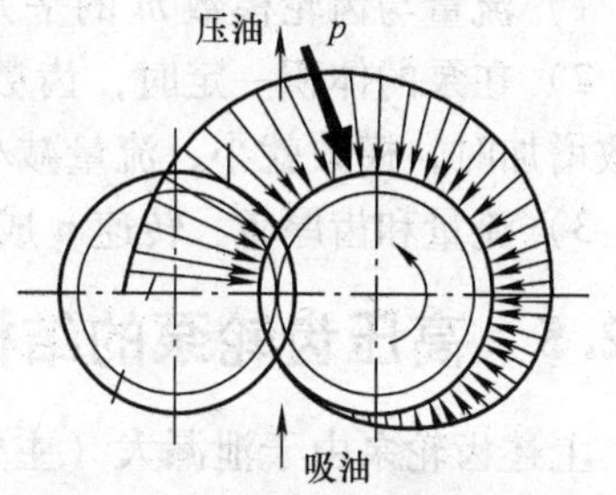

图2-9 齿轮泵的径向不平衡力

2.2.4 齿轮泵的流量计算

齿轮泵的排量 V 相当于一对齿轮所有齿谷容积之和，假如齿谷容积大致等于轮齿的体积，那么齿轮泵的排量等于一个齿轮的齿谷容积和轮齿容积体积的总和，即相当于以有效齿高（$h=2m$）和齿厚 B 构成的平面所扫过的环形体积，即

$$V = \pi DhB = 2\pi zm^2B \qquad (2\text{-}10)$$

式中 D——齿轮分度圆直径，$D=mz$；

h——有效齿高，$h=2m$；

B——齿厚（cm）；

m——齿轮模数（cm）；

z——齿数。

实际上齿谷的容积要比轮齿的体积稍大，故上式中的 π 常以 3.33 代替，则式（2-10）可写成：

$$V = 6.66zm^2B \tag{2-11}$$

齿轮泵的流量 q（L/min）为

$$q = q_t\eta_V^P = 6.66zm^2Bn\eta_V^P \times 10^{-3} \tag{2-12}$$

式中 n——齿轮泵转速（r/min）；

η_V^P——齿轮泵的容积效率；

z——齿数。

实际上齿轮泵的输油量是有脉动的，故式（2-12）所表示的是泵的平均输油量。

从上面公式可以看出，流量和几个主要参数的关系为：

1）流量与齿轮模数 m 的平方成正比。

2）在泵的体积一定时，齿数少，模数就大，故流量增加，但流量脉动大；齿数增加时，模数就小，流量减小，流量脉动也小。

3）流量和齿厚 B、转速 n 成正比。

2.2.5 高压齿轮泵的结构特点

上述齿轮泵由于泄漏大（主要是端面泄漏，占总泄漏量的 70%～80%），且存在径向不平衡力，故压力不易提高。高压齿轮泵主要是针对上述问题采取了改进措施，如尽量减小径向不平衡力和提高轴与轴承的刚度；对泄漏量最大的端面间隙，采用了自动补偿装置等。下面对端面间隙的补偿装置做简单介绍。

1. 浮动轴套式

图 2-10a 所示为浮动轴套式的间隙补偿装置。它是将泵的出口液压油引入到齿轮轴上浮动轴套 1 的外侧 A 腔。在液体压力作用下，轴套紧贴齿轮 3 的侧面，因而可以消除间隙并可补偿齿轮侧面和轴套间的磨损量。在泵起动时，靠弹簧 4 来产生预紧力，保证了轴向间隙的密封。

2. 浮动侧板式

浮动侧板式补偿装置的工作原理与浮动轴套式基本相似，它也是将泵的出口液压油引到浮动侧板 1 的背面（见图 2-10b），使之紧贴于齿轮 3 的端面来补偿间隙。起动时，浮动侧板靠密封圈来产生预紧力。

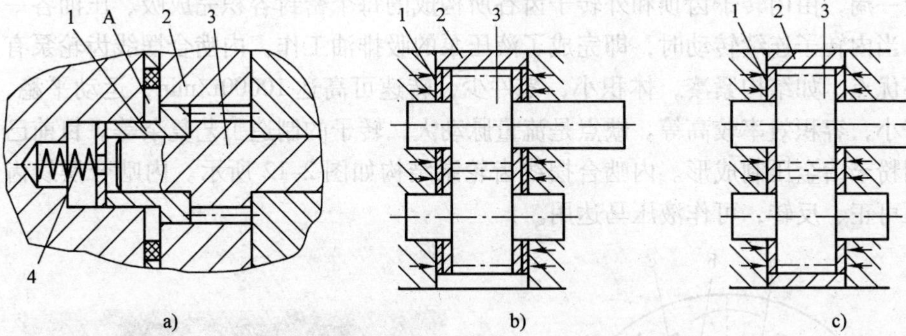

图2-10 端面间隙的补偿

a）浮动轴套式

1—浮动轴套 2—泵体 3—齿轮 4—弹簧

b）浮动侧板式

1—浮动侧板 2—泵体 3—齿轮

c）挠性侧板式

1—侧板 2—泵体 3—齿轮

3. 挠性侧板式

图2-10c 所示为挠性侧板式间隙补偿装置。它是将泵的出口液压油引到侧板1的背面后，靠侧板自身的变形来补偿端面间隙的。侧板的厚度较薄，内侧面要耐磨（如烧结有0.5~0.7mm 的磷青铜）。这种结构采取一定措施后，易使侧板外侧面的压力分布大体上和齿轮3侧面的压力分布相适应。

2.2.6 内啮合齿轮泵

内啮合齿轮泵的工作原理也是利用齿间密封容积的变化来实现吸油和压油的。内啮合齿轮泵分为内啮合渐开线齿轮泵和内啮合摆线齿轮泵。

图2-11 所示为内啮合摆线齿轮泵的工作原理。它是由配油盘（前、后盖)、外转子（从动轮）和偏心安置在泵体内的内转子（主动轮）等组成，也叫转子泵。外转子齿形是圆弧，内转子齿形为短幅外摆线的等距线，内、外转子相差一齿，图中内转子为6齿，外转子为7齿。由于内外转子是多齿啮合，这就形成了若干密封容积。当内转子围绕中心 O_1 旋转时，带动外转子绕外转子中心 O_2 做同向旋转。这时，由内转子齿顶 A_1 和外转子齿谷 A_2 间形成的密封容积 c，随着转子的转动密封容积逐渐扩大，于是就形成局部真空，油液从配油窗口 b 被吸入密封腔，至 A'_1、A'_2 位置时封闭容积最大，这时吸油完毕。当转子继续旋转时，充满油液的密封容积便逐渐减小，油液受挤压，于是通过另一配油窗口 a 将油排出，至内转子的另一齿全部和外转子的齿谷 A_2 全部啮合时，压油完毕。内转子

每转一周，由内转子齿顶和外转子齿谷所构成的每个密封容积完成吸、压油各一次，当内转子连续转动时，即完成了液压泵的吸排油工作。内啮合摆线齿轮泵有许多优点，如结构紧凑，体积小，零件少，转速可高达10000r/min，运动平稳，噪声小，容积效率较高等。缺点是流量脉动大，转子的制造工艺复杂等。目前已采用粉末冶金压制成形。内啮合摆线齿轮泵结构如图2-12所示。内啮合摆线齿轮泵可正、反转，可作液压马达用。

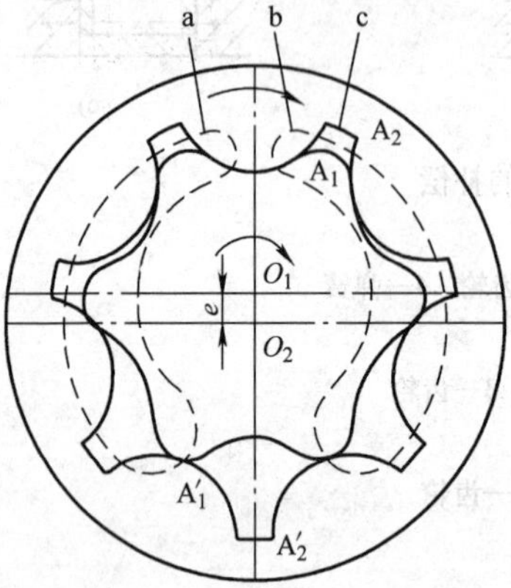

图2-11　内啮合摆线齿轮泵的工作原理

图2-12　内啮合摆线齿轮泵的结构

图2-13所示为内啮合渐开线齿轮泵的工作原理。驱动轴带动转子齿轮在定子的内齿廓上转动，转子和定子间有一半月板将吸压油区隔开。内转子如图2-13所示转动时，下部120°吸油，上部120°压油。

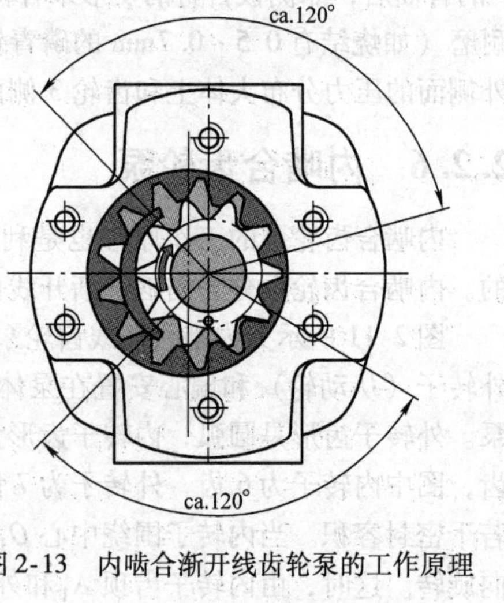

图2-13　内啮合渐开线齿轮泵的工作原理

2.3　叶片泵

叶片泵的结构较齿轮泵复杂，但其流量脉动小，工作平稳，噪声较小，寿命较长，所以被广泛应用于专业机床、自动线等中低压液压系统中。叶片泵分单作用叶片泵（变量泵，最大工作压力为7.0MPa）和双作用叶片泵（定量泵）。

2.3.1 单作用叶片泵

1. 结构和原理

图2-14所示单作用叶片泵的定子2具有圆柱形内表面，定子和转子1间有偏心距e，叶片3装在转子槽中，并可在槽内移动，当转子回转时，由于离心力的作用，使叶片紧靠在定子内壁，这样在定子、转子、叶片和两侧配油盘间就形成若干个密封的工作区间，当转子按图2-14所示的方向回转时，在图的右部，叶片逐渐伸出，叶片间的工作空间逐渐增大，从吸油口吸油，这就是吸油腔。在图的左部，叶片被定子内壁逐渐压进槽内，工作空间逐渐减小，将油液从压油口压出，这就是压油腔。在吸油腔和压油腔间有一段封油区，把吸油腔和压油腔隔开。叶片泵转子每转一周，每个工作空间完成一次吸油和压油，故称单作用叶片泵。

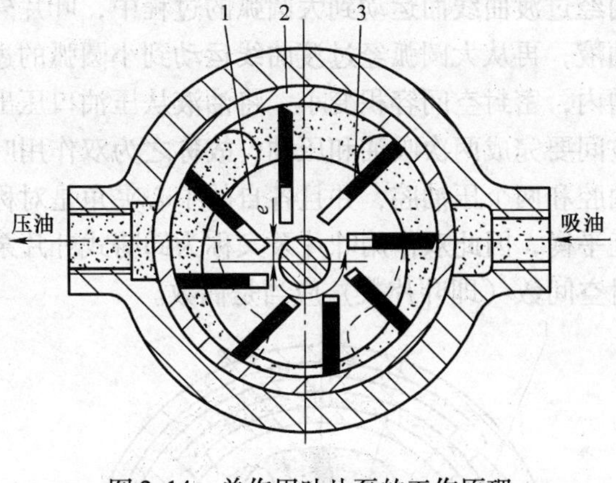

图2-14 单作用叶片泵的工作原理

1—转子 2—定子 3—叶片

2. 排量和流量的计算

当叶片泵的定子圆柱形内表面半径为R，叶片厚度为B，定子和转子间偏心距为e时，排量V为

$$V = 4\pi ReB$$

当叶片泵的转速为n、容积效率为η_V^{P}时，理论流量q_{t}和实际流量q分别为

$$q_{\mathrm{t}} = Vn = 4\pi ReBn$$

$$q = q_{\mathrm{t}}\eta_V^{\mathrm{P}} = 4\pi ReBn\eta_V^{\mathrm{P}}$$

3. 结构特点

单作用叶片泵具有以下结构特点：①叶片后倾；②转子上受有不平衡径向力，压力增大，不平衡力增大，不宜用于高压；③均为变量泵结构。

单作用叶片泵的流量是有脉动的，理论分析表明，泵内叶片数越多，流量脉动率越小，且奇数叶片泵的脉动率比偶数叶片泵的脉动率小，所以单作用的叶片数均为奇数，一般为 13 片或 15 片。

2.3.2　双作用叶片泵

1. 结构和原理

双作用叶片泵的工作原理如图 2-15 所示，它是由定子 1、转子 2、叶片 3 和配油盘（图中未画出）等组成。转子和定子中心重合，定子内表面近似为椭圆柱形（该椭圆柱形由两段长半径圆弧、两段短半径圆弧和四段过渡曲线组成）。当转子转动时，叶片在离心力和（建压后）根部油液压力的作用下，在转子槽内向外移动而压向定子内表面，由叶片、定子的内表面、转子的外表面和两侧配油盘间形成若干个密封空间，当转子按图 2-15 所示方向顺时针旋转时，处在小圆弧上的密封空间经过渡曲线而运动到大圆弧的过程中，叶片外伸，密封空间的容积增大，吸入油液；再从大圆弧经过渡曲线运动到小圆弧的过程中，叶片被定子内壁逐渐压入槽内，密封空间容积变小，将油液从压油口压出。由于转子每转一周，每个工作空间要完成两次吸油和压油，故称之为双作用叶片泵。这种叶片泵由于有两个吸油腔和两个压油腔，并且各自的中心夹角是对称的，作用在转子上的油液压力相互平衡，因此双作用叶片泵又称为卸荷式叶片泵。为了要使径向力完全平衡，密封空间数（即叶片数）应当是偶数。

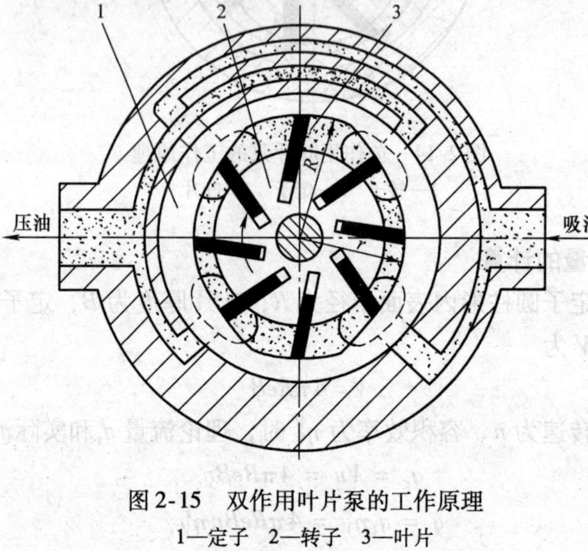

图 2-15　双作用叶片泵的工作原理

1—定子　2—转子　3—叶片

2. 排量

由于转子在转一周的过程中，每个密封空间完成两次吸油和压油。不考虑叶

片厚度 b 和叶片倾角 β 的影响时，当定子的大圆弧半径为 R、小圆弧半径为 r、定子宽度为 B、叶片数为 z 时，两次吸压油过程，每个密封容积排出的油液体积为扇形角为 $2\pi/z$、厚度为 B、但半径分别为 R 和 r 的两个扇形柱状体体积之差的两倍；z 个密封容积排出的油液体积就是圆环柱体体积的两倍。在考虑叶片厚度 b 和叶片倾角 β 的影响后，双作用叶片泵的排量为

$$V = 2\pi B(R^2 - r^2) - 2zBb(R - r)/\cos\beta$$

3. 结构特点

双作用叶片泵的结构如图 2-16 所示。其主要由定子、转子、叶片、配油盘、传动轴、轴承、密封、泵体等组成。其结构特点是：①叶片倾角沿旋转方向前倾 10°～14°，以减小压力角；②叶片底部通以液压油，防止压油区叶片内滑；③转子上的径向负荷平衡；④为防止压力跳变，配油盘上开有三角槽（眉毛槽），同时可避免困油；⑤双作用泵不能改变排量，只可作定量泵用。

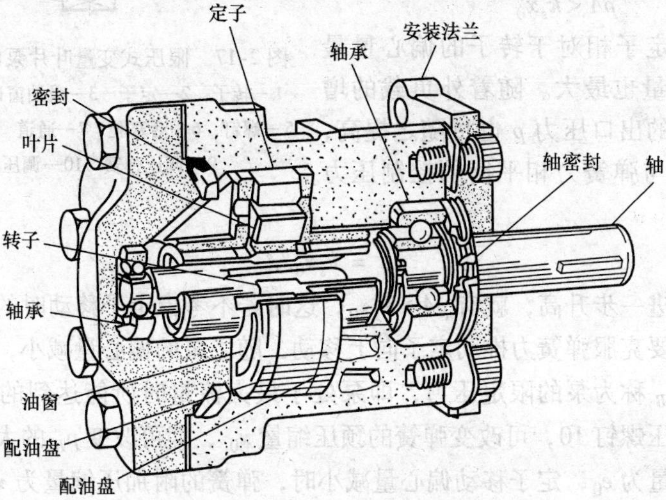

图 2-16　双作用叶片泵的结构

2.3.3　限压式变量叶片泵

1. 结构和工作原理

限压式变量叶片泵是单作用叶片泵。根据前面介绍的单作用叶片泵的工作原理，改变定子和转子间的偏心距 e，就能改变泵的输出流量。限压式变量叶片泵能借助输出压力的大小自动改变偏心距 e 的大小来改变输出流量。当压力低于某一可调节的限定压力时，泵的输出流量最大；当压力高于限定压力时，随着压力的增加，泵的输出流量线性地减少，其工作原理如图 2-17 所示。

图 2-17 中，1 为转子，在转子槽中装有叶片，2 为定子，3 为配油盘上的吸

油窗口，8 为压油窗口，9 为调压弹簧，10 为调压螺钉，4 为活塞，5 为调节流量螺钉。泵的出口经通道 7 与活塞缸 6 相通。在泵未运转时，定子 2 在调压弹簧 9 的作用下，紧靠活塞 4，并使活塞 4 靠在螺钉 5 上。这时，定子和转子有一偏心量 e_0。调节螺钉 5 的位置，便可改变 e_0。当泵的出口压力 p 较低时，则作用在活塞 4 上的液压力也较小，若此液压力小于上端的弹簧作用力，当活塞的面积为 A，调压弹簧的刚度为 k_s，预压缩量为 x_0 时，有

$$pA < k_s x_0$$

此时，定子相对于转子的偏心量最大，输出流量也最大。随着外负载的增大，液压泵的出口压力 p 也将随之提高，当压力升至与弹簧力相平衡的控制压力 p_B 时，有

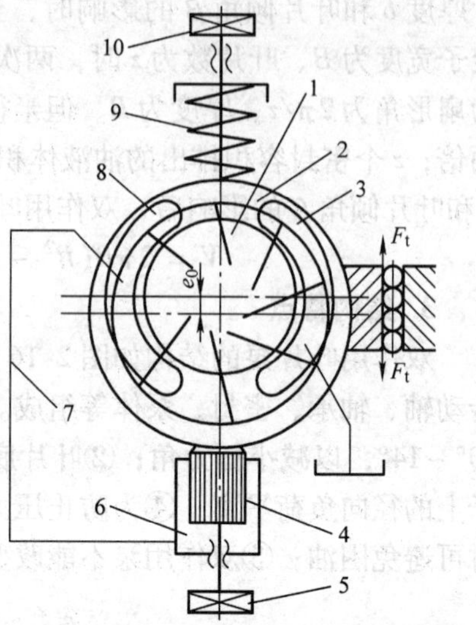

图 2-17　限压式变量叶片泵的工作原理
1—转子　2—定子　3—吸油窗口　4—活塞
5—螺钉　6—活塞腔　7—通道　8—压油窗口
9—调压弹簧　10—调压螺钉

$$p_B = k_s x_0 / A$$

当压力进一步升高，就有 $pA > k_s x_0$，这时若不考虑定子移动时的摩擦力，液压作用力就要克服弹簧力推动定子向上移动，随之泵的偏心量减小，泵的输出流量也减小。p_B 称为泵的限定压力，即泵处于最大流量时所能达到的最高限定压力，调节调压螺钉 10，可改变弹簧的预压缩量 x_0，即可改变 p_B 的大小。设定子的最大偏心量为 e_0，定子移动偏心量减小时，弹簧的附加压缩量为 x，则定子移动后的偏心量 e 为

$$e = e_0 - x$$

定子的受力平衡方程式为

$$pA = k_s(x_0 + x)$$

可以看出，泵的工作压力越高，定子附加移动越大；偏心量越小，泵的输出流量也越小。

图 2-18 所示为限压变量泵的实际结构。图中定子上半部为压油区，作用在定子内部的液体压力使定子向上并通过滑块 2 使之与滚针 1 靠紧，使定子移动灵活。压力调节螺钉 11 用以调节限压变量泵的起控压力。最大流量调节螺钉 8 用以限制定子的最大偏心量，即泵的空载流量。

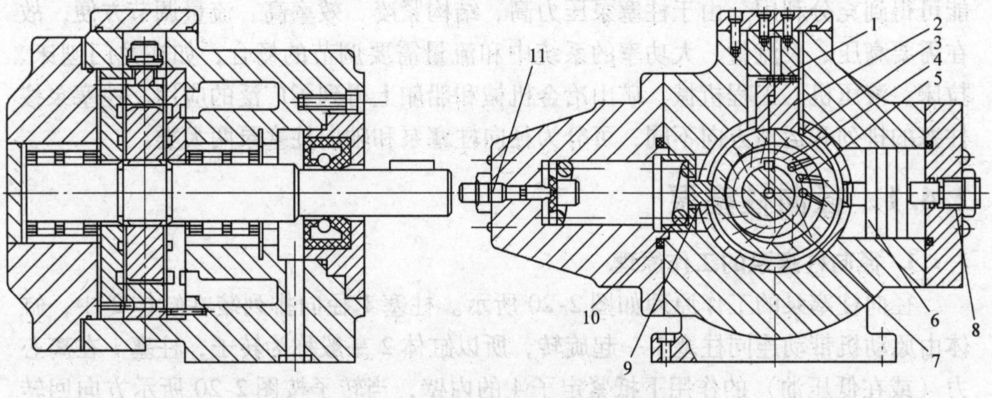

图 2-18　限压变量泵的实际结构

1—滚针　2—滑块　3—定子　4—转子　5—叶片　6—活塞　7—轴
8—最大流量调节螺钉　9—弹簧座　10—弹簧　11—压力调节螺钉

2. 特性曲线

图 2-19 所示为限压式变量叶片泵的特性曲线。

1）流量压力曲线 q-p。AB 段：工作压力 $p<p_B$，输出流量 q_A 不变，但供油压力增大，泄漏流量 Δq_L 也增加，故实际流量 q 减小；BC 段：工作压力 $p>p_B$，弹簧压缩量增大，偏心量减少，泵的输出流量减小。若定子的偏心量 $e=0$，则 $p_C=p_{max}$，此时的压力 p_C 为截止压力。调节弹簧的刚度 k_s，可改变 BC 段的斜率。

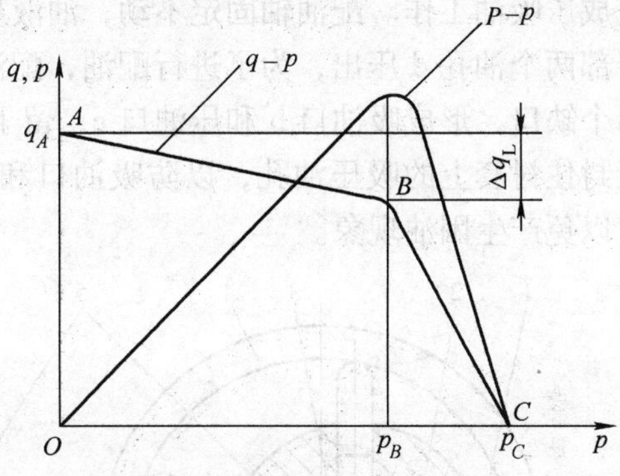

图 2-19　限压式变量叶片泵特性曲线

2）功率压力曲线 P-p。功率峰值在 P_B 处。

2.4　柱塞泵

柱塞泵是靠柱塞在缸体中做往复运动造成密封容积的变化来实现吸油与压油的液压泵。与齿轮泵和叶片泵相比，柱塞泵有许多优点：首先，构成密封容积的零件为圆柱形的柱塞和缸体孔，加工方便，可得到较高的配合精度，密封性能好，高压工作时仍有较高的容积效率；其次，只需改变柱塞的工作行程就能改变排量，易于实现变量；第三，柱塞泵中的主要零件均受压应力作用，材料强度性能可得到充分利用。由于柱塞泵压力高、结构紧凑、效率高、流量调节方便，故在需要高压、大流量、大功率的系统中和流量需要调节的场合，如在龙门刨床、拉床、液压机、工程机械、矿山冶金机械和船舶上得到了广泛的应用。柱塞泵按柱塞的排列和运动方向不同，可分为径向柱塞泵和轴向柱塞泵两大类。

2.4.1 径向柱塞泵

1. 径向柱塞泵的工作原理

径向柱塞泵的工作原理如图 2-20 所示。柱塞 1 径向排列装在缸体 2 中，缸体由原动机带动连同柱塞 1 一起旋转，所以缸体 2 一般称为转子，柱塞 1 在离心力（或在低压油）的作用下抵紧定子 4 的内壁，当转子按图 2-20 所示方向回转时，由于定子和转子之间有偏心距 e，柱塞转到上半周时向外伸出，柱塞底部的容积逐渐增大，形成部分真空，因此便经过衬套 3（衬套 3 是压紧在转子内，并和转子一起回转）上的油孔从配油轴 5 和吸油口 b 吸油。当柱塞转到下半周时，定子内壁将柱塞向里推，柱塞底部的容积逐渐减小，向配油轴的压油口 c 压油。当转子回转一周时，每个柱塞底部的密封容积完成一次吸压油，转子连续运转，即完成压吸油工作。配油轴固定不动，油液从配油轴上半部的两个孔 a 流入，从下半部两个油孔 d 压出，为了进行配油，配油轴在和衬套 3 接触的一段加工出上下两个缺口，形成吸油口 b 和压油口 c，留下的部分形成封油区。封油区的宽度应能封住衬套上的吸压油孔，以防吸油口和压油口连通，但尺寸也不能大得太多，以免产生困油现象。

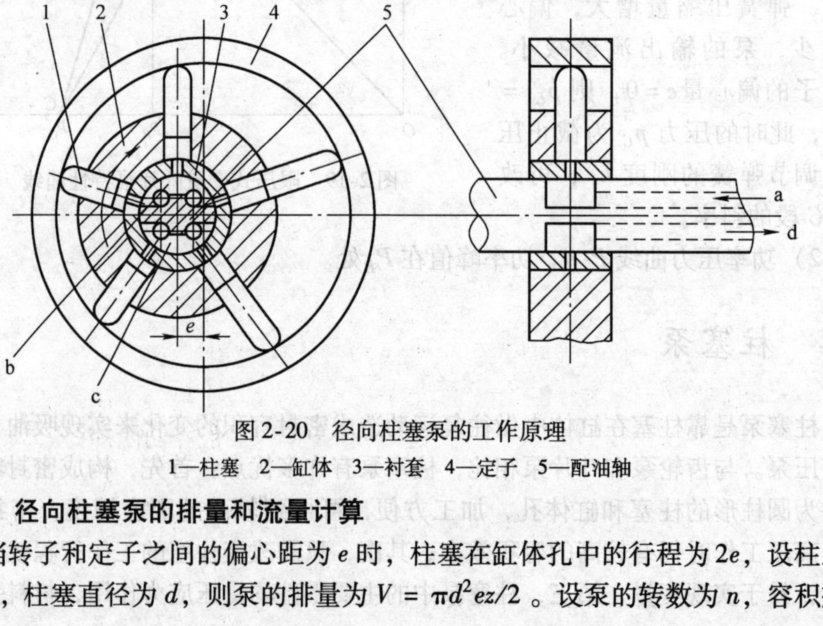

图 2-20　径向柱塞泵的工作原理

1—柱塞　2—缸体　3—衬套　4—定子　5—配油轴

2. 径向柱塞泵的排量和流量计算

当转子和定子之间的偏心距为 e 时，柱塞在缸体孔中的行程为 $2e$，设柱塞个数为 z，柱塞直径为 d，则泵的排量为 $V = \pi d^2 ez/2$。设泵的转数为 n，容积效率

为 η_V^P，则泵的实际输出流量为 $q = \pi d^2 ezn\eta_V^P/2$。

2.4.2 轴向柱塞泵

1. 轴向柱塞泵的工作原理

轴向柱塞泵是将多个柱塞配置在一个共同缸体的圆周上，并使柱塞中心线和缸体中心线平行的一种泵。轴向柱塞泵有两种形式，即直轴式（斜盘式）和斜轴式（摆缸式）。图2-21所示为直轴式轴向柱塞泵的工作原理。这种泵主体由缸体1、配油盘2、柱塞3和斜盘4等组成。柱塞沿圆周均匀分布在缸体内。斜盘轴线与缸体轴线倾斜一角度，柱塞靠机械装置或在低压油作用下压紧在斜盘上（图中为弹簧），配油盘2和斜盘4固定不转，当原动机通过传动轴使缸体转动时，由于斜盘的作用，迫使柱塞在缸体内做往复运动，并通过配油盘的配油窗口进行吸油和压油。如图2-21中所示回转方向，当缸体转角在 $\pi \sim 2\pi$ 范围内时，柱塞向外伸出，柱塞底部缸孔的密封工作容积增大，通过配油盘的吸油窗口吸油；在 $0 \sim \pi$ 范围内时，柱塞被斜盘推入缸体，使缸孔容积减小，通过配油盘的压油窗口压油。缸体每转一周，每个柱塞各完成吸、压油一次。如果改变斜盘倾角 γ，就能改变柱塞行程的长度，即改变液压泵的排量；改变斜盘倾角方向，就能改变吸油和压油的方向，即成为双向变量泵。

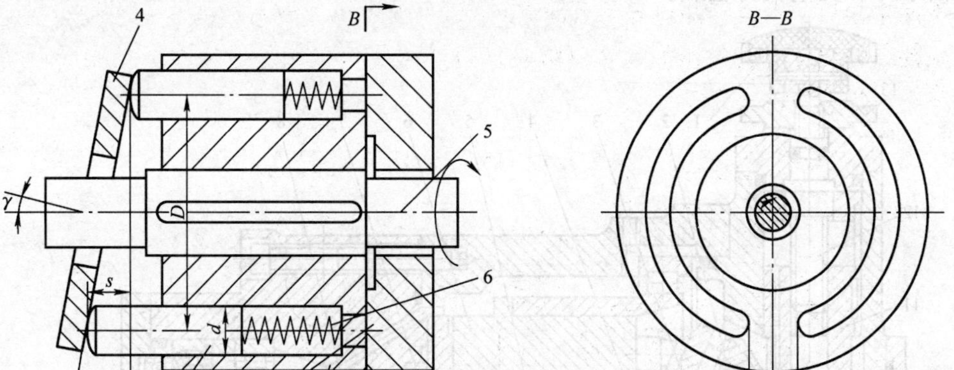

图2-21 直轴式轴向柱塞泵的工作原理

1—缸体 2—配油盘 3—柱塞 4—斜盘 5—传动轴 6—弹簧

配油盘上吸油窗口和压油窗口之间的密封区宽度 l_1 应稍大于柱塞缸体底部通油孔宽度，但不能相差太大，否则会发生困油现象。一般在两配油窗口的两端部开有小三角槽，以减小冲击和噪声。

斜轴式轴向柱塞泵的缸体轴线相对传动轴轴线成一倾角，传动轴端部用万向铰链、连杆与缸体中的每个柱塞相连接，当传动轴转动时，通过万向铰链、连杆使柱塞和缸体一起转动，并迫使柱塞在缸体中做往复运动，借助配油盘进行吸油和压油（详见“3. 轴向柱塞泵的典型结构”）。这类泵的优点是变量范围大，泵的强度较高，但和上述直轴式相比，其结构较复杂，外形尺寸和重量均较大。

轴向柱塞泵的优点是：结构紧凑，径向尺寸小，惯性小，容积效率高，目前最高压力可达 40.0MPa，甚至更高，一般用于工程机械、压力机等高压系统中，但其轴向尺寸较大，轴向作用力也较大，结构比较复杂。

2. 轴向柱塞泵的排量和流量计算

见图 2-21，柱塞的直径为 d，柱塞分布圆直径为 D，斜盘倾角为 γ 时，柱塞的行程为 $s = D\tan\gamma$，所以当柱塞数为 z 时，轴向柱塞泵的排量为

$$V = \pi d^2 zD\tan\gamma/4 \tag{2-13}$$

设泵的转数为 n，容积效率为 η_V^P，则泵的实际输出流量为

$$q = \pi d^2 nzD\eta_V^P\tan\gamma/4$$

实际上，由于柱塞在缸体孔中运动的速度不是恒速的，因而输出流量是有脉动的。当柱塞数为奇数时，脉动较小，且柱塞数多脉动也较小，因而一般常用柱塞泵的柱塞个数为 7、9 或 11。

3. 轴向柱塞泵的典型结构

（1）CY 型和 ZB 型轴向柱塞泵　图 2-22 所示为一种斜盘式轴向柱塞泵，它由泵体和变量机构组成。

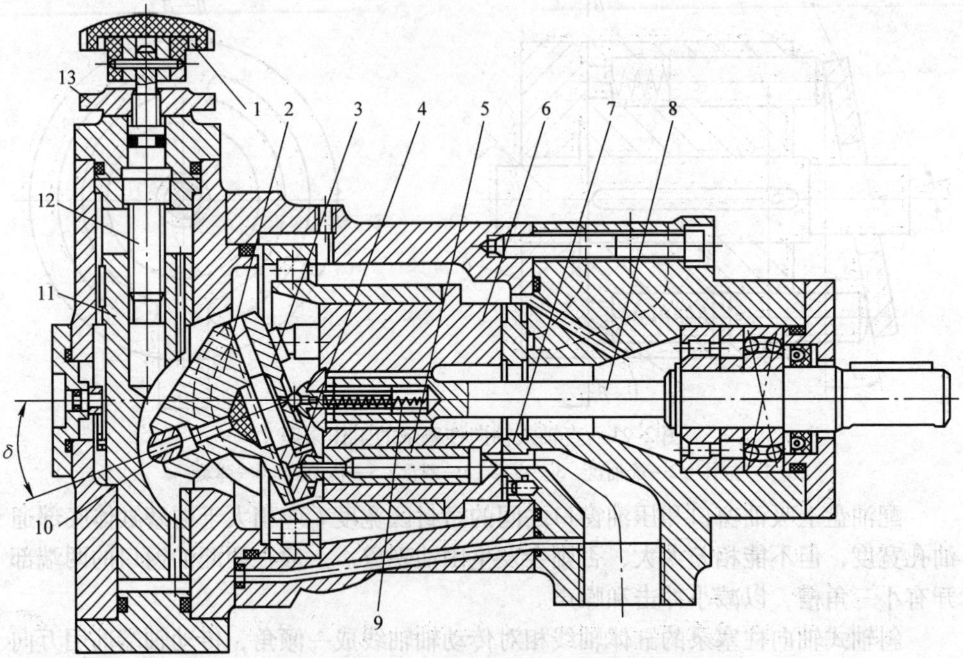

图 2-22　CY14 斜盘式轴向柱塞泵结构

1—手轮　2—斜盘　3—回程盘　4—滑履　5—柱塞　6—缸体　7—配油盘　8—传动轴
9—弹簧　10—轴销　11—变量活塞　12—丝杠　13—锁紧螺母

1）泵体结构。柱塞的球状头部装在滑履4内，以缸体作为支撑的弹簧9通过钢球推压回程盘3，回程盘和柱塞滑履一同转动。在排油过程中借助斜盘2推动柱塞做轴向运动，在吸油时依靠回程盘、钢球和弹簧组成的回程装置将滑履紧紧压在斜盘表面上滑动。弹簧9一般称为回程弹簧。这样的泵具有自吸能力。在滑履与斜盘相接触的部分有一油室，它通过柱塞中间的小孔与缸体中的工作腔相连。液压油进入油室后在滑履与斜盘的接触面间形成一层油膜，起着静压支撑的作用，使滑履作用在斜盘上的力大大减小，因而磨损也减小。

传动轴8通过左边的花键带动缸体6旋转，由于滑履4贴紧在斜盘2表面上，柱塞5在随缸体6旋转的同时在缸体中做往复运动。缸体6中柱塞5底部的密封工作容积是通过配油盘7与泵的进出口相通的。随着传动轴8的转动，液压泵就连续地吸油和排油。

2）变量机构。由式（2-13）可知，若要改变轴向柱塞泵的排量，只要改变斜盘的倾角，即可改变轴向柱塞泵的排量和输出流量。下面介绍CY14泵的手动变量和伺服变量机构的工作原理。

① 手动变量机构。如图2-22所示，转动手轮1，使丝杠12转动，带动变量活塞11做轴向移动（因导向键的作用，变量活塞只能做轴向移动，不能转动）。通过轴销10使斜盘2绕变量机构壳体上的圆弧导轨面的中心（即钢球中心）旋转，从而使斜盘倾角改变，达到变量的目的。当流量达到要求时，可用锁紧螺母13锁紧。这种变量机构结构简单，但操纵不轻便，且不能在工作过程中变量。

② 伺服变量机构。图2-23所示为轴向柱塞泵的伺服变量机构，以此机构代替图2-22所示轴向柱塞泵中的手动变量机构，就成为手动伺服变量泵。其工作原理为：泵输出的液压油由通道经单向阀a进入变量机构壳体的下腔d，液压力作用在变量活塞4的下端。当与伺服阀阀芯1相连接的拉杆不动时（图示状态），变量活塞4的上腔g处于封闭状态，变量活塞不动，斜盘3在某一相应的位置上。当使拉杆向下移动时，推动阀芯1一起向下移动，d腔的液压油经通道e进入上腔g。由于变量活塞1上端的有效面积大于下端的有效面积，向下的液压力大于向上的液压，故变量活塞4也随之向下移动，直到将通道e的油口封闭为止。当变量活塞的移动量等于拉杆的位移量、变量活塞向下移动时，通过轴销带动斜盘3摆动，斜盘倾斜角增加，泵的输出流入随之增加；当拉杆带动伺服阀阀芯1向上运动时，阀芯将通道f打开，上腔g通过卸压通道接通油箱，变量活塞4向上移动，直到阀芯将卸压通道关闭为止（阀芯的移动量也等于拉杆的移动量）。这时斜盘也被带动做相应的摆动，使倾斜角减小，泵的流量也随之相应地减小。由上述可知，伺服变量机构是通过操作液压伺服阀动作，利用泵输出的液压油推动变量活塞来实现变量的，故加在拉杆上的力很小，控制灵敏。拉杆可用手动方式或机械方式操作，斜盘可以倾斜±18°，故在工作过程中泵的吸压油

方向可以变换，因而这种泵就成为双向变量液压泵。

除了以上介绍的两种变量机构外，CY14 泵还有多种变量机构，如恒功率变量机构、恒压变量机构等，这些变量机构与轴向柱塞泵的泵体部分组合就成为各种不同变量方式的轴向柱塞泵，在此不一一介绍。

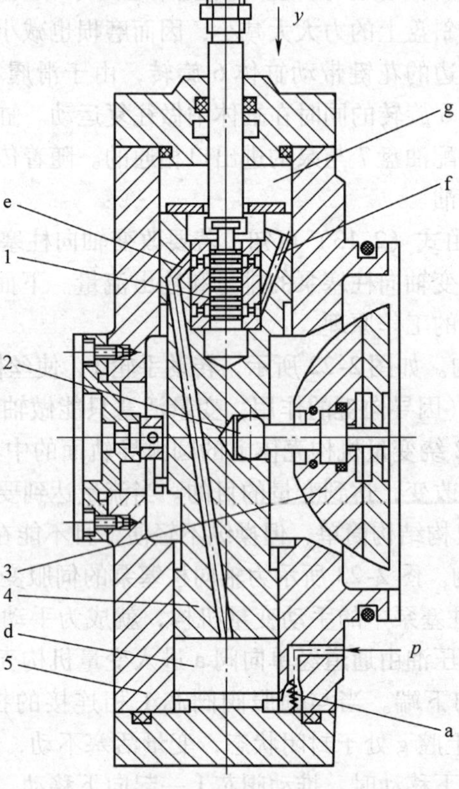

图 2-23　CY14 斜盘式轴向柱塞泵伺服变量机构

1—阀芯　2—铰链　3—斜盘　4—变量活塞　5—壳体

（2）通轴式轴向柱塞泵　通轴式轴向柱塞泵也属直轴式轴向柱塞泵。通轴式轴向柱塞泵的特点是：传动轴穿过斜盘并支承在两端的轴承上，取消了缸体外大轴承，缸体所受径向力直接由传动轴承受，因而轴径必须大大加粗。在通轴式轴向柱塞泵中，为使缸体因受径向力作用而引起的微小倾斜能自动补偿，使之与配流盘均衡贴紧，因而采用缸体自整位式、缸体浮动式和配流盘浮动式等多种结构。

图 2-24 所示为缸体自整位通轴泵的结构。该泵的工作原理和其他滑履型轴向柱塞泵一样，但结构的不同处在于，主传动轴 2 穿过斜盘，两端由轴承支承，

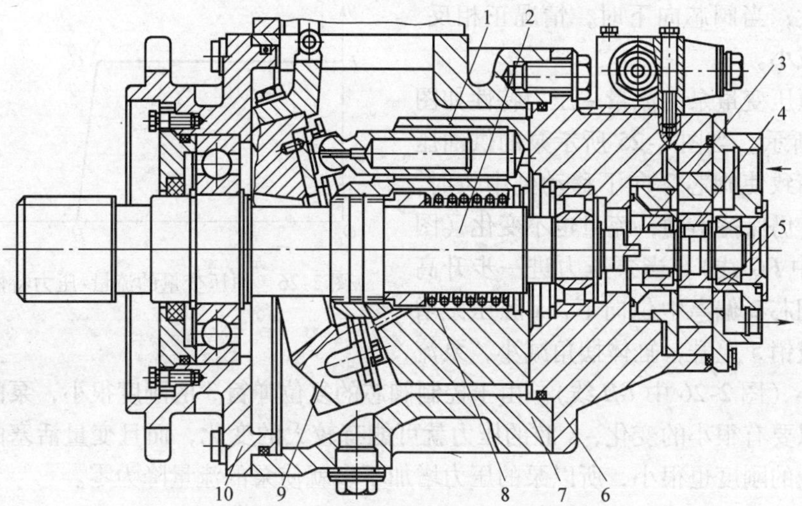

图 2-24 缸体自整位通轴泵的结构

1—转子缸体 2—主传动轴 3—十字联轴节 4—内转子 5—外转子
6—后盖 7—泵体 8—弹簧 9—斜盘 10—前盖

转子缸体 1 支承在主传动轴 2 上，取消了 CY 型和 ZB 型泵支承在转子缸体外面的轴承。该泵无单独配流盘，而是通过转子缸体 1 与后盖 6 直接实现配流。弹簧 8 的作用是将转子缸体 1 压向后盖 6 的配油端，以保证泵起动时的压紧力。作用在转子缸体上的径向力通过鼓形花键传给主动轴。如果配流面有磨损或制造安装有误差，则依靠缸体绕鼓形花键微小摆动而自整位，以维持配流面的密封性能，故称该类泵为缸体自整位通轴泵。这种泵可做成各种变量式，图 2-25 所示为恒压变量泵。

恒压变量机构的原理如图2-25 所示。变量活塞 7 的面积为变量活塞 4 的一半。变量活塞 7 的油腔直接和泵的输出口相通，而变量活塞 4 的油腔和控制阀套 1 的沉割槽 x 腔相通，变量活塞 4 所受压力的大小由阀芯 2 的位移来控制，阀芯 2 的台肩宽度稍小于阀套沉割槽的宽度。当阀芯处于图 2-25 所示中位时，a、b 处形成两个同样大小的开口，其阻力相等。当阀芯 2 向上时，a 处阻力增大，b 处减小，变量活塞 7 推动拔销 5 向下，使缸体摆角及泵排

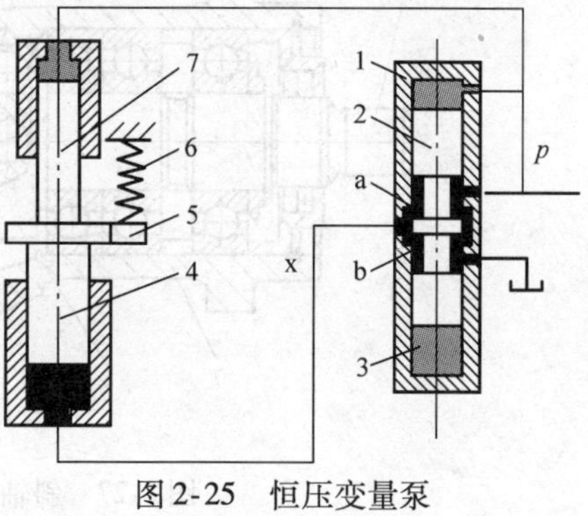

图 2-25 恒压变量泵

1—阀套 2—阀芯 3—控制阀芯的复位弹簧
4、7—变量活塞 5—拔销 6—变量活塞的复位弹簧

量增大；当阀芯向下时，情况正相反，排量减小。

恒压变量泵的流量－压力特性如图 2-26 所示。当图 2-25 所示泵的供油压力升高致使阀芯 2 向下移动到中位时，拔销 5 仍保持不动，流量也不变化（图 2-26 中 *FG* 线）。当泵压力进一步升高时，阀芯 2 偏离中位向下，x 腔压力增加，拔销 5 上升，缸体摆角减小，泵流量减小（图 2-26 中 *GH* 线）。由于控制阀芯的复位弹簧 3 的刚度很小，泵的供油压力只要有很小的变化，x 腔的压力就可能有较大的变化，而且变量活塞的复位弹簧 6 的刚度也很小，所以泵的压力增加不多就使泵的流量降为零。

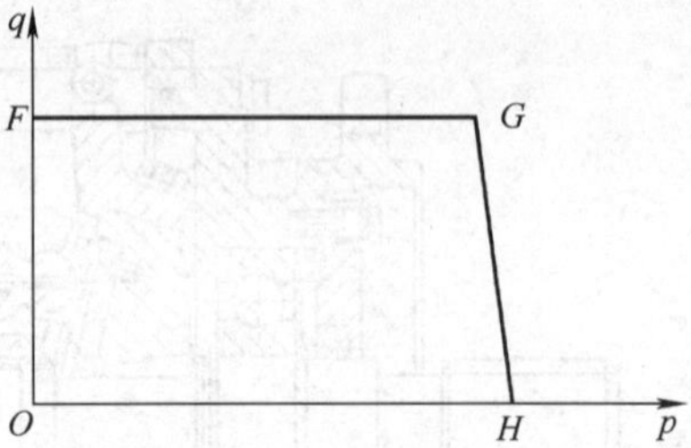

图 2-26　恒压变量的流量-压力特性

（3）斜轴式轴向柱塞泵

1）组成及原理。图 2-27 所示为斜轴式轴向柱塞泵。该泵由传动主轴 1、连杆 2、柱塞 3、缸体 4、球面配流盘 5、后盖 6、壳体 7、驱动盘 8 及中心轴 9 等组成。缸体与传动主轴轴线成一倾斜角 α，轴端部的驱动盘 8 用万向铰链、连杆与缸体中的每个柱塞相连接。当原动机带动泵的传动主轴旋转时，由连杆-柱塞副交替“拨动”缸体在具有腰形窗口的配油盘上做滑动旋转。由于传动主轴与缸体轴线有一夹角，柱塞由下止点向上止点运动时便获得一个吸油行程，通过吸油口及配流盘的腰形窗口将油液吸入缸体。当柱塞由上止点向下止点运动时，便产生压油行程，将充满缸体孔里的油液经配流盘和出油口排出。从驱动轴方向看，

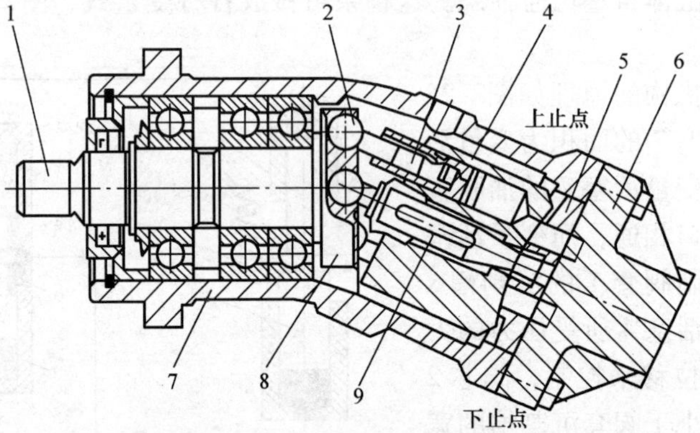

图 2-27　斜轴式轴向柱塞泵

1—传动主轴　2—连杆　3—柱塞　4—缸体　5—球面配流盘
6—后盖　7—壳体　8—驱动盘　9—中心轴

如果泵是顺时针方向旋转，则吸油口在后盖的左侧，而压油口在后盖的右侧；反之，若逆时针方向旋转，则吸油口在后盖的右侧，压油口在后盖的左侧。图2-28所示为 A2F 斜轴式轴向柱塞泵实体图。

2）变量特点。由于传动轴与缸体轴线间保持倾角 α，而泵的排量与倾角 α 有关，故当斜盘倾角 α 不可调节时，即制成定量泵；当倾角 α 可调节时，就能改变柱塞行程的长度，从而改变泵的排量大小，即制成变量泵。改变倾角方向，就能改变吸油和压油的方向，即称为双向变量泵。但因倾角 α 可达 ±40°，远大于斜盘式泵（最大为 ±20°），故在其他参数相同时比斜盘式柱塞泵能够获得更大排量。

图 2-28　A2F 斜轴式轴向柱塞泵实体

第3章 液压马达与液压缸

液压执行元件是将液压泵提供的液压能转变为机械能的能量转换装置，它包括液压缸和液压马达。液压马达习惯上是指输出旋转运动的液压执行元件，而把输出直线运动（包括输出摆动运动）的液压执行元件称为液压缸。

3.1 液压马达

3.1.1 液压马达的特点及分类

从能量转换的观点来看，液压泵与液压马达是可逆工作的液压元件，即向任何一种液压泵输入工作液体，都可使其变成液压马达工况；反之，当液压马达的主轴由外力矩驱动旋转时，也可变为液压泵工况。它们具有同样的基本结构要素——密闭而又可以周期变化的容积和相应的配油机构。

但是，由于液压马达和液压泵的工作条件不同，对它们的性能要求也不一样，所以同类型的液压马达和液压泵之间仍存在许多差别。首先，液压马达应能够正、反转，因而要求其内部结构对称；其次，液压马达由于在输入液压油条件下工作，因而不必具备自吸能力，但需要一定的初始密封性，才能提供必要的起动转矩。由于存在着这些差别，故使得液压马达和液压泵在结构上虽然比较相似，但使用上不能互换。

液压马达按其结构类型不同可以分为齿轮式、叶片式、柱塞式和其他形式，按液压马达的额定转速可分为高速和低速两大类。额定转速高于500r/min的属于高速液压马达，额定转速低于500r/min的属于低速液压马达。高速液压马达的基本形式有齿轮式、螺杆式、叶片式和轴向柱塞式等，它们的主要特点是转速较高，转动惯量小，便于起动和制动，调节（调速及换向）灵敏度高，输出转矩不大（仅几十牛米到几百牛米）。低速液压马达的基本形式是径向柱塞式，其主要特点是排量大，转速低（有时可达每分钟几转甚至零点几转），因此可直接与工作机构连接，不需要减速装置，使传动机构大为简化。通常低速液压马达的输出转矩较大（可达几千牛米到几万牛米），所以又称为低速大转矩液压马达。

3.1.2　液压马达的性能参数

液压马达的输出转矩与液压马达的排量和液压马达进出油口之间的压力差有关，其转速由输入液压马达的流量大小来决定。

1. 压力

（1）工作压差　液压马达实际工作时的输入压力与回油口压力之差称为工作压差。当排量确定时，工作压差的大小取决于外负载转矩的大小和回油管路上的压力损失。

（2）额定压力　液压马达在正常工作条件下，按标准规定连续运转的最高输入压力称为液压马达的额定压力。

2. 排量和流量

（1）排量 V　液压马达每转一周，由其密封容积几何尺寸变化计算而得的所需输入液体的体积叫作液压马达的排量。排量可调节的液压马达称为变量马达，排量为常数的液压马达则称为定量马达。液压马达的排量只取决于密封容积的几何尺寸。

（2）理论流量 q_t　理论流量是指在不考虑内外泄漏流量的情况下，液压马达输出确定转速时，在单位时间内所需输入的液体体积的总值。显然，如果液压马达的排量为 V，其转速为 n，则该液压马达的理论流量 q_t 为

$$q_t = Vn \tag{3-1}$$

（3）实际流量 q　在某一具体工况下，液压马达输出确定转速时，单位时间内所需输入的液体体积称为实际流量。它等于理论流量 q_t 加上泄漏流量 Δq（注意与液压泵的区别），即

$$q = q_t + \Delta q \tag{3-2}$$

3. 功率和效率

（1）液压马达的功率损失　和液压泵一样，液压马达的功率损失也有容积损失和机械损失两部分。

1）容积损失。容积损失是指液压马达流量上的损失。液压马达的实际输入流量总是大于其理论流量，其主要原因是由于液压马达内部高压腔的泄漏。液压马达的容积损失用容积效率 η_V^M 来表示，它等于液压马达的理论流量 q_t 与其实际输入流量 q 之比，即

$$\eta_V^M = \frac{q_t}{q} = \frac{q - \Delta q}{q} = 1 - \frac{\Delta q}{q} \tag{3-3}$$

因此，液压马达的实际输出流量 q 为

$$q = \frac{q_t}{\eta_V^M} = \frac{Vn}{\eta_V^M} \tag{3-4}$$

式中　V——液压马达的排量；

　　　n——液压马达的转速。

液压马达的容积效率随着液压马达工作压力的增大而减小。

2）机械损失。机械损失是指液压马达在转矩上的损失。液压马达的实际输出转矩 T_o 总是小于理论上输出的转矩 T_t，其主要原因是由于液压马达体内相对运动部件之间因机械摩擦而引起的摩擦转矩损失以及液体的黏性而引起的摩擦损失。液压马达的机械损失用机械效率 η_m^M 表示，它等于液压马达的实际输出转矩 T_o 与理论转矩 T_t 之比。设转矩损失为 ΔT，则液压马达的机械效率为

$$\eta_m^M = \frac{T_o}{T_t} = 1 - \frac{\Delta T}{T_t} \tag{3-5}$$

（2）液压马达的功率

1）输出功率 P_o。液压马达的输出功率是指作用在液压马达轴上的机械功率。当输出转矩为 T_o，角速度为 ω 时，有

$$P_o = T_o\omega \tag{3-6}$$

2）输入功率 P_i。液压马达的输入功率是液压油的液压功率，等于液压马达工作过程中进、回油口间的实际压差 Δp 和实际输入流量 q 的乘积，即

$$P_i = \Delta pq \tag{3-7}$$

在实际的计算中，若油箱通大气，液压马达进、回油的压力差往往用液压马达进口压力 p 代入。

（3）液压马达的总效率　液压马达的总效率是指液压马达的实际输出功率与其输入功率的比值，即

$$\eta_t^M = \frac{P_o}{P_i} = \eta_V^M \eta_m^M \tag{3-8}$$

液压马达的总效率等于其容积效率与机械效率的乘积，所以液压马达的输出功率也可写成：

$$P_o = \Delta pq\eta_t^M \tag{3-9}$$

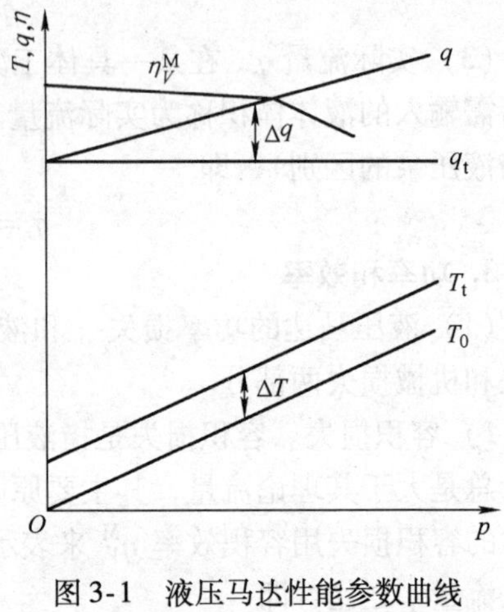

图 3-1　液压马达性能参数曲线

液压马达性能参数曲线如图 3-1 所示。

凡涉及功率、转矩和力的计算时，在上述各公式中，各参数的单位必须采用国际标准米、千克、秒制。

3.1.3　几种常用的液压马达

1. 叶片液压马达

叶片液压马达结构和双作用叶片泵类似。由于液压马达一般都要求能正反转，所以叶片液压马达的叶片要径向放置，如图 3-2 所示。在进油区的每一封闭的工作容腔，其相邻两叶片伸出长度不同，承受油压力后，使转子产生转矩。叶片式液压马达体积小，转动惯量小，动作灵敏，可适用于换向频率较高的场合，但泄漏量较大，低速工作时不稳定。因此，叶片式液压马达一般用于转速高、转矩小和动作要求灵敏的场合。

2. 径向柱塞式液压马达

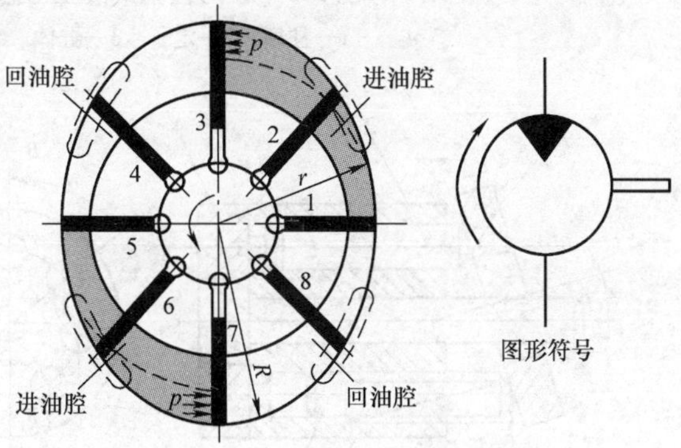

图 3-2　叶片液压马达

图 3-3 所示为径向柱塞式液压马达工作原理。当液压油经固定的配油轴 4 的窗口进入缸体 3 内柱塞 1 的底部时，柱塞向外伸出，紧紧顶住定子 2 的内壁。由于定子与缸体存在一偏心距 e，在柱塞与定子接触处，定子对柱塞产生的反作用力 F_N 可分解为两个分力：沿柱塞轴向的法向力 F_F 和沿柱塞径向的径向力 F_T。径向力 F_T 对缸体产生转矩，使缸体旋转。缸体再通过端面连接的传动轴向外输出转矩和转速。以上分析的是一个柱塞产生转矩的情况，由于在压油区作用有好几个柱塞，在这些柱塞上所产生的转矩都使缸体旋转，并输出转矩，故径向柱塞式液压马达多用于低速大转矩的情况。

3. 轴向柱塞马达

轴向柱塞泵除阀式配流外，其他形式原则上都可以作为液压马达用，即轴向柱塞泵和轴向柱塞马达是可逆的。轴向柱塞马达的工作原理如图 3-4 所示。配油盘 4 和斜盘 1 固定不动，马达轴 5 与缸体 2 相连接一起旋转。当液压油经配油盘 4 的窗口进入缸体 2 的柱塞孔时，柱塞 3 在液压油作用下外伸，紧贴斜盘 1 对柱塞 3 产生一个法向反力 F，此力可分解为轴向分力 F_z 及垂直分力 F_y。F_z 与柱塞上液压力相平衡，而 F_y 则使柱塞对缸体中心产生一个转矩，带动马达轴 5 逆时针方向旋转。轴向柱塞马达产生的瞬时总转矩是脉动的。若改变马达液压油输入方向，则马达轴 5 按顺时针方向旋转。斜盘倾角 α 的改变，即排量的变化，不仅影响马达的转矩，而且影响它的转速和转向。斜盘倾角越大，产生转矩越大，转速越低。

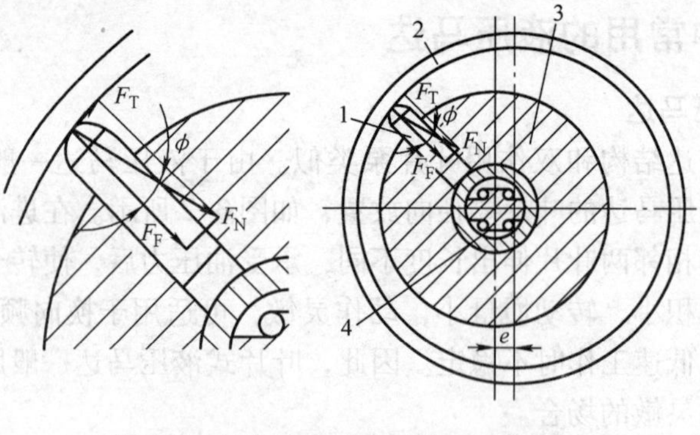

图 3-3　径向柱塞式液压马达工作原理

1—柱塞　2—定子　3—缸体　4—配油轴

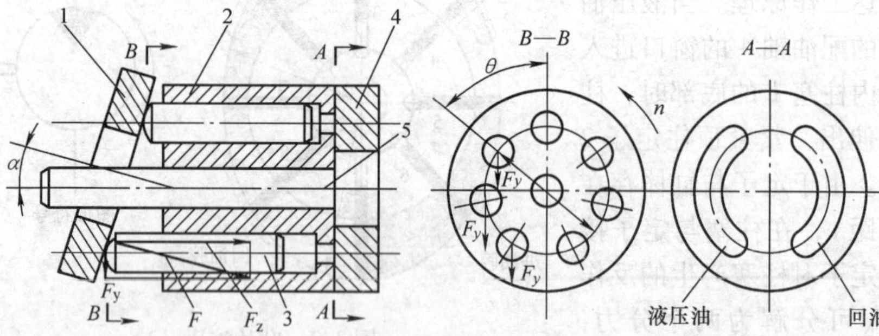

图 3-4　轴向柱塞液压马达工作原理

1—斜盘　2—缸体　3—柱塞　4—配油盘　5—马达轴

4. 齿轮液压马达

齿轮液压马达工作原理如图 3-5 所示。一对啮合的齿轮Ⅰ、Ⅱ在高压区的轮齿有 A、B、C、D、E 五只。齿轮Ⅰ轮齿 A、B 间的齿槽所受液压力产生的转矩互相抵消，同样，齿轮Ⅱ轮齿 D 齿两边所受液压力产生的转矩互相抵消。由于齿轮Ⅰ、Ⅱ在 y 点处啮合，啮合点 y 将高低压隔开，所以齿轮Ⅰ啮合点 y 上方齿面所受的液压力将产生使齿轮Ⅰ逆时针转动的转矩，齿轮Ⅱ的 C 齿面和 E 齿面承压面积之差也将产生使齿轮Ⅱ顺时针转动的转矩。齿轮啮合而在高压区形成的承压面积之差是齿轮液压马达产生驱动力矩的根源。

齿轮马达在结构上为了适应正反转要求，其进出油口应相等、具有对称性，有单独外泄油口将轴承部分的泄漏油引出壳体外；为了减少起动摩擦力矩，应采用滚动轴承；为了减少转矩脉动，齿轮液压马达的齿数比泵的齿数要多。齿轮液压马达由于密封性差，容积效率较低，输入油压力不能过高，不能产生较大转矩，并且瞬间转速和转矩随着啮合点的位置变化而变化，因此齿轮液压马达仅适

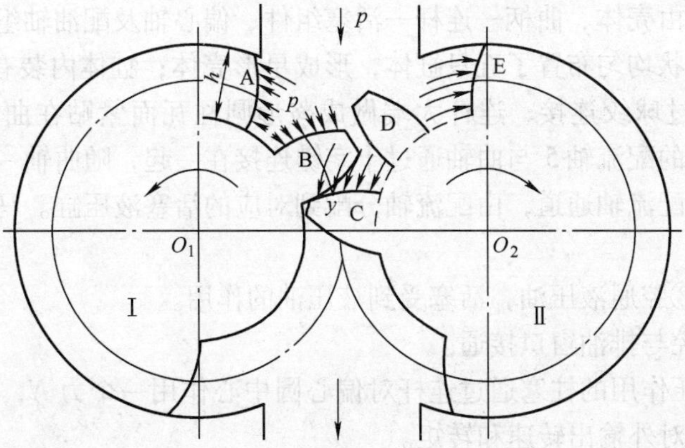

图 3-5　齿轮液压马达工作原理

用于高速小转矩的场合，一般用于工程机械、农业机械以及对转矩均匀性要求不高的机械设备上。

5. 曲柄连杆式低速大转矩液压马达

（1）低速大转矩液压马达特点　低速大转矩液压马达是相对于高速马达而言的，通常这类马达在结构形式上多为径向柱塞式，其特点是：最低转速低（5～10r/min）；输出转矩大，可达几万牛米；径向尺寸大，转动惯量大。它可以与工作机构直接连接，不需要减速装置，故使传动结构大为简化。低速大转矩液压马达广泛用于起重、运输、建筑、矿山和船舶等机械上。

（2）曲柄连杆式液压马达结构原理　曲柄连杆式低速大转矩液压马达应用较早，同类型号为 JMZ 型，其额定压力为 16MPa，最高压力为 21MPa，理论排量最大可达 6140mL/r。曲柄连杆式液压马达结构如图 3-6 所示。

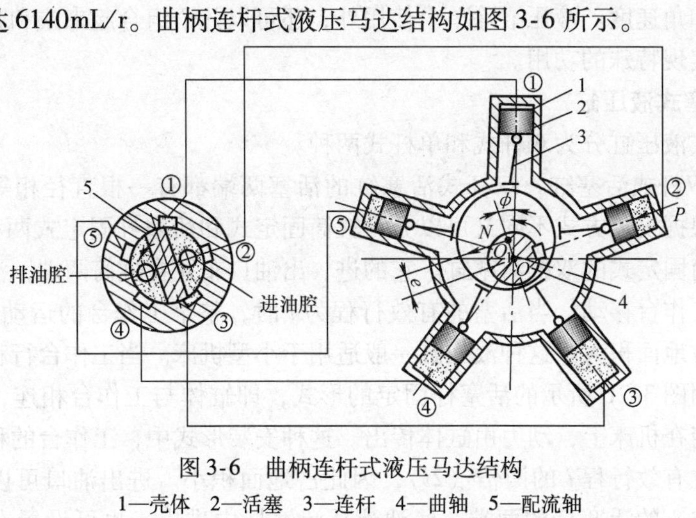

图 3-6　曲柄连杆式液压马达结构
1—壳体　2—活塞　3—连杆　4—曲轴　5—配流轴

这种马达由壳体、曲柄—连杆—活塞组件、偏心轴及配油轴组成。壳体1内沿圆周呈放射状均匀布置了五只缸体，形成星形壳体；缸体内装有活塞2，活塞2与连杆3通过球绞连接，连杆大端做成鞍形圆柱瓦面紧贴在曲轴4的偏心圆上，液压马达的配流轴5与曲轴通过十字键连接在一起，随曲轴一起转动，马达的液压油经过配流轴通道，由配流轴分配到对应的活塞液压缸。马达工作原理过程如下：

1）①②③腔通液压油，活塞受到液压油的作用。

2）④⑤腔与排油窗口接通。

3）受油压作用的柱塞通过连杆对偏心圆中心作用一个力 N，推动曲轴绕旋转中心转动，对外输出转速和转矩。

4）随着驱动轴、配流轴转动，配流状态交替变化。在曲轴旋转过程中，位于高压侧的液压缸容积逐渐增大，而位于低压侧的液压缸的容积逐渐缩小，因此高压油不断进入液压马达，从低压腔不断排出。

3.2 液压缸

液压缸是将液压泵输出的压力能转换为机械能的执行元件，它主要是用来输出直线运动（也包括摆动运动）。

3.2.1 液压缸的分类

液压缸按其结构形式，可以分为活塞缸、柱塞缸和摆动缸三类。活塞缸和柱塞缸实现往复运动，输出推力和速度，摆动缸则能实现小于360°的往复摆动，输出转矩和角速度。液压缸除单个使用外，还可以几个组合起来或和其他机构组合起来以实现特殊的功用。

1. 活塞式液压缸

活塞式液压缸分为双杆式和单杆式两种。

（1）双杆式活塞缸　双杆式活塞缸的活塞两端都有一根直径相等的活塞杆伸出，它根据安装方式不同又可以分为缸筒固定式和活塞杆固定式两种。图3-7a所示为缸筒固定式的双杆活塞缸。它的进、出油口布置在缸筒两端，活塞通过活塞杆带动工作台移动，当活塞的有效行程为 l 时，整个工作台的运动范围为 $3l$，所以机床占地面积大。这种液压缸一般适用于小型机床。当工作台行程要求较长时，可采用图3-7b所示的活塞杆固定的形式，即缸体与工作台相连，活塞杆通过支架固定在机床上，动力由缸体传出。这种安装形式中，工作台的移动范围只等于液压缸有效行程 l 的两倍（$2l$），因此占地面积小。进出油口可以设置在固定不动的空心的活塞杆的两端，使油液从活塞杆中进出，也可设置在缸体的两端，但必须使用软管连接。

由于双杆活塞缸两端的活塞杆直径通常是相等的，因此它左、右两腔的有效面积也相等。当分别向左、右腔输入相同压力和相同流量的油液时，液压缸左、右两个方向的推力和速度相等。当活塞的直径为 D，活塞杆的直径为 d，液压缸进、出油腔的压力为 p_1 和 p_2，输入流量为 q 时，双杆活塞缸的速度 v 为

$$v=\frac{q}{A}=\frac{4q}{\pi(D^2-d^2)}$$

式中　A——活塞的有效工作面积。

双杆活塞缸在工作时，一个活塞杆是受拉的，而另一个活塞杆不受力，因此这种液压缸的活塞杆可以做得细些。

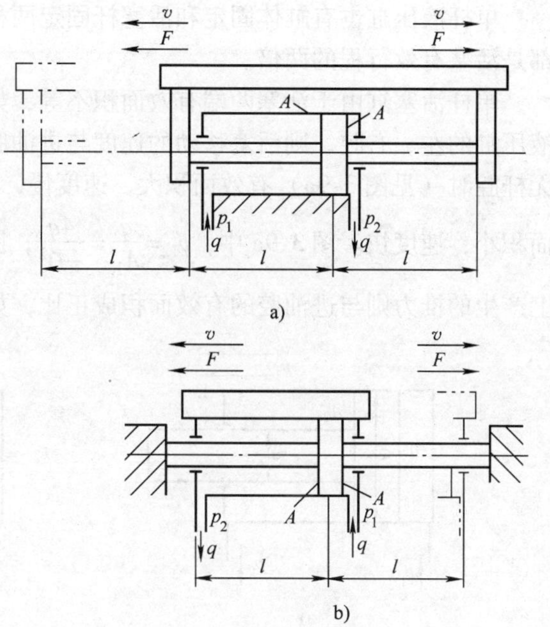

图 3-7　双杆式活塞缸安装形式

a）缸筒固定式　b）活塞杆固定式

（2）单杆式活塞缸　单杆式活塞缸的结构组成如图 3-8 所示。其活塞只有一端带活塞杆。

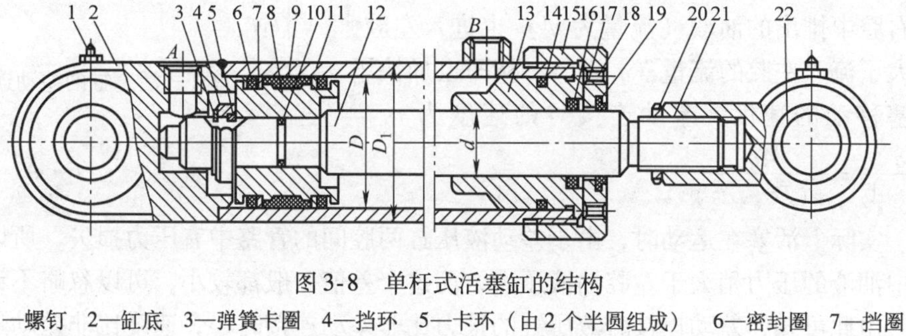

图 3-8　单杆式活塞缸的结构

1—螺钉　2—缸底　3—弹簧卡圈　4—挡环　5—卡环（由 2 个半圆组成）　6—密封圈　7—挡圈　8—活塞　9—支承环　10—活塞与活塞杆之间的密封圈　11—缸筒　12—活塞杆　13—导向套　14—导向套和缸筒之间的密封圈　15—端盖　16—导向套和活塞杆之间的密封圈　17—挡圈　18—锁紧螺钉　19—防尘圈　20—锁紧螺母　21—耳环　22—耳环衬套圈

单杆液压缸也有缸体固定和活塞杆固定两种形式，但它们的工作台移动范围都是活塞有效行程的两倍。

单杆活塞缸由于活塞两端有效面积不等，如果以相同流量的液压油分别进入液压缸的左、右腔，则活塞移动的速度与进油腔的有效面积成反比，即油液进入无杆腔时（见图3-9a）有效面积大，速度慢，进入有杆腔时（见图3-9b）有效面积小，速度快。图3-9a中，$v_1=\dfrac{q}{A_1}=\dfrac{4q}{\pi D^2}$；图3-9b中，$v_2=\dfrac{q}{A_2}=\dfrac{4q}{\pi d^2}$。而活塞上产生的推力则与进油腔的有效面积成正比，如图3-9所示。

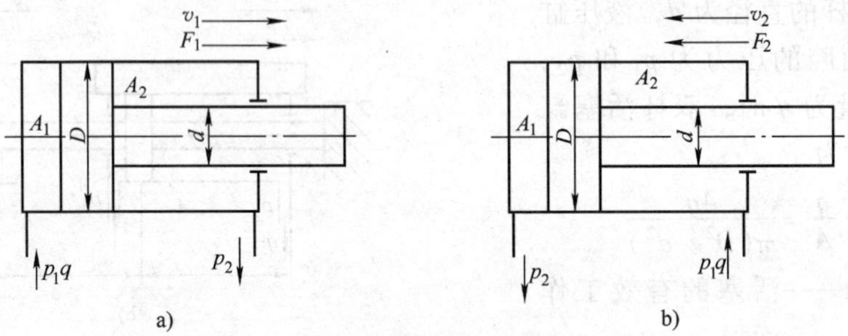

图3-9　单杆式活塞缸的连接方式

如果向单杆活塞缸的左、右两腔同时通液压油，如图3-10所示，即所谓的差动连接，则做差动连接的单杆液压缸就称为差动液压缸。开始工作时差动液压缸左右两腔的油液压力相同，但是由于左腔（无杆腔）的有效面积大于右腔（有杆腔）的有效面积，故活塞向右运动，同时使右腔中排出的油液（流量为q'）也进入左腔，加大了流入左腔的流量（$q+q'$），从而也加快了活塞移动的速度。差动连接时的速度为$v_3=\dfrac{q}{A_1-A_2}=\dfrac{4q}{\pi(D^2-d^2)}$。

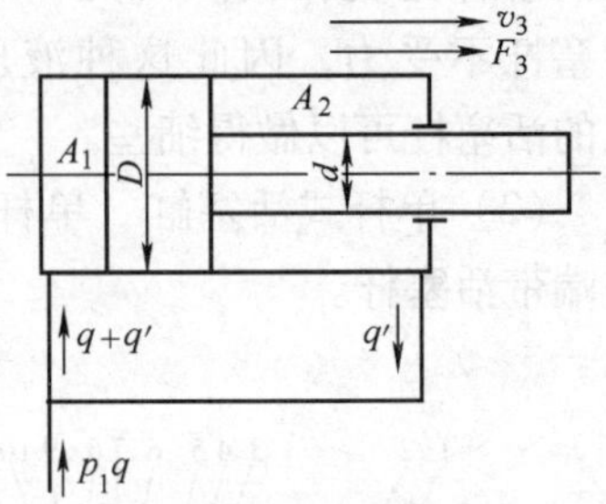

图3-10　单杆式活塞缸的差动连接

实际上活塞在运动时，由于差动液压缸两腔间的管路中有压力损失，所以右腔中油液的压力稍大于左腔油液压力，而这个差值一般都较小，可以忽略不计。

由此可知，差动连接时液压缸的推力比非差动连接时小，速度比非差动连接时大，利用这一点，正好可使在不加大油液流量的情况下得到较快的运动速度。这种连接方式被广泛应用于组合机床的液压动力滑台和其他机械设备的快速运动中。如果要求快速运动和快速退回速度相等，则可得$D=\sqrt{2}d$。

2. 柱塞缸

柱塞缸是一种单作用液压缸，其工作原理如图 3-11a 所示。柱塞与工作部件连接，缸筒固定在机体上。当液压油进入缸筒时，其推动柱塞带动运动部件向右运动，但柱塞反向退回时必须靠其他外力或自重驱动。柱塞缸通常成对反向布置使用，如图 3-11b 所示。

柱塞式液压缸的主要特点是柱塞与缸筒无配合要求，缸筒内孔不需精加工，甚至可以不加工。运动时由缸盖上的导向套来导向，所以它特别适用于行程较长的场合。

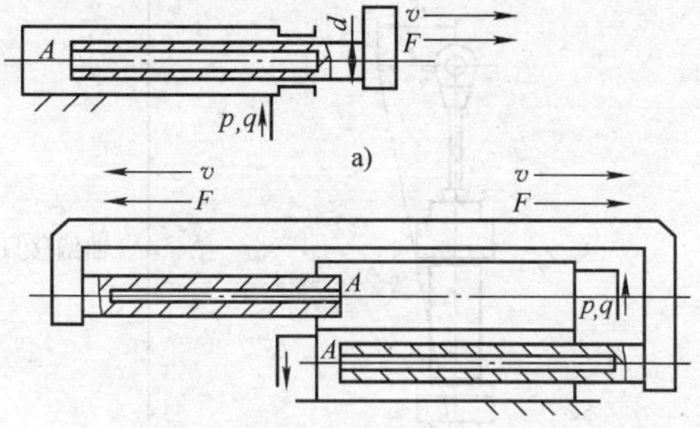

图 3-11　柱塞缸的原理与成对

3. 摆动缸

摆动式液压缸也称摆动液压马达。当它通入液压油时，它的主轴能输出小于 360°的摆动运动。摆动缸常用于工夹具夹紧装置、送料装置、转位装置以及需要周期性进给的系统中。图 3-12a 所示为单叶片式摆动缸，它的摆动角度较大，可达 300°。图 3-12b 所示为双叶片式摆动缸，它的摆动角度较小，它的输出转矩是单叶片式的两倍，而角速度则是单叶片式的一半。

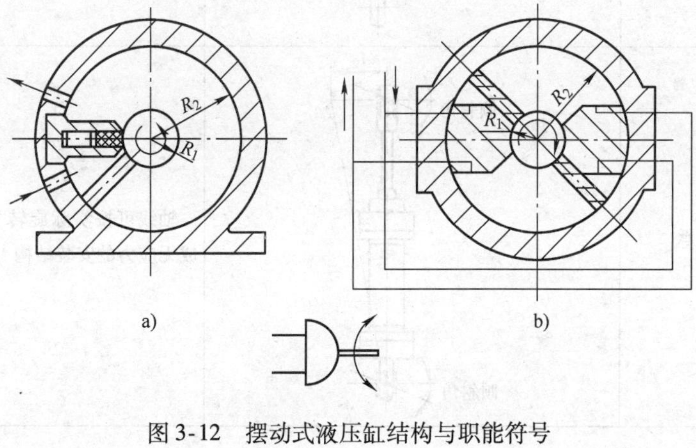

图 3-12　摆动式液压缸结构与职能符号

3.2.2 液压缸的安装形式

选择或设计液压缸时，除了要确定液压缸的工作参数（如工作压力、活塞和活塞杆直径、行程长度、拉力或推力）外，还需要确定液压缸安装的部位和方法，即安装形式。

表3-1和表3-2分别列出了几种最常见的安装、固定形式及其注意事项。

表3-1 液压缸安装注意事项

项目	图例	注意事项
两端回转轴承	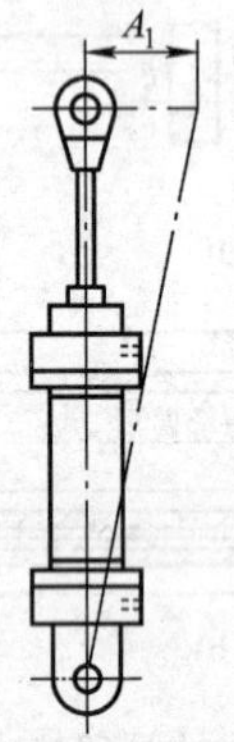	轴偏移只允许在一个方向
缸底回转轴承、连杆耳环活节轴承	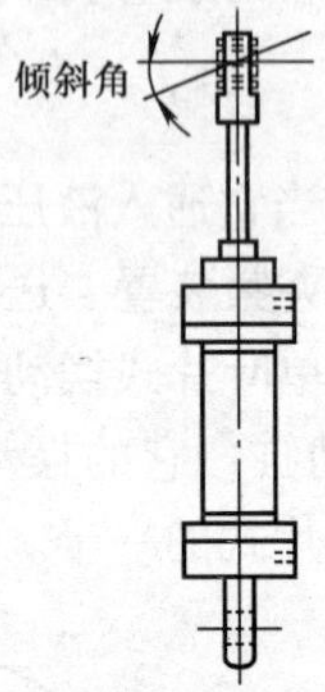	二平行轴线的不准确可得到补偿
两端活节轴承	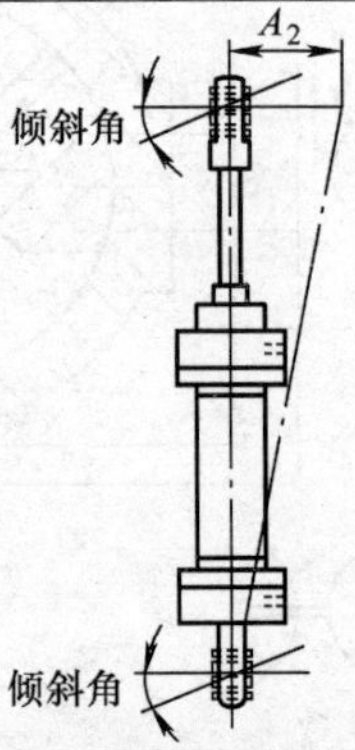	轴线可按实际旋转方向倾斜，形成无应力的安装结构

（续）

项目	图例	注意事项
缸盖法兰安装	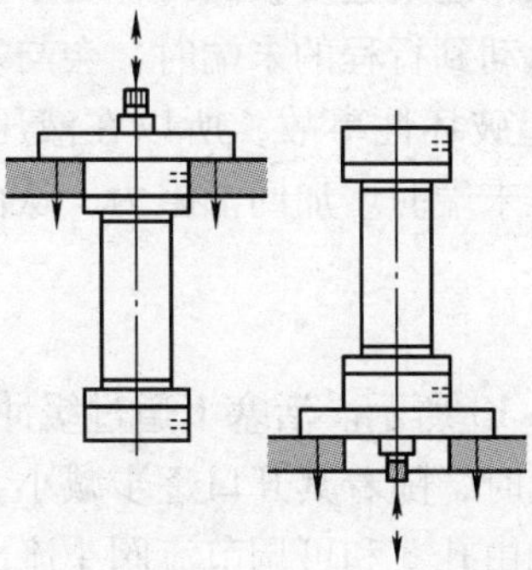	适宜垂直安装 在拉力或推力情况下，法兰的紧固螺栓不得有应力，故应照图示法安装

表 3-2　液压缸固定注意事项

项目	图例	注意事项
缸底法兰固定	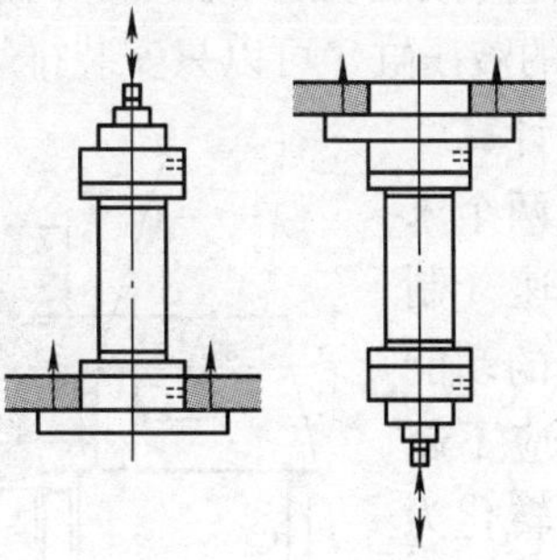	适宜垂直安装 在受载情况下（拉力或推力），法兰处的固定螺栓不应承受此部分应力，因此适宜采用图示的安装方式
支承脚固定	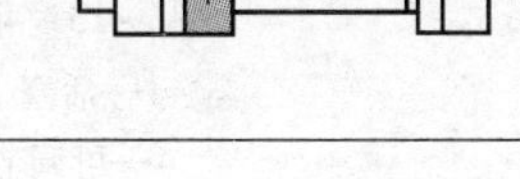	固定螺栓应避免承受剪切负载力。为平衡油缸力，应使用支承轴承
缸盖耳轴固定	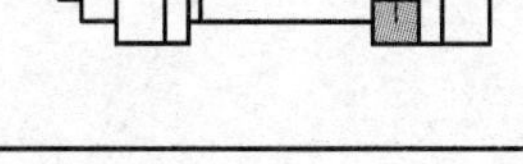	由于弯曲长度较短，这种固定方式允许的最大行程更长。水平安装时需考虑轴承处更大的应力值
缸底耳轴固定		由于弯曲长度较长，这种固定方式允许的最大行程较短。水平安装时需考虑轴承处更大的应力值

3.2.3 液压缸末端缓冲

当液压缸运动件的质量较大，运动速度较高时，由于惯性力较大，具有较大的动量。在这种情况下，活塞运动到行程的末端时，会与端盖发生机械碰撞，产生很大的冲击和噪声，甚至引起破坏性事故，所以在液压缸中常常设有缓冲装置，其目的是使活塞在接近行程末端时增加回油阻力，从而减缓运动部件的运动速度，避免撞击液压缸端盖。

1. 液压缸末端缓冲原理

液压缸末端缓冲装置如图3-13所示。活塞1通过缓冲套2安装在活塞杆上。当锥形缓冲套2进入缸底6的孔时，随着其开口逐步减小，离开活塞腔9的液流最后为零。活塞腔9的流体只能由孔3和可调节流阀4流出。缓冲的效果要通过节流阀来设置。流动截面积越小，末端缓冲的效果就越好。设定缓冲效果后，通过锁紧螺母5可对缓冲设定进行锁紧保护。使用单向阀8有助于液压缸起动时外伸动作的完成。因此，液压缸外伸时液流绕过节流口。而液压缸中的气体可通过排气阀螺钉7排出。无末端缓冲的液压缸，可以只安装排气阀螺钉。

2. 制动力和平均缓冲压力的计算

液压缸的末端缓冲必须保证两个末端的行程速度，有一个受控的减速（制动）过程。在缓冲开始时，所有的动能（运动质量与速度的计算结果）应不超过缓冲的最大工作容量。制动能转化为节流缓冲阀的热能。

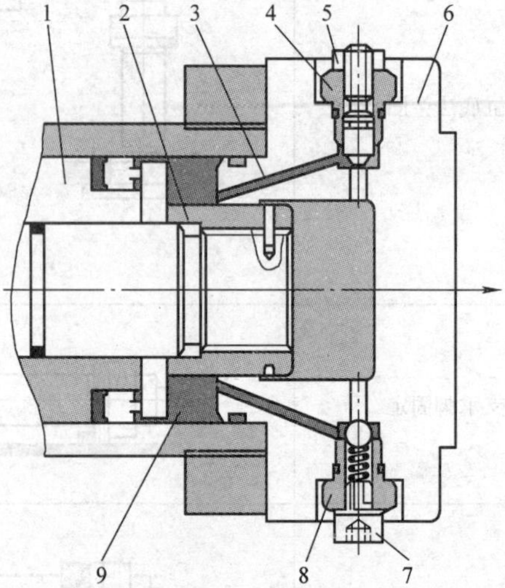

图3-13 液压缸末端缓冲装置

1—活塞 2—缓冲套 3—孔 4—可调节流阀 5—锁紧螺母 6—缸底 7—排气阀螺钉 8—单向阀 9—活塞腔

（1）制动力的计算（以单杆式活塞缸为例） 水平方向运动的液压缸所需的制动力 F_B 可计算如下：

活塞伸出时所需的制动力：

$$F_B = ma + A_1 p$$

活塞缩回时所需的制动力：

$$F_B = ma + A_3 p$$

式中 m——运动质量；

$a = v^2/2s$，其中 v 为活塞速度，s 为缓冲长度；

A_1——活塞大腔截面积；

A_3——活塞环形面积；

p——液压缸工作压力。

对于垂直运动的液压缸，必须根据运动方向，把重力（包括外负载的、活塞和活塞杆的）加到制动力 F_B 的计算中，并在速度计算时计入重力加速度的作用。

以上的计算忽略了缸体内的摩擦力。

(2) 平均缓冲压力的计算　末端缓冲实现制动时，在回油腔会产生缓冲压力。平均缓冲压力 p_D 由式 $p_D = F_B/A_D$ 计算（A_D为回油腔的承压面积）。

在正常情况下，要求平均缓冲压力不得高于液压缸的公称压力。如果计算得到的平均缓冲压力值过高，就应增大缓冲长度 s，或者降低液压缸工作压力 p。

第 4 章 液压控制阀

液压阀是液压系统中控制液流流动方向、压力高低、流量大小的控制元件。其控制作用是靠阀芯和阀体的相对位移来实现的。按对液流的控制作用，液压阀可分为：方向控制阀、压力控制阀、流量控制阀；按阀芯和阀体相对位移的操纵方式不同，液压阀可分为：手动阀、机动阀、电磁阀、电液阀、液动阀等；按阀在系统中的安装连接方式，液压阀可分为：管式连接、板式及叠加式连接、插装式连接；按阀芯的结构，液压阀可分为：滑阀、球阀、锥阀、射流管阀等；按阀的电气控制方式，液压阀可分为：比例阀、伺服阀、数字阀。

4.1 单向阀与方向控制阀

4.1.1 单向阀

单向阀的作用是限制油流方向，控制油液只能单向流动（单向导通，反向截止）。对单向阀的要求是正向流动阻力损失小，反向时密封性好。

1. 普通单向阀

图 4-1a 所示为一种管式普通单向阀的结构。液压油从阀体 1 左端的进油口 P_1 流入时克服弹簧 3 作用在阀芯 2 上的力，使阀芯向右移动，打开阀口，并通过阀芯上的径向孔 a、轴向孔 b 从阀体右端的出油口 P_2 流出；而液压油从阀体右端的出油口 P_2 流入时，液压力和弹簧力一起使阀芯压紧在阀座上，使阀口关闭，油液不能通过。其图形符号如图 4-1b 所示。

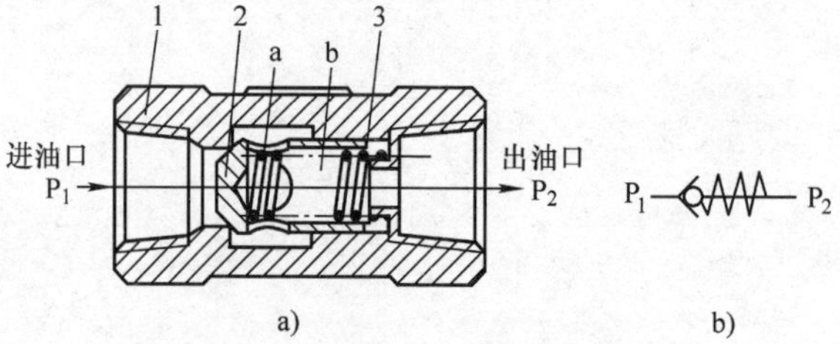

图 4-1 单向阀的结构与图形符号

1—阀体 2—阀芯 3—弹簧

一般单向阀的开启压力为 0.03MPa，作为背压阀使用时，需更换刚度较大的弹簧，使开启压力达到 0.2～0.6MPa。

2. 液控单向阀

图 4-2a 所示为一种液控单向阀的结构。当控制口 K 处无液压油通入时，它的工作和普通单向阀一样，液压油只能从进油口 P_1 流向出油口 P_2，不能反向流动。当控制口 K 处有液压油通入时，控制活塞 1 右侧 a 腔通泄油口（图中未画出），在液压力作用下活塞向右移动，推动顶杆 2 顶开阀芯 3，使油口 P_1 和 P_2 接通，油液就可以从 P_2 口流向 P_1 口。图 4-2b 所示为其图形符号。

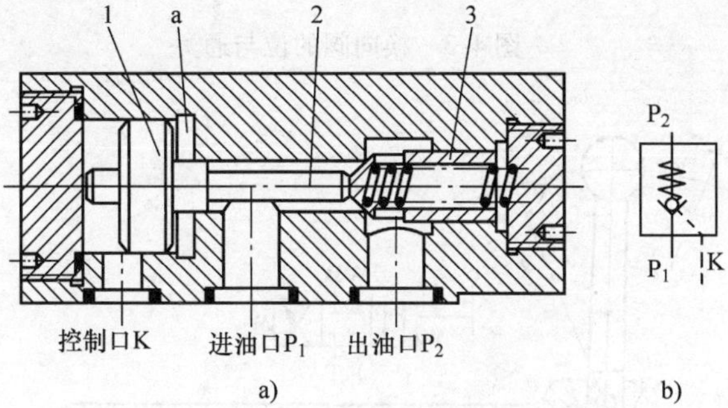

图 4-2　液控单向阀结构与图形符号

1—活塞　2—顶杆　3—阀芯

4.1.2　方向控制阀（换向阀）

1. 概述

换向阀是利用阀芯对阀体的相对运动，改变阀体上外接油口间的连通状态，使系统的某段油路或接通或关断或变换油流的方向，从而实现液压执行元件的启停或换向。阀芯与阀体的相对位置决定了换向阀外接油口间的连通状态，这个位置称为换向阀的“位”。阀芯与阀体间有几个与不同的油口间连通状态相对应的相对位置就称为几位，如换向阀有二位、三位等。换向阀外接主工作油口称为换向阀的“通”，外接主工作油口的数目就是换向阀的“通”数。换向阀有二通、三通、四通和五通等。图 4-3a 所示为某滑阀式换向阀三位五通的“位”与“通”的工作原理图，图 4-3b 所示为其图形符号上对应的“位”与“通”。

2. 几种常用的换向阀

（1）手动换向阀　手动换向阀是利用手动操作杠杆来改变阀芯位置，实现换向。图 4-4 所示为手动换向阀的结构和图形符号图。图 4-4a 所示为弹簧自动复位型，图 4-4b 所示为弹簧钢球定位型。

（2）机动换向阀　机动换向阀又称行程阀，主要用来控制机械运动部件的

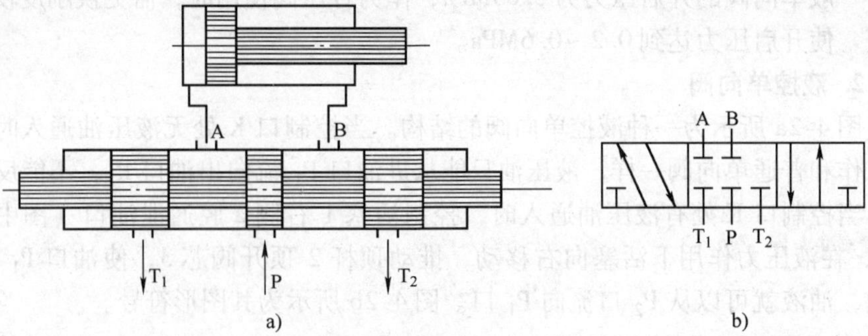

图 4-3　换向阀的位与通

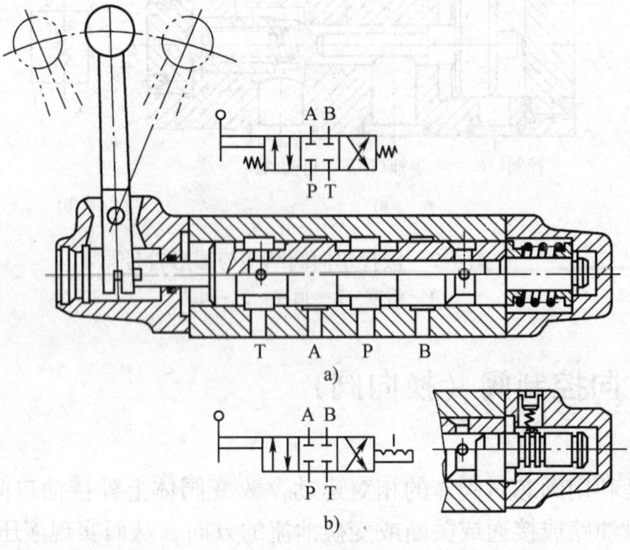

图 4-4　手动换向阀
a）弹簧自动复位结构　b）弹簧钢球定位结构

行程，其借助于安装在工作台上的挡铁或凸轮，迫使阀芯运动，从而控制液流方向。图 4-5a 所示为二位二通机动换向阀的结构。其中，1 为凸轮，2 为阀芯，3 为复位弹簧，P、A 是两个工作油口。图 4-5b 所示为其图形符号。

（3）电磁换向阀　电磁换向阀是利用电磁铁通电吸合的推力推动阀芯运动，当电磁铁断电释放时，靠弹簧力复位，从而控制液流方向。它是电气控制和液压系统之间信号转换的“桥梁”。液压行业中，通常把电磁换向阀简称为电磁阀。电磁阀受吸合推力的限制，不能驱动直径较大的阀芯，因而通过的流量受到限制。电磁阀的最大通径通常不超过 15mm。

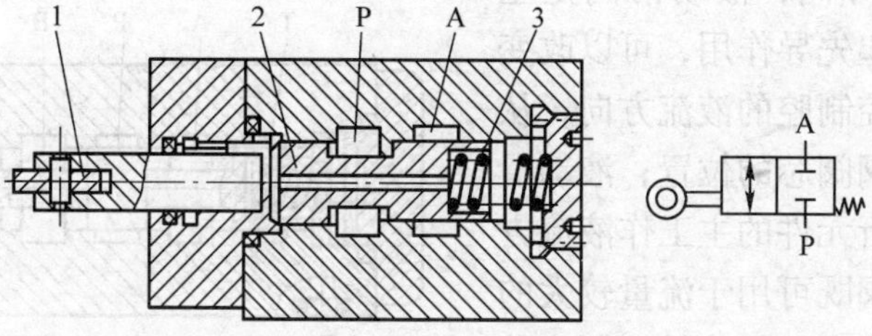

图 4-5 机动换向阀

1—凸轮 2—阀芯 3—复位弹簧

图 4-6a 所示为二位三通交流电磁换向阀结构。在图示位置，油口 P 和 A 相通，油口 B 断开；当电磁铁通电吸合时，推杆 1 将阀芯 2 推向右端，这时油口 P 和 A 断开，而与 B 相通。当电磁铁断电释放时，弹簧 3 推动阀芯复位。图 4-6b 所示为其图形符号。

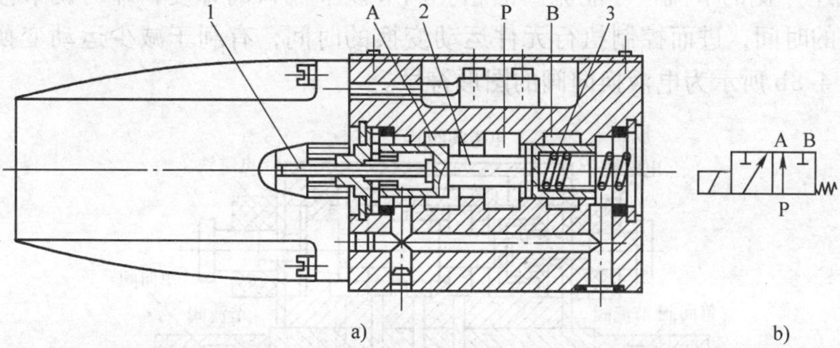

图 4-6 二位三通交流电磁阀

1—推杆 2—阀芯 3—弹簧

（4）液动换向阀 液动换向阀如图 4-7 所示，它是利用控制油路的液压油来改变阀芯位置的换向阀。图 4-7a 所示为液动换向阀的结构原理，阀芯是由其两端密封腔中油液的压差来移动的。当液压油从 K_2 进入滑阀右腔时，K_1 接通回油，阀芯向左移动，使 P 和 B 相通，A 和 T 相通；当 K_1 接通液压油时，K_2 接通回油，阀芯向右移动，使 P 和 A 相通，B 和 T 相通；当 K_1 和 K_2 都通回油时，阀芯回到中间位置。液动换向阀的阀芯位移靠油压力驱动，故阀芯可以较大。因而，液动换向阀的通过流量较大，通常都在 200L/min 以上。液动换向阀的缺点是不能直接由电气信号控制。图 4-7b 所示为液动换向阀的图形符号。

（5）电液换向阀 电液换向阀由电磁滑阀和液动滑阀组成，如图 4-8 所示。

电磁滑阀是先导阀，液动滑阀是主阀。电磁滑阀起先导作用，可以改变进入液动滑阀控制腔的液流方向，从而改变液动滑阀阀芯的位置；液动滑阀改变进入执行元件的主工作液流方向。电液换向阀既可用于流量较大的系统，又可直接由电气信号控制，兼具电磁阀和液动阀的优点。图 4-8a 所示为电液换向阀的结构图。在液动滑阀左右控制腔的油路中各串接一组单向节流元件，进入左（或右）控制腔的先导控制油顶开单向阀后，推动液动阀芯向右（或左）移动，右（或左）控制腔的先导回油必须经过右（或左）侧的节流口才能流回油箱。调节该节流口的开度，即可调节液动阀芯换向的时间，进而控制执行元件运动变换的时间，有利于减少运动变换的冲击。图 4-8b 所示为电液换向阀的图形符号。

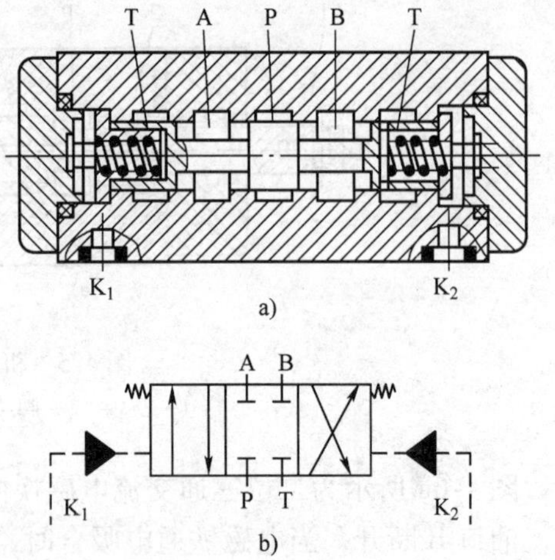

图 4-7　液压换向阀

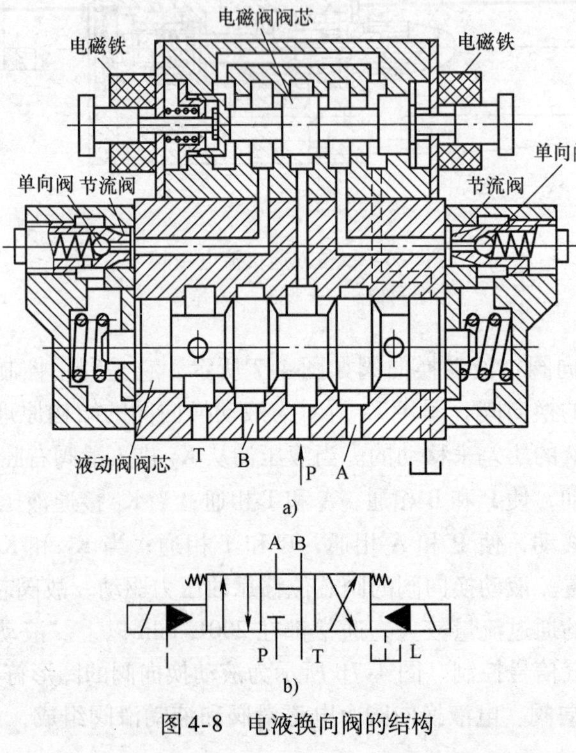

图 4-8　电液换向阀的结构

3. 换向阀的性能特点

(1) 滑阀的中位机能　三位换向阀（含各种操纵方式）的阀芯在中间位置时，主阀油口间的连通状态称为换向阀的中位机能，其常用的有“O”型、“H”型、“P”型、“K”型、“M”型等。选择三位换向阀的中位机能时，通常要考虑阀芯在中间位置时系统的工况：①若系统保压则选“O”型或“P”型或“K”型；②若系统卸荷则选“H”型或“M”型等。

(2) 滑阀的液动力　由液流的动量定律可知，油液通过换向阀时作用在阀芯上的液动力有稳态液动力和瞬态液动力两种。

1) 稳态液动力：阀芯移动完毕，开口固定后，液流流过阀口时因动量变化而作用在阀芯上有使阀口关小的趋势的力，与阀的流量有关。

2) 瞬态液动力：滑阀在移动过程中，阀腔液流因加速或减速而作用在阀芯上的力，与阀芯移动速度有关。

(3) 液压卡紧现象　卡紧原因有脏物进入缝隙，温度升高使阀芯膨胀，但主要原因是滑阀副几何形状和同轴度变化引起的径向不平衡力的作用，其主要包括：阀芯和阀体轴线平行但不同轴；阀芯因加工误差而带有倒锥，阀芯表面有局部突起。阀芯上开环形均压槽可以有效减小径向不平衡力。

4.2　压力控制阀

在液压传动系统中，控制油液压力的液压阀称为压力控制阀，简称压力阀。这类阀的共同点是利用作用在阀芯上的液压力和弹簧力相平衡的原理工作。

4.2.1　溢流阀

1. 溢流阀的作用

溢流阀的主要作用是调定液压系统压力或限定液压系统压力低于某一安全值，在液压系统中起定压（定压是溢流阀的主要用途）或安全作用。它常用于节流调速系统中，和流量控制阀配合使用，调节进入系统的流量，并保持系统的压力基本恒定。用于过载保护的溢流阀一般称为安全阀。

2. 溢流阀的结构和工作原理

常用的溢流阀按其结构形式和基本动作方式可归结为直动式和先导式两种。

(1) 直动式溢流阀　直动式溢流阀是依靠系统中的液压油直接作用在阀芯上与弹簧力等相平衡，以控制阀芯的启闭动作。图 4-9a 所示为直动式溢流阀的结构，图 4-9b 所示为直动式溢流阀的图形符号。

直动式溢流阀是利用松紧调节螺母 1 作为控制信号来改变弹簧 2 的预压缩量，当直接作用在阀芯上的液压力与弹簧力相平衡时，就对应了某一阀口的通流面积和溢流量，从而来达到定压的目标。当系统压力升高时，阀芯上升，阀口通流面积增加，溢流量增大，进而使系统压力下降。溢流阀内部通过阀芯的平衡和运动构成的这种负反馈作用是其定压作用的基本原理，也是所有定压阀的基本工作原理。直动式溢流阀通常只有两个油口：P 口接液压泵，通高压油；T 口接油箱。弹簧腔的泄漏油经油道 L、e 与 T 口相通。

（2）先导式溢流阀　图 4-10a 所示为先导式溢流阀的结构。先导式溢流阀由主阀和先导锥阀组成。由于先导阀芯为锥阀，受压面积很小，所以用一个刚度不大的弹簧即可获得与较高的调节压力相对应的弹簧预紧力。图 4-10b 所示为先导式溢流阀的图形符号。

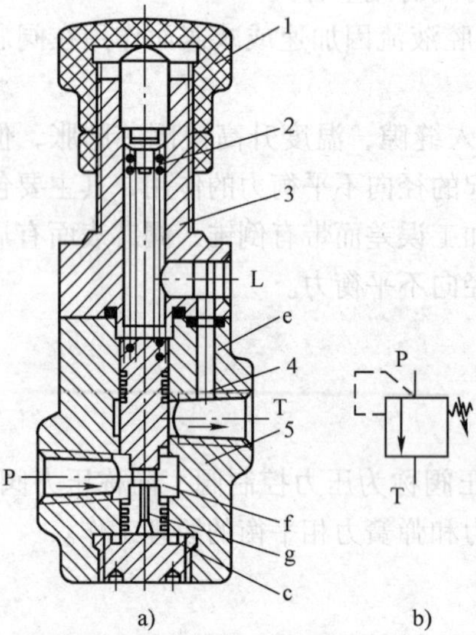

图 4-9　直动式溢流阀

1—调节螺母　2—弹簧　3—上盖

4—阀芯　5—阀体

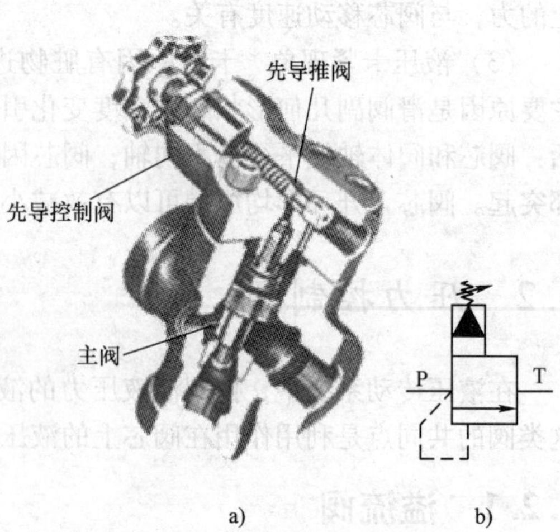

图 4-10　先导式溢流图

1）先导控制原理。先导式溢流阀的工作原理如图 4-11 所示。如图 4-11a 所示，油从进油口进入阀体，到达主阀芯的下腔，然后通过主阀芯台肩上的阻尼孔到先导锥阀阀芯。当进口压力低于先导阀调定压力值时，先导阀芯不能打开，油不流动。溢流阀上下腔及阻尼孔中虽充满了油，但构不成通路，不流动，油压依帕斯卡定律等量传递，主阀芯上下端面的油压相等。又因主阀芯上下两端面积相等，故主阀芯上下端面作用的液压力相等。主阀芯在复位弹簧力作用下关闭阀口，主阀芯不开启，溢流阀不溢流。

当阀的进口压力超过先导阀开启压力时，先导锥阀阀芯开启（调节调压螺母可改变调压弹簧的预压缩量，从而可以调节开启压力的大小），油经过先导阀和主阀芯阻尼孔，流回油箱，如图 4-11b 所示。

锥阀芯开启使油形成通路后，油液通过主阀芯的阻尼孔（节流小孔）从主阀的下腔流至上腔，结果造成主阀芯下腔的压力比上腔的压力高，这就破坏了液压力的平衡，因而将把主阀芯抬起而离开阀座。当活塞上下腔的压力差大到足以克服弹簧力时，主阀芯便被打开，油直接经主阀芯流回油箱，如图 4-11c 所示。

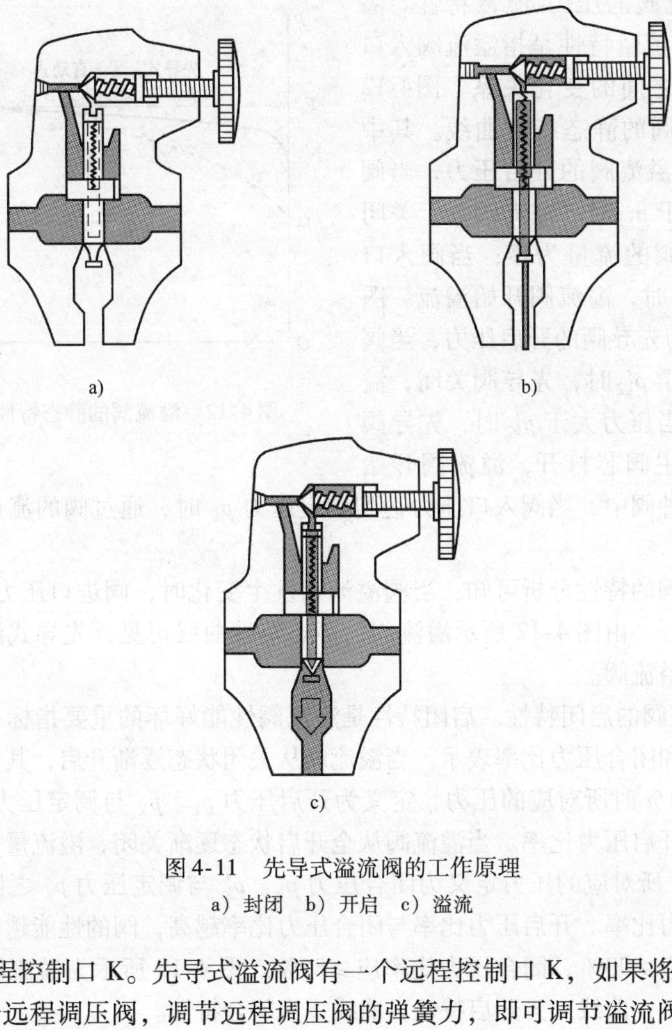

a)　b)　c)

图 4-11　先导式溢流阀的工作原理

a）封闭　b）开启　c）溢流

2）远程控制口 K。先导式溢流阀有一个远程控制口 K，如果将 K 口用油管接到另一个远程调压阀，调节远程调压阀的弹簧力，即可调节溢流阀主阀芯上端的液压力，从而对溢流阀的溢流压力实现远程调压。但是，远程调压阀所能调节的最高压力不得超过溢流阀本身先导阀的调整压力。当远程控制口 K 通过二位二通阀接通油箱时，主阀芯上端的压力接近于零，主阀芯上移到最高位置，阀口开得很大。由于主阀弹簧较软，这时溢流阀 P 口处压力很低，系统的油在低压下通过溢流阀流回油箱，实现卸荷。

3. 溢流阀的性能

溢流阀的性能包括溢流阀的静态特性和动态特性。

（1）静态特性　溢流阀的静态特性是指阀在系统压力没有突变的稳态情况下，所控制流体的压力、流量的变化情况。溢流阀的静态特性主要指压力-流量特性、启闭特性、卸荷压力、压力调节范围和流量许用范围等。

1）溢流阀的压力-流量特性。溢流阀的压力-流量特性是指溢流阀入口压力与流量之间的变化关系。图4-12所示为溢流阀的静态特性曲线。其中p_{k1}为直动式溢流阀的开启压力，当阀入口压力小于p_{k1}时，溢流阀处于关闭状态，通过阀的流量为零；当阀入口压力大于p_{k1}时，溢流阀开始溢流。图4-12中p'_{k2}为先导阀的开启压力，当阀进口压力小于p'_{k2}时，先导阀关闭，溢流量为零，当压力大于p'_{k2}时，先导阀开启，然后主阀芯打开，溢流阀开始溢流。在两种阀中，当阀入口压力达到调定压力p_n时，通过阀的流量达到额定溢流量q_n。

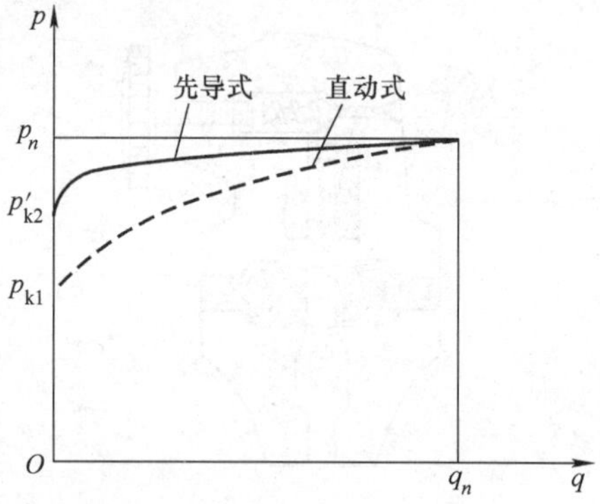

图4-12　溢流阀的静态特性曲线

由溢流阀的特性分析可知：当阀溢流量发生变化时，阀进口压力波动越小，阀的性能越好。由图4-12所示溢流阀的静态特性曲线可见，先导式溢流阀性能优于直动式溢流阀。

2）溢流阀的启闭特性。启闭特性是溢流阀性能好坏的重要指标，一般用开启压力比率和闭合压力比率表示。当溢流阀从关闭状态逐渐开启，其溢流量达到额定流量的1%时所对应的压力，定义为开启压力p_k。p_k与调定压力p_s之比的百分率称为开启压力比率。当溢流阀从全开启状态逐渐关闭，溢流量为其额定流量的1%时，所对应的压力定义为闭合压力p'_k。p'_k与调定压力p_s之比的百分率称为闭合压力比率。开启压力比率与闭合压力比率越高，阀的性能越好。一般开启压力比率应≥90%，闭合压力比率应≥85%。图4-13所示为溢流阀的启闭特性曲线。其中，曲线1为开启特性，曲线2为闭合特性。

3）溢流阀的压力稳定性。系统在工作中，由于液压泵的流量脉动及负载变化的影响，导致溢流阀的主阀芯一直处于振动状态，阀所控制油压也因此产生波动。衡量溢流阀的压力稳定性用两个指标度量：一是在整个调压范围内，阀在额定流量状态下的压力波动值；二是在额定压力和额定流量状态下，3min内的压力偏移值。上述两个指标越小，溢流阀的压力稳定性越好。

4）溢流阀的卸荷压力。将溢流阀的遥控口与油箱连通后，液压泵处于卸荷状态时，溢流阀进出油口压力之差称为卸荷压力。溢流阀的卸荷压力越小，系统发热越少。一般溢流阀的卸荷压力不大于 0.2MPa，最大不应超过 0.45MPa。

5）溢流阀的压力调节范围。溢流阀的压力调节范围是指溢流阀能够保证性能的压力使用范围。溢流阀在此范围内调节压力时，进口压力能保持平稳变化，无突跳、迟滞等现象。在实际情况下，当需要溢流阀扩大调压范围时，可通过更换不同刚度的弹簧来实现，如国产调压范围为 12～31.5MPa 的高压溢流阀，更换四种刚性不等的调节弹簧可实现 5～7MPa、3.5～14MPa、7～21MPa 和 14～35MPa 四种范围的压力调节。

6）溢流阀的许用流量范围。溢流阀的许用流量范围一般是指阀额定流量的 15%～100%。阀在此流量范围内工作，其压力应当平稳，噪声小。

（2）动态特性　溢流阀的动态特性是指在系统压力突变时，阀在响应过程中所表现出的性能指标。图 4-14 所示为溢流阀的动态特性曲线。此曲线的测定过程是：将处于卸荷状态下的溢流阀突然关闭时（一般是由小流量电磁阀切断通油箱的遥控口），阀的进口压力迅速提升至最大峰值，然后振荡衰减至调定压力，再使溢流阀在稳态溢流时开始卸荷，在线记录此压力变化过程。由此动态特性曲线可以得出以下动态特性指标：

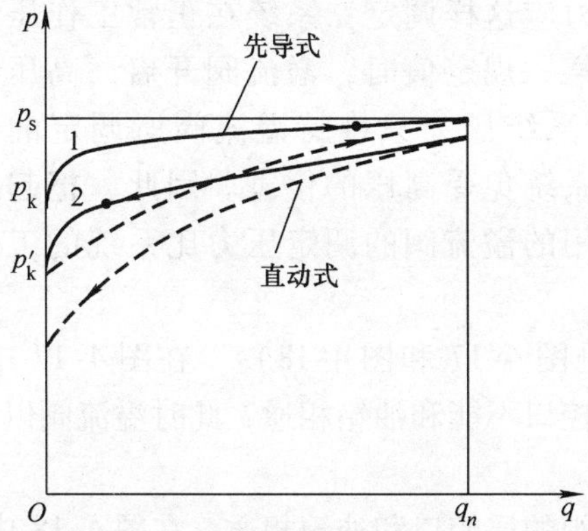

图 4-13　溢流阀的启闭特性曲线

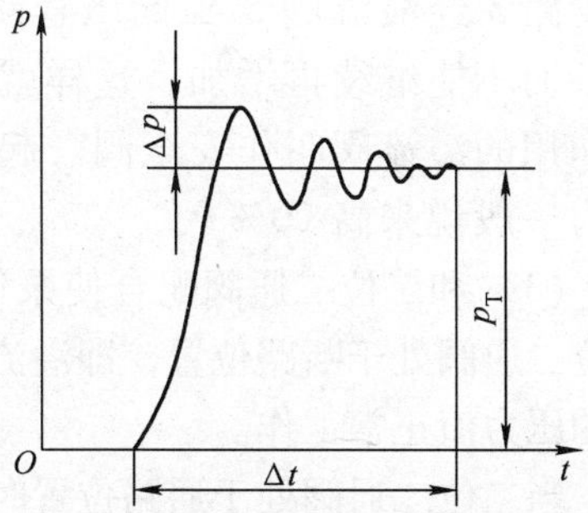

图 4-14　溢流阀的动态特性曲线

1）压力超调量。最大峰值压力与调定压力之差称为压力超调量，用 Δp 表示。压力超调量越小，阀的稳定性越好。

2）过渡时间。指溢流阀从压力开始升高到稳定在调定压力所需用的时间，用符号 Δt 表示。过渡时间越小，阀的灵敏性越高。

3）压力稳定性。溢流阀在调压状态下工作时，由于泵的压力脉动而引起系统压力在调定压力附近产生有规律的波动，这种压力的波动可以从压力表针的振摆看到，此压力振摆的大小标志阀的压力稳定性。阀的压力振摆小，压力稳定性好。一般溢流阀的压力振摆应小于0.2MPa。

4. 溢流阀的应用

（1）和节流阀配合构成恒压能源（见图4-15） 图4-15中，1为定量泵，2为溢流阀，3为节流阀。图4-15所示为这三种元件构成定压能源的典型组合。该恒压能源在泵出口处并联了溢流阀，它的作用是即便流过溢流阀的流量产生变化而仍能保持溢流阀的进口压力不变。在泵出口压力为恒压的条件下，我们改变节流阀3的开度，就可改变通往系统的流量。定量泵提供的是恒定流量，多余的油经溢流阀流回油箱。当通往系统的流量变化时，流经溢流阀的流量也相应发生变化，通过溢流阀的调节作用，使泵出口压力基本维持不变。

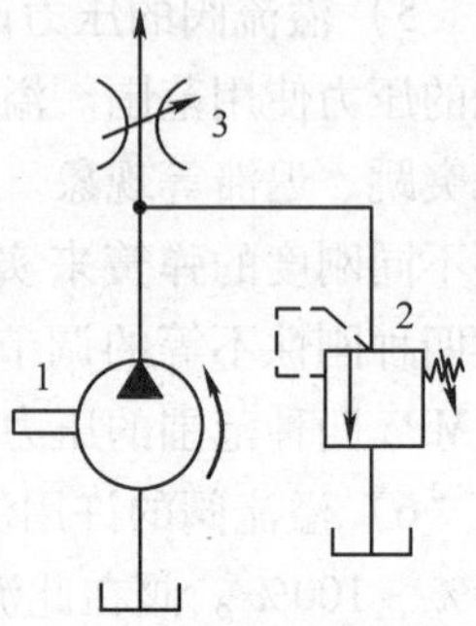

图4-15 恒压能源

1—定量泵 2—溢流阀 3—节流阀

（2）作为安全阀（见图4-16） 图4-16中，变量泵1排的油到达液压马达2的进口，液压马达2带动负载转动，从液压马达排出的油再加到泵的吸油腔。泵和液压马达的这种连接方式叫作闭式油路。

图中管路3是高压，管路4是低压。高压管路中的压力取决于液压马达所带动的负载力矩。溢流阀5的调定压力应这样调定：系统在正常工作压力下，溢流阀5不开启，当系统压力超过某一规定值时，溢流阀开启，高压油从管路3经溢流阀5到低压管路，此时系统压力只维持溢流阀所调定的数值，而不能继续再增加，这样就保护了系统免受高压的侵害。因此，把起此种作用的溢流阀叫作安全阀。起安全作用的溢流阀的调定压力比系统的工作压力一般说来高10%。

（3）和二位二通阀配合使泵卸荷（见图4-17和图4-18） 在图4-17中，二位二通阀处于断路位置，即溢流阀的遥控口不能和油箱相通，此时溢流阀以调定的压力值正常工作。

当二位二通阀处于通路位置时，溢流阀的遥控口和油箱相通。在图4-18中，主阀弹簧腔中无压力，主阀芯上移，溢流口的开口量达最大值，阻力很小，泵排出的油压力也很小，全部经溢流阀流回油箱。定量泵虽排出了恒定流量，但压力很小，输出功率很小，接近于零，从而可认为泵和拖动泵的原动机被卸荷。从阀的使用功能看，此时的溢流阀也可叫作卸荷阀。

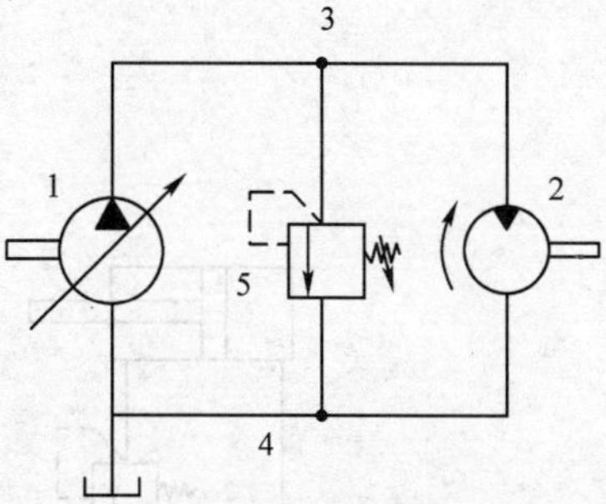

图 4-16　溢流阀用作安全阀

1—变量泵　2—液压马达

3、4—管路　5—溢流阀

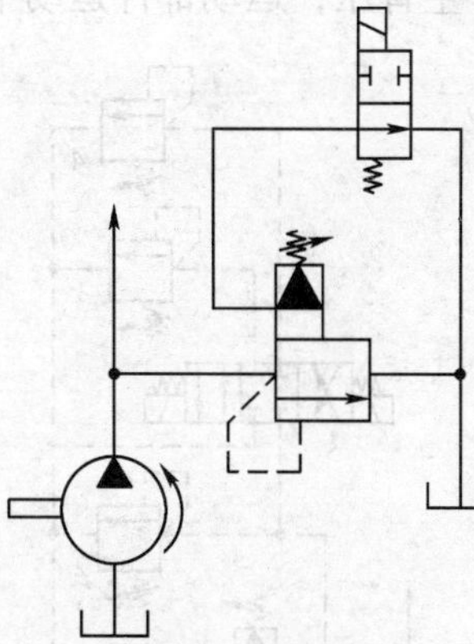

图 4-17　使泵卸荷

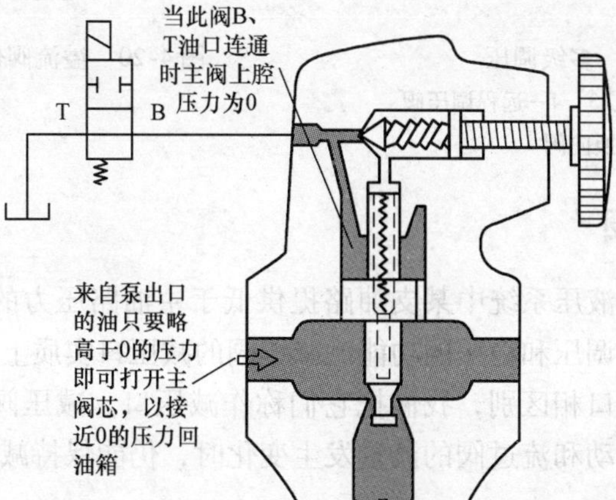

图 4-18　和二位二通阀配合使泵卸荷

（4）使一个主溢流阀具有多级调定压力（见图 4-19）　在图 4-19 中，1 为主溢流阀、2、3、4 为远程调压阀，也叫遥控调压阀。阀 2、3、4 均事先调整好它们的调定压力。当换向阀 5 处于中位时，系统的压力决定于远程调压阀 2 的调定压力。当换向阀 5 处于左位时，系统的压力决定于远程调压阀 4。当换向阀 5 处于右位时，系统的压力决定于远程调压阀 3 调定的压力。系统有三种不同的压力调定值。阀 3 和阀 4 的调定压力应小于阀 2 的调定压力。

（5）用作背压阀　在图 4-20 所示的液压回路中，溢流阀串联在回油路上，溢流阀产生背压，运动部件运动平稳性增加。

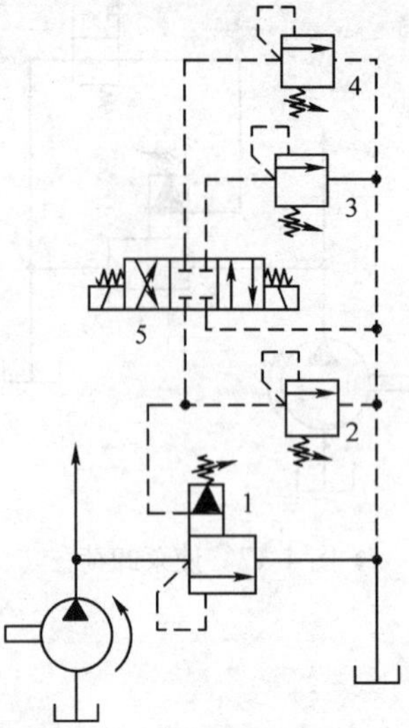

图 4-19　多级调压

1—主溢流阀　2、3、4—远程调压阀

5—换向阀

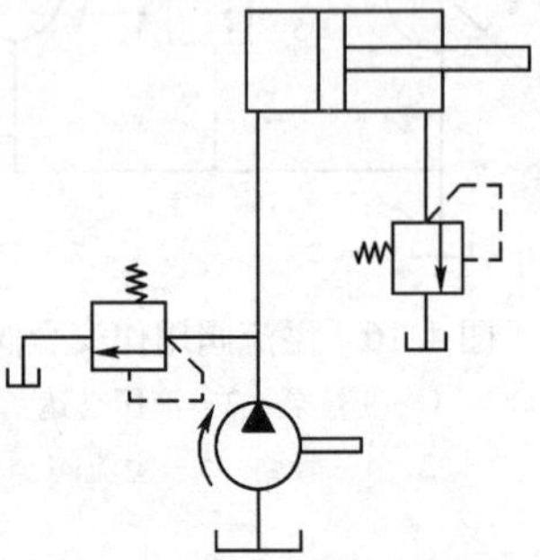

图 4-20　溢流阀作背压阀用

4.2.2　减压阀

减压阀用于向液压系统中某支油路提供低于主油路压力的稳定的工作压力。减压阀具有减压、调压和稳压的功能。减压阀的减压口实质上是节流口，但是为了和节流阀的节流口相区别，我们把它们称作减压口。减压阀除了能减压以外，当进口压力出现波动和流过阀的流量发生变化时，仍能保持减压阀的出口压力基本恒定。

减压阀按其调节性能不同可以分为定值减压阀、定差减压阀和定比减压阀。本节只介绍定值减压阀。

1. 先导式减压阀的结构和工作原理

先导式减压阀的工作原理如图 4-21 所示。在图 4-21a 中，压力为 p_1 的油经阀的进油口 P_1 进入腔口，再经过主阀芯 2 和阀体 1 之间形成的开口量为 x 的减压口到达 b 腔，从出油口排出，出油口 P_2 的压力为 p_2。p_1 也称一次压力，p_2 也称二次压力。开口量 $x=x_{max}$ 时减压口无减压作用，所以阀正常工作时，$x<x_{max}$ 和出油口相通的 b 腔中的油一路经阻尼孔 g 到达主阀芯 2 的下腔 c，另一路经阻尼孔 d，油腔 k、孔 e、孔 f 到达先导锥阀 5。当出口压力达到调定值时，先导锥阀 5 开启，流过先导锥阀 5 和阀座 4 之间缝隙的液流经过回油通道，从单独的回

油口 h 回油。主阀芯在上下两端压力差的作用下上行，形成一定的减压口 x，减压阀进入稳态工作。所谓稳态工作是指减压阀有一定的减压口，对应着这个减压口有一组流动参数，即进口压力、出口压力和经过减压口的流量。为方便说明，暂且把这个稳态工作点称作稳态Ⅰ。当进口压力由于某种原因增大了，在阀芯 2 还未来得及调节的瞬间，减压口下游的压力即阀的出口压力也有所增大；接着，作用于先导锥阀 5 的液压力增大，调压弹簧 7 进一步被压缩，先导锥阀 5 开口增大，流过锥阀缝隙的流量加大，主阀芯上下两端的压力差增大，主弹簧进一步被压缩，主阀芯上移，减压口的开启量 x 减小，减压口的阻力增加，出口压力减小。这样，主阀芯经过几次振荡后稳定在一个新的工作点Ⅱ上。对应着稳态Ⅱ又有一定的开口量，对应着这个开口量也有一组流动参数，即进口压力、出口压力和流过减压口的流量。其和稳态Ⅰ比较，开口量略有减小，而阀出口的压力基本恒定。图 4-21b 所示为先导式减压阀的图形符号，图 4-21c 所示为先导式减压阀的简化图形符号。

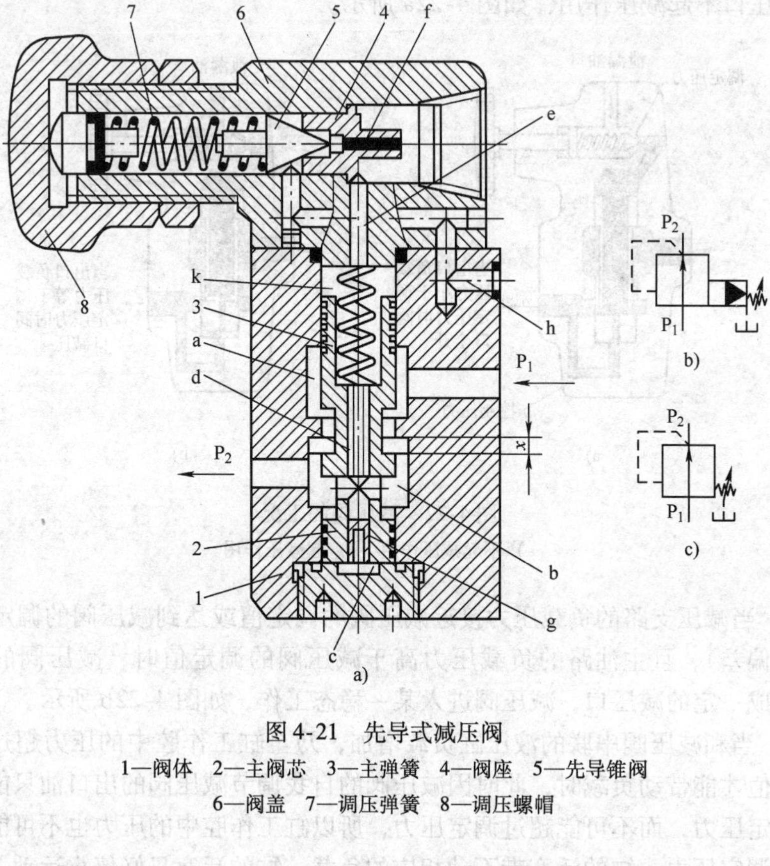

图 4-21　先导式减压阀

1—阀体　2—主阀芯　3—主弹簧　4—阀座　5—先导锥阀
6—阀盖　7—调压弹簧　8—调压螺帽

2. 减压阀的特点

（1）减压阀工作特性　理想的减压阀在进口压力、流量发生变化时，其出口压力总是恒定不变的。当减压阀的出油口不输出油液（如负载过大，油压推不动）时，它的出口压力仍能基本上保持恒定，此时有少量的油液通过减压阀阀口经先导阀和泄油管流回油箱，保持该阀处于工作状态。

（2）减压阀和溢流阀的区别　溢流阀出口接油箱，减压阀出口接下一级液压元件；溢流阀的内泄漏油经出口回油箱，减压阀的内泄漏油单独开外泄漏油口接回油箱；溢流阀进出油口为常关状态，减压阀进出油口为常开状态；溢流阀以进口油压为控制压力，减压阀以出口油压为控制压力。

3. 减压阀的三种工况

1）减压口不起减压作用。主油路中有负载且溢流阀调定的主油路中的压力也高于减压阀的调定压力时，若减压支路中的负载压力，也就是减压阀的出口压力很小，则减压阀芯处于最下位，减压口最大，远超过正常工作时减压口的开启值，减压口不起减压作用，如图 4-22a 所示。

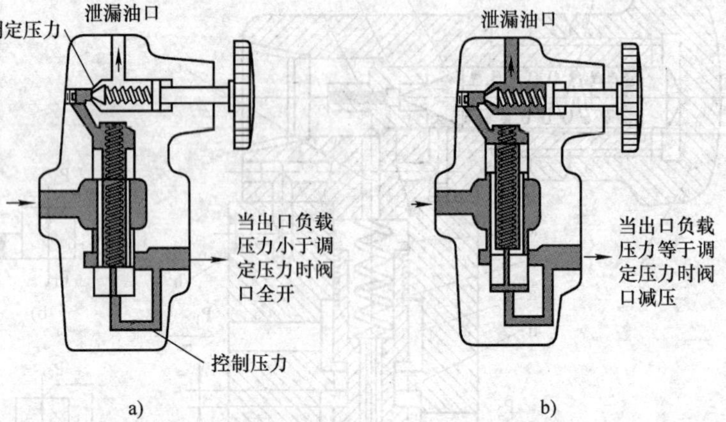

图 4-22　减压阀的工况

a）不起减压作用　b）起减压作用

2）当减压支路的负载压力接近减压阀的调定值或达到减压阀的调定值（因有调压偏差），且主油路的负载压力高于减压阀的调定值时，减压阀的阀芯上移，形成一定的减压口，减压阀进入某一稳态工作，如图 4-22b 所示。

3）当和减压阀串联的液压缸负载增加，乃至缸工作腔中的压力超过减压阀的调定值才能带动负载时，此时因减压阀的自我调节减压阀的出口油只能保持恒定的调定压力，而不可能超过调定压力，所以缸工作腔中的压力也不可能超过减压阀的调定压力，缸的活塞带不动相应的负载，缸的活塞只好停止运动。当液压缸碰到死挡铁时即属于这一工况。缸的活塞碰到死挡铁时，负载为无穷大，缸的活塞停止运动。

减压阀与缸串联，缸的活塞不运动，减压阀出口的油就没有出路了，那么缸工作腔中的压力是否会无限增加呢？不会。从图 4-21 可见，减压阀的出油口虽然没有流量，但经过减压口的油还可以经阻尼孔 d、孔 e、孔 f、锥阀芯形成的缝隙、孔 h 构成通路，此时减压阀出口压力仍基本保持恒定的调定值。

这一工况使我们联想到把减压阀用在夹紧回路中最为合适。例如，和减压阀串联的液压缸是一个夹紧缸，当缸将工件夹紧后，缸的工作腔中的压力仍为定值，这就保证了夹紧力为恒值，不致因夹紧力过大而将工件夹坏。

4. 减压阀的应用

1）向另一执行机构提供低于主油路的压力。系统向一个执行机构提供高压时，利用减压阀可同时向另一执行机构提供较低的压力，且两个执行机构的负载不会相互影响对方的动作，如图 4-23 所示。

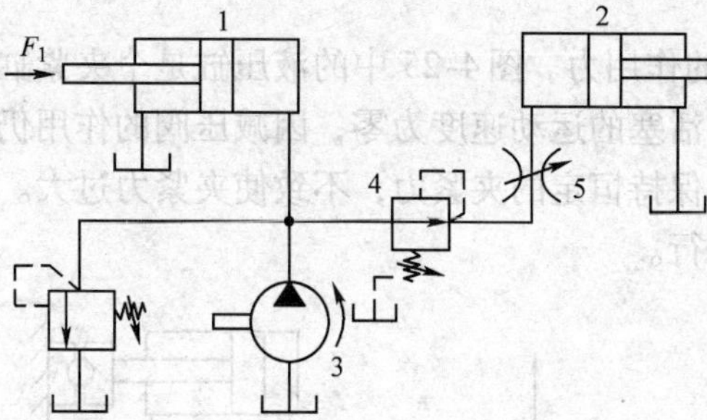

图 4-23　减压阀的应用之一

1、2—缸　3—泵　4—减压阀　5—节流阀

在图 4-23 中，泵 3 同时向缸 1 和缸 2 供油，缸 1 的负载力为 F_1，缸 2 的负载力为 F_2。设 $F_1 > F_2$。若没有减压阀 4 和节流阀 5，则哪个缸的负载较小，则哪个缸先动作，即只有缸 2 的活塞到位后压力继续上升，缸 1 才动作。不管对系统的要求如何都是如此。该系统无能力实现两个缸同时动作。若加上减压阀 4 后则可解决这一矛盾，两个缸可同时动作而不会因负载的大小而互相干扰。

在图 4-23 中，若不加节流阀 5，尽管缸 1 有相当的负载力，溢流阀有相当的调定压力，若 F_2 为零，则减压阀 4 的二次压力（即出口压力）为零，阀芯处于最下端，减压阀不起减压作用且将减压口的上下游无阻力地沟通，这时减压阀的一次压力（即进口压力）也为零，这种现象叫减压阀一次压力失压。有了节流阀 5，可使减压阀出口总是有相当的压力，即可避免这一现象的出现，但多了一种压力损失。

2）使控制压力稳定。因为减压阀出口压力稳定，所以在有些回路中，虽然不需要减压，但为了获得稳定的压力也加上减压阀。例如，用压力控制的阀，像液控换向调、液控顺序阀，在这些阀的控制油路中有时加上减压阀，目的不是为了减压而是使控制压力稳定，以免因压力波动使它们产生误动作。

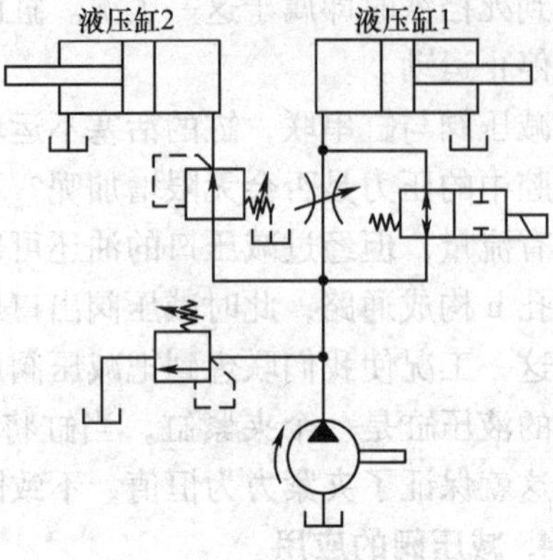

图4-24　减压阀的应用之二

如图4-24所示，当系统压力波动较大，液压缸2需要有较稳定的输入压力时，在液压缸2进油路上串一减压阀，在减压阀处于工作状态下，可使液压缸2的压力不受溢流阀压力波动的影响。

3）限制执行机构的作用力。图4-25中的液压缸是个夹紧缸。当活塞杆通过夹紧机构夹紧工件时，活塞的运动速度为零，因减压阀的作用仍能使缸工作腔中的压力基本恒定，故可保持恒定的夹紧力，不致使夹紧力过大。但应注意此时必须使用先导式减压阀才行。

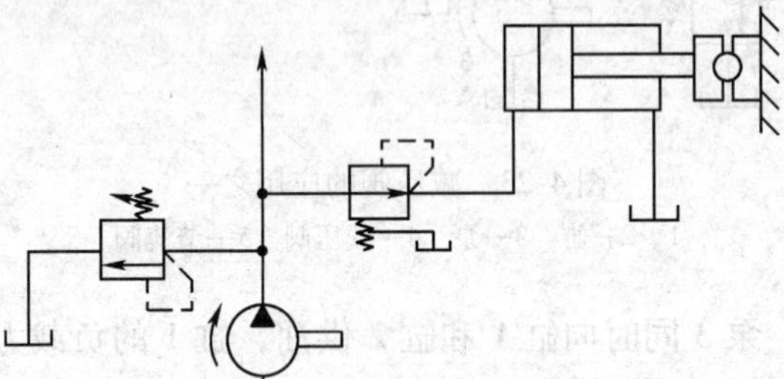

图4-25　减压阀的应用之三

4.2.3　顺序阀

顺序阀是以压力为控制信号，自动接通或断开某一支路的液压阀。由于顺序阀可以控制执行元件顺序动作，由此称之为顺序阀。

顺序阀按其控制方式不同，可分为内控式顺序阀和外控式顺序阀。内控式顺序阀直接利用阀的进口液压油控制阀的启闭，一般称为顺序阀；外控式顺序阀利用外来的液压油控制阀的启闭，也称为液控顺序阀。按顺序阀的结构不同，又可分为直动式顺序阀和先导式顺序阀。

下面仅介绍先导式顺序阀。

1. 自控式顺序阀

图 4-26a 所示为高压系列先导式顺序阀结构，图 4-26b 所示为顺序阀图形符号。该阀是由主阀与先导阀组成。液压油从进油口 P_1 进入，经通道进入先导阀下端，经阻尼孔和先导阀后由外泄油腔 L 流回油箱。当系统压力不高时，先导阀关闭，主阀芯两端压力相等，复位弹簧将阀芯推向下端，顺序阀进出油口关闭；当压力达到调定值时，先导阀打开，液压油经阻尼孔时形成节流，在主阀芯两端形成压差，此压力差克服弹簧力，使主阀芯抬起，进出油口打开。

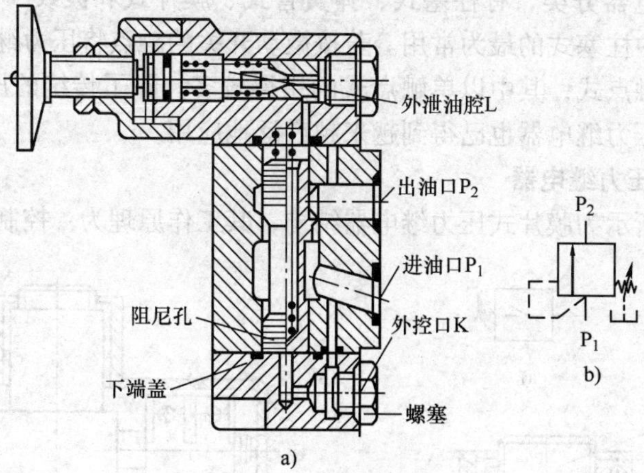

图 4-26　自控式顺序阀

a）结构图　b）图形符号

顺序阀在结构上与溢流阀十分相似，但在性能和功能上有很大区别，主要表现在：溢流阀出口接油箱，顺序阀出口接下一级液压元件，仍是高压油口；溢流阀采取内泄漏，顺序阀一般为外泄漏；溢流阀主阀芯遮盖量小，顺序阀主阀芯遮盖量大；溢流阀打开时阀处于半打开状态，进出口压差为开启压力，主阀芯开口处节流作用强，顺序阀打开时阀芯处于全打开状态，进出口压差很小，流过顺序阀的液流在阀中形成的压力损失一般为 0.2 ~ 0.4MPa。主通道几乎没有节流作用。

2. 外控顺序阀

将图 4-26a 的下端盖拆下，旋转 90°后再安装（下端盖为正方形，螺钉孔对称分布），并将螺塞旋下连接控制油路外控油口 K，就形成外控式顺序阀。此时，阀的启闭靠外控口 K 的压力控制。图 4-27 所示为外控式顺序阀的图形符号。

4.2.4 压力继电器

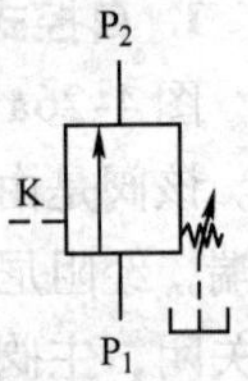

图 4-27 外控式顺序阀图形符号

压力继电器是液压系统中的将液压油压力的上下限信号转变成开关量电信号的元件。当系统压力达到压力继电器的调定压力时，压力继电器发出电信号，控制电气元件（如电动机、电磁铁、电磁离合器、继电器等）的动作，实现泵的加载、卸荷，执行元件的顺序动作、系统的安全保护和联锁等。

传统的压力继电器由两部分组成：第一部分是压力－位移转换器，第二部分是电气微动开关。若按压力－位移转换器的结构将压力继电器分类，有柱塞式、弹簧管式、膜片式和波纹管式四种，其中柱塞式的最为常用。若按微动开关的触点将压力继电器分类，有单触点式和双触点式，其中以单触点式的用得较多。除了传统的压力继电器外，先进的智能式压力继电器也已得到越来越广泛地应用。

1. 膜片式压力继电器

图 4-28b 所示为膜片式压力继电器结构，其工作原理为：控制油进入压力继

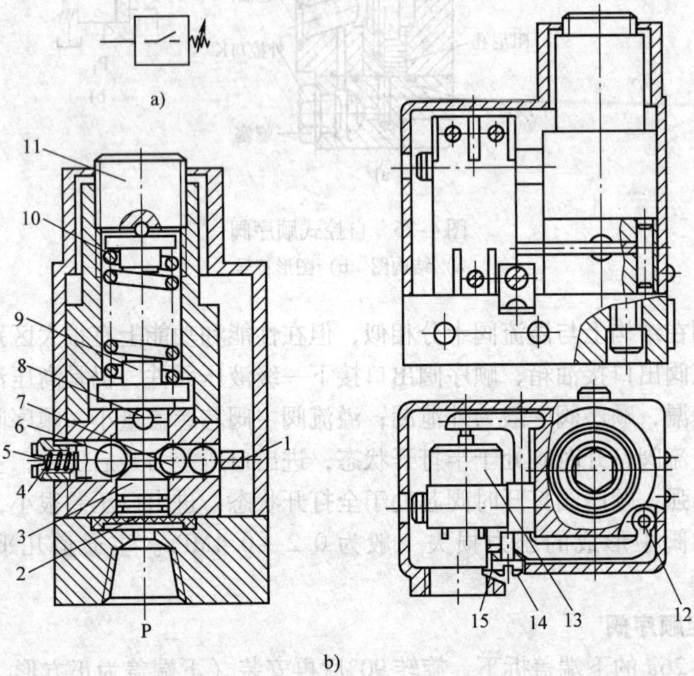

图 4-28 膜片式压力继电器

a）图形符号 b）结构图

1—杠杆 2—薄膜 3—柱塞 4、11、14—螺钉 5、10—弹簧

6、7、8—钢球 9—弹簧下座 12—销轴 13—微动开关 15—垫圈

电器的进油口 P 作用到薄膜 2 上，当控制压力不足以克服弹簧力时，弹簧使柱塞 3 处于下端，微动开关 13 不动作；当控制压力达到调定压力时，弹簧 10 受压缩，柱塞 3 向上移动，柱塞上的斜面推动钢球 7 使之向右移动，杠杆 1 被钢球向右推动，此时杠杆绕销轴 12 逆时针摆动，杠杆 1 左端压下微动开关 13 的触头使电路闭合，发出电信号；当控制口压力降低到一定值时，弹簧 10 通过钢球 8 将柱塞 3 压下，微动开关 13 的触头依靠自身的弹力推动杠杆 1 复位，电路断开。

螺钉 14 用以调节微动开关与杠杆之间的相对位置，调节螺钉 4 用于压紧或松开弹簧 5，以改变微动开关闭合压力和开启压力的差值（称为返回区间）。调节螺钉 11 用于调节弹簧 10 的预压缩量，进而调节压力继电器的调定压力。图 4-28a 所示为压力继电器的图形符号。

膜片式压力继电器的位移很小，反应快，重复精度高，但易受压力波动影响，不能用于高压，只能用于低压。

2. 柱塞式压力继电器

柱塞式压力继电器结构原理如图 4-29 所示。

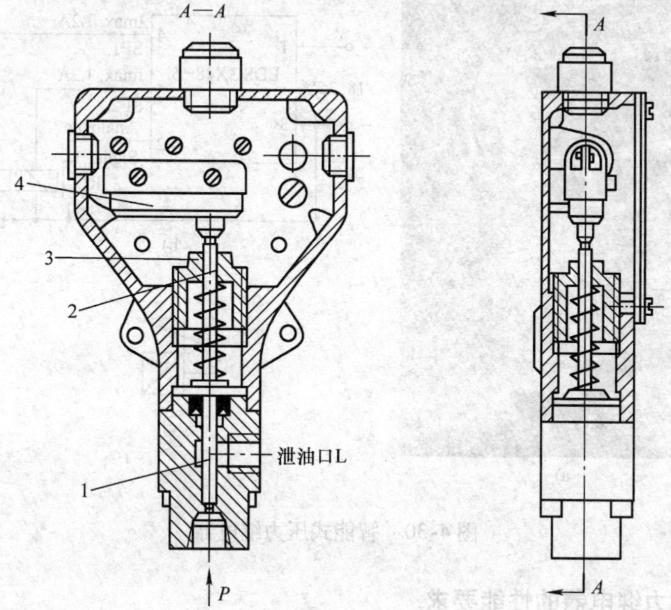

图 4-29　柱塞式压力继电器

1—柱塞　2—顶杆　3—调节螺母　4—微动开关

当系统的压力达到压力继电器的调定压力时，作用于柱塞 1 上的液压力克服弹簧力，顶杆 2 上移，使微动开关 4 的触头闭合，发出相应的电信号。调节螺母 3 可调节弹簧的预压缩量，从而可改变压力继电器的调定压力。此种柱塞式压力继电器宜用于高压系统。但位移较大，反应较慢，不宜用在低压系统。

3. 智能式压力继电器

智能式压力继电器由压力变送器和智能芯片组成。HYDAC 公司生产的 EDS300 智能式压力继电器如图 4-30a 所示。EDS300 压力继电器可显示在线检测的压力值或显示输出触点的调定压力。它配有 1 或 2 路开关量输出触点，还可再配有 1 路模拟量输出或数字量输出，如图 4-30b 所示。开关量输出触点的闭合压力和开启压力的差值可以用按键设定。图 4-30c 所示为智能式压力继电器的图形符号。

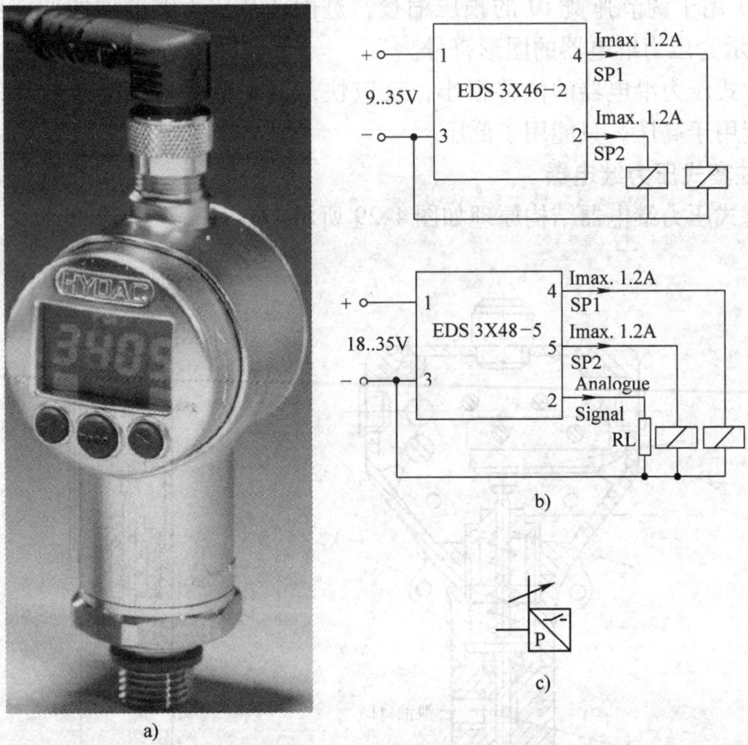

图 4-30　智能式压力继电器

4. 对压力继电器的性能要求

（1）调压范围　压力继电器能够发出电信号的最低工作压力和最高工作压力的差称为调压范围。

（2）灵敏度　系统压力升高时，压力继电器能发出电信号的压力称为闭合压力。系统压力降低时，压力继电器能切断电信号的压力称为开启压力。闭合压力与开启压力之差称为压力继电器的灵敏度。差值越小，则灵敏度越高。

（3）通断调节区间　为避免系统压力波动时，压力继电器时通时断，要求闭合压力和开启压力必须保持一定的差值。若此差值是可调的，则把这个差值的调节范围称为通断调节区间。

（4）重复精度　在一定的调定压力下，多次升压（降压）过程中闭合（开启）压力本身的差值，称作压力继电器的闭合（开启）压力重复精度。多次重复时，闭合（开启）压力本身的差值越小，说明闭合（开启）压力的重复精度越高。

（5）升压（降压）动作时间　压力继电器从卸荷（调定）压力升（降）至调定（卸荷）压力，微动开关发出（切断）电信号的时间，称为升压（降压）动作时间。这个时间当然希望短些为好。

5. 压力继电器的应用

1）构成卸荷回路。例如，系统达到压力继电器的调定压力时，压力继电器发出信号控制二位二通阀的电磁铁，使二位二通阀处于通路。二位二通阀使溢流阀的远程控制口通油箱，则泵卸荷。

2）构成保压回路。系统压力达到压力继电器的调定压力时，压力继电器发出电信号，使泵停机，此时靠蓄能器使系统保压。当系统压力低到一定程度时，压力继电器使泵重新起动，一方面向系统提供液压油，一方面使蓄能器充压。

3）构成顺序回路。第 1 个液压缸运动到位后压力继续升高，当达到压力继电器的调定压力时，压力继电器发出电信号控制第 2 个液压缸的电磁换向阀，使第 2 个液压缸动作。这样，就保证了两个缸的顺序动作。

4）由压力继电器发出指示信号、报警信号或利用压力继电器发出的电信号使两个电路联锁，从而使两个油路联锁而实现两个机械动作的联锁。也可利用压力继电器发出的电信号使电路接通或切断，从而构成油路的沟通或断路，进而对系统起保护作用。

4.3　流量控制阀

液压系统中执行元件运动速度的大小由输入执行元件的油液流量的大小来确定。流量控制阀通过改变节流口面积的大小调节通过阀的流量。在液压系统中，流量阀的作用是对执行元件的运动速度进行控制。常见的流量控制阀有节流阀、调速阀、溢流节流阀等。

4.3.1　流量控制原理及节流口形式

1. 流量控制原理

在图 4-31 所示的回路中，由定量泵 1 供油，溢流阀 2 控制泵出口压力，流量阀3串联在液压缸的进油路上。改变通过节流阀的流量，可以控制活塞的运动速度。若液压缸大腔的承压面积为A，通过节流阀的流量为q，则活塞的运动速度v为：$v=q/A$。改变q，即可调节活塞的运动速度v。而节流阀的流量，可通过改变节流口面积的大小来实现。

2. 节流口的形式

流量控制阀中节流口的形式将直接影响流量阀的性能。理论上讲节流口可以是薄壁孔、细长孔和短孔，而实际上受到制造工艺和强度的限制，常见节流口的形式主要有直角凸肩节流口、锥形凸肩节流口、三角槽式节流口、轴向缝隙式节流口和偏心式节流口等几种。

4.3.2 普通节流阀

节流阀是结构最为简单的流量阀，常与其他形式的阀相组合，形成单向节流阀或行程节流阀。

1. 普通节流阀的结构

图4-32a所示为普通节流阀的结构。液压油从进油口P_1流入，经阀芯2下部的节流口从出油口P_2流出。调节手轮3，阀芯2随之轴向移动，阀芯下端的环形通流面积改变，通过阀的流量随之改变。由图4-32a可见，此阀属于针状节流口，当压力较高时，阀芯2会受到较大的轴向力，调节手轮3困难，因此这种节流阀需卸载调节，应用于要求不高的系统。图4-32b所示为节流阀的图形符号。

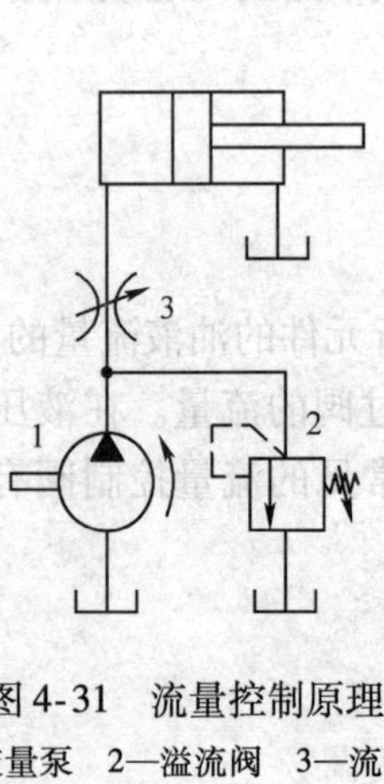

图4-31 流量控制原理

1—定量泵 2—溢流阀 3—流量阀

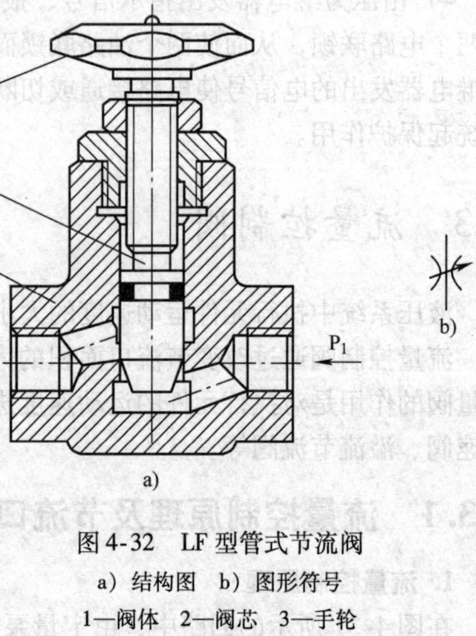

图4-32 LF型管式节流阀

a）结构图 b）图形符号

1—阀体 2—阀芯 3—手轮

2. 节流阀的流量特性

（1）流量公式　在流体力学中，我们遇到过两大类节流口：一类是细长孔，一般用层流计算流过细长孔的流量。在液压工程中，往往把这类节流口当作固定（不可调）节流器使用，而很少把它们当作节流阀使用；另一类是薄壁节流口，通常把它们当作节流阀使用，用紊流计算这类节流口的流量。流量公式在流体力学中已然推导和证明过，我们只引用其结论即可。

流过薄壁小孔的流量公式为

$$q = C_d A \sqrt{\frac{2}{\rho}(p_1 - p_2)} \tag{4-1}$$

或写成

$$q = C_d A \left(\frac{2}{\rho}\Delta p\right)^m = KA(\Delta p)^m \tag{4-2}$$

式中　C_d——流量系数；

A——节流口过流断面面积（可调节）；

ρ——油液密度；

Δp——节流口上、下游的压力差，$\Delta p = p_1 - p_2$；

m——指数；

$K = C_d\left(\frac{2}{\rho}\right)^m$。

在式（4-2）中，若 m 为常数，且$[(2/\rho)\Delta p]^m$ 也是常数，调节 A，则可调节通过节流阀的流量 q。需要说明的是，流量系数 C_d 并不是常数，节流口的结构、形状、压力差、油温都对 C_d 有影响。精确的 C_d 值需靠试验确定。一般 $C_d = 0.6 \sim 0.8$。

m 值受多种因素影响，一般 $m = 0.5 \sim 1$，对薄壁节流口，m 为 0.5。精确的 m 值需由实验确定。

液压油的温度发生变化时，油的黏度和密度随之改变，式（4-2）的 K 值也发生变化，且节流阀的流量受到影响。温度对细长孔类节流口的影响比薄壁类节流口大，因此性能好的节流阀一般采用薄壁孔类节流口。

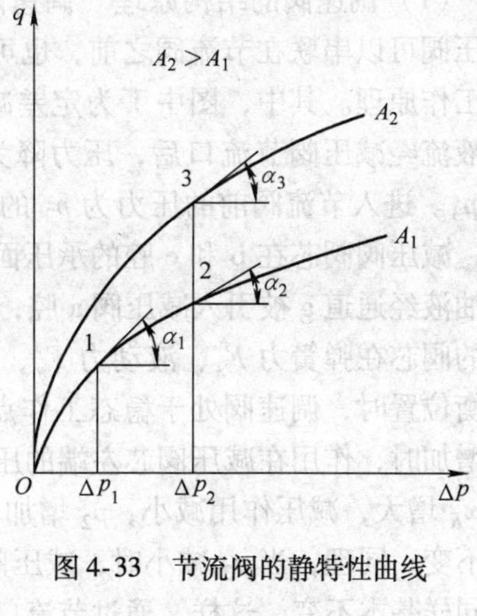

图 4-33　节流阀的静特性曲线

（2）节流阀的静特性曲线　将式（4-1）画成曲线，如图 4-33 所示，这就是节流阀的静特性曲线。它表示了在 A 为某一定值时，通过节流阀的流量 q 和节流口上下游压力差 Δp 的关系。

从图 4-33 可见，当 A 一定时，Δp 越大，q 也越大，从式（3-1）可见它们之间是 2 次方的关系。图 4-33 中，$A_2 > A_1$，当 Δp 值相同时，对应着 A_2 的流量 q_2 也大于对应着 A_1 的流量 q_1。

节流阀虽有多种用途，但最常用的一种方式为：节流阀的上游和恒压能源相连，压力为 p_1；下游和执行机构相连，压力为 p_2，也就是负载形成的压力。当负载有变化时，压力差 $\Delta p = p_1 - p_2$ 也产生变化。当 Δp 变化时，通过节流阀的流量 q 也发生变化，而通过节流阀的流量就是进入执行机构的流量，故缸的运动速度也变化。

（3）节流阀的阻塞现象　一般节流阀只要保持油足够清洁就不会出现阻塞。有的系统要求缸的运动速度极慢，相应地输往缸的流量也很小，节流阀也只能开很小的开口，于是导致阻塞现象的出现，通过节流阀的流量时大时小，甚至断流。通常把流量未出现波动前的最小流量叫作节流阀的最低稳定流量。

4.3.3　节流阀的压力和温度补偿

节流阀的压力补偿有两种方式：一种是将定差减压阀与节流阀串联起来，组合成调速阀；另一种是将稳压溢流阀与节流阀并联起来，组织成溢流节流阀。这两种压力补偿方式都是利用流量变动所引起油路压力的变化，通过阀芯的负反馈动作，来自动调节节流部分的压力差，使其基本保持不变。油温的变化也必然会引起油液黏度的变化，从而导致通过节流阀的流量发生相应的改变。为消除此问题，又出现了温度补偿调速阀。

1. 调速阀

（1）调速阀的结构原理　调速阀由定差减压阀和节流阀两部分组成。定差减压阀可以串联在节流阀之前，也可串联在节流阀之后。图 4-34 所示为调速阀的工作原理。其中，图中 1 为定差减压阀阀芯，2 为节流阀阀芯。压力为 p_1 的油液流经减压阀节流口后，压力降为 p_2，然后经节流阀节流口流出，其压力降为 p_3。进入节流阀前的压力为 p_2 的油液经通道 e 和 f 进入定差减压阀的 b 和 c 腔，减压阀阀芯在 b 和 c 腔的承压面积分别为 A_b 和 A_c；而流经节流口压力为 p_3 的油液经通道 g 被引入减压阀 a 腔，减压阀阀芯在 a 腔的承压面积为 A_a。当减压阀的阀芯在弹簧力 F_s、液动力 F_y、液压力 $A_a p_3$ 和（$A_b + A_c$）p_2 的作用下处于平衡位置时，调速阀处于稳态工作点。此时，若调速阀出口压力 p_3 因负载增大而增加时，作用在减压阀芯左端的压力增加，阀芯失去平衡向右移动，减压阀开口 x_R 增大，减压作用减小，p_2 增加，结果节流阀口两端压差 $\Delta p =$（$p_2 - p_3$）保持不变。同理，当 p_3 减小时，减压阀芯左移，p_2 也减小，节流阀节流口两端压差同样基本不变。这样，通过节流口的流量基本不会因负载的变化而改变。

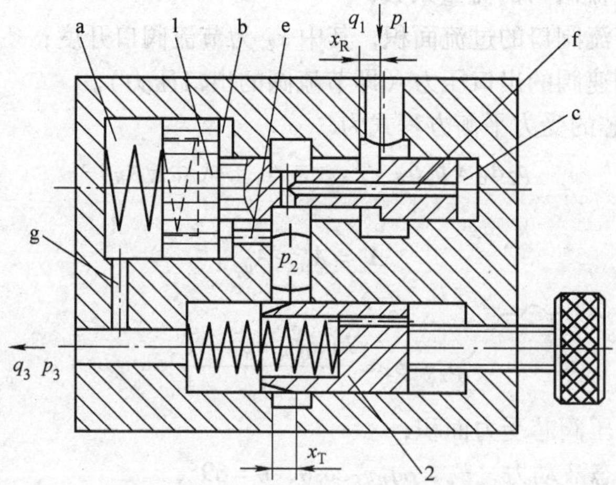

图 4-34　调速阀工作原理图

1—定差减压阀阀芯　2—节流阀阀芯

当压力差很小时，由于减压阀阀芯被弹簧推至最下端，减压阀阀口全开，不起稳定节流阀前后压力差的作用，故这时调速阀的性能与节流阀相同。因此，调速阀正常工作时，进出口之间至少要求有 0.6MPa 以上的压力差。

调速阀的图形符号和节流阀相同。

（2）调速阀的静态特性分析　调速阀能保持流量稳定的功能，主要是由具有压力补偿作用的减压阀起作用。减压阀可保持节流阀口前后的压差近似不变，而使流量保持近似恒定。建立静态特性方程式的主要依据，是动力学方程和流量连续性方程以及相应的流量表达式。

1）减压阀的流量方程式为

$$q_R = K_R\omega(x_R)\sqrt{\frac{2}{\rho}(p_1 - p_2)} \tag{4-3}$$

式中　K_R——减压阀口的流量系数；

$\omega(x_R)$——减压阀口的过流面积，其中 x_R 为减压阀芯位移量（向右方向为正）；

ρ——油液密度；

p_1——调速阀的进口压力（即减压阀的进口压力）；

p_2——减压阀的出口压力（即节流阀的进口压力）。

2）节流阀的流量方程式为

$$q_T = K_TB(x_T)\sqrt{\frac{2}{\rho}(p_2 - p_3)} \tag{4-4}$$

式中　K_T——节流阀口的流量系数；

$B(x_T)$——节流阀口的过流面积，其中 x_T 为节流阀口开度；

p_3——调速阀的出口压力（即节流阀的出口压力）。

3）减压阀芯的受力平衡方程式为

$$p_2A_b + p_2A_c + F_y = p_3A_a + k(x_0 - x_R) \tag{4-5}$$

因为

$$A_a = A_b + A_c$$

故

$$p_2 - p_3 = \frac{k(x_0 - x_R) - F_y}{A_a} \tag{4-6}$$

式中　A_a——减压阀芯受力面积；

F_y——稳态液动力，$F_y = \rho q_R v_R \cos\theta$，$\theta = 69°$；

k——弹簧刚度，$F_s = k(x_0 - x_R)$；

$(x_0 - x_R)$——弹簧预压缩量；

x_R——减压阀芯位移量（向左方向为正）。

4）根据流量连续性方程，若不计内泄漏，则

$$q_R = q_T \tag{4-7}$$

由式（4-6）可知，x_0、x_R、k 和 A_a 值决定了（$p_2 - p_3$）的值。通过理论分析和实验验证，选择（$p_2 - p_3$）为 0.3MPa 左右。

由式（4-4）可知，要保持流量稳定，就要求（$p_2 - p_3$）压差稳定。当节流阀口开度 x_T 调定后，阀的进出口压力 p_1 或 p_3 变化时，x_R 也变化，弹簧力 F_s 和液动力 F_y 也要发生变化。由式（4-6）可知，弹簧力变化量 ΔF_s 与液动力变化量 ΔF_y 的差值 ΔF 越小，A_a 越大，（$p_2 - p_3$）的变化量就越小。合理设计减压阀的弹簧刚度和减压阀口的形状，就会得到较好的等流量特性。

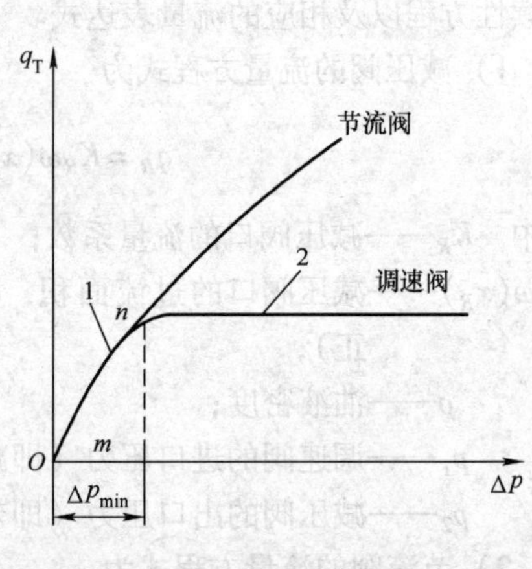

图 4-35　节流阀和调速阀的静特性曲线

1—无压力补偿　2—有压力补偿

图 4-35 所示为调速阀与普通节流阀相比较的特性曲线，即阀两端压差 Δp 与通过阀的流量之间关系的曲线。由图 4-35可知：在压差较小时，调速阀的特性与普通节流阀相同，此时，由于压差较小，不能将调速阀中的减压阀芯抬起，减压阀失去压力补偿作用，调速阀与节流阀的这部分曲线重合；当阀两端压差大于某一值时，减压阀芯处于工作状态，

通过调速阀的流量就不受阀两端压差的影响了，而通过节流阀的流量仍然随压差的变化而改变，两者的曲线出现明显的差别。Δp_{min}是调速阀的最小稳定工作压差，一般为 0.6 ~ 0.8MPa。

2. 温度补偿调速阀

影响节流阀流量变化的因素主要有两个，一个是节流口上下游的压力差，另一个是温度。前述的调速阀基本上解决了压力差对流量的影响，但并没有解决温度对流量的影响问题。特别是流量较小时，温度对流量的影响相对更大。带温度补偿的调速阀可以解决这个问题。

在温度补偿调速阀的结构中（见图 4-36），压力补偿部分和普通调速阀相同，不同之处在于节流阀的节流口的控制方式上，即在手动变量机构和节流口之间加了一个温度补偿控制杆。该控制杆由膨胀系数较大的聚氯乙烯制成。当节流口调整好后，节流阀正常工作。此时若温度增高，使油的黏度变小，流过节流口的流量加大，温度增高又使控制杆变长，则通过机械结构使节流口有所减小，流量又基本上恢复原来的调定值。

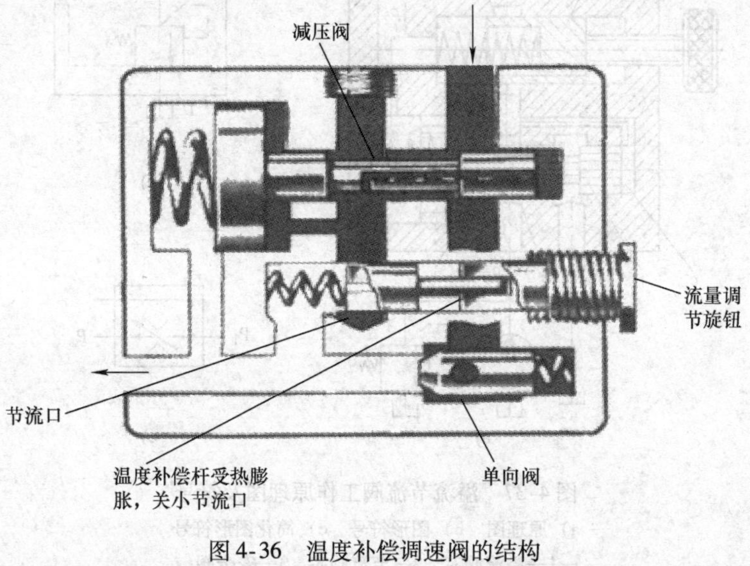

图 4-36　温度补偿调速阀的结构

温度补偿调速阀最小稳定流量约为 20mL/min。本阀只适用于流量小，又对流量稳定性要求较高的场合。

3. 溢流节流阀

（1）溢流节流阀工作原理　溢流阀是节流阀与溢流阀并联而成的组合阀，它能补偿因负载变化而引起的流量变化。图 4-37a 所示为溢流节流阀工作原理图，压力为 p_1 的油液由进油口 P_1 进入阀后，一部分经节流阀芯 2 的节流口 d 进入执行元件，另一部分经溢流阀芯1的溢流口e流回油箱。溢流阀芯右腔a和节流阀出口相通，压力为p_2；溢流阀芯大台肩下面的油腔b、左端油腔c和节流阀的入口相通，压力为p_1。当负载F_L增大时，出口压力p_2增大，溢流阀芯左移，关小溢流口e，节流阀入口压力p_1增大，结果节流阀前后压差（p_1-p_2）基本保持不变；反之情况相同。系统正常工作时，安全阀3关闭；当系统超载时，压力p_2超过系统正常值，安全阀3打开，系统安全溢流。图4-37b所示为溢流节流阀图形符号，图4-37c所示为溢流节流阀简化图形符号。图4-38所示为溢流节流阀的结构，表示了节流阀与先导式溢流阀并联（主阀芯阻尼孔由节流阀替代），由溢流阀实现负载压力补偿，保证节流口前后压差不变，节流阀实现流量调节的原理。

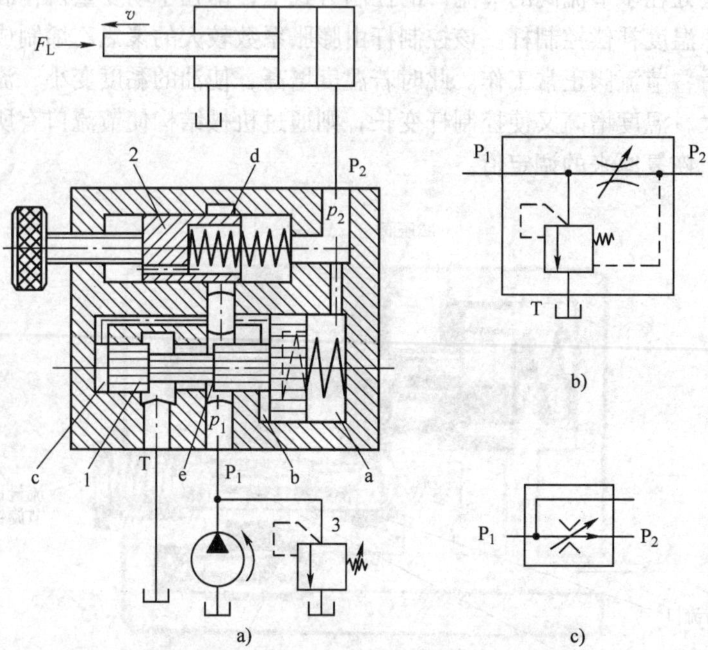

图4-37　溢流节流阀工作原理图及符号

a）原理图　b）图形符号　c）简化图形符号

1—溢流阀芯　2—节流阀芯　3—安全阀

（2）溢流节流阀与调速阀的比较　溢流节流阀与调速阀一样，都能使得通过阀的流量不受负载压力变化的影响，但从使用范围和性能上比较，两者还是有所区别，主要表现在：

1）使用溢流节流阀的系统效率较高。因为采用溢流节流阀的系统，泵的供油压力随负载的增大而增大，所以能量损失较小，系统发热少。

2）调速阀较溢流节流阀应用范围广。溢流节流阀只能安装在节流调速回路

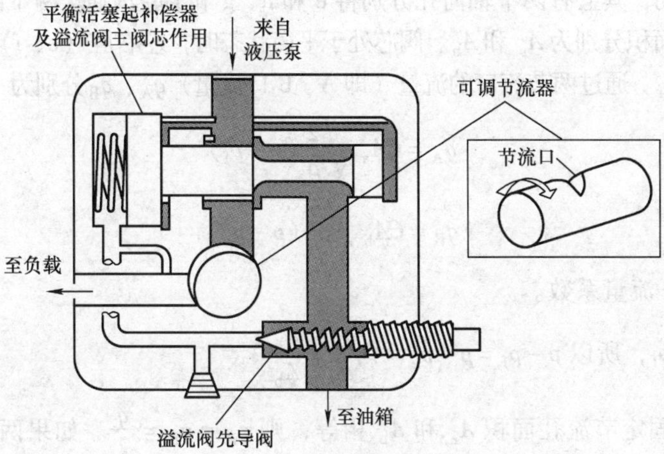

图 4-38 溢流节流阀结构

的进油路上组成特定的（溢流压力随负载变化）进油路节流调速回路，而调速阀则可安装在执行元件的进油路、回油路和旁油路上组成各种进油路、回油路、旁油路节流调速回路。

3）溢流节流阀较调速阀流量稳定性差。溢流节流阀中溢流阀的承载大，弹簧刚度较大，当负载变化时，节流口两端的压力差变化较大；而调速阀中减压阀的刚度较小，节流阀两端压差变化小，流量稳定性好。

4.3.4 同步阀

在液压工程中，由于种种原因，有时会遇到下述情况：由一个泵分别向两个同步工作的液压执行机构（如液压缸）供油；两个液压缸同时带动一个工作机构，带动负载。

自某一原始位置到达另一指定位置，若两个缸活塞的位移相同，则称这两个缸位置同步；若两个缸的速度相同，则称这两个缸速度同步。同步阀就用于解决两个（或多个）液压缸速度同步的问题。

同步阀有两种工况：当阀处于分流状态时叫分流阀，它可将一股液流等分为两股流量相等的液流；当阀处于集流状态时叫集流阀，它可将两股等分的液流合成为一股液流。同步阀究竟处于哪一种工况决定于阀芯所处的位置。下面介绍几种同步阀的结构。

1. 分流阀

分流阀如图 4-39 所示，流量 q 从阀体 P 口进入，流经两个固定节流孔 a 和 b 进入环槽 g 和 h，最后经过两个可变节流口 c 和 d，从 A、B 流出。阀芯可以在阀体内自由轴向移动，其上有两个轴向孔分别将 e 和 h、g 和 f 腔沟通。两个固定节流孔 a 和 b 的过流面积分别为 A_a 和 A_b。阀芯处于平衡状态时，左右腔（e、f）压力必然相等，即 $p_e = p_f$。通过两节流口的流量（即 A、B 口流量）q_A、q_B分别为

$$q_A = CA_a\sqrt{\frac{2}{\rho}(p - p_f)}$$

$$q_B = CA_b\sqrt{\frac{2}{\rho}(p - p_e)}$$

式中　C——流量系数。

因 $p_e = p_f$，所以 $p - p_f = p - p_e$，则$\frac{q_A}{q_B} = \frac{A_a}{A_b}$。

若两个固定节流孔面积 A_a 和 A_b 相等，则 $q_A = q_B = \frac{q}{2}$。如果两个固定节流孔面积不等，则流量按面积比分配。

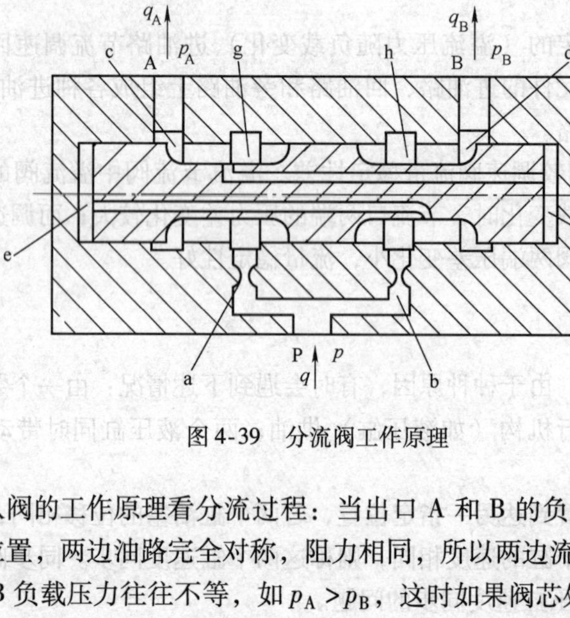

图 4-39　分流阀工作原理

下面再从阀的工作原理看分流过程：当出口 A 和 B 的负载压力相等时，阀芯处于中间位置，两边油路完全对称，阻力相同，所以两边流量完全相等。实际上出口 A 和 B 负载压力往往不等，如 $p_A > p_B$，这时如果阀芯处于中间位置不动，则 B 口流出的流量就要比 A 口的流量多，即 $q_B > q_A$，这样通过固定节流孔 a 和 b 所造成的压差（$p - p_g$）和（$p - p_h$）不相等，（$p - p_g$）小于（$p - p_h$），致使 $p_g > p_h$，阀芯两端受力不平衡，右端大，左端小，阀芯左移，将可变节流口 d 关小，使右边油路阻力增加，直到增加到 $p_g = p_h$，阀芯受力平衡为止。这样压差 $p - p_g = p - p_h$，则 $q_B = q_A$，即维持出口 A 和 B 流量相等。

如果 B 口负载压力较 A 口大，即 $p_B > p_A$，则产生相反的工作过程，使两边出口流量仍维持相等。

实际上，分流阀两路的流量不可能绝对相等，分流精度用分流误差（%）的大小表示：

$$分流误差 = \frac{2(q_A - q_B)}{q}$$

一般分流阀的分流精度为 2% ~5%，其值大小与进口流量 q 及两出口的压力差有关，也与阀的安装方向有关，因而使用分流阀时应注意：油要清洁，以免阀芯卡住；分流阀的安装方向应使阀芯轴线水平。在结构上，固定节流孔的压差越大，分流精度越稳定，但压差大，压力损失就大。按最小分流流量设计时，此压力降取 0.2 ~0.3MPa。推荐可变节流孔的面积为固定节流孔面积的 2 倍以上。此外，缩短阀芯的行程，可提高分流阀的灵敏性与分流精度。

设计分流阀时还应注意，活塞在极限位置时不要将油路完全堵死。例如，在通过分流阀向行走履带的两个制动器供油的情况下，当要求转向过程中停车时，因一个制动器（如左制动器）已制动，即制动液压缸已到行程终点，这时 $q_A = 0$，$p_A = p$，活塞会在 p_A 作用下向左移直到终点，如果这时阀芯把右路完全堵死，则再想制动右侧制动器停车就不可能了。因此，应限制阀芯的行程，使之在一个液压缸已到终点的情况下，仍会有油进入另一液压缸使之继续运动。

2. 固定式分流-集流阀

固定式分流-集流阀从结构上可分为挂钩式和换向活塞式两种。挂钩式分流-集流阀如图 4-40 所示。图 4-40a 所示为分流状态，a、b 是固定节流口，两个固定节流孔 a 和 b 的过流面积分别为 A_a 和 A_b。c、d 是可变节流口，其分流原理同前述完全一样。

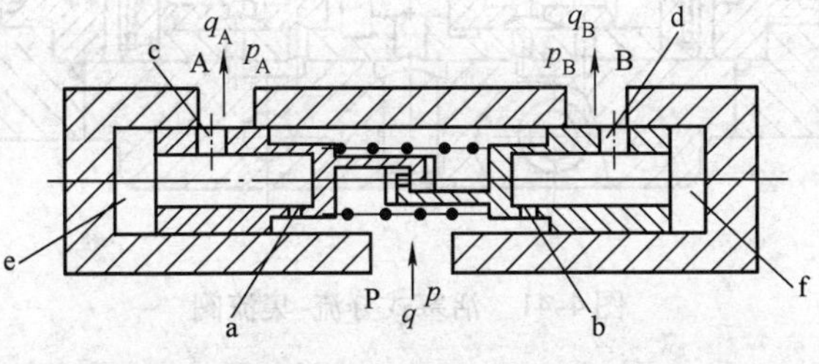

a)

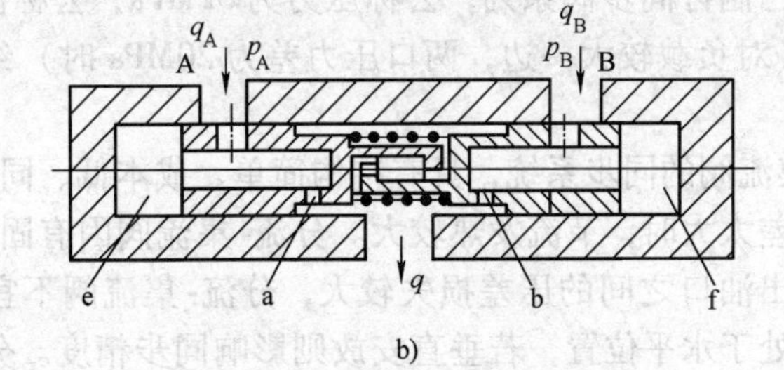

b)

图 4-40　挂钩式分流-集流阀

a）分流状态　b）集流状态

图 4-40b 所示为该阀的集流状态，两个阀芯在 e、f 腔的压力作用下处于收缩状态。若阀芯处于平衡状态，则 e、f 两腔压力必定相等，即 $p_e = p_f$。通过两个固定节流孔的流量 q_A、q_B分别为

$$q_A = CA_a\sqrt{\frac{2}{\rho}\ (p_e - p)}$$

$$q_B = CA_b\sqrt{\frac{2}{\rho}\ (p_f - p)}$$

因 $p_e = p_f$，所以 $p_e - p = p_f - p$，则$\frac{q_A}{q_B} = \frac{A_a}{A_b}$。

当 $A_a = A_b$ 时，$q_A = q_B = \frac{q}{2}$，达到等量集流而且和外负载无关。

挂钩式结构因工艺麻烦，现在用得较少。

换向活塞式分流-集流阀结构如图 4-41 所示。其工作原理与挂钩式相似，只是为了适应分流和集流的需要，在阀芯内左右两边各装一只换向活塞，当 P 口进油时，换向活塞被推到阀芯两侧端部，这时起分流作用，当 A、B 口进油时，换向活塞被反推到靠近中间，这时起集流作用。

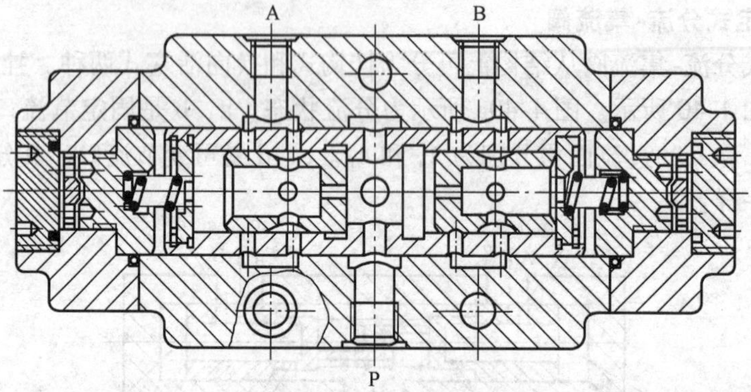

图 4-41　活塞式分流-集流阀

目前，我国已制订同步阀系列，公称压力为 32MPa，公称流量为 6 ~ 500L/min，压力损失（对负载较大一边，两口压力差为 20MPa 时）约为 1MPa，同步精度约 2%。

采用分流-集流阀的同步系统，具有结构简单、成本低、同步精度较高的优点，但外负载相差太大时，节流发热较大。分流-集流阀因有固定和可变两重节流口，故阀的进出油口之间的压差损失较大，分流-集流阀不宜用在低压系统。阀芯的轴线只宜处于水平位置，若垂直安放则影响同步精度。分流-集流阀在过渡过程中不能保证同步精度，故不宜用在频繁换向的系统。

4.4　液压阀的安装连接方式

液压阀的安装连接方式指的是液压阀装配在液压系统中（或设备上）时，阀体上的外接油口与系统的管道连接的方式及阀体定位的方式。通常，液压阀的安装连接方式可分为管式、板式、片式、叠加式和插装式等几类。

4.4.1　管式连接

管式连接的阀也称管式阀（Line Mount Valve）。管式阀的进、出油口都带有内螺纹，通过相连接的管接头与管道相连，或与其他元件相连。管式连接的电磁阀如图 4-42 所示。这种安装方式的缺点是：元件分散布置，占用空间大，可能泄漏的部位多，装拆不方便。液压系统越复杂，其缺点就越明显。

图 4-42　管式连接的电磁阀

4.4.2　板式连接

板式连接的阀也称板式阀（Subplate Valve）。板式阀通过螺栓被定位在安装底板上，管道通过安装底板上的螺纹孔与阀的油口连通，如图 4-43 所示，因此更换阀时不必拆卸管道，较之管式要方便得多，可以大大缩短维修时间和费用。板式连接的标准化进展比较顺利，如被广泛接受的 ISO4401 或 GB/T 2514 标准规定了板式连接的标准化安装底板，如图 4-44 所示。

板式连接方式更重要的优点是为采用油路集成块方式创造了条件。

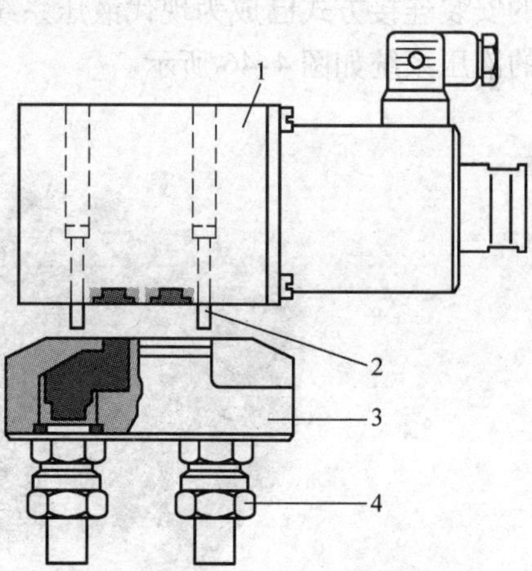

图 4-43　板式阀的安装

1—板式阀　2—固定螺栓　3—底板　4—管道

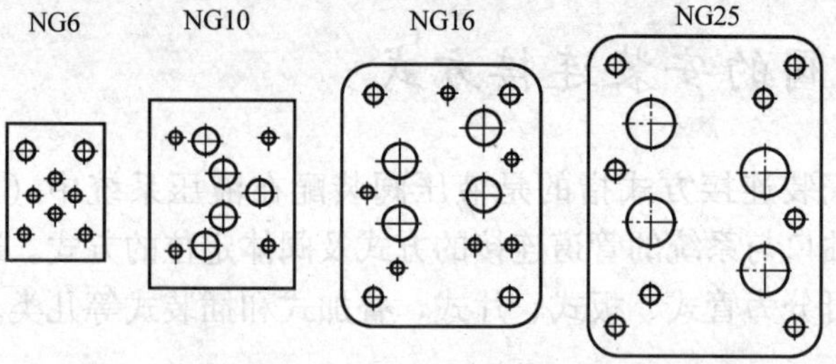

图 4-44　板式连接的标准化安装底板

4.4.3　油路集成块连接

多个板式阀共用一个集成了内部油路的安装底板，即油路集成块（Manifold），相互间的连接通道做在块内，如图 4-45 所示。集成块安装连接方式本质上属于板式连接，阀通过螺栓固定在集成块上，继承了板式阀的优点，更换阀时不必拆卸管道。另外，集成块减少了连接管道和相应的管接头，这就减少了外泄漏的可能。对于复杂的液压系统，采用集成块安装连接后，将大大降低所占据的空间和重量，同时也减少了管路的压力损失，发热也随之下降。此外，现场装配时间和费用也可减少，有利于维修。近年来，由于 3D 设计软件和数控加工中心的普遍应用，为复杂集成块的设计和加工创造了极有利的条件，突破了集成块设计制造技术的瓶颈，缩短了生产周期，降低了造价。现在已出现了一些规模极大的集成块专业制造厂，年产量达几千吨。这些厂家在接到用户提供的回路图及技术要求后，可以在几天内完成集成块的设计，从制造到组装、调试的全部过程只要几个星期。这种交钥匙的方式大大减少了主机厂的设计费用。因此，使用集成块的安装连接方式已成为现代液压系统设计师的首选。采用板式阀集成块连接方式的液压系统如图 4-46 所示。

图 4-45　油路集成块的内部通道

当然，板式阀集成块安装连接方式也有缺点，如当系统复杂，有很多阀时，为保证集成块有足够大的安装表面，就必须将集成块设计得很大，而集成块越大，内部的连通孔就越长，且钻深孔的难度大大增加，其代价将随着孔深的增加成 2～3 次方的加大。

图 4-46　采用板式阀集成块连接方式的液压系统

4.4.4　叠加式连接

叠加阀（Sandwich Valve）是板式连接向高度方向的扩展和集成，如图 4-47所示。叠加阀以板式阀为基础，每个叠加阀不仅起到单个阀的控制功能，而且还具备向其他参与叠加的阀提供主油路通道（如 P、T、A、B）的功能。换向阀安装在最上方，对外连接油口开在最下边的底板上，其他的阀通过螺栓连接在换向阀和底板之间，如图 4-48 所示。

图 4-47　叠加阀

通常，一组叠加的阀控制一台执行器，可以实现复杂的功能，且非常灵活，易于更换改变。由叠加阀组成的系统结构紧凑，配置灵活，设计制造周期短。

使用叠加阀，可以在一定程度上避免集成块加工深孔的问题，但叠加的阀之间的潜在泄漏危险也相应增加了。

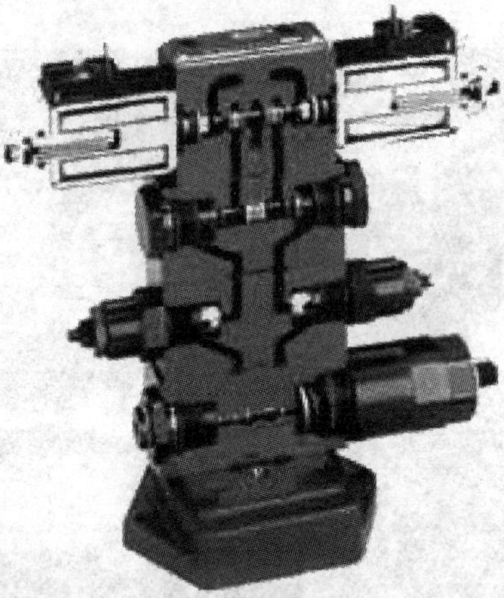

a)

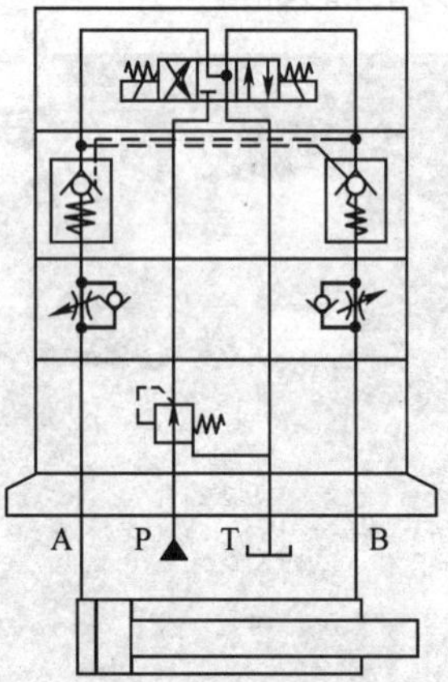

b)

图 4-48　叠加阀液压系统

a）叠加阀装置图　b）系统图

4.4.5　插装式连接

插装式阀不带外壳，必须安装在一个阀块或集成块内才能工作。阀的功能元件都装入集成块体内，因此许多插装阀可以挤在一个集成块里，非常紧凑。系统越复杂，这个优点越突出。相对其他安装连接方式，插装阀组成的系统是最紧凑的。

使用插装阀的集成块继承了板式阀集成块的所有优点，而且由于紧凑且集成块的体积较小，流过阀的压力损失可进一步下降，而由于泄漏可能性小、压力损失小、发热少、可靠性高，整个系统的运营成本也可降低。

插装式（Cartridge）连接主要有二通盖板式和螺纹连接式（Screw- in）这两种方式。其中，螺纹连接式还有去掉螺纹而用螺钉连接的变化。

1. 二通盖板式插装阀

二通盖板式插装阀互换性好，抗污染能力强，通过流量大，所以在冶金设备液压系统中得到了广泛应用。二通盖板式即通常所称的盖板式插装阀，也被称为二通插装阀或逻辑阀，它一般都还需要附加先导控制阀才能工作。盖板式插装阀一定要采用集成块方式成组应用。图 4-49 所示为用于 2500t 锻压机的盖板式插装阀的集成块。

盖板式插装阀技术还需要突破以下几个薄弱环节：

图 4-49　盖板式插装阀的集成块

1）作为集成块体的铸件的质量要高。因为只要某一阀孔出现铸造砂眼，整个集成块就报废了。

2）机加工的稳定性要高。因为只要某一个部位加工超差，同样必须废弃整个集成块。

3）集成块的硬度与耐磨性要好。现在集成块大多采用铸铁，而阀杆采用低合金钢，热处理后阀杆一般都比阀块硬。如果在使用中，由于污染而引起损伤，则常常是阀块先于阀杆损伤，而更换整个集成块的代价显然要比更换单片阀贵得多。

2. 螺纹连接式插装阀

螺纹插装阀是将集成一体的阀的功能元件用螺纹连接的方式插入在油路集成块中。由于是从外表面垂直向油路集成块内部插入，所以充分利用了油路集成块内部的空间，而避免了盖板式插装阀安装需占用较大油路集成块外表面的缺点。同样的系统，采用螺纹插装阀的油路集成块可比采用板式连接方式的油路集成块节省 20% ~70% 的空间，所以螺纹插装阀在安装空间紧张的工程机械和行走机械液压系统中得到了广泛的应用。功能元件集成一体的螺纹插装阀结构如图4-50所示。根据阀的功能不同，螺纹插装阀有各种型号，典型的型号如图 4-51 所示。螺纹插装阀的油路集成块如图 4-52 所示。

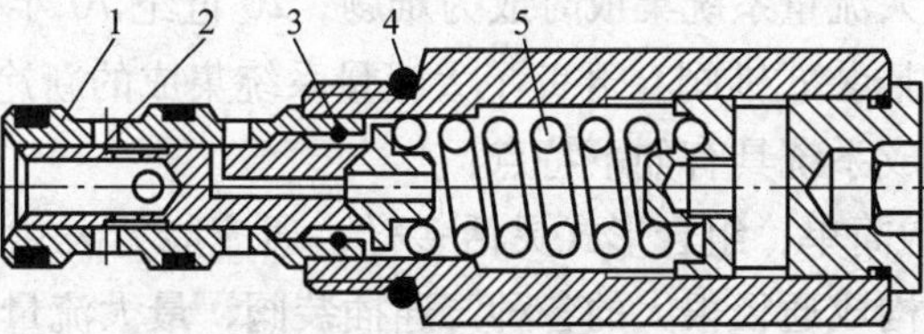

图 4-50　螺纹插装阀结构

1—阀套　2—阀芯　3—阀体　4—密封件　5—弹簧

图 4-51　典型的螺纹插装阀

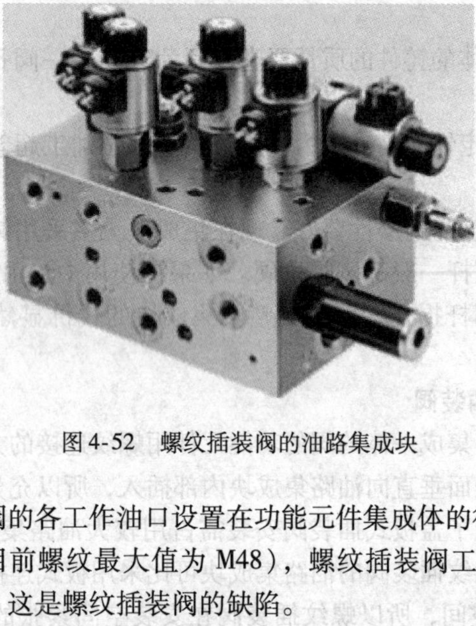

图 4-52　螺纹插装阀的油路集成块

由于螺纹插装阀的各工作油口设置在功能元件集成体的径向，受插装阀最大螺纹大径的制约（目前螺纹最大值为 M48），螺纹插装阀工作油口的通径较小，通过流量受到限制。这是螺纹插装阀的缺陷。

4.5　二通插装阀

普通阀在用于大流量系统集成时成为难题，20 世纪 70 年代出现的二通插装阀（又称逻辑阀或插装式锥阀）开辟了大流量系统集成的新途径。

插装阀及其集成系统具有如下特点：

1）插装阀结构简单，组合形式灵活多样，通流能力大，故用通径很小的先导阀与之配合便可构成通径很大的各种二通插装阀，最大流量可达 10000L/min。

2）动作灵敏，抗污染，泄漏小，易于先导控制，先导阀功率小，具有明显的节能效果。

3）不同的阀有相同的插装主阀，便于实现标准化及无管连接。

二通插装阀目前广泛应用于冶金、船舶、塑料机械等大流量系统中，特别是在高压大流量及介质为非矿物油的场合，优越性更为突出。

4.5.1　二通插装阀基本元件和工作原理

1. 二通插装阀的结构形式

二通插装阀（本节中以下简称插装阀）是一种新型开关式阀，它是以二通插装单元为主阀，配以适当的控制盖板和不同的先导控制阀组合而成的具有一定控制功能的组件，结构如图 4-53a 所示，可以实现方向、压力和流量等多种控制机能。若干个不同控制功能的插装阀组装在一个或多个插装集成块体内，便可组成插装式液压回路。根据插装单元中的主要插入元件——阀芯的结构形式，插装阀基本形式可分为座阀式和滑阀式，根据控制系统的不同需要还可以设计成座阀式与滑阀式的复合形式。

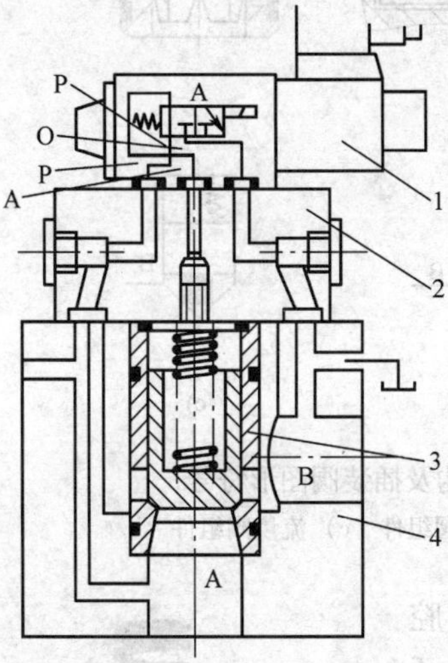

a)

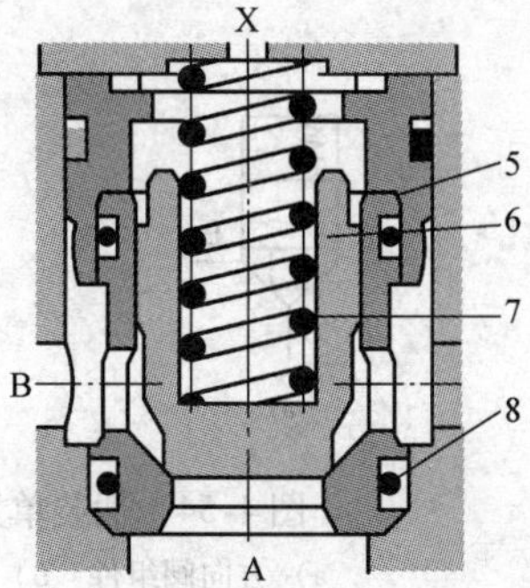

A、B—进出通道　X—控制通道

b)

图 4-53　插装阀的组成

1—先导控制阀　2—控制盖板　3—插装单元（主阀）　4—阀块体　5—阀套　6—阀芯　7—弹簧　8—密封件

（1）插装单元　插装单元的组成如图 4-53b 所示。插装单元包括阀套 5、阀芯 6、弹簧 7、密封件 8。阀套 5 和阀芯 6 构成一个密封性很好的锥形座阀元件。插装单元的结构如图 4-54 所示，其外形及组件如图 4-55 和图 4-56 所示。插装单元根据其用途不同分为方向阀组件、压力阀组件和流量阀组件三种，同一通径时三种组件的安装尺寸相同，但阀芯的结构形式和阀套的座孔直径不同。插装单元内部的控制油路中还可设置阻尼孔以改善插装阀的动态性能。

（2）控制盖板与先导控制阀　控制盖板用于固定和密封插装单元，加工油道以沟通插装单元和控制元件，安装先导控制阀或阀芯行程调节机构等，有的控制盖板还内嵌有微型控制元件（如单向阀、梭阀、流量控制器和压力阀等）或安装位移传感器等电器附件，以构成具有某些控制功能的组合阀。实际应用时，改变控制盖板的结构和功能，就能构成具有不同功能的插装阀。

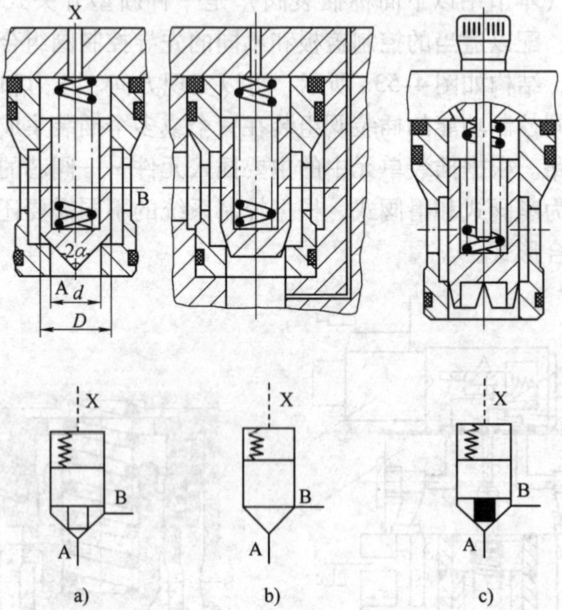

图 4-54　插装单元结构及插装阀图形符号

a）方向阀组件　b）压力阀组件　c）流量阀组件

先导控制阀用于控制插装阀组件控制腔 X 的通油方式，从而控制插装阀主阀口的开启和关闭。其中方向阀组件的先导控制阀包括电磁滑阀或密封性更好的电磁球阀，有时为保证阀口可靠关闭还采用选通压力的梭阀；压力阀组件的先导控制阀包括压力阀、电磁滑阀等；流量阀组件的先导控制阀除包括电磁滑阀外，还需在控制盖板上安装流量阀阀芯的行程调节杆，以调节、限制流量阀阀口的开度和通流面积。为了减少液压冲击，先导控制阀的通油路上还可设置有

图 4-55　插装单元外形

缓冲装置。

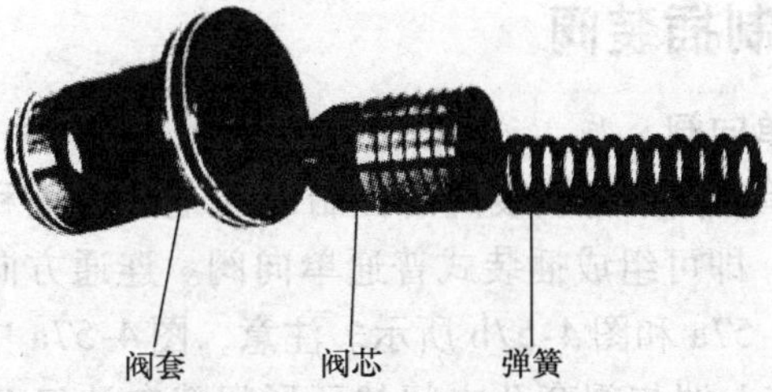

图 4-56　组成插装单元的组件

2. 二通插装阀的工作原理

如图 4-54 所示，插装阀有两个主油口 A、B 和一个控制口 X，工作时阀口的开启和关闭决定了油口 A、B 的导通和切断。设阀芯直径为 D，阀座孔直径为 d，与油口 A 连通的阀座孔的面积为 A_A，油压为 p_A，与油口 B 连通的阀芯环形作用面积为 A_B，油压为 p_B，则有

$$A_A = \frac{\pi d^2}{4} \tag{4-8}$$

$$A_B = \frac{\pi(D^2 - d^2)}{4} \tag{4-9}$$

阀芯上腔作用的弹簧预压力为 F_t，控制口的油压为 p_X，控制油的作用面积为

$$A_X = A_A + A_B = \frac{\pi D^2}{4} \tag{4-10}$$

α_{XA}（$=A_X/A_A$）和 α_{XB}（$=A_X/A_B$）称为插装阀阀芯上下腔的面积比。则当

$$F_t + p_X A_X \geqslant p_A A_A + p_B A_B \tag{4-11}$$

时，阀口关闭，油口 A、B 切断。

当

$$F_t + p_X A_X < p_A A_A + p_B A_B \tag{4-12}$$

时，阀口开启，油口 A、B 导通。

根据式（4-11）和式（4-12）可以看出，在 $p_A = p_B = 0$ 时，阀口必然是关闭的；而在油口 A 或 B 有一定压力时，通过改变 p_X 就可以控制阀口的启闭。如果控制口与进油口相通，则液压油进入控制腔，使阀口关闭；如果控制口接至油箱，则控制腔油压为零，在主油路液压油的作用下使阀口开启。此种状态下使阀口打开的最小压力称为插装阀的开启压力，它的大小与承压面积（A_X 或 A_B）和弹簧预压力有关，根据需要可在（0.3～4）$\times 10^5$MPa 之间设置。

单一的插装阀在液压回路中仅仅具有通、断作用，故又称其为二通插装阀，但与相应的先导控制阀配合时，便可实现多种控制功能。

4.5.2 方向控制插装阀

1. 插装阀用作单向阀

(1) 用作普通单向阀　将插装阀的控制口X通过盖板和插装阀块中的通道与油口A或B连通，即可组成插装式普通单向阀。连通方向不同，其油路导通方向也不同，如图4-57a和图4-57b所示。注意，图4-57a中，由于流至控制腔的液压油可能经阀芯上端与阀套孔之间的环形间隙向油口B泄漏，故其反向关闭时（A→B），密封性能不及图4-57b中的阀口全部关闭。

(2) 用作液控单向阀　在图4-57b所示插装阀的控制盖板上加装一个二位三通液动滑阀（或电磁滑阀）作先导控制阀，即成为插装式液控单向阀，如图4-58所示。由于B→A向关闭时，油口B仍有一小部分油会通过先导控制滑阀的开口泄漏到油箱，故图4-58所示阀常用于无保压要求或保压要求不高的系统中。如果先导控制阀选用密封性更好的电磁球阀，则它可用于保压系统。图4-57a所示插装阀亦可同理加装。

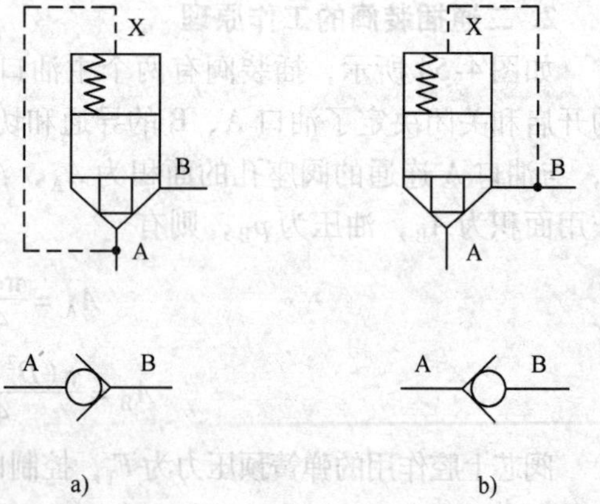

图4-57　插装阀用作单向阀

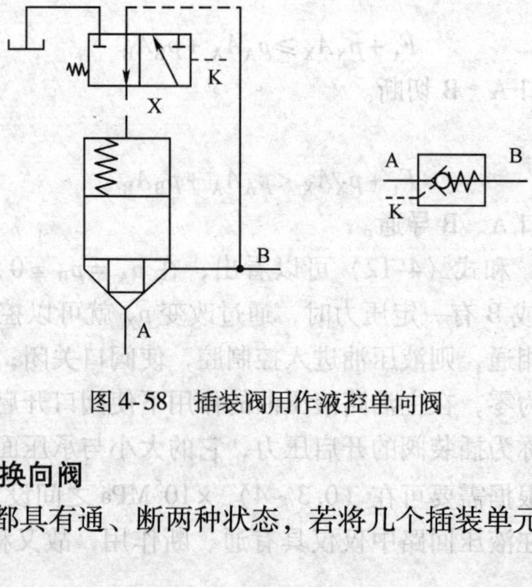

图4-58　插装阀用作液控单向阀

2. 插装阀用作换向阀

每个插装单元都具有通、断两种状态，若将几个插装单元组合起来，用电磁换向阀作先导控制阀，便可组成 m 位 n 通插装式换向阀。

（1）用作二通阀　用一个二位三通电磁先导阀控制 X 腔的压力，就可以使插装阀成为一个二位二通换向阀，如图 4-59a 所示。电磁铁不得电时，控制腔 X 通油箱，无论 A 口还是 B 口来油均可将阀口开启通油。电磁铁得电时，控制腔 X 与油口 A 接通，相当于图 4-57a 中 B→A 的单向阀，能阻断 A 流向 B 而不能阻断 B 流向 A。若在辅助油路中增加一个梭阀，如图 4-59b 所示，由于梭阀的存在，控制腔 X 的压力始终为 A、B 两油口中压力较高者，将使插装阀口始终保持压紧状态，双向阻断油流。供给电磁先导阀的控制液压油亦可以是独立的，如图 4-59c 所示，控制盖板的 X 口接外控油液，电磁先导阀换向则插装阀开启或关闭。

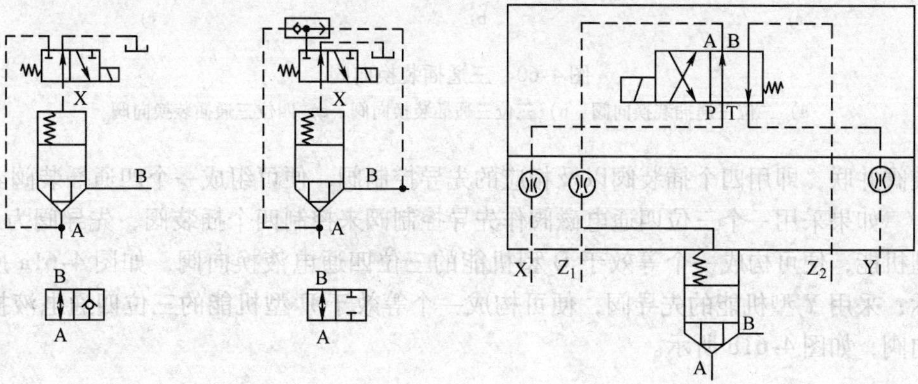

a)　　b)　　c)

图 4-59　二通插装换向阀

（2）用作三通阀　用两个插装阀可以组成一个三通插装阀。如图 4-60 所示，上图为插装阀回路，下图为等效的滑阀机能符号。图 4-60a 所示为采用二位四通电磁阀作先导控制阀构成的二位三通插装式换向阀，在该阀中，当电磁铁断电时，A 与 T 通，P 封闭；当电磁铁通电时，A 与 P 通，T 封闭，相当于一个二位三通电液换向阀。图 4-60b 所示为采用三位四通 P 型电磁阀作先导控制阀构成的三位三通插装式换向阀，当电磁铁处于中位时，A、T 与 P 均不通；当电磁铁 1YA 通电时，A 与 T 通，P 封闭；当电磁铁 2YA 通电时，A 与 P 通，T 封闭，相当于一个三位三通电液换向阀。图 4-60c 所示为用两个二位三通电磁阀分别控制两个插装阀构成的四位三通插装式换向阀。图 4-60 中介绍的都是外控形式的插装阀，在插装阀系统中很多也采用内控的形式。

用多个先导控制阀和多个插装主阀相配，如图 4-60c 所示，可构成复杂的组合插装式换向阀，这是普通换向阀所做不到的。

（3）用作四通阀　执行元件一般需要用四通阀来实现换向。将两个三通插

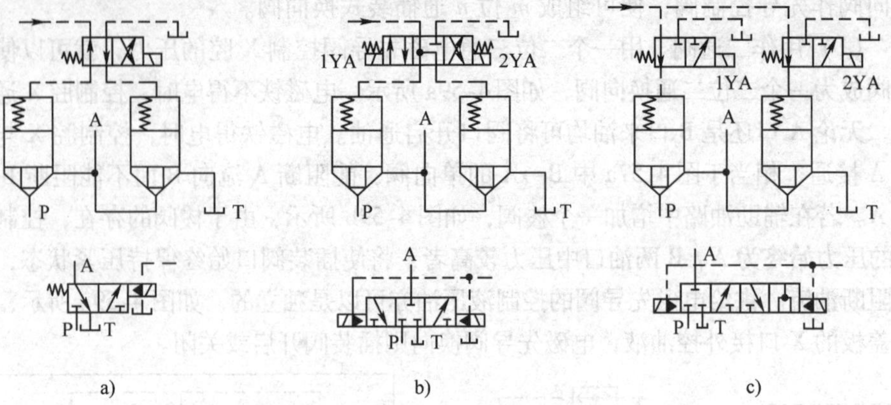

图 4-60　三通插装换向阀

a）二位三通插装换向阀　b）三位三通插装换向阀　c）四位三通插装换向阀

装阀并联，即用四个插装阀以及相应的先导控制阀，便可组成一个四通插装阀。

如果采用一个三位四通电磁阀作先导控制阀来控制四个插装阀，先导阀为 P 型机能，便可构成一个等效于 O 型机能的三位四通电液换向阀，如图 4-61a 所示；采用 Y 型机能的先导阀，便可构成一个等效于 H 型机能的三位四通电液换向阀，如图 4-61b 所示。

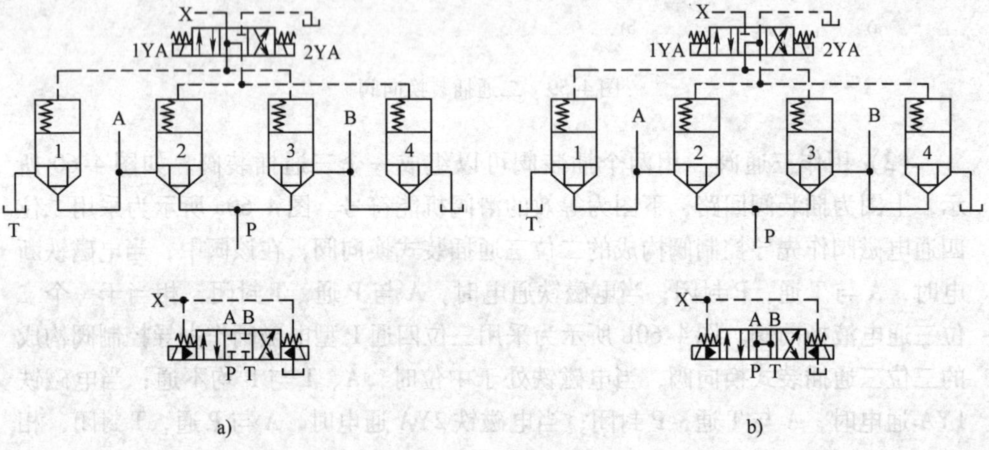

图 4-61　三位四通插装换向阀

如果采用两个先导电磁阀来控制四个插装阀，则成为四位四通电液换向阀，如图 4-62 所示。采用不同机能的二位四通电磁先导阀就可得到不同机能的四位四通插装阀。

如果采用四个先导电磁阀分别控制四个插装阀，如图 4-63 所示，按理应有

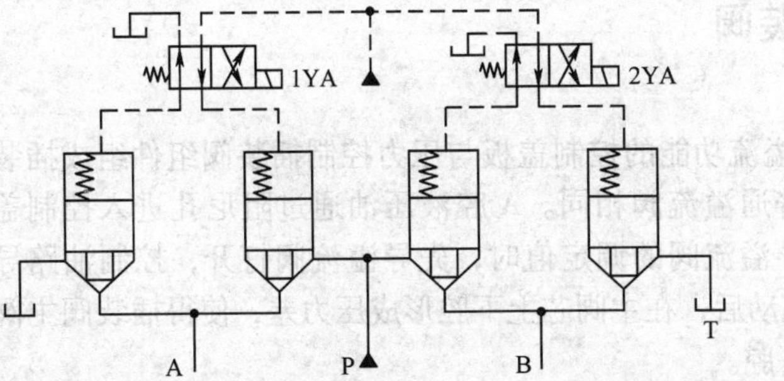

1YA	+	−	+	−
2YA	+	+	−	−
机能				

图 4-62　四位四通插装换向阀

共 $2^n = 2^4 = 16$ 种机能，但其中五种状态都是"H"机能，故实际上得到 12 种不同机能，也就是一个插装阀组代替了具有 12 种机能的滑阀，这种优越性是任何常规滑阀都无法具备的。由此可见，采用插装阀式换向阀时，具有比一般滑阀式四通阀更多的机能可以选择，但它需要四个插装阀及若干个先导阀组成，因而从外形尺寸及经济性方面考虑，在大流量时选用插装阀比较合理。

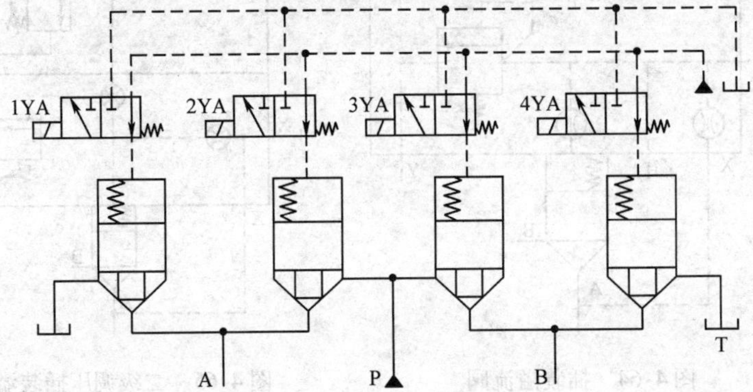

序号	1	2	3	4	5	6	7	8	9	10	11	12	13	14	15	16
1YA	−	−	+	+	−	−	+	+	−	−	+	+	−	+	−	+
2YA	−	−	−	−	+	+	+	+	−	−	−	+	+	−	+	+
3YA	−	−	−	−	−	−	−	+	+	+	+	−	+	+	+	+
4YA	−	+	−	+	−	+	−	−	−	+	−	+	−	+	+	+
机能																

图 4-63　十二位四通插装阀

4.5.3 压力控制插装阀

1. 插装溢流阀

如图 4-64 所示，由带溢流功能的控制盖板与压力控制插装阀组件组成插装式溢流阀，其工作原理与普通溢流阀相同。A 腔液压油通过阻尼孔进入控制盖板，当压力达到或超过先导溢流阀的调定值时，先导溢流阀打开，控制油路导通，A 腔液压油经阻尼孔流动后，在主阀芯上下腔形成压力差，使得插装阀主阀开启，A 腔液压油液流向 B 腔。

如图 4-65 所示，由相应不同功能的控制盖板与压力控制插装阀组件，即可组成带溢流功能和可选第二级压力的插装溢流阀。其工作原理为：当电磁铁通、断电时，控制油液分别通至不同的先导溢流阀，以实现不同的调定压力。

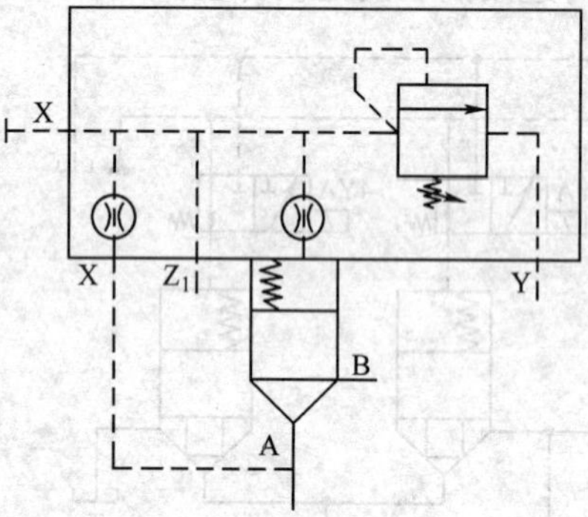

图 4-64　插装溢流阀

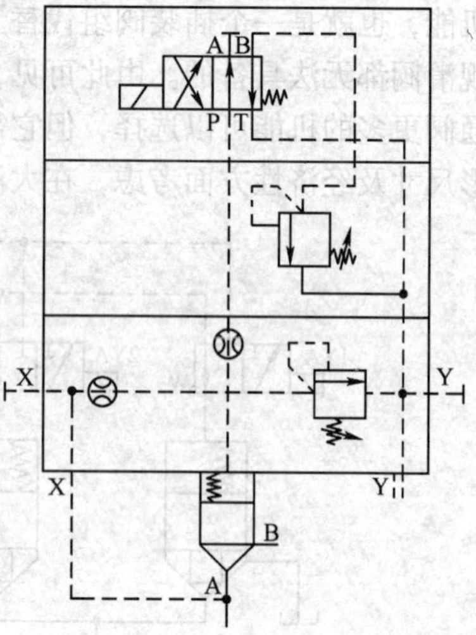

图 4-65　二级调压插装溢流阀

2. 插装减压阀

如图 4-66 所示，由带溢流功能的控制盖板与减压插装阀组件组成低压控制的二通插装减压阀。

如图 4-67 所示，由带溢流功能、用流量控制阀来限制先导级流量的控制盖板与减压插装阀组件组成高压控制、带先导流量控制阀的二通插装减压阀。

插装减压阀图中，A 是低压腔，B 是高压腔。

4.5.4 流量控制插装阀

1. 插装节流阀

如图 4-68a 所示，在方向控制插装阀的控制盖板上安装行程限制器，以控制调节插装阀芯的开度和通流面积，插件尾部带有节流端，即构成插装节流阀。图 4-68b 所示为带行程限制器的二通插装节流阀的图形符号。若行程限制器为比例电磁铁，则构成插装比例节流阀。

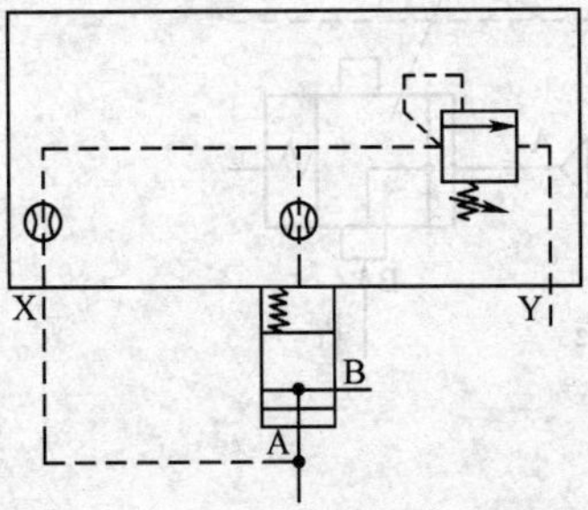

图 4-66　低压控制插装减压阀

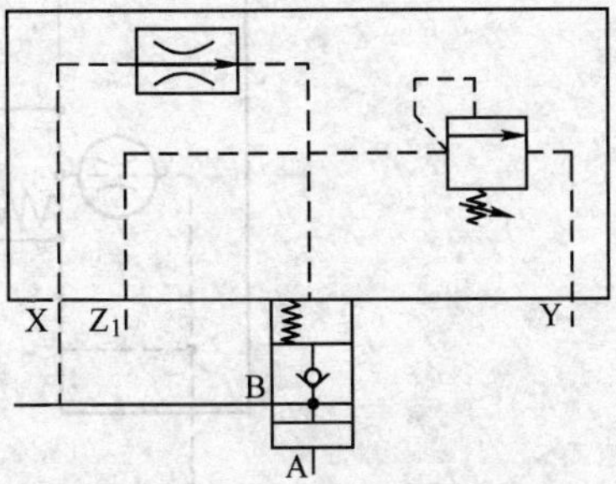

图 4-67　高压控制插装减压阀

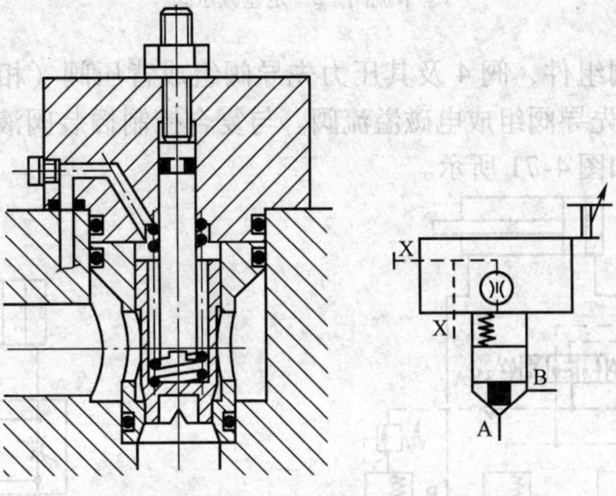

a)　　b)

图 4-68　插装节流阀结构与符号

2. 插装调速阀

与普通节流阀一样，插装节流阀结构简单但速度刚度小，即阀的出口流量容易受负载变化的影响。如果将插装节流阀与定差减压阀（又称压力补偿器）并联，组成插装调速阀，则能使节流阀进出端的压力差近似为常数，以实现通流量的恒定，如图 4-69 所示。

4.5.5　复合控制插装阀

图 4-70 所示为五个插装阀组件组成的复合控制插装阀液压系统。其中，阀 1 和阀 3 为方向控制插装阀组件，其阀口的启闭用于通断油口 A 与 T、P 与 B；阀 2 为流量控制插装阀组件，用于通断油口 P 与 A，并可调节流量；阀 4 和阀 5

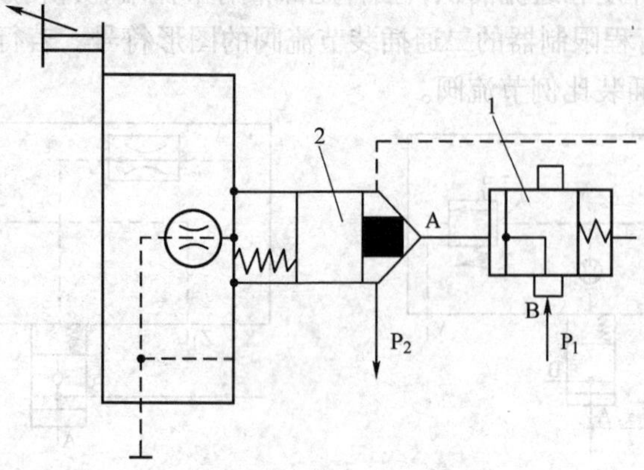

图 4-69　插装调速阀

1—节流阀　2—定差减压阀

为压力控制插装阀组件，阀 4 及其压力先导阀组成背压阀（相当于内控内泄顺序阀），阀 5 及其先导阀组成电磁溢流阀。与复合控制插装阀液压系统等效的滑阀控制液压系统如图 4-71 所示。

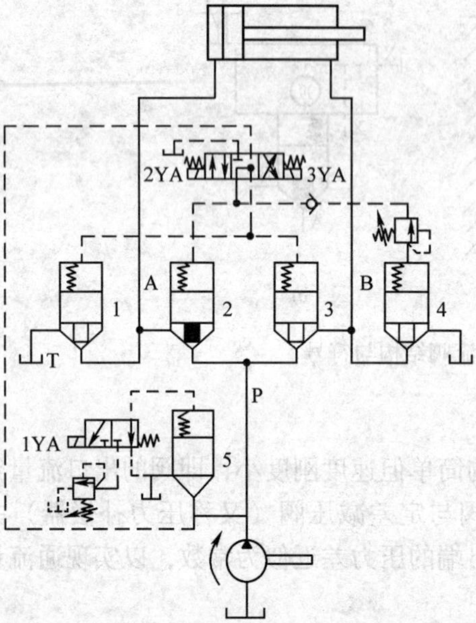

图 4-70　复合控制插装阀及其液压系统

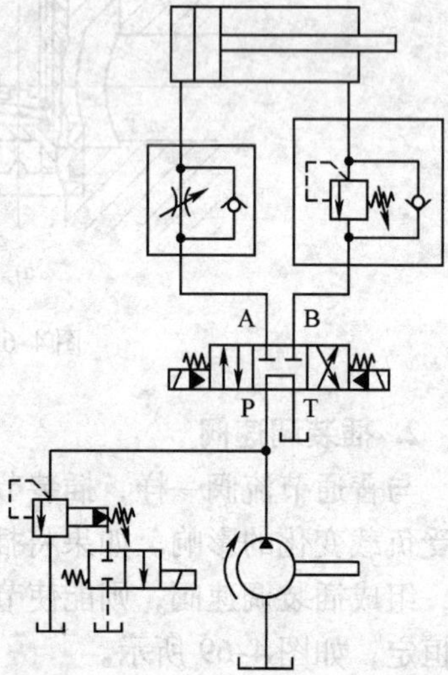

图 4-71　等效的滑阀液压系统

4.6　电液伺服阀

"伺服"来自英语单词"servo"，意为"随动"，表示被控制的物理量将

"追随" 输入指令变化。

电液伺服阀是一种输入电气信号，用以实现对液压信号（流量或压力）控制的转换装置。它充分发挥了电气信号传递快，接线方便，适用于远距离控制，易于测量、比较和校正的优点，也利用了液压输出动力大的优点。这两种优点的结合使电液伺服阀成为一种控制灵活、精度高、快速性好、输出功率大的电液控制元件。

电液伺服阀既是信号转换元件，又是功率放大元件。本节从系统分析、设计及应用的需要出发，把电液伺服阀当作电液控制系统中的一个环节看待，讨论伺服阀的组成、工作原理、分类和特性分析。

4.6.1　电液伺服阀概述

1. 电液伺服阀的组成

电液伺服阀的类型和结构形式虽然很多，但都由电气-机械转换器、液压放大器和反馈装置三大部分组成。

（1）电气-机械转换器　电气-机械转换器包含了电流-力转换和力-位移转换两个功能。典型的电气-机械转换器是力矩马达，它能将输入电流转换成与电流成正比的输出力矩，用于驱动液压前置放大器，力矩再经弹性元件转换成位移或角位移，使前置放大器定位、回零。

（2）液压放大器　受结构尺寸限制，电气-机械转换器的输出力或力矩较小。通常，力马达的输入电流为 150 ~ 300mA，输出力为 3 ~ 5N，力矩马达的输入电流为 10 ~ 30mA，输出力矩为 0.02 ~ 0.06N · m。

由于小型的电气-机械转换器难以直接驱动大功率的液压放大器，因此伺服阀一般为两级液压放大，即由转换器驱动液压前置放大器，再由前置放大器驱动液压功率放大器。

常用的液压前置放大器为滑阀、喷嘴-挡板阀和射流管阀三种，而液压功率放大无一例外地采用滑阀。

（3）反馈装置　就像阀控缸具有积分特性一样，液压前置放大器控制功率滑阀，以滑阀的位移为输出时，也具有积分特性，因此只要存在微小的输入信号，功率滑阀的位移将不断增加，无法定位。为了解决功率滑阀的定位问题，并获得所需的伺服阀压力-流量特性，前置放大器与功率滑阀之间务必建立某种负反馈。负反馈可以通过前置放大器与功率滑阀的级间联系构成直接反馈，也可通过附加的反馈装置来实现。

2. 电液伺服阀的输出特性与反馈方式

不同的应用场合要求电液伺服阀具有不同的输出特性。例如，位置和速度控制一般采用流量型伺服阀；力矩或压力控制可以采用流量型伺服阀，也可采用压力型伺服阀；惯性较小、外负载力矩很大且要求速度、刚度很大的场合，则拟采用负载流量反馈式伺服阀。

不同的输出特性是靠不同的反馈方式来实现的。根据控制理论，要控制哪个物理量，务必检测那个量并构成负反馈，因此流量型阀务必采用位置反馈，压力型伺服阀务必采用负载压力反馈，负载流量型务必采用负载流量反馈，$P-q$ 阀必定是在位置反馈的基础上再引入负载压力反馈。

3. 电液伺服阀的输入信号

电液伺服阀用伺服放大器进行控制。伺服放大器的输入电压信号来自电位器、信号发生器、同步机组和计算机的 D/A 数模转换器等输出的电压信号，其输出的电流与输入电压信号成正比。伺服放大器是具有深度电流负反馈的电子放大器，主要包括比较元件（即加法器或误差检测器）、电压放大元件和功率放大元件三部分。电液伺服阀在系统中一般不用作开环控制，系统的输出参数必须进行反馈，形成闭环控制，因而其比较元件至少要有控制和反馈两个输入端。有的电液伺服阀还有内部状态参数的反馈。

以下以流量伺服阀为例，讨论电液伺服阀的结构、工作原理和特性分析。

4.6.2 伺服阀中液压放大器的结构形式

液压伺服阀中常用的液压放大器的结构有滑阀、射流管和喷嘴挡板三种。

1. 滑阀

滑阀按工作边数（起控制液流作用的阀芯台肩的控制边数）可分为单边滑阀、双边滑阀和四边滑阀（见图 4-72）。

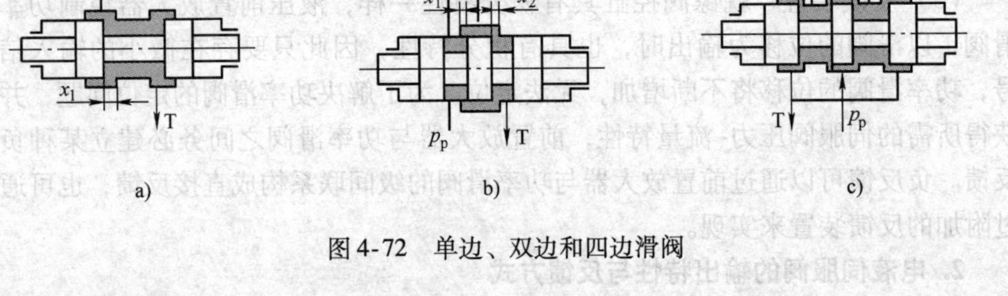

图 4-72 单边、双边和四边滑阀

图 4-72a 所示为单边滑阀，它有一个控制边。活塞上的阻尼孔使液压缸左右

两腔相通。控制了边的开口量 x_1 便控制了液压缸中油液的压力和流量，从而改变了液压缸的运动速度和方向。图 4-72b 所示为双边滑阀，它有两个控制边，液压油一路进入液压缸左腔，另一路经滑阀控制边（x_1）的开口和液压缸右腔相通，并经控制边（x_2）的开口流回油箱，当滑阀移动时 x_1 增大（x_2 减小），或相反，这样就控制了液压缸右腔的压力，因而改变了液压缸的运动速度和方向。液压缸在初始平衡状态下，$p_1A_1 = p_2A_2$，对应此时阀的开口量为 x_{10} 和 x_{20}（零位工作点），而 $p_2 = p_s$。当阀芯向右移动时，开口 x_{10} 增大，开口 x_{20} 减小，p_1 增大，于是 $p_1A_1 > p_sA_2$，缸体向右运动。反之，若阀芯向左移动，则缸体亦向左运动。

图 4-72c 所示为四边滑阀控制式，它有四个控制边，边的开口量 x_1 和 x_2 是控制液压油进入液压缸左、右油腔的，x_3 和 x_4 是控制左、右油腔通向油箱的。当滑阀移动时，x_1 和 x_4 增大，x_2 和 x_3 减小，或相反，这样就控制了进入液压缸左、右腔的油液压力和流量，从而控制了液压缸的运动速度和方向。

由此可见，单边、双边和四边滑阀的控制作用是相同的。单边式、双边式只用以控制单杆的液压缸，四边式用来控制双杆的液压缸。控制边数多时控制质量好，但结构工艺性差。一般说来，四边式控制用于精度和稳定性要求较高的系统，单边式、双边式控制则用于一般精度的系统。滑阀式伺服阀装配精度要求较高，价格较贵，对油液的污染也较敏感。

四边滑阀根据在平衡位置时阀口初始开口量 x_0 的不同，可以分为三种类型，即负开口、零开口和正开口，如图 4-73 所示。

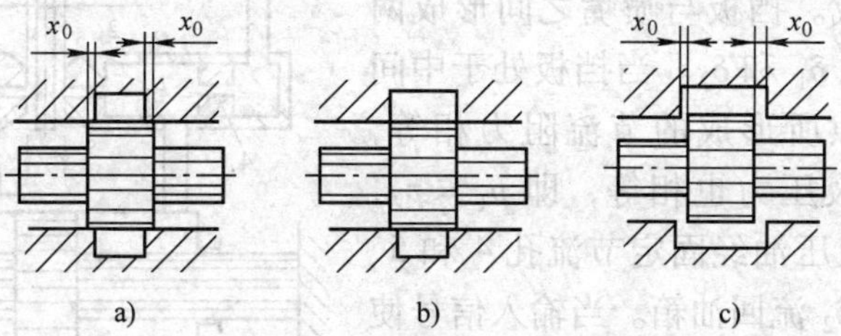

图 4-73 滑阀的开口形式

a）负开口，$x_0 < 0$ b）零开口，$x_0 = 0$ c）正开口，$x_0 > 0$

2. 射流管

射流管装置的工作原理如图 4-74 所示。它由射流管 3、受流板 2 以及液压缸 1 组成，其中液压缸 1 的缸体和受流板 2 固定连接，液压缸 1 的活塞固定不动。射流管 3 可绕垂直于图面的轴线左右摆动一个不大的角度。受流板 2 上有两个并列着的受流孔道 a 和 b，它们把射流管 3 端部锥形喷嘴中射出的液压油分别通向液压缸 1 左右两腔。当射流管 3 处于两个受流孔道的中间位置时，两个受流孔道内油液的压力相等，液压缸 1 不动。当有输入信号使射流管 3 向左偏转一个很小的角度时，两个受流孔道内的压力不相等，液压缸 1 左腔的压力大于右腔的，液压缸 1 便向左移动，直到固连在液压缸体上的受流板 2 的移动使射流孔又处于两受流孔道的中间位置时为止；反之亦然。可见，在这种伺服元件中，液压缸运动的方向取决于输入信号（射流管 3 绕轴线左右摆动）的方向。

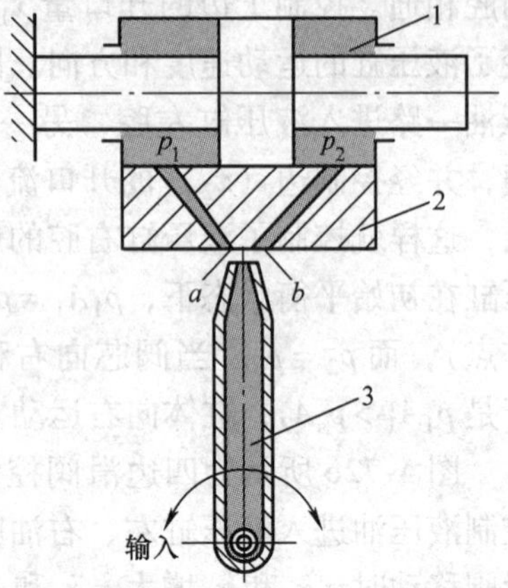

图 4-74　射流管装置的工作原理

1—液压缸　2—受流板　3—射流管

射流管装置的优点是：结构简单，元件加工精度要求低；射流管出口处面积大，抗污染能力强；射流管上没有不平衡的径向力，不会产生“卡住”现象。它的缺点是：射流管运动部分惯量较大，工作性能较差；射流能量损失大，零位无功损耗亦大，效率较低；供油压力高时容易引起振动，且沿射流管轴向有较大的轴向力。因此，这种伺服元件主要用于多级伺服阀的第一级。

3. 喷嘴-挡板

喷嘴-挡板装置的工作原理如图 4-75 所示。它由喷嘴 2 和 3、挡板 1、固定节流孔 4 和 5 等组成。挡板与喷嘴之间形成两个可变节流缝隙 δ_1 和 δ_2。当挡板处于中间位置时，两缝隙所形成的节流阻力相等，两喷嘴内的油液压力也相等，即 $p_1 = p_2$，液压缸不动，液压油经固定节流孔 4 和 5、节流缝隙 δ_1 和 δ_2 流回油箱。当输入信号使挡板向左摆动时，缝隙 δ_1 变小，δ_2 变大，p_1上升，p_2下降，液压缸缸体向左移动。因机械负反馈作用，当喷嘴跟随缸体移动到挡板两边缝隙对称时，液压缸停止运动。

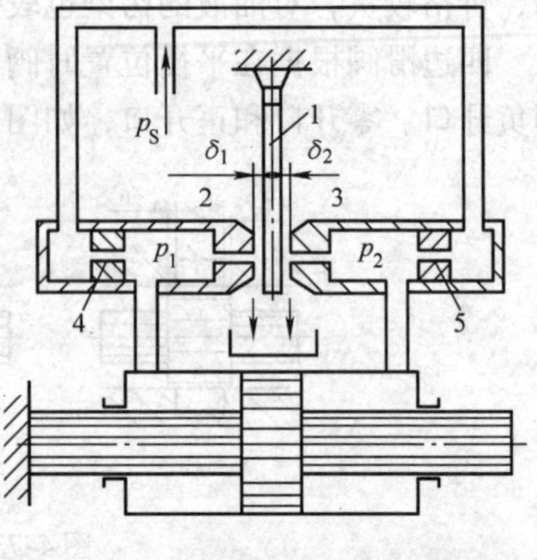

图 4-75　喷嘴-挡板装置的工作原理

1—挡板　2、3—喷嘴　4、5—固定节流孔

喷嘴-挡板式装置的优点是：结构简单，运动部分惯性小，位移小，反应快，精度和灵敏度高，加工要求不高，没有径向不平衡力，不会发生“卡住”现象，因而工作较可靠。它的缺点是：无功损耗大，喷嘴-挡板间距离很小时抗污染能力差。因此，这种装置宜在多级放大式伺服元件中用作第一级（前置级）控制装置。

如果射流管或喷嘴-挡板装置作为伺服阀的第一级使用，则受其控制的不是液压缸，而是伺服阀的第二放大级。一般第二放大级是滑阀。

4.6.3 电液伺服阀的工作原理

图 4-76 所示为一典型的电液伺服阀结构原理，它由电-机械转换器、液压控制阀和反馈机构三部分组成。图中上部双点划线框内部分是电液伺服阀的电-机械转换器，它的直接作用是将伺服放大器输入的电流转换为力矩（称为力矩马达），进而转化为弹簧管支承的阀芯的直线位移以控制阀口的通流面积大小。电-机械转换器的电磁原理如图 4-77 所示。

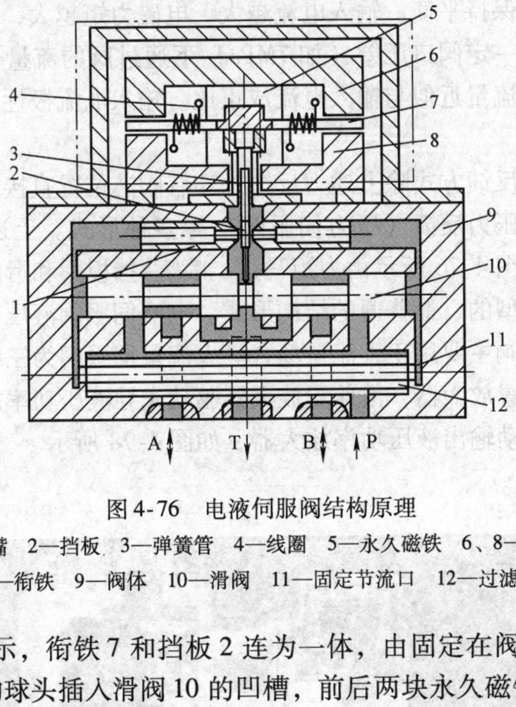

图 4-76 电液伺服阀结构原理

1—喷嘴 2—挡板 3—弹簧管 4—线圈 5—永久磁铁 6、8—导磁体 7—衔铁 9—阀体 10—滑阀 11—固定节流口 12—过滤器

如图 4-76 所示，衔铁 7 和挡板 2 连为一体，由固定在阀体 9 上的弹簧管 3 支承。挡板下端的球头插入滑阀 10 的凹槽，前后两块永久磁铁 5 与导磁体 6、8 形成一固定磁场。当线圈 4 内无控制电流时，导磁体 6、8 和衔铁间四个间隙中的磁通相等均为 Φg，且方向相同，衔铁受力平衡处于中位。当线圈中有控制电流时，一组对角方向气隙中的磁通增加，另一组对角方向气隙中的磁通减小，于是衔铁在磁力作用下克服弹簧管的弹力，偏转一角度。挡板随衔铁偏转而改变其与两个喷嘴 1 间的间隙，一个间隙减小，另一个间隙相应增大。

该电液伺服阀的液压阀部分为双喷嘴挡板先导阀控制的功率级滑阀式主阀。液压油经 P 口直接为主阀供油，但进喷嘴挡板的油则需经过滤器 12 进一步过滤。当挡板偏转使其与两个喷嘴间的间隙不等时，间隙小的一侧的喷嘴腔压力升高，反之间隙大的一侧喷嘴腔压力降低。这两腔压差作用在滑阀的两端面上，使滑阀产生位移，阀口开启。这时液压油经 P 口和滑阀的一个阀口并经 A 口或 B 口流向液压缸，液压缸的排油则经 B 口或 A 口和另一阀口 T 与回油相通。滑阀移动时带动挡板下端球头一起移动，从而在衔铁挡板组件上产生力矩，形成力反馈，因此这种阀又称力反馈伺服阀。稳态时，衔铁挡板组件在驱动电磁力矩、弹簧管的弹性反力矩、喷嘴液动力产生的力矩、阀芯位移产生的反馈力矩作用下保持平衡。输入电流越大，电磁力矩越大，阀芯位移即阀口通流面积也越大，在一定阀口压差（如 7MPa）下通过阀的流量也越大，即在一定阀口压差下，阀的流量近似与输入电流成正比。输入电流极性反向时，输出流量也反向。

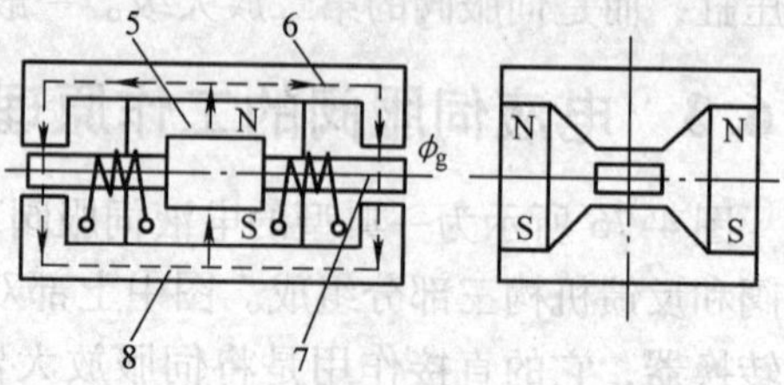

图 4-77　电-机械转换器的电磁原理

电液伺服阀的反馈方式除上述力反馈外还有阀芯位置直接反馈、阀芯位移电反馈、流量反馈、压力反馈（压力伺服阀）等多种形式。上述电液伺服阀液压部分多为二级阀，图 4-76 所示由力矩马达、喷嘴-挡板阀和滑阀组成的力反馈型电液伺服阀是最典型的、最普遍的结构形式。电液伺服阀液压部分也有单级的和三级的，三级伺服阀主要用于大流量场合。大流量伺服阀为三级液压放大，即由转换器驱动液压前置放大器，由前置放大器驱动先导液压功率放大器，再由先导液压功率放大器驱动输出液压功率放大器，如图 4-78 所示。

图 4-78　大流量电液伺服阀

4.6.4　电液伺服阀的特性分析

电液伺服阀的涉及流量和压力等物理量的特性相当于伺服阀中滑阀以阀芯位移为输入的特性再叠加电-机械装置的电流-阀芯位移特性，而后者可看作比例环节。因此，下面只讨论滑阀以阀芯位移为输入的特性。

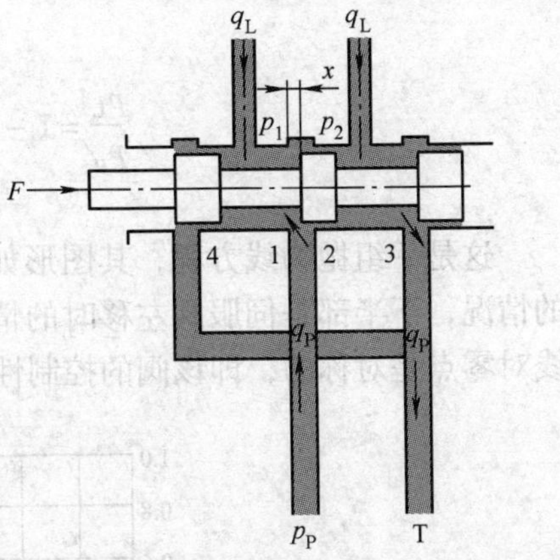

图 4-79　零开口阀特性计算

1. 伺服滑阀静态特性

伺服滑阀的流量-压力特性是指它在某负载下阀芯位移到某一开口 x 时，通过阀口的流量 q_L 与负载压力 p_L 之间的关系。以图 4-79 所示的零开口阀为例，假定阀口为薄壁孔口，油源压力稳定，回油口 T 处压力为 0，阀芯和阀套间的径向间隙忽略不计，执行元件是双杆液压缸。当阀芯向右移动时，阀口 1、3 打开，2、4 关闭，伺服阀在进油、回油路上各有一个节流口，进油开口处压力从 p_p 降到 p_1，回油开口处从 p_2 降到零。由油流体连续性方程可得

$$q_p = q_1 = q_L = q_3$$

式中　q_p、q_L——分别为在负载下进入伺服阀的流量和通向液压缸的流量；

q_1、q_3——分别为通过阀口 1、3 的流量，且 $q_1 = C_d A_1 \sqrt{\frac{2}{\rho}}(p_p - p_1)$，

$$q_3 = C_d A_3 \sqrt{\frac{2}{\rho} p_2};$$

式中　A_1、A_3——分别为阀口 1、3 处的通流面积；

C_d——流量系数。

伺服阀的各个控制口大多是配做而且对称的，因此 $A_1 = A_3$，又有 $q_L = q_3$ 和 $p_L = p_1 - p_2$，故 $p_p = p_1 + p_2$。

定义负载压力 $p_L = p_1 - p_2$，可得

$$p_1 = (p_p + p_L)/2$$

$$p_2 = (p_p - p_L)/2$$

故有

$$q_L = C_d A_1 \sqrt{\frac{2}{\rho}(p_p - p_L)/2} = C_d \omega x_s \sqrt{\frac{p_p - p_L}{\rho}}$$

式中　ω——单位开口时的通流面积，即阀的面积梯度。

将上式两边同乘 x_{smax} 并平方后化成无量纲式，得

$$\frac{p_L}{p_p}=1-\frac{\left(\dfrac{q_L}{C_d\omega x_{smax}\sqrt{\dfrac{p_p}{\rho}}}\right)^2}{\left(\dfrac{x_s}{x_{smax}}\right)^2}$$

这是一组抛物线方程，其图形如图 4-80 所示。图中上半部是伺服阀右移时的情况，下半部是伺服阀左移时的情况。由图可见，伺服阀的“流量-压力”曲线对零点是对称的，即该阀的控制性能在两个方向上是一样的。

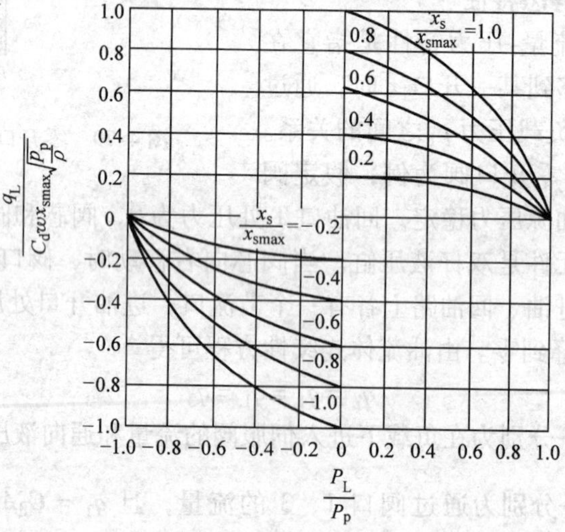

图 4-80　零开口阀的“流量-压力”特性曲线

其他开口形式伺服阀的“流量-压力”特性可以仿照上述方法进行分析。由图 4-80 可得阀的流量-压力系数为 $K_c=-\frac{\partial q_L}{\partial p_L}=\frac{C_d\omega x_s}{2\sqrt{\rho(p_p-p_L)}}$。

2. 伺服滑阀流量特性

伺服阀的流量特性如图 4-81 所示，其中图 4-81a 所示为零开口阀的理论流量曲线和实际流量曲线，图 4-81b 和图 4-81c 所示分别为负开口阀和正开口阀的理论流量曲线。由图 4-81 可得阀的流量增益 K_q（流量放大系数），定义是当 p_L 为常数时

$$K_q=\frac{\partial q_L}{\partial x_s}$$

对理想零开口阀而言，有

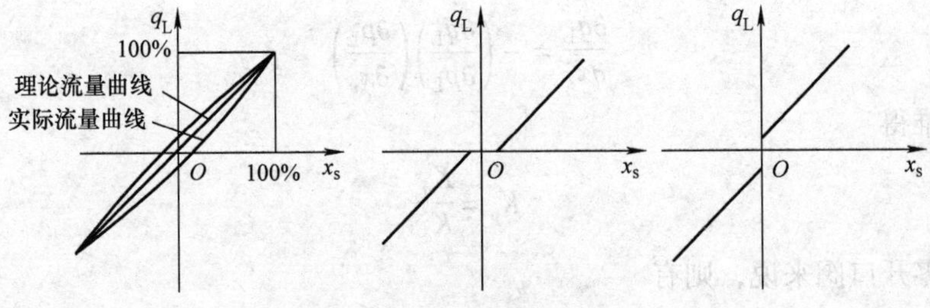

图 4-81　伺服阀的流量特性

a）零开口阀　b）负开口阀　c）正开口

$$K_q=\sqrt{\frac{p_p-p_L}{\rho}}$$

3. 压力特性

图 4-82 所示为伺服阀的压力特性曲线。

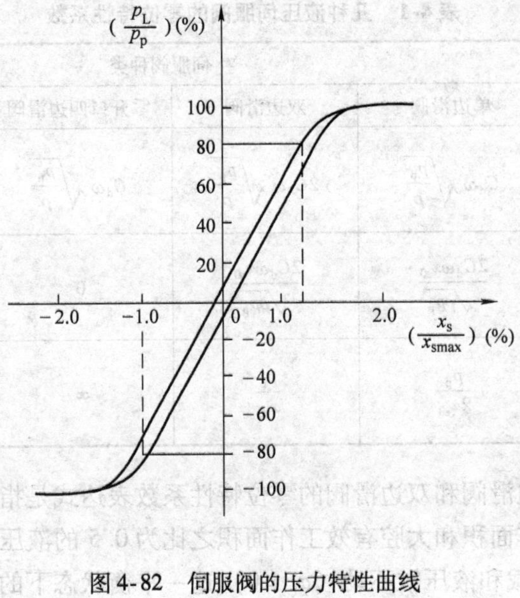

图 4-82　伺服阀的压力特性曲线

由图可得阀的压力增益 K_p（压力放大系数），其定义为

$$K_p=\frac{\partial p_L}{\partial x_s}$$

由于

$$\frac{\partial q_{\mathrm{L}}}{\partial x_{\mathrm{s}}}=-\left(\frac{\partial q_{\mathrm{L}}}{\partial p_{\mathrm{L}}}\right)\left(\frac{\partial p_{\mathrm{L}}}{\partial x_{\mathrm{s}}}\right)$$

因此可推得

$$K_p=\frac{K_q}{K_c}$$

对理想零开口阀来说，则有

$$K_p=\frac{2(p_{\mathrm{p}}-p_{\mathrm{L}})}{x_{\mathrm{s}}}$$

上述三个系数 K_q、K_c 和 K_p 称为液压伺服阀的特性系数。这些系数不仅表示了液压伺服系统的静特性，而且在分析伺服系统的动特性时也非常重要。其中，流量增益对系统的稳定性有影响；流量-压力系数对系统的阻尼比和系统刚度有影响；阀的压力增益则表示阀芯在很小位移时，系统能否有起动较大负载的能力，故对灵敏度有影响。

阀在原点附近的特性系数称为零位特性系数。几种液压伺服阀的零位特性系数见表 4-1。

表 4-1　几种液压伺服阀的零位特性系数

零位特性系数	伺服阀种类			
	单边滑阀	双边滑阀	零开口四边滑阀	正开口四边滑阀
K_{q0}	$C_{\mathrm{d}}\omega\sqrt{\frac{p_{\mathrm{p}}}{\rho}}$	$2C_{\mathrm{d}}\omega\sqrt{\frac{p_{\mathrm{p}}}{\rho}}$	$C_{\mathrm{d}}\omega\sqrt{\frac{p_{\mathrm{p}}}{\rho}}$	$2C_{\mathrm{d}}\omega\sqrt{\frac{p_{\mathrm{p}}}{\rho}}$
K_{c0}	$\frac{2C_{\mathrm{d}}\omega x_{s0}}{\sqrt{\rho p_{\mathrm{p}}}}$	$\frac{2C_{\mathrm{d}}\omega x_{s0}}{\sqrt{\rho p_{\mathrm{p}}}}$	0	$\frac{2C_{\mathrm{d}}\omega x_{s0}}{\sqrt{\rho p_{\mathrm{p}}}}$
K_{p0}	$\frac{p_{\mathrm{p}}}{2x_{s0}}$	$\frac{p_{\mathrm{p}}}{x_{s0}}$	∞	$\frac{2p_{\mathrm{p}}}{x_{s0}}$

表 4-1 中单边滑阀和双边滑阀的零位特性系数表达式是指由它们驱动的液压缸是小腔有效工作面积和大腔有效工作面积之比为 0.5 的液压缸而言；而单边滑阀的 x_{s0} 指在零负载和液压缸不动（$q_{\mathrm{L}}=0$）这一平衡状态下的开口量；对正开口四边滑阀，x_{s0} 是它的零位开口量。

4. 内泄漏特性

阀的内泄漏特性可按同心圆环缝隙的流量公式计算。

若为零开口滑阀，滑阀处于中间位置时，通过径向缝隙产生的泄漏为

$$q=\frac{\pi C_r^3}{32\mu}\omega p_{\mathrm{p}}$$

式中　ω——阀的面积梯度；

C_r——阀芯和阀孔间的径向缝隙；

μ——油液的动力黏度；

p_{p}——供油压力。

若为正开口滑阀，阀在中间位置时的泄漏量为

$$q=2C_{\mathrm{d}}\omega x_{\mathrm{s0}}\sqrt{\frac{p_{\mathrm{p}}}{\rho}}$$

式中　C_{d}——流量系数；

x_{s0}——阀零位时的开口量；

ρ——油液的密度。

零位时，当负开口四边滑阀的阀口有 1～3μm 的遮盖量时，可部分补偿径向缝隙对泄漏的影响。因为阀有内泄漏，所以对实际的零开口四边滑阀来说，它的零位流量-压力系数不为零，而是 $K_{c0}=\frac{\pi C_r^2}{32\mu}\omega$。该式表明 K_{c0} 和阀的结构尺寸有关。

必须指出，上面所讨论的是伺服滑阀的特性，如果是电液伺服阀，因输入是电流，则只要用输入电流 I 代替阀的位移 x，便可得到电液伺服阀的特性。

由静态特性可以确定阀的一些指标，如线性度、对称度、滞环、分辨率、零漂和内漏等。

5. 电液伺服阀动态特性（频率特性）曲线

伺服阀的动态特性一般用频率特性表示，如图 4-83 所示。频宽通常以幅值比为 −3dB 和相位差为 −90°时所对应的频率来度量，而分别命名为幅频宽和相

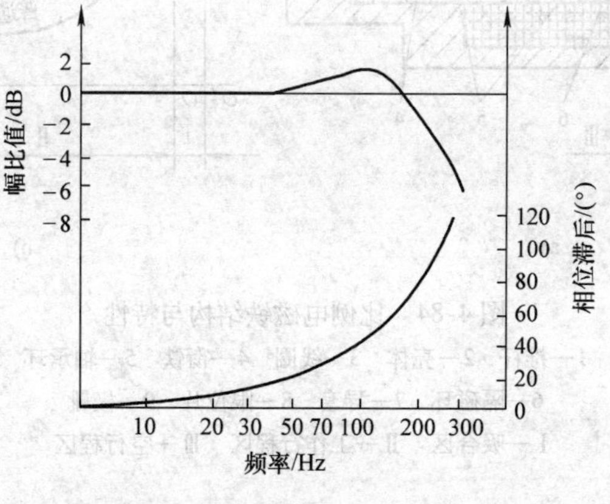

图 4-83　电液伺服阀动态特性曲线

频宽。频宽是衡量电液伺服阀动态特性的一个重要参数。为了使液压伺服系统有较好的性能，应有一定的频宽。但频带过宽，可能会使电噪声和高频干扰信号传给系统，对系统工作不利。

4.7 电液比例阀

电液比例阀是一种按输入的电气信号连续地、按比例地对油液的压力、流量或方向进行控制的液压阀。与手动调节的普通液压阀相比，它能提高系统参数的控制水平；与电液伺服阀相比，虽在某些性能方面稍稍逊色，但它的结构简单，成本较低，所以被广泛应用于要求对液压参数进行连续控制或程序控制，但对控制精度和动态特性要求一般的液压系统中。

电液比例阀按控制功能可以分为电液比例压力阀、电液比例流量阀和电液比例方向阀。比例阀有开环控制的，也有闭环控制的。任何种类的比例阀均由电-机械转换器和阀本体两部分组成，而比例阀的电-机械转换器都是比例电磁铁。

4.7.1 比例电磁铁的结构原理

比例电磁铁是在传统阀用湿式普通电磁铁基础上发展起来的。目前所应用的耐高油压的直流比例电磁铁具有图4-84a所示的盆式结构。图4-84所示电磁铁

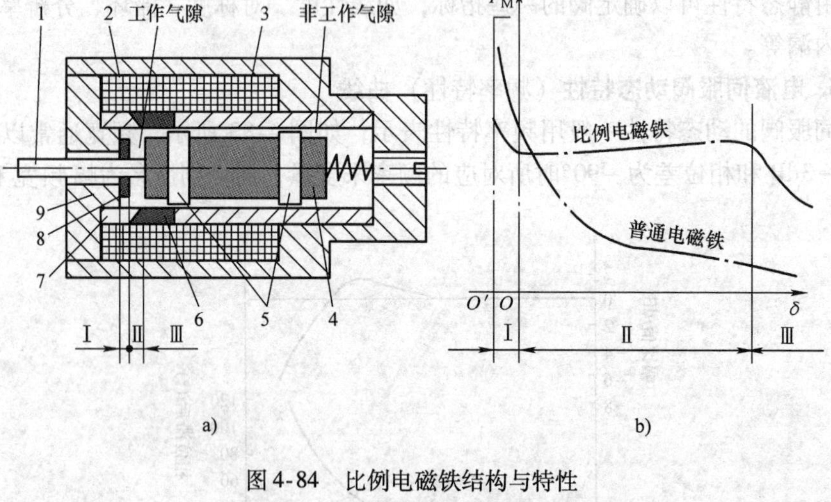

图4-84 比例电磁铁结构与特性

1—推杆 2—壳体 3—线圈 4—衔铁 5—轴承环
6—隔磁环 7—导套 8—限位片 9—极靴
Ⅰ—吸合区 Ⅱ—工作行程区 Ⅲ—空行程区

的输出是电磁推力，故称为力输出型。由于磁路结构的特点，使比例电磁铁输出的推力具有如图 4-84b 所示的几乎水平的电磁力-行程特性，即电磁力几乎与衔铁位移 δ 无关，只与比例电磁铁的输入电流成比例。这一特性有助于阀的控制，也是被称为比例电磁铁的原因。还有一种带位移反馈的位置输出型比例电磁铁，如图 4-85 所示。这种电磁铁由于有衔铁位移的电反馈闭环，故当输入电信号一定时，不管与负载相匹配的比例电磁铁输出电磁力如何变化，其输出位移仍保持不变，所以它能抑制摩擦力等扰动影响，使之具有极为优良的稳态控制精度和抗干扰特性。

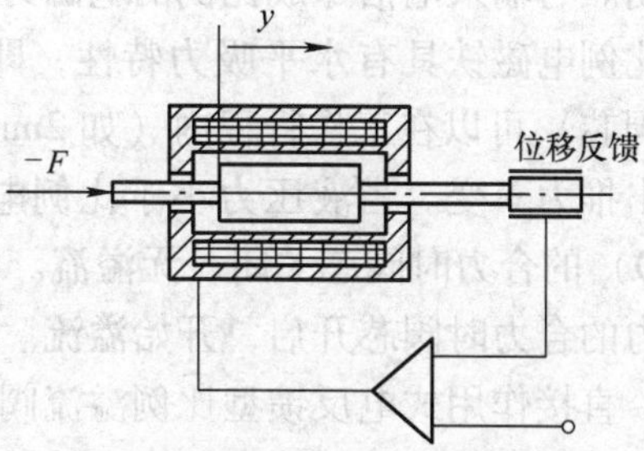

图 4-85　带位移反馈的比例电磁铁

4.7.2　电液比例压力阀

用比例电磁铁取代普通压力阀的手调弹簧力控制机构便可得到比例压力阀。

1. 直接作用式比例溢流阀

直接作用式比例溢流阀有不带电反馈与带电反馈的两种基本类型。阀本体结构与常规溢流阀结构相似。不带电反馈直接作用式比例溢流阀如图 4-86a 所示，图 4-86b 所示为其图形符号。比例电磁铁 1 的输出推力通过推杆传递给阀芯 2。弹簧 3 的弹簧力较小，用于在比例电磁铁输出推力为零时克服摩擦力，确保阀芯

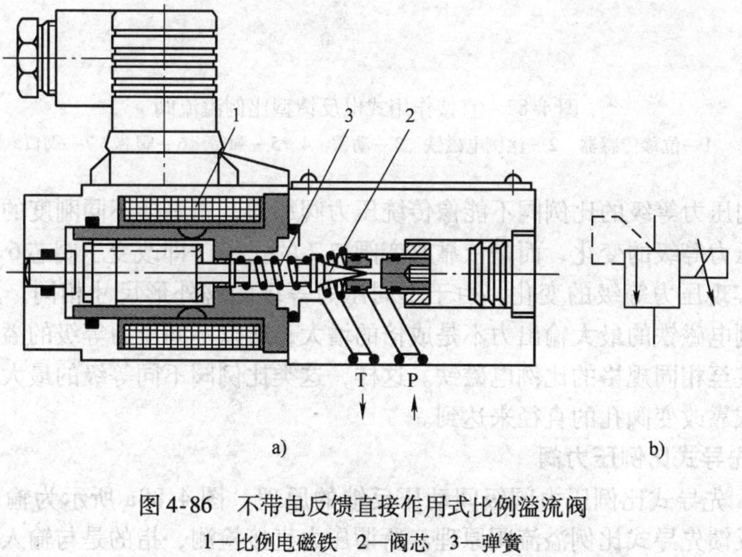

图 4-86　不带电反馈直接作用式比例溢流阀
1—比例电磁铁　2—阀芯　3—弹簧

关闭。与输入电信号成比例的电磁力与阀座孔口处的轴向液压力相平衡。关键在于比例电磁铁具有水平吸力特性，即在给定电流后，动铁（以及由它直接推动的阀芯）可以在工作行程内（如2mm、3mm等，视电磁铁规格而异）移动，而输出推力不变。当液压力小于比例电磁铁输出推力和弹簧预紧力（预紧力近似为0）的合力时阀芯关闭，无溢流。当液压力大于比例电磁铁输出推力和弹簧预紧力的合力时阀芯开启，开始溢流。溢流压力与比例电磁铁输入电信号成比例。

直接作用式电反馈型比例溢流阀如图4-87a所示，图4-87b所示为其图形符号。比例电磁铁2的输出推力由动铁3通过弹簧4传递给阀芯6，位移传感器1的动杆与电磁铁的动铁3固连，随时检测动铁位移并反馈至带PID控制单元的电控器，用反馈信号对输入信号的偏差值对电磁铁进行控制，使动铁继续移动直至偏差值为零，构成动铁位移的闭环控制，使弹簧4得到与输入信号成比例的精确压缩量，使阀达到更高的控制精度。弹簧5是阀芯前端的保护性弹簧。

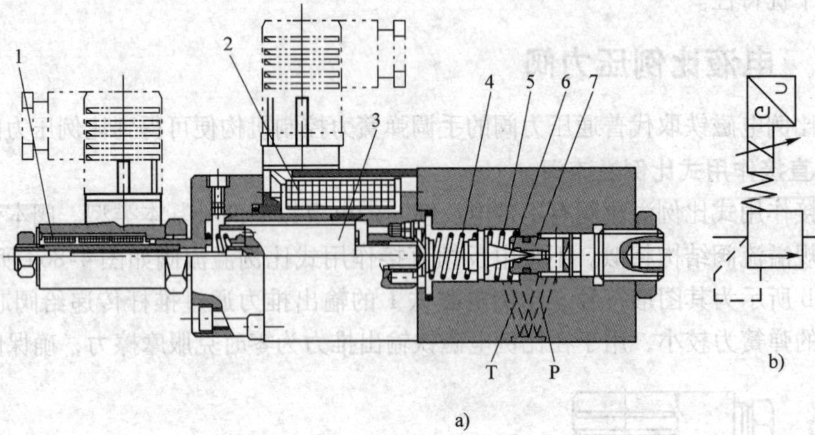

图4-87　直接作用式电反馈型比例溢流阀

1—位移传感器　2—比例电磁铁　3—动铁　4、5—弹簧　6—阀芯　7—阀口

不同压力等级的比例阀不能像传统压力阀那样，用更换不同刚度的调压弹簧来实现压力等级的变化，而是依靠改变阀口7的孔径（即改变了阀芯6的承压面积）来实现压力等级的变化。由于不同压力等级的阀外形尺寸相同，加上不同规格比例电磁铁的最大输出力不是成倍的增大，所以不同压力等级的溢流阀常采用相近甚至相同规格的比例电磁铁。这样，这类比例阀不同等级的最大调节压力就只能依靠改变阀孔的直径来达到。

2. 先导式比例压力阀

（1）先导式比例压力阀级间动压反馈的原理　图4-88a所示为输出压力直接检测反馈先导式比例溢流阀原理。所谓压力直接检测，指的是与输入信号相比较的正是所要控制的系统压力 p_A。图 4-88b 所示为其图形符号。压力直接检测反馈即所谓级间动压反馈，其原理是：主阀芯 6 运动时在动态阻尼孔 1（R_1）两端产生的压差作用在先导阀芯两端面，经先导阀的控制对主阀芯的运动产生阻尼作用。先导阀芯 3 为有直径差的二节同心滑阀，大、小端面积差与压力反馈推杆 2 的承压面积相等。稳态时动态阻尼孔 R_1 两侧液压力相等，先导阀芯大、小端的压力相等；同时先导阀芯大端受压面积（大端面积减去反馈推杆面积）和小端受压面积相等，因而先导阀芯两端静压力平衡。先导阀芯只受反馈推杆的推力（等于反馈推杆面积和 p_A 的乘积）和比例电磁铁的推力，两个推力比较，决定了阀芯位置与阀口开度。由于稳态时比例电磁铁 4 推力直接与 p_A 进行比较，构成直接检测反馈，即阀的输出变量 p_A 通过反馈推杆对先导阀芯构成了负反馈，阀在本质上是一个闭环系统。图 4-89a 所示为压力直接检测反馈先导式比例减压阀原理，图 4-89b 所示为其图形符号。压力反馈先导式比例减压阀级间动压反馈原理和前述溢流阀的相同。

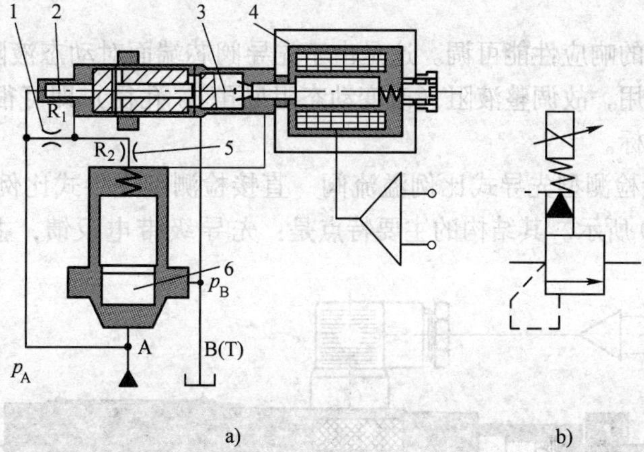

图 4-88　压力直接检测反馈先导式比例溢流阀

1、5—动态阻尼孔　2—推杆　3—先导阀芯　4—比例电磁铁　6—主阀芯

图 4-88 和图 4-89 所示的主阀结构与传统先导溢流阀和减压阀相同，均有 A、B 两个外接油口。如本章 4.2 节所述，传统先导式压力阀的先导阀控制的是主阀上腔压力，先导阀所受弹簧力和主阀上腔的压力相平衡。当流量变化引起主阀液动力的变化时会产生调压偏差。而级间动压反馈的先导压力阀，若忽略先导阀液动力和摩擦力的影响，其输入电磁力主要与被控压力 p_A（或 p_B）作用在反馈推杆上的力相平衡，因而形成反馈闭环控制，当流量和减压阀的进口压力变化时被控压力 p_A（或 p_B）均能保持恒定。应用此原理的比例压力阀动态稳定性显

著提高，不会出现传统压力阀易产生的振荡和啸叫现象。

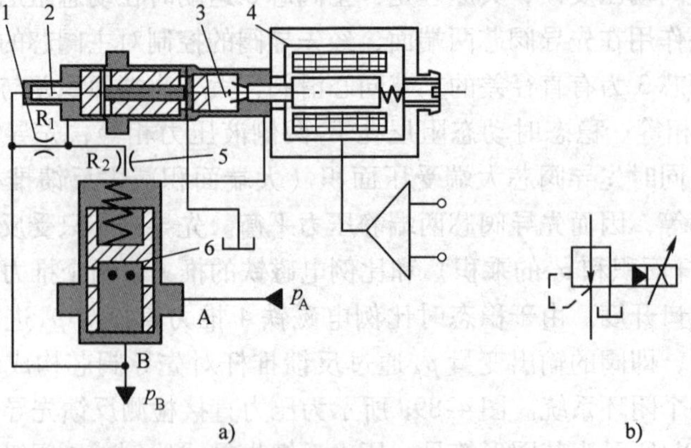

图 4-89　压力反馈先导式比例减压阀

1、5—动态阻尼孔　2—推杆　3—先导阀芯　4—比例电磁阀　6—主阀芯

此外，阀的响应性能可调。这是由于先导阀芯端面对动态液阻 R_2 上的压降有转换放大作用，故调整液阻（改变动态阻尼孔 R_2 孔径）即可很方便地调节阀的响应性能指标。

（2）直接检测型先导式比例溢流阀　直接检测型先导式比例溢流阀的典型结构如图 4-90 所示。其结构的主要特点是：先导级带电反馈，主阀为插装阀结

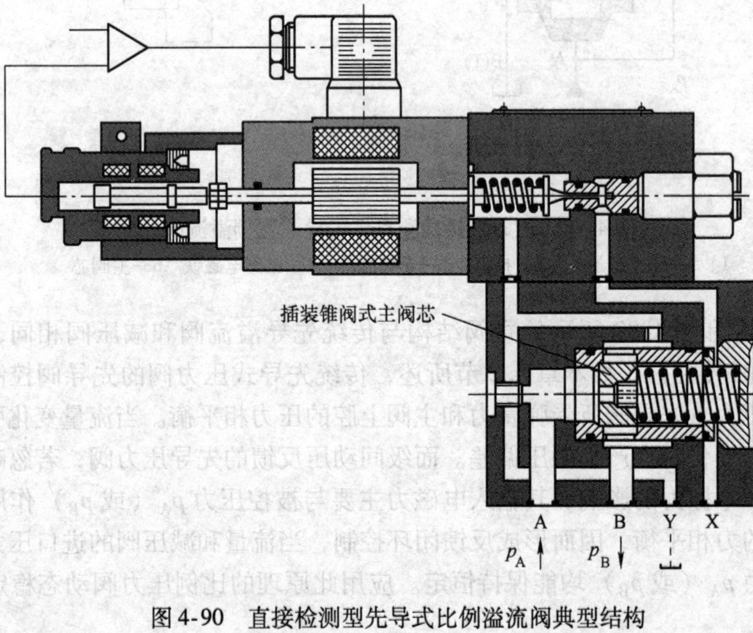

图 4-90　直接检测型先导式比例溢流阀典型结构

构。先导阀芯与主阀芯轴线相互平行，便于主阀检修。主阀敏感腔（主阀上部弹簧腔）是先导油路的控制对象，从在系统中的实际功能看，先导阀主要承担调节系统压力，主阀主要承受调节系统多余流量的功能。实际上，各种不同流量规格比例溢流阀，都是用同一种控制流量仅 2L/min 左右的直动式阀作为先导级。每一种流量规格的阀，都对应不同的压力等级。如前所述，这既可提高其调节精度，又可提高运行可靠性。先导式比例溢流阀的特性曲线如图 4-91 所示。控制特性一般有占总调节范围 20% 左右的零位死区，这是所有单向调节电液比例阀的共同特点。

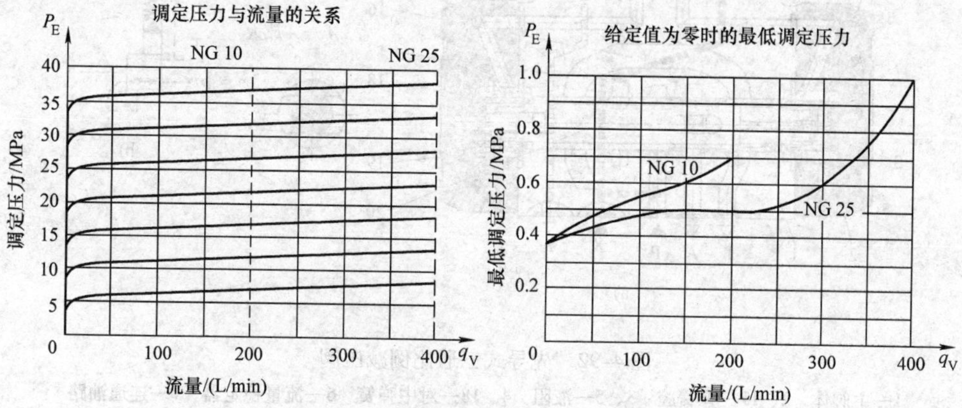

图 4-91　先导式比例溢流阀的特性曲线

注：上述曲线是在 B 口的压力在整个流量范围内均等于零的情况下获得的。

（3）先导式三通比例减压阀　通常所讲的比例减压阀一般指定值减压阀，即受控参数是比进口压力低的阀出口压力，而专门用途的定差减压阀（维持阀进出口压差为常值）与定比减压阀（进出口压力之比为常值）不在讨论范围之内。

先导式三通比例减压阀的典型结构如图 4-92a 所示，图 4-92b 所示为其图形符号。阀的工作原理如下：

1）当 P 口失压时，主阀芯在对中弹簧 4、18 作用下处于中位，P、A、T 三个油口相互封闭。当 P 口升压时，先导控制油通过钻孔通道 16、液阻 5 进入弹簧腔 2（油液进一步流向 A 口以及阀芯右弹簧腔 19，由于液阻 5 的存在，主阀芯左端压力高于右端压力），推动主阀芯向右移，打开 P 口至 A 口的通道。

2）A 口打开之后，A 口的液压油通过主阀芯内部通道引到主阀芯右侧弹簧腔 19（主阀道始终保持弹簧腔 19 与 A 口相通）。在 A 口压力未达到比例电磁铁的调定值之前，由于 P 到 A 之间还存在一条从 P 经过先导流量稳定器 6、液阻 5、主阀芯左端部液阻 3 到 A 口的并联油路，所以，主阀芯左端压力高于右端压

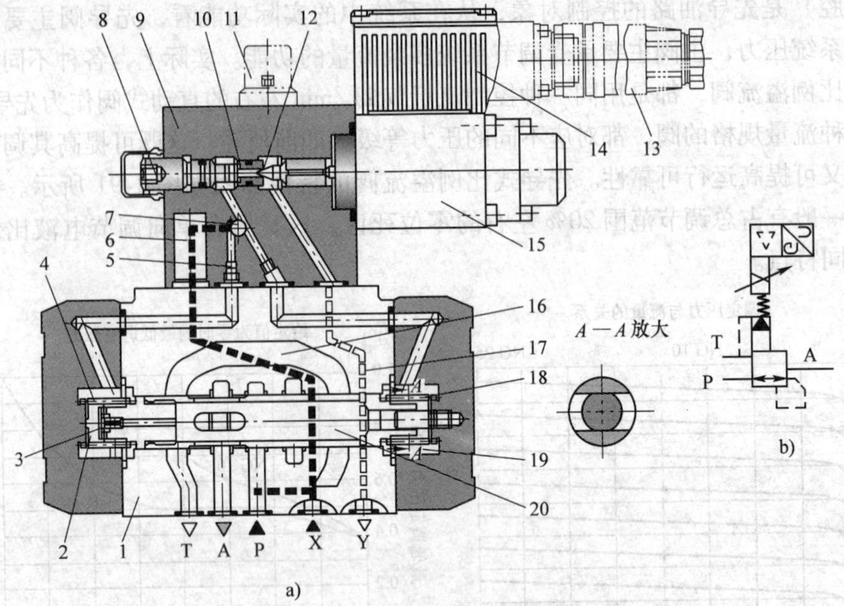

图4-92 先导式三通比例减压阀

1—主阀体 2、19—弹簧腔 3、5—液阻 4、18—对中弹簧 6—流量稳定器 7—连通油路 8—先导滑阀 9—先导阀体 10—阀芯孔 11—接头 12—先导锥阀 13—电气接头 14—集成式电放大器 15—比例电磁铁 16—通道 17—泄漏油道 20—主阀芯

力，主阀芯一直维持P到A打开的状态。

3）当A口压力达到设定值时，先导锥阀12开启，先导液桥正常工作。此时，主阀左弹簧腔压力降低，由于主阀芯左端部液阻3的存在，主阀芯右端压力等于A口压力。因此，在两端压差作用下，主阀芯左移，基本关闭负载油口A口（此时，先导液桥正常运作，可视为由先导流量稳定器6与先导阀口构成的B半桥）。

4）当A口的压力超过先导阀的设定压力时，主阀芯进一步左移，打开A到T的阀口，将A口压力限定到设定值。同样，如果负载口A出现反向流动时，负载口的高压，使A、T口进一步开大，起到溢流阀的功能，负载腔油液由A、T阀口流回油箱。

由于这种阀的主阀体套用方向阀阀体，所以有些通道是闲置的。

4.7.3 电液比例方向（流量）阀

1. 电液比例方向阀概述

电液比例方向阀能按输入电信号的正负和数值大小，同时实现液流方向控制和流量的比例控制。普通开关型方向阀只能实现液流方向控制。

根据结构形式，比例方向阀还可以分为四边滑阀式、二通插装式或三通插装式。

按照对功率级控制方式来分，比例方向阀又可以分为直接控制式（单级阀）和先导控制式。直接控制式和先导式又各有开环控制和阀芯位移反馈闭环控制两大类。有的比例方向阀还用定差减压阀或定差溢流阀对其阀口进行压差补偿，构成比例方向流量阀。此外，还有内含各种形式流量检测反馈闭环的流量反馈型电液比例方向阀，其受控流量只取决于输入的电信号，而与供油压力、负载压力及回油压力的变化无关。

电液比例方向阀中滑阀的配合间隙仅与开关型方向阀相当，因此对液压油的过滤精度要求比电液伺服阀低。电液比例方向阀的滞环、重复精度以及线性度等稳态控制特性与电液伺服阀相比，已达到基本相当的水平，不过，其动态特性要比伺服阀低，-3dB 幅频宽一般在 3～30Hz。电液比例方向阀可以像开关型方向阀那样，根据系统的控制要求，采用不同的滑阀中位机能。

电液比例方向阀既可用于开环系统，也可用于闭环系统。它和电液伺服阀的使用工况不同，往往在较大的参数调节范围内运行，而且中位死区较大。因此，设计、仿真时，不能像伺服阀那样简单地按照在零位附近线性化处理的原则，应充分考虑非线性因素的影响，而且要同时考虑时域和频域的动态特性。

电液比例方向阀按其对流量的控制方式，可分为节流控制型与流量控制型两大类。前者与比例节流阀相当，其受控参数是功率级阀芯的轴向位移或阀口开度，输出流量受负载压力和供油压力变化的影响；后者与比例流量阀相当，它由比例方向阀和定差减压阀或定差溢流阀组成压力补偿型比例方向流量阀。此外，还有内含各种形式流量检测反馈闭环的流量反馈型电液比例方向阀，其受控流量只取决于输入电信号，而与供油压力、负载压力及回油压力的变化无关。

2. 普通型直控式比例方向节流阀

图 4-93a 所示为普通型直控式比例方向节流阀的典型结构，图 4-93b 所示为其图形符号。阀芯 4 两端各配置一只采用可更换线圈的比例电磁铁 1 和 6，放大器外置。阀芯 4 装在阀体 3 中，采用双弹簧 2 和 5 机械对中的形式。阀芯 4 是四边滑阀结构，四控制边设有较大的正遮盖量 x。阀芯 4 的两端弹簧安装时具有一定的预压缩量。因此，阀的稳态控制特性具有较大的中位（零位）死区，其起始电流往往可达额定电流的 15%～30%。

3. 位移-电反馈直控式比例方向节流阀

为了提高单级比例方向节流阀的控制精度，往往采用位移-电反馈方案。采用电感式位移传感器，来检测阀芯位移（即衔铁的位移）作为实际值，反馈至放大器的输入端，纳入闭环回路中，使阀芯的位置偏差不断得到校正。这种位置

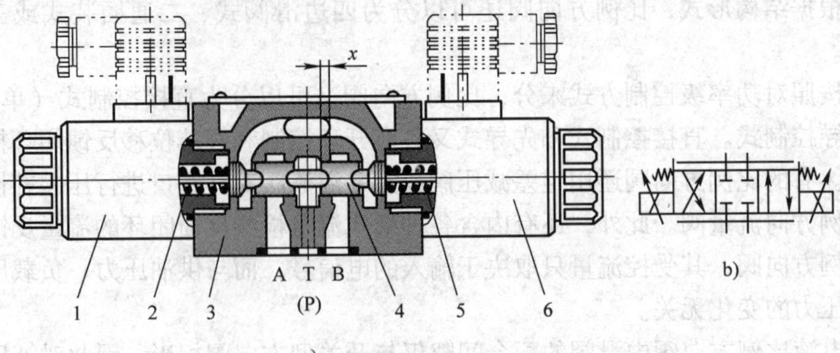

图 4-93　普通型直控式比例方向节流阀

1、6—比例电磁铁　2、5—弹簧　3—阀体　4—阀芯

调节闭环，使阀芯对各种非线性干扰（如液动力变化，油液污染引起摩擦力变化等的影响）不敏感，而且能快速、准确地跟踪预调设定值。这种电反馈回路，一般设置 PID 调节器进行电校正，以提高阀的控制特性。图 4-94 所示为双比例电磁铁的位移-电反馈直控式比例方向节流阀的典型结构。除阀的左部增配了电感式位移传感器 1 和 PID 调节器 2 以外，其余部分均与图 4-93 所示的普通型直控式比例方向节流阀相同。

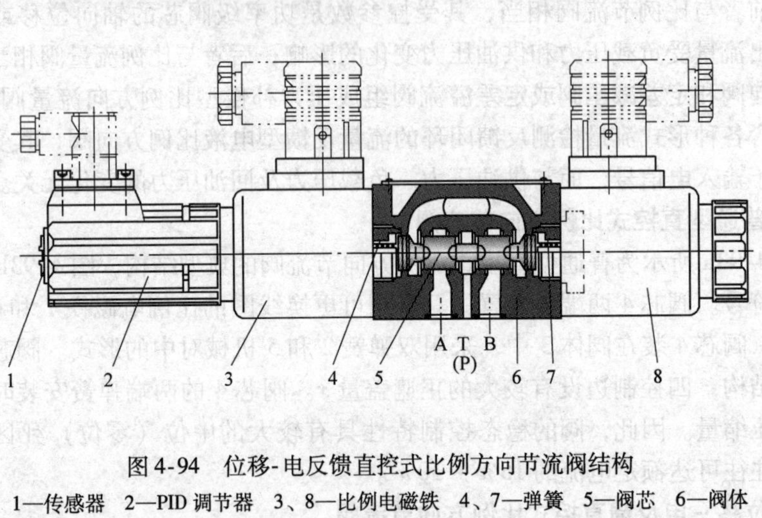

图 4-94　位移-电反馈直控式比例方向节流阀结构

1—传感器　2—PID 调节器　3、8—比例电磁铁　4、7—弹簧　5—阀芯　6—阀体

4. 先导压力控制型比例方向节流阀

这类阀的常见形式是先导溢流型和先导减压型二级比例方向节流阀。图

4-95a所示为先导减压型二级比例方向节流阀的结构，图 4-95b 所示为比例方向节流阀的图形符号。这种先导式比例阀的主要组成部分有：比例放大器 5，两个力控制型比例电磁铁 2 和 6，减压型先导阀 3（先导阀芯 4）及单弹簧对中型主阀 7。

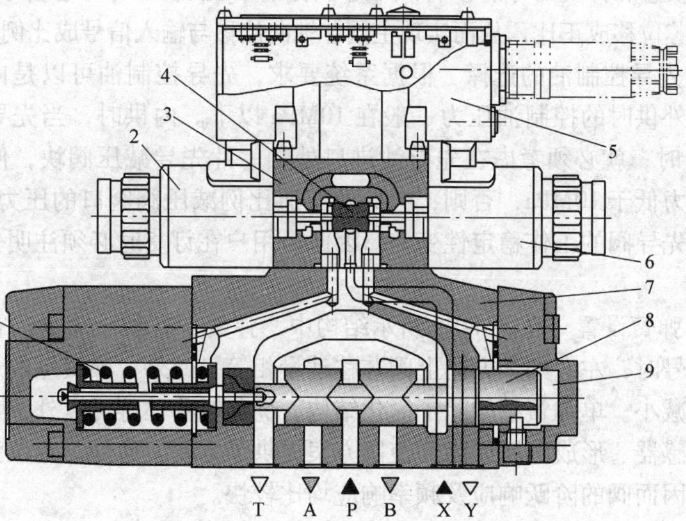

a)

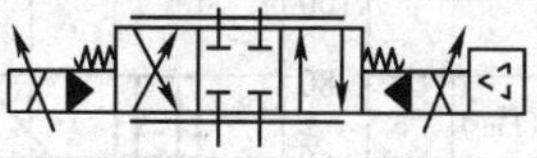

b)

图 4-95　先导减压型比例方向节流阀

1—弹簧　2、6—力控制型比例电磁铁　3—减压型先导阀　4—先导阀芯

5—比例放大器　7—单弹簧对中型主阀　8—主阀芯　9—控制腔

（1）工作原理　当电磁铁失电时，主阀芯 8 两端容腔与先导口油相通。主阀芯在定位弹簧 1 的作用下处于中位。来自比例放大器的输入电信号在力控制型比例电磁铁 2 或 6 中按比例地转化为作用在先导阀芯上的力，与这个作用力相对应，在减压型先导阀 3 的出口 A 或 B，得到一个压力 p_c。此控制压力作用在主阀芯 8 的左或右端面上，形成液压力。该液压力克服弹簧 1 的推力推动主阀芯移动，直至液压力与弹簧力、液动力达到平衡为止。主阀芯位移的大小，即相应的阀口轴向开度的大小，取决于作用在主阀芯端面上的先导控制油压的高低。因此，可实现主阀阀口轴向开度（主阀芯位移）与输入电信号之间的比例控制关系。例如，若给力控制型比例电磁铁 2 输入一电信号，则在主阀左腔体内将产生

与输入信号相对应的液压力，这个液压力通过固定在阀芯上的连杆，克服弹簧1的弹簧力使闭芯向右移动，主阀口P、B及A、T接通，主阀芯的右端面的油则经右固定阻尼孔和先导阀芯的阀口进入先导阀回油口Y；同时，进入先导阀芯的液压油，其油压则形成对减压阀控制压力的反馈。若忽略先导阀和主阀的液动力、摩擦力、阀芯质量和弹簧力等的影响，则先导减压阀的控制压力与电磁力成正比，进而又与主阀芯位移成正比，从而实现主阀芯轴向位移与输入信号成比例。

（2）先导控制油的选择　根据系统要求，先导控制油可以是内供，也可以是外供。外供时的控制油压力一般在10MPa以下。内供时，当先导油的压力高于10MPa时，就必须考虑在先导油进口处加一片先导减压阀块，使先导油在进口处的压力低于10MPa，否则，会导致三通比例减压阀阀口的压力-位移增益太高，而使先导阀的工作稳定性变差。因此，用户在订货时必须注明先导油是内供或外供。

（3）弹簧设置　在图4-95所示结构中，弹簧1有预压缩量，它可保证在相同输入信号时，左右两个方向上阀芯移动量相等。此外，弹簧座的悬置方式有利于滞环的减小。单弹簧结构除了简化结构、优化对称性等优点外，也为主阀芯配置位移传感器、形成电反馈闭环控制方案提供了方便。此外，定位弹簧1的刚度比较大，因而阀的阶跃响应及频率响应均比较快。

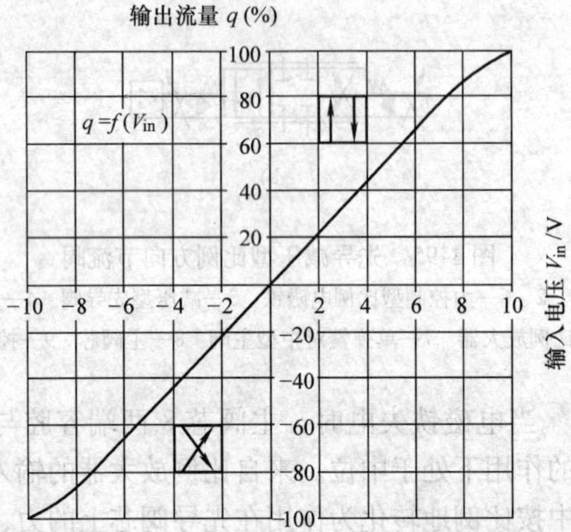

图4-96　伺服比例阀的稳态流量特性

在这种结构形式中，先导级输出压力与主阀芯位移之间无反馈联系，为开环控制。因此，主阀芯位移必然受到液动力、摩擦力等干扰力的影响。但是也有其优点，即制造和装配无特殊要求，通用性好，调整方便。

5. 比例方向流量阀

前面介绍的电液比例方向节流阀，其受控参数是主阀芯的轴向位移（近似为主阀口轴向开度），而通过阀的流量将随阀口工作压差的变化而变化。负载压力的变化，以及供油压力的变化，都会引起阀口工作压差的改变。在定压系统中，当输入电信号调定不变时，负载压力升高，流量就减小，只有当负载压力变化不大或几乎不变化时，比例方向节流阀才能起到流量控制器的作用。而比例方向流量阀，其控制参数是通过阀的流量。

比例方向流量阀按工作原理可以分为压力补偿型和流量检测反馈型两大类。无论是哪一种类型，从工作原理角度看，都是在比例方向节流阀的基础上，或者加上压力补偿器，或者加上流量检测反馈装置，由这样的两部分组合而成。在具体结构上，这样的两部分，可以是分立的，也可以是一体的。

实际应用上，比例方向流量阀以压力补偿型居多。压力补偿型又可分为定差减压型、定差溢流型和负载压力补偿型等。按照补偿器控制比例方向节流阀的不同阀口的角度，压力补偿器又可分为进口压力补偿器与出口压力补偿器。这里的所谓“进口补偿器”是指补偿器控制比例方向阀中将液压油通向负载的阀口的压差，即 P 口至 A（或 B）口之间的进油阀口的压差为常数。所谓“出口补偿器”，是指控制 B（或 A）口至 T 口之间的回油阀口的压差为常数。从补偿器相对于比例方向节流阀的相对位置，也比较容易分出，即串联（减压型）或并联（溢流型）于节流阀进油侧 P 口前的为进口补偿器，串联于节流阀负载口一侧的为出口补偿器。

流量检测反馈型也有流量-压力反馈、流量-力反馈及流量-电反馈等多种形式。

4.7.4　伺服比例阀

前述常规比例阀不能很好地用于位置和力的闭环控制，虽然在放大器中增设阶跃校正环节后，用于控制闭环时可以快速越过零位死区，但性能上总不及无零位死区的电液伺服阀。由于工程应用的需求，出现了由对伺服阀适当放松要求而得的工业伺服阀，此时关键的电-机械转换器仍然是最大信号电流仅 20mA 量级的力矩马达，多级阀中功率级阀口压差仍然较大。直到 20 世纪末，随着大电流比例电磁铁的成功研制，才出现了目前的伺服比例阀。

1. 结构与性能特点

伺服比例阀利用（大电流）比例电磁铁（不采用伺服阀的力矩马达）为电-机械转换器，首级阀采用伺服阀的阀芯阀套，阀口零遮盖，性能上实现了具有位置、压力闭环控制所要求的无零位死区的特性，频响较一般比例阀为高，可靠性比伺服阀高。

阀的特性包括稳态特性与动态特性。某型号伺服比例阀的稳态流量特性曲线如图 4-96 所示，动态特性曲线如图 4-97 所示。动态特性中，一般情况下 −3dB 的幅频频宽（如图 4-97 所示，输入电压为 ±100% 额定电压时约为 73Hz）与 −90°的相频频宽（如图 4-97 所示，输出电压为 ±100% 额定电压时约为 62Hz）往往不相同。

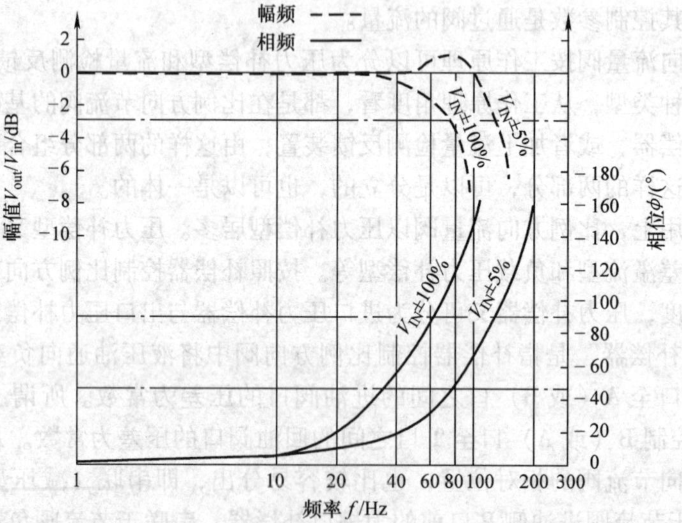

图 4-97　伺服比例阀的动态特性曲线

2. 与电液伺服阀及电液比例阀的比较

伺服比例阀在结构、性能、应用上与电液伺服阀及电液比例阀的比较见表 4-2。

表 4-2　三种电液控制阀对比表

阀类型	控制输入	电-机械转换器	频响	零位特性	加工精度/μm	过滤精度/μm	应用特点	双阀口压降
伺服阀	电信号	力矩马达	高 100 ~ 500Hz	无零位死区	1	3 ~ 5	只用于闭环系统，工作在零位附近	5 ~ 10MPa
伺服比例阀	电信号	比例电磁铁	中 30 ~ 80Hz	无零位死区	1	5 ~ 10	无零位死区，可用于闭环系统	1 ~ 3MPa
比例阀	电信号	比例电磁铁	一般 1 ~ 20Hz	有零位死区	10	10	一般用于开环系统，工作于阀口开度变化很大的区域	0.5 ~ 1MPa

第5章 液压辅件

液压系统中的辅助装置，如蓄能器、过滤器、油箱、热交换器和管件等，对系统的动态性能、工作稳定性、工作寿命、噪声和温升等都有直接影响，必须予以重视。其中，油箱需根据系统要求自行设计，其他辅助装置则做成标准件，供设计时选用。

5.1 蓄能器

5.1.1 蓄能器功用和分类

1. 蓄能器功用

蓄能器的功用主要是储存油液多余的压力能，并在需要时释放出来。在液压系统中蓄能器常用来做以下几件事情：

1）在短时间内供应大量液压油液。实现周期性动作的液压系统，在系统不需大量油液时，可以把液压泵输出的多余液压油液储存在蓄能器内，到需要时再由蓄能器快速释放给系统，这样使系统所选用的液压泵的流量只要相当于循环周期内的平均流量即可，可以减少电动机功率消耗，降低系统温升。

2）维持系统压力。在液压泵停止向系统提供油液的情况下，蓄能器能把储存的液压油液供给系统，补偿系统泄漏或充当应急能源，使系统在一段时间内维持系统压力，避免停电或系统发生故障时油源突然中断所造成的机件损坏。

3）减小液压冲击或压力脉动。蓄能器能吸收压力脉动，大大减小液压冲击的幅值。

2. 蓄能器分类

蓄能器主要有弹簧式和充气式两大类，其中充气式又包括气瓶式、活塞式和皮囊式三种。活塞式蓄能器的结构如图5-1a所示，图5-1b所示为活塞式蓄能器的图形符号。

活塞1的上部为压缩气体（一般为氮气），下部为液压油，气体由气门3充入（充气后气门封闭），液压油从下部进油口进入，活塞随下部液压油的流入和流出在缸体2内滑动，利用气体的压缩和膨胀来储存和释放液压能。这种蓄能器的优点是结构简单、安装容易、维护方便、寿命长；缺点是由于受活塞惯性和摩擦力的影响，反应不够灵敏，不适合做吸收脉动和液压冲击用。此外，缸筒和活塞之间有密封性能要求，且密封件磨损后会使气液混合，影响系统的工作稳定性。

图 5-2a 所示为皮囊式蓄能器的结构，图 5-2b 所示为皮囊式蓄能器的图形符号。气囊 3（用耐油橡胶制成）和充气阀 1 压制而成一体，固定在壳体 2 的上部，通过充气阀往气囊内充进一定压力的气体（一般为氮气），充气阀充气时打开，蓄能器工作时关闭。壳体的下端有一菌形阀 4，它能使油液通过阀门进入蓄能器，又可以防止油液全部排出时气囊膨胀挤出壳体。皮囊式蓄能器的优点是气囊体积小，重量轻，惯性小，反应灵敏，可吸收压力冲击和脉动，因此是目前应用最广泛的一种蓄能器。

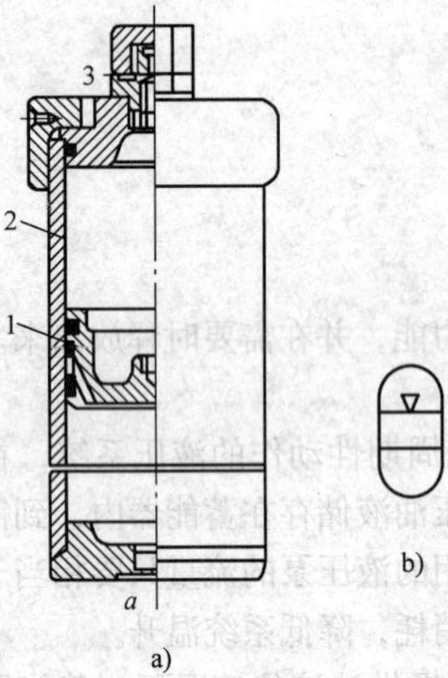

图 5-1　活塞式蓄能器

1—活塞　2—缸体　3—气门

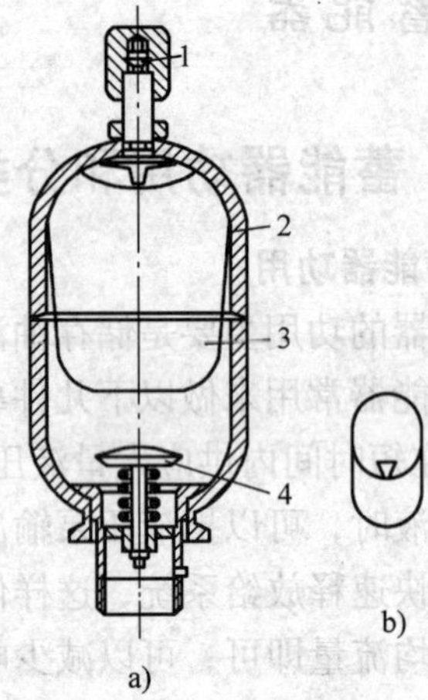

图 5-2　皮囊式蓄能器

1—充气阀　2—壳体

3—气囊　4—菌形阀

还有一种重锤式蓄能器，其体积庞大，结构笨重，反应迟钝，现在已很少应用。

5.1.2　蓄能器的使用和安装

蓄能器在液压回路中的安放位置随其功用的不同而不同，如吸收液压冲击或压力脉动时宜放在冲击源或脉动源近旁，补油保压时宜放在尽可能接近有关的执行元件处。

使用蓄能器时需注意如下几点：

1）充气式蓄能器中应使用惰性气体（一般为氮气），允许工作压力视蓄能器结构形式而定，如皮囊式为3.5～32MPa。

2）不同的蓄能器各有其适用的工作范围，如皮囊式蓄能器的皮囊强度不高，不能承受很大的压力波动，且只能在-20～70℃的温度范围内工作。

3）皮囊式蓄能器原则上应垂直安装（油口向下），只有在空间位置受限制时才允许倾斜或水平安装。

4）装在管路上的蓄能器须用支板或支架固定。

5）蓄能器与管路系统之间应安装截止阀，供充气、检修时使用。蓄能器与液压泵之间应安装单向阀，以防止液压泵停车时蓄能器内储存的液压油液倒流。

5.2 过滤器

5.2.1 过滤器的功用和类型

1. 功用

过滤器的功用是过滤混在液压油液中的杂质，降低进入系统中油液的污染度，保证系统正常地工作。

2. 类型

过滤器按其滤芯材料的过滤机制来分，有表面型过滤器、深度型过滤器和吸附型过滤器三种。

（1）表面型过滤器　整个过滤作用是由一个几何面来实现的。过滤出的污染杂质被截留在滤芯元件靠油液上游的一面，在这里，滤芯材料具有均匀的标定小孔，可以滤除比小孔尺寸大的杂质。由于污染杂质积聚在滤芯表面上，因此它很容易被阻塞住。编网式滤芯和线隙式滤芯即属于这种类型。

（2）深度型过滤器　这种滤芯材料为多孔可透性材料，内部具有曲折迂回的通道。大于表面孔径的杂质直接被截留在外表面，较小的污染杂质进入滤材内部，撞到通道壁上，由于吸附作用而得到滤除。滤材内部曲折的通道也有利于污染杂质的沉积。纸芯式、毛毡式和烧结陶瓷式等都属于这种类型。

（3）吸附型过滤器　这种滤芯材料是把油液中的杂质吸附在其表面上。磁心即属于这种类型。

5.2.2 过滤器选用和安装

1. 选用

过滤器按其过滤精度（滤去杂质的颗粒大小）的不同，有粗过滤器、普通过滤器、精密过滤器和特精过滤器四种，它们分别能滤去大于100μm、10～

100μm、5~10μm 和 1~5μm 大小的杂质。

选用过滤器时，要考虑下列几点：

1）过滤精度应满足预定要求。

2）能在较长时间内保持足够的通流能力。

3）滤芯具有足够的强度，不因液压的作用而损坏。

4）滤芯耐蚀性好，能在规定的温度下持久地工作。

5）滤芯清洗或更换简便。

因此，过滤器应根据液压系统的技术要求，按过滤精度、通流能力、工作压力、油液黏度和工作温度等条件选定型号。

2. 过滤器的安装位置

过滤器在液压系统中的安装位置如图 5-3 所示。通常有以下几种：

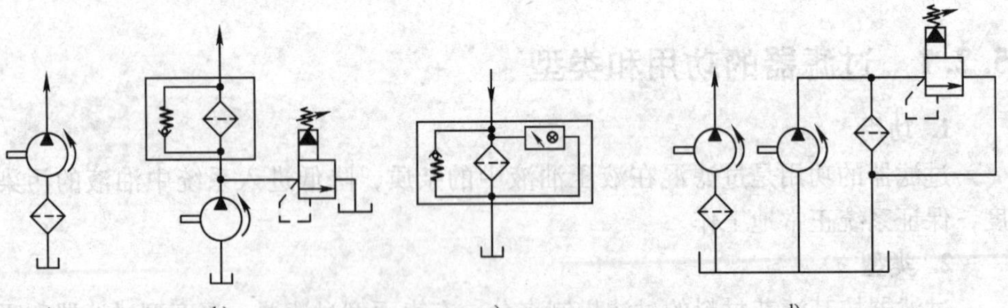

图 5-3　过滤器的安装

1）安装在泵的吸油口处。泵的吸油路上一般都安装有表面型过滤器（见图 5-3a），目的是滤去较大的杂质微粒以保护液压泵。此外，过滤器的过滤能力应为泵流量的两倍以上，压力损失小于 0. 02MPa。

2）安装在泵的出口油路上。此处安装过滤器的目的是用来滤除可能侵入阀类等元件的污染物，其过滤精度应为 10~15μm，且能承受油路上的工作压力和冲击压力，压力降应小于 0. 35MPa，同时应安装安全阀以防过滤器堵塞，如图 5-3b所示。

3）安装在系统的回油路上。这种安装起间接过滤作用。一般与过滤器并连安装一背压阀，当过滤器堵塞达到一定压力值时，背压阀打开，如图 5-3c 所示。

4）单独过滤回油。大型液压系统可专设一液压泵和过滤器组成独立过滤回路，如图 5-3d 所示。

液压系统中除了整个系统所需的过滤器外，还常常在一些重要元件（如伺服阀、精密节流阀等）的前面单独安装一个专用的精过滤器来确保它们的正常工作。

5.3 油箱

5.3.1 功用和结构

1. 功用

油箱的功用主要是储存油液，此外还起着散发油液中热量（在周围环境温度较低的情况下则是保持油液中热量）、释出混在油液中的气体、沉淀油液中污物等作用。

2. 结构

液压系统中的油箱有整体式和分离式两种。

油箱的典型结构如图 5-4 所示。由图可见，油箱内部用隔板 7、9 将吸油管 1 与回油管 4 隔开。顶部、侧部和底部分别装有滤油网 2、液位计 6 和排放污油的放油阀 8。安装液压泵及其驱动电动机的安装板 5 则固定在油箱顶面上。

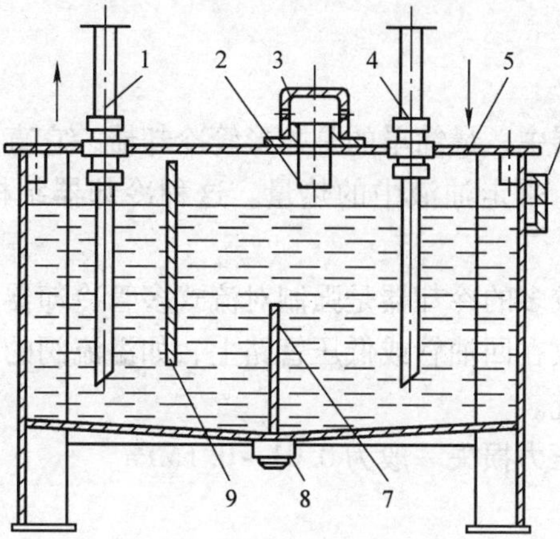

图 5-4 油箱

1—吸油管 2—滤油网 3—盖 4—回油管 5—安装板
6—液位计 7、9—隔板 8—放油阀

5.3.2 设计时的注意事项

1）油箱的有效容积（油面高度为油箱高度 80% 时的容积）应根据液压系统发热、散热平衡的原则来计算。

2）吸油管和回油管应尽量相距远些，两管之间要用隔板隔开，以增加油液循环距离，使油液有足够的时间分离气泡，沉淀杂质，消散热量。

管端与箱底、箱壁间的距离均不宜小于管径的3倍。粗过滤器距箱底不应小于20mm。

3）为了防止油液污染，油箱上各盖板、管口处都要妥善密封。注油器上要加滤油网。防止油箱出现负压而设置的通气孔上需装空气过滤器。

4）油箱中如要安装热交换器，必须考虑好它的安装位置，以及测温、控制等措施。

5）油箱内壁应涂上耐油防锈的涂料。

5.4 热交换器

液压系统的工作温度一般希望保持在30~50℃的范围内，最高不超过65℃，最低不低于15℃。液压系统如果依靠自然冷却仍不能使油温控制在上述范围内时，就需安装冷却器；反之，如果环境温度太低无法使液压泵起动或正常运转时，就需安装加热器。

5.4.1 冷却器

液压系统的冷却器中，最简单的是蛇形管冷却器，它直接装在油箱内，冷却水从蛇形管内部通过，带走油液中的热量。这种冷却器结构简单，但冷却效率低，耗水量大。

液压系统中用得较多的冷却器是强制对流式多管冷却器。

冷却器一般应安放在回油管或低压管路上，如溢流阀的出口，系统的主回流路上或单独的冷却系统。

冷却器所造成的压力损失一般为0.01~0.1MPa。

5.4.2 加热器

液压系统的加热一般常采用结构简单、能按需要自动调节最高和最低温度的电加热器。这种加热器的安装方式是用法兰盘横装在箱壁上，发热部分全部浸在油液内。加热器应安装在箱内油液流动处，以利于热量的交换。

5.5 管件

5.5.1 油管

液压系统中使用的油管种类很多，有钢管、铜管、尼龙管、塑料管、橡胶管等，须按照安装位置、工作环境和工作压力来正确选用。油管的特点和适用范围见表5-1。

表5-1 油管的特点和适用范围

种　类	特点和适用范围
钢管	能承受高压，价格低廉，耐油，抗腐蚀，刚性好，但装配时不能任意弯曲。常在装拆方便处用作压力管道，中、高压用无缝管，低压用焊接管
纯铜管	易弯曲成各种形状，但承压能力一般不超过6.5～10MPa，抗振能力较弱，又易使油液氧化。通常用在液压装置内配接不便之处
尼龙管	乳白色半透明，加热后可以随意弯曲成形或扩口，冷却后又能定形不变，承压能力因材质而异，从2.5～8MPa不等
塑料管	质轻耐油，价格便宜，装配方便，但承压能力低，长期使用会变质老化，只宜用作压力低于0.5MPa的回油管、泄油管等
橡胶管	高压管由耐油橡胶夹几层钢丝编织网制成，钢丝网层数越多，耐压越高，价格昂贵，用作中、高压系统中两个相对运动件之间的压力管道 低压管由耐油橡胶夹帆布制成，可用作回油管道

5.5.2 管接头

管接头是油管与油管、油管与液压件之间的可拆式连接件，它必须具有装拆方便、连接牢固、密封可靠、外形尺寸小、通流能力大、压降小、工艺性好等各项条件。

液压系统中的泄漏问题大部分都出现在管系中的接头上，为此对管材的选用、接头形式的确定（包括接头设计、垫圈、密封、箍套、防漏涂料的选用等）、管系的设计（包括弯管设计、管道支撑点和支撑形式的选取等）以及管道的安装（包括正确的运输、储存、清洗、组装等）都要审慎从事，以免影响整个液压系统的使用质量。

5.6 密封装置

密封是解决液压系统泄漏问题最重要、最有效的手段。液压系统如果密封不良，可能会出现不允许的外泄漏，外漏的油液将会污染环境，还可能使空气进入吸油腔，影响液压泵的工作性能和液压执行元件运动的平稳性（爬行）；泄漏严重时，系统容积效率过低，甚至工作压力达不到要求值。若密封过度，虽可防止泄漏，但会造成密封部分的剧烈磨损，缩短密封件的使用寿命，增大液压元件内的运动摩擦阻力，降低系统的机械效率。因此，合理地选用和设计密封装置在液压系统的设计中十分重要。

5.6.1 液压系统对密封装置的要求

1）在工作压力和一定的温度范围内应具有良好的密封性能，并随着压力的增加能自动提高密封性能。

2）密封装置和运动件之间的摩擦力要小，摩擦系数要稳定。

3）抗腐蚀能力强，不易老化，工作寿命长，耐磨性好，磨损后在一定程度上能自动补偿。

4）结构简单，使用、维护方便，价格低廉。

5.6.2 液压用密封材料

在液压元件和系统中，常用的密封材料以合成橡胶和合成树脂为主，其中合成橡胶是主要的密封材料。合成橡胶具有密封材料所必需的优良弹性和机械强度，又有较好的耐油性和耐热性。合成橡胶中，丁腈橡胶耐油性好，且应用最广。在腐蚀严重和温度较高的况下，宜采用其他材料制成的密封件。表5-2列出了常用国产合成橡胶，表5-3列出了用于密封件的国产树脂。在实际应用中，可根据具体情况选用较好性能的密封材料。

表5-2 常用国产合成橡胶

材料名称	使用温度/℃	主要特点	应用范围
丁腈-26	-30～+120	耐油、耐热、耐磨性好	在耐油密封件中获得广泛应用，大量用于O形圈、油封及唇形圈中
丁腈-40	-20～+120	耐燃料油（如汽油）及低苯胺点的矿物油	适用于耐油性较高的O形圈和油封
橡胶弹性体（AU、EU）	-30～+80	耐油，耐磨，不耐热与高速，遇水易分解，怕酸碱	主要用于往复运动的U形、V形与Y形密封圈
氟橡胶（FPM）	-20～+230	耐油，耐热，耐腐蚀，但不耐寒，压缩后易产生永久变形，不适合酮脂类溶剂	可用作耐高温及高腐蚀的油封与O形圈及高真空的O形圈
硅橡胶（MPUQ、MUQ）	-65～+250	耐热，耐寒，耐油，压缩后不易永久变形，机械强度低	适用于高、低温下旋转的密封件，不适合低苯胺点的矿物油和含低压添加剂的齿轮油
聚丙烯酸酯橡胶（ACM、ANM）	-20～+150	耐热、耐油性能均优于丁腈橡胶	用于温度高的液压密封场合

表 5-3 用于密封件的国产树脂

填充聚四氟乙烯	耐热，耐寒，耐磨及各种腐蚀，用于制造密封挡圈、支承环与压环、防漏胶带等。使用温度为 -26 ~260℃
聚酸胺（尼龙）	耐磨性极佳，适用于制造密封挡圈、支承环、压环，可与三元尼龙与丁酯橡胶并用，以改善密封性能
聚甲醛	适用于制造 O 形、U 形、V 形圈及挡圈

选用密封材料要注意其与液压液的适应性，表 5-4 列出了常用密封材料与液压液的适应性。

表 5-4 常用密封材料与液压液的适应性

材料	介质				
	抗磨液压油	高水基液	油包水乳化液	水-乙二醇	磷酸酯合成液
PTFE	+	+	+	+	+
丁腈橡胶	+	+	+	+	-
聚氨酯	+	+	-	-	O
氟橡胶	+	+	+	+	+

注：表中 + 表示适应；- 表示不适应；O 表示有限适应。

5.6.3 液压系统中常用密封件的结构形式

不同的密封件结构形式适用于不同的应用场合。合理选择密封件结构形式是保证密封效果的前提。表 5-5 列出了各种密封件结构形式的技术参数（表中各密封件的截面形状如图 5-5 所示）。

表 5-5 各种密封件结构形式的技术参数

序号	类型	密封部位		截面	材料	温度范围/℃	最大压力/MPa	最高速度/(m/s)	摩擦	泄漏
		活塞	活塞杆							
1	V 形圈	√	√	图 5-5a	B/NBR B/FPM	-30 ~ +100 -15 ~ +150	40	0.5	大	极微
2	斯特圈	√		图 5-5b	PTFE/NBR	-30 ~ +120	40	5	微	中
3	格来圈			图 5-5c	PTFE/NBR	-30 ~ +120	40	5	微	中
4	YX 形圈	√	√	图 5-5d	PUR	-40 ~ +110	40	0.2	中	低
5	蕾形圈	√		图 5-5e	B/NBR	-30 ~ +100	20	0.5	中	低
6	鼓形圈		√	图 5-5f	B/NBR	-30 ~ +100	50	0.5	中	低
7	双向紧密型密封圈		√	图 5-5g	NBR	-30 ~ +100	40	0.5	中	低

注：B—夹织物；NBR—丁腈橡胶；FPM—氟橡胶；PTFE—聚四氟乙烯；PUR—聚氨酯。

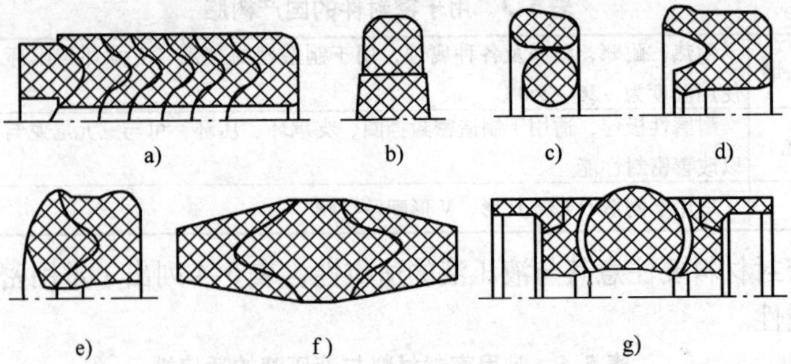

图 5-5　各种密封件结构形式

a）V 形圈　b）斯特圈　c）格来圈　d）YX 形圈　e）蕾形圈　f）鼓形圈　g）双向紧密型密封圈

1）V 形圈。V 形圈是使用最普遍的密封件。它的耐高压性能好，持久性也很好，寿命长，密封性能良好，可根据工作压力的高低来确定密封环的个数，并可调整压盖来补偿密封件的工作磨损。它的缺点是结构复杂，体积及摩擦阻力大，且摩擦阻力随着密封环个数的增多而显著增大，因此只适用于速度较低的液压缸。

国产 V 形圈的材料无论是压环、支承环还是密封环均采用夹织物，而进口的 V 形圈材料有采用丁腈橡胶或氟橡胶与夹织物相间的形式。低压时，橡胶起主要的密封作用，夹织物的硬度较高，此时起支撑作用；高压时，夹织物密封环起主要的密封作用。这种形式适用于工作压力变化范围较大的液压缸。

2）格来圈、斯特圈。这两种密封圈通常在液压缸中配套使用。图 5-6a 所示为格来圈，图 5-6b 所示为斯特圈。它们的特点相同，而且均是由一个 PTFE 特种聚四氟乙烯制成的密封环 2 和一个提供预压缩力的 O 形圈 1 组成。由于 PTFE 特种聚四氟乙烯是一种自润滑、摩擦系数很低的材料，因此这两种密封圈的摩擦系数均很低，且动静摩擦系数相当接近，同时有极佳的定型性能和抗挤出性能，寿命长，运动时无爬行现象。

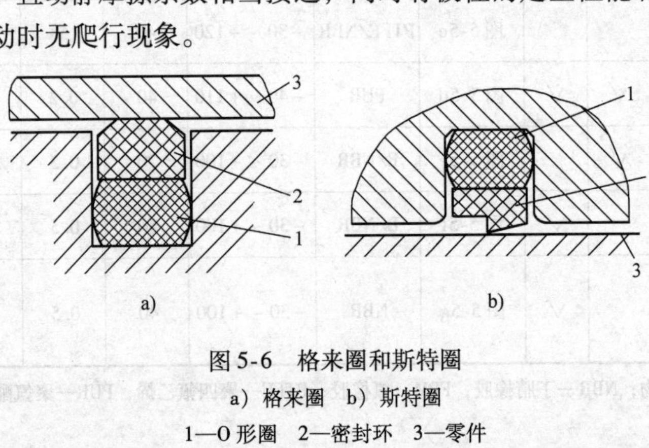

图 5-6　格来圈和斯特圈

a）格来圈　b）斯特圈

1—O 形圈　2—密封环　3—零件

如果欲提高其工作可靠性，可采用两个斯特圈进行密封，这样可以保证“绝对无泄漏”，由于并没有压力到达第二密封圈，因此摩擦力不会显著增加。

3）YX形圈。YX形密封圈属于唇边密封，它依靠略张开的唇边尖部贴于密封面保持自密封。图5-7所示为唇形密封圈的安装及工作原理。当液压力作用时，两唇张开紧贴密封面。它的优点是：密封性能可靠，摩擦阻力小，稳定性好，结构简单，拆装方便，使用寿命较长。一般情况下，它不用任何附件，可直接装入安装槽内。这种密封作用的特点是能随着工作压力的变化自动调整密封性能，压力越高则唇边被压得越紧，密封性越好；当压力降低时唇边压紧程度也随之降低，从而减少了摩擦阻力和功率消耗。

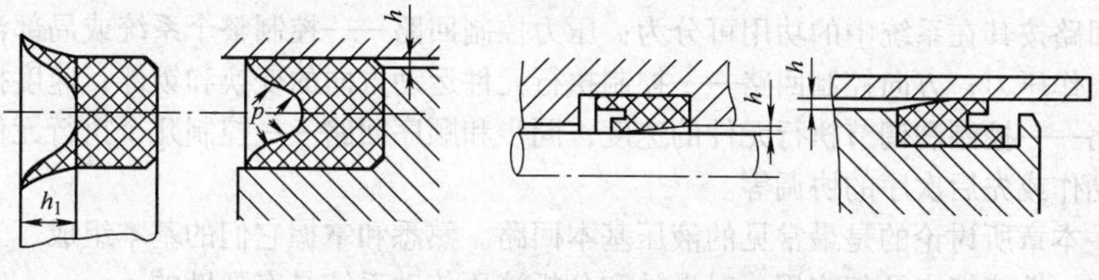

图5-7 唇形密封圈的安装及工作原理

4）蕾形圈。它是由U形夹织物橡胶圈和丁腈橡胶圈压制黏合而成。除具有一般Y形圈的一切优点外，其最突出的优点是：低压时依靠丁腈橡胶密封，高压时U形夹织物橡胶圈变形较大，提高接触应力，实现密封。它的摩擦阻力小，不易磨损。

5）鼓形圈。这种密封圈两边为U形圈，中间为模压成形的丁腈橡胶圈。丁腈橡胶圈与缸筒内孔为过盈配合，以形成低压密封。高压时，橡胶夹织物U形圈的唇部产生自紧作用，形成二次密封。它的摩擦阻力小，不易磨损。它属于双向密封，因此可以减短活塞长度，但它只适用于剖分式活塞。

6）双向紧密型密封圈。如图5-8所示，这种密封圈是由酚醛或聚甲树脂挡圈1，夹布丁酯橡胶环2和丁腈橡胶体3组成。它的特点是：其唇部是一个具有唇尖的凹槽，能够承受两个方向的压力，故可用于双向密封。这种密封装置结构简单，性能可靠，摩擦阻力小，寿命长，尤其适用于高压长行程液压缸。

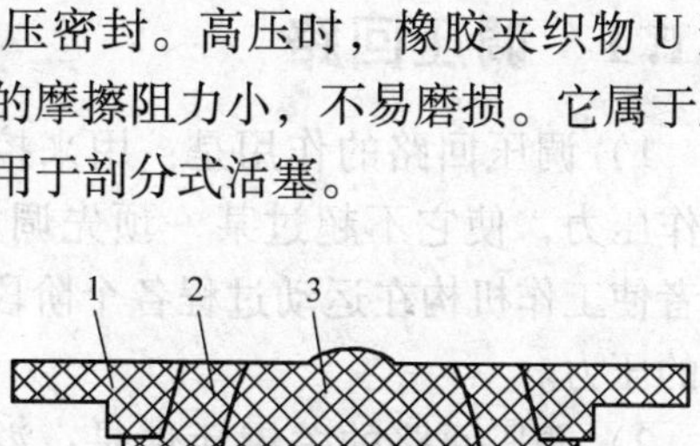

图5-8 双向紧密型密封圈

1—挡圈 2—橡胶环 3—橡胶体

第 6 章

液压基本回路

现代机械的液压传动系统虽然越来越复杂，但总不外乎由一些基本回路所组成。液压基本回路是由相关液压元件组成，能实现某一特定功能的基本油路。基本回路按其在系统中的功用可分为：压力控制回路——控制整个系统或局部油路的工作压力；方向控制回路——控制执行元件运动方向的变换和锁停；速度控制回路——控制和调节执行元件的速度；同步和顺序回路——控制几个执行元件同时动作或先后次序的协调等。

本章所讨论的是最常见的液压基本回路。熟悉和掌握它们的基本组成、工作特点、性能特点及其应用，对设计和分析液压传动系统是有帮助的。

6.1 压力控制回路

压力控制回路的作用是利用压力控制阀或液压泵来控制整个液压系统或局部油路的工作压力，以满足执行机构对力或力矩的要求，或者使工作机构平衡或顺序动作。它包括调压、减压、增压、卸荷、保压或缓冲回路。

6.1.1 调压回路

1）调压回路的作用是：用来控制系统的工作压力，使它不超过某一预先调定的数值，或者使工作机构在运动过程各个阶段中具有不同的压力。

2）调压回路的关键元件是：溢流阀（直动式溢流阀、先导式溢流阀、电磁溢流阀、比例溢流阀等）。

3）典型调压回路包括：调压回路、远程调压、多级调压、2 比例调压、电磁溢流阀调压回路等。

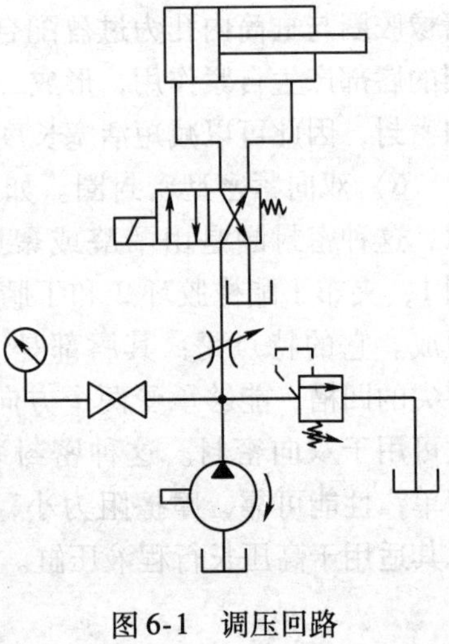

图 6-1 调压回路

图 6-1 所示为调压回路。液压系统由定量

泵、溢流阀和节流阀组成节流调速回路，调速回路工作时溢流阀处于开启溢流状态，溢流阀用来调定液压泵的工作压力。若系统中无节流阀，则溢流阀起安全阀作用，只有当执行元件处于行程终点、泵输出油路闭锁或系统超载时，溢流阀才开启，起安全保护作用。溢流阀的调定压力必须大于执行元件的最大工作压力和管路上各种压力损失的总和，作调压阀时压力可调大 5% ~10%，作安全阀时压力则可调大 10% ~20%。根据溢流阀的压力流量特性，在不同溢流量时，压力调定值稍有变动。

图 6-2 所示为远程调压回路。将远程调压阀（如小流量溢流阀）2 接在先导式溢流阀 1 的控制油口上，液压泵的压力即可由远程调压阀 2 进行远程调节。远程调压阀可根据需要安装在操作方便的地方。

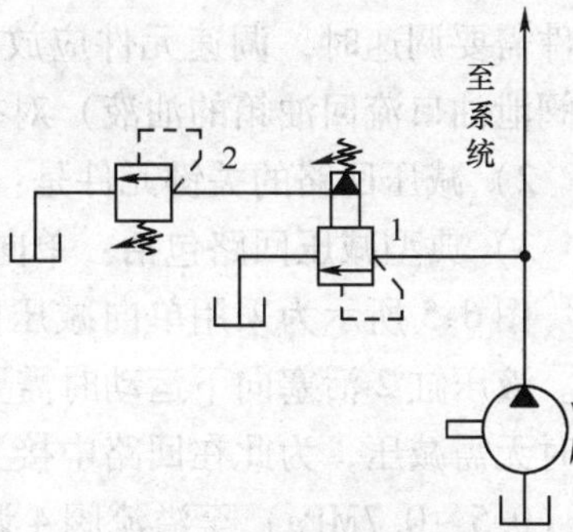

图 6-2　远程调压回路

1—先导式溢流阀　2—远程调压阀

图 6-3 所示为多级调压回路。主溢流阀 1 的控制油口通过三位四通换向阀 4 分别接至远程调压阀 2 和 3，使系统有三种压力调定值：换向阀左位时，压力由阀 2 来调定；换向阀右位时，泵输出压力由阀 3 来调定；而换向阀中位时，由主溢流阀 1 来调定泵的最高压力或安全压力值。各远程调压阀的压力可在主溢流阀的调定压力下分别调节。

图 6-4 所示为比例调压回路。系统可通过电液比例溢流阀实现无级调压。根据执行元件行程各个阶段的不同要求，调节输入比例溢流阀的电流，即可改变系统的工作压力，回路组成简单，压力变换平稳，冲击小，更易于远距离和连续控制。

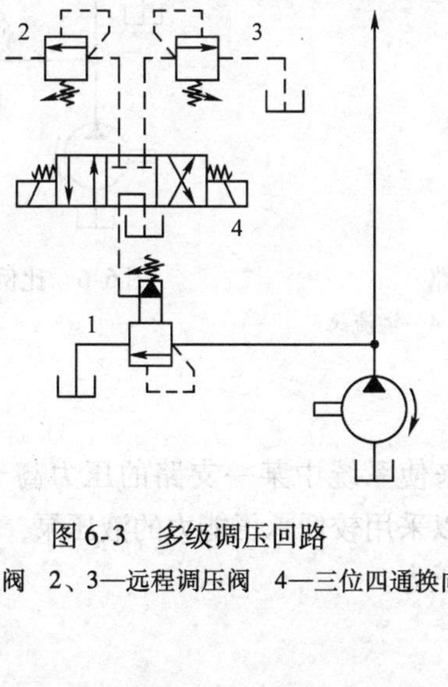

图 6-3　多级调压回路

1—主溢流阀　2、3—远程调压阀　4—三位四通换向阀

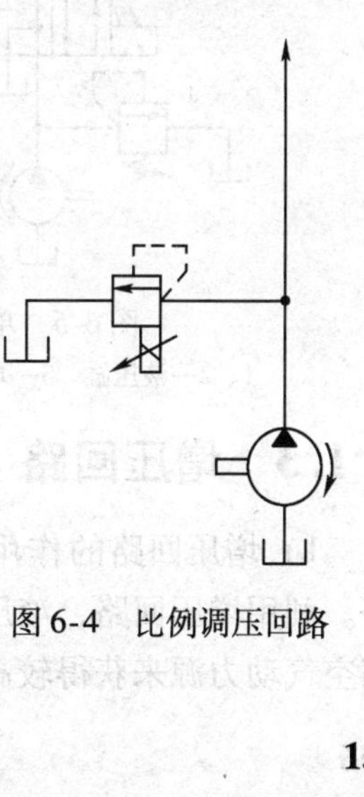
图 6-4　比例调压回路

6.1.2 减压回路

1）减压回路的作用是：使与主油路同时工作的支路获得稳定可调的比主油路压力低的工作压力。减压回路多用于机床中的工件夹紧、导轨润滑或液压系统中控制油路等辅助回路，减压回路正常工作的前提是主油路的压力不能低于减压阀的最低工作压力。为了使减压回路工作可靠起见，减压阀的最低调整压力不应小于0.5MPa，最高调整压力至少应比系统压力小0.5MPa。当减压回路中的执行元件需要调速时，调速元件应放在减压阀的后面，以避免减压阀泄漏（指由减压阀泄油口流回油箱的油液）对执行元件的速度发生影响。

2）减压回路的关键元件是：减压阀（减压阀、单向减压阀等）。

3）典型减压回路包括：单向减压、多级减压、远程减压、比例减压等。

图6-5所示为采用单向减压阀的减压回路。液压泵同时向液压缸1和2供油。液压缸2活塞向下运动时需要低于系统压力的某一稳定压力，而活塞向上返回时无需减压，为此在回路中接上单向减压阀3。减压阀的调压范围可从最低压力（0.5~0.7MPa）至溢流阀4调定压力之间调节。

图6-6所示为比例减压回路。由于减压阀工作时存在阀口的压力降和泄漏油路的泄漏，其总有一定的功率损耗。大流量的减压回路或系统有多处需要低压输出，建议另外采用单独的液压泵来供油。

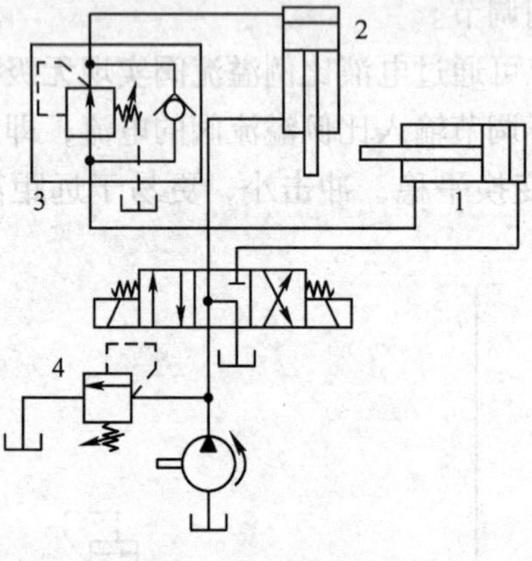

图6-5 单向减压回路

1、2—液压缸 3—单向减压阀 4—溢流阀

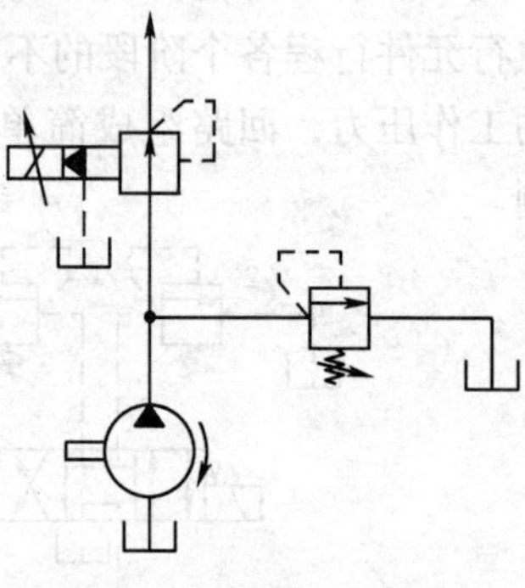

图6-6 比例减压回路

6.1.3 增压回路

1）增压回路的作用是：用来使系统中某一支路的压力高于系统压力的回路。利用增压回路，液压系统可以采用较低承压能力的液压泵，甚至可以利用压缩空气动力源来获得较高的系统压力。

2）增压回路的关键元件是：增压器（其增压比为增压器大小活塞面积的比值）。

3）典型增压回路包括：单作用增压、双作用增压等。

图 6-7 所示为单作用增压回路。当活塞向右运动，只有在遇到负载时，单向顺序阀 4 由于系统压力升高而开启，液压油进入增压器 2 才起增压作用。活塞向左返回时，液压缸 1 无杆腔的回油由于单向节流阀 5 的背压作用进入增压器 2 的上腔，使增压器复位，为下一行程做准备，多余的回油经液控单向阀 3 和单向节流阀 5 回油箱。液控单向阀 3 的作用是增压时隔开高低压油路。

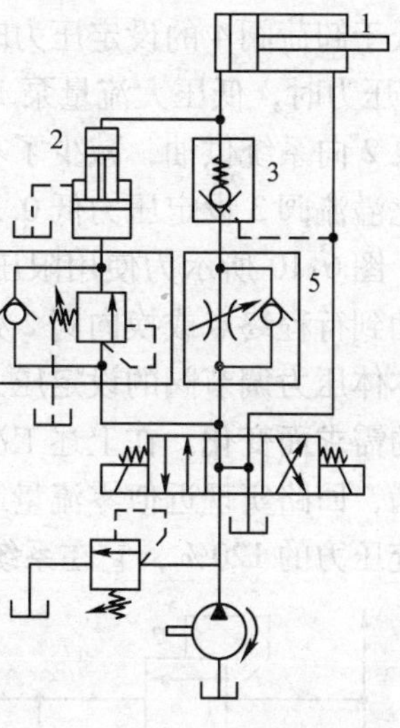

图 6-7　单作用增压回路

1—液压缸　2—增压器　3—液控单向阀

4—单向顺序阀　5—单向节流阀

6.1.4　卸荷回路

1）卸荷回路的作用是：液压泵的卸荷就是让液压泵以很小的输出功率运转，或以很低的压力运转（压力卸荷），或让液压泵输出很小流量的液压油（流量卸荷）。在液压系统工作时，如果执行元件短时间需要停止动作，不需要液压泵输出功率，此时可让液压泵卸荷。让电动机停止转动也可使液压泵卸荷，但频繁的起动、停止会影响液压泵和电动机的寿命。

2）卸荷回路的关键元件是：先导式溢流阀、外控顺序阀、变量泵、卸荷溢流阀、电磁溢流阀、换向阀、比例溢流阀等。

3）典型卸荷回路包括：压力卸荷回路、流量卸荷回路。

压力卸荷包括换向阀实现卸荷、先导式溢流阀实现卸荷、外控顺序阀实现卸荷、卸荷溢流阀实现卸荷。流量卸荷即压力补偿变量泵实现卸荷。

图 6-8　先导式溢流阀卸荷回路

1—先导型溢流阀　2—阻尼器

3—二位二通电磁换向阀

图 6-8 所示为先导式溢流阀卸荷回路。当先导型溢流阀 1 的控制油路通过二位二通电磁换向阀 3 接回油箱时，液压泵输出的油液以很低的压力经溢流阀回油箱，实现液压泵的卸荷。阻尼器 2 可防止卸荷和升压时产生液压冲击。使用电磁溢流阀也可以形成相同工作原理的卸荷回路。

图6-9所示为在双泵供油回路中利用外控式顺序阀（作卸荷阀）的卸荷回路，其适用于工作中流量变化较大的液压系统。卸荷阀4设定大流量工况双泵供油时的泵源压力，溢流阀3设定高压小流量泵2供油时泵源的最高压力，系统压力低于卸荷阀4的设定压力时，两个泵同时向系统供油；当系统压力超过卸荷阀4的压力时，低压大流量泵1输出的油液通过卸荷阀4流回油箱，只有高压小流量泵2向系统供油，减少了功率消耗。为避免压力干扰，卸荷阀4设定压力至少应比溢流阀3设定压力低0.5MPa，系统方能正常工作。

图6-10所示为使用限压式变量泵实现零流量卸荷的回路。当液压缸3活塞运动到行程终点或换向阀2处于中位时，泵1输出压力升高，当泵出口压力接近泵本体压力调节阀的设定压力时，泵进入变量工作模式，其输出流量自动适应负载的需求而变化。在上述工况下，泵的输出流量减小到只补充液压缸或换向阀的泄漏，回路实现近似零流量卸荷。系统中的溢流阀4作安全阀用，其调整压力取系统压力的120%，它在系统中经常处于关闭状态。

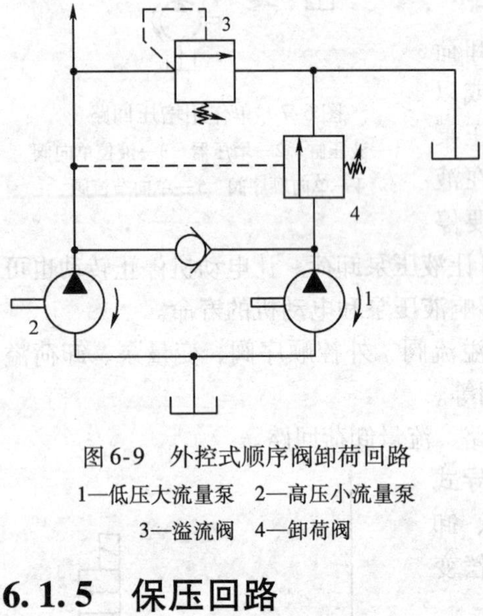

图6-9　外控式顺序阀卸荷回路
1—低压大流量泵　2—高压小流量泵
3—溢流阀　4—卸荷阀

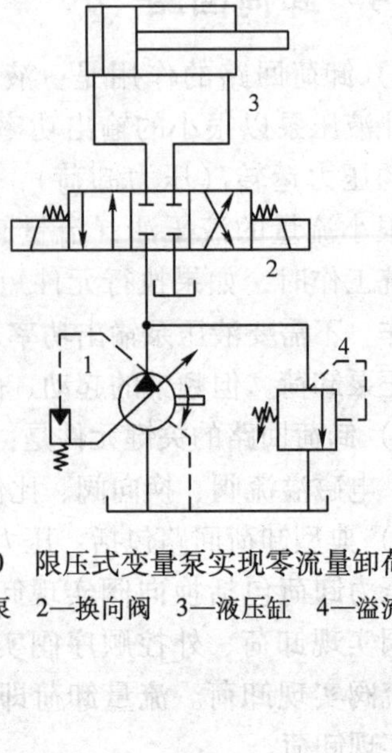

图6-10　限压式变量泵实现零流量卸荷回路
1—泵　2—换向阀　3—液压缸　4—溢流阀

6.1.5　保压回路

1）保压回路的作用是：使执行机构工作腔的压力保持在某一恒定值附近。

2）保压回路的关键元件有：液控单向阀、蓄能器、辅助泵、压力补偿变量泵等。

3）典型的保压回路包括：①不带补油的保压回路，如液控单向阀保压；②带补油的保压回路，如蓄能器保压、辅助泵保压、压力补偿变量泵保压等。

图6-11所示为液控单向阀的保压回路。在液压缸无杆腔的油路上接入一个液控单向阀3，当换向阀2处于中位时，液控单向阀3控制油失压，液控单向阀

反向关闭，利用单向阀锥形阀座的密封性能来实现液压缸无杆腔保压。换向阀 2 处于中位时变量泵 1 卸荷。此回路保压时间较长时，压力会有所下降。为防止压力下降过多，无杆腔的油路上接入了压力继电器 4，当压力下降到设定值后，压力继电器 4 发信号使换向阀 2 的 2Y 通电，变量泵 1 向液压缸无杆腔供油。

图 6-12 所示为辅助液压泵保压回路。在回路中增设一台辅助液压泵 7，当液压缸无杆腔加压完毕要求保压时，由压力继电器 4 发信号，使换向阀 2 的 1Y 断电，换向阀 8 的 3Y 通电，变量泵 1 卸荷，辅助液压泵 7 向无杆腔供高压油，维持系统压力稳定。由于辅助液压泵 7 只需补充系统的泄漏，可选用小流量高压泵，功率损耗小。压力稳定性取决于辅助液压泵 7 出口处的溢流阀 6 的稳定性。

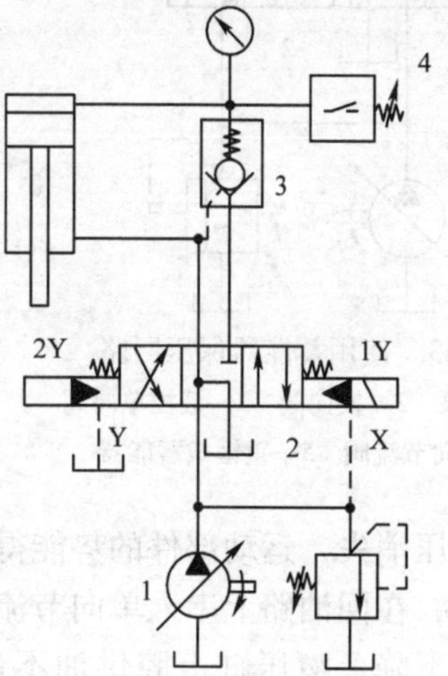

图 6-11 液控单向阀保压回路

1—变量泵 2—换向阀 3—液控单向阀 4—压力继电器

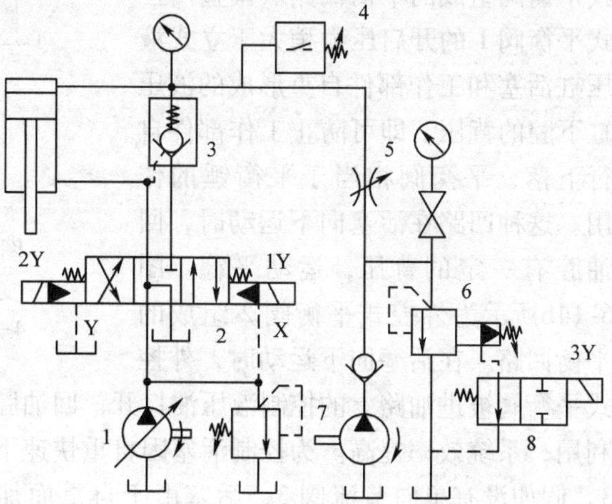

图 6-12 辅助泵保压回路

1—变量泵 2、8—换向阀 3—液控单向阀 4—压力继电器 5—节流阀 6—溢流阀 7—辅助液压泵

图 6-13 所示为使用蓄能器的保压回路。用重锤式蓄能器 5 代替辅助液压泵在保压过程中向液压缸无杆腔供油。保压时，重锤式蓄能器 5 充入高压油，重锤上升，触及限位开关 S 时，使电液换向阀 2 的电磁铁 1Y 断电，主液压泵卸荷，以后由蓄能器保持系统压力。采用重锤式蓄能器压力波动小，不超过 0.1MPa（或不超过 0.2MPa）。蓄能器的容量由保压时间内系统泄漏量来决定。

6.1.6 平衡回路

1）平衡回路的作用是：平衡回路在起重机械以及一些具有负值负载工况液压系统中得到广泛的应用，其作用是防止液压缸或液压马达及与之相连的工作部件因负值负载而自行下落。平衡回路在钢厂加热炉炉门提升、加热炉步进梁等液压系统中都得到广泛应用。

2）平衡回路的关键元件是：平衡阀（顺序阀形成的平衡阀、各种专用平衡阀等）。

3）平衡回路的典型回路包括：内控式顺序阀形成的平衡回路、外控式顺序阀形成的平衡回路、专用平衡阀形成的平衡回路等。

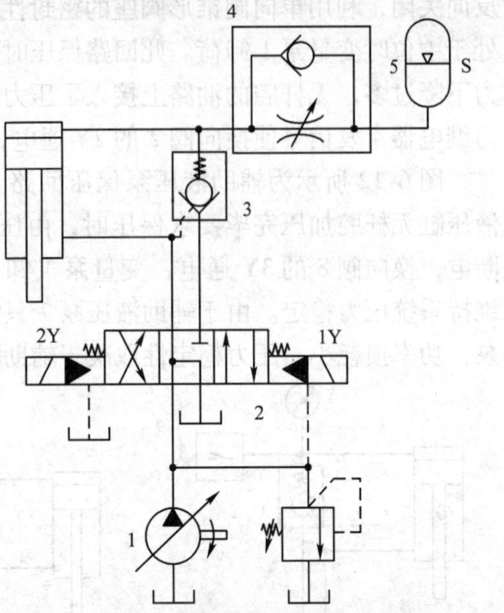

图 6-13　使用蓄能器保压回路

1—变量泵　2—换向阀　3—液控单向阀

4—单向节流阀　5—重锤式蓄能器

图 6-14 所示为使用顺序阀形成的平衡回路。图 6-14a 所示为用内控式平衡阀组成的平衡回路。调整内控式平衡阀 1 的开启压力稍大于立式液压缸活塞和工作部件自重形成的液压缸下腔的背压，即可防止工作部件自行下落，平衡阀相当于平衡锤的作用。这种回路在活塞向下运动时，回油腔有一定的背压，运动平稳。图 6-14b所示为外控式平衡阀 2 组成的平衡回路。在活塞向下运动时，外控式平衡阀被进油路上的控制液压油打开，回油腔背压消失，运动部件的势能得以利用，系统效率提高。为控制活塞因自重快速下降，在回油路上串入单向节流阀 3。假如没有单向节流阀 3，活塞由于自重而加速下降，液压缸上腔供油不足，进油路上压力消失，外控平衡阀因控制油路失压而关闭，阀关闭后控制油路又重新建立压力，阀再次打开。外控平衡阀阀口的时闭时开致使活塞向下运动过程中产生爬行、振动冲击，运动不平稳。

图 6-15 所示为使用专用平衡阀形成的平衡回路。专用平衡阀阀芯是阻尼锥阀结构，性能较好。专用平衡阀关闭时能够可靠地锁紧液压缸，开启时可以根据控制口压力来调节流出液压缸的流量，使液压缸的下降速度平稳可控。

6.1.7　制动缓冲回路

1）制动缓冲回路的作用是：液压执行元件驱动运动惯量较大的工作部件，在其运动状态下突然停止或换向时，由于运动部件具有较大的动能，液压回路中会产生很大的冲击和振动，影响运动部件的定位精度，严重时会损坏机件，妨碍机器正常工作。为了减少液压冲击，除了在液压元件本身结构上采取某些措施，如在液压缸端部设置缓冲装置，电液换向阀设置阻尼器，或在液压系统中设置缓冲回路来降低系统由于动能较大执行机构停止或换向时产生的冲击和振动。

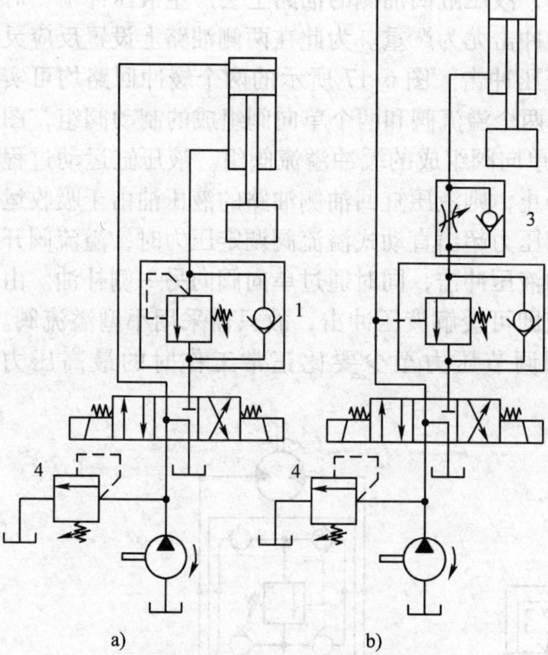

图 6-14　使用顺序阀的平衡回路
1—内控式平衡阀　2—外控式平衡阀
3—单向节流阀　4—溢流阀

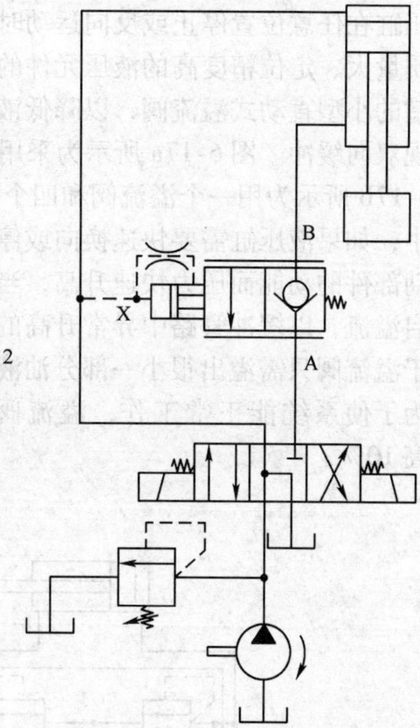

图 6-15　使用专用平衡阀的平衡回路
A、B—专用平衡阀的进、出工作油口
X—阀的控制油口

2）制动缓冲回路的关键元件有：溢流阀及其配流机构等。

3）典型的制动缓冲回路包括：行程节流阀缓冲回路、溢流阀缓冲回路等。

图 6-16 所示为采用单向行程节流阀（减速阀）的缓冲回路。在液压缸有杆腔回油路上接入单向行程节流阀 1，当活塞运动到预定位置时，活塞杆上的挡铁 2 压下行程节流阀的阀芯，使行程节流阀的开度逐渐减小直至关闭，从而使运动部件逐渐减速直至停止，达到在行程终点减速缓冲的目的，减速的快慢由挡铁的斜度来控制。

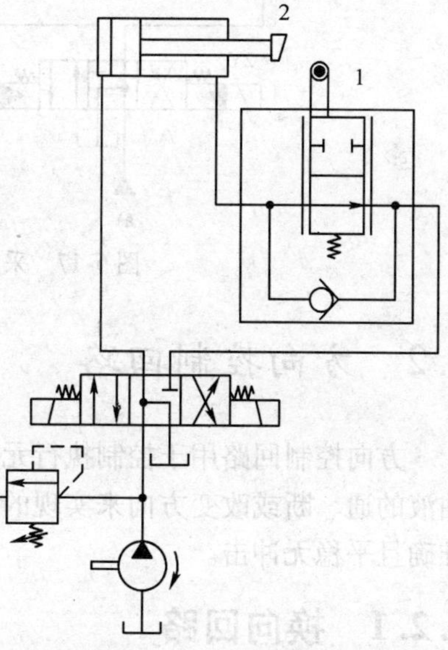

图 6-16　采用单向行程节流阀的缓冲回路

图 6-17 所示为采用溢流阀的制动缓冲回路。带有缓冲装置的液压缸能在行程两终端平稳无冲击的停止，然而当液

压缸在任意位置停止或反向运动时，液压缸回油侧的油路上会产生液压冲击，对质量大、定位精度高的液压元件的冲击尤为严重。为此在两侧油路上设置反应灵敏的小型直动式溢流阀，以降低液压冲击。图 6-17 所示的两个缓冲回路均可实现双向缓冲。图 6-17a 所示为采用两个溢流阀和两个单向阀组成的制动阀组，图 6-17b 所示为用一个溢流阀和四个单向阀组成的缓冲溢流阀组。液压缸运动过程中，如果液压缸需要快速换向或停止，则液压缸回油侧油路的液压油由于吸收运动部件的动能而压力快速升高，当压力超出直动式溢流阀调定压力时，溢流阀开启溢流，以缓冲管路中异常升高的液压冲击，同时通过单向阀向另一侧补油。由于溢流阀只需溢出很小一部分油液即可缓解液压冲击，故只需采用小型溢流阀。为了使系统能正常工作，溢流阀调节压力至少要比正常工作时的最高压力高 10%。

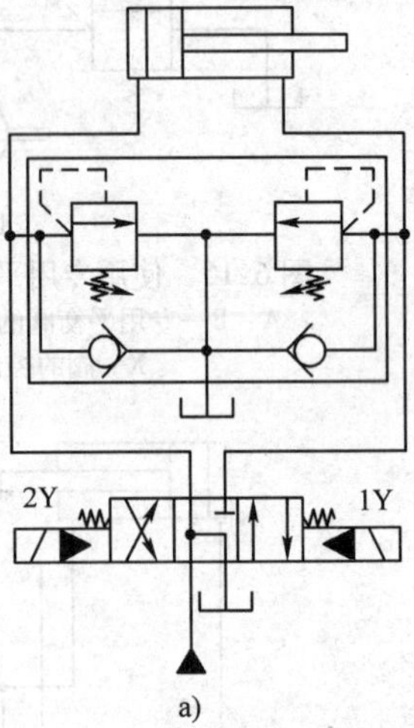

a)

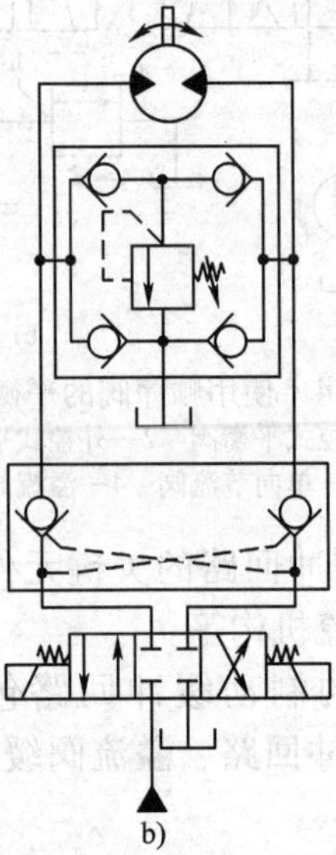
b)

图 6-17　采用溢流阀的制动缓冲回路

6.2　方向控制回路

方向控制回路用于控制执行元件的运动方向，它是利用控制进入执行元件的油液的通、断或改变方向来实现的。高品质的换向回路要求换向迅速、换向位置准确且平稳无冲击。

6.2.1　换向回路

1）换向回路的作用是：改变执行元件的运动方向。

2）换向回路的关键元件有：换向阀、双向泵等。

3）典型的换向回路包括：阀控的换向回路、双向泵控制的换向回路等。

图 6-18 所示为采用电磁换向阀 1 控制液压缸 3 运动方向的换向回路。电磁换向阀工作在左位时液压缸向下运动，液压缸下腔回油经单向节流阀 2 节流后回油箱；电磁换向阀工作在右位时液压缸向上运动。电磁换向阀 1 采用二位四通、三位四通或三位五通换向阀都可以使执行元件换向。二位换向阀只能使执行元件正反两个方向运动。三位换向阀有中位，不同的滑阀中位机能可使系统获得不同的控制功能，如 M 型滑阀机能使执行元件停止，液压泵卸荷。五通换向阀有两个油口，执行元件正反向运动时，两回油路上设置不同的背压，可获得不同的速度。

图 6-19 所示为采用双向变量泵使液压缸换向的回路。图中液压缸 4 的活塞向右运动时，其进油流量大于排油流量，双向变量泵 1 吸油侧流量不足，通过液控单向阀 5 从补油箱补油；当双向变量泵 1 换向，活塞向左运动时，排油流量大于进油流量，双向变量泵 1 吸油侧的油液通过由进油侧压力打开的液控单向阀 3 排油。溢流阀 2 和 6 分别限制活塞向右和向左运动时的最高压力。液控单向阀 5 可用单向阀来代替。

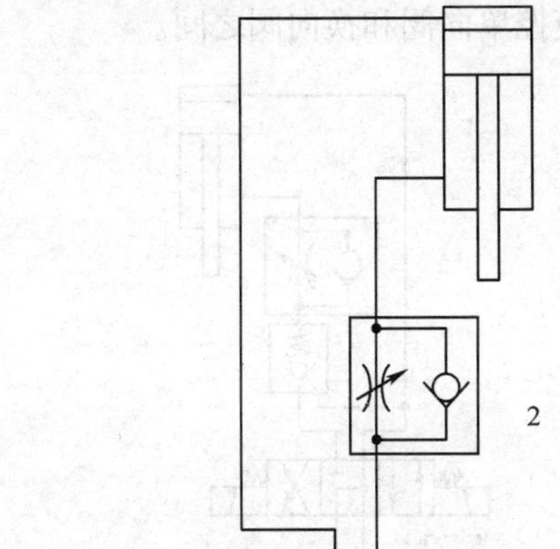

图 6-18　采用电磁换向阀的换向回路

1—电磁换向阀　2—单向节流阀　3—液压缸

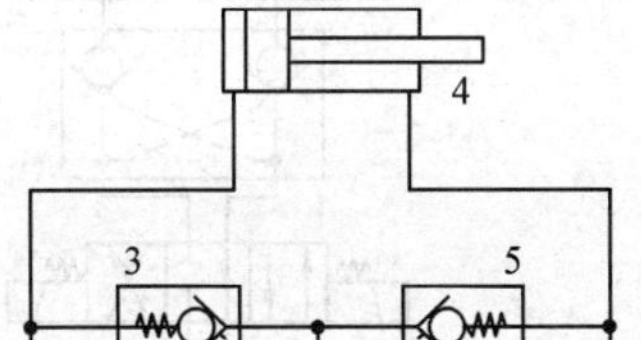

图 6-19　采用双向变量泵使液压缸换向的回路

1—双向变量泵　2、6—溢流阀

3、5—液控单向阀　4—液压缸

6.2.2 锁紧回路

1）锁紧回路的作用是：锁紧回路可使液压缸活塞在任意位置停止，并防止其停止后窜动。三位四通换向阀中位 O 型或 M 型滑阀机能可以使活塞在行程范围内任意位置停止，但由于滑阀的泄漏，其锁紧性能不好，故常用泄漏小锥阀结构的液控单向阀作为锁紧元件。

2）锁紧回路的关键元件是：液控单向阀等。

3）典型的锁紧回路包括：单向锁紧回路、双向锁紧回路等。

图 6-20a 所示为采用液控单向阀使卧式液压缸双向锁紧的回路。在液压缸两侧油路上串接液控单向阀（液压锁），换向阀中位时活塞可以在行程的任何位置锁紧，左右都不能窜动。对于立式液压缸，只需用一个液控单向阀就可实现锁紧，如图 6-20b 所示。液控单向阀只限制活塞向下窜动，单向节流阀可防止活塞下降时超速而产生振动和冲击。

液控单向阀锁紧回路中的换向阀应采用 Y 型或 H 型滑阀机能，因为换向阀中位时希望液控单向阀的控制油路立即失压，单向阀才能快速关闭，定位锁紧精度高。同样的理由，单向节流阀不易安装在液控单向阀和换向阀之间。

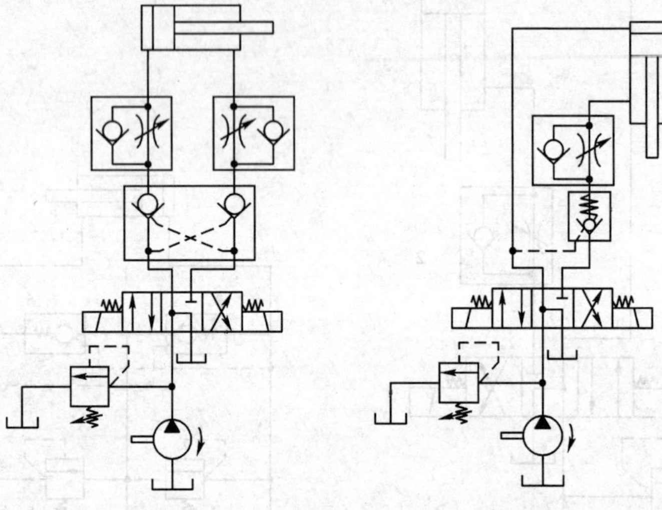

图 6-20 采用液控单向阀实现的锁紧回路

6.3 速度控制回路

液压传动系统中的速度控制回路包括调节液压执行元件速度的调速回路、使之获得快速运动的增速回路、不同运动速度之间进行切换的速度换接回路。

6.3.1 调速回路

调速是为了满足液压执行元件对工作速度的要求。在不考虑液压油的压缩性和泄漏的情况下，液压缸的运动速度 v 为

$$v=\frac{q}{A}$$

液压马达的转速 n 为

$$n=\frac{q}{V_{\mathrm{M}}}$$

式中 q——输入液压缸、液压马达的流量；

A——液压缸的有效作用面积；

V_{M}——液压马达的排量。

由以上两式可知，改变输入液压执行元件的流量 q 或改变液压马达的排量 V_{M}（无级改变液压缸有效作用面积 A 是不容易实现的）均可以达到改变执行元件速度的目的。为了改变进入液压执行元件的流量，可采用变量液压泵来供油，也可采用定量泵和流量控制阀的方法。用定量泵和流量控制阀来调速的回路，称为节流调速；通过改变泵或液压马达的排量调速的回路，称为容积调速；通过变量泵和流量控制阀来达到调速的回路，则称为容积节流调速。

1. 节流调速回路

节流调速回路的工作原理是通过改变回路中流量控制元件（节流阀和调速阀）通流面积的大小来控制进、出执行元件的流量，以调节其运动速度。根根流量控制阀在回路中的位置不同，分为进油节流调速、回油节流调速和旁路节流调速三种回路。前两种回路也称为定压式节流调速回路，后一种由于回路的供油压力随负载的变化而变化，又称为变压式节流调速回路。

（1）进油节流调速回路　进油节流调速回路如图 6-21a 所示。其中，q_{P} 为泵的输出流量，p_{P} 为泵的输出压力。

因液压缸有杆腔背压 p_2 为 0，故液压缸无杆腔的压力 p_1 为

$$p_1=\frac{F}{A_1} \tag{6-1}$$

泵出口压力为 p_{P}，节流阀前后的压力差 Δp 为

$$\Delta p=p_{\mathrm{P}}-p_1 \tag{6-2}$$

通过节流阀的流量 q_1 为

$$q_1=KA_{\mathrm{T}}\sqrt{p_{\mathrm{P}}-p_1} \tag{6-3}$$

液压缸的运动速度 v 为

$$v=\frac{q_1}{A_1}=\frac{KA_T}{A_1}\sqrt{p_P-\frac{F}{A_1}} \tag{6-4}$$

式中　K——节流阀的比例系数（其余各参数的含义如图 6-21a 所示）。

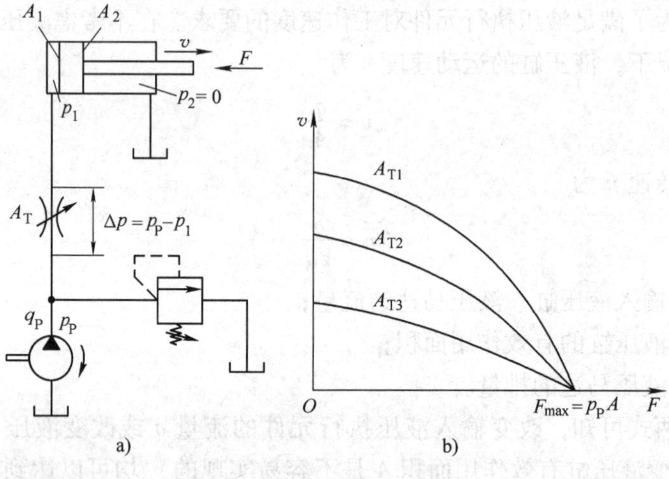

图 6-21　进油节流调速回路

由式（6-4）可得进口节流调速回路的负载特性曲线，如图 6-21b 所示。这种回路的调速范围较大，由负载特性曲线可知，当节流阀开口 A_T 调定后，速度随负载的增大而减小。

（2）回油节流调速回路　回油节流调速回路如图 6-22 所示（图中各物理量与图 6-21a 相同）。这种回路的负载特性和进油节流调速回路相同，速度随负载的增大而减小（读者可仿照进口节流调速回路负载特性的公式自行推导）。进油与回油节流调速回路的不同之处如下：

1）承受负值负载的能力。回油节流调速回路的节流阀使液压缸回油腔形成一定的背压，在负值负载时，背压能阻止工作部件的前冲，而进油节流调速由于回油腔没有背压，因而不能在负值负载下工作。

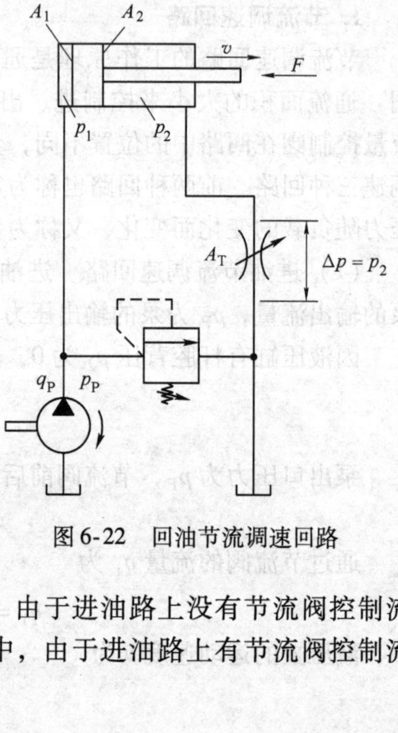

图 6-22　回油节流调速回路

2）停车后的起动性能。长期停车后液压缸油腔内的油液会流回油箱，当液压泵重新向液压缸供油时，在回油节流调速回路中，由于进油路上没有节流阀控制流量，会使活塞前冲；而在进油节流调速回路中，由于进油路上有节流阀控制流量，故活塞前冲很小，甚至没有前冲。

3）实现压力控制的方便性。进油节流调速回路中，进油腔的压力将随负载而变化，当工作部件碰到止挡块而停止后，其压力将升到溢流阀的调定压力，利用这一压力变化来实现压力控制是很方便的；但在回油节流调速回路中，只有回油腔的压力才会随负载而变化，当工作部件碰到止挡块后，其压力将降至零，虽然也可以利用这一压力变化来实现压力控制，但其可靠性差，一般均不采用。

4）发热及泄漏的影响。在进油节流调速回路中，经过节流阀发热后的液压油将直接进入液压缸的进油腔；而在回油节流调速回路中，经过节流阀发热后的液压油将直接流回油箱冷却。因此，发热和泄漏对进油节流调速的影响均大于对回油节流调速的影响。

5）运动平稳性。在回油节流调速回路中，由于有背压存在，它可以起到阻尼作用，同时空气也不易渗入，而在进油节流调速回路中则没有背压存在，因此可以认为回油节流调速回路的运动平稳性好一些。为了提高回路的综合性能，一般常采用进油节流调速并在回油路上加背压阀的回路，使其兼具两者的优点。

（3）旁路节流调速回路　图 6-23a 所示为采用节流阀的旁路节流调速回路。其中，q_P 为泵的输出流量，p_P 为泵的输出压力。节流阀调节液压泵流回油箱的流量，从而控制了进入液压缸的流量，通过调节节流阀的通流面积，即可实现调速。由于溢流作用已由节流阀承担，故旁路节流调速回路中，溢流阀实际上是安全阀，常态时关闭，过载时打开，其调定压力为最大工作压力的 1.1～1.2 倍。旁路节流时液压泵的工作压力随负载变化而不恒定，所以这种调速方式又称变压式节流调速。

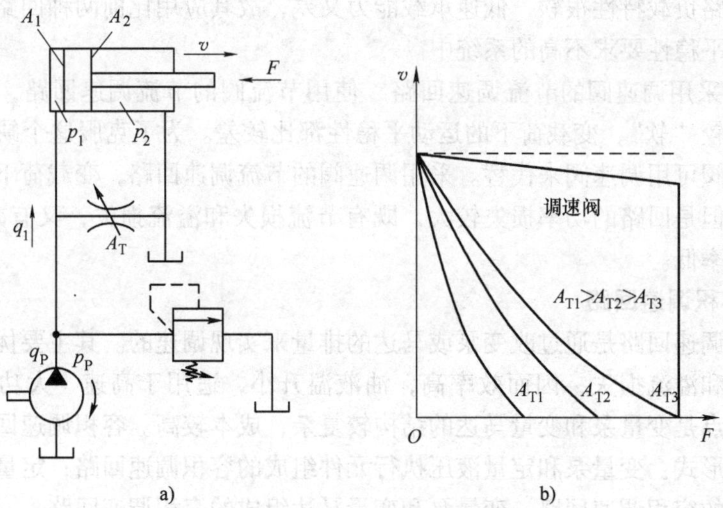

图 6-23　旁路节流调速回路

图6-23a中，液压缸有杆腔背压为0，液压缸无杆腔的压力p_1为

$$p_1=\frac{F}{A_1} \tag{6-5}$$

泵出口压力p_P为

$$p_P=p_1$$

节流阀前后的压力差Δp为

$$\Delta p=p_1 \tag{6-6}$$

通过节流阀的流量q_3为

$$q_3=KA_T\sqrt{p_1} \tag{6-7}$$

进入液压缸的流量q_1为

$$q_1=q_P-KA_T\sqrt{p_1} \tag{6-8}$$

液压缸的运动速度v为

$$v=\frac{q_1}{A_1}=\frac{q_P-KA_T\sqrt{p_1}}{A_1} \tag{6-9}$$

把式（6-5）带入式（6-9）得

$$v=\frac{q_1}{A_1}=\frac{q_P-KA_T\sqrt{\frac{F}{A_1}}}{A_1} \tag{6-10}$$

式中　K——节流阀的比例系数；

　　A_T——节流口过流面积（其余参数含义如图6-23a所示）。

由式（6-10）可得旁路节流调速负载特性曲线，如图6-23b所示。旁路节流调速回路负载特性很软，低速承载能力又差，故其应用比前两种回路少，只用于对速度平稳性要求不高的系统中。

（4）采用调速阀的节流调速回路　使用节流阀的节流调速回路，速度负载特性都比较“软”，变载荷下的运动平稳性都比较差。为了克服这个缺点，回路中的节流阀可用调速阀来代替。采用调速阀的节流调速回路，变载荷下的运动平稳性好，但是回路的功率损失较大，既有节流损失和溢流损失，又有减压损失，且系统效率低。

2. 容积调速回路

容积调速回路是通过改变泵或马达的排量来实现调速的。其主要优点是没有节流损失和溢流损失，因而效率高，油液温升小，适用于高速、大功率调速系统。其缺点是变量泵和变量马达的结构较复杂，成本较高。容积调速回路通常有三种基本形式：变量泵和定量液压执行元件组成的容积调速回路；定量泵和变量马达组成的容积调速回路；变量泵和变量马达组成的容积调速回路。

（1）变量泵和定量液压执行元件的容积调速回路　图6-24a中所示的执行

元件为液压缸 3，溢流阀 2 起安全作用。图 6-24b 中所示的执行元件为液压马达 5，溢流阀 3 起工作负载安全作用，溢流阀 4 调定补油压力。

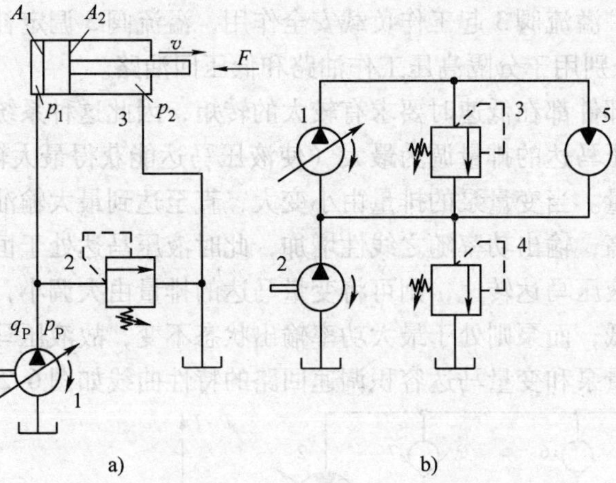

图 6-24 变量泵和定量液压执行元件的容积调速

a）执行元件为液压缸 1—变量泵 2—溢流阀 3—液压缸

b）执行元件为液压马达 1—变量泵 2—补油泵 3、4—溢流阀 5—液压马达

（2）定量泵和变量马达的容积调速回路 图 6-25a 所示为由定量泵和变量马达组成的容积调速回路。其中，溢流阀 3 起工作负载安全作用，溢流阀 4 调定补油压力。由于液压泵 1 的转速和排量均为常数，当负载功率恒定时，变量马达 5 的输出功率 P 和回路工作压力 p 都恒定不变，因为变量马达 5 的输出转矩 T 与其排量 V_M 成正比，变量马达的转速则与 V_M 成反比，所以这种回路称为恒功率调速回路。其调速特性如图 6-25b 所示。

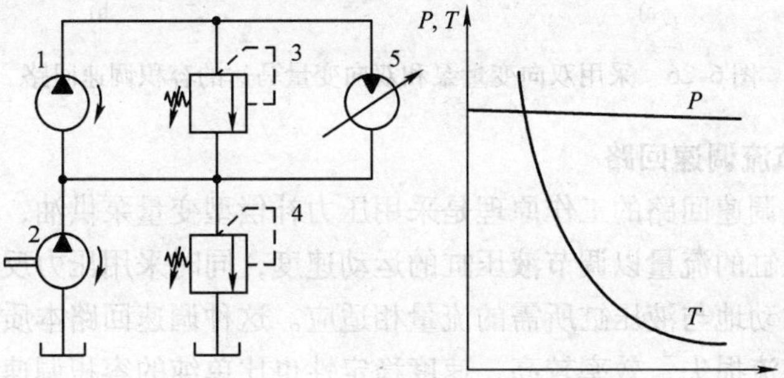

图 6-25 定量泵和变量马达组成的容积调速

1—液压泵 2—补油泵 3、4—溢流阀 5—变量马达

(3) 变量泵和变量马达容积调速回路　图6-26a所示为采用双向变量泵1和双向变量马达2的容积调速回路。该回路属闭式系统。补油泵4是补油用定量泵，排量较小。溢流阀3起工作负载安全作用，溢流阀5调定补油压力。单向阀6、8和7、9分别用于分隔高压工作油路和低压回油路。

一般工作部件都在低速时要求有较大的转矩，因此这种系统在低速范围内调速时，先将液压马达的排量调为最大（使液压马达能获得最大输出转矩），然后改变泵的输油量。当变量泵的排量由小变大，直至达到最大输油量时，液压马达转速亦随之升高，输出功率随之线性增加，此时液压马达处于恒转矩状态；若需要进一步加大液压马达转速，则可将变量马达的排量由大调小，此时液压马达输出转矩随之降低，而泵则处于最大功率输出状态不变，故液压马达亦处于恒功率输出状态。变量泵和变量马达容积调速回路的特性曲线如图6-26b所示。

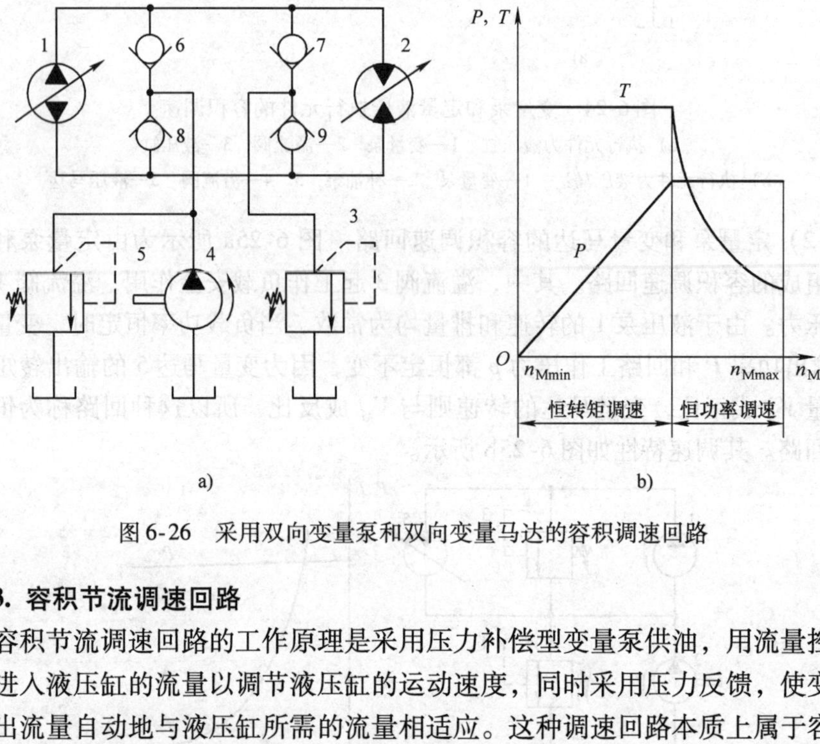

图6-26　采用双向变量泵和双向变量马达的容积调速回路

3. 容积节流调速回路

容积节流调速回路的工作原理是采用压力补偿型变量泵供油，用流量控制阀调节进入液压缸的流量以调节液压缸的运动速度，同时采用压力反馈，使变量泵的输出流量自动地与液压缸所需的流量相适应。这种调速回路本质上属于容积调速，它没有溢流损失，效率较高，速度稳定性也比单纯的容积调速回路好，常用在速度范围大，功率不大的场合，如组合机床的进给系统等。

(1) 限压式变量泵和调速阀的容积节流调速回路　图6-27a所示为由限压式变量泵1和调速阀3组成的容积节流联合调速回路。溢流阀4为背压阀，液压缸两腔的承压面积分别为A_1、A_2，液压缸所受外负载为F。图6-27b所示为该回路的特性曲线。

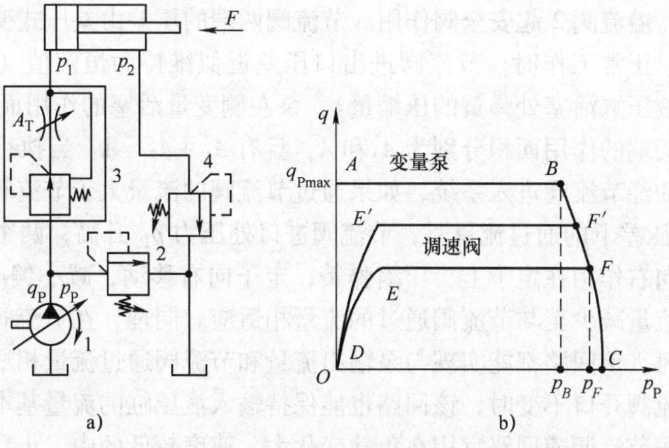

图 6-27 限压式变量泵和调速阀的容积节流调速

1—变量泵 2、4—溢流阀 3—调速阀

图 6-27b 中曲线 $A-B-C$ 为限压变量泵的工作特性曲线。p_B 为限压变量泵设定的限压值。当泵出口压力小于 p_B 时，泵处于定量泵工作状态，输出流量为限定的最大值 q_{Pmax}。当泵出口压力达到 p_B 值时，限压变量泵开始进入减少排量的变量状态，泵出口压力越高，排量越小，到 C 点时，泵出口压力最高，但排量接近于 0。曲线 $D-E-F$ 为调速阀的工作特性曲线。在 $D-E$ 段，调速阀前后压差较小，调速阀的流量还随负载压力变化。$E-F$ 段调速阀处于恒流量输出状态。在 F 点（F 点即限压变量泵的工作点），限压变量泵的输出流量等于调速阀的恒定输出流量，变量泵输出的流量全部通过调速阀进入液压缸，所以容积节流调速回路本质上是容积调速。回路中泵的输出流量可以随调速阀开口的变化而变化，若调速阀开口增大，调速阀的工作特性曲线上移为 $D-E'-F'$，这时限压变量泵的工作点也将变到 F'。

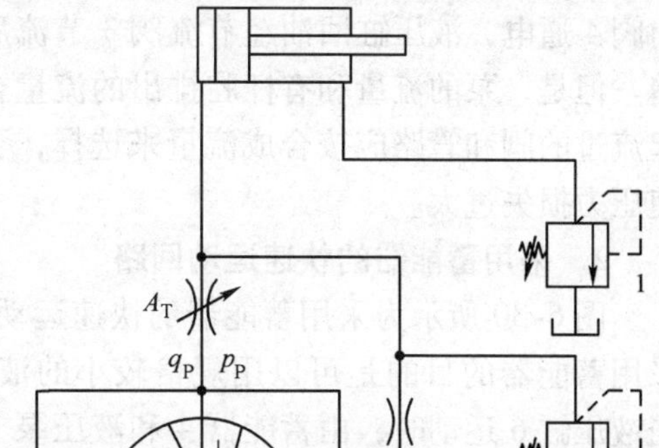

图 6-28 差压式变量泵和节流阀容积节流调速

1、2—溢流阀

（2）差压式变量泵和节流阀的容积节流调速回路 图 6-28 所示为差压式变量泵和节流阀组成的容积节流调速回路。在该回路中，溢流阀 1 是背压阀，用来提高液压缸的运动平稳性；溢流阀2起安全阀作用。节流阀两端的压差由差压式变量泵的控制机构来调定。正常工作时，节流阀进出口压差近似维持为恒定值（取决于变量泵右侧变量液压缸活塞处弹簧的压缩量），泵左侧变量活塞的作用面积为A_1，右侧变量活塞两端的作用面积分别为A_2和A，且有$A_1+A_2=A$。当执行元件工作进给时，压力油经节流阀进入系统，如果通过节流阀的流量大于节流阀在调定开口A_T和进出口压差下的通过流量时，节流阀进口处压力p_P升高，两个变量活塞的液压力合力向右作用在定子上，压缩弹簧，定子向右移动，减小偏心距e，使液压泵的输出流量减少至与节流阀通过的流量相适应。同理，在节流阀开口改变或外负载变化时，该回路都能实现与泵输出流量和节流阀通过流量相适应，且在负载变化、节流阀开口不变时，该回路也能保持输入液压缸的流量基本不变。差压式变量泵容积节流调速回路宜用在负载变化大，速度较低的中、小功率场合，如某些组合机床的进给系统中。

6.3.2 快速运动回路

1. 液压缸差动连接回路

图6-29所示的回路是利用二位三通换向阀4实现的液压缸差动连接回路。这种连接方式可在不增加液压泵流量的情况下提高液压执行元件的运动速度。快速进给时，换向阀2在左位，二位三通换向阀4断电，液压缸差动连接；工作进给时二位三通换向阀4通电，液压缸回油经节流阀3节流后回油箱。但是，泵的流量和有杆腔排出的流量合在一起流过的阀和管路应按合成流量来选择，否则会使压力损失过大。

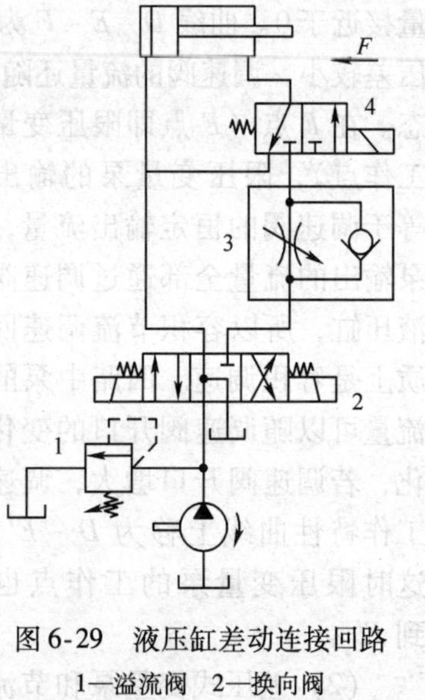

图6-29　液压缸差动连接回路

1—溢流阀　2—换向阀

3—节流阀　4—二位三通换向阀

2. 采用蓄能器的快速运动回路

图6-30所示为采用蓄能器的快速运动回路。采用蓄能器的目的是可以用规格较小的液压泵。当液压缸6运动时，由蓄能器4和液压泵1共同供油；当液压缸6停止，换向阀5在中位时，液压泵1为蓄能器4充油。溢流阀2用于调定工作压力。

3. 双泵供油回路

图6-31所示为双泵供油快速运动回路。图中1为大流量泵，3为外控式顺序阀，其调定压力高于快速运动的负载压力，低于工作进给的负载压力；2为小流量泵，5为溢流阀，用以调定工作进给压力。快速运动时，双泵给系统供油；工作进给时，大

流量泵 1 卸荷，小流量泵 2 供油。

双泵供油回路的优点是功率损耗小，系统效率高。

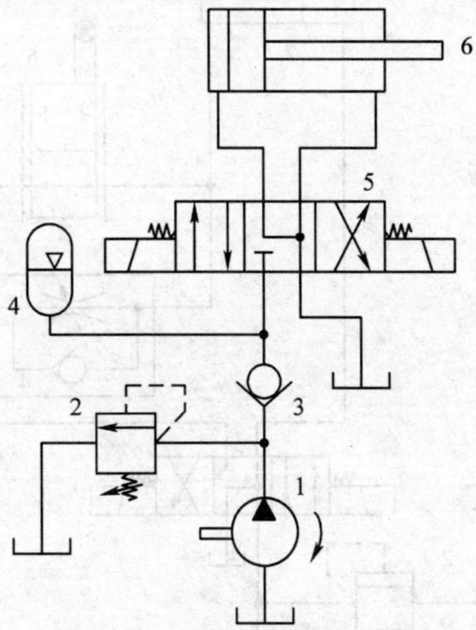

图 6-30　采用蓄能器的快速运动回路

1—液压泵　2—溢流阀　3—单向阀

4—蓄能器　5—换向阀　6—液压缸

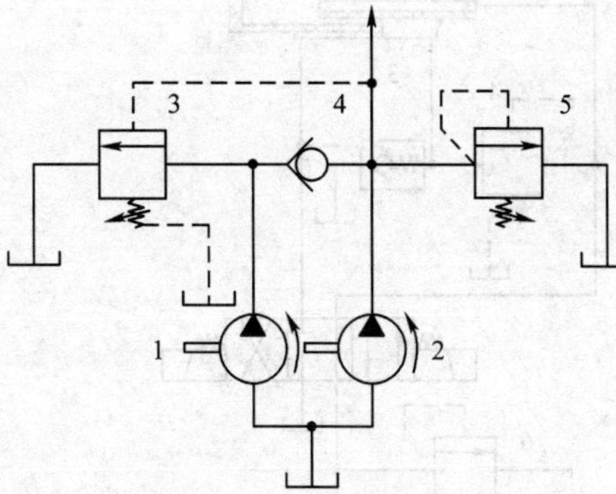

图 6-31　双泵供油快速运动回路

1—大流量泵　2—小流量泵

3—外控式顺序阀　4—单向阀　5—溢流阀

6.3.3　速度换接回路

速度换接回路的功能是使液压执行元件在一个工作循环中从一种运动速度变换到另一种运动速度。这个运动速度变换不仅包括液压执行元件快速到慢速的换接，而且也包括两个慢速之间的换接。实现速度换接功能的回路应该具有较好的速度换接平稳性。

1. 快速与慢速的换接回路

图 6-32 所示为采用增速缸的快速运动回路。增速缸的柱塞 2 套在与缸体 3 固接为一体的套筒 1 上。换向阀在左位，增速缸的柱塞 2 右移时，若负载较小，工作压力低于顺序阀 4 的调定压力，则压力油由套筒 1 进入柱塞 B 腔，柱塞快速右移；若负载较大，工作压力高于顺序阀 4 的调定压力，则压力油既由套筒 1 进入柱塞 B 腔，又进入 A 腔，柱塞慢速右移。由于 B 腔承压面积比 A 腔面积小，所以快速右移的速度是慢速右移速度的 2 倍以上。这种回路常被用于液压机系统中。

图 6-33 所示为用行程阀来实现快慢速换接的回路。当换向阀 3 在左位时，液压缸 7 的活塞右移，压下行程阀 6 以前，为快速运动，液压泵 1 的压力由快进负载决定；压下行程阀 6 以后，回油经节流阀 5 调速，转为慢速运动，液压泵 1

的压力由溢流阀2限定。

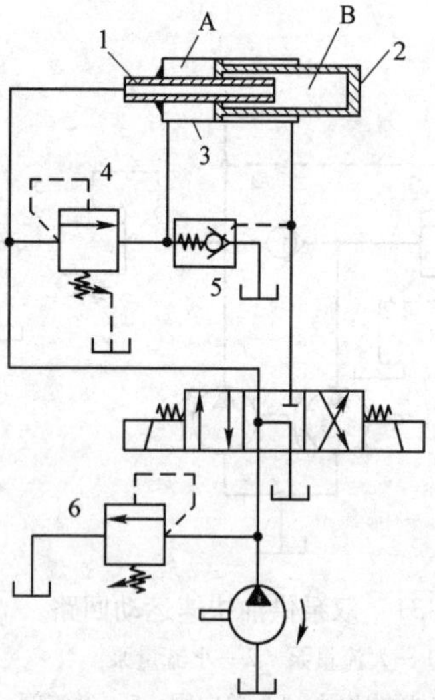

图6-32　采用增速缸的快速运动回路

1—套筒　2—柱塞　3—缸体　4—顺序阀

5—液控单向阀　6—溢流阀

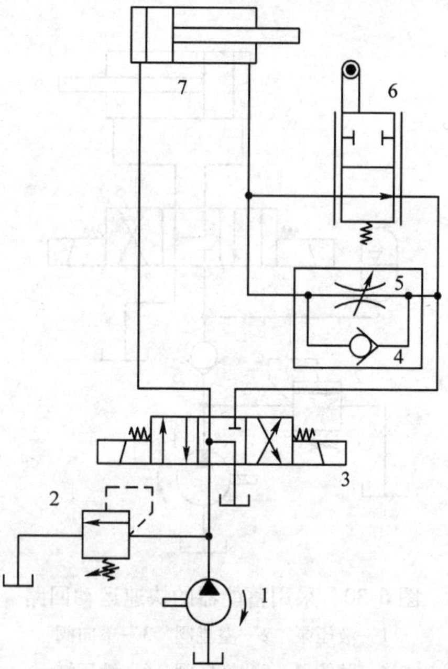

图6-33　行程阀实现快慢速换接回路

1—液压泵　2—溢流阀　3—换向阀

4—单向阀　5—节流阀　6—行程阀　7—液压缸

这种回路的优点是快慢速换接过程比较平稳，换接点的位置比较准确；缺点是行程阀的安装位置不能任意布置，管路连接较为复杂。若将行程阀改为电磁阀，则安装连接比较方便，但速度换接的平稳住、可靠性以及换向精度都较差。

2. 两种慢速的换接回路

图6-34所示为用两个调速阀来实现不同工况速度换接的回路。图6-34a中两个调速阀并联，由换向阀实现换接。这种回路不宜用于工作过程中的速度换接，只可用在速度预先二选一的场合，因为一个调速阀工作时，另一调速阀中无油液流动，工作过程中切换时会产生速度冲击。图6-34b所示为两个调速阀串联的速度换接回路。该回路在工作过程中，无论是调速阀1起调速作用，还是调速阀2起调速作用，两个调速阀中均有油流，所以可用于工作过程中的速度换接。但是与换向阀3并联的调速阀1的调定流量一定要小于调速阀2的调定流量，否则调速阀1不起作用。

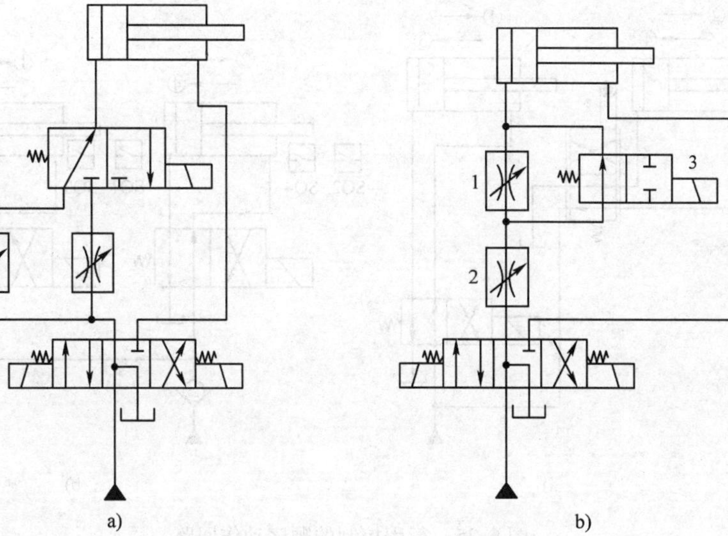

图 6-34 采用两个调速阀实现不同工况速度换接的回路

1、2—调速阀 3—换向阀

6.4 多缸工作控制回路

在液压系统中，如果由一个油源给多个液压缸输送液压油，这些液压缸会因压力和流量的彼此影响而在动作上相互牵制，因此必须使用一些特殊的回路才能实现预定的动作要求。

6.4.1 顺序动作回路

顺序动作回路的功用是使多缸液压系统中的各个液压缸严格地按规定的顺序动作。其按控制方式不同，可分为行程控制和压力控制两大类。

1. 行程控制的顺序动作回路

图 6-35a 所示为行程阀控制的顺序动作回路。这种回路工作可靠，但动作顺序一经确定再改变就比较困难，同时管路长，布置较麻烦。

图 6-35b 所示为由行程开关控制的顺序动作回路。这种回路的优点是控制灵活方便，但其可靠程度主要取决于电气元件的质量。

2. 压力控制的顺序动作回路

图 6-36 所示为使用顺序阀的压力控制顺序动作回路。显然这种回路动作的可靠性取决于顺序阀的性能及其压力调定值，即它的调定压力应比前一个动作的压力高出 0.8 ~ 1.0MPa，否则顺序阀易在系统压力脉冲中造成误动作。由此可

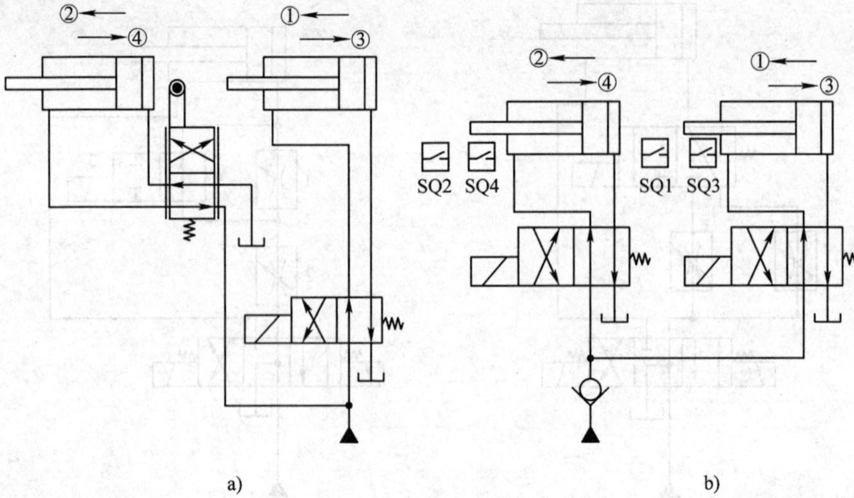

图 6-35　行程控制的顺序动作回路

见，这种回路适用于液压缸数目不多、负载变化不大的场合。其优点是动作灵敏，安装连接较方便；缺点是可靠性不高，位置精度低。

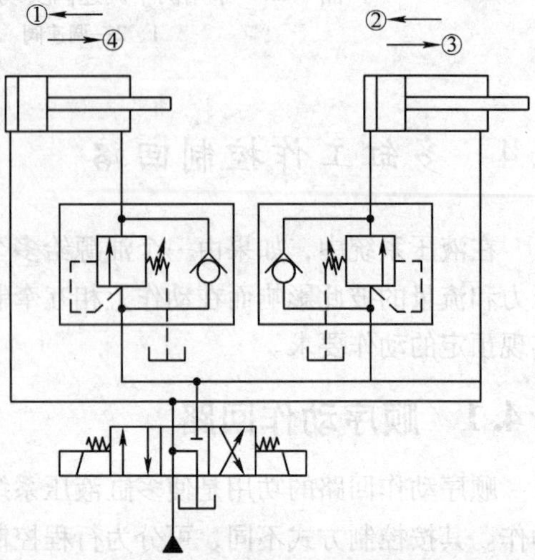

图 6-36　使用顺序阀的压力控制顺序动作回路

6.4.2　同步回路

同步回路的功用是保证系统中的两个或多个液压缸在运动过程中位移量相同或运动速度相同。从理论上讲，对两个工作面积相同的液压缸输入等量的油液即可使两液压缸同步，但泄漏、摩擦阻力、制造精度、外负载、结构弹性变形以及油液中的含气量等因素都会使同步难以保证，因此同步回路要尽量克服或减少这些因素的影响，有时要采取补偿措施，消除累积误差。

1. 带补偿措施的串联液压缸同步回路

图 6-37 所示为两液压缸串联同步回路。液压缸 1 的有杆腔 B 的有效面积与液压缸 2 的无杆腔 A 的面积相等，因而从 B 腔排出的油液进入 A 腔或从 A 腔排出的油液进入 B 腔后，两液压缸的升降便得到同步。但是两缸连通腔处如果有泄漏或 A、B 腔的面积有制造误差会使两个活塞产生位置同步的误差。回路设置

了由行程开关 SQa 和 SQb、液控单向阀 3、电磁换向阀 4 和 5 组成的补偿装置，其可使同步误差在每一次下行运动终止时及时消除，以避免误差的累积。下行时，若液压缸 1 先到终点，激活行程开关 SQa，则 SQa 将使电磁换向阀 5 通电，压力油经换向阀 6、电磁换向阀 5 后顶开液控单向阀 3 进入 A 腔，使液压缸 2 继续下行，直至终点，激活行程开关 SQb 后停止，误差得以消除。下行时，若液压缸 2 先到终点，激活行程开关 SQb，则 SQb 将使电磁换向阀 4 通电，将液控单向阀 3 的控制油路接通，液控单向阀 3 反向开通。液压缸 1 有杆腔 B 的回油经液控单向阀 3、电磁换向阀 5 后回油箱，使液压缸 1 继续下行，直至终点，激活行程开关 SQa 后停止，误差得以消除。

2. 用同步液压缸或同步马达的同步回路

图 6-38a 所示为采用同步液压缸的同步回路。当同步液压缸 A、B 两腔的有效面积相等，且两工作缸的面积也相同时，便能实现同步。这种同步回路的同步精度取决于液压缸的加工精度和密封性，精度可达到 98% ~99%。由于同步液压缸一般不宜做得过大，所以这种回路仅适用于小容量的场合。

图 6-38b 所示为采用相同结构、相同排量的液压马达作为等流量分流装置的同步回路。这种同步回路的同步精度比节流控制的要高，但由于所用同步马达一般为容积效率较高的柱塞式液压马达，所以费用较高。

此外，图 6-38 所示的两个回路在实际应用时，还需附加同步误差补偿装置。

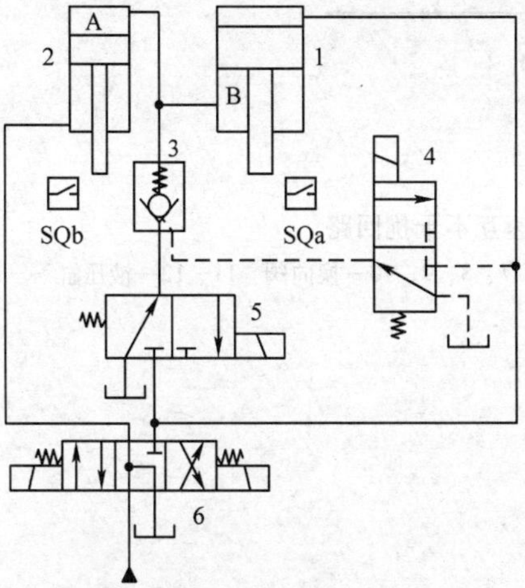

图 6-37　两液压缸串联同步回路

1、2—液压缸　3—液控单向阀

4、5—电磁换向阀　6—换向阀

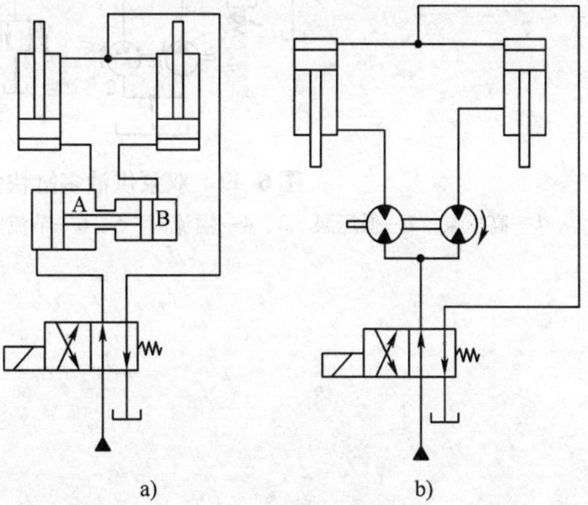

图 6-38　用同步液压缸或同步马达的同步回路

6.4.3　多缸快慢速互不干扰回路

多缸快慢速互不干扰回路的功用是防止液压系统中的几个液压缸因各自负载

速度的不同而在动作上相互干扰。

图6-39所示为双泵供油来实现的多缸快慢速互不干扰回路，液压缸11和液压缸12各自要完成“快进－工进－快返”的自动工作循环。图中，泵1为高压泵，提供液压缸工进的压力油，其压力由溢流阀3调定；泵2为低压泵，提供液压缸快进和快返的压力油，其压力由溢流阀4调定。两台泵分别供油，互不干扰。以液压缸11为例：快进时换向阀7在右位，换向阀9在左位，液压缸11差动连接，由低压泵2供油；此时液压缸12可以处于工进状态，换向阀8在左位，换向阀10在左位，高压泵1供油经节流阀6调速后，驱动液压缸12工进。液压缸11和液压缸12的工况互不干扰。

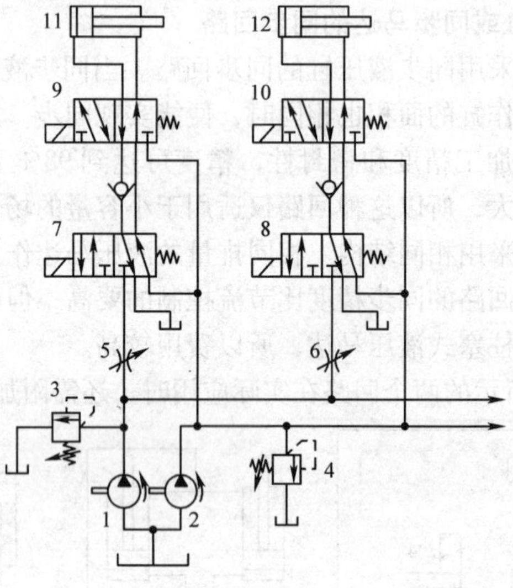

图6-39　双泵供油多缸快慢速互不干扰回路

1—高压泵　2—低压泵　3、4—溢流阀　5、6—节流阀　7、8、9、10—换向阀　11、12—液压缸

第 7 章

冶炼设备液压系统

炼铁设备是炼铁工序中使用的设备，主要由高炉、烧结机和炼焦炉等设备构成，同时还包括热风炉和鼓风机等辅助设备。通过这些设备炼铁的同时，还产生大量的煤气和其他副产品。

7.1 高炉液压系统介绍与分析

7.1.1 550m³高炉炉顶料钟液压传动系统

1. 设备简介

550m³高炉炉顶料钟液压传动结构如图 7-1 所示。装料设备为双钟式，大钟 4 采用双横梁、双拉杆结构，由两组四个柱塞式液压缸 3 驱动。拉杆靠上下导向装置保持垂直运动，拉杆与横梁之间为刚性连接，横梁与柱塞之间为铰接，每组液压缸由刚性梁同步，两组液压缸之间用液压同步。

小钟 2 采用平衡杆结构，靠配重的重量关闭，并要求密封面有一定的压力。小钟装料后，靠液压缸 1 保持闭锁。

该高炉炉顶料钟液压传动系统工艺参数如下：

小钟自重	6t
料重	11t
配重	4.2t
开启时间	8s

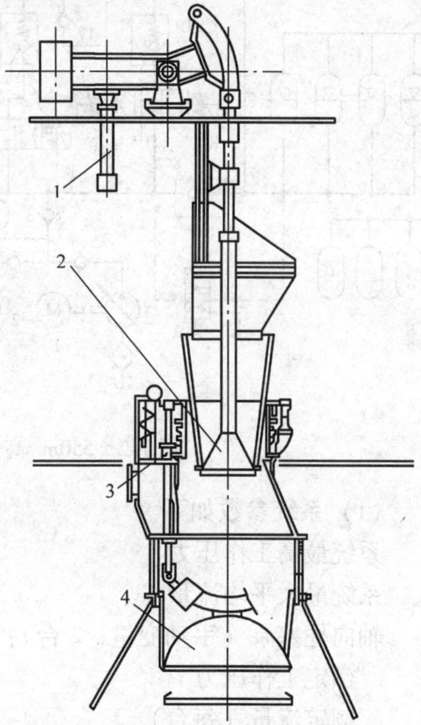

图 7-1 高炉炉顶料钟液压传动结构

1、3—液压缸 2—小钟 4—大钟

关闭时间	6s
大钟自重	15t
料重	22t
开启或关闭时间	8s
大、小钟的升降行程	750mm

2. 液压传动系统说明

550m^3 高炉炉顶料钟液压传动系统如图 7-2 所示。

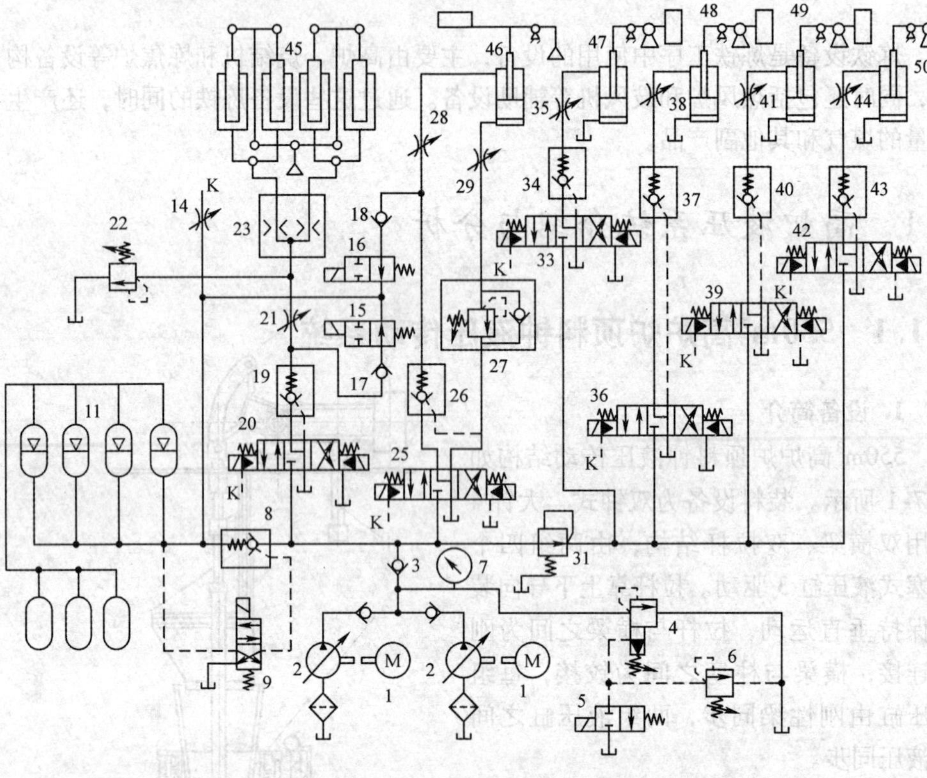

图 7-2　550m^3 高炉炉顶料钟液压传动系统

(1) 系统参数如下

系统最高工作压力	12.5MPa
系统最大平均流量	53L/min
轴向柱塞泵（手动变量，2 台）：	
额定工作压力	32MPa
额定流量（每台）	63L/min
转速	1000r/min
大钟液压缸（柱塞式）45	ϕ100mm × 750mm

小钟液压缸（活塞式）46　　　ϕ140mm/ϕ80mm×750mm

大钟均压阀47、48液压缸　　　ϕ80mm×400mm

小钟放散阀49、50液压缸　　　ϕ80mm×400mm

（2）系统工作原理　高炉炉顶料钟液压传动系统图如图7-2所示。油路是开式循环系统，在油路中有蓄能器及其他安全装置。

1）压力控制。系统的工作压力分为两级，初级液压泵出口（包括大、小料钟的启闭回路）压力为12.5MPa，次级从减压阀之后到四组均压及放散阀液压缸的工作回路为5.5MPa。

溢流阀4、远控溢流阀6及换向阀5构成系统的溢流安全和卸荷回路。溢流阀6调定压力为12.5MPa，起安全作用的溢流阀4的调定压力为溢流阀6调定压力的1.1倍。正常工作时，换向阀5电磁铁通电，使溢流阀4在12.5MPa时溢流，操作系统在初级压力下工作。如果溢流阀6因故失灵，系统压力继续上升，当到达1.1×12.5MPa时，溢流阀4自动溢流，保护系统安全。调整电接点压力表7的压力，使系统压力达1.1×12.5MPa时电磁换向阀5电磁铁断电，溢流阀4卸荷，同时发出音响和灯光信号报警，以确保系统安全。

减压阀31的二次压力为5.5MPa，以保持均压及放散阀回路压力稳定。

2）方向控制。液压缸回路方向的切换采用电液换向阀20、25、33、36、39、42和液控单向阀19、26、34、37、40、43，缸活塞可以在任意位置上停止并锁紧。为了防止换向阀在中位时因滑阀泄漏造成工作油口的油压升高而误开启液控单向阀，引起液压缸的误动作，应选用“Y”型滑阀。换向阀的操作可以选用自控或单独手控。液压缸活塞的升、降行程极限位置由行程开关控制。

3）速度控制。液压缸的速度采用节流阀控制。平衡阀27的作用是：当液压缸活塞下降时，产生一定的背压，以防止平衡重产生的超越负载而引起的冲击。

大钟四个液压缸柱塞的升降采用两种方法同步。首先以两个液压缸组成一对，通过拉杆与横梁的刚性连接进行机械同步；其次在两对液压缸的总油路上装设分流阀23来保证两个分支油路的流量相等。事实证明，当液压缸柱塞的行程为750mm时，四个液压缸的不同步误差仅为3~5mm。为了消除其积累误差，在大钟打开时，四个液压缸的柱塞必须都走到行程的终点位置。

4）料钟密封面的保压。在大、小料钟关闭以后，工作油路已经闭锁，考虑到管道及液压缸的泄漏会影响料钟的密封性，为此系统中设计了料钟密封的保压回路。单向阀17、18及电磁换向阀15、16为其控制元件。该电磁换向阀是常开的，电磁换向阀15与电液换向阀20、电磁换向阀16与电液换向阀25是电气联锁的：当大钟（或小钟）打开时，电磁换向阀15（或电磁换向阀16）和电液换向阀20（或电液换向阀25）同时励磁（接电），此时，蓄能器到液压缸的补油通路被切断，停止补压。当大钟（或小钟）关闭后，阀15（或阀16）和阀20（或阀25）同时释压（断电），这时，蓄能器的补压油路开启，以保证液压缸的油压并使料钟有可靠的密封。

5）装料设备的安全保护。由于装料设备内有煤气爆炸的可能性，因此在大钟油路上设一安全阀22，其设定压力为1.1×12.5MPa，当煤气封罩内发生爆炸时，因大钟受压，液压缸内油液受到的冲击压力升高，安全阀立即溢流，打开大钟，以保护设备安全。

6）液压泵的工作制度及保护。泵为连续运转制，通常采用两台液压泵，一台工作，一台备用，当蓄能器发生临时故障时，也可以两台泵同时工作。泵空载起动。当泵起动时，电磁换向阀5接电，溢流阀4卸荷，通过继电器延时，待泵运转正常后，换向阀5断电，停止卸荷，系统即正常运行。

当液压泵或系统发生故障、引起电动机过载时，电动机的过电流继电器会发出声响、灯光信号，并立即停止运转。当液压泵或电源发生故障时，若又必须使开启的料钟、均压或放散阀关闭，可以采用手动紧急操作，这时，需首先推动电磁换向阀9的电磁铁心，打开蓄能器油路，然后推顶工作油路换向阀的电磁铁心进行切换，蓄能器的高压油便通向工作油路驱动有关液压缸，使料钟、均压或放散阀关闭，确保设备安全。

此外，在系统中还设有管式冷却器、液位指示器、电接点温度表和液位警报器等（这些在系统图中均未表示），用以冷却工作油液，指示油箱中的液位。当油温和液位达到上、下限时，系统均会发出声响和灯光信号报警。

7.1.2 液压泥炮

高炉出铁口是间断工作的，出铁时用开铁口机将出铁口打开，出完铁后用泥炮充填耐火材料将出铁口封住。为确保出铁口正常作业，对泥炮的主要要求是：

1）有足够的打泥量和打泥推力，能有效地堵塞出铁口通道和修补护缸前墙，使前墙厚度达到所要求的出铁口深度。

2）结构紧凑，高度矮小。

3）工作可靠，能适应高炉前高温及多粉尘、多烟气的恶劣环境。

4）维修方便。

20世纪五六十年代建设的高炉多采用电动泥炮，随着冶炼强度的提高和无水泥的扌，这种电动泥炮在生产实践中暴露出不少缺点，主要是打泥能力不足，不能满足出铁口作业要求，因此它只能用于中、小型常压高炉。目前在许多国家的大型高炉上均使用液压泥炮，比较有代表性的液压泥炮有MHG型、IHI型和PW型。

液压泥炮的优点是：

1）推力大，打泥致密，能适应高炉高压操作。

2）压紧机构具有稳定的压紧力，使炮嘴与泥套始终压得很紧，不易漏泥。

3）高度矮小，结构紧凑，便于炉前操作。但我国目前的液压泥泡，其结构大体上和电动泥炮相似，高度仍较高，结构也较复杂。

4）油压装置不装在泥炮本体上，简化了泥炮的结构。

5）节省电力，约为同类型电动泥炮的 1/3 左右。

1. BG 型泥炮液压系统

国外从 20 世纪 90 年代开始，逐渐普遍采用液压矮泥炮。所谓矮泥炮是指泥炮在非堵口和堵口位置时均处于风口平台以下，不影响风口平台的完整性。

为了解决我国高炉炉前设备的更新问题，国内研制成功了 BG 型液压矮泥炮。这种泥炮是参考了国外各种类型矮泥炮，在国内的电动泥炮基础上博采众优，并结合了我国高炉炉前环境和液压元件生产的实际而设计制造的。目前这种新型液压矮泥炮已形成六个规格的定型系列产品，在我国大中型高炉上被普遍推广采用。BG 型液压矮泥炮的性能参数见表 7-1。

表 7-1　BG 型液压矮泥炮性能参数

工作参数		BG500	BG400	BG300	BG160	BG75	BG30
打泥装置	泥缸有效容积/m^3	0.27	0.28	0.28	0.21	0.13	0.05
	泥塞工作推力/kN	4978	3970	3000	1650	750	380
	泥塞上炮泥单位压力/MPa	16.9	15	11.89	8.6	6.25	5.3
	泥缸直径/mm	570	580	580	500	400	300
	炮嘴内径/mm	150	150	150	145	130	90
	吐泥速度/(m/s)	0.2	0.21	0.21	0.21	0.175	0.2
	活塞有效行程/mm	1050	1050	1050	1050	1040	705
	液压缸直径/mm	450	450	400	320	250	200
	工作油压/MPa	32	25	25	21	16	12
压炮装置	压炮力/kN	280	180	170	160	100	25
	压炮角度/(°)	15	16	16	15	13	13
	液压缸直径/mm	180	80	80	70	63	—
	工作油压/MPa	25	18	17	21	16	—
旋转装置	工作转角/(°)	160	160	160	160	150	120
	旋转时间/s	12～15	12～15	12～15	12～15	10～15	12
	液压缸直径/mm	200	180	180	160	125	140
	工作油压/MPa	25	25	25	21	16	12

（续）

工作参数			BG500	BG400	BG300	BG160	BG75	BG30
液压站	液压泵	型号	250SCY14-1	160SCY14-1	160SCY14-1	160SCY14-1	63SCY14-1B	CBY3050
		额定压力/MPa	32	32	32	32	32	20
		额定流量/(L/min)	250	160	160	120	63	72
	电动机	型号	Y280M-6	Y280M-6	Y280M-6	Y225M-6	Y160M-4	Y132M-4
		功率/kW	55	55	55	30	15	7.5
		转速/(r/min)	980	980	980	980	1460	1440
适用高炉/m^3			2500~3500	2500~3500	1000~2500	550~750	255~550	100

BG型液压泥炮如图7-3所示，它由炮身1（打泥装置）、压炮装置2、旋转装置3、液压站4和电控装置5组成。炮身（打泥装置）的结构如图7-4所示。液压缸活塞杆1固定，液压缸2运动，推动打泥泥缸的活塞4做往复运动，液压缸座上装有挡泥环3和漏泥孔8，这样可以有效地防止炮泥落到液压缸活塞杆上。泥缸5和液压缸座的下方均装有冷却水箱，对泥缸和液压缸座起冷却和隔热保护作用。炮嘴6上装有炮嘴保护帽7，前端烧损后，只需更换保护帽。

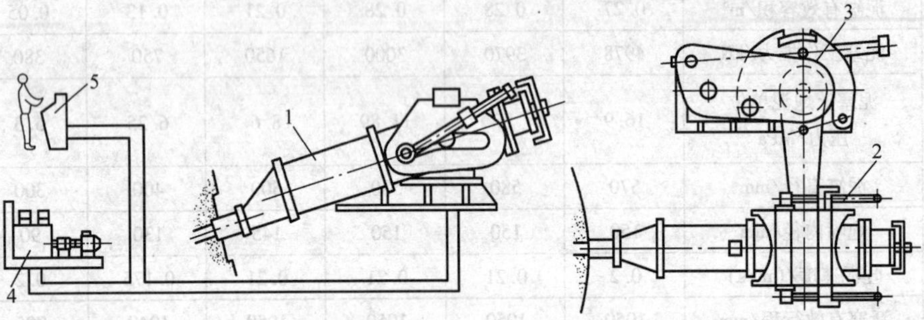

图7-3　BG型液压矮泥炮

1—炮身　2—压炮装置　3—旋转装置　4—液压站　5—电控装置

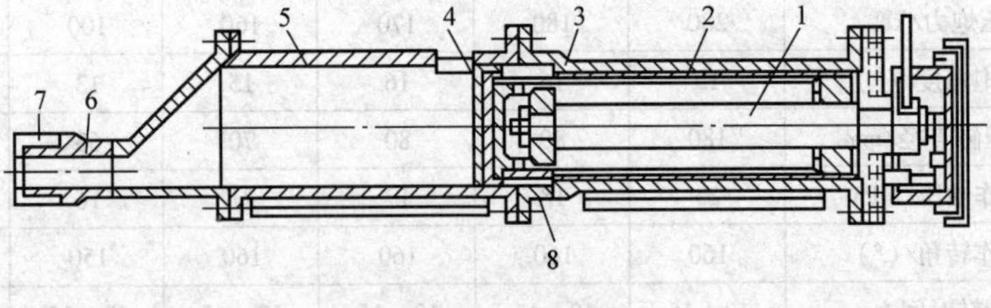

图7-4　炮身结构

1—液压缸活塞杆　2—液压缸　3—挡泥环　4—活塞　5—泥缸　6—炮嘴　7—保护帽　8—漏泥孔

压炮装置和旋转装置结构示意图如图 7-5 所示。泥炮转臂 6 的端部固定有门形框架 3，炮身 1 上的四个行走轮 2 在门形框架上的导向槽 4 内滚动，导向槽的形状设计成炮身前进时能按所要求的倾斜角度直线进入出铁口，炮身退回到后极限位置时成水平状态。

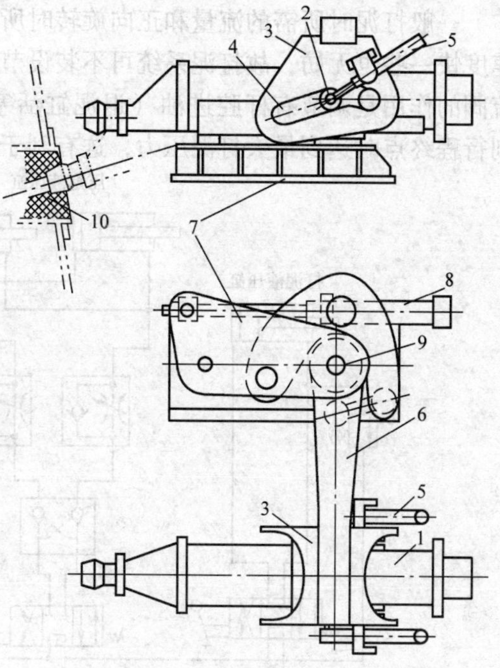

图 7-5　压炮装置和旋转装置结构示意图

1—炮身　2—行走轮　3—门形框架　4—导向槽
5—压炮液压缸　6—转臂　7—机座
8—旋转液压缸　9—固定轴　10—出铁口泥套

炮身相对于导向槽运动，炮嘴压紧出铁口泥套 10 是靠两个压炮液压缸 5 实现的。由于液压缸座的刚性较好，炮身两边行走轮缘与门形框架上导向相侧向的间隙为 1 ~ 3mm，可以保持两边轮子行走时同步。压炮液压缸组件的前端通过关节轴承与行走前轮的轴相铰接。压炮时炮嘴的运动轨迹为开始时快速下降走过一段圆弧后，以压炮角度走直线运动。

旋转装置采用转臂 6 绕固定轴 9 旋转的方式，旋转液压缸 8 通过杠杆机构使转臂 6 转动。固定轴 9 装在具有平衡轴的机座 7 中，这种框架式结构使机座具有较大的刚性，并使泥炮旋转部分的高度大为降低。

BG 型液压矮泥炮的液压站有两种：一种是采用插装阀，另一种是采用手动换向阀。实践表明，采用手动换向阀的液压站结构简单，用液压元件较少，故障也较少，工作反而可靠。一般液压矮泥炮每次动作时间不超过 5min，至下一次堵铁口的间隔时间在 2h 以上，这段时间液压泵一直处于停泵状态。BG30 共有两个手动换向阔，其他型号也只有三个手动换向阀。阀的尺寸小，故适合用手动换向阀。

采用手动换向阀的 BG 型矮泥炮液压系统如图 7-6 所示。该液压系统由泵站和阀台两部分组成。泵站配有两台手动变量柱塞泵 1，一台工作，一台备用。液压系统所需的最大流量是正向旋转时，也就是旋转液压缸无杆腔进油时，将泵的流量调整到正向旋转缸时所需的流量。

泥炮旋转机构的运动阻力较小，旋转惯量较大，为了正向旋转时运动平稳，在回油路中安装了顺序阀 3。

一般打泥时所需的流量和正向旋转时所需的流量比较接近，泥缸活塞退回时速度快一些也无妨，故打泥系统可不装设节流阀。打泥液压缸有杆腔回路中的溢流阀的作用是调节有杆腔进油（退泥缸活塞）时的最大压力，避免泥缸活塞退到行程终点时达到最大打泥压力，这有利于提高密封件寿命。

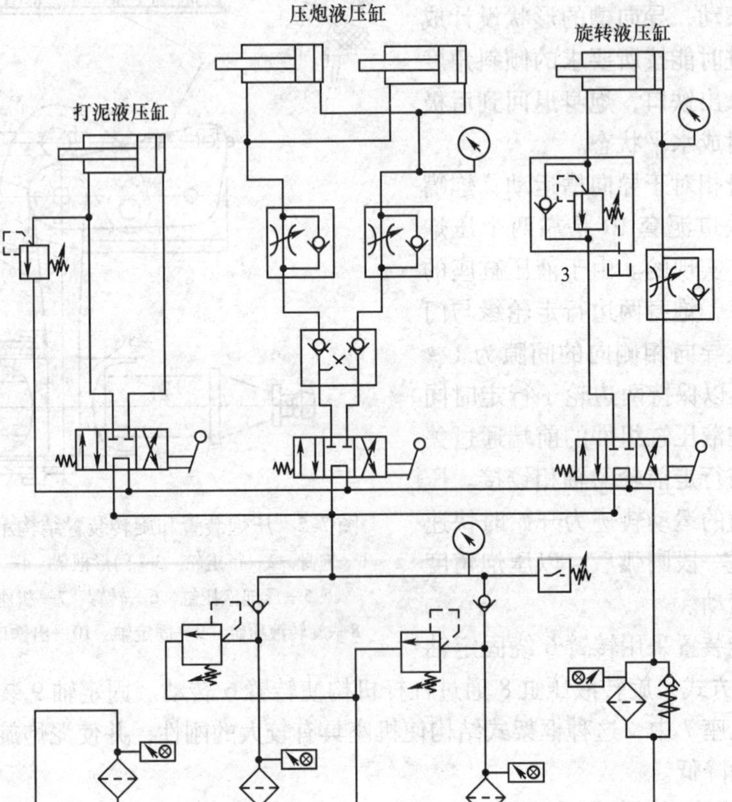

图 7-6　BG 型矮泥炮液压系统

1—手动变量柱塞泵　2—齿轮泵　3—顺序阀

三个换向阀油路是串联起来的，只要三个弹簧复位的手动换向阀处在中位，泵就处于卸荷状态，即使操作人员在打完泥后，焖炮时忘了关液压泵，也不会造成泵因长期高压溢流而使油温升高。一般系统中设置液控单向阀时，换向阀宜采用 Y 型阀芯，泥炮压炮液压缸在压炮时，受力状况是使背压腔压力降低，不致因背压而使液控单向阀打开。生产实践已表明，泥炮压炮广泛采用 M 型阀芯的手动换向阀，不影响泥炮的保压性能。

油箱上还安装了齿轮泵 2，其可将油箱中的油循环过滤，以保持油的清洁度。

生产实践表明，BG 型液压矮泥炮具有推力大，工作可靠，结构紧凑，自身高度小，维护方便，参数调节方便，改善炉前操作环境等优点。

2. 1600kN 液压泥炮

1600kN 液压泥炮应用于大型高炉，其打泥机构的驱动液压缸与泥缸在同一中心线上，泥缸在前，液压缸在后，液压缸和泥缸之间用法兰和螺栓连接，并吊挂在炮架的小车上。1600kN 液压泥炮主要技术性能指标见表 7-2。

表 7-2 1600kN 液压泥炮主要技术性能指标

泥缸容积/m^3	0.23	液压系统最大工作压力/MPa	18.5
打泥活塞总推力/kN	1600	液压系统最大工作油量/(L/min)	100
炮嘴吐泥速度/(m/s)	0.16	液压泵电动机功率/kW	40
炮嘴出口直径/mm	150		

在压紧机构中（见图 7-7），用液压缸来代替电动泥炮压紧机构中的电动机、齿轮和螺杆螺母传动。液压缸活塞杆的前端与泥炮移动小车前轮的轴相连接，活塞杆做前后移动时，就带动小车炮架的导向槽移动。

泥炮的回转机构采用特殊的回转液压缸，其由定叶 9、动叶 1 和回转缸体 5 等组成。定叶 9 用连接键 8 和连接螺栓与固定的中心轴套 4 固接，动叶 1 则用连接键 13 和连接螺栓与回转缸体 5 固接。泥炮的回转机构如图 7-8 所示。

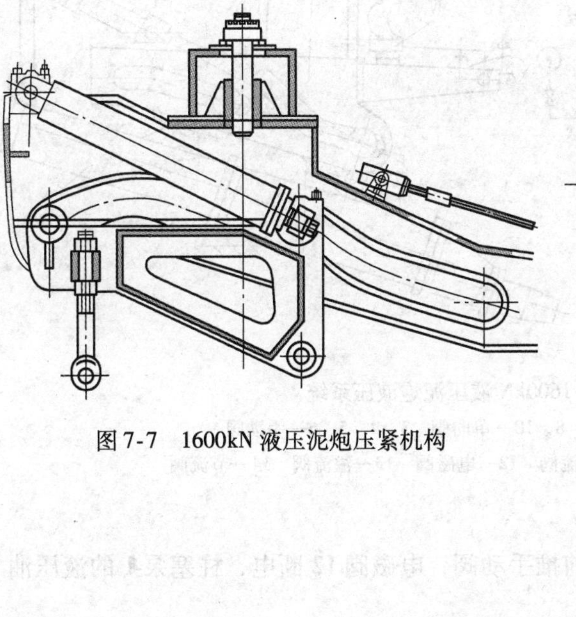

图 7-7 1600kN 液压泥炮压紧机构

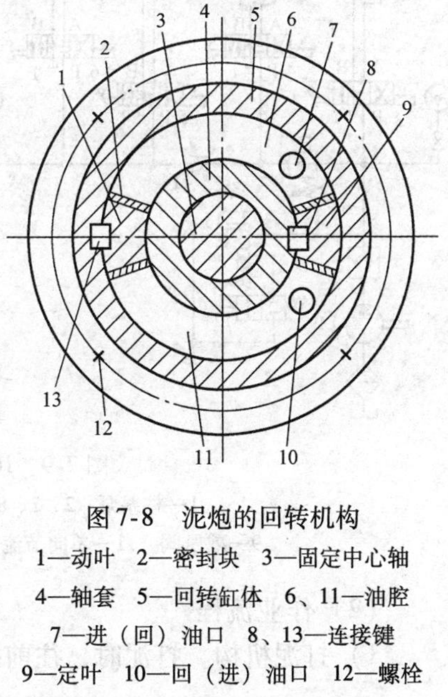

图 7-8 泥炮的回转机构

1—动叶 2—密封块 3—固定中心轴 4—轴套 5—回转缸体 6、11—油腔 7—进（回）油口 8、13—连接键 9—定叶 10—回（进）油口 12—螺栓当高压油经管路和进油口10进入油腔11中时，由于定叶9、固定轴套4是固定的，故在高压油作用下，动叶1转动并带动回转缸体5一起做顺时针方向转动，而回转缸体5通过螺栓12（8根）与回转悬臂连接，带动悬臂一起回转，达到回转泥泡的目的。此时油腔6中的油经回油口7排出。当需缸体做逆时针方向转动时，则把高压油通入油腔6中，动叶1、回转缸体5和悬臂一起做逆时针方向转动，而油腔11中的油经回油口10排出。

为了增强密封性能，防止油腔6、11之间漏油，在定叶和动叶两侧设置了密封块，而在动叶、定叶与回转缸体内壁圆弧间则各加上了四个“O”形密封圈。

（1）液压系统的工作原理（见图7-9）　液压油由液压泵供给。在液压泵开动时，“Y”型手动阀3、4、5、6处于中位，电磁阀12接电，液压泵卸荷，手动阀的阀芯处于无压状态，可减少油的漏损。当需要某个机构工作时，则用手操纵相应的手动阀向前或向后使阀换向，在这同时，电磁阀12失电，液压泵停止卸荷，于是液压缸一端进液压油，另一端排油，实现打泥、压紧、回转和锁紧的动作。

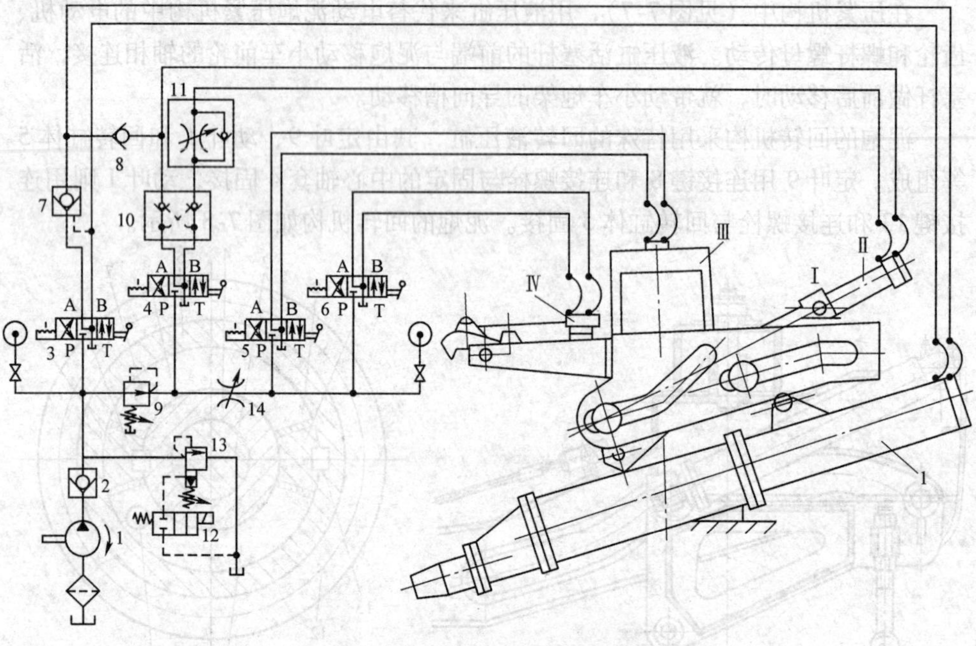

图7-9　1600kN液压泥炮液压系统

1—柱塞泵　2、7、8、10—单向阀　3、4、5、6—手动阀
9—减压阀　11—单向节流阀　12—电磁阀　13—溢流阀　14—节流阀

（2）作业流程

1）打泥机构。打泥时，往前推手动阀，电磁阀12断电，柱塞泵1的液压油

经单向阀 2 至手动阀 3 "P" "B" 相通，再经单向阀 7 至打泥液压缸右端推动活塞向前进。而液压缸另一端的油经手动阀 "A" "O" 通路至油箱；装泥时，手动阀往后拉。电磁阀 12 断电，柱塞泵 1 的压力经单向阀 2 至手动阀 3 "P" "A" 相通（液压油打开单向阀 7）至液压缸左端使活塞后退。液压缸另一端的油经单向阀 7 至手动阀 3 "B" "O" 相通至油箱。

打泥机构液压系统的特点是设有锁紧回路。当打泥终了时，泥缸活塞仍须具有一定的压力以顶住炉缸内的反作用力，待炮泥稍干硬结后泥缸活塞方可退回。打泥机构液压系统中的单向阀 7 用于完成锁紧泥缸活塞的作用。当装泥时，用液压油将单向阀打开，使液压缸的回路经单向阀 7 和手动阀回到油箱。

2）压紧机构。压紧时，往前推手动阀，柱塞泵 1 的液压油经单向阀 2 至减压阀 9 经手动阀 4 "P" "B" 相通，再经单向阀 10 至液压缸活塞右端，推动活塞向前移动。液压缸另一端的油经单向节流阀 11 的节流通道至单向阀 10 经手动阀 4 "A" "O" 相通到油箱；退回时，向后拉手动阀，柱塞泵 1 的液压油经单向阀 2 至减压阀 9 经手动阀 4 "P" "A" 相通，再经单向阀 10 和单向节流阀 11 的单向阀至液压缸活塞左端使活塞向后移动。液压缸另一端的油至单向阀 10 经手动阀 4 "B" "O" 相通到油箱。

在打泥过程中，压紧机构应使炮嘴紧压在泥套上以防漏泥。打完泥时，压紧机构退回使小车停在炮架导向槽上部，从而使炮身处于水平状态（为此在液压系统中采用单向阀 10 实现双向锁紧）。在打泥时液压油经单向阀 8 补充到压紧机构的油路中，使炮嘴在打泥过程中始终紧压在泥套上。这种压紧方法既可防止压紧力过大损坏泥套，又可防止炮嘴离开泥套而漏泥。

3）锁紧机构。抬起锁钩，往前推手动阀，电磁阀 12 断电，柱塞泵 1 的液压油经单向阀 2 至减压阀 9，再经节流阀 14 至手动阀 6 "P" "B" 相通，进入液压缸上端使活塞向下移动，钢绳拉紧，使锁钩绕销轴转动而抬起。液压缸下端的油经手动阀 6 "A" "O" 通路到油箱。放下锁钩，向后拉手动阀，电磁阀 12 断电，柱塞泵 1 的液压油经单向阀 2 至减压阀 9，再经节流阀 14 至手动阀 6 "P" "A" 相通，进入液压缸下端使活塞向上移动，钢绳放松，锁钩靠自重落下，并钩住固定在炉壳上的环套。液压缸上端的油经手动阀 6 "B" "O" 通路到油箱。

（3）安全装置　为了保证设备的安全，装有溢流阀 13，溢流压力为 18.5MPa。当打泥压力超过 18.5MPa 时，溢流阀卸荷。同时把溢流阀遥控口管子接在电磁阀 12 上，它由电接点压力表控制。在打泥压力超过 18.5MPa 时，电接点压力表发出信号，电磁阀 12 接电，溢流阀卸荷。这与溢流阀 13 一起有双重保证安全的作用。

3. 500kN 泥炮

（1）泥炮功能及技术参数　该泥炮是 350m^3 冶炼铁高炉的炉前设备，采用液压控制以实现泥泡的旋转、压炮泥等三个功能。其控制系统技术参数见表7-3。

表7-3 高炉500kN液压泥炮控制系统技术参数

项目		参数	单位
泥炮打泥液压缸	推力	500	kN
液压泵（63MCY14-1B）	压力	12	MPa
	流量	63	L/min
	转速	1460	r/min
	电动机（Y160-4）功率	15	kW

（2）液压控制系统及其工作原理　图7-10所示为泥炮液压控制系统原理。系统的油源为两台定量柱塞泵1和2，其中一台为工作泵，一台为备用泵。系统的压力控制阀为两个电磁溢流阀8和9，其中一个工作，一个备用，阀8和9分别由阀7和10进行通断。当一个电磁溢流阀工作时，若电磁铁通电，则二位二通换向阀切下位，液压泵卸荷；当电磁铁通电时间达到延时继电器设定值时（电动机正常转速），电磁铁断电，则二位二通换向阀复至上位，液压泵向系统供油。系统的执行器有4个液压缸，包括1个泥炮旋转液压缸11、两个并联的压炮液压缸12和一个打泥液压缸13。此外，系统还为开口机配置的液压马达供油（图中未画出）。上述液压缸的运动方向分别由三位四通手动换向阀27、29控制；液压缸的双向锁定（保压）分别由叠加式双液控单向阀24、25和26控制，缸的双向调速分别通过调节叠加式双单向节流阀21、22和23的开度实现；液压缸的压力可分别通过压力表17、18和19显示和观测。泥炮旋转液压缸11的进油路上串接有三通减压阀20，以实现泥炮在低压下平稳旋转。

（3）技术特点

1）基于冗余设计思想，泥炮液压系统采用了双泵双压力控制阀的结构，一个工作，一个备用，提高了系统和高炉的工作可靠性。

2）采用手动换向阀，避免了复杂的电气多点操作。

3）采用了叠加式液压锁和双单向节流阀，简化了油路结构和油路块设计，实现了液压装置无管化，集成化，体积小，重量轻，结构紧凑。

4）用液压马达组成的卷扬装置替代了人力推进开铁口机，降低了炉前工人的劳动强度。

7.1.3 高炉开铁口机液压系统

高炉开铁口机是高炉炉前关键设备之一，其功能是打开铁口，使铁液流出。

为了适应大型高炉强化冶炼的需要，无水炮泥等坚硬炮泥在国内外的高炉上获得了广泛应用。这就增加了打开出口的难度，提高了对开铁口机的要求。

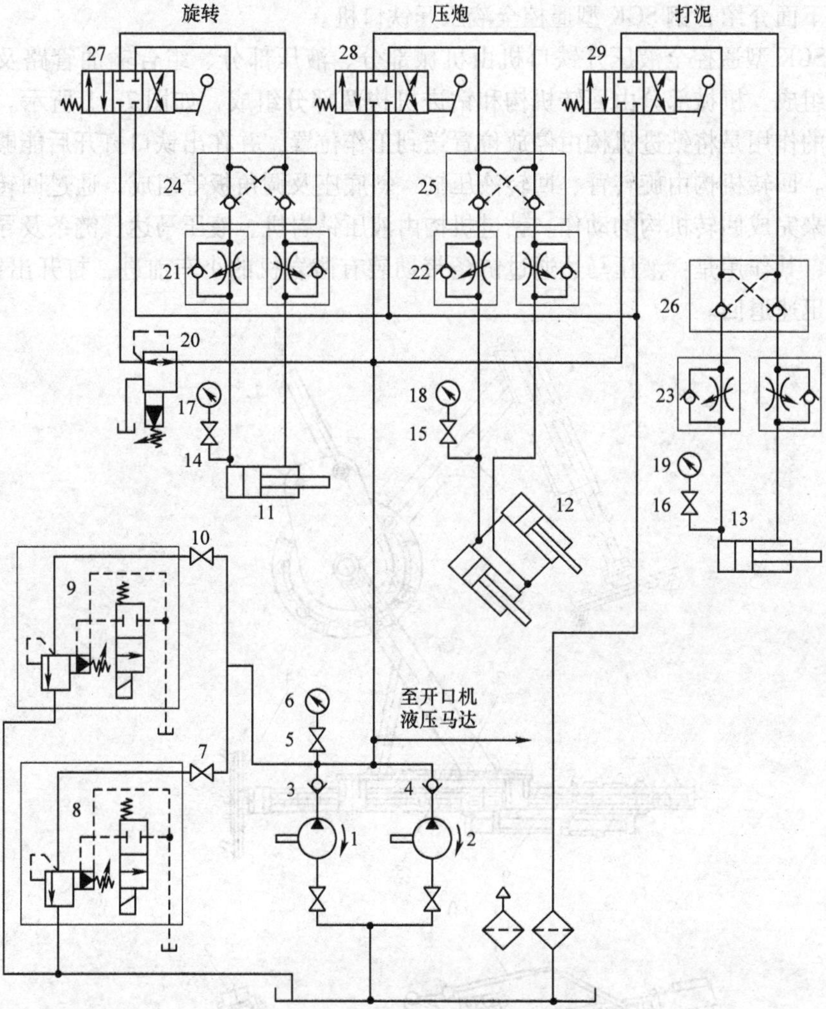

图 7-10　高炉 500kN 泥炮液压控制系统原理

1、2—定量柱塞泵　3、4—单向阀　5、14、15、16—压力表开关　6、17、18、19—压力表　7、10—截止阀　8、9—电磁溢流阀　11—泥炮旋转液压缸　12—压炮液压缸　13—打泥液压缸　20—三通减压阀　21、22、23—双单向节流阀　24、25、26—双液控单向阀　27、28、29—三位四通手动换向阀

对开铁口机的要求是：

1）开出的孔道应为具有一定倾斜角度的直线孔道，其倾角应能根据高炉在各个时期炉缸的浸蚀情况在一定范围内调节。

2）打开出铁口时，覆盖在出铁口区域炉缸内壁上的耐水泥层不应被破坏。

3）打开出铁口的全部操作应机械化，并能远距离操作。

4）为不妨碍炉前各种操作顺利进行，开口机的结构应尽量紧凑，外形尺寸应尽量小。

下面介绍首钢 SGK 型遥控全液压开铁口机。

SGK 型遥控全液压开铁口机由机械部分、液压部分、组合输油管路及遥控装置组成。机械部分由回转机构和钻进机构两部分组成，如图 7-11 所示。回转机构的作用是将钻进机构由停放位置送到工作位置，并在出铁口打开后能够迅速退回。回转机构由旋转臂、回转液压缸、斜底座及调角板等组成，通过回转缸的伸缩来完成回转机构的动作。钻进机构由液压钻岩机、液压马达、链条及导架等组成，其作用是：液压马达通过链条带动装有凿岩机的小车前进，打开出铁口，并能迅速退回。

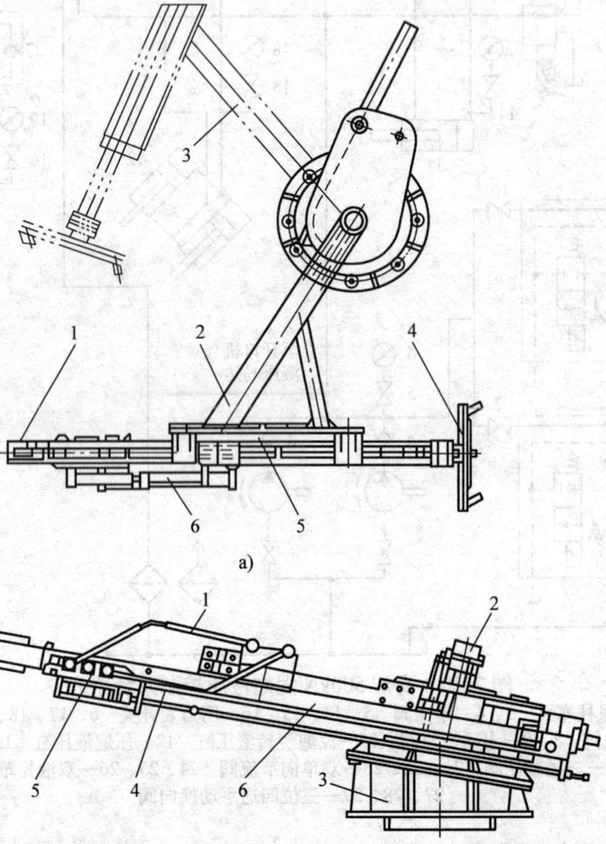

图 7-11　SGK 型遥控全液压开铁口机

a）全液压开铁口机装置

1—送进马达　2—旋转臂　3—停放位置　4—前端固定装置　5—工作位置　6—三、四路铰

b）全液压开铁口机主视图

1—三路铰　2—七路回转接头　3—底座　4—四路铰　5—小车　6—钻进机构

SGK 型遥控全液压开铁口机在机构方面具有新颖、简单、刚性好、高度矮等特点。目前我国开铁口机对准出铁口一般常用压下形式，即开口机在高炉旁转到工作位置后，由液压缸或气缸使开口机钻进机构和出铁口形成一定角度，这样必须在开口机钻进机构上设置压下装置，其结果增加了多处铰链点，从而降低了机体的刚度，使开口机对位困难，同时由于增加了液压缸（气缸）等元件及构件，使机体变得十分复杂，增加了隐患，并使设备维护和润滑十分困难。另外，由于现代化高炉有风口平台，这就要求开口机整体高度较矮，可放置在风口平台之下。显然目前开口机无法满足这一要求。SGK 型遥控全液压开铁口机使用了矮式刚性结构，并将机架完全安装在一单面倾斜基础上（可放置在高 1.7 ~ 1.8mm 的风口平台下），与其他形式开口机相比，其对出铁口方式是靠回转机构一次对位，取消了压下机构，所以减少了铰链点，增加了机体的刚度，又节省了对位液压缸（气缸）等元件，从而简化了机构。此外，SGK 型遥控全液压开铁口机机构刚性强，回转机构的回转臂为人字形梁，人字形梁与调角板构成稳定的三角形结构，提高了机体的刚度，能有效防止大梁及钻进机构的受热变形，保证了打孔质量。该机采用调角板结构进行调角，结构简单，调角准确，并对整体高度影响较小。该机在钻进机构前端设有前端固定装置，这一结构结合斜基础的特点，在钻进机构前端设有弹簧式压触头，靠后面回转缸的压紧力与高炉炉皮上的支座顶紧，减小了机体开孔引起的颤动，从而保证了开孔的质量。

SGK 型遥控全液压开铁口机的液压系统如图 7-12 所示。该液压系统的泵站由五台泵组成，其中 1#、2#、3# 泵为双恒功率变量泵，1#、2# 泵为工作泵，3#泵为备用泵；4# 泵用于系统自身循环过滤，保证液压介质的清洁度；5# 泵提供系统的控制油。各泵所输出的液压油的压力分别由溢流阀 1 ~ 5 来调定。手动先导阀 6 ~ 9 用于控制大通径液动换向阀 10 ~ 13，其中阀 10 控制液压马达，使小车前进、后退，后退的速度由单向节流阀 14 来调节；阀 11 控制回转缸的动作，其动作速度由单向节流阀 20 来控制；回转缸回转到位后，液动换向阀 11 回中位，液压锁 19 封闭回转缸进出油口，确保回转定位；阀 12 控制凿岩机的冲击；阀 13 是控制凿岩机的正转杆、反转杆的液压马达，杆的速度由单向节流阀 18 调定。通过阀 15 ~ 17 可实现凿岩机的空打重打，以及空打重打的自动转换，即当冲头未顶到炉门时，凿岩机低压空打，防止凿岩机受损，待冲头顶到炉门，在封炉口的泥上划出痕迹后，再施以工作压力下的冲击重打。当凿岩机无负载时，平衡阀 15 不能打开，阀 16 处于图 7-12 所示状态，此时冲击回路中的压力由溢流阀 17 调定；当凿岩机加载后，平衡阀 15 打开，液动换向阀 16 换向，此时，冲击回路的压力为系统的冲击工作压力。

SGK 型遥控全液压开铁口机实际使用中具有如下特点：

1）在开铁口机多路系统同时动作并保证各自独立的条件下，通过组合油路

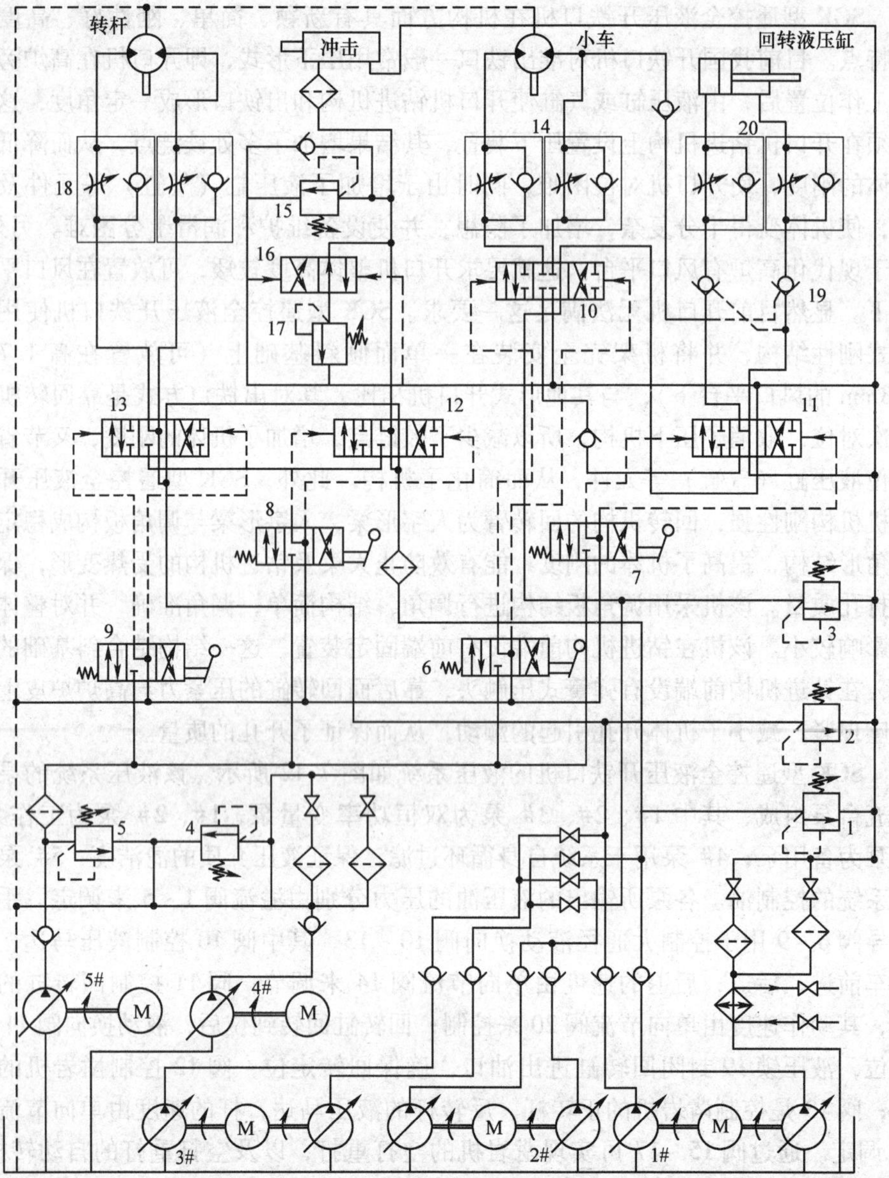

图 7-12　SGK 型遥控全液压开铁口机液压系统

1#～5#—泵　1、2、3、4、5、17—溢流阀　6、7、8、9—手动先导阀
10、11、12、13、16—液动换向阀　14、18、20—单向节流阀　15—平衡阀　19—液压锁

和双联恒功率变量泵将最佳 $P-q$ 曲线调定，使整个泵原系统简化，功率较低，安全可靠。

2）采用多路手动先导阀，使凿岩机的冲击、转杆两个动作可由一个手柄完成，依手柄的特定角度，实现冲击、正转、反转动作；另外，由于冲击、转杆和钻进小车的前进、后退是开铁口机操作同时必备的三个动作，所以将冲击、转杆操作合二为一，从而实现了由一个操作工人便可完成全部开口工作。

3）采用与手动先导阀配合使用的大通径多路换向阀。这些组合元件被广泛应用于工程机械中，使用可靠，抗污染能力强，动作平稳，其中位回油机能可使系统效率提高，防止油液升温。

4）由于钻进小车的进退与大臂回转没有同时动作的可能，系统中采用了两路多路换向阀，以减小体积，简化油路。

5）使用钢铰输油管路使机体上不用安装高压胶管，而高压胶管在炉前高温、明火的环境下极易损坏或引起大火。所以采用钢铰输油管路在最大程度上避免了设备着火损坏的可能性。

7.1.4　无料钟炉顶的液压传动

无料钟炉顶有十几个工作阀门，如果采用电力机械传动，则每个阀门都要有自己的电动机、减速箱和制动器；如果通过钢绳传动，还要有卷筒、钢绳、绳轮等。但是，如果采用液压传动，则可以共用一个液压站，每个工作阀门只要有一个液压缸就可以驱动。现以某厂 2 号高炉的液压传动为例，说明无料钟炉顶液压传动系统的概貌。

无料钟炉顶液压传动泵站系统如图 7-13 所示。图 7-14 所示为某厂 2 号高炉炉顶的液压传动料仓控制系统。两个仓各有 7 个工作阀门，其中料流调节阀用两个液压缸驱动（用一个也可以），加上受料漏斗翻斗用的一个液压缸，共需 17 个液压缸。由于各液压缸均需双向作用，因此采用活塞式液压缸。

图 7-13 中，整个系统配备有两台手调轴向柱塞式液压泵 8（25SCY14-1A 型），配 7.5kW 电动机 7（JO_2-51-4 型）。液压泵长期运转，一台工作，一台备用。同时选用两个 25L 的蓄压器，每个蓄压器各配 2 个 40L 的氮气瓶，充氮压力为 6.5MPa。系统主油路的工作压力为 8～9MPa。在液压泵和蓄能器之间有两套溢流保护系统（一套工作，另一套备用），溢流阀 5 弹簧调到 10MPa。当油压超过 10MPa 时，溢流阀自动溢流，起保护作用。

在主油路上装有两个电接点压力表。一个压力表的高压接点为 9.5MPa，低压接点为 8MPa。当主油路的压力达 9.5MPa 时，控制溢流阀的电磁阀 4 接通，使液压泵在卸荷状态下运转。当主油路的压力下降到 8MPa 时，上述电磁阀断开，液压泵向系统供油。

另一个电接点压力表的高压接点是 10.5MPa，低压接点是 6MPa。当压力达到 10.5MPa 或下降到 6MPa 时，液压泵就自动停泵并发出信号，过高的压力说明控制电磁阀和溢流阀失灵，过低的压力说明管路破裂大量漏油。这两种情况都需要及时停泵和抢修。

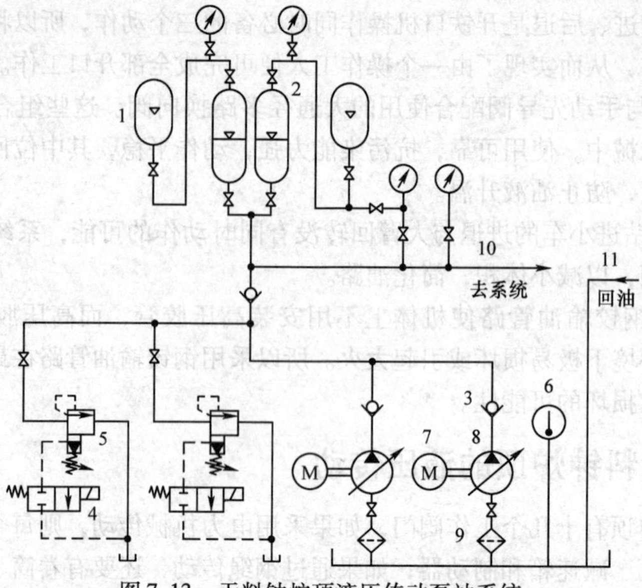

图 7-13　无料钟炉顶液压传动泵站系统

1—氮气瓶　2—蓄能器　3—单向阀　4—电磁阀　5—溢流阀　6—油温报警器
7—7.5kW 电动机　8—柱塞泵　9—粗滤器　10—高压出油　11—回油路

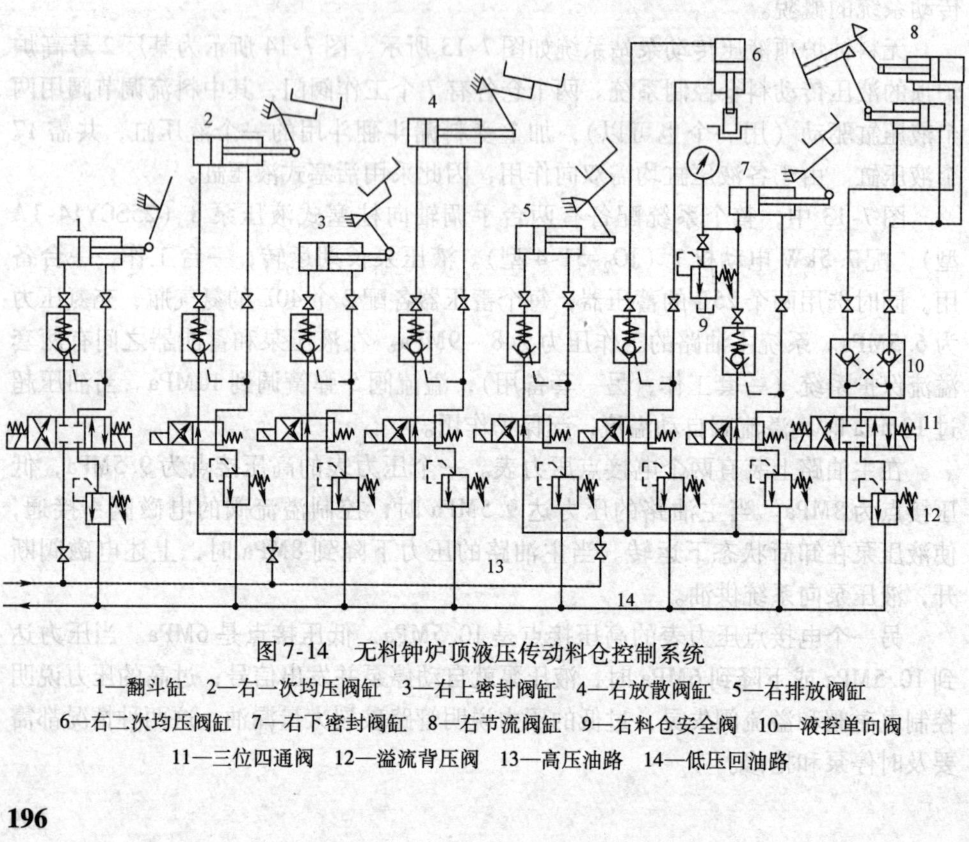

图 7-14　无料钟炉顶液压传动料仓控制系统

1—翻斗缸　2—右一次均压阀缸　3—右上密封阀缸　4—右放散阀缸　5—右排放阀缸
6—右二次均压阀缸　7—右下密封阀缸　8—右节流阀缸　9—右料仓安全阀　10—液控单向阀
11—三位四通阀　12—溢流背压阀　13—高压油路　14—低压回油路

图 7-14 中，通往各支路的三位四通阀 11 除受料漏斗和料流调节阀采用三位四通阀外，其余均采用二位四通阀，因为这些工作阀门只需两个极限位置，并要求工作阀门关闭时压紧阀座，以便确保密封。至于料流调节阀，除两个极限位置外，各种原料应具有不同的开口度，料流节流闸门的位置需要随时调节，因此用三位四通阀较好。翻斗只有两个极限位置，没有压紧的问题，可以用二位四通或三位四通阀。

为了防止料仓爆炸引起的损坏作用，在下密封阀的给油支管上设有右料仓安全阀 9，压力可以调到 10MPa。

由于液压站（包括泵站和控制阀门）设在远离炉顶 160m 的较低房间内，为了防止回油时卸空产生振动，在每条回油支管上都装有溢流背压阀 12。这不但可以防止管路振动，并且可以控制各工作阀门的启闭速度。

将所有的液压元件（除液压缸外）都远离炉顶安置是不合理的，这样需要增加几千米管道。这些工作的油管变化很大，一时高压，一时低压，阻尼损失很大。太长的管线在时间的控制上可能出现滞后现象，不易准确控制料流调节阀合适的位置。

合理的布置应该把液压站分为两部分：一部分是泵站，包括蓄压器、氮气瓶、电接点压力表、液压泵、油箱和溢流保护系统（图 7-13 所示部分）；另一部分是料仓控制系统，即主油路后的各种阀门，如换向阀、液控单向阀、溢流背压阀和截门等（图 7-14 所示部分）。泵站可以设在离炉顶较远的地面，便于管理和维护；后者可以用积木块的方式安装在控制架上，放在离炉顶工作机构较近的炉顶平台的小房间内。

7.2 液压系统在炼钢设备中的应用

炼钢设备的作用是把从高炉出来的铁液和废钢装入炼钢炉（平炉、转炉、电炉）内，通过氧化及造渣过程，冶炼出符合要求的钢液。从炼钢炉中出来的钢液，用连铸机或开坯机凝固成符合轧材的方坯或板坯。

7.2.1 20t 电弧炼钢炉液压系统

电弧炼钢炉是利用三相炭质电极与物料之间形成的高温电弧对金属材料进行熔化，将生铁转化成钢。图 7-15 所示为 20t 电弧炼钢炉结构示意图。

1. 设备简介

电弧炼钢炉的液压传动机构有电极升降装置、炉门升降机构、炉体旋转机构、炉盖顶起装置、炉盖旋转机构及倾炉装置等六部分，如图 7-15 所示。电极升降为的是调整电流大小，以控制冶炼温度。电极与物料形成的电弧，其变化量由伺服缸的位移控制，缸由伺服阀控制。电炉工作时，其弧长值可由电流和电压反映，通过电控器的平衡电阻两端输入伺服阀。炉盖顶起和旋开的目的是便于装料，炉门升降是冶炼操作需要，炉体旋转是均匀炉内温度，而倾炉装置的作用是：在出钢和出渣时将炉体倾动一定角度，打开出钢口或出渣口，使钢液流入钢包或使钢液表面的炉渣溢出流入渣罐。倾炉的目的是出钢和出渣。

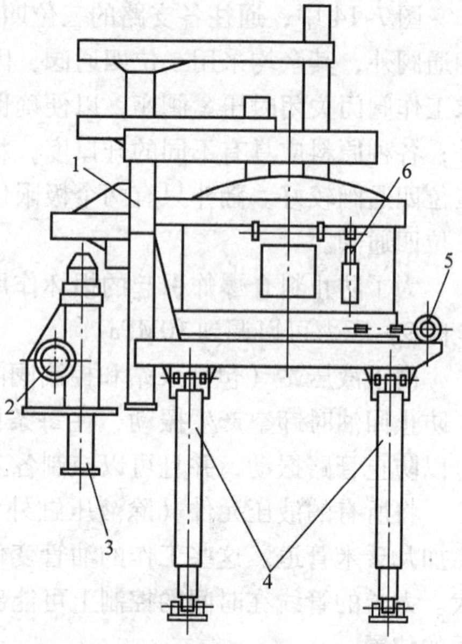

图 7-15　20t 电弧炼钢炉结构示意图

1—电极升降装置　2—炉盖旋转机构
3—炉盖顶起装置　4—倾炉装置
5—炉体旋转机构　6—炉门升降机构

电弧炼钢炉的工艺参数如下：

容许最大出钢量	35t
熔池面直径	3700mm
熔池最大深度	730mm
熔池面到炉盖高度	1800mm
电极直径	400mm
电极升降最大行程	3100mm
电极升降速度：	
上升	0.15m/s
下降	0.1m/s
炉体倾翻最大角度：	
出钢	45°
出渣	15°
炉体倾翻时间	75s
炉盖顶起高度	500mm
炉盖顶起时间	60s
炉盖旋开最大角度	80°
炉盖旋开时间	60s
炉体最大旋转角度	±30°
炉体旋转时间	60s

2. 液压传动系统说明

液压传动系统如图 7-16 所示。整个电弧炉液压系统的油源采用泵－蓄能器形式。

1）系统参数如下：

系统工作压力	4.5MPa

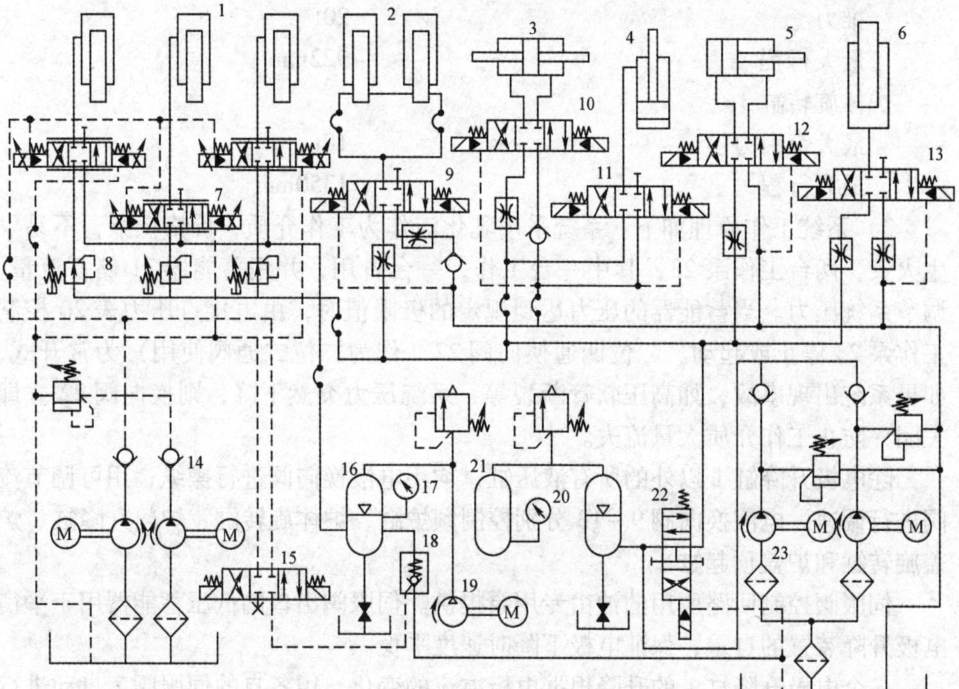

图 7-16　20t 电弧炼钢炉液压传动系统

1—电极升降缸（3 个）　2—倾炉缸（2 个）　3—炉体旋转缸　4—炉门升降缸　5—炉盖旋转缸　6—炉盖顶起缸　7—伺服阀　8—减压阀　9、10、11、12、13—电液换向阀　14—控制泵　15—电磁换向阀　16、21—蓄能器　17、20—压力表　18—液控单向阀　19—空压机　22—换向阀　23—工作泵

工作泵 23（高压离心泵，2 台）：

流量	90、167、250L/min
压力	6.4、6.15、6MPa
功率	55、55、55kW

工作介质：乳化液

高压蓄能器 21 总容积	3800L
低压蓄能器 16 总容积	1050L

电极升降伺服阀控制泵 14：

流量	60L/min
压力	0.6 ~0.8MPa

炉盖顶起缸 6：

顶力	140t
最大行程	1150mm

炉盖旋转缸 5：

推力	20t
最大行程	922mm
炉体旋转缸 3：	
最大牵引力	18t
最大行程	1350mm

2）系统工作原理如下：系统采用乳化液作为工作介质，价格低廉，不易发生火灾。两台工作泵 23，其中一台工作，一台备用，并用蓄能器 21 储蓄流量，调节系统压力。当蓄能器的压力达到规定的极限值时，由电接点压力表 20 控制工作泵 23 停止或起动。二位四通换向阀 22（作为二位二通阀使用）为常开式，如果系统出现事故，如高压软管断裂等，系统压力突然下降，则换向阀 22 立即关闭，防止工作介质大量流失。

除电极升降缸 1 以外的所有液压缸，均用电液换向阀进行操纵，用可调节流阀进行调速。电液换向阀 9 ~ 13 分别控制倾炉缸、炉体旋转缸、炉门升降缸、炉盖旋转缸和炉盖顶起缸。

伺服阀控制回路所用的油由专用泵提供。伺服阀出口的低压蓄能器用于平衡电极升降装置的自重，保证电极下降时速度平稳。

三个电极升降缸 1 的升降根据电极电流的变化，用各自的伺服阀 7 自动进行调节。伺服阀的控制回路所用的油由专用的控制泵 14 提供。减压阀 8 用于调节和稳定伺服阀的进口压力。伺服阀出口的低压蓄能器 16 所储存的压力用于平衡电极升降装置的自重，保证电极下降时速度平稳。该蓄能器由电接点压力表 17 操纵电磁换向阀 15，启闭液控单向阀 18，将压力控制在一定的范围内。当罐中的液位在高位，而压力在低位时，则起动空压机 19 进行充压。

此外，在控制泵的油箱上还设有冷却水套及电加热器等（图中未绘出）。

7.2.2 中频无芯感应熔炼炉液压系统

1. 中频无芯感应熔炼炉的功能结构

GWX1-500-1 中频无芯感应熔炼炉为炼钢用炉，炉子的两个炉体交替使用，其传动部分采用液压系统。为满足该炉的使用特点及炼钢工艺要求，要求液压系统具有变速控制浇钢，以及炉盖升降与旋转同时动作的功能。

2. 液压系统及其工作原理

图 7-17 所示为该熔炼炉的液压系统原理。左、右炉体分别有相同的两个倾炉液压缸 1 和一个炉盖开闭液压缸 2，所以形成左右炉体两个液压回路，并共用定量液压泵 9 通过三位四通电磁换向阀 7 交替供油，液压泵可以通过该阀的 H 型中位机能卸荷。以左炉体为例，二联手动多路换向阀 6 中的阀 6a（O 型机能）和 6b（A 型机能）分别用于缸 2 和缸 1 的运动方向控制，溢流阀 6c 和 6d 用来

设定缸 2 和缸 1 的最高工作压力，以防炉盖起升和倾升中过载。系统的流量可以通过调速阀 8 实现粗调，设在缸 2 进出油口的单向调速阀 4 和 5 用来调节炉盖具有相同的开闭速度，而单向阻尼阀 3 则用来实现倾炉液压缸 1 下降时的单向节流限速。

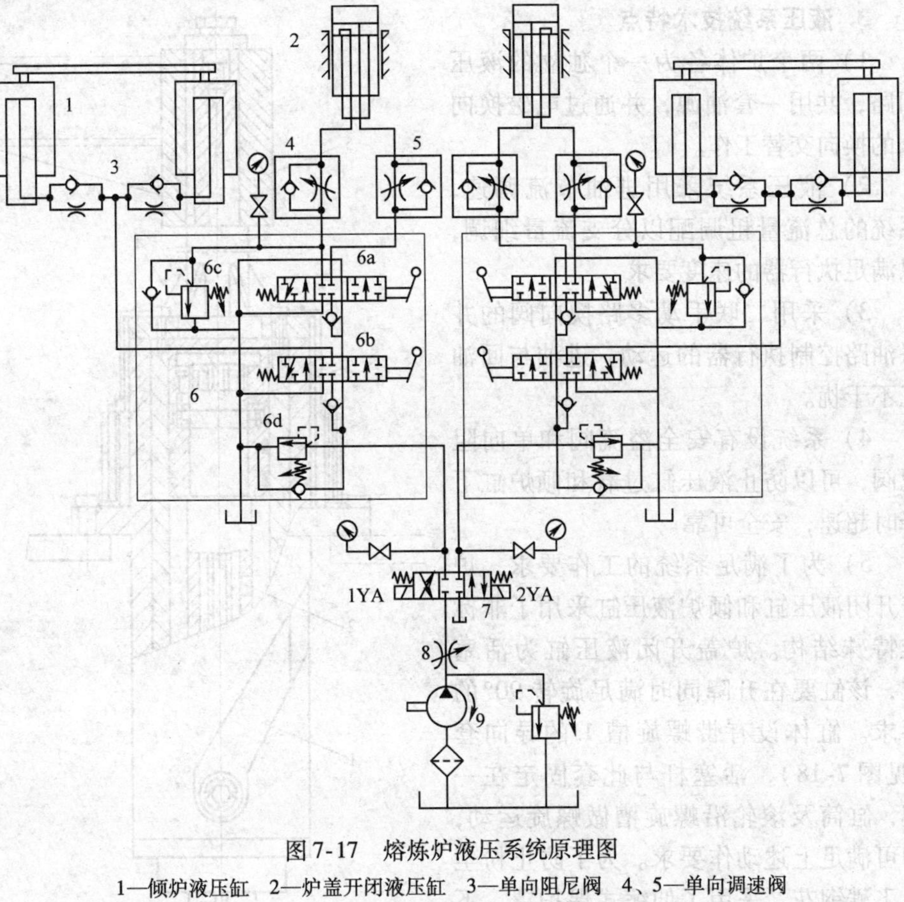

图 7-17　熔炼炉液压系统原理图

1—倾炉液压缸　2—炉盖开闭液压缸　3—单向阻尼阀　4、5—单向调速阀　6—手动多路换向阀　7—三位四通电磁换向阀　8—调速阀　9—定量液压泵

液压系统的工作原理如下：仍以左炉体缸工作为例，起动液压泵后，按左炉体供油按钮，电磁铁 2YA 通电，换向吸切换至右位。定量液压泵 9 的液压油经调速阀 8 进入组合式手动多路换向阀 6，当推拉阀 6a 手柄时，炉盖开闭液压缸 2 即可旋转升降，往返速度由单向调速阀 4、5 的开度来调定。阀 6b 的阀芯开有单向节流口，随手柄前推位移量的改变，倾炉液压缸 1 的起升速度可随之变化，即可实现变速控制浇钢。手柄前推到位为全开最大流量，如果速度不合适可通过调速阀 8 来调定；手柄后拉没有调速功能（因浇钢后炉体复位不需变速），到位全开，但单向阻尼阀 3 可实现下降固定节流限速。阀 6a、6b 可使浇钢及炉盖升降

缸任意启停。当左炉体工作结束时，按下左炉体停油按钮，电磁铁 2YA 断电，三位四通电磁换向阀 7 复至中位，液压泵通过阀 7 卸荷。如果需要液压系统终止工作，则可以停泵。如果右炉体工作，只要使电磁铁 1YA 通电，将三位四通电磁换向阀 7 切换至左位即可。

3. 液压系统技术特点

1）两个炉体各为一个独立的液压回路，共用一套油源，并通过电磁换向阀的换向交替工作。

2）液压系统采用进油节流调速，系统的总流量粗调配以分支流量细调，以满足执行器的速度要求。

3）采用二联手动多路换向阀的并联油路控制执行器的运动，进油与回油互不干扰。

4）系统设有安全溢流阀和单向阻尼阀，可以防止液压缸过载和倾炉缸下降时超速，安全可靠。

5）为了满足系统的工作要求，炉盖开闭液压缸和倾炉液压缸采用了非标准特殊结构。炉盖开闭液压缸为活塞缸，该缸要在升降同时满足旋转 90° 的要求。缸体设有带螺旋槽 1 的导向套（见图 7-18），活塞杆与此套固定在一起，缸筒及滚轮沿螺旋槽做螺旋运动，即可满足上述动作要求。为了防止粉尘及飞溅钢花，采用了伸缩式保护罩。下降终点前采用缓冲柱塞 3，以防闭合时炉盖冲撞。

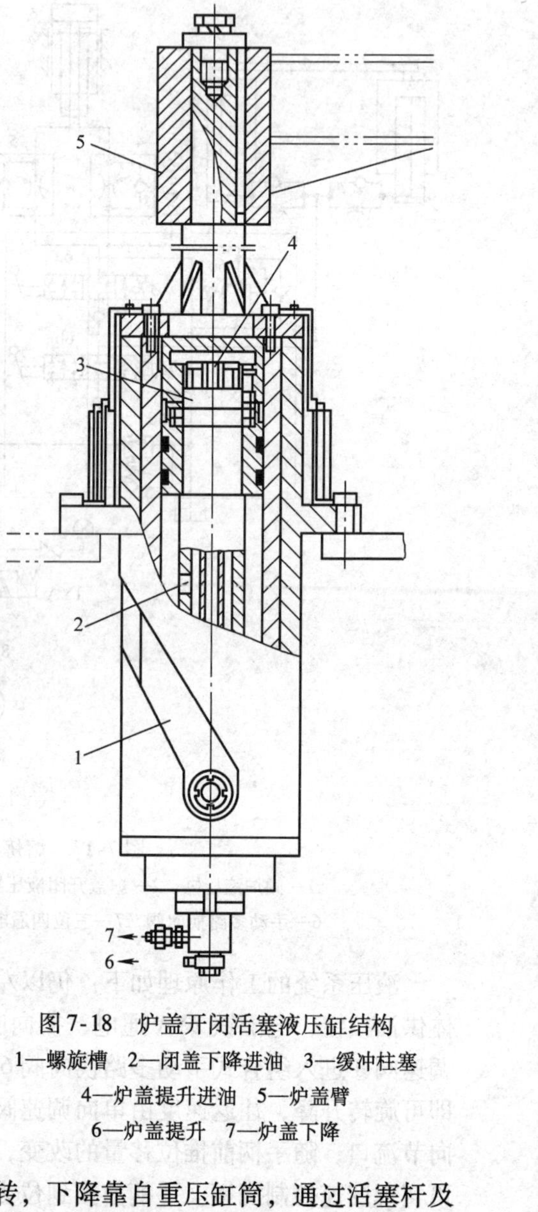

图 7-18　炉盖开闭活塞液压缸结构

1—螺旋槽　2—闭盖下降进油　3—缓冲柱塞　4—炉盖提升进油　5—炉盖臂　6—炉盖提升　7—炉盖下降

6）考虑该炉的使用条件及可动炉体靠自重下降的工况，倾炉缸采用倒置式柱塞缸，空心活塞杆铰接固定，只有摆动，不做轴向运动。起升时，液压油通过销轴及活塞杆推缸筒带动可动炉体倾转，下降靠自重压缸筒，通过活塞杆及销轴回油。此缸倒置后可减轻因粉尘及飞溅钢花引起缸唇口密封过早磨损，从而可减轻活塞杆拉伤所造成的液压缸渗油。此缸下降终点前采用了缓冲柱塞，以防可动炉体下降终点冲撞。

7.2.3　150t 电弧炉炉体倾动电液比例控制系统

1. 概述

为保证电弧炉顺利地出钢出渣，要求电弧炉必须设置炉体倾动机构。某钢厂 150t 电弧炉采用偏心炉底出钢，所以炉体倾动角度较小，其炉体前倾角（出钢口侧）一般不大于 15°，后倾角（出渣口侧）一般不超过 -7°。炉体倾动机构的工作特点是负荷重，倾动速度变化要求平稳。炉体倾动机构按传动方式可分为液压传动和机械传动。液压传动能很好地满足其倾动要求，所以得到了广泛应用。以下从满足 150t 电弧炉炉体倾动速度特性的要求出发，介绍电液比例技术在电弧炉炉体顷动液压系统中的控制及应用。

2. 电弧炉炉体倾动速度特性

电弧炉出钢和出渣的动作是靠液压缸升降推动炉体倾动来实现的。一般情况下，炉体前倾角度为 15°时出钢完毕。理想的前倾速度应该是开始慢（小于 1°/s），到一定倾角时再加快，以防止钢液倾泻流量过大造成事故。炉体后倾到 -7°左右时应自动停止。理想的后倾速度应该是开始快，到一定倾角时再逐渐减慢到零，目的是防止浮在电弧炉剩余钢液面上的炉渣外流入钢包。有关电弧炉倾动角度与倾动速度的变化关系曲线如图 7-19所示。由图 7-19 可以看出，在前倾角度约 6°时倾动速度加快到 1.5°/s，后倾到倾角 -2°左右时倾动速度明显变慢。

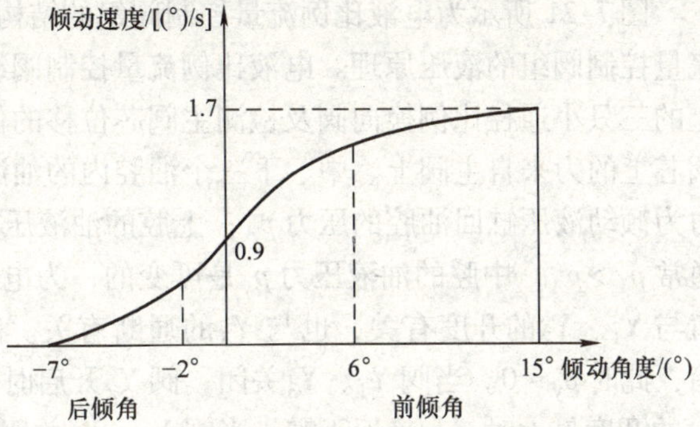

图 7-19　炉体倾动角度与倾动速度的变化关系曲线

3. 电弧炉炉体倾动液压系统的工作原理

150t 电弧炉炉体倾动特点是：由于倾动质量大，倾动力矩大，所以倾动液压缸缸径大，其进、出流量也大；此外，速度特性要求电弧炉倾动速度能平稳变化。根据电弧炉倾动特点，倾动液压系统采用了锥阀插装阀和电液比例流量控制阀组合的比例控制大流量出口调速回路。炉体倾动液压系统原理如图 7-20 所示，从液压泵来的乳化液介质（压力 6.4MPa）经二通插装阀进入倾动液压缸一腔，二通插装阀的内控油路由二位三通电磁阀控制；倾动液压缸另一腔回油则经电液比例流量控制阀组回油箱。因为倾动液压缸上下往复速度控制的要求不同，因而采用两组电液比例流量控制阀组分别控制倾动缸上升及下降的回油。

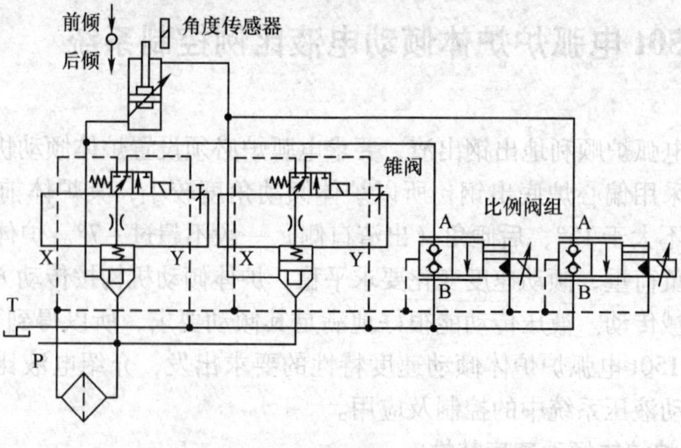

图 7-20 炉体倾动液压系统原理

4. 电液比例流量控制阀组的控制原理

图 7-21 所示为电液比例流量控制阀组的结构简图，图 7-22 所示为电液比例流量控制阀组的液压原理。电液比例流量控制阀组由主阀芯、阀体、安装在阀体上的三只小通径比例换向阀及检测主阀芯位移的位移传感器等组成。作用在主阀阀芯上的力来自主阀上、中、下三个油腔内的油液压力。下腔（A 处）的油液压力为倾动液压缸回油腔的压力 p_A；上腔的油液压力为倾动液压系统控制压力 p_1，通常 $p_1 > p_A$；中腔的油液压力 p_y 是可变的，为电液比例阀 Y_1 的出口压力，其数值与 Y_1、Y_2 的开度有关，也与 Y_3 的通断有关。阀 Y_3 开启时，主阀中腔直通油箱，此时 $p_y \approx 0$。当阀 Y_1、Y_3 关闭，阀 Y_2 开启时，p_y 值随 Y_2 开度的增大而降低。Y_2 的开度最大时，p_y 趋近于零。当阀 Y_2、Y_3 关闭，阀 Y_1 开启时，p_y 随 Y_1 开度的增大而升高。Y_1 的开度最大时趋近于 p_1，为最高值。

主阀开度的大小（即倾动液压缸回油流量大小，它决定着电弧炉炉体倾动的速度）取决于主阀芯上、中、下三腔压力的平衡状况。

当阀 Y_2 和 Y_3 关闭，阀 Y_1 开启时，主阀芯受力为

$$p_y A_{中} + p_A A_{下} \geqslant p_1 A_{上}$$

式中 $A_{上}$、$A_{中}$、$A_{下}$——分别为主阀上、中、下腔的有效作用面积。

随着 Y_1 开度的增大，p_y 越来越高，主阀芯受合力作用上升，使主阀开度逐渐增大，即电弧炉炉体倾动速度越来越快，Y_1 的作用相当于增速阀。

当 Y_1 和 Y_3 关闭，Y_2 开启时，主阀芯受力为

$$p_y A_{中} + p_A A_{下} \leqslant p_1 A_{上}$$

随着 Y_2 开度的增大，p_y 越来越低，主阀芯受合力作用下移，主阀开度逐渐减小，即电弧炉炉体倾动速度越来越慢，Y_2 的作用相当于减速阀。为了保证主

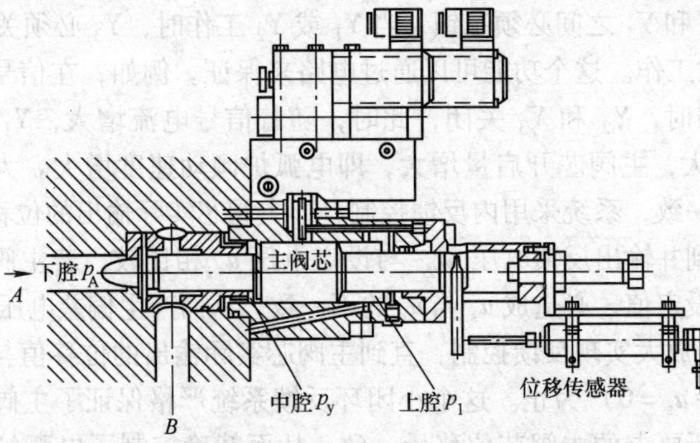

图 7-21　电液比例流量控制阀组结构简图

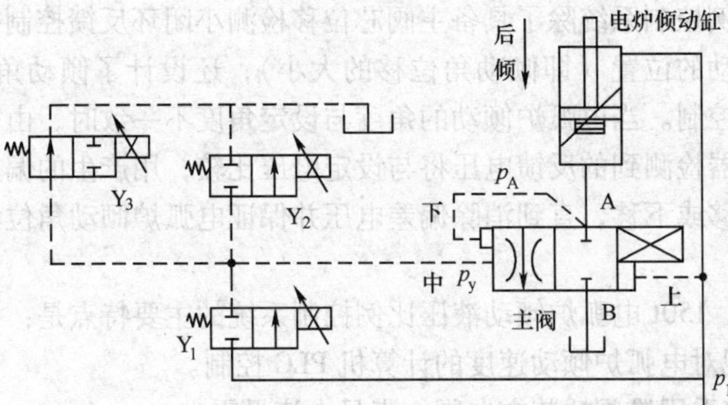

图 7-22　电液比例流量控制阀组液压原理

阀中腔压力 p_y 为零时电弧炉炉体倾动速度为零，设计时主阀芯上腔的作用力 $p_1A_上$ 应大于下腔作用力 $p_AA_下$，以保证 p_y 为零时主阀芯下移，关闭回油通道。上述电液比例流量控制阀组的控制原理见表 7-4。

表 7-4　比例流量控制阀组的控制原理

比例阀状态			p_y变化	主阀芯受力状态	主阀开度	炉体倾动速度变化
Y_1	Y_2	Y_3				
通电	断电	断电	增大	$p_yA_中+p_AA_下 \geqslant p_1A_上$	增大	增速
断电	通电	断电	减小	$p_yA_中+p_AA_下 \leqslant p_1A_上$	减小	减速
断电	断电	通电	不变		关闭	停止

5. 150t 电弧炉倾动计算机 PLC 控制原理简介

计算机系统中，根据 150t 电弧炉倾动设定速度 v_s，确定与 v_s 对应的设定输入电压 u_s。电压 u_s 经电放大器放大，分别控制阀 Y_1、Y_2 和 Y_3。这里应说明的是：阀 Y_1、Y_2 和 Y_3 之间必须互锁，当 Y_1 或 Y_2 工作时，Y_3 必须关闭，并且 Y_1 和 Y_2 不能同时工作。这个功能可以通过电路来保证。例如，在信号电流输入到比例阀 Y_1 的同时，Y_2 和 Y_3 关闭，此时，随着信号电流增大，Y_1 开启量也增大，于是 p_y增大，主阀芯开启量增大，即电弧炉倾动速度增大。为保证实际速度与设定速度一致，系统采用内反馈控制，即主阀芯实际输出的位移量由位移传感器检测，得到并输出反馈电压 u_f，与设定电压 u_s 相比较，若主阀芯实际位移量大于或小于设定值，必造成 u_s 与 u_f 的不一致，从而产生偏差电压 Δu，偏差电压 Δu 通过信号放大实现反馈控制，直到主阀芯实际输出的位移值与设定值相等（此时 $\Delta u = u_f - u_s = 0$）为止。这个小闭环反馈系统严格保证了主阀芯位移量与设定倾动速度所要求的主阀芯位移量一致，从而精确控制了电弧炉倾动速度的大小。

该电液比例控制系统除了具备主阀芯位移检测小闭环反馈控制外，为了严格控制电弧炉倾动的位置（即倾动角位移的大小），还设计了倾动角度检测系统，即大闭环反馈控制。当电弧炉倾动的角度与设定角度不一致时，由电弧炉倾动体上的角度传感器检测到的反馈电压将与设定电压比较，用产生的偏差电压来控制倾动液压缸上移或下移，直到消除偏差电压并保证电弧炉倾动角位移与设定值一致为止。

综上所述，150t 电弧炉倾动液压比例控制系统的主要特点是：

1）可实现对电弧炉倾动速度的计算机 PLC 控制。

2）主回路采用锥阀插装方向阀，满足大流量需求。

3）调速回路采用插装式调速主阀与起先导作用的普通比例方向流量阀逻辑组合匹配，可实现大流量比例调速控制，由于调速时主阀的开度控制是基于压差控制原理，故保证了比例调速控制的可靠与准确。

第 8 章

连铸设备液压控制系统

8.1　连铸机工艺及设备介绍

1. 连铸工艺介绍

连铸介于炼钢和轧钢工艺之间，如图 8-1a 所示。连铸机接收钢液，铸成板坯，为热轧工艺提供轧制原料。连铸工艺如图 8-1b 所示。连铸工艺起到承前启

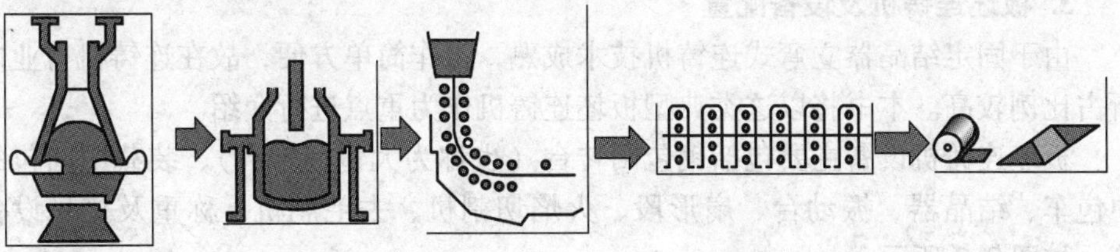

a)

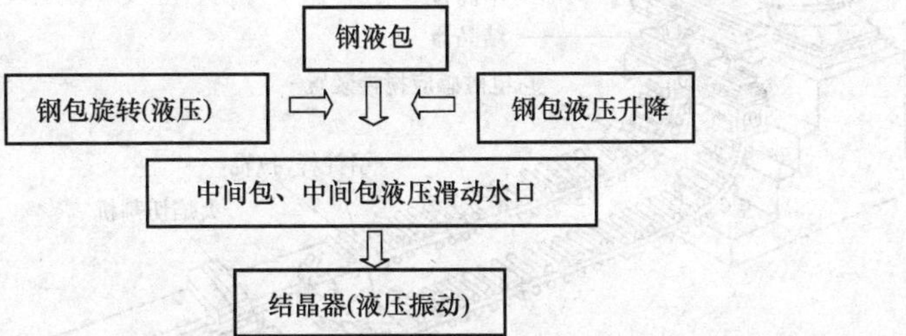

b)

图 8-1　冶金连铸工艺图

a）冶金工艺路线　b）连铸工艺图

后的作用，是冶金企业的重要工序之一。连铸工艺替代了落后的铸锭及初轧工艺，即传统的模铸技术，使冶炼和轧制可以连续进行。

目前，连铸技术日新月异，各个国家的连铸比更是突飞猛进（连铸比已经超过90%）。连铸技术的开发和应用已经成为衡量一个国家钢铁工业发展水平的标志。

2. 连铸机分类

连铸机的分类方法很多，如果按照结晶器是否可以移动划分，则可分为固定结晶器铸机和同步移动结晶器铸机。固定结晶器铸机又分为立式连铸机、立弯式连铸机、弧形连铸机、椭圆形连铸机和水平式连铸机等；同步移动结晶器铸机又分为双辊式连铸机、双带式连铸机、单辊式连铸机、单带式连铸机和轮带式连铸机等。

按照连铸时钢液的静压头大小，又可把连铸机分为高头连铸机、低头连铸机和超低头连铸机。根据生产的铸坯断面的形状，连铸机大致分为方坯连铸机、圆坯连铸机、板坯连铸机、异型坯连铸机和方/板坯兼用型连铸机。

3. 板坯连铸机及设备配置

由于固定结晶器立弯式连铸机技术成熟，操作简单方便，故在连铸机行业内所占比例较高。本书将以这类典型板坯连铸机作为重点进行介绍。

板坯连铸机设备主要包括钢包回转台（也称为大包回转台）、装载中间包的中包车、结晶器、振动台、扇形段、火焰切割机、去毛刺机、称重及打号设备等，如图8-2所示。

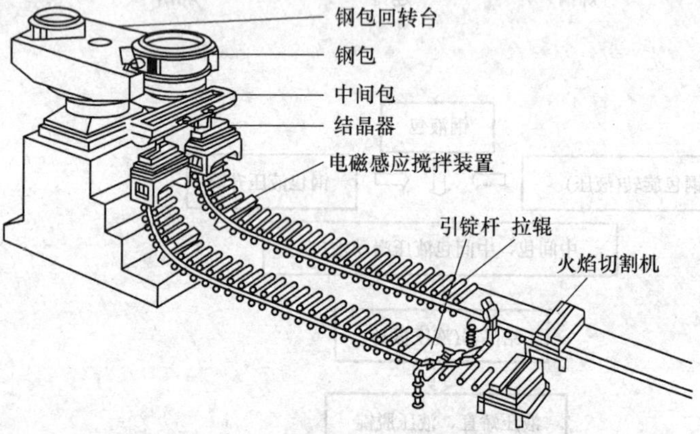

图8-2　板坯连铸机设备配置

为了方便管理，一般工厂将连铸机设备分为台上设备、铸流设备和台下设备。

台上设备即浇注平台以上的设备，包括钢包回转台、中包车、引锭杆车、引锭杆卷扬及他们的附属设备。

铸流设备即控制钢流并形成固态铸坯的相关设备，它是连铸机的关键设备，包括结晶器、振动台、扇形段及冷却水、液压电气等设备。

台下设备一般是指从扇形段以后开始的相关设备，主要包括火焰切割机、去毛刺机、称重、打号、火焰清理、检查台等设备。

技术较先进的连铸机的主要设备传动几乎都采用了液压传动控制，特别是结晶器液压伺服振动，它利用液压伺服控制高频响、高精度、功率放大等特点，可在线任意调整结晶器振动波形、振幅和频率，而这些是现有机械振动实现不了的。

8.2　连铸机台上设备液压控制回路

台上设备主要功能是接受钢液，对钢液进行浇注对位控制、浇注流量控制和清洁度控制，以确保钢液质量和连续浇注的生产要求。其主要设备有大包回转台及大包提升装置、大包水口装置、中包行走及升降装置等。

大包回转台主要功能是接受和运送钢液，将钢液从炼钢区域送到连铸区域，形式有两种，即直臂式和蝶式，如图 8-3 所示。直臂式结构简单，投资成本低，但是无法控制和保证钢液质量，故仅在老式连铸机或者产品要求较低的连铸机上使用。蝶式大包回转台相比直臂式回转台，其优点是可以单臂独立升降，准确地控制大包位置，也就是准确地控制大包长水口在中包中的位置，以保证浇注过程中钢液对位准确，提高板坯质量。在新近设计、建造的连铸机和高档连铸机中，蝶式回转台已成为基本配置。

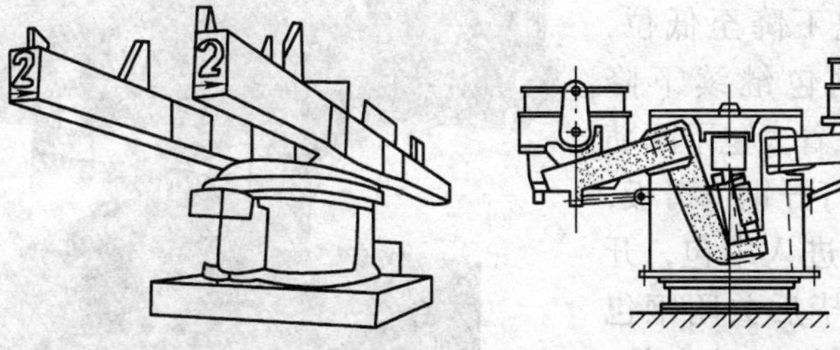

a)　　b)

图 8-3　大包回转台形式
a）直臂式　b）蝶式

中包位于大包和结晶器中间，其功能是从大包接受钢液，再浇入结晶器中。此外，在浇注过程中，中包还起到净化钢液、更换大包时储存钢液及保证连续浇注的重要作用。中包车用于支撑中包、运输中包和准确控制水口在结晶器内的位置，以提高产品质量和延长连续浇注周期。中包车形式有悬架型、门型、半门型，如图 8-4 所示。悬架型小车的特点是两根轨道都在高架梁上，对浇注平台的影响较小，操作方便，但是小车对中包载荷限制较大，故只适用于生产小断面铸坯。门型小车的轨道布置在结晶器的两侧，重心处于车框中，安全可靠，可承载大载荷中包，适用于大型连铸机。半门型小车是在门型小车的基础上做了升级，即将连铸机内弧侧轨道布置在钢结构轨道上，以释放操作空间，但是承载载荷有所降低，适用于中型连铸机。

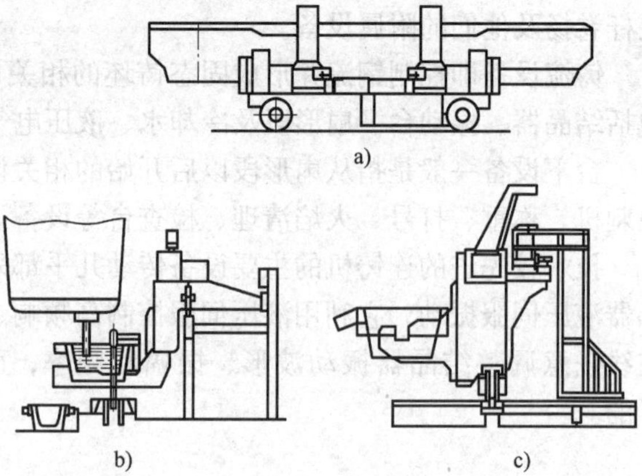

图 8-4　中包车形式
a）门型　b）悬架型　c）半门型

8.2.1　大包回转台液压系统

1. 大包回转台典型工艺动作

近年来，新的连铸机根据产品要求，大包台多选择蝶型回转台（见图 8-5），两个包臂升降单独控制。这种结构可以满足生产工艺控制和设备安全的要求。

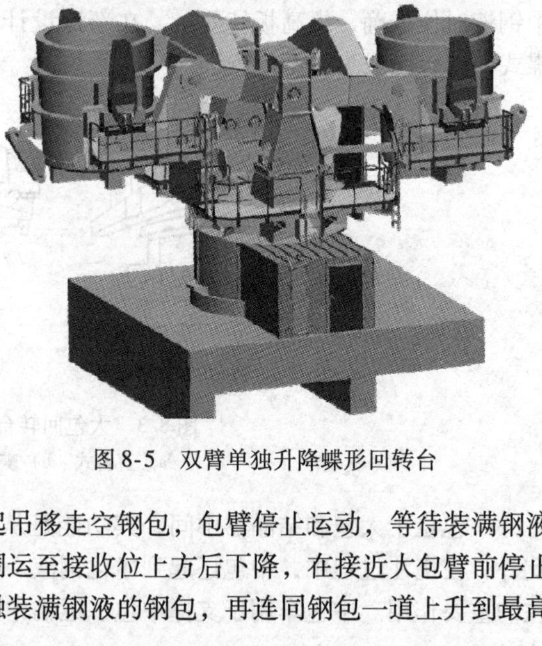
图 8-5　双臂单独升降蝶形回转台

大包回转台典型工艺动作如下：大包臂旋转到浇注工位，装满钢液的钢包下降至低位，安装长水口，钢包继续下降（长水口操作器跟着大包下降随动）至浇注位，打开钢包滑板，钢液通过长水口进入中包，开始浇注；浇注完毕后关闭钢包滑板，空钢包升起至最高位；大包臂旋转至接收工位后降低到中位，行车接近空钢包耳轴后行车停止动作，包臂下降，将空钢包留在行车吊钩上；行车起吊移走空钢包，包臂停止运动，等待装满钢液的钢包；装满钢液的钢包由行车调运至接收位上方后下降，在接近大包臂前停止下降，改由大包臂主动升起，接触装满钢液的钢包，再连同钢包一道上升到最高位（行车吊钩脱离钢包后开走），装满钢液的钢包随着包臂旋转到浇注工位后下降，开浇，完成一个循环周期。

钢包旋转时需要升到高位，主要是为了防止在低位时钢包底部刮碰及损坏设备。包臂接收钢液时，采取的措施是主动升起接触钢包，这样可以大大降低钢包对回转台的冲击，保护大包回转台。

大包回转台液压系统包括大包升降液压控制、大包旋转液压控制、大包加盖液压控制和大包滑动水口控制等。

2. 大包提升典型液压回路

图 8-6b 所示为一种典型的大包升降液压回路，其具有以下特点：

1）比例换向阀实现换向速度控制。由于钢包加上包内钢液质量非常大，显然一般换向阀控制很难避免换向时因为惯性而产生的冲击，本回路采用比例阀（见图 8-6b 中 1 元件）控制，动作过程中可根据行程位置采取不同的速度，即动作开始时采用低速，中间过程采用高速，接近行程末端换向前降低速度，控制冲击，既避免了冲击和振动，又可加快动作节奏，提升生产率。

2）大包和钢液重量非常大，如果行车在钢包下落过程中出现失控，极有可能损坏大包回转台和液压缸，发生设备和生产事故，为此，应在液压缸无杆腔设置安全阀（见图 8-6b 中 3 元件），并将其压力设置高于工作压力 1～2MPa，一旦出现动作失控，安全阀打开，可保护设备免受意外损坏。

3）液压缸在重量载荷作用下，为防止出现速度失控，回路设置了一个平衡阀（见图 8-6b 中 2 元件），速度过大时，平衡阀截流口缩小，起到减速作用；另外，为了防止速度失控时液压缸有杆腔吸空，在有杆腔和回油管路间设置一个单向阀，在有杆腔吸空时可以从回油管路补油，以保护液压缸及防止出现振动。

4）液压系统一旦发生故障，本套设备将面临钢液无法处理，这将带来很大的损失。为了避免这个问题，回路设置了一个事故手动阀（见图 8-6b 中元件 4），在液压控制系统出现故障时，通过手动控制可以将大包降下，以完成一个完整的浇注周期。这样既保证了生产持续进行，又为设备维护和抢修提供了条件。

5）为了防止软管爆裂导致钢液失控，本套设备的液压控制阀块直接安装在液压缸本体上，即使液压控制阀块外的软管出现爆裂事故，平衡阀 2 会迅速关闭，钢包也不会出现动作失控。

6）平衡阀的组成。平衡阀结构如图 8-6a 所示，包括阀体 1、主阀芯 2、先导体 3、控制阀芯 4、阻尼阀芯 5 和阻尼孔 6。提升负载时，液压油从 A 流动到 B，使主阀芯 2 打开。如果压力下降（如出现管子破裂），由于腔 7 通负载压力，故主阀芯可立即关闭；下降时，只有控制油 X（也就是有杆腔）压力达到设定压力时，主阀芯才能打开，控制流量的开口面积则靠主阀芯 2 的控制棱边逐渐打开阀套上的小孔来实现，这样动作开启和速度都能得到有效控制，以确保系统安全运行。

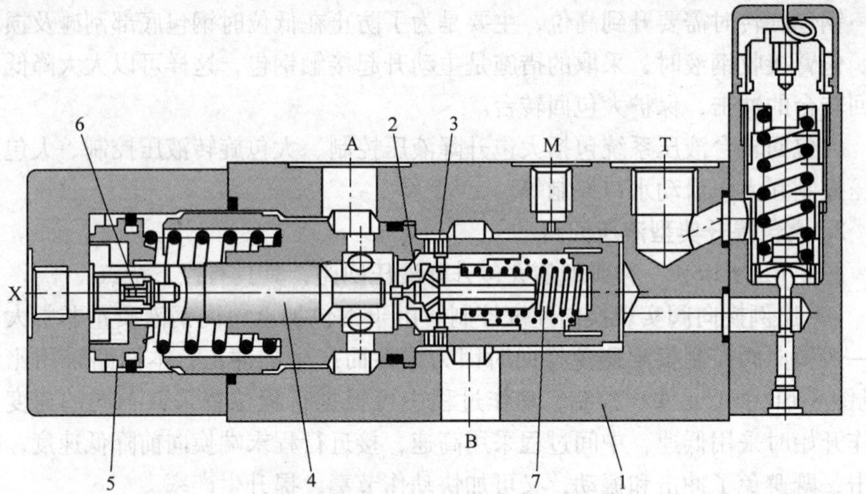

a)

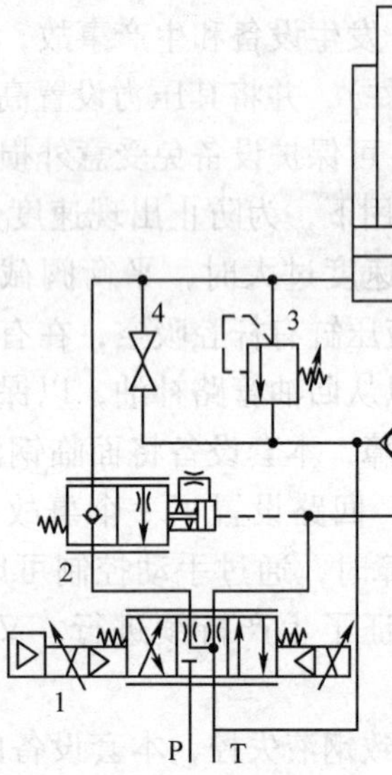

b)

图 8-6　大包提升液压控制原理

a）平衡阀结构图

1—阀体　2—主阀芯　3—先导体　4—控制阀芯　5—阻尼阀芯　6—阻尼孔　7—腔

b）回路原理图

1—比例阀　2—平衡阀　3—安全阀　4—手动阀

3. 大包臂旋转控制液压回路

通过大包臂旋转，将在大包台两个位置（浇注位和接受位）的包臂对调，可使装满钢液的钢包旋转到浇注位继续浇注生产，然后将浇完钢液的空钢包回送到接受位，用行车吊走；接着行车再送来灌满钢液的钢包放置在接受位上，等待大包臂再次旋转。大包旋转的方式主要有：①电动正常旋转加液压事故旋转；②电动正常旋转加气动事故旋转；③液压正常旋转加液压事故旋转等。

（1）电动正常旋转加液压事故旋转方式　现在连铸机大多采用电动正常旋转加液压事故旋转的组合驱动方式。液压事故旋转驱动液压原理如图 8-7 所示。

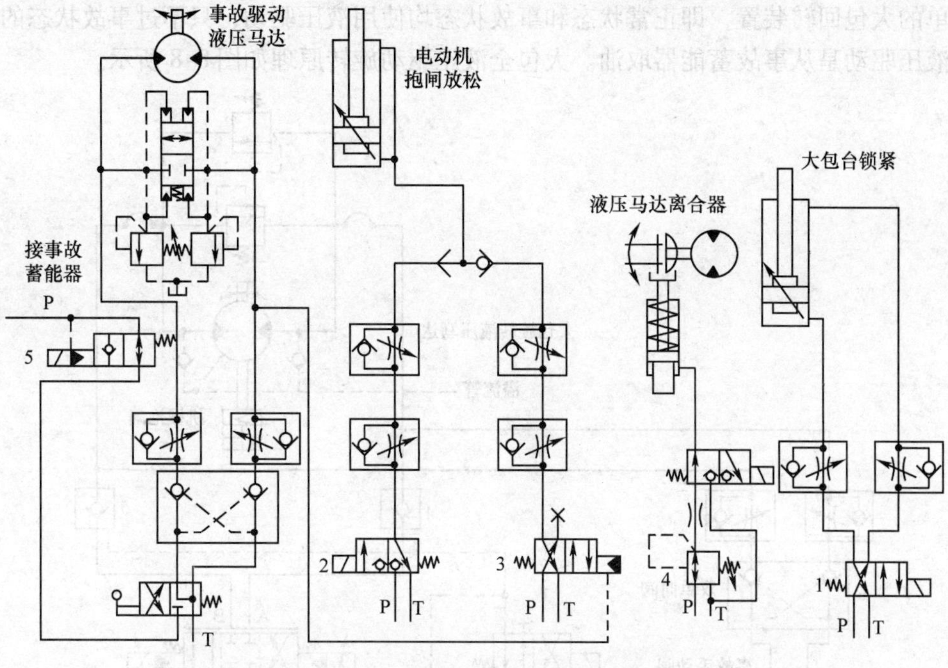

图 8-7　大包事故旋转控制液压原理图

1、2—电磁阀　3—液控换向阀　4—电磁换向阀　5—电磁隔离阀

在事故状态下，电动机、液压站和电磁阀均失电，为了移走浇注位的大包，需使用事故旋转功能。在此功能下，所有连锁均取消，强制进行大包旋转。拉起事故手动阀（一般情况下，此手动阀设置在大包浇注平台的逃生通道上，且远离大包回转台，但是操作者视线必须能够观察到大包台的状态），事故蓄能器提供的液压油经过手动阀进入控制回路，然后通过管道分成两个回路，一路进入大包台，另一路进入液压马达。进入大包台的油路，在失电状态下，通过电磁阀 1 收回大包台锁紧液压缸；通过电磁阀 2，使大包电动机松开抱闸，为了防止电机抱闸不能及时打开，还设置了一个备用液控换向阀 3，此阀与电磁阀 2 是“或”逻辑关系，可确保电动机抱闸打开；通过电磁换向阀 4 驱动液压马达离合器闭

合。在上述控制均完成的情况下，液压马达具备旋转条件，进入液压马达的另一路，使液压马达动作，旋转大包台到合适的位置，完成大包台事故旋转动作。

由于事故手动阀设置在逃生通道上，且处于易操作状态，故很容易被误碰或者误操作，影响生产及发生安全事故。为了避免误动作，在事故手动阀前设置了一个电磁隔离阀5，正常状态时此阀常得电，液压油被关闭，此时手动阀与系统液压油隔离，即使被误操作，液压油也不会驱动大包台动作，而在失电情况下液压油接通，则可以进行事故动作。

（2）全液压驱动方式　有些公司为了降低投资和维护成本，会采用一种简单的大包回转装置，即正常状态和事故状态均使用液压驱动，只不过事故状态的液压驱动是从事故蓄能器取油。大包全液压驱动旋转原理如图8-8所示。

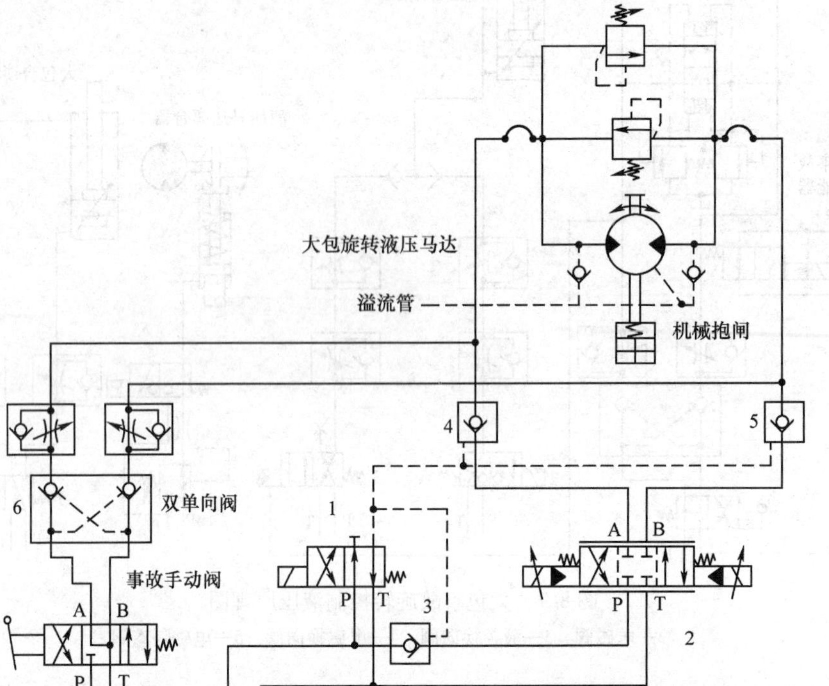

图8-8　大包全液压驱动旋转原理图

1—电磁换向阀　2—比例阀　3、4、5—液控单向阀　6—液压锁

正常工作情况下，首先打开电磁换向阀1，将液控单向阀3、4、5同时打开，然后给比例阀2一个控制信号，油液通过比例阀2进入液压马达，液压马达按照给定的速度运行驱动大包台旋转。此时，通往事故手动阀的油液被液压锁6关闭。停止状态时，关闭电磁换向阀1，切断供油回路和液压马达与比例阀2的

连接，一方面可保护比例阀 2 不会因为压力冲击损坏或者降低寿命，另一方面可防止比例阀 2 因为信号干扰产生误动作，导致事故。

事故状态及液压站停电或比例阀无法正常动作时，可手动打开事故手动阀，将蓄能器内液压油供给液压马达，驱动大包台回转完成事故驱动。

这种控制方式投资成本低，控制简单，维护方便，发生设备故障时易于诊断和排除，但是有以下隐患：首先，正常驱动和事故驱动使用同一个液压马达，在液压马达发生故障或者给液压马达供油的管路发生问题时，大包台就无法动作，以致造成钢液焊死在包内的严重生产事故。为了解决这个问题，有些单位对此进行了升级，改为使用两个液压马达驱动，一个液压马达用于正常驱动，出现事故状态时启用另外一个液压马达。其次，事故手动阀没有任何防护，容易发生误动作，如正在生产时可能会出现旋转大包的误动作，使包内钢液浇到大包台上，发生重大设备事故甚至是人身伤亡事故。

8.2.2　大包包盖控制液压系统

1. 大包加盖装置

大包加盖是指在钢液完成精炼后，在钢包上加盖封罩的作业。其目的是减少热量损失，防止钢液翻溅，减少钢液氧化。设置包盖有两种方式：一种是传统做法，在大包台上方设置一个可以旋转和升降的加盖装置（见图 8-9），钢包落在包臂上后，包盖旋转到钢包上方，再下降到钢包上，完成钢包加盖动作；另外一种做法是在钢包离开处理位时，加上一个独立包盖，全程跟随钢包动作，这种方式需要在钢液处理位设置加盖装置，不属于连铸设备，这里不再介绍。

图 8-9　大包加盖装置结构图

2. 大包包盖液压控制原理

大包加盖及液压缸驱动旋转原理如图 8-10 所示。包盖升降使用电磁换向阀 1 控制，使用双单向节流阀 3 实现回油节流调速，控制和调节液压缸动作速度。包盖停止时，为了保持包盖的位置，使用平衡阀 2 完成该动作，当电磁换向阀 1

失电时，阀芯处于中位，阀接液压缸的两个工作油口均接回油箱，压力卸掉后，平衡阀2的阀芯在弹簧力作用下右移，单向阀封死油路，液压缸停止动作。平衡阀2的另外一个功能就是在软管发生爆裂时，阀芯及时关闭油路，使包盖停止动作，以防止包盖失控。

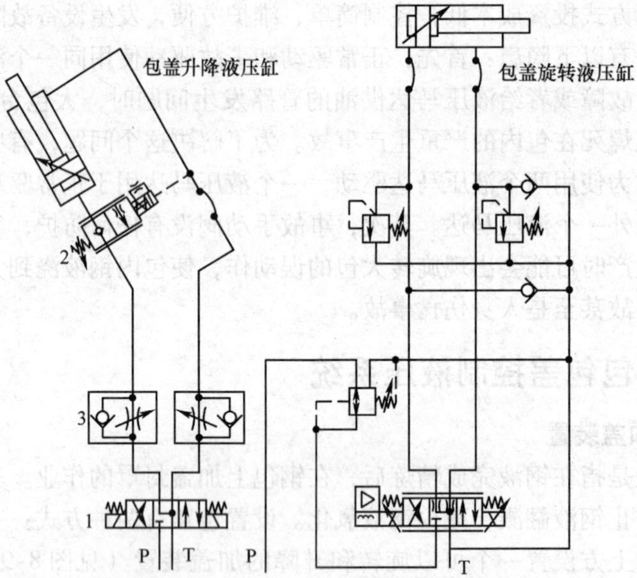

图8-10　大包加盖及液压缸驱动旋转原理图

包盖旋转一般采用两种驱动方式，即液压马达驱动和液压缸驱动。

液压缸驱动包盖旋转如图8-10所示。由于液压缸设置在包盖旋转装置的根部，加上包盖的质量，液压缸连接处惯量较大，为了减少冲击和振动，使用比例阀控制液压缸动作，起步时慢速动作，然后开始加速运动，到达设计速度后匀速动作，接近末端时降低速度，最后在很低的速度下停止，避免了冲击和振动。

8.2.3　大包滑动水口控制

大包滑动水口布置在钢包底侧（见图8-11），图上侧为大包底部，下侧为液压缸驱动的滑动水口装置。钢包运输过程中，水口始终处于关闭状态，将钢液封闭在钢包内。钢包运动至浇注位后，水口打开，钢液从此装置流出，经过中包进入结晶器。水口可以随时进行调节，起到控制浇钢温度、调节钢液流量的作用。水口控制的是高温钢液，因此水口动作控制第一原则是安全，其次才是按照生产要求进行动作控制，绝不容许出现任何因动作失误而引起的钢液失控。

1. 钢包滑动水口控制之一（驱动液压缸固定在大包上）

滑动水口装置液压缸驱动原理如图8-12所示，它具有手动开闭控制、自动

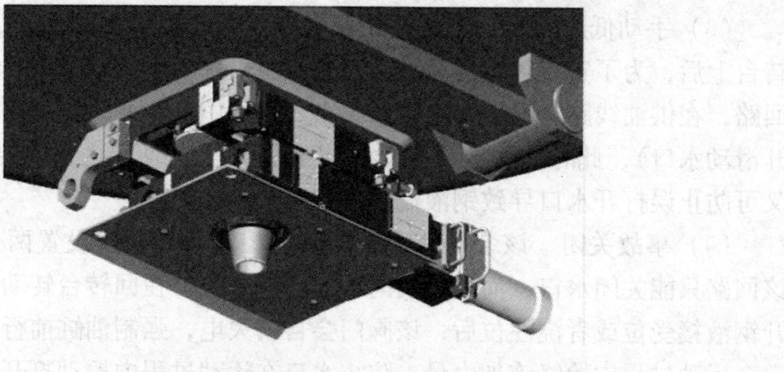

图 8-11　大包滑动水口示意图

开闭控制、手动低压控制、事故关闭及泄压等功能。

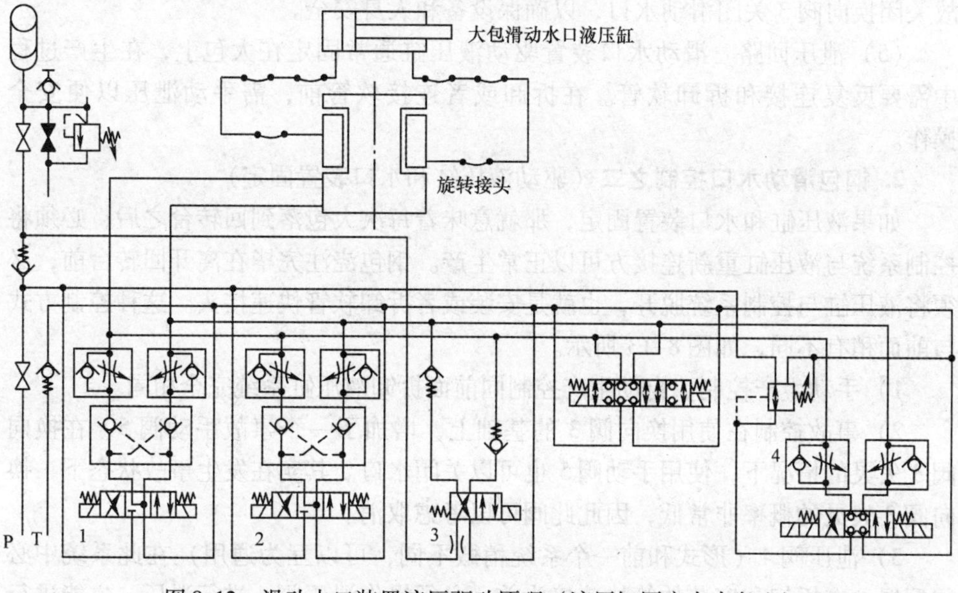

图 8-12　滑动水口装置液压驱动原理（液压缸固定在大包上）

1、2、3—换向阀　4—减压阀

（1）手动开闭控制　使用换向阀 1 进行操作，操作按钮设置在中包车浇注平台上，开浇时使用该按钮打开水口。正常生产过程中，如果自动控制失灵或者控制不满意，可以切换到手动控制状态，使用按钮控制该回路控制液压缸动作加大或者缩小水口开口度以达到控制钢流的目的。液压缸速度由后面的双单向节流阀在调试期间设定。回路中的液压锁在使用其他功能时，隔离换向阀与液压缸。

（2）自动开闭控制　回路与手动生产开闭完全一样，甚至双单向节流阀开口度调节都一样，唯一不同就是换向阀 2 在计算机控制下，可根据浇注状态自动开闭，实现开浇、停浇和中包液位调节的自动控制。正常生产时一般都使用该回路。

(3) 手动低压控制　控制按钮设置在大包接受位的平台上，在大包落到回转台上后，为了安装控制液压缸，需要低压小幅度运动以减小安装阻力。使用该回路，在供油线路上设置一个减压阀4，将压力减低到安全压力（该压力无法打开滑动水口），此时动作液压缸对水口毫无影响，故可达到安装液压缸的目的，又可防止误打开水口导致钢液流出事故。

(4) 事故关闭　该装置使用换向阀3控制，且回路设置两个单向阀，确保该回路只能关闭水口，而无法反向动作打开水口。在回转台转动一个设定角度离开钢液接受位或者浇注位后，该阀门会自动失电，强制油缸前行，关闭水口，且整个运动过程中始终施加力量，防止水口在运动过程中振动打开或者系统误动作打开。正常生产过程中突然发生停电等事故，蓄能器会自动提供液压油，使用事故关闭换向阀3关闭滑动水口，以确保设备和人身安全。

(5) 泄压回路　滑动水口装置驱动液压缸通常固定在大包上，在生产过程中需要反复连接和拆卸软管。在拆卸或者连接软管前，需手动泄压以便安全操作。

2. 钢包滑动水口控制之二（驱动液压缸和水口装置固定）

如果液压缸和水口装置固定，那就意味着每次大包落到回转台之后，必须将控制系统与液压缸重新连接方可以正常生产。钢包浇注完毕在离开回转台前，必须将液压缸与控制系统脱开，也就是安装或者拆卸软管快速接头。这种控制方式与前面稍有不同，如图8-13所示。

1）手动生产控制、自动生产控制同前面拆卸液压缸系统完全相同。

2）事故控制在使用换向阀3的基础上，增加了一个事故手动阀5，在换向阀3失灵的情况下，使用手动阀5也可以关闭水口。其实在发生事故状态下，换向阀3失灵的概率非常低，因此此阀可以考虑取消。

3）泄压阀4（形式和前一个系统稍微不同，可以互为通用）在此系统中必须配置，在拆卸和安装软管快速接头前，必须操作泄压阀4进行泄压，方能进行快速接头安装工作。

4）由于反复拆卸和安装快速接头，很容易污染系统，为了防止外界对系统污染，特意在回路的两路管道上增加了过滤器，以便在污染物进入系统前处理掉，保持系统清洁，确保系统运行的稳定。

8.2.4　中包车行走控制

1. 中包车行走驱动方式

中包车布置一般如图8-14所示，行走轨道的中间为浇注位，两边各有一个待机位，同时也是烘烤位。中包车行走有三种驱动方式：电动机驱动、液压马达驱动和电动机正常驱动、液压马达事故驱动。

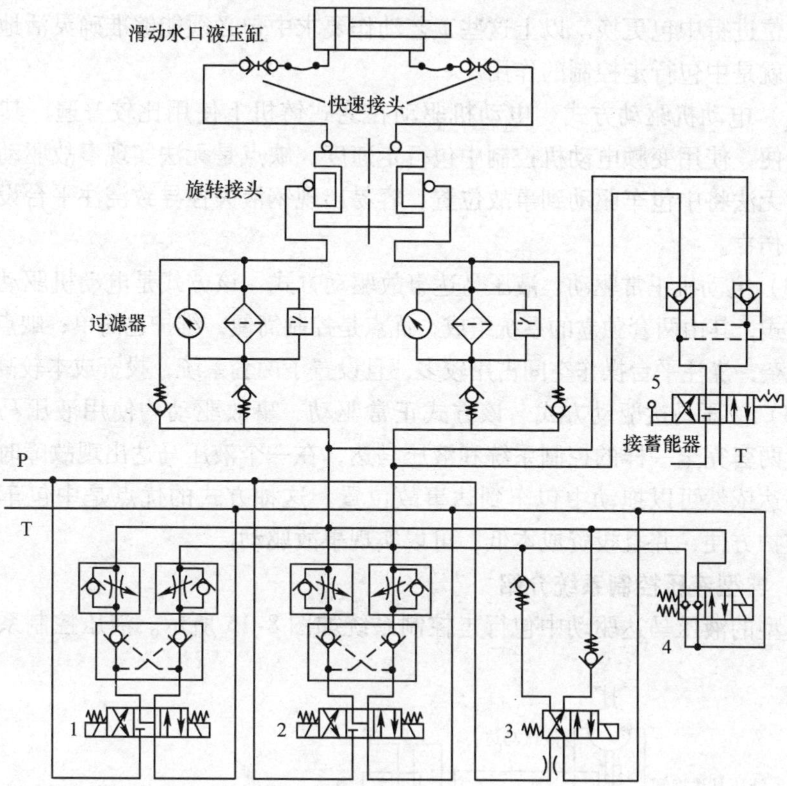

图 8-13　滑动水口装置液压驱动原理（液压缸和水口固定）

1、2、3—换向阀　4—泄压阀　5—手动阀

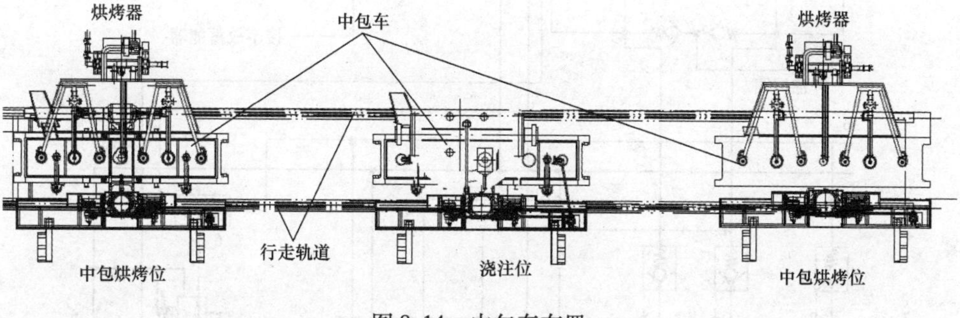

图 8-14　中包车布置

开浇前，中包车在烘烤位进行烘烤。开浇时，中包车先开到浇注位，再旋转回转台将钢包送到浇注位开浇。由于中包水口和中包使用寿命的限制，一般正常生产时中包只能连续浇注 8 ~ 10 炉。为了提高生产率，中包更换都是在线进行。在某浇注位的中包寿命到期前，对另外一个在待机位的中包进行烘烤，待浇注位的中包寿命已到时，快速将其开离浇注位，同时将在待机位烘烤好的中包快速开

到浇注位进行中包更换。以上这些工艺动作要求中包必须能够准确灵活地进行移动，这就是中包行走控制的作用。

（1）电动机驱动方式　电动机驱动在老式铸机上使用比较普遍，其优点是维护简便，使用变频电动机控制中包行走速度；缺点是无法实现事故驱动，出现事故时无法将中包车驱动到事故位置，容易出现钢液失控导致浇注平台设备损坏和人员伤亡。

（2）电动机正常驱动、液压马达事故驱动方式　该方式是电动机驱动方式的改进方式，其由两套独立的系统组成，优点是控制简便，维护也简单；缺点是中包设计复杂，浇注平台操作空间占用较多，且设置了两套系统，投资成本较高。

（3）液压马达驱动方式　该方式正常驱动、事故驱动均使用液压马达，并且设置两套完全一样的控制系统和液压马达，在一个液压马达出现故障时另一个液压马达依然可以拖动中包车到达事故位置。这种方式的优点是中包车设计简单，维护方便，并且投资成本低，可以实现事故驱动。

2. 典型液压控制系统介绍

典型的液压马达驱动中包行走控制系统如图 8-15 所示。液压控制系统功能如下：

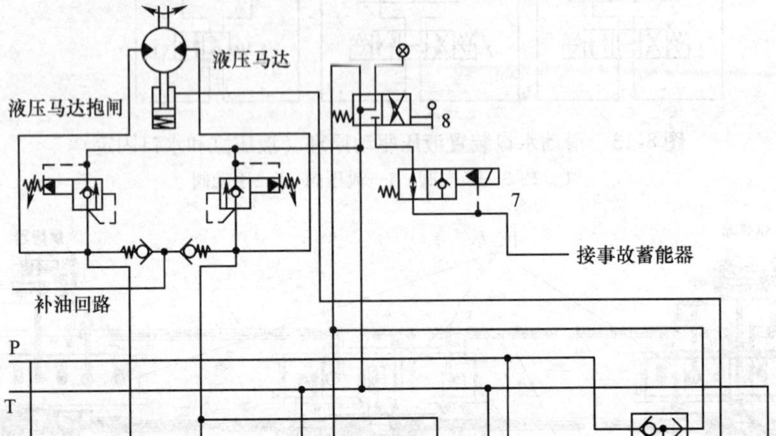

图 8-15　典型的液压马达驱动中包行走控制系统

1—比例阀　2、3—单向阀组　4、5、8—电磁阀　6—梭阀　7—手动阀

1）中包加上中包内钢液，最大质量可以达到上百吨，惯量较大，为了防止动作过程中产生冲击和振动，正常驱动使用比例阀 1 控制，低速起动，均匀加速，停止前再均匀减速，低速停止，达到移动平稳的目的。

2）为了防止中包车发生误动作，液压马达自身设置了制动，中包停止时，制动在弹簧力作用下刹住液压马达，防止液压马达因为振动等原因发生偏移；中包车动作时，首先电磁阀 5 失电，液压油进入刹车液压缸，顶开弹簧，使液压马达具备动作条件，然后利用电磁阀 4 得电打开液控单向阀组 2，此时才能给予比例阀 1 动作信号，控制液压马达运动。

3）为了实现正常驱动和事故驱动的切换，在比例阀前后设置了液控单向阀组 2，中包车停止时或做事故驱动时，液控单向阀锁死，中包车正常驱动时，先打开液控单向阀，将系统、液压马达与比例阀联通，然后给予比例阀信号，控制中包车开始动作。发生事故时，电磁阀 4 失电，液控单向阀组 2 关闭，将驱动液压马达与比例阀完全隔离；电磁阀 5 失电，控制油打开抱闸，即使此时油源 P 出现故障，事故蓄能器的控制油也会通过手动阀 8 和梭阀 6 进入抱闸液压缸打开制动，通过事故手动阀 8 的控制油同时进入液压马达，驱动液压马达做事故动作。

4）事故手动阀 8 动作时，所有动作连锁条件都会被忽略，也就是说不管中包车处于什么状态，此时都会被强制进行事故动作。为了防止手动阀被误碰或者误操作而发生生产事故或者人身事故，在事故手动阀前设置了电磁阀 7，正常生产状态时，电磁阀 7 始终得电，将事故蓄能器与事故手动阀隔离，确保正常生产的顺利进行（类似于大包事故旋转功能）。

8.2.5 中包升降控制

中包是连铸机连续浇注的关键设备。开浇前，中包行走时，为了保护水口，必须将中包抬高；浇注时，中包水口需要插入结晶器钢液液面以下，防止钢液与空气接触和钢液冲击造成卷渣；浇注过程中，为了延长水口寿命，防止保护渣对水口的侵蚀，需要不断调整中包高度。基于以上工艺要求，中包必须具备高度可调的升降控制功能。中包升降设计有两种结构：两缸升降机构和四缸升降机构。两缸升降机构投资成本低，控制简单，但是控制中包对中难度较大；四缸升降机构中包对中简单，但是投资成本高，控制相对复杂。

1. 同步液压马达控制两缸升降

同步液压马达控制两缸升降机构的液压原理如图 8-16 所示。

1）为了控制中包运动平稳，减少冲击，使用比例阀 6 控制升降速度，低速起步，逐步加速，停止时逐步降低速度，最后以很小的速度停止，确保升降过程平稳。

2）由于升降过程中，中包内钢液量变化很大，导致液压缸顶升力变化超过

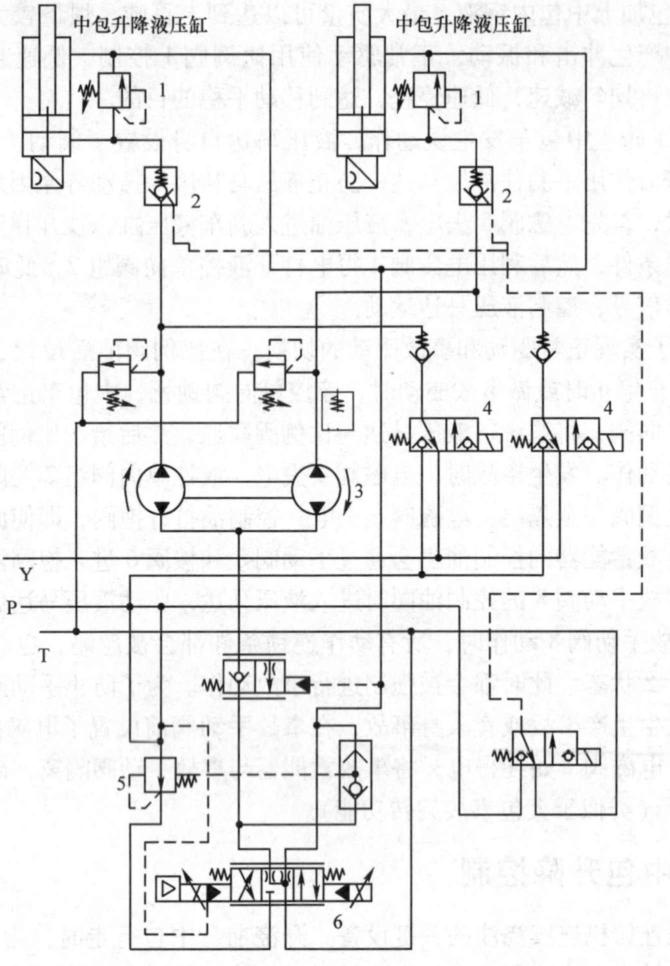

图 8-16　同步液压马达控制两缸升降的液压原理

1—溢流阀　2—单向阀　3—液压马达　4—换向阀　5—补偿阀　6—比例阀

1 倍，为了准确控制升降速度，避免因为载荷变化导致动作速度不稳定，系统特意设置了压力补偿阀 5，用以稳定比例阀 6 进出口的压力差，这样液压缸动作速度仅仅随比例阀 6 的控制信号变化而变化，与载荷没有关系。

3）由于中包内装载的是钢液，要求中包必须水平，否则会导致钢液倾出，因此两个液压缸升降动作必须同步。为了满足这个工艺要求，在中包运动过程中使用同步分流液压马达 3 控制，确保进入两个液压缸的液压油完全相同，从而保证两个液压缸动作同步。为了防止意外，两个液压缸内设置了位置传感器，实时监控两个液压缸的同步性，一旦发现两个液压缸偏差超出设定值，中包离开停止动作，控制比例阀 6 信号锁定。此时可以手动操作按钮控制换向阀 4，对滞后的液压缸进行低速补油，直到两个液压缸完全同步，手动按钮自动失灵，比例阀6信号激活，继续动作。

4）为了减轻中包载荷产生的高压对比例阀的损害，在液压缸本体上设置了液控单向阀2，中包停止时，液控单向阀2关闭，锁紧液压缸，既保护了比例阀6，同时也可防止软管爆裂导致液压缸失控，引发重大事故。

2. 比例阀控制四缸提升

四缸提升时，每只缸的液压控制回路相同，各由一台比例阀控制。中包四缸升降比例控制原理如图8-17所示。

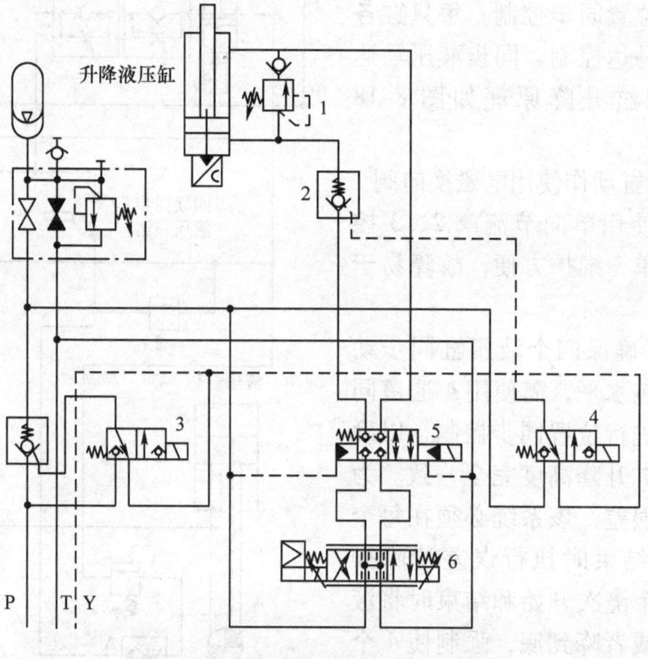

图8-17　中包四缸升降比例控制原理

1—溢流阀　2—液控单向阀　3、4—电磁阀　5—隔离阀　6—比例阀

1）每个液压缸设置了一个液控单向阀2。下降时，电磁阀4得电，控制油通过电磁阀4打开液控单向阀2，液压缸正常下降；上升时，电磁阀4失电，液控单向阀2关闭，高压油通过液控单向阀2进入液压缸无杆腔，完成液压缸提升动作；停止时，液控单向阀2关闭，中包载荷在液压缸下腔产生的高压只作用在单向阀上，保护了比例阀6。此外，如果发生软管爆裂事故，则液控单向阀可立即关闭，液压缸停在原位，防止液压缸失控导致钢液外泄引发事故。

2）为了保持中包始终处于水平状态，四个液压缸单独使用比例阀控制。四个液压缸均设置了位置传感器，可实时对液压缸位置进行监控，实时调整。升降过程中，给比例阀6的信号应根据对应液压缸的位置信号反馈，在线进行调整，以确保四个液压缸高度位置一致。中包停止时，由于液压缸内泄不同，四个液压缸载荷也不同，中包会发生偏离，系统也会根据液压缸位置信号的反馈及时调整对应的比例阀6，使四个液压缸高度位置一致。

3）为了加强对比例阀6的保护，在比例阀6后面设置了隔离阀5，比例阀6停止动作时，隔离阀5完全关闭，将比例阀与液压缸完全隔离，以保护比例阀，延长比例阀的寿命，同时防止阀零位飘逸导致液压缸的漂移。

3. 同步液压马达控制四缸提升

四缸提升时，使用4通道同步液压马达进行位置同步控制。每只缸各由一台液压马达控制。同步液压马达控制中包四缸升降原理如图8-18所示。

1）液压缸动作使用电磁换向阀1控制，速度使用单向节流阀2、3控制，控制简单，维护方便，故障易于诊断和排除。

2）为了确保四个液压缸同步动作，维持中包水平，需使用4通道同步液压马达进行位置同步控制，以确保每个液压缸升降高度完全一致。为了消除累计误差，该系统必须在每个浇次开始和结束时执行误差清除操作，即在每个浇次开始和结束时将液压缸升到顶或者降到底，强制使4个液压缸恢复到同一高度状态。

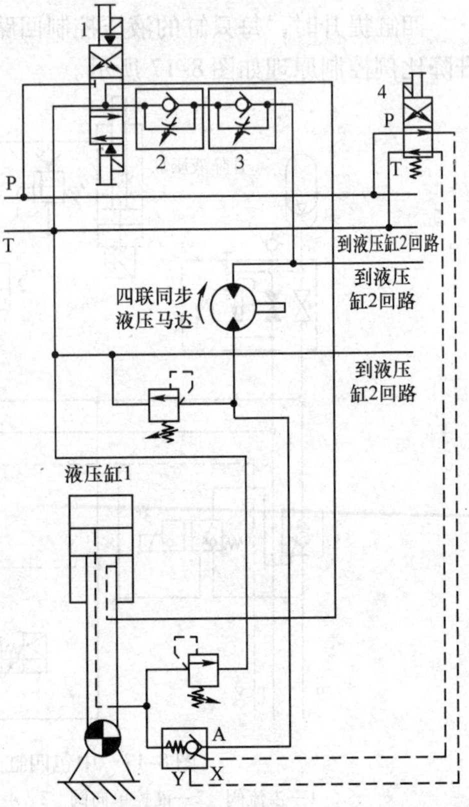

图8-18　同步液压马达控制中包四缸升降原理

1、4—电磁换向阀　2、3—单向节流阀

3）每个液压缸均设置了液控单向阀。液压缸停止时，电磁换向阀4失电，控制油压力消失，液控单向阀关闭，从而将液压缸保持住，同时也防止了软管爆裂时液压缸失控导致中包倾斜。

8.3　铸流设备液压控制系统

钢液通过钢包从冶炼区运输到浇注区，再在中包内完成钢液进一步净化后，如何从钢液变成合格的固态板坯，则完全依靠铸流设备进行处理。铸流设备是连铸机的主体设备，其直接将钢液处理为固态钢坯。铸流设备的性能对连铸能否正常生产和钢坯质量起到关键作用。铸流设备包括结晶器、振动台、扇形段等，如图 8-19 所示。

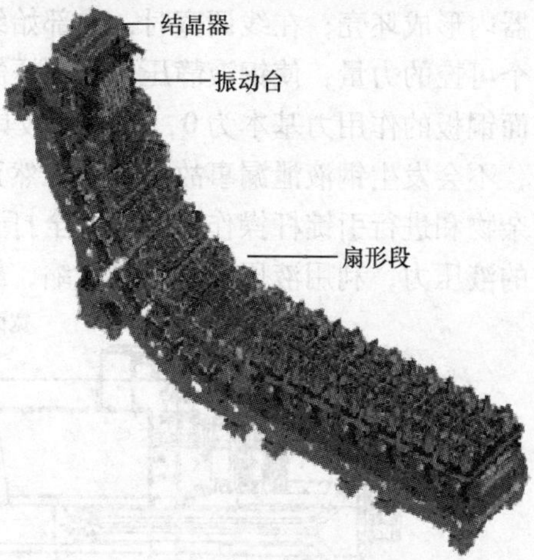

图 8-19　铸流设备

8.3.1　结晶器液压控制回路

结晶器是连铸机中的铸坯成型设备，是连铸机的核心设备之一。其作用是将连续不断地注入其内腔的钢液通过水冷铜壁强制冷却，散出钢液的热量，使之降温，使坯壳逐渐凝固成为具有所需断面形状和一定坯壳厚度的铸坯，并使这种芯部仍为液相的铸坯连续不断地从结晶器下口拉出，为其在以后的二冷区域内完全凝固创造条件。结晶器结构如图 8-20 所示。

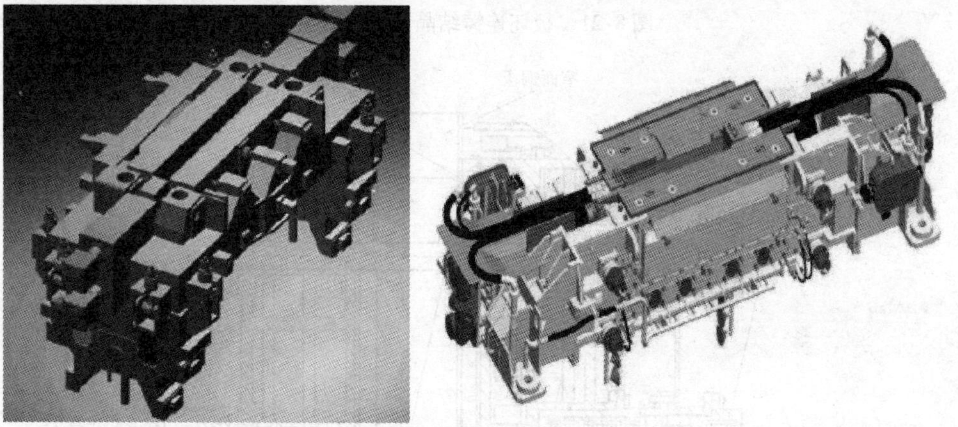

图 8-20　结晶器结构

1. 宽面压紧力调整液压控制回路

（1）宽面压紧力调整的机理　图 8-21 所示为板坯连铸机的结晶器水口结构，它是由两块宽面铜板和两块窄面铜板组成。宽面铜板压在窄面铜板上，压紧力是用蝶形弹簧的预紧力，松开液压缸的液压力抵消弹簧的预紧力后使宽面铜板松开，便于窄面铜板动作，调节水口宽度，如图 8-22 所示。正常生产时，松开液压缸无输出力，蝶形弹簧一方面将左侧宽面铜板向右推，另外一方面向左推动拉杆，通过拉杆将右侧宽面铜板向左压，这样，两侧的宽面铜板紧紧压在窄面铜板上，并抵消内部钢液向外的静压力，确保在整个生产过程中，钢液被封闭在结晶器内形成坯壳；在线调宽时，内部始终受到钢液静压力的作用，这时给液压缸一个可控的力量，使钢液静压力和液压缸力之和与蝶簧力相当，此时宽面铜板对窄面铜板的作用力基本为0，窄面铜板具备动作条件，同时宽面依然压靠在窄面上，不会发生钢液泄漏事故，生产依然正常进行；生产准备时，为了清理铜板表面杂物和进行引锭杆操作，需要完全打开结晶器，此时给液压缸一个远大于蝶簧力的液压力，利用液压缸将蝶簧压缩，给宽面铜板打开留出活动空间。

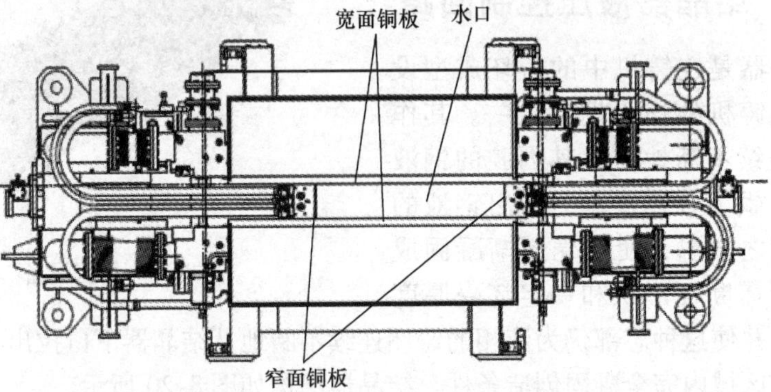

图 8-21　板坯连铸结晶器水口结构

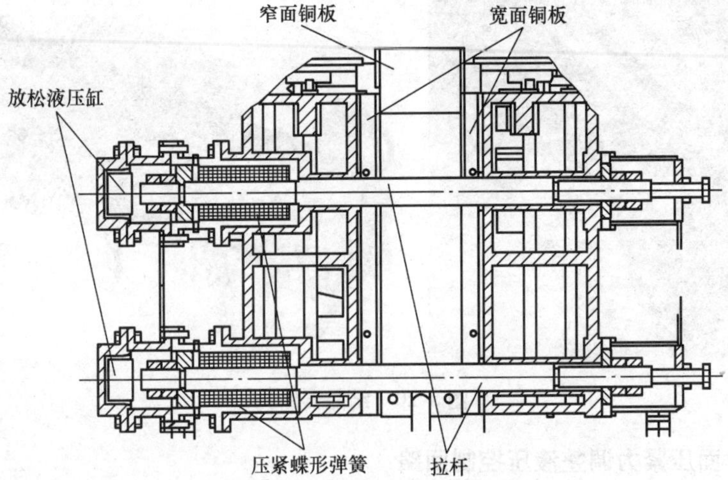

图 8-22　结晶器宽面压紧力调整

（2）宽面压紧力调整液压控制回路　结晶器宽面压紧力调整液压控制回路如图 8-23 所示。正常生产时，电磁阀 3、4 的电磁铁全部失电，液压缸中的液压油通过电磁阀 4 回油箱，液压缸对外没有力量输出，结晶器水口在压紧蝶簧作用下关闭。

生产准备调宽时，电磁阀 4 得电，回油关闭，电磁阀 3 左侧电磁铁得电，液压油通过电磁阀 3 经过减压阀 5 分别进入上下两组液压缸，液压缸输出压力抵消蝶簧压力，由于减压阀 5 压力设定较高，液压缸输出力远大于蝶簧力，结晶器水口完全打开，为生产准备提供便利条件。

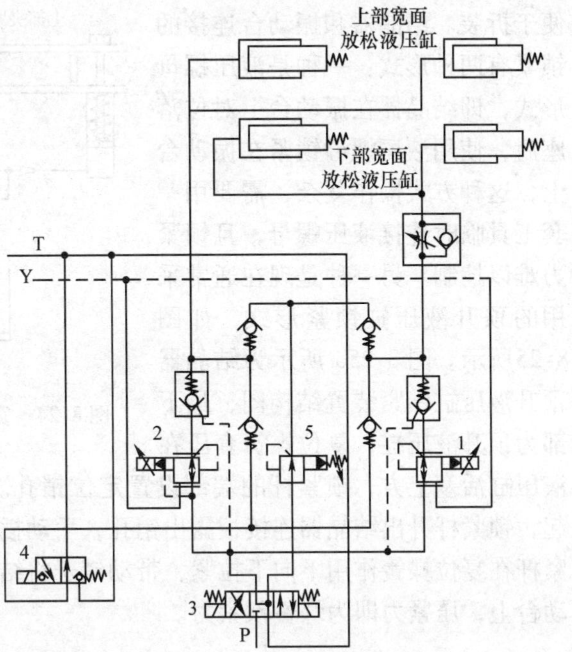

图 8-23　结晶器宽面压紧力调整液压控制回路

1、2—电磁减压阀　3、4—电磁阀　5—减压阀

在线调宽时，电磁阀 4 断电关闭回油，电磁阀 3 处于右侧工位，液压油通过电磁阀 3 经过电磁减压阀 1、2 分别进入上部和下部夹紧液压缸。由于生产时，结晶器内充满钢液，上部和下部液压缸所处深度不同，钢液静压力随着变化，上部静压力小，下部静压力相对较大，因此给予上部液压缸的油压较大，而给予下部液压缸的油压较小，加上钢液静压力，刚好抵消蝶簧产生的压力。此时在多个力的作用下，宽面夹紧力基本为零，窄面受压力降为 0，钢液被封闭在结晶器内，同时窄面可以自由调整完成在线调宽功能。

为了确保生产中液压缸处于泄压状态，窄面铜板被适当压紧，又不压坏，而在线调宽时宽面夹紧力要降低为 0，避免窄面铜板在受压状态强制动作被损坏。液压缸输出压力在不同工况应控制在不同的设定值。为此，在上、下部液压缸油路上设置压力传感器（即压力继电器），只有在液压缸油路的压力在对应的设定值时方可进行相关的动作。

有些结晶器设计为了简化液压系统，在机械机构上设置了限位，同时在结晶器组装时调整上下蝶簧压紧力，使结晶器充满钢液时，上下部钢液静压力的差别与蝶簧的压紧力的差别进行抵消，这样不管在宽面调整还是维护，液压缸输出力都一样。宽面压紧力调整简化液压控制系统如图 8-24 所示。

2. 结晶器自动锁紧

（1）结晶器锁紧结构　由于结晶器铜板属于消耗件，随着生产的进行，铜板会逐渐磨损，厚度降低，表面粗糙度降低，而厚度和表面粗糙度降低到一定的程度就需要下线修复，因此结晶器和振动台连接的锁紧方式就要求比较灵活，需便于拆装。结晶器和振动台连接的锁紧有两种形式：一种是液压螺母形式，即结晶器在振动台上对位落座后，使用液压螺母锁紧在振动台上，这种方式操作复杂，需要用一套工具临时连接液压螺母，且锁紧力难以控制。另一种是现在通常采用的顶升液压缸锁紧形式，如图8-25所示。图8-25a所示为结晶器顶升液压缸锁紧装置结构图，最下部为顶升液压缸，复位蝶簧套压在液压缸活塞上方，锁紧杆的端部设置定位销孔。结晶器安装就位后，液压缸顶起，锁紧杆升出结晶器连接板露出销孔，手动插入销子后，液压缸压力解除，锁紧杆在复位蝶簧作用下向下拉紧，带动销子将结晶器按照设计的压力紧紧压在振动台上，压紧力即为蝶簧预紧力。

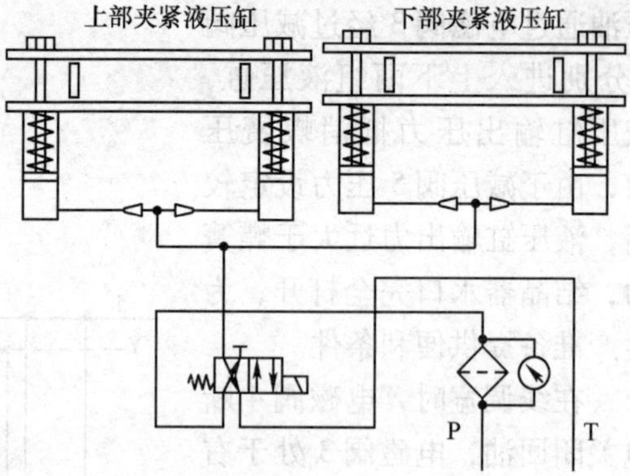

图8-24 宽面压紧力调整简化液压控制系统

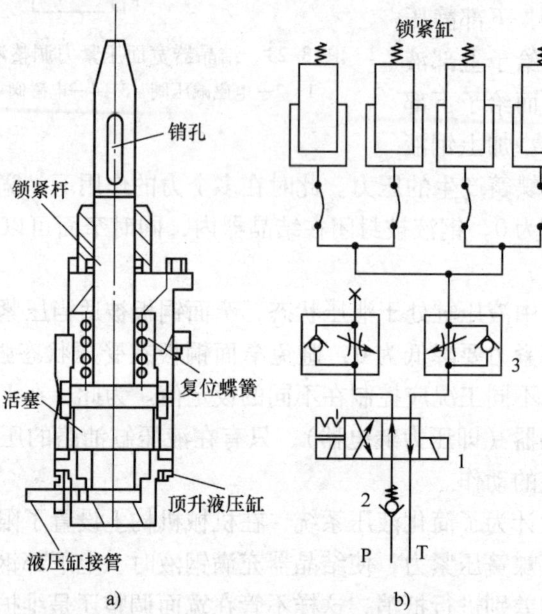

图8-25 顶升液压缸锁紧形式

a）结晶器顶升液压缸锁紧装置结构 b）结晶器锁紧液压回路

1—换向阀 2—单向阀 3—单向节流阀

（2）结晶器锁紧液压回路 结晶器锁紧液压回路如图8-25b所示。换向阀1控制顶升液压缸泄压或者顶升，泄压时结晶器锁紧，顶升时才可将锁紧松开。为了确保正常生产过程中结晶器锁紧，顶升液压缸需始终泄压。为此，系统使用带定位的双电磁铁两位四通阀，该阀有记忆功能。生产过程中，阀的右侧电磁铁始终得电，以确保液压缸油路始终连接回油管，即使发生断电事故，由于电磁阀具有记忆功能，仍然能保证液压缸泄压，使蝶簧预紧力完全起锁紧作用。检修时，电磁阀左侧电磁铁得电，液压油进入液压缸，抵消蝶簧预紧力，顶起锁紧杆。这时，方可打开结晶器锁紧销。此后，即使检修液压站，液压站停止供应液压油，系统的单向阀 2 已将高压油锁在液压缸内，锁紧杆仍保持在顶起状态。为了避免生产中由于干扰信号误打开定位销导致结晶器锁紧失效带来的生产事故，系统还设置了压力传感器进行实时监控，一旦发生误动作，系统将自动关闭钢液供给，停止浇注，从而可避免发生恶性事故。

3. 结晶器在线调宽

（1）结晶器在线调宽功能　连铸的每次开浇，操作工序都很复杂、费时费力，开浇又是漏钢事故的高发期。轧机对连铸板坯的宽度有多种需求，为了满足轧机的要求，结晶器的水口宽度需经常调整。若每次宽度调整都要停止生产，调好后再重新开浇，将极大影响连铸生产。为了减少生产事故，提高生产率，现代化板坯铸机均配置了水口宽度在线调宽功能。在线调宽功能可实现在连续生产过程中对板坯规格进行调整，避免了反复停产和开浇。

图 8-26 所示为板坯铸机结晶器在线调宽功能示意图。图 8-26a 所示为结晶器窄面铜板布置，图 8-26b 所示为调宽的动作过程。在线调宽实际上包括两个关键动作：首先是结晶器宽面夹紧进行压力释放动作，使得宽面对窄面的压力减少到窄面可正常移动，同时确保钢液静压力不会使宽面铜板与窄面铜板间产生间隙导致漏钢；其次利用窄面驱动装置调整窄面铜板的锥度和位置，达到调宽的目的。

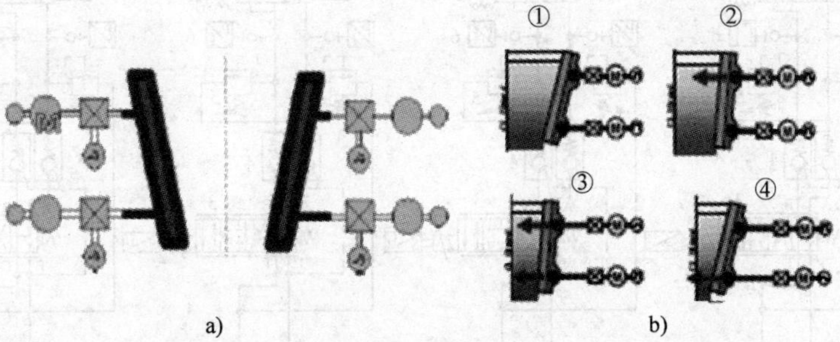

图 8-26　板坯铸机结晶器在线调宽功能

（2）窄面铜板驱动装置　窄面铜板驱动装置一般有两种形式：

1）伺服电动机控制。使用伺服电动机，通过减速机、连杆调整窄面铜板位置。这种控制方式由于包含了很多机械运动副，必然会有很多机械缝隙，如减速机的齿轮间隙、连杆连接的轴隙等，这些间隙进行累加后会直接影响调宽精度。

2）液压缸控制。由于液压缸可进行直接位置检测与控制，避免了电动机控制的机械间隙累加，调整精度较高，因此液压调宽成为现代板坯连铸机的常规配置。但是这种配置对液压系统维护要求较高，需确保系统稳定可靠，否则一旦发生误动作将必然导致漏钢事故。

（3）在线调宽液压缸控制回路

1）简单的调宽液压缸控制回路如图8-27所示，其每个窄面铜板对应两个液压缸和两套伺服阀。每个液压缸均配置位置传感器，位置传感器反馈的位置信号参与控制伺服阀，确保液压缸始终浮动在设定位置，这是一个较为简单的系统。

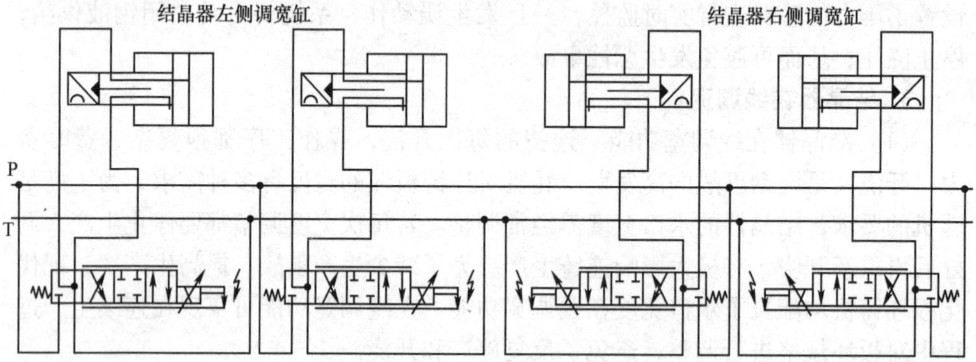

图8-27　简单的调宽液压缸控制回路

2）改进的调宽液压缸控制回路。为了保护伺服阀，同时为了提高系统的可靠性，在图8-27所示系统的基础上进行了一些改进，形成如图8-28所示的系统。

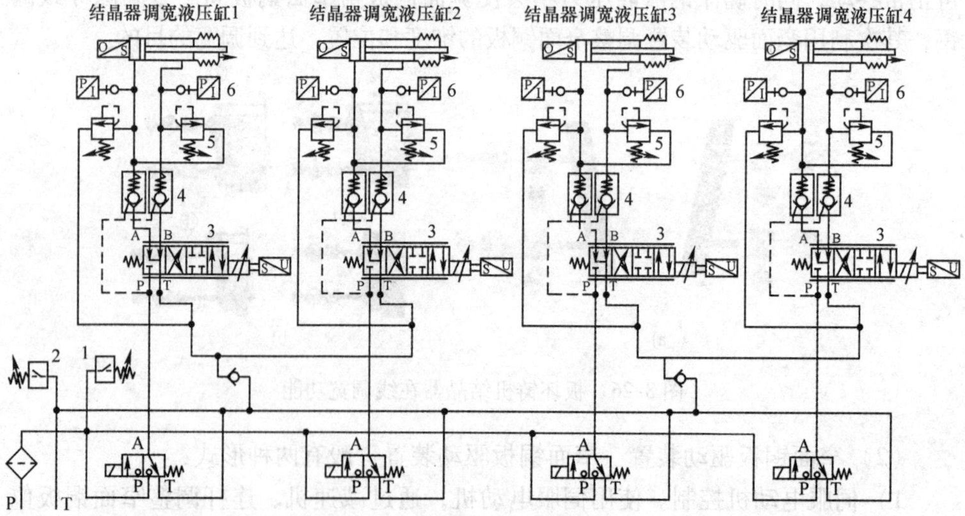

图8-28　改进的结晶器液压调宽

1—电磁切换阀　2—压力继电器　3—伺服阀　4—液压锁　5—压力缓冲阀　6—压力检测传感器

改进后的系统适当增加了一些检测和保护装置：伺服阀 3 后设置一套液压锁 4，位置稳定后，关闭液压锁，使得液压缸锁定在合适的位置，以防止系统压力波动导致漏钢，并且将液压缸和伺服阀隔离，保护伺服阀免受压力波动影响，延长元件寿命；伺服阀前设置一个电磁切换阀 1，功能和液压锁类似，当液压缸不需要动作时，切换阀关闭，保护系统和伺服阀，同时可以防止信号干扰出现误动作；在供油和回油路上设置压力继电器 2，实时监控系统供油和回油压力，一旦发生意外，可及时停止钢液浇注，避免恶性事故发生；液压缸的两腔各设置了一个压力检测传感器 6，用以实时监测液压缸受力情况，以便在压力不足时可以及时采取措施防止意外发生，另外由于本套系统完全封闭安装在环境恶劣的浇注设备中，维护人员无法接近，故将此两个压力检测数据送到计算机系统，可为事故诊断提供数据和依据，便于及时发现和排除故障；液压缸的两腔还各设置了一个压力缓冲阀 5，在液压缸运动过程中，两腔压差过大时压力缓冲阀开启，可将高压腔压力释放到低压腔，避免液压缸对铜板产生冲击。

8.3.2　振动台液压控制回路

连铸机振动台是现代连铸机的核心设备，它保证了结晶器及其中的钢液在振动中顺利下拉成坯。振动的波形、振幅、频率直接影响铸坯的质量。连铸发展的早期，由于液压技术发展的局限性，大部分铸机采取机械振动。机械振动设备维护简便，但是机械振动无法在线调整振动曲线，且机械振动会产生间隙，影响振幅。液压振动台的主要优点是可方便地设定与改变波形、振幅、频率，能实现非正弦振动，更好地满足连铸工艺的需要。目前，液压振动台已成为连铸机的标准配置。

1. 振动台单伺服阀控制液压回路

振动台单伺服阀控制液压回路如图 8-29 所示。该回路有以下特点：两个液压缸各自设置位置传感器，振动台无其他同步装置，完全依靠两个液压缸传感器的位置反馈信号控制两个对应的伺服阀，使两个液压缸同步；一旦两个液压缸位置误差超出设定值，振动台会立刻停止振动，以防止意外发生。在保证液压缸同步的前提下，送给伺服阀的信号可以随时进行调整，从而达到调整振动曲线的目的，且比机械振动台控制灵活。为了使液压缸在振动过程中动作平稳，降低油路中油压的冲击，在系统进油、回油管路上均设置了蓄能器 2、3，以达到吸收油压冲击的目的。

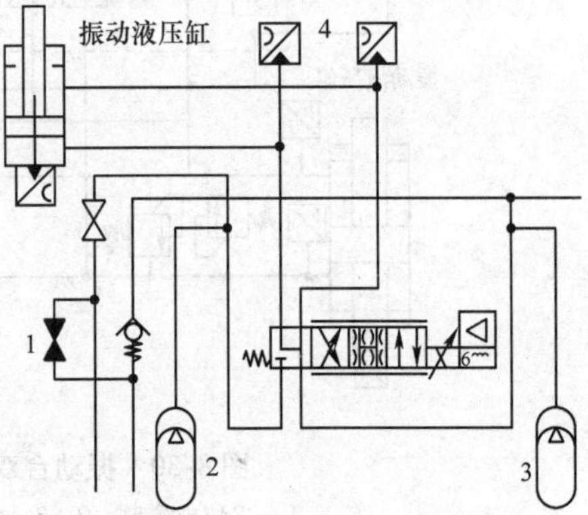

图 8-29　振动台单伺服阀控制液压回路

在调试或者检修时，打开开关阀1即可进行油路冲洗，但应避免在维护过程中污染物进入伺服阀，卡死或者损坏伺服阀。压力传感器4可以实时监测液压缸两腔压力，传递数据到计算机数据记录系统，为系统维护和故障诊断提供数据。

2. 振动台双伺服阀控制液压回路

随着生产节奏的加快，为保证更高的连续生产要求，出现了双伺服阀控制振动台。该振动台仍由两振动液压缸驱动，但每一个振动液压缸均配置两套伺服阀，如图8-30所示。正常情况下使用伺服阀阀组1进行生产，一旦检测到伺服阀阀组1出现异常，铸机控制系统就会迅速将伺服阀阀组1关闭，同时打开伺服阀阀组2，维持连续生产状态，同时发出报警信号，以便维护人员在适当时机对伺服阀阀组1进行维护和更换。为了完成切换功能，该控制系统增加了一套液控单向阀和一个二位电磁换向阀。当伺服阀阀组1工作，二位电磁阀1处于下工作位时，三个液控单向阀2、3、4打开，高压油和伺服阀连通，伺服阀工作油口A、B同液压缸连通。同时，伺服阀阀组2待机，二位电磁阀5处于上工作位，三个液控单向阀6、7、8处于关闭状态，对应的伺服阀阀组也处于休眠状态。

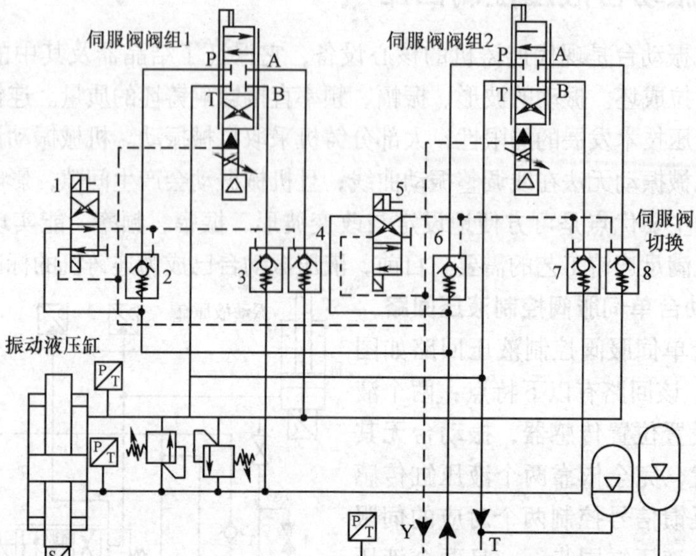

图8-30 振动台双伺服阀控制液压回路

1—二位电磁阀 2、3、4、5、6、7、8—液控单向阀

8.3.3 扇形段辊缝调整液压控制回路

1. 扇形段辊缝调整机理

连铸机扇形段是连铸机的重要组成部分，它由弯曲段、弧形段、矫直段、水

平段及基础框架支撑结构等组成。扇形段中的弧形段、矫直段、水平段均采用整体、密排的辊列，扇形段辊缝自上而下逐渐收缩，有利于改善铸坯内部质量，因此扇形段辊缝控制是连铸机最重要的控制动作之一。

扇形段的一般结构如图 8-31 所示，其分成上、下两个框架。下框架固定在基础上，上框架为浮动框架，上、下框架各有一组辊道。外侧四个液压缸为辊缝调节液压缸，缸体与上框架固定，活塞通过拉杆固定在下框架上，两个框架之间间隙的拉开与接近通过液压缸活塞的伸出与收回来完成，上、下两个辊组随着框架的动作完成辊缝的调整。

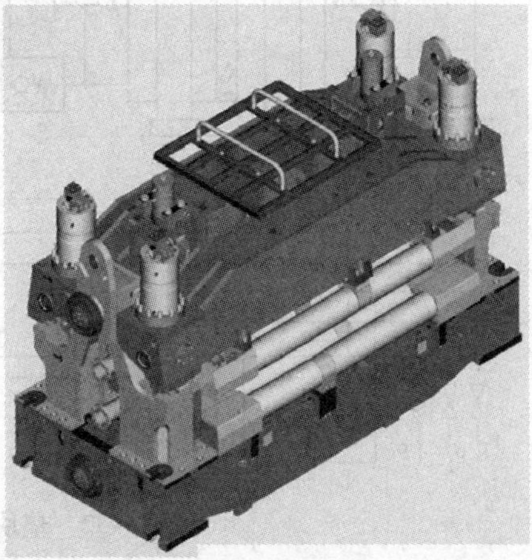

图 8-31　扇形段的一般结构

辊缝的调整有两种方式：一种是液压系统仅打开或者关闭辊缝，具体辊缝的大小通过垫在框架间的辊缝垫块的尺寸来决定；另一种是在液压缸上设置位置传感器，通过位置反馈，由液压控制系统控制辊缝的大小。

2. 垫块调整辊缝液压系统

垫块调整辊缝液压系统如图 8-32 所示。该系统液压缸的作用仅是打开或者关闭辊缝，因此四个液压缸不需要设置位置传感器。

电磁换向阀 1 控制液控单向阀 5 的反向启闭。电磁换向阀 1 得电，液控单向阀 5 正反向均导通，辊缝可双向调整；电磁换向阀 1 断电，液控单向阀 5 反向闭锁，将液压缸有杆腔内的高压油锁闭。生产状态下，电磁换向阀 1 始终得电，液控单向阀 5 处于打开状态，高压进入液压缸有杆腔，将扇形段活动侧向固定侧压紧，确保辊缝为垫块设定尺寸，液压缸大腔液压油经电磁换向阀 3 回油箱；如果遇到变形坯，液压油会倒流将辊缝适当打开一点。故障状态下，电磁换向阀 1 断电，液控单向阀 5 迅速关闭，将高压油锁定在液压缸有杆腔，维持辊缝状态直到板坯被拉出扇形段。

电磁换向阀 2 用于切换供油压力，生产时选择 P_1 口的压力，该压力低于系统压力，仅略高于生产时液压缸压力。当冷坯或者变形坯进入扇形段时，液压缸内液压油会通过进油管返回一部分，从而适当调整辊缝让过变形坯，保护设备免受损坏。维护时切换到 P_2 口的压力，即为系统压力，可以完成各种维护动作。电磁换向阀 3、4 配合使用，控制液压缸的上行和下行，完成扇形段的打开和关闭。电磁换向阀 3 断电、电磁换向阀 4 左位时液压缸下行，电磁换向阀 3 得电、电磁换向阀 4 右位时液压缸上行。

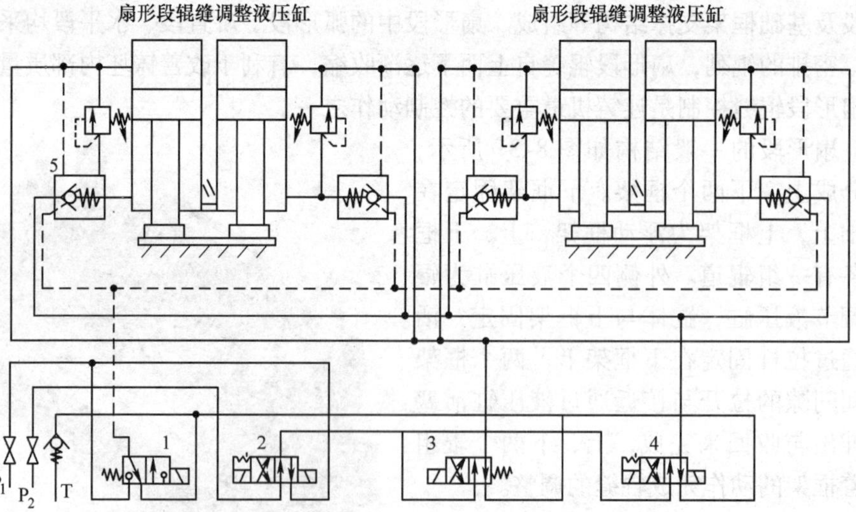

图 8-32　垫块调整辊缝液压系统

1、2、3、4—电磁换向阀　5—液控单向阀

3. 液压调整辊缝方式

液压调整辊缝方式有多种，常用的有电磁阀组控制方式和比例伺服阀控制方式。

（1）电磁阀组调整辊缝液压系统　最简单的电磁阀组调整辊缝液压系统如图 8-33 所示。该控制系统使用最简单的电磁阀组 4、5、6、7 控制相对应液压缸的伸缩，每个液压缸配置的位置传感器的反馈信号打开或者关闭液压缸对应的阀组，从而完成辊缝调整的动作。正常生产时，电磁阀组 4、5、6、7 完全关闭，液压缸内油液与泵源完全隔离。

每个液压缸本体装配了一个油路块，在这个油路块上设置了安全阀 1，扇形段压紧板坯时，液压缸受力侧连通安全阀，在遇到冷坯或者变形坯时，安全阀打开，适当调整辊缝，防止设备受力损坏。扇形段经常拆卸更换，污染物容易进入管道污染系统，在扇形段上设置了两个单向阀 2，当电磁换向阀 10 得电时，单向阀 8 和单向阀 2 同时打开，进回油连通完成冲洗功能，将已经进入系统的污染颗粒带入油箱。当电磁换向阀 11 得电时，仅打开单向阀 2，此时液压缸上下两腔连通，完成泄压功能。此时操作快速接头非常容易。由于扇形段与控制阀组间设置了一系列的软管，以方便扇形段的更换，为了防止软管破裂导致扇形段辊缝失控，在液压缸受力侧设置了一个液控单向阀 3。正常生产时该单向阀打开，发生软管破裂时辊缝会发生变化，一旦超过设定值，系统会自动关闭电磁换向阀 12 和液控单向阀 3，将辊缝维持在一个安全位置，以防止出现辊缝过大导致漏钢等恶性事故。电磁阀组 4、5、6、7 中的每一个均是由四只两位两通电磁阀 a_1、

a_2、a_3、a_4 组装成的阀组，如图 8-34 所示。液压油由 P 口经过 a_1、a_3 进入液压缸，回油经过 a_2、a_4 进入 T 口流回油箱。从动作时序表中可以看出，该阀组除了普通换向阀的打开、关闭功能外，还具备停止和冲洗功能，而这些功能都是连铸机正常生产必备的。

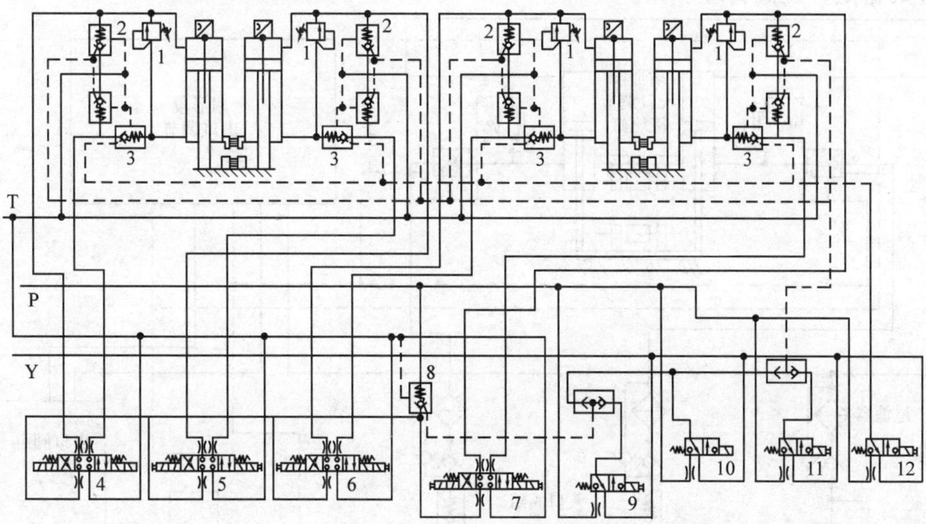

图 8-33 最简单的电磁阀组调整辊缝液压系统

1—安全阀 2、8—单向阀 3—液控单向阀 4、5、6、7—电磁阀组 9、10、11、12—电磁换向阀

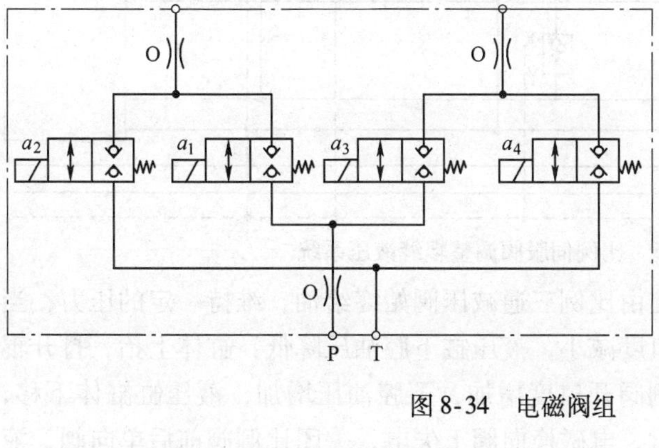

阀组动作时序表

电磁铁代号	a_1	a_2	a_3	a_4
打开	X	O	O	X
关闭	O	X	X	O
停止	O	O	O	O
冲洗	X	O	X	O

X=得电 O=失电

图 8-34 电磁阀组

（2）比例伺服阀调整辊缝液压系统 如图 8-35 所示，液压缸上设置了安全阀和液控单向阀，安全阀用于保护设备免受过载损坏，液控单向阀在事故状态可以将扇形段辊缝锁定，防止辊缝打开出现生产事故。

该系统由于使用比例伺服阀控制，故对系统清洁度要求较高，为了防止管道拆卸带来的污染损坏比例阀，在快速接头与比例阀间设置了过滤器组，从而将污染颗粒隔离在系统之外；在比例阀前后设置了单向阀组，电磁换向阀 1 关闭时，单向阀组关闭，一方面可保护比例阀免受外界压力波动的损害，延长比例阀寿命，另一方面可将液压缸与油源系统隔离，防止外界干扰导致辊缝波动，维持辊缝的稳定，提高铸坯质量。

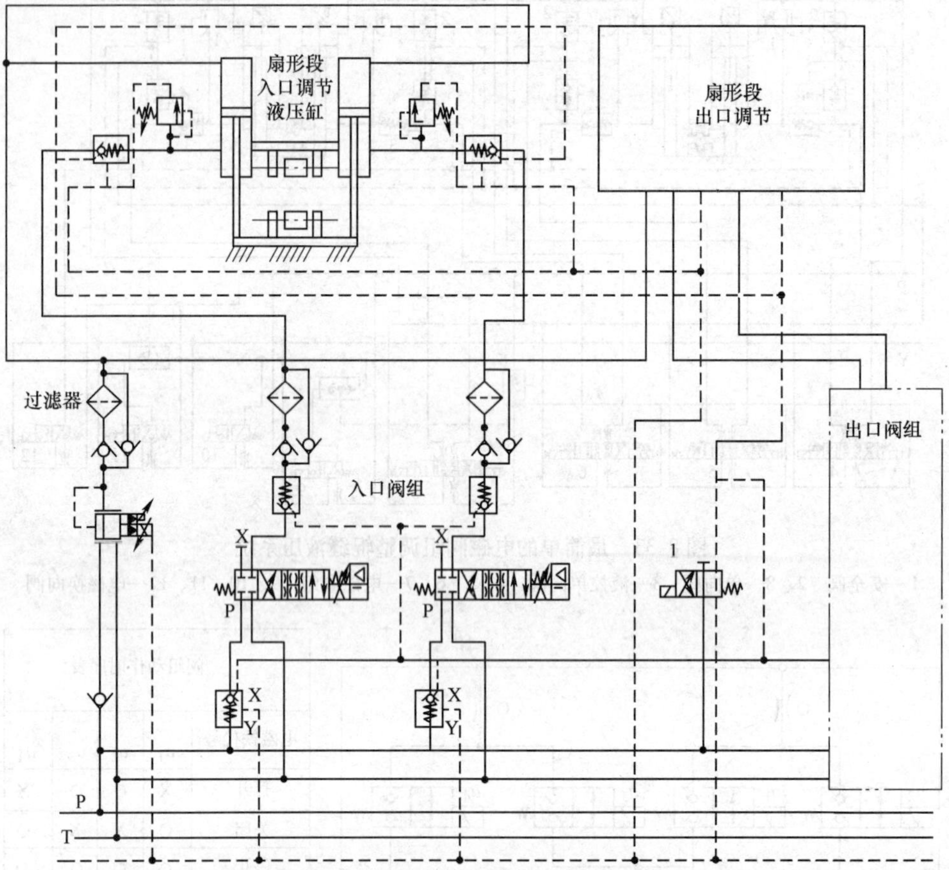

图 8-35　比例伺服阀调整辊缝液压系统

辊缝调整时，液压缸上腔由比例三通减压阀始终给油，维持一定的压力；当需要打开辊缝时，比例阀开口度减小，液压缸下腔油压降低，缸体上抬，打开辊缝；当需要减小辊缝时，比例阀开口度增加，下腔油压增加，液压缸缸体下移，关闭辊缝；当需要维持辊缝时，电磁换向阀 1 失电，关闭比例阀前后单向阀，液压缸上、下腔压力平衡，辊缝锁定。

8.3.4　驱动辊压下控制液压系统

驱动辊为扇形段的主动辊，它由电动机驱动旋转，在液压缸作用下压紧在铸坯表面，靠摩擦力拖动铸坯向前移动。驱动辊压下的作用不是调节扇形段辊缝，而是调节铸坯向前移动的拖动力。

驱动辊压下控制有单缸压下、双缸压下两种。单缸压下液压系统简单，但是需要设置机械滑块，以确保辊道平行压下而不会发生倾斜。双缸压下需要做到液压同步，以确保辊道平行压下。液压同步可使用同步阀实现，也可由调速阀实现。

1. 使用同步阀的双缸驱动辊压下控制系统

使用同步阀的双缸驱动辊压下控制系统如图 8-36 所示。该系统辊道压下采用双液压缸，使用同步阀 6 保证两个液压缸同步。电磁换向阀 1 和液控单向阀 5、蓄能器配合使用。正常生产时，电磁换向阀 1 得电打开液控单向阀 5，液压缸自由调整。断电状态时，电磁换向阀 1 失电，液控单向阀 5 关闭，利用蓄能器给液压缸供油，确保连铸机有足够的时间将铸坯拉出连铸机。电磁换向阀 2 用于驱动辊压下力的切换，以及拉引锭杆和拉热坯时使用不同的压力：电磁阀位于右边工位时，使用 P_1 口的压力；电磁阀位于左边工位时，使用 P_2 口的压力。电磁阀 3、4 配合使用，完成液压缸压下或者抬起的换向功能。

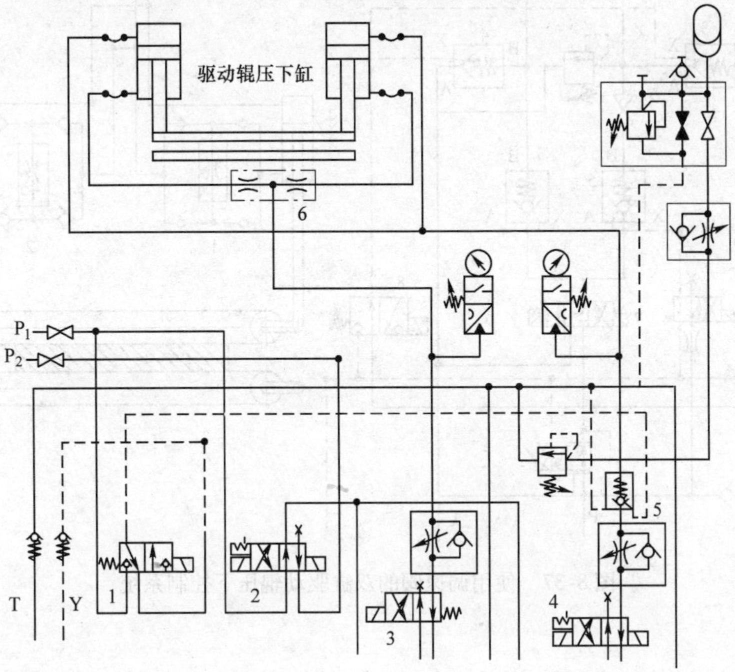

图 8-36　使用同步阀的双缸驱动辊压下控制系统

1、2—电磁换向阀　3、4—电磁阀　5—液控单向阀　6—同步阀

2. 使用调速阀的双缸驱动辊压下控制系统

使用调速阀的双缸驱动辊压下控制系统如图 8-37 所示。该系统辊道采用双

液压缸压下，使用调速阀1、2来保证两个液压缸的同步，另外电磁换向阀8，液控单向阀3、4及蓄能器配合使用。正常生产时，电磁换向阀8处于得电状态，切断液控单向阀3、4控制油，使液控单向阀3、4关闭；事故状态时，液压站停止供油，电磁换向阀8同时断电，液控单向阀3、4被蓄能器存储的液压油打开，液控单向阀组5关闭，蓄能器内的液压油进入液压缸，维持连铸机动力直到将铸坯拉出扇形段为止。

抬起驱动辊或维持驱动辊抬起状态，需电磁换向阀6、7和液控单向阀组5配合使用。需要抬起驱动辊时，电磁换向阀6得电打开液控单向阀组5，将液压缸上腔与油源连通，完成驱动辊抬起功能；驱动辊抬起后，在维修模式下，如果需要维持驱动辊抬起状态，同时需要停止液压站供油，此时应关闭电磁换向阀6及关闭液控单向阀组5，液压缸上腔内液压油被封闭，便可维持驱动辊抬起状态。

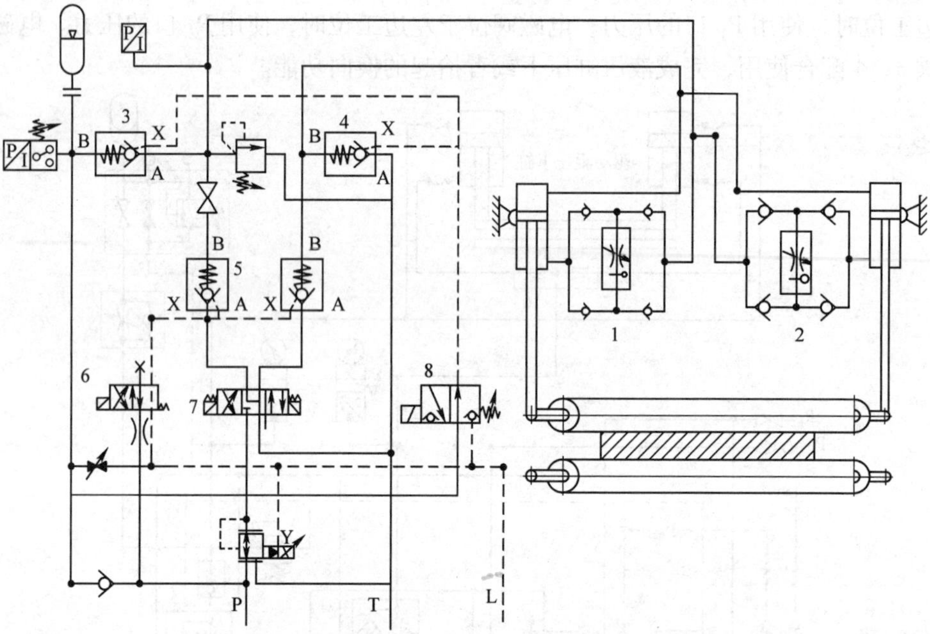

图8-37　使用调速阀的双缸驱动辊压下控制系统

8.4　连铸机台下设备液压控制系统

连铸机台下设备主要包括火焰切割机和窜动辊道。液压控制系统有辊道窜动控制液压系统。

火焰切割机布置在连铸机扇形段之后。由于连铸机实行的是连续浇注，从扇形段出来的板坯是连续长度的整板坯，因此无法运输和进入后续的轧钢工序。为了解决这个问题，所有连铸机均配置了分割设备，最常用的就是火焰切割机。利用高效火焰切割设备，可将板坯分割成我们需要的板坯长度。

火焰切割机工作时，板坯在辊道上前进，火焰切割机和板坯同步运动。当切割枪运动到辊道正上方时，如果切割枪还继续工作，火焰将穿过板坯，烧损板坯下方的支撑辊道。为了解决这个问题，连铸机将火焰切割机下方的辊道设计成可以窜动的形式，当切割枪运动到某个支撑辊上方时，火焰暂时关闭，驱动窜动辊道快速移开后，再打开火焰继续切割。火焰切割机窜动辊道台如图 8-38 所示。

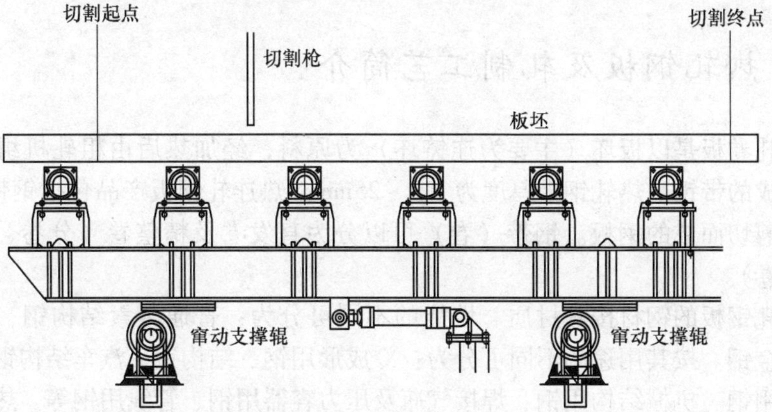

图 8-38　火焰切割机窜动辊道台

辊道台由框架和辊道组成，质量很大。为了实现窜动辊道驱动的稳定控制，一般使用比例阀配合带位移传感器的液压缸组成窜动辊道台液压控制回路，如图 8-39 所示。系统可根据液压缸位置调整动作速度，达到速度稳定和减少运动冲击的效果。

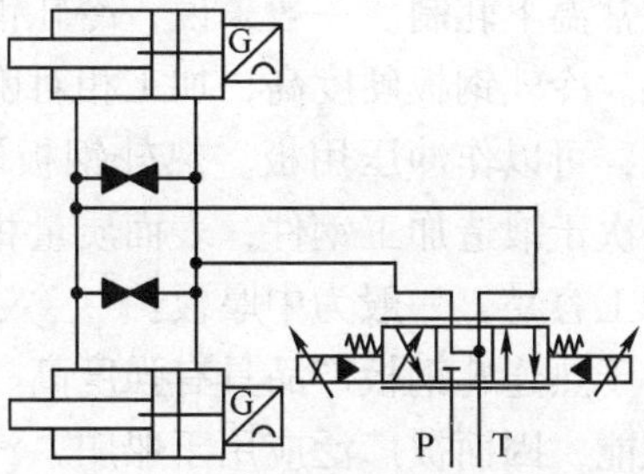

图 8-39　窜动辊道台液压控制回路

第9章 带钢热连轧液压传动系统

9.1 热轧钢板及轧制工艺简介

热轧卷板是以板坯（主要为连铸坯）为原料，经加热后由粗轧机组及精轧机组制成的带钢。热轧钢带厚度为1.2～25mm。热连轧钢板产品包括钢带（卷）及由其剪切而成的钢板。钢带（卷）可以分为直发卷及精整卷（分卷、平整卷及纵切卷）。

热轧钢板的钢材按其材质、性能的不同可分为：普通碳素结构钢、低合金钢、合金钢。按其用途的不同可分为：冷成形用钢、结构钢、汽车结构钢、耐腐蚀结构用钢、机械结构用钢、焊接气瓶及压力容器用钢、管线用钢等。热轧板的含碳量可比冷轧钢板略高些。在成分相差不大的情况下其密度是一样的，如不锈钢，不论冷轧、热轧钢板的密度都在7.9g/cm^3左右。热轧是在高温下轧制，冷轧是在常温下轧制。一般来说，冷轧钢板具有更好的强度，热轧钢板具有更好的延展性。冷轧钢板硬度高，加工相对困难些，但是不易变形，表面质量高，一般为薄板，可以作冲压用板。热轧钢板硬度低，机械强度、性能远不及冷加工钢件，也次于锻造加工钢件，表面质量相对较差，但塑性好，有较好的韧性和延展性。加工容易，一般为中厚板。

由于热连轧钢板产品具有强度高、韧性好、易于加工成型及良好的焊接性等优良性能，因而被广泛应用于船舶、汽车、桥梁、建筑、机械、压力容器等制造行业。随着热轧尺寸精度、板形、表面质量等控制新技术的日益成熟以及新产品的不断问世，热连轧钢板、钢带产品得到了越来越广泛的应用，并在市场上具有越来越强的竞争力。

热轧钢板轧制工艺如图9-1所示。

热轧板带生产线主要设备有：步进式加热炉、高压水除鳞机、压力定宽机、双机架四辊粗轧机组、废钢推出装置、保温罩、边部加热器、切头剪、精轧前高压水除鳞机、七机架CVC精轧机组、带钢层流冷却装置、地下卷取机、托盘式钢卷运输线和取样检查装置，以及与生产线相配套的电气自动化系统、水处理设

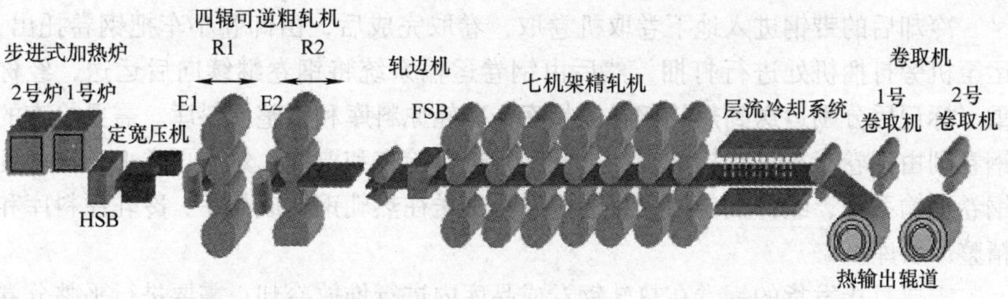

图 9-1 热轧钢板轧制工艺

施、液压润滑等辅助设施。

热轧生产线可采用冷坯和热坯两种方式（以热坯为主）组织生产。由板坯连铸车间生产出的合格连铸板坯经过板坯输送辊道，直接从紧邻布置的板坯连铸车间进入生产线的板坯库，板坯库采用三级计算机管理。坯料入炉采用冷装（CCR）、保温热装（HCR）和直接热装（HDCR）三种制度，坯料的热装比约为70%。从板坯库（行车上料）或板坯输送辊道直接送来的板坯在入炉辊道上经过称重、测长和定位后由装料机送入 3 座步进式加热炉内进行加热，板坯的出炉温度为 1150 ~ 1250℃。

加热好的板坯出炉后，通过输送辊道输送，再经过高压水除鳞装置除鳞，被送入定宽压力机进行侧压定宽。定宽压力机在轧制除鳞后对板坯施加最大为 350mm 的侧压，然后由辊道运送进入第一架四辊可逆粗轧机进行 3 道次轧制，进入第二架四辊不可逆粗轧机进行 3 道次轧制，经过两架粗轧机将板坯轧制成厚度为 30 ~ 60mm 的中间坯。在各粗轧机前装有轧边机对中间坯的宽度进行控制。

粗轧后的中间坯依据品种和规格的不同来确定是否采用中间保温辊道的保温罩。有些特殊品种需通过板坯边部感应加热器对边部温降进行补偿。中间坯再进入切头飞剪切除中间坯头尾，切头后的中间坯再由精轧除鳞箱用高压水除去二次氧化皮，然后进入七机架精轧机进行轧制，达到最终的产品厚度。在精轧机前装有轧边机对成品带钢的宽度进行控制。

精轧机组的各种速度、位置、压力设定均由计算机控制模型按轧制的带钢产品规格计算和设定。

精轧机轧出的带钢在热输出辊道上由高效的层流冷却系统将热轧带钢由终轧温度冷却到卷取温度，冷却方式、冷却水量都由计算机根据不同钢种、规格、终轧温度、卷取温度计算设定和控制。

当卷取机咬入带钢之前（即穿带时），热输出辊道、夹送辊、助卷辊和卷筒的速度均超前于最后一架轧机轧制速度；当带钢被卷取机咬入后，热输出辊道、夹送辊、卷取机随精轧机同步进行升速轧制；当带钢尾部离开最后一架轧机后，热输出辊道、夹送辊要减速，即滞后于卷取机卷取速度。

冷却后的带钢进入地下卷取机卷取，卷取完成后，由卸卷小车把钢卷托出，运至机旁打捆机处进行打捆，然后由钢卷运输系统将钢卷继续向后运送，经称重、标记后分别运送到热轧钢卷成品库、冷轧原料库和精整原料库。需要检查的钢卷则由钢卷小车送到检查线，打开钢卷进行检查和取样，然后再卷上，送回到钢卷运输系统，经打捆、称重、标记后分别送往热轧钢卷成品库、冷轧原料库和精整原料库。

需要直接发货的钢卷在热轧钢卷成品库内进行堆放冷却；需要进行平整分卷或横切处理的钢卷在精整原料库内冷却，并经机组处理后分别在平整分卷成品库和横切成品库堆放，等待发货；需要送冷轧的钢卷经过钢卷运输链系统通过地下通道直接送往冷轧厂原料库冷却备轧。

冷却后的钢带卷根据用户的不同需求，经过不同的精整作业线（平整、矫直、横切或纵切、检验、称重、包装及标志等）加工而成为热连轧钢板、平整卷及纵切钢带产品。

9.2 步进式加热炉液压传动系统

9.2.1 步进梁式加热炉简介

1. 步进梁式加热炉

某热轧厂步进梁式加热炉用于板坯轧制前加热，炉子装出料方式为装钢机进料，托出机出料，端进端出；装出料辊道中心线距离 62000mm，炉子砌砖长度 56400mm，炉膛内宽 12800mm；燃料为混合煤气，煤气热值（8778 ± 418）kJ/（N · m^3）；炉底水梁冷却方式为汽化冷却；炉底机械驱动方式为液压驱动；年作业时间为 6000h。

该厂热轧板卷产量为 550 万 t/年，需加热板坯量约 570 万 t/年。该热轧厂设三座步进梁式加热炉，炉子设计产量为 370t/h，加热板坯最大长度为 12000mm。炉区的主要设备与设施为装出钢机、装出料炉门、步进梁式加热炉本体、出料机、空煤气管道系统及放散系统、水冷系统、排烟系统、操作及检修平台、汽化冷却系统以及仪表电控系统等。

2. 炉底步进机构

板坯经进料辊道送至炉子装料端，由炉后装钢机推入炉内，再由步进机构将板坯托运到出料端，被加热好的钢坯由出料机托出，放至出料辊道上，输送到轧机进行轧制。

炉底步进机构主要由以下几部分组成：斜轨装置、支撑滚轮、独立的升降框架和平移框架、水封槽及刮渣板、上下定心装置、水平进退液压缸、升降液压缸等。步进机构采用双层框架、双轮斜轨式结构，框架分别设有提升和水平定心机构，运行可靠，安装调试方便，利于设备维修。升降采用并联四支液压缸驱动提升框架沿 11°斜轨道运行。平移采用一支液压缸驱动平移框架沿水平方向运行。

步进梁以矩形轨迹运行，分别进行升、进、降、退的连贯动作，其运行轨迹如图 9-2 所示。步进梁的原始位置设在后下位。在水平运动和升降运动过程中，步进梁的运行速度是变化的，其目的在于保证水平运动和升降运动的缓起缓停，以及在升降过程中步进梁从固定梁上托起或向固定梁上放下板坯时能轻托轻放，防止步进机械产生冲击和振动，避免损伤梁上的绝热材料和防止炉内板坯表面氧化皮的脱落，延长维修周期和使用寿命。

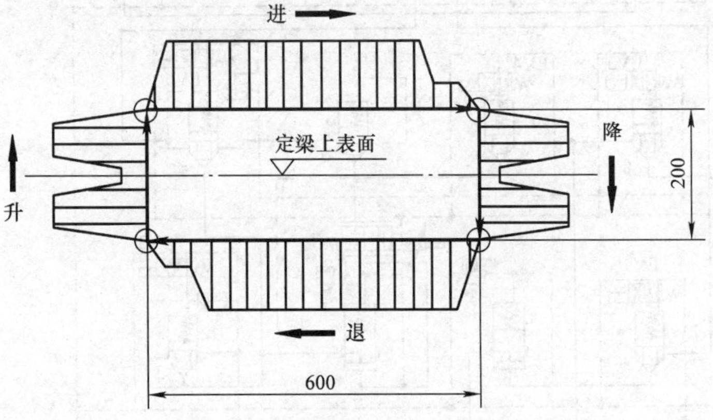

图 9-2　步进梁矩形轨迹运行图

9.2.2　步进梁升降液压传动系统

步进梁升降采用四支液压缸并联工作的方式，四支液压缸同时驱动提升框架沿 11°斜轨道运行。步进梁升降液压传动系统如图 9-3 所示。当步进梁上升时，液压油经阀 3（电磁铁 A/EV2 得电）、阀 2、阀 1、阀 4、阀 5 进油至液压缸大腔，小腔回油从阀 8（电磁铁 A/EV3 得电）回油箱；当步进梁下降时，液压油经阀 6、阀 7（电磁铁 A/EV1 得电）进油至液压缸小腔，大腔回油从阀 5（电磁铁 A/EV5 得电）、阀 2、阀 1、阀 9（电磁铁 A/EV4 得电）回油箱。

阀 2 通过平衡比例节流阀进出油口压力差来稳定比例节流阀输出流量，起压力补偿器的作用。

9.2.3　步进梁进退液压传动系统

步进梁平移采用一支液压缸驱动平移框架沿水平方向运行。步进梁进退液压传动系统如图 9-4 所示。系统由比例换向阀（元件 2）和回油压力补偿器（元件 1）组成，回油压力补偿器用于防止负载使换向阀性能不稳定；A、B 口接有液

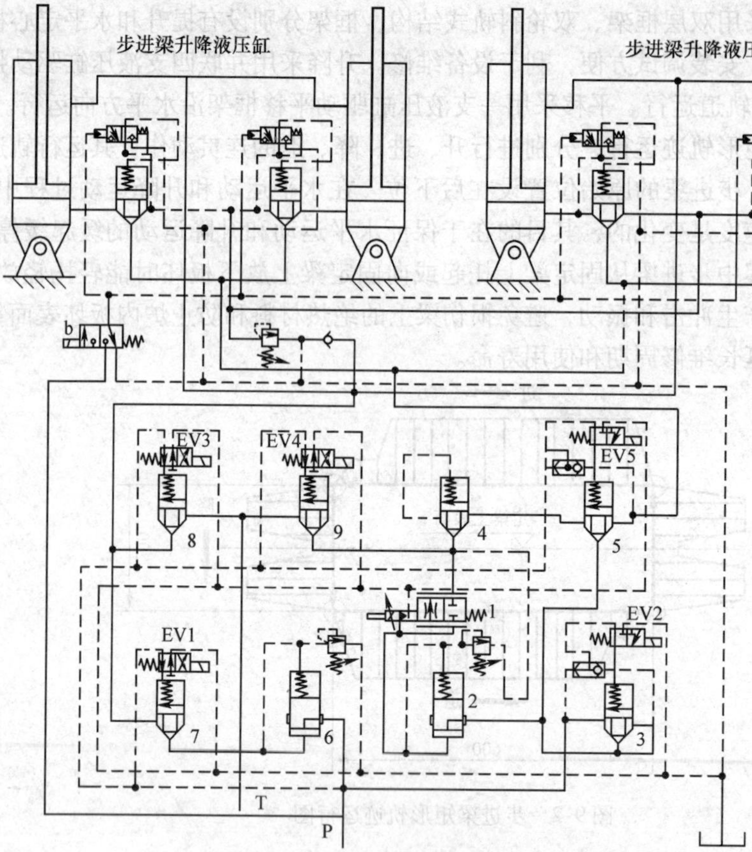

图 9-3　步进梁升降液压传动系统

1—比例节流阀　2、6—插装减压阀　3、4、5、7、8、9—插装二通阀

控单向阀（元件 3），用于保压；插装溢流阀（元件 4）用于过载保护，防止 A、B 出口腔超压。

9.2.4　装出钢机液压传动系统

1. 装出钢机简介

（1）装钢机　装钢机的机械结构主体是 4 根托杆。托杆采用中厚板焊接结构，在杆前端设有承托板坯的、可更换的耐热钢托座，在托杆下部装有平移运行所需的齿条结构，其长度应满足装钢机的运行的最大行程。装钢机的运动轨迹为：推正、升、进、降、退。

装钢机托杆于低位推进在炉后装料辊道上已正确定位的板坯，当装料端的基准光电开关测到板坯边缘时，低位推进停止，同时装钢机上的编码器复核计算板坯宽度，完成第一步推正。

当出现与该板坯档案宽度过大偏差时，装钢机会报警，暂停装钢，此时操作人员可经手动操作将板坯托起后移放下，再重新进行推正操作，直至确认板坯宽度正确。

待炉内装料端空出该板坯位置并开启装料炉门时，由装钢机托起板坯送入炉内固定梁上，随后托杆下降退出炉外并关闭装料炉门，炉内步进梁将板坯向前移送进行加热。

装钢机的升降由 2 支液压缸并联驱动托辊摇臂拉杆（刚性连接）来完成。

在托杆降至最低位时，其托杆上表面低于辊道顶面约 90mm，并且处于水平状态，以保证在低位平移或辊道输送板坯时不剐蹭板坯。在托杆升至高位时，托杆上表面处于倾斜状态。

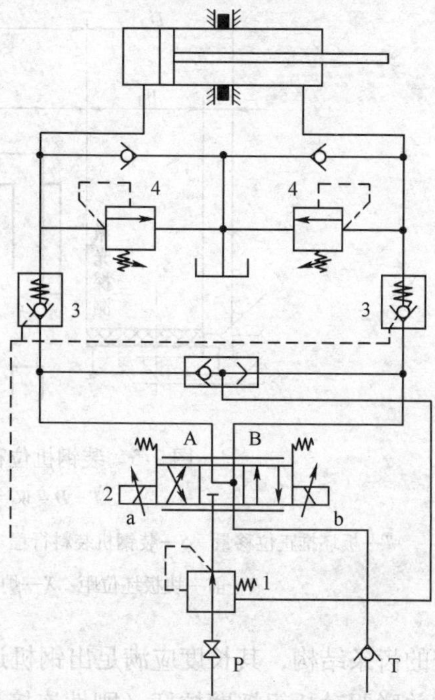

图 9-4　步进梁进退液压传动系统

1—回油压力补偿器　2—比例换向阀

3—液控单向阀　4—插装溢流阀

托杆在平移回退至最后位时高度最低，在平移前进至最前位时高度最高，考虑到热板坯会有一定的悬垂量，为保证板坯在平移时不剐蹭，托起高度距辊道顶面不小于 80mm。

装钢机进退由 1 台带编码器的变频电动机经减速机带动传动齿轮箱，使装料托杆运动，完成装料需求，并与先行板坯保持 50mm 的间隙。装钢机平移运动时，位移与板坯几何参数的关系如图 9-5 所示。

装钢机技术参数：

最大行程：	4700mm
升降液压缸数量：	2 只
升降液压缸直径：	ϕ250/160mm
平移电动机数量：	1 台
平移电动机功率：	90kW

（2）出钢机　出钢机的机械结构主体是 6 根托杆。托杆采用中厚板焊接结构，在杆前端设有承托板坯并可更换的耐热钢托座，在托杆下部装有平移运行所

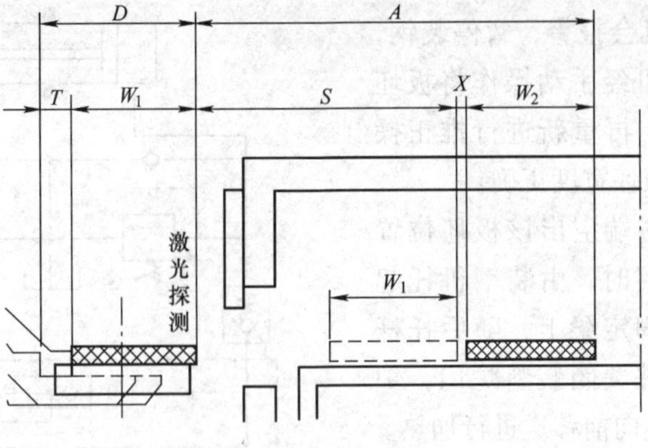

图 9-5　装钢机位移与板坯几何参数的关系

$T=D-W_1\quad S=A-(W_2+X)$

T—板坯推正位移量　S—装钢机装料行程　W_2—前一块板坯宽度　D—装料端激光标尺距离

A—前一块板坯位距　X—炉内板坯间隙　W_1—待装炉板坯宽度

需的齿条结构，其长度应满足出钢机运行的最大行程。出钢机的升降由 4 支液压缸并联驱动托辊摇臂拉杆（刚性连接）来完成。

出钢机运动轨迹为：进、升、退、降。

开启出料炉门后，由出钢机托杆于低位入炉托起在炉内出料端将要出炉的板坯，后退到炉外并将板坯放置在炉外出料辊道上，关闭出料炉门，再经出料辊道高速输送至轧线区进行轧制。

在托杆降至最低位时，其托杆上表面低于辊道顶面约 90mm 并且处于水平状态，以保证在低位平移或辊道输送板坯时不剐蹭板坯。在托杆升至高位时，托杆上表面处于倾斜状态。

托杆在平移回退至最后位时高度最低，在平移前进至最前位时高度最高，考虑到热板坯会有一定的悬垂量，为保证板坯在平移时不剐蹭，托起高度距辊道顶面不小于 80mm。出钢机进退由 2 台带编码器的变频电动机经减速机带动传动齿轮箱，使出料托杆运行，完成出料需求。当要出炉的板坯为长料时，2 台电动机同时起动，6 根托杆一同进退、升降，进退同步是由电气保证的；当要出炉的板坯为短料时，2 台电动机分别起动，但同时升降，完成板坯的出料。出钢机运动时位移与板坯几何参数的关系如图 9-6 所示。

2. 装出钢机液压部分

装出钢机升降液压回路原理如图 9-7 所示。

液压回路主要由比例换向阀（元件 2）、进油压力补偿器（元件 1）、平衡阀

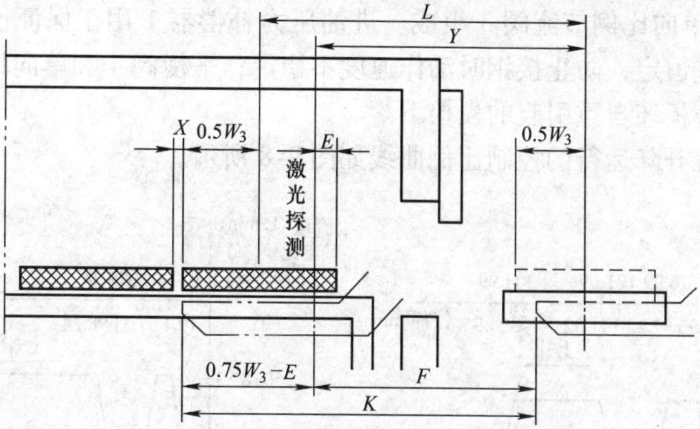

图 9-6　出钢机位移与板坯几何参数的关系

$K=F+(0.75W_3-E)$　$L=Y+(0.5W_3-F)$

K—出钢机入炉行程　W_3—待出炉板坯宽度　L—出钢机出料行程

F—出料杆至激光标尺距离　E—板坯超出激光标尺距离　Y—出料端激光标尺距离

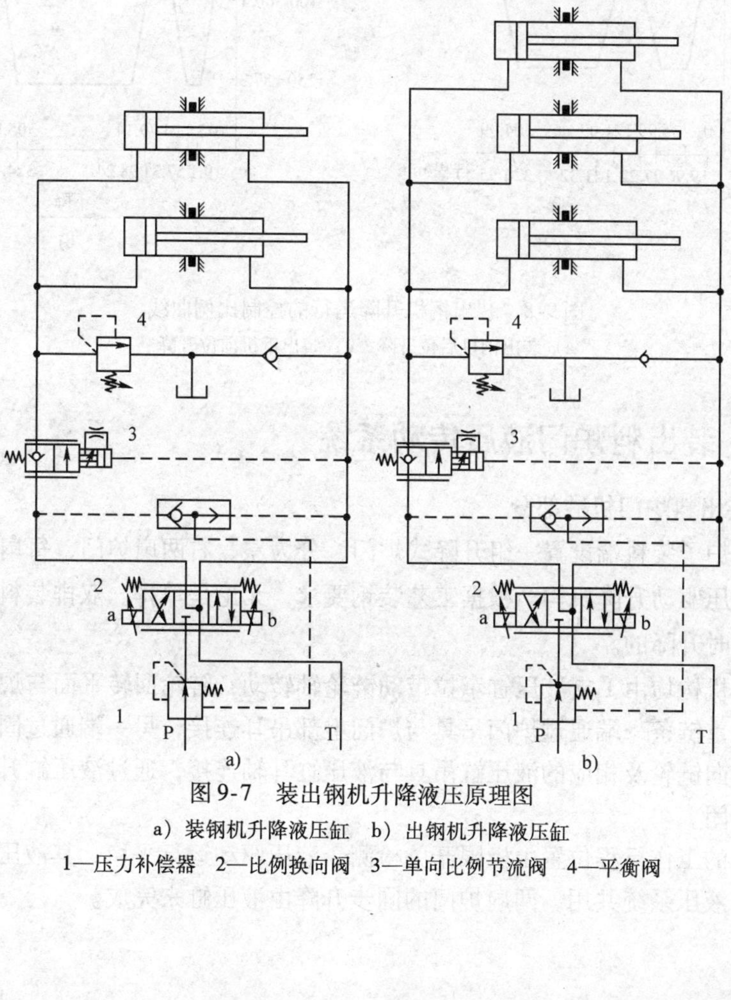

图 9-7　装出钢机升降液压原理图

a）装钢机升降液压缸　b）出钢机升降液压缸

1—压力补偿器　2—比例换向阀　3—单向比例节流阀　4—平衡阀

(元件4）和单向比例节流阀3组成。进油压力补偿器1用于保证比例换向阀2进出油口压差恒定，防止接钢时动作速度不稳定；平衡阀4和单向比例节流阀3组合可以防止板坯自重引起的失控下落。

装出钢机升降运行的控制比例曲线如图9-8所示。

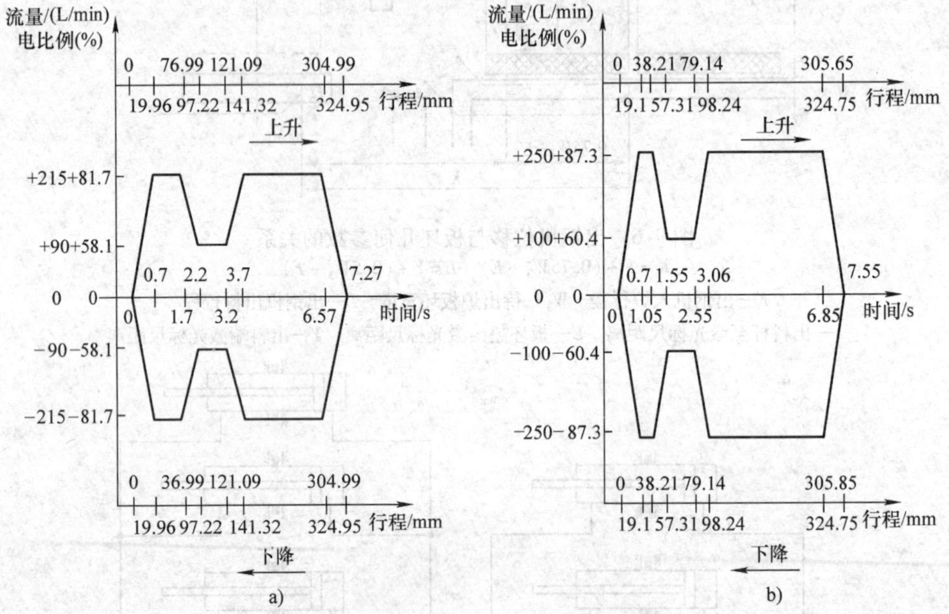

图9-8　装出钢机升降运行的控制比例曲线

a）装出钢机后位升降　b）装出钢机前位升降

9.2.5　装出料炉门液压传动系统

1. 装出料炉门机械部分

每座炉子装料端设置一组升降式炉门，分为左、右两扇炉门，每扇炉门各设有一套液压驱动升降机构。根据工艺装钢要求，无论是单排、双排装料，两扇炉门都是同时升降的。

每套机构均由1支液压缸牵拉带动链轮轴转动，链轮回转平面与炉子中心线垂直，起重链条一端通过炉门吊具与炉门上部吊耳连接，另一端通过固定在钢结构上的导向链轮及相应的液压缸吊具与液压缸耳轴连接，通过液压缸升降完成炉门升降启闭。

炉门的工作行程位置由极限开关检测。液压驱动运行平稳，其液压驱动油源与步进炉液压系统共用，两扇炉门的同步升降由液压缸来完成。

另外，升降液压缸具有行程余量，在检修时使炉门下降至下位，然后固定链轮使液压缸处于无负荷状态便可进行拆装、检修。

设备各润滑点采用间歇压力润滑，即各设备润滑点配备旋盖式油杯，由人工定期加油。

2. 装出料炉门液压回路

装出料炉门液压回路共有 4 套液压驱动升降机构，每扇炉门各设有一套液压驱动升降机构，每套液压驱动升降机构的组成原理均相同。以其中一套为例，液压回路原理如图 9-9 所示。液压回路由电液换向阀 3、单向溢流阀组 1、单向调速阀组 2 组成。单向溢流阀组 1 在炉门下降时起安全作用，可释放有杆腔的高压，改善下降动作时产生的液压冲击；上升时，液控单向阀开启，小腔回油经单向调速阀组 2 回油节流调速。

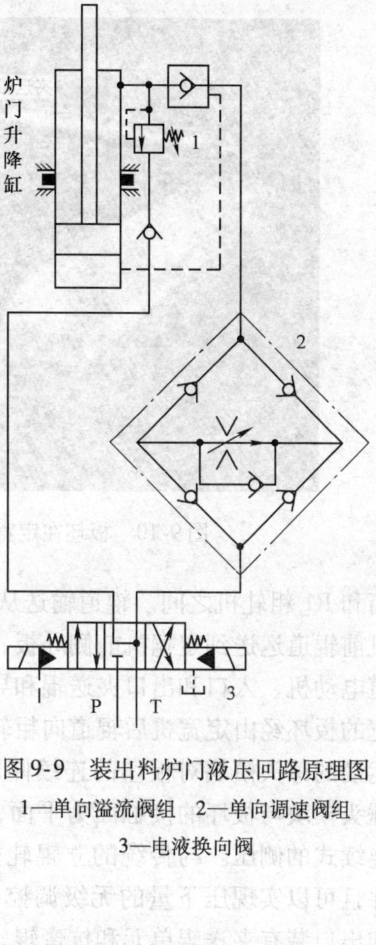

图 9-9　装出料炉门液压回路原理图

1—单向溢流阀组　2—单向调速阀组

3—电液换向阀

9.3　定宽压力机液压系统

9.3.1　定宽压力机作用与原理

定宽压力机（Sizing Press）是近年来热连轧生产线上新出现的一种调宽设备，用于在锻压状态下对板坯全长进行板坯宽度轧制。定宽压力机一道次轧制的最大宽度压下量可达 350mm，而立辊轧机在碾压状态下对板坯进行轧制，经过 1～5 个道次，侧压量最大不超过 100mm。作为水平轧机前面附设的立辊轧机只是起到微量侧压和实现宽度自动控制的作用，而使用定宽压力机可实现无级宽度压下，大大减少连铸板坯结晶器的种类，从而在根据不同成品板宽要求来定制粗轧前的板坯宽度时，能有效地减少原料板坯宽度和连铸坯调整的时间和次数，节约投资成本。板坯在定宽压力机中实现侧压（宽度轧制）的模型如图 9-10 所示。

某钢厂热轧带钢轧机采用连续式短锤头定宽压力机，该设备位于一次高压水

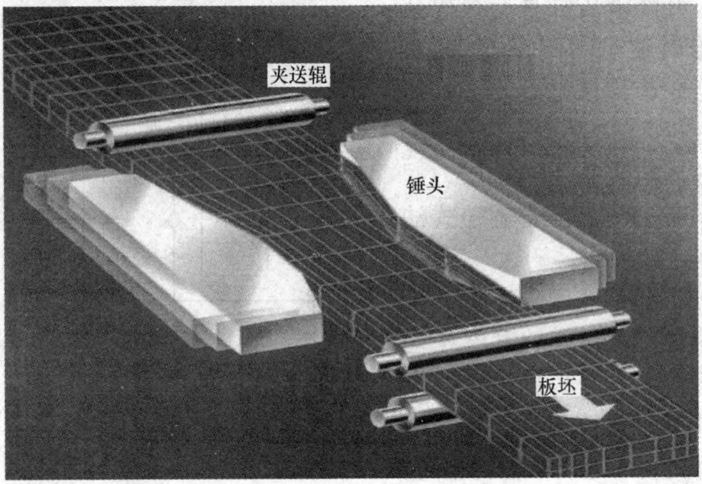

图 9-10　板坯在定宽压力机中实现侧压的模型

除磷箱和 R1 粗轧机之间。辊道输送从加热炉出来的热板坯经过一次除磷，通过定宽机前辊道运送到定宽机前侧导板，然后由定宽机前侧导板完成水平对中，再由辊道电动机、入口和出口夹送辊和导辊传送板坯通过挤压室，最后经过挤压完成定宽的板坯经由定宽机后辊道向粗轧机传送。板坯在挤压室里挤压时是靠两个对称运动的锤头模块对板坯的连续侧压来实现板坯的调宽和板坯头尾的板形调节。锤头模块与板坯的接触面为平面，可以对高温板坯（高达 1200℃）的全长进行连续式的侧压。与传统的立辊轧机相比，定宽压力机具有很大的宽度调节量，并且可以实现压下量的无级调控，最大侧压量可达 350mm。定宽压力机的入口和出口装有夹送辊单元和抗弯辊，用于夹送板坯通过侧压机并防止板坯在侧压时出现纵向弯曲。

9.3.2　定宽压力机结构组成

定宽压力机的机械结构由入口侧导卫、夹送辊单元、宽度调整液压缸、锤头模块和机架辊道等组成，如图 9-11 所示。定宽压力机前的入口侧导卫在板坯进入定宽压力机前起对中板坯的作用。侧导卫位于入口辊道区域，由安置在上托架梁上的两个液压缸从一侧驱动。宽度调整液压缸为单独控制，它可以对连铸过程中导致的板坯的锥度进行对中矫正。两个宽度调整液压缸可电动控制。

机械压下装置安置在机架的横梁上，包括铜螺母和推力轴承，用来调整侧压机滑座的设定宽度，如图 9-12 所示。宽度调整液压缸，一个用在侧压锤头滑座，两个用在每一侧的侧压机滑座。侧压机锤头滑座用来连接到侧压机锤头托架，侧压锤头托架用来容纳侧压锤头。压力锤头固定元件通过 4 个液压缸控制复位弹簧

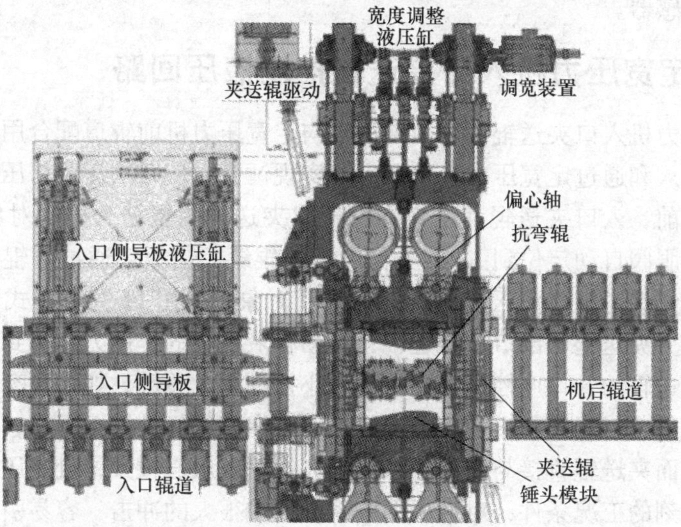

图 9-11　侧压机结构

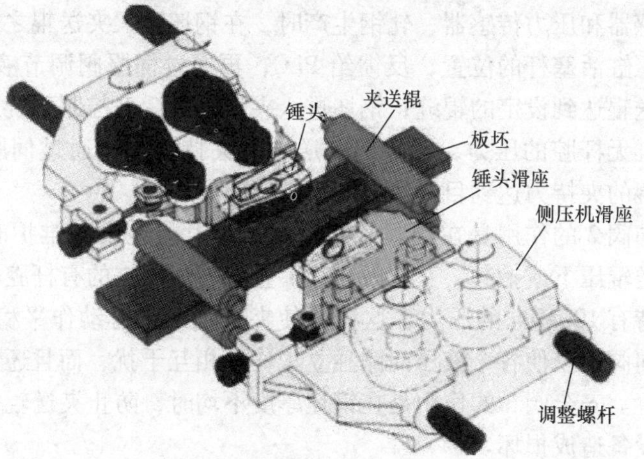

图 9-12　侧压机机械压下装置

元件以夹紧侧压锤头。

夹送辊单元安置在定宽压力机的入口和出口侧，间歇地夹送坯料通过侧压机。下夹送辊固定地安装在入口端，根据侧压时的操作条件，可以通过液压调整出口侧下夹送辊的高度。上夹送辊通过液压夹紧板坯以传递夹送力矩。出口下夹送辊和入口的上下夹送辊由电动机驱动。

机架立柱用来安置夹送辊单元。3 个液压缸用来抬起或下落上夹送辊和出口的下夹送辊，其中 2 个用在上夹送辊，1 个用在下夹送辊。液压缸上集成有一体化的位置传感器。

9.3.3 定宽压力机入口夹送辊控制液压回路

定宽压力机入口夹送辊和出口夹送辊与定宽压力机前辊道配合用于精确传送带钢坯料进入和通过定宽压力机挤压室，实现锤头对坯料的逐段挤压。在板坯未进入夹送辊前，入口夹送辊和出口夹送辊以夹送辊的辊缝为控制对象，通过 PI 调节控制伺服阀自动定位到 L2 服务器设定的辊缝，当板坯通过导辊后，根据轧制工艺要求，夹送辊以液压缸的压力为控制对象，采用 PI 调节方式，通过伺服阀控制入口上夹送辊和出口上夹送辊，自动将液压缸的作用力定位到目标压力。

入口夹送辊的开口度控制和夹持力大小控制非常关键，如果没有很精确地控制好这些参数，就会频繁出现侧压卡钢，钢坯在侧压机处停止不前，严重影响生产的顺行。而夹送辊直接与高温的红热钢坯接触，水汽很大，且侧压时产生很大的振动，苛刻的工况条件，对液压伺服系统造成很大的冲击，容易引起系统的故障。这要求设备维护人员能够准确及时地判断和排除液压伺服系统发生的故障。

定宽压力机入口夹送辊液压回路原理如图 9-13 所示。液压缸的无杆腔分别装有位移传感器和压力传感器，轧钢生产时，在钢坯进入夹送辊之前，位移传感器检测到液压缸活塞杆的位置，反馈给 PLC，再通过伺服阀调节液压缸的位置，从而驱动夹送辊达到设定的辊缝；钢坯进入夹送辊之后，控制系统通过压力传感器检测液压缸无杆腔的压力，计算出夹送辊的夹持力，再通过伺服阀控制液压缸，使夹送辊的夹持力达到目标值。

电磁换向阀 2 的作用是在伺服控制出现故障时或在设备维护时进行手动操作，控制夹送辊压下或抬起。三通减压阀 1 直接与液压缸的有杆腔相连，使液压缸有杆腔保持有 100MPa 的压力，这样可使夹送辊下压时动作平稳，减小冲击。四个液控单向阀不仅使各个液压回路独立工作不相互干扰，而且还可以保持液压缸所需的位置。安全阀 3 的作用是在钢坯厚度不均时，防止夹送辊受钢坯过大的反作用力对设备造成损坏。

9.3.4 压力机定宽的优点

与轧制调宽相比，压力机定宽具有明显的优越性，即：

1）提高了热轧带钢轧机的成材率。定宽压力机有控制板坯头尾形状的功能，即使在很大的侧压下，板坯头尾变形仍然比较均匀，故头尾形状得以优化，减轻了头尾部舌头和鱼尾，降低了切损。与立辊轧制定宽相比，在压下量相同的条件下，定宽压力机的切头损失大幅度减小，从而提高了成材率。

2）定宽能力大。现代化的定宽压力机最大侧压量可达 350mm，所以只需要几种连铸板坯规格即可满足用户需求，大大减轻了连铸变宽的负担，提高了连铸

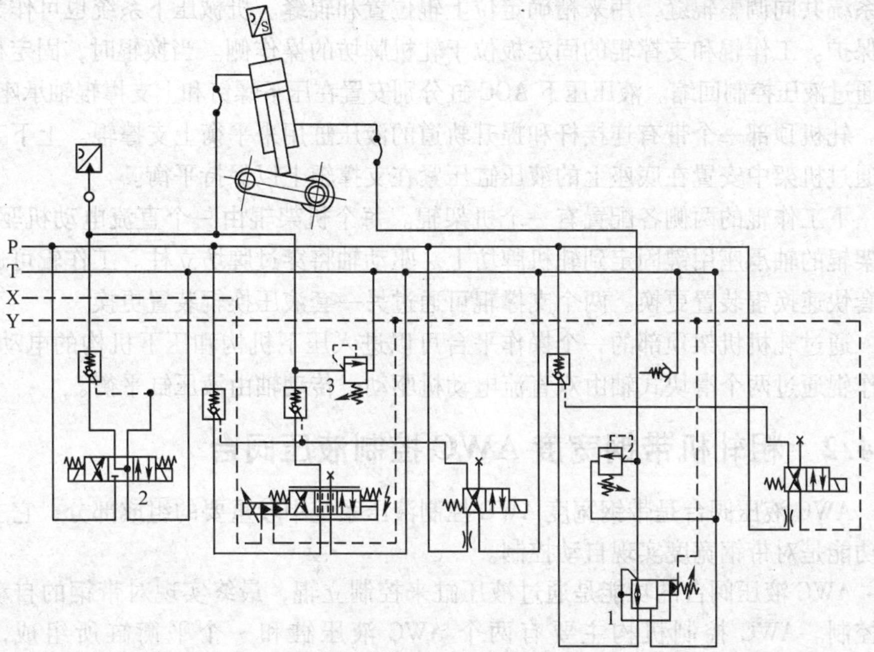

图 9-13　入口夹送辊液压回路原理图
1—三通减压阀　2—电磁换向阀　3—安全阀

机的生产率和连铸坯质量，同时也提高了板坯的热装率和热装温度。

3）提高了定宽效率。压缩调宽时，板坯边缘和中部的变形相同，板坯断面厚度一致，中间薄、边缘厚的板型得到缓解，所以板坯变形均匀性得到提高，从而减少了板坯在随后平轧时的回展，可以获得很好的调宽效率。

4）提高了宽度精度。由于定宽时板坯宽度由压力机锤头能够得到精确控制，所以可得到比立辊轧机更高的目标宽度精度。

9.4　热轧机典型液压传动系统

热轧机液压系统包括轧机的液压辊缝调整（AGC）系统、带钢宽度控制（AWC）系统以及典型的液压传动系统。AGC 系统、AWC 系统均由液压伺服控制和液压传动两部分组成。本节介绍 AGC 系统和 AWC 系统的结构、功能及典型的液压传动回路。液压伺服控制系统将在本书第 11 章中详细说明。

9.4.1　粗轧机液压辊缝调整（AGC）的结构

两机架四辊强力可逆式粗轧机的液压辊缝调整系统（AGC）与一个机械压

下系统共同调整辊缝，用来精确定位上辊位置和辊缝。机械压下系统也可作为过载保护。工作辊和支撑辊的固定板位于轧机牌坊的操作侧。当换辊时，固定板可以通过液压控制回缩。液压压下 AGC 缸分别安置在压下螺钉和上支撑辊轴承座间。

轧机顶部一个带有连接杆和提升轨道的液压缸用来平衡上支撑辊。上下工作辊通过机架中安置在底座上的液压缸压紧在支撑辊上以保持平衡。

下工作辊的两侧各配置有一个机架辊。每个机架辊由一个直流电动机驱动。机架辊的轴承座用键固定到轧机牌坊上。驱动轴将穿过牌坊立柱。工作辊可通过一套快速换辊装置更换。两个支撑辊可通过另一套液压换辊装置更换。

通过轧机机架顶部的一个操作平台可以进入压下机构和压下机构的电动机。工作辊通过两个滑块式轴由双直流电动机驱动。传动轴由液压缸平衡。

9.4.2 粗轧机带钢宽度 AWC 控制液压阀台

AWC 液压阀台是带钢宽度 AWC 控制液压系统中较重要的组成部分，它主要的功能是对带钢宽度实现自动控制。

AWC 液压阀台的功能是通过液压缸来控制立辊，最终实现对带钢的自动宽度控制。AWC 控制机构主要有两个 AWC 液压缸和一个平衡缸所组成，如图 9-14所示。液压阀台通过对三个液压缸的控制来实现立辊打开、立辊关闭、立辊快开三个动作。AWC 液压缸控制原理如图 9-15 所示。元件的控制动作见表 9-1。从图表中可以看出：立辊打开时平衡缸有杆腔进液压油，此时两个 AWC 液压缸在此过程中通过伺服阀控制打开；立辊关闭时平衡缸无杆腔进油，AWC 液压缸在此过程中通过伺服阀控制关闭。立辊快开有两种快开的控制模式，一种是不带伺服的控制模式，立辊的快开主要靠中间的平衡缸拉着两侧的 AWC 液压缸打开，此时 AWC 液压缸的油通过编号为 AWC-1 电磁阀控制的溢流阀流回油箱；另外一种是带伺服的控制模式，此种模式是在立辊快开过程中，AWC 通过伺服阀控制自动打开，不需要靠平衡缸的拉力，所以带伺服阀的快开速度远大于不带伺服阀的快开。

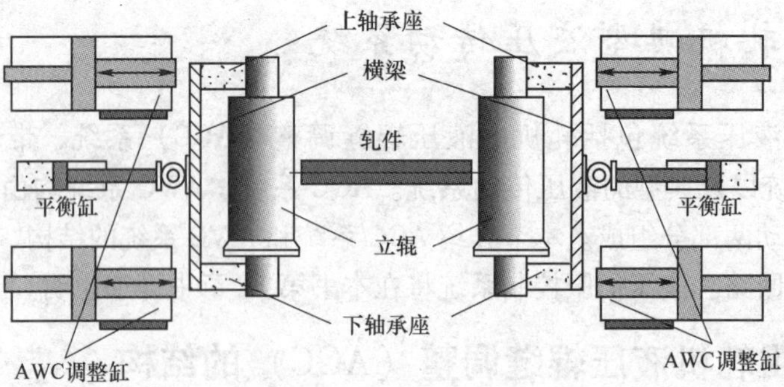

图 9-14　AWC 控制机构

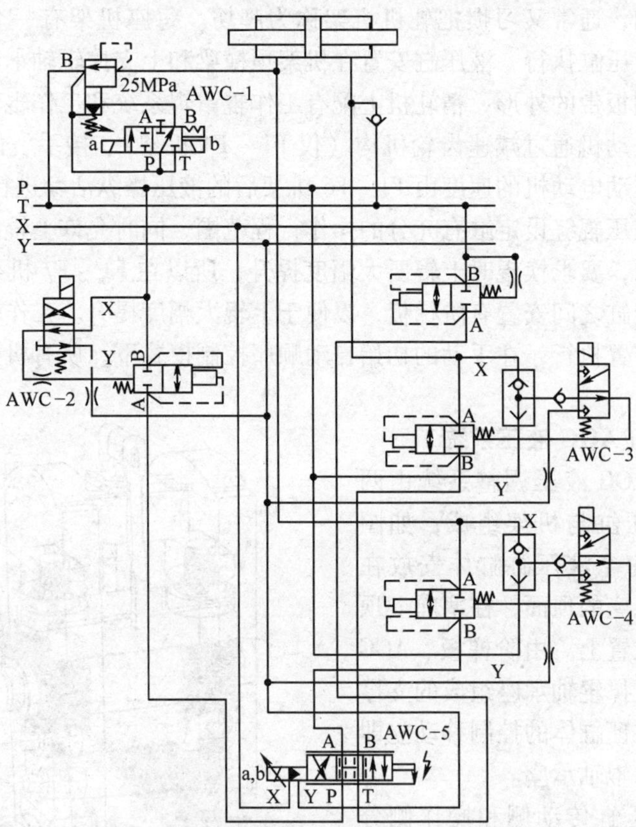

图 9-15　AWC 液压缸控制液压原理

表 9-1　元件控制动作

功能	液压元件					
	AWC-1		AWC-2	AWC-3	AWC-4	AWC-5
	a	b				
立辊打开	1	0	1	1	1	+%
立辊关闭	1	0	1	1	1	-%
立辊不带伺服快开	0	1	0	0	0	0%
立辊带伺服快开	0	1	1	1	1	+%

注：1 表示电磁阀得电，0 表示电磁阀失电，+%、-%、0% 表示伺服阀控制的参考值。

9.4.3　精轧机液压系统

1. 精轧机组成概述

下面以 7 机架四辊强力精轧机为例介绍精轧机的组成。7 座机架 F1 ~ F7 以串联方式排列，通常又习惯把轧机机架称为牌坊。每座机架有一个辊缝设定系统，由大型液压缸执行，液压缸安置在机架顶横梁和上支撑辊轴承座之间。

为了控制板带的外形，精轧机上配有工作辊窜辊系统和工作辊弯辊系统。工作辊由直流电动机通过减速齿轮机构（仅 F1 ~ F4 机架）、接手、齿轮机座和齿式轴驱动。驱动电动机的速度由 F1 ~ F6 机架后的液压操纵活套进行调节。

为了使液压辊缝设定缸有充分的操作行程范围，同时允许上辊的磨损补偿在适当的限度内，要求换辊时上辊要大幅度提升，所以在 F1 ~ F7 机架，上横梁和液压辊缝设定缸之间安置有阶梯板，以便于上辊大幅度提升。工作辊更换通过一个快速换辊装置执行，在手动的初始自动顺序控制模式下，所有机架的工作辊可同时更换。

2. 精轧机 AGC 液压系统

精轧机 AGC 液压调整系统由两个双动作液压缸与机架组成，如图 9-16 所示。每个液压缸缸体安放在上支撑辊轴承座的顶面，柱塞向上顶在阶梯板的位置上。由阶梯板、AGC 液压缸和上支撑辊轴承座组成的支撑辊平衡装置保证缸体的控制移动立即传递给上支撑辊轴承座。

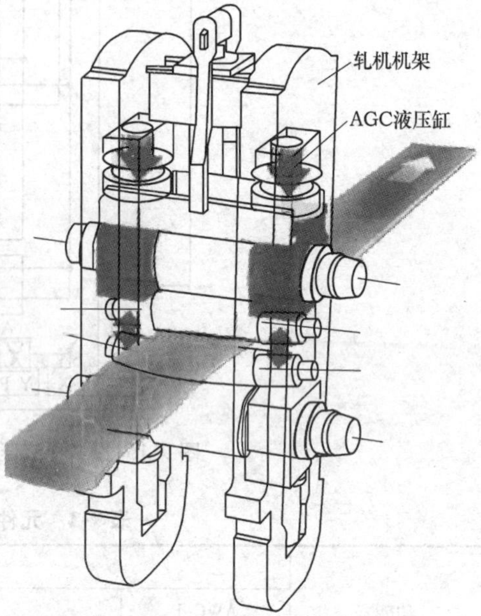

图 9-16　精轧机 AGC 液压调整系统组成

AGC 液压缸传动侧和操作侧分别采用单独的位置控制系统，两套位置控制系统之间又有同步控制。在控制逻辑中，同步控制处在比位置控制更高的控制阶层上。每个调整缸都安装两个平行于轧制方向且彼此对称布置的位移传感器，它们同时固定在液压缸缸体和传感器板上，传感器板用螺栓与柱塞连接。AGC 液压缸两侧不仅安装了位置传感器，还安装了压力传感器，每个轧机两个调整缸的柱塞侧相互连接并接在一个公用的压力传感器上，压力传感器的实测值用于过载保护。

每台轧机上有两组 AGC 控制阀组，它们分别安装在轧机机架顶部的操作侧和传动侧。图 9-17 所示为操作侧 AGC 控制的原理。其中，1 是 AGC 液压缸，轧机的辊缝和轧制力都是由其控制，精度靠传感器和伺服阀来实现。D 和 E 是伺服阀，为了生产稳定，生产中两台伺服阀有四种工作模式（DE 模式、ED 模式、D 模式、E 模式）可供选择，其中 D 和 E 是伺服阀单独使用，DE 和 ED 模式是组合使用，从而避免了因一个伺服阀故障造成生产线停机。4 和 7 是换向阀，用于控制液控单向阀 2、3 和 5、6 同时打开或关闭与之相对应的两个伺服阀。8 是带先导的溢流阀，在轧机需要快速打开时，通过溢流阀快速泄压来实现辊缝的快速打开。9 是压力传感器。10 是一个比例减压阀，同时控制着轧机两侧 AGC 液压缸的有杆腔压力，该减压阀在生产过程中压力一般为 5～11MPa。

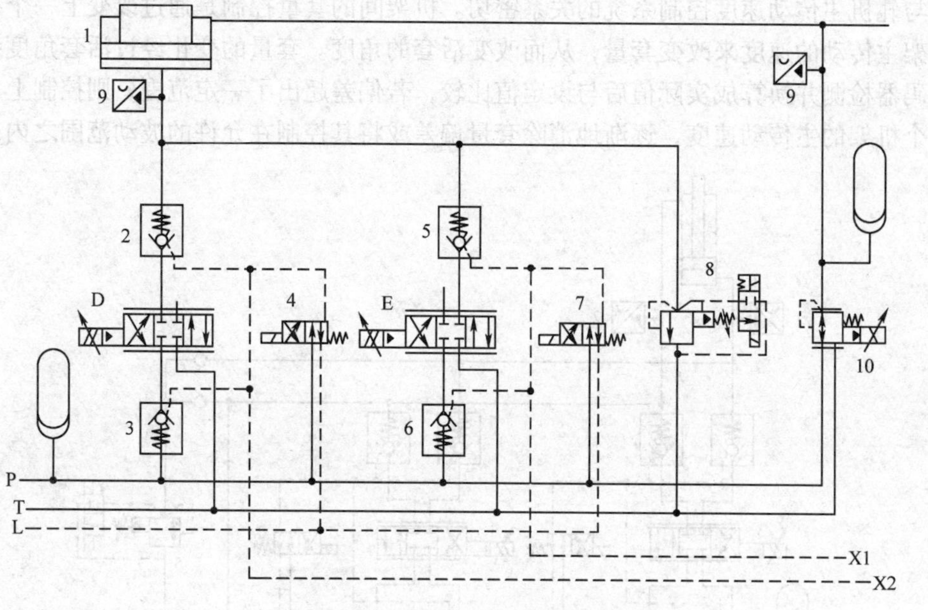

图 9-17　精轧机 AGC 位置控制液压原理

1—AGC 液压缸　2、3、5、6—液控单向阀　4、7—换向阀　8—溢流阀　9—压力传感器　10—比例减压阀　D、E—伺服阀

3. 精轧机活套液压系统

活套是热轧精轧机组中的重要设备，它对控制产品质量发挥着非常重要的作用。一般热轧精轧机组具有 7 架连轧机，每两个机架间设置一个活套，采用伺服阀驱动的液压活套控制系统。活套是一种带有自由辊的机构，带钢在相邻两机架穿带后，这个自由辊就会上升并高于轧制线，将带钢支撑起来。活套具有张力控制和套量控制两个功能：张力控制给轧制中的带钢提供恒定的张力，以保证板材质量；套量控制是为了保证正常轧制时通过轧辊的金属秒流量相等，避免拉钢和堆钢。

液压活套是由伺服阀-液压缸驱动的。每台轧机上有一组活套控制阀组，图 9-18 所示为活套液压原理图。其中，3 和 4 是伺服阀，生产过程中可以共同使用也可以单独使用，它们各自都是一个独立的单元，从而避免了因一个伺服阀故障造成生产线停机。5 是一个先导溢流阀，主要用来实现系统的快速泄压。1 和 2 是活套液压缸两腔的压力传感器，其主要为活套控制提供液压缸两腔压力参数。

单从液压原理图看比较容易理解，但是活套的控制比较复杂，主要体现在以下几个方面：

（1）套量控制　在连轧过程中，套量控制用于快速吸收因轧机穿带时动态速降而产生的套量和由于辊缝和轧制速度的波动而出现的套量变化量。套量控制与轧机主传动速度控制系统的关系密切。机架间的套量控制是通过改变上一个机架主传动的速度来改变套量，从而改变活套的角度。套量的变化经过活套角度编码器检测并换算成实际值后与设定值比较，若偏差超出了一定范围，则控制上一个机架的主传动速度，逐渐地消除套量偏差或将其控制在允许的波动范围之内。

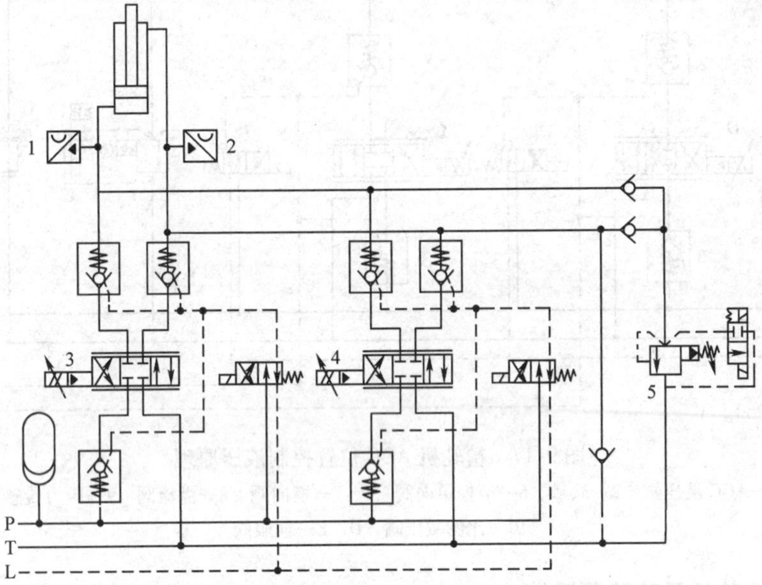

图 9-18　活套液压原理简图

1、2—压力传感器　3、4—伺服阀　5—溢流阀

（2）张力控制　液压活套由伺服阀-液压缸驱动时应满足以下工艺要求：起套时，活套应快速上升以保障套量控制的快速响应；在活套接触带钢过程中，活套应慢速上升以消除对带钢产生的冲击而使带钢头部厚度变薄和宽度变窄，实现软接触；在活套接触带钢以后，仅有接触压力控制器对活套液压系统进行控制。

活套张力控制是以活套位置为反馈信号的机架间带钢控制系统。从质量控制的观点来看，机架间带钢张力恒定的重要性远比套量恒定要大，因此对轧件和轧制变形区的参数产生直接影响的将是张力而不是活套高度。张力控制关注的是，不同活套角度时，活套支撑臂所承受的张力矩和重力矩的大小。因为只有知道负载的合力矩，才能准确控制活套力矩，达到恒定张力的控制的目的。在稳定轧制状态下，活套支撑臂承受的负载力矩主要有两部分：①机架间带钢张力对活套支撑臂所形成的张力矩；②带钢重量和活套支撑臂自重形成的重力矩。力矩的计算是通过压力传感器反馈值实现的，因此活套角度的准确检测和压力传感器反馈值的准确对活套控制非常重要。

（3）起套、收套和落套　当下一个机架的咬钢信号被板带头部触发后，该信号即控制上一个机架的活套快速升起到轧制位置，这就称为起套。当然，由于前期的张力控制，活套角度起先会稍微大于轧制角度，随后回落到轧制角度。这里的咬钢信号是由二级模型所设定的轧制力门槛来决定的。不同的板型厚度拥有不同的咬钢轧制力触发信号。当带钢尾部即将离开上一个机架的时候，活套会进行小套量的控制，微微降一点角度，以保证钢带可以平稳地进入下一个机架，这就是收套。当板带全部通过机架的时候，活套再恢复至低位，等待下一块板带，这就是落套。

9.5　卷取机液压系统

卷取机布置在轧线的末端（见图 9-1），主要用于将轧机轧制成型的板带卷成钢带卷，方便存放和运输。卷取机设备由导卫、夹送辊、助卷辊、芯轴和卸卷装置等组成。

9.5.1　卷取机导卫液压控制

1. 卷取机导卫的结构与动作

导卫布置在卷曲机上游，用于对板带进行对中控制和卷型控制，确保钢带卷成型合格。卷取机导卫结构如图 9-19 所示。

D 点为导卫固定点，每侧导卫由两个液压缸控制，并且通过同步轴保持同步，导卫的位置由液压缸内置的位置传感器检测。停机时，导卫会开到最大位待机。生产时，板坯到来之前，导卫会根据板带宽度再加上一个修正量，依靠宽度控制停在等待位，板带进入夹送辊后，导卫控制立刻切换到压力控制，给板带一个对中力，确保板带位置准确，成型卷合格。

2. 卷取机侧导卫液压控制回路工作原理

卷取机侧导卫液压控制原理如图 9-20 所示。

两套伺服阀 1 和 3、两套液控单向阀 6 和 7 相互独立，一套工作时另一套备用，以便降低故障处理时间，提高生产率。

停机时一套伺服阀配合换向阀 5 将导卫退回到最大位置。换向阀 2（或者 4）失电，液控单向阀 6（或者 7）关闭，伺服阀与液压缸无杆腔隔离；换向阀 5 失电，有杆腔回油，两腔均失去压力，导卫停止在最大位置。

卷取机侧导卫液压控制有位置控制模式和压力控制模式两种。

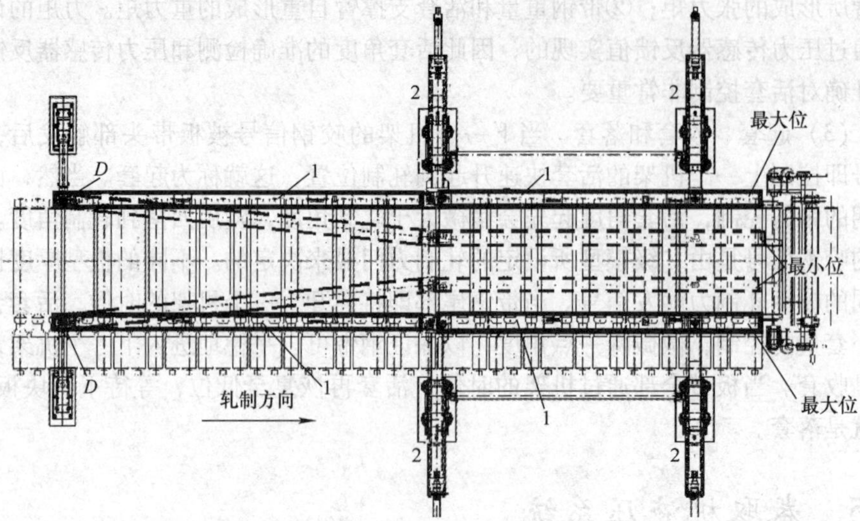

图 9-19　卷取机导卫结构示意图

1—两侧的导卫　2—导卫控制液压缸

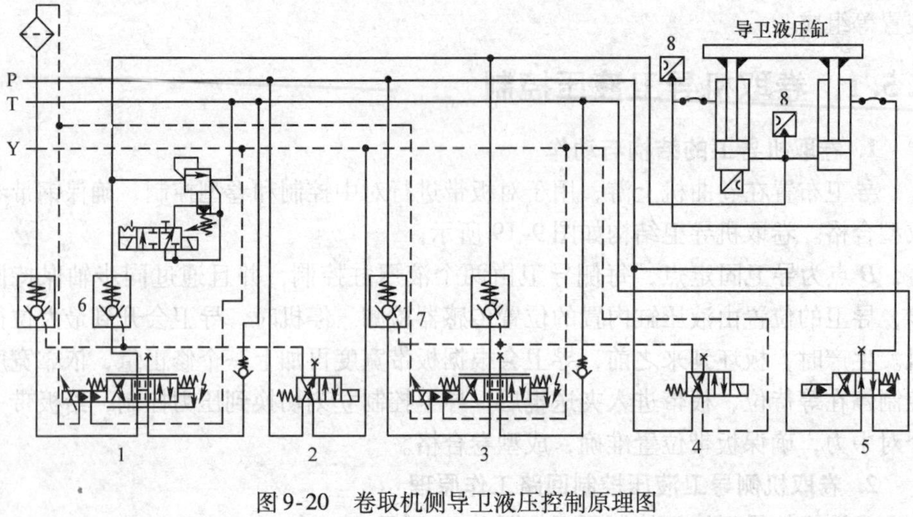

图 9-20　卷取机侧导卫液压控制原理图

1、3—伺服阀　2、4、5—换向阀　6、7—液控单向阀　8—压力传感器

（1）位置控制模式　板带到来前，系统设置一个固定位置，阀 2（或者 4）得电，打开液控单向阀 6（或者 7），伺服阀 1（或者 3）激活；伺服阀 1（或者 3）和换向阀 5 及液压缸内位置传感器配合，将液压缸移动到指定位置后，伺服阀控制无杆腔压力等于有杆腔的一半，两腔压力平衡，液压缸处于停止状态，等待轧出板带的到来。

（2）压力控制模式　板带进入夹送辊后，系统发出指令，放弃位置控制模式，伺服阀、换向阀与液压缸两腔的压力传感器 8 配合，变换成压力控制模式，始终给板带侧面一个固定的力，控制卷型合格。

9.5.2　卷取机夹送辊液压控制

1. 卷取机夹送辊的控制模式

卷取机夹送辊布置在卷取机侧导卫与芯轴之间，如图 9-21 所示。其主要作用是，当板带头部导入卷取机芯轴后，在上游方向（夹送辊与轧机之间）建立轧制张力，在下游方向（夹送辊与芯轴之间）建立卷曲张力，同时使得助卷辊抬起后消除钢卷各层间间隙。

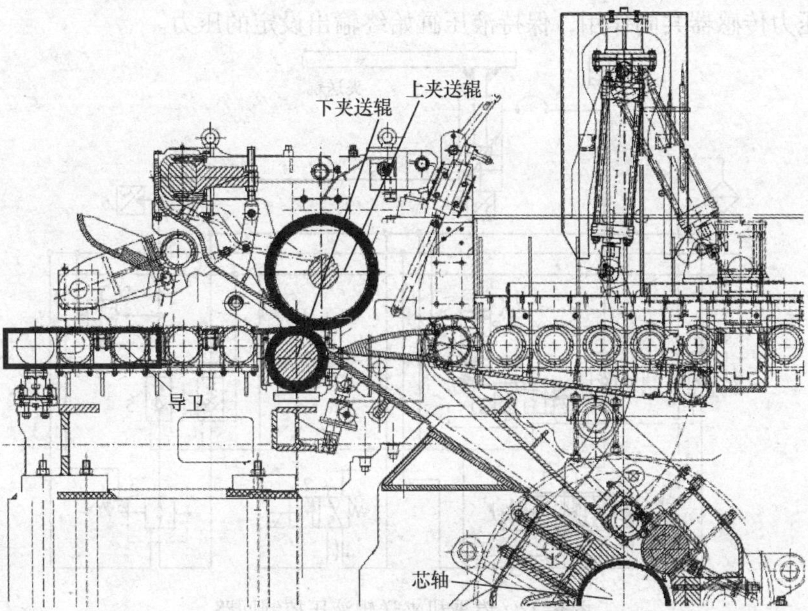

图 9-21　卷取机夹送辊布置结构图

带钢到来之前，夹送辊处于辊缝控制模式。计算机将前方轧机成品板带厚度发送到卷曲机控制器，卷曲机取板带厚度值的 0.9 倍作为辊缝控制的辊缝值，由液压系统的伺服阀、减压阀和液压缸位置传感器组成闭环控制，将辊缝稳定在板带厚度的 0.9 倍处。

当板带头进入夹送辊后，在板带头的作用下，辊缝变为板带厚度，此过程也使液压缸两腔压力发生突变，控制器通过压力传感器检测此压力突变，并将其作为夹送辊模式切换的输入信号，将夹送辊辊缝控制模式切换到压力控制模式。此后，正常轧制卷取过程中，控制模式就保持为压力控制模式。当轧机物流跟踪系统跟踪到带尾接近夹送辊时，夹送辊将压力控制模式又切换为辊缝控制模式。

2. 卷取机夹送辊液压控制回路

一根夹送辊由两只液压缸控制，每只液压油缸由如图 9-22 所示的一套回路控制其动作。换向阀 2 控制液控单向阀组 4 和 5，使得伺服阀 1 和减压阀 3 与液压油隔离，液压缸处于停止状态；阀 7 由溢流阀和先导电磁阀组成，当电磁阀处于左边位置时，溢流阀处于关闭状态，起到安全阀功能，受到压力冲击时会自动打开泄压；当电磁阀处于右边位置时，溢流阀处于泄压状态，夹送辊自动打开。压力传感器 6 时刻检测液压缸两腔压力，板带头进入夹送辊时，对液压缸会有一个冲击，此冲击使得液压缸无杆腔压力发生突变，此突变信号作为夹送辊控制模式切换的触发型号；当夹送辊切换到压力控制模式后，伺服阀、液压缸和液压缸两腔压力传感器共同作用，保持液压缸始终输出设定的压力。

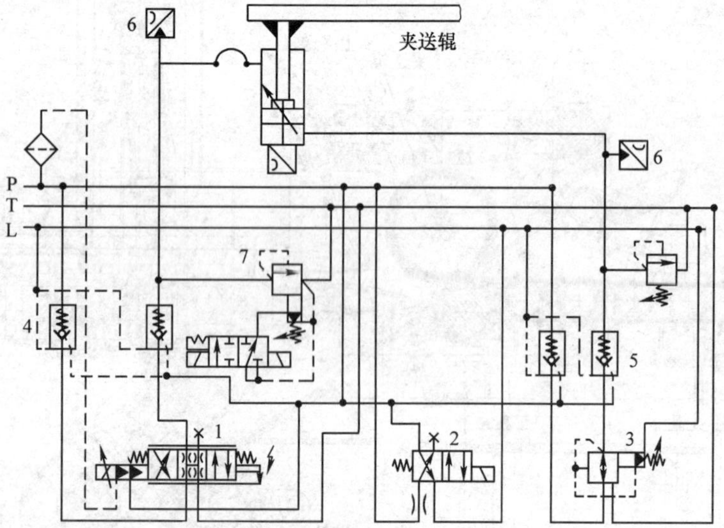

图 9-22　卷取机夹送辊液压控制回路

1—伺服阀　2—换向阀　3—减压阀　4、5—液控单向阀组　6—压力传感器　7—溢流阀-先导电磁阀组

9.5.3　卷取机助卷辊控制液压回路

卷取机布置示意图如图 9-23 所示。助卷辊 C 共有 3 个，均匀布置在卷取机芯轴 D 周围，A、B 分别为卷取机上夹送辊和下夹送辊，E 为助卷辊液压缸。

板带头部过来时，助卷辊和芯轴配合运动，迅速将板带缠绕在芯轴上，建立起卷曲张力后，助卷辊离开，由芯轴和夹送辊配合卷曲板带中间大部分；板带尾部到来时，助卷辊再次压靠在钢卷外侧，将板带紧压在上一圈板带上，防止钢卷松卷。

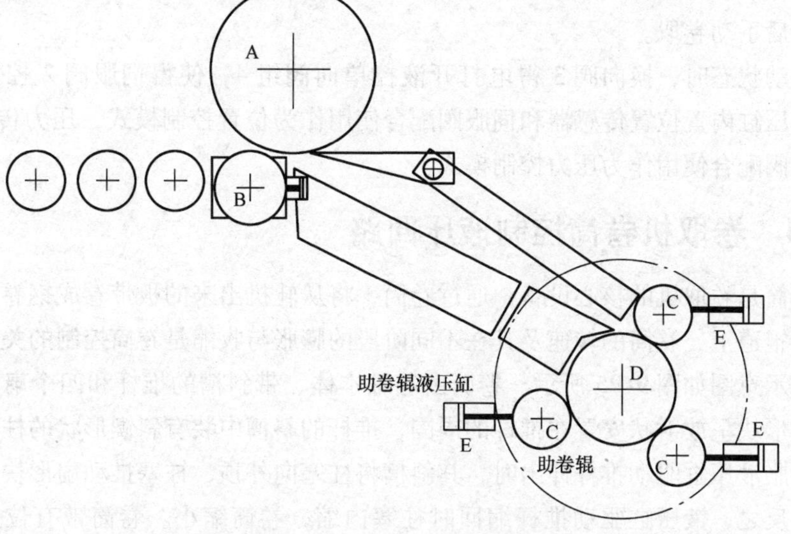

图 9-23　卷取机布置示意图

助卷辊液压控制原理如图 9-24 所示。换向阀 1 作为手动控制使用，可以在

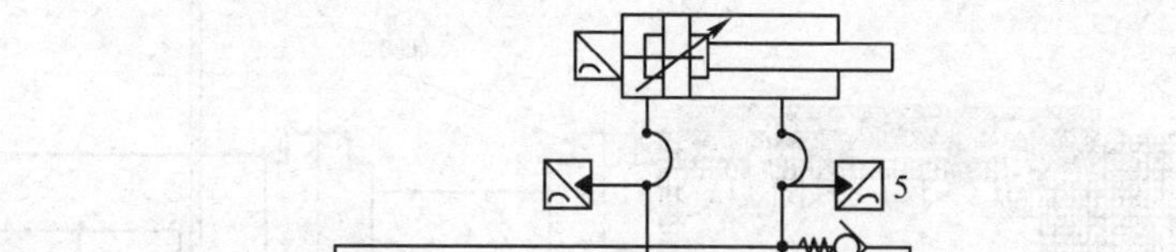

图 9-24　助卷辊液压控制原理

1、3—换向阀　2—伺服阀　4—液控单向阀组　5—压力传感器

操作台上手动操作按钮控制助卷辊液压缸动作，一般用于调试、手动卸卷或者发生事故后手动卷取。

自动状态时，换向阀 3 得电打开液控单向阀组 4，使得伺服阀 2 控制液压缸，液压缸内置位置传感器和伺服阀配合使用作为位置控制模式，压力传感器 5 与伺服阀配合使用作为压力控制模式。

9.5.4 卷取机卷筒控制液压回路

卷筒是卷取机的核心设备，通过卷筒，将从轧机出来的板带卷成钢卷并卸载到输出辊道上，卷筒的转速及其在不同阶段的膨胀与收缩是卷筒控制的关键。卷筒结构示意图如图 9-25 所示。卷筒由芯轴本体、带斜槽的推杆和四个扇形块组成，扇形块呈放射状安置在推杆的周围，推杆的斜槽中装有斜锲形状的柱塞。由芯轴膨胀液压缸驱动推杆伸出时，其斜槽将柱塞向外顶，柱塞推动扇形块使卷筒膨胀；反之，液压缸驱动推杆缩回时柱塞内缩，卷筒缩小。卷筒带有位置传感器，可确保卷筒膨胀、收缩的任何一个位置随时被监控。

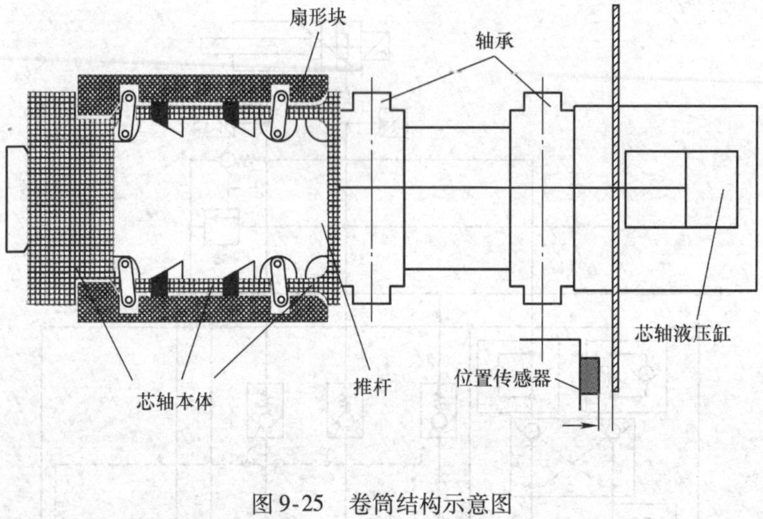

图 9-25　卷筒结构示意图

卷筒芯轴液压系统如图 9-26 所示，阀 2、3、4 组成大流量调压阀组，根据芯轴工作状态设置不同的压力，提供给芯轴膨胀液压缸；阀 1 为伺服阀，同位置传感器配合使用，控制液压缸位置以实现控制芯轴膨胀大小的目的；压力传感器 5 连续检测膨胀力，其一旦发生异常，说明钢卷发生散卷事故，可立刻发出紧急停止指令，以防止事故扩大。

带钢到来之前，伺服阀 1 和位置传感器配合使用，控制液压缸芯轴处在预膨胀位置。带头进入卷取机后，围绕芯轴卷取 3 ~ 5 圈后，芯轴在液压缸作用下膨胀，膨胀力使已经初步压紧的前几圈钢带产生摩擦力。在助卷辊收回后，完全靠芯轴带动钢带卷取，形成钢卷。

钢带尾部进入卷取机后，芯轴停止转动，卸卷小车提升托起钢卷后，芯轴液压缸缩回，芯轴缩小，使得钢卷内圈同芯轴分离。此后芯轴反转，卸卷小车将钢卷从卷取机内运送出来。

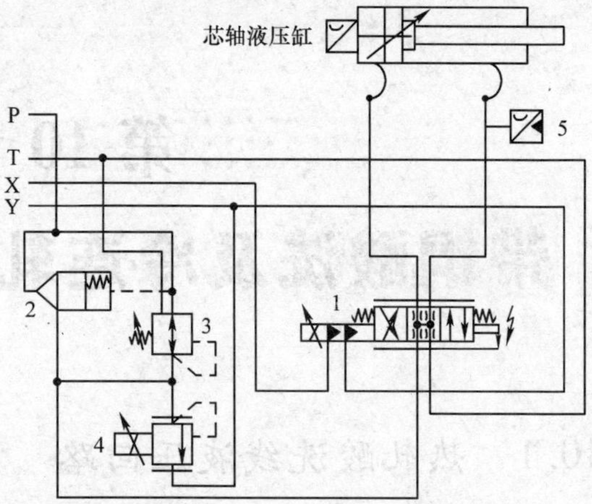

图 9-26　芯轴液压缸液压控制回路

1—伺服阀　2—二通插装压力阀　3—三通减压阀
4—比例调压阀　5—压力传感器

第10章 带钢酸洗及冷连轧机组液压系统

10.1 热轧酸洗线液压回路

10.1.1 热轧酸洗线机组概述

1. 酸洗线工艺流程介绍

酸轧机组是用于将热轧带卷进行连续的酸洗后供给轧机进行连续轧制并进行卷取的生产线。其主要的工艺流程为通过入口步进梁和入口钢卷上料小车为开卷机上卷，利用双开卷机进行热轧卷开卷，带钢经过直头机矫直带钢的头尾，再由入口剪剪去超差的钢带头尾后由焊机将带钢焊接起来，经过1号活套后用拉矫破鳞机对带钢表面的氧化皮进行疏松，然后进入酸槽和漂洗槽进行连续的酸洗和漂洗。漂洗后的钢带经干燥器干燥后进入2号活套，再经过月牙剪、切边剪、碎断剪对带钢的边部进行切边和碎边处理，钢带最终通过3号活套进入轧机轧制。带钢通过各机架轧制和控制后用卡罗塞尔式卷取机或者双卷取机进行卷取，并通过转鼓剪进行剪断，卷取后的成品卷通过出口步进梁运输到成品库。

2. 酸洗线主要设备介绍

（1）入口步进梁　入口步进梁运输机垂直于酸洗中心线布置，水平放置的钢卷通过行车吊运到步进梁上，然后运输到入口钢卷车上。步进梁通过提升液压缸将动梁和钢卷提起，然后由横移液压缸带动动梁横移，将钢卷移动一个鞍座位。通过循环动作，从而实现运输钢卷的功能。

（2）入口钢卷分配小车　通过液压缸的驱动，入口钢卷分配小车的V形鞍座可以分别处于入口步进梁的末端，从而接受步进梁送来的钢卷，再通过液压缸的驱动，进而可以对两台入口钢卷上料小车分别输送钢卷。

（3）入口钢卷上料小车　入口钢卷上料小车通过液压缸的提升将钢卷从入口钢卷分配小车输送到1号开卷机上。

（4）开卷机和启卷器　在酸洗线的入口一般配置两台开卷机，两台开卷机交替工作，从而实现生产线的连续运行。开卷机通过芯轴、芯轴支撑、启卷器、抗折弯辊等设备将热轧卷打开，并送入直头机。

（5）直头机　每台开卷机的后部安装有直头机，用于对钢带的头、尾平直度较差的部分进行矫直，并起到除去钢带表面氧化皮的作用。在直头机的入口配置有夹送辊用来穿带，同时配置有保护器，避免在钢带甩尾时损伤设备。

（6）双层剪　双层剪用于剪切两台开卷机的上通道和下通道的带钢头尾，剪刃靠液压缸驱动，通过安装在入口夹送辊的钢带长度计数器，切头将自动切成长度为 1m 的废料。

10.1.2　入口步进梁液压回路

1. 入口步进梁的结构及功能

酸轧线入口步进梁运输机垂直于酸轧中心线布置，它是将钢卷运送到生产线的设备。入口步进梁的结构如图 10-1 所示，它由一个定梁和一个动梁以及提升和横移装置组成。

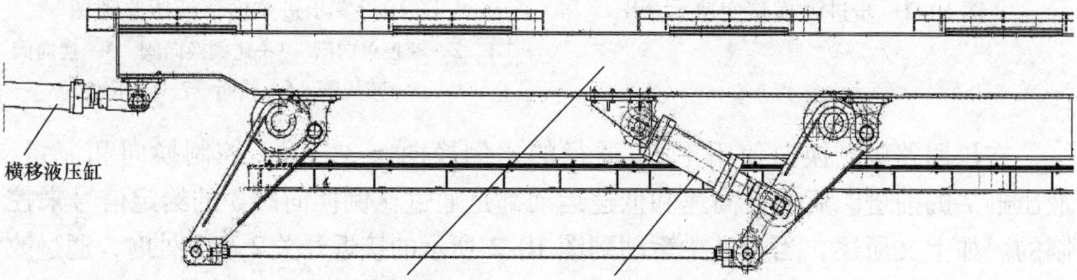

图 10-1　入口步进梁结构

水平放置的钢卷通过行车吊运到步进梁上，通过提升液压缸将动梁和钢卷提起，再由横移液压缸带动动梁横移，即可将钢卷移动一个鞍座位，然后提升液压缸缩回，将钢卷放在固定鞍座上，最后横移液压缸缩回，将步进梁栋梁带回到原始位置，通过这样的往复循环动作，从而实现运输钢卷的功能。

步进梁的动作是往复循环式的，提升和横移动作交替进行，由接近开关检测到位信号。由于步进梁动作时带动多个钢卷，负载很大，同时要保证稳定性，防止停止时的冲击和振动导致的钢卷不稳定，所以步进梁的横移设计了高低速变换模式。步进梁的横移变速如图 10-2 所示，步进梁做前进运动时，先是高速前进，当运行到接近开关 3 处时，步进梁变换成低速运动，直至运行到接近开关 4 处停止；同样，步进梁做后退运动时，先是高速后退，运行到接近开关 2 处由高速变换为低速，直至运行到接近开关 1 处停止。这样就避免了步进梁停止时的冲击对钢卷的影响。

2. 步进梁横移液压回路分析

步进梁的横移靠横移液压缸伸出和缩回驱动，其液压原理如图 10-3 所示。

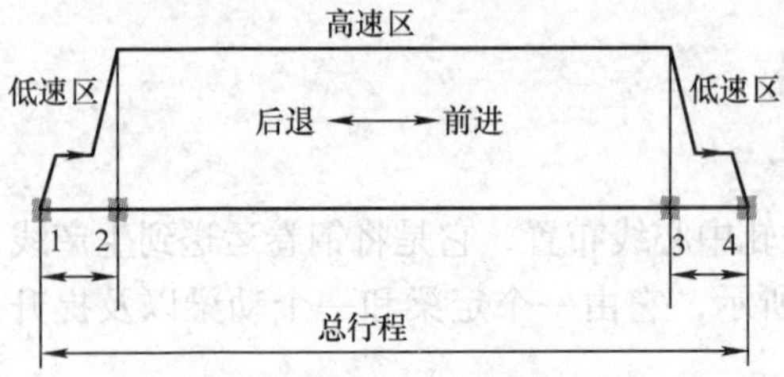

图 10-2　步进梁横移变速示意图

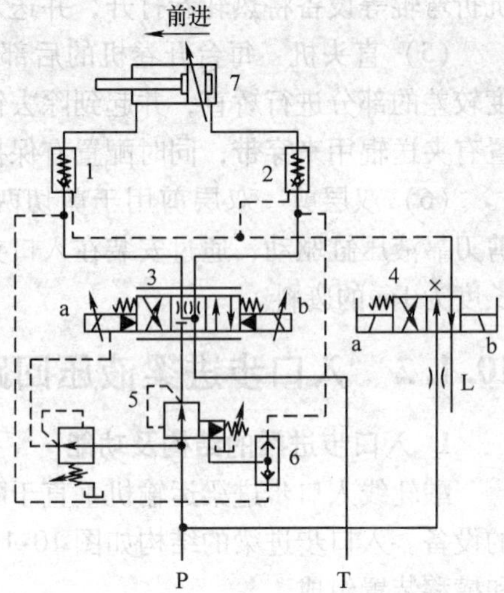

图 10-3　步进梁横移液压原理图
1、2—液控单向阀　3—比例换向阀　4—换向阀
5—减压阀　6—梭阀　7—液压缸

在该回路中，换向使用了 32 通径的比例换向阀 3，用于控制换向和流量，液压缸 7 的前进、后退、高速和低速运动都是通过比例换向阀 3 的给定信号来控制的。如上文所述，当步进梁运动到图 10-2 所示的接近开关 2 和 3 处时，通过改变电流信号来控制比例换向阀的输出流量，即可达到控制步进梁高低速变换的目的。

由于使用了比例换向控制，所以在该回路中使用了压力补偿器，压力补偿器由阀 5 和阀 6 组成，它的作用就是保证控制流量不随压力的变化而变化。在比例换向阀控制的液压回路中，流量是通过比例换向阀的开口度进行控制的，为了保证流量不受负载变化的影响，就要保证比例换向阀前后的压差保持不变，压力补偿器就是通过减压阀 5 的压力补偿原理来保证比例换向阀前后的压差不随负载变化的。

该回路中还使用了两只液控单向阀 1 和 2，液控单向阀的开启由一个 6 通径的换向阀 4 控制，只有在换向阀 4 的 a 线圈得电时，液压缸才能动作，从而防止了液压缸误动作，同时又保证了锁紧的精度。

10.1.3　钢卷上料小车液压回路

1. 钢卷上料小车的结构及功能

入口钢卷上料小车的主要结构如图 10-4 所示。钢卷上料小车为 L 形结构，包括一个行走框架和一个提升框架，小车有四个车轮（两个轮子通过电动机驱动），在轨道上运行；提升框架为 V 形，上部带有可更换的钢衬垫，提升框架通过液压缸提升。

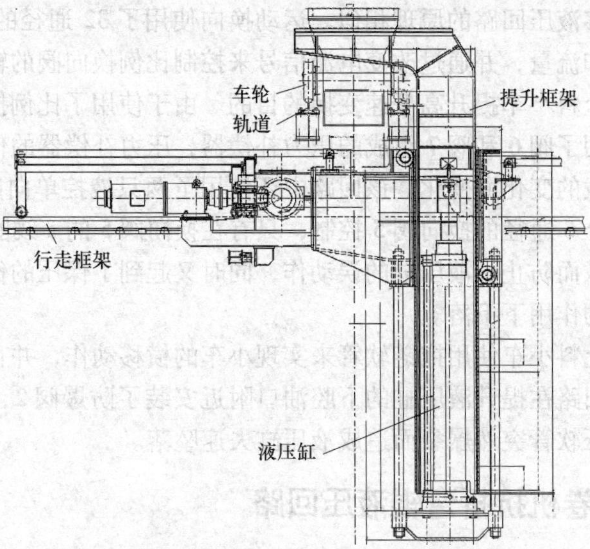

图 10-4　钢卷上料小车主要结构

钢卷上料小车将钢卷从分配小车上提起，运送到开卷机芯轴前，然后提升钢卷并将钢卷的中心提升到与开卷机芯轴的高度一致，提升高度由编码器计算，最后将钢卷送入开卷机芯轴，并下落返回，也是一个循环往复的过程。

钢卷提升小车的提升速度也是高低速变换的，小车做提升动作，当快接近开卷机芯轴高度时，小车速度由高速变换为低速，然后达到芯轴高度时停止，这样就避免了钢卷在突然停止时由于惯性和冲击造成的不稳定。这个过程与 10.1.2 介绍的步进梁的运动方式类似。

2. 钢卷上料小车液压回路分析

钢卷上料小车升降靠液压缸伸出和缩回驱动，其液压原理如图10-5所示。

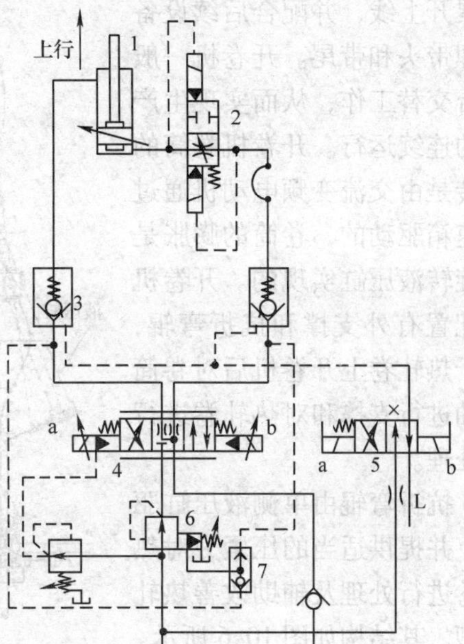

图 10-5　钢卷上料小车液压原理图

1—液压缸　2—防爆阀　3—液控单向阀　4—比例换向阀　5—换向阀　6—减压阀　7—梭阀

在图 10-5 所示的回路中，上料小车升降的控制原理也和 10.1.2 介绍的步进梁横移液压回路的原理相似。运动换向使用了32通径的比例换向阀4，用于控制换向和流量，并通过改变电流信号来控制比例换向阀的输出流量，从而达到控制钢卷上料小车提升高低速变换的目的。由于使用了比例换向控制，所以在该回路中使用了阀6和阀7组成的压力补偿器，压力补偿器的作用就是保证控制流量不随负载的变化而变化。该回路中还使用了两只液控单向阀3，液控单向阀的开启由一个6通径的换向阀5控制，只有在换向阀5的a线圈得电时，液压缸才能动作，从而防止了液压缸的误动作，同时又起到了保压的作用，以防止上料小车在自重的作用下下落。

由于钢卷上料小车使用拖链软管来实现小车的横移动作，并且液压缸为立式安装，所以该回路在提升液压缸的下腔油口附近安装了防爆阀2，以防止在上料小车提升时液压软管突然爆裂而造成液压缸失速坠落。

10.1.4 开卷机抗折弯辊液压回路

1. 开卷机抗折弯辊设备及功能

在酸洗线的入口配置有开卷机，它的主要功能是将热轧卷展开上线，并配合后续设备处理带头和带尾。开卷机一般两台交替工作，从而实现生产线的连续运行。开卷机卷筒的旋转是由交流变频电动机通过减速箱驱动的，卷筒的膨胀是由旋转液压缸实现的。开卷机还配置有外支撑和抗折弯辊，用于热轧卷上开卷机后对卷筒芯轴进行支撑和对热轧卷进行预处理。

抗折弯辊由单侧液压缸驱动，并提供适当的压紧力对热轧卷进行处理及辅助改善热轧板型。其结构如图10-6所示。

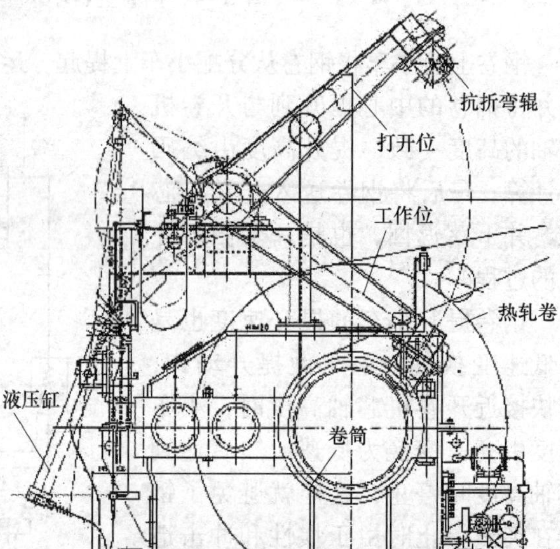

图10-6 开卷机结构

2. 抗折弯辊液压回路分析

在酸洗线自动状态生产时，抗折弯辊压力的设定值根据热轧卷板厚和板宽的不同而变化。该压力由液压缸提供，抗折弯辊液压缸的液压控制原理如图10-7所示。液压缸的换向由中位机能为Y型的三位四通电液换向阀2控制，液控单向阀 3 和 6 构成保压回路，速度控制阀为管式回油节流阀 8 和 9。压力控制由减压阀 5、溢流阀 7 和比例溢流阀 1 组合完成。

抗折弯辊压力控制的原理如下：正常工作时，液压缸活塞杆伸出，无杆腔供油，无杆腔的压力由减压阀 5 的调定压力控制，其远控口通过单向阀 B 与比例溢流阀 1 连接，比例溢流阀的调定压力由输入电流信号的大小决定，所以无杆腔的压力由比例溢流阀远控减压阀控制。溢流阀 7 主要起安全阀的作用，防止调定的压力过高而对热轧卷产生不利的影响。溢流阀 7 的远控口也通过单向阀 A 与比例溢流阀连接，手动设定弹簧调节到最大，则溢流阀 7 的开启压力同样由比例溢流阀的调定压力决定。系统根据相应的板厚和板宽给定相应的电流信号，比例溢流阀 1 则根据相应的电流信号调定压力，从而设定了减压阀 5 和溢流阀 7 的设定压力，而溢流阀的压力略高于减压阀的压力，这之间的压差由单向阀 A 和单向阀 B 的开启压力形成。单向阀 A 的开启压力比单向阀 B 的开启压力高约 0. 6MPa，所以在同样的比例溢流阀设定压力下，溢流阀 7 的压力始终比减压阀 5 的压力高约 0. 6MPa，这就实现了减压阀输出的工作压力和溢流阀 7 的安全压力随输入电流信号的变化而同步变化。

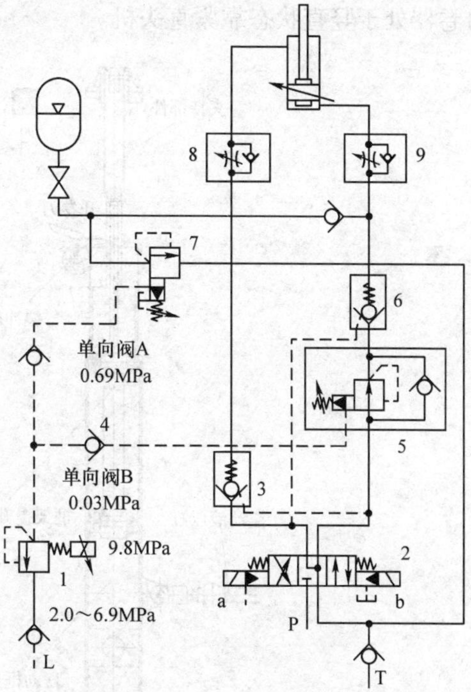

图 10-7　抗折弯辊液压缸液压控制原理
1—比例溢流阀　2—三位四通电液换向阀
3、6—液控单向阀　4—单向阀　5—减压阀
7—溢流阀　8、9—节流阀

10. 1. 5　启卷器典型液压回路

1. 启卷器结构及功能

开卷机启卷器位于直头机的前面，启卷器结构及功能如图 10-8 所示，其主要由摆动框架、摆动液压马达、框架提升液压缸、夹持部件、缓冲辊和开卷刀等部分组成。它的作用是打开钢卷的带头并送入直头机，具体工艺动作如下：在钢卷加载到开卷机的芯轴上后，启卷器摆动液压缸活塞杆伸出使启卷器落下，开卷刀将钢卷头部打开，夹持部件将原料卷带头夹住，然后启卷器摆动液压缸活塞杆缩回使启卷器抬起，牵引着带头送入开卷机后的夹送辊和直头机。在不工作时，

启卷器处于竖直状态靠紧直头机。

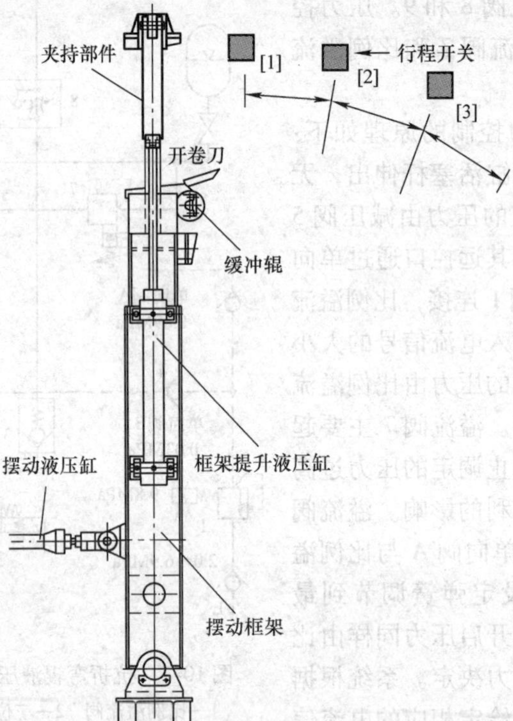

图 10-8　开卷机启卷器结构及功能示意图

框架摆动的行程中有三个位置传感器，用来检测框架的位置，从而控制摆动框架的压力。当启卷器工作处于自动状态时，启卷器的下降由比例溢流阀产生的一个比较小的压力控制，防止启卷器砸向钢卷。启卷器的抬起在不同的位置由不用的压力控制，在接近开关［1］、［2］、［3］处压力逐渐降低，这样既保证了有足够的力量将钢卷头部拉起来，又能保证钢卷进入直头机时不会有太大力量损伤设备。

2. 启卷器框架摆动液压回路

启卷器的抬起和落下是由其摆动液压缸缩回和伸出控制的。启卷器的液压控制回路及原理如图 10-9 所示，该回路的换向单元为三位四通电液换向阀 5（中位机能为 Y 型），用液控单向阀 8 构成保压回路，速度控制单元为回油节流阀 9、10。

液压缸的工作压力由减压阀 3、4，溢流阀 1、2 和比例溢流阀 6 组合控制。当启卷器落下时，活塞杆伸出，无杆腔的压力为固定值，由减压阀 4 调定。溢流

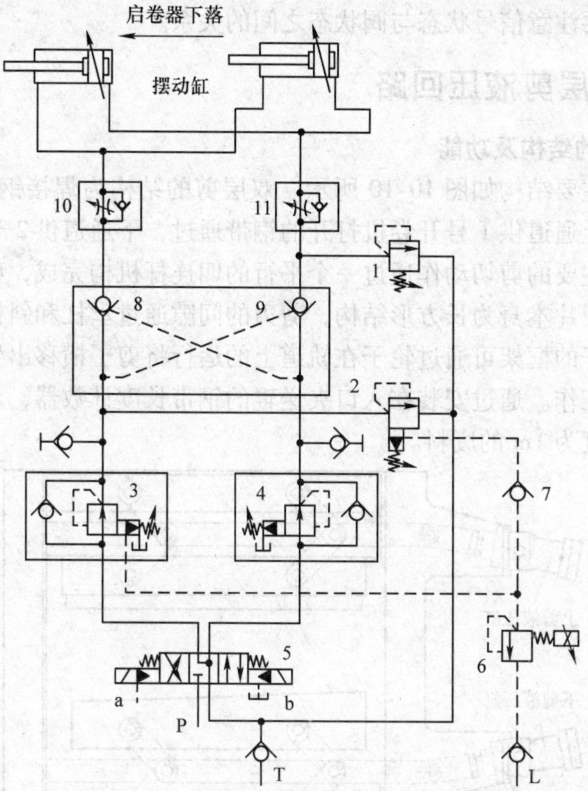

图 10-9　启卷器液压控制回路及原理图
1、2—溢流阀　3、4—减压阀　5—三位四通电液换向阀　6—比例溢流阀　7—单向阀
8、9—液控单向阀　10、11—节流阀

阀 1 设定压力比减压阀 4 设定压力高 1.0MPa，作为安全阀使用。当启卷器抬起时，活塞杆缩回，有杆腔压力由减压阀 3 决定，减压阀 3 的调定压力又由比例溢流阀 6 远程控制，同样溢流阀 2 的调定压力也由比例溢流阀远程控制，减压阀 3 和溢流阀 2 之间的压差则由单向阀 7 的开启压力决定。通过这样的设计，就可以利用比例溢流阀的输入信号同时自动控制液压缸缩回时有杆腔内的工作压力及溢流阀 2 的设定压力，从而实现启卷器抬起在不同位置时，回路能为有杆腔提供不同的控制压力。

在这个回路中有一个需要注意的问题，就是溢流阀 2 与液控单向阀 8 的安装位置关系。因为当设备停止工作时，比例溢流阀的输入信号为 0，其调定压力为 0MPa，从而使溢流阀 2 的设定压力也为 0MPa，相当于溢流阀处于全开卸荷状态，如果把溢流阀 2 设计在液控单向阀 8 与液压缸之间，在停止状态时有杆腔是保不住压力的，有杆腔的油液会由溢流阀卸荷到回油管路，导致活塞杆伸出来，从而造成启卷器自动下落，这样就留下了安全隐患，所以设计这类的比例控制回路的时候一定要注意信号状态与阀状态之间的关系。

10.1.6 双层剪液压回路

1. 双层剪的结构及功能

双层剪的主要结构如图 10-10 所示。双层剪的结构为焊接钢结构，共有上、下两个通道，上通道供 1 号开卷机打开的钢带通过，下通道供 2 号开卷机打开的钢带通过。其主要的剪切动作通过一个平行的四连杆机构完成，剪刃的布置型式为斜线布置，刀片本身为长方形结构，剪刃的间隙通过丝杠和斜楔垫板调节机构进行调节。剪子的框架可通过轮子在轨道上的运行将剪子横移出生产线，进而进行剪子的维修工作。通过安装在入口夹送辊的钢带长度计数器，双层剪可以自动将切头切成长度为 1m 的废料。

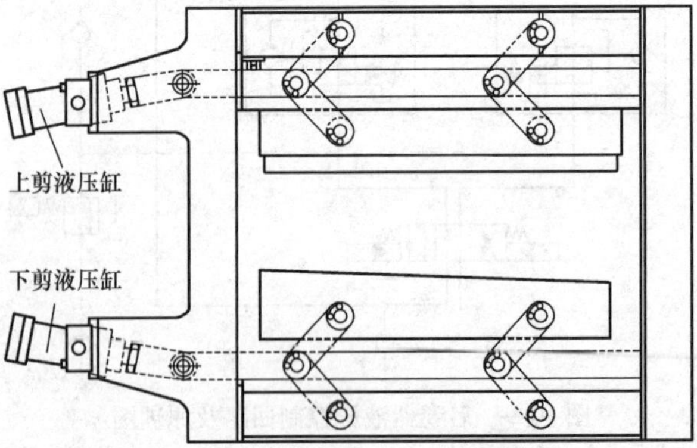

图 10-10　双层剪主要结构示意图

2. 双层剪液压回路分析

双层剪的剪切动作均由液压缸带动连杆机构完成，其液压控制原理如图 10-11 所示。双层剪的控制功能如下：正常生产时，剪切液压缸缩回，双层剪剪刃处于缩回状态，当需要剪切时，换向阀打开，液压缸伸出，带动连杆机构和剪刃将带钢剪断，当接近开关检测到剪切完成时，换向阀换向，液压缸缩回并带动剪刃缩回。

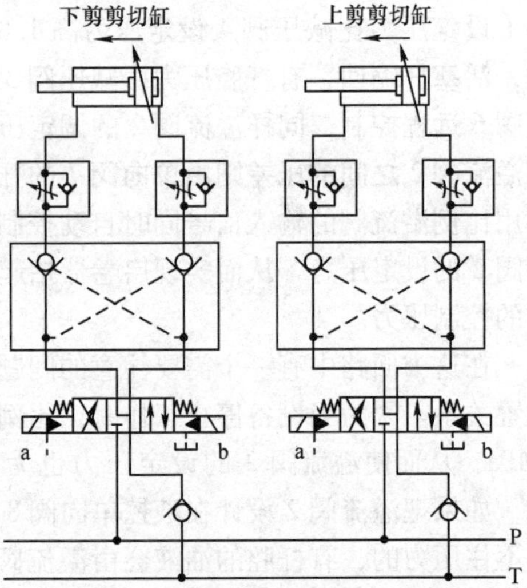

图 10-11　双层剪液压控制原理图

该回路的换向单元为 25 通径的电液换向阀，中位机能为 Y 型，由叠加式液控单向阀进行锁紧控制，构成保压回路，防止剪刃坠落和误动作，并利用回流节流阀进行速度控制和一定的背压控制。

图 10-11 所示是一个典型并且简单的液压控制回路，但值得注意的是，由于是大流量的液压控制回路，换向阀在换向时会产生一定的液压冲击，并且由于双层剪的结构特性，液压冲击会被放大并对设备产生不良的影响，所以在日常维护中一定要注意由于冲击对设备产生的损伤，并采取一定的措施加以防范。

10.2　冷连轧轧机液压回路

10.2.1　传动带助卷器回路

1. 传动带助卷器的结构及功能

传动带助卷器设置在卷取机 1 号芯轴工作位下方，作用是帮助带头卷入卷筒，帮助建立卷取张力。带头在 1 号芯轴卷取位开始卷取时，助卷器转臂转动，抱紧涨开的卷筒，带头引入建立卷取张力后，转臂打开，卷取机下降到待机位置。助卷器的升降由升降液压缸驱动，转臂的打开与抱紧由两个摆臂液压缸控制，为了保证传动带张紧，设置了张紧液压缸。另外，为了便于维修，助卷器可以由液压缸横移到线外。

皮带助卷器由无头传动带、张紧液压缸、摆臂液压缸、升降液压缸、横移液压缸、传动辊、框架和摆臂等组成，如图 10-12 所示。

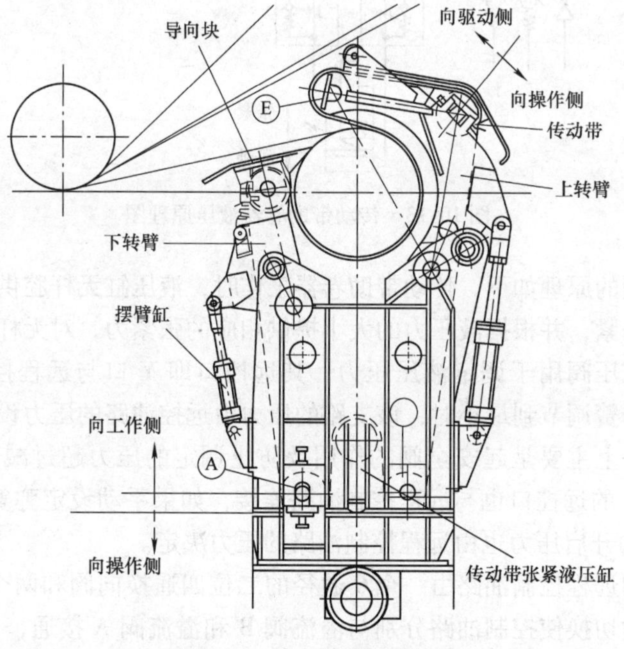

图 10-12　传动带助卷器结构

2. 传动带助卷器的液压回路分析

传动带助卷器的传动带张力是由传动带张紧液压缸提供的，其液压原理如图10-13所示。回路的换向单元为25通径的液控换向阀，中位机能为O型，在中位时起到液压锁的作用；速度调节单元为回油节流阀；压力调节单元为减压阀和溢流阀组合，并进行远程调节。

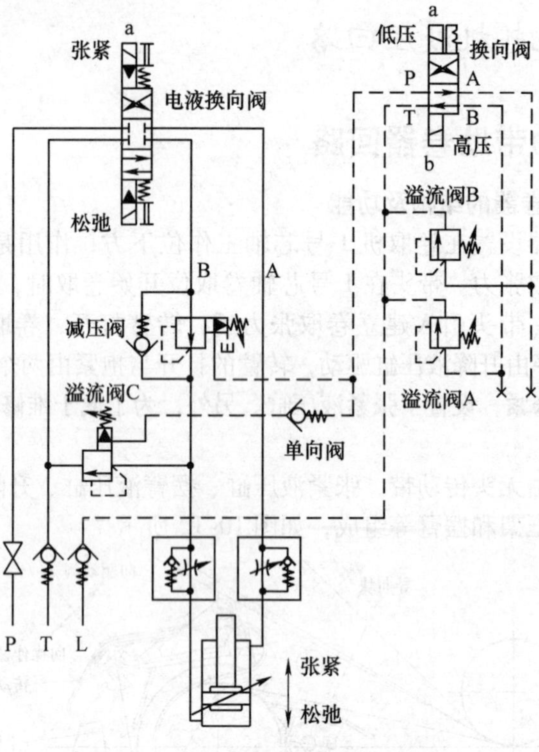

图10-13 传动带助卷器液压原理图

压力控制的原理如下，传动带助卷器工作时，液压缸无杆腔供油，活塞杆伸出使传动带张紧，并根据液压力的大小提供相应的张紧力，对无杆腔的支路进行压力控制。减压阀用于调定液压压力，其远控口即Y口与远程控制油路连接，当手动设定弹簧调节到最小时，该支路的压力由远控油路的压力设定。溢流阀C安装在该支路上主要是起安全阀的作用及防止调定的压力超过减压阀设定的压力。溢流阀C的远控口也与远程控制油路连接，如果手动设定弹簧调节到最大，则溢流阀C的开启压力也由远程控制油路的压力决定。

该回路的远程控制油路由一个6通径的二位四通换向阀和两个溢流阀组成。通过换向阀的切换使控制油路分别与溢流阀B和溢流阀A接通，而溢流阀B和溢流阀A的设定压力分别对应于高压压力和低压压力。当a线圈得电时，控制油路与溢流阀 A 接通，控制油路的压力为低压，这时远程控制的减压阀和溢流阀的设定压力也为低压。当 b 线圈得电时，控制油路与溢流阀 B 接通，控制油路的压力为高压，这时远程控制的减压阀和溢流阀的设定压力也为高压。而溢流阀 C 的压力略高于减压阀的压力，这之间的压差由单向阀的开启压力决定，单向阀的开启压力为 0.7MPa，所以不论在高压还是低压状态时，溢流阀 C 的压力始终高于减压阀的压力 0.7MPa，从而保证溢流阀起安全阀的作用。

10.2.2　卸卷小车液压回路

1. 卸卷小车的结构及功能

卸卷小车布置于卷取机的下方，用于从卷取机卸卷，并将钢卷运送到旋转鞍座上，然后钢卷被运送到步进梁或运送到检查站进行检查。卸卷小车主要由链传动系统、提升液压缸和行走车轮等组成，如图 10-14 所示。卸卷小车的横移由电动机通过链传动驱动车轮实现，升降通过液压缸活塞杆伸缩实现。

卸卷小车的提升由液压缸驱动完成，这个动作的主要目的是将钢卷从卷取机芯轴上卸下来，所以在这个过程中既有速度控制，又有压力控制，以保证卸卷小车精确的动作。其中的检测单元由压力开关和编码器组成。

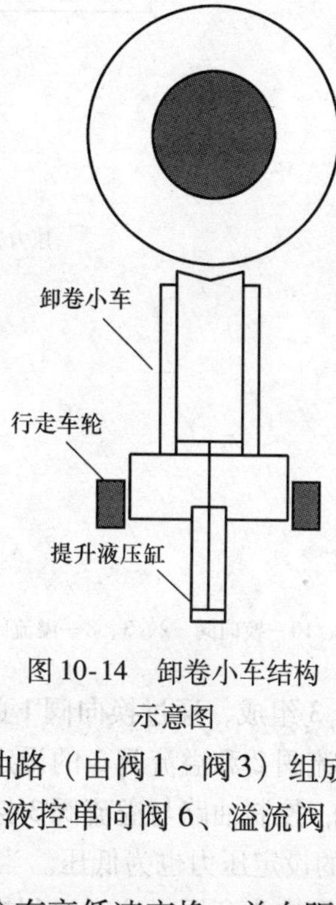

图 10-14　卸卷小车结构示意图

2. 卸卷小车的液压回路分析

卸卷小车是由提升液压缸驱动的，其液压原理如图 10-15 所示。回路的换向和调速机构为 32 通径的比例换向阀 5，用以控制液压缸的动作和速度，使用外置放大器。压力控制单元为减压阀 4 和远程控制油路（由阀 1 ~ 阀 3）组成，进行远程调节。在液压缸上还安装了一组液压阀，由液控单向阀 6、溢流阀 8、单向节流阀 7、9 和压力开关组成。

该回路的速度控制原理如下，卸卷小车在提升时会有高低速变换，并在距离钢卷 50mm 时停止，等待卸卷，在卸卷后下降时，卸卷小车会在旋转鞍座的高处停止，然后在把钢卷放到鞍座后下降到位。这些换向、停止、加速、减速的一系列动作都是由比例换向阀通过改变输入的电流信号进行控制的，高度位置由位移传感器检测。

该回路的压力控制原理如下，减压阀 4 用于调定液压压力，其远控口即 Y 口与远程控制油路连接，当手动设定弹簧调节到最小时，该支路的压力由远控油路的压力设定。远程控制油路由一个 6 通径的二位四通换向阀 1 和两个溢流阀

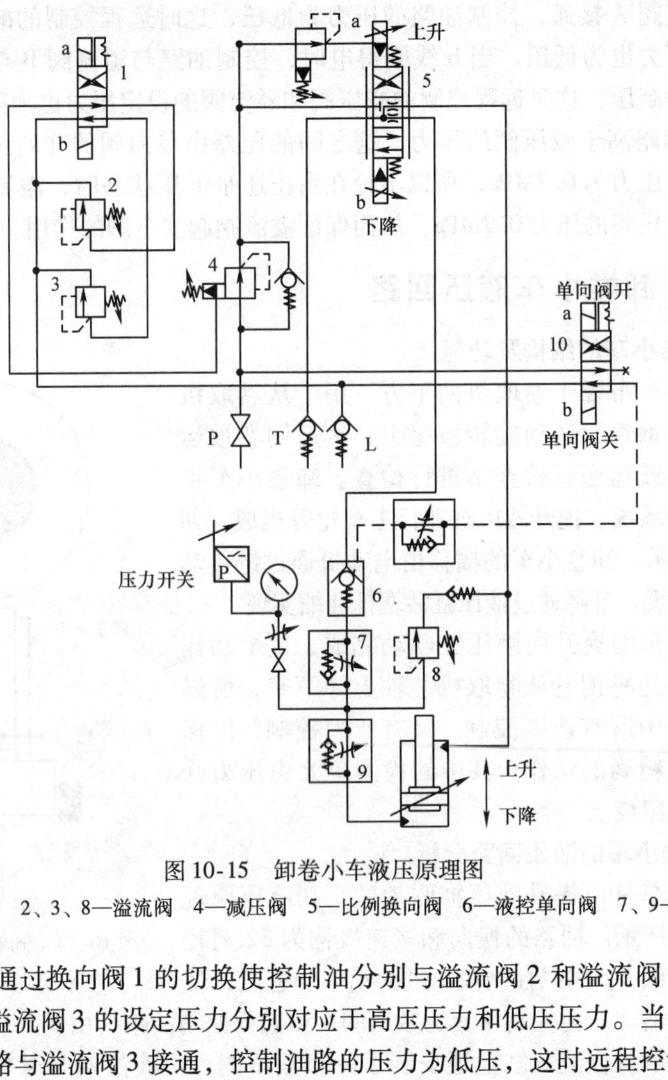

图 10-15　卸卷小车液压原理图

1、10—换向阀　2、3、8—溢流阀　4—减压阀　5—比例换向阀　6—液控单向阀　7、9—单向节流阀

2、3 组成，通过换向阀 1 的切换使控制油分别与溢流阀 2 和溢流阀 3 接通，而溢流阀 2 和溢流阀 3 的设定压力分别对应于高压压力和低压压力。当 a 线圈得电时，控制油路与溢流阀 3 接通，控制油路的压力为低压，这时远程控制的减压阀 4 的设定压力也为低压。当 b 线圈得电时，控制油路与溢流阀 2 接通，控制油路的压力为高压，这时远程控制的减压阀 4 的设定压力也为高压。

提升缸的保压靠液控单向阀 6 来完成，并且由换向阀 10 控制液控单向阀 6 的开启和关闭。当 b 线圈得电时，液控单向阀的控制油路断开，液控单向阀关闭；当 a 线圈得电时，液控单向阀的控制油路接通，液控单向阀就开启。液控单向阀的泄漏油直接流回油箱。

该回路中的压力开关主要用来检测卸卷小车是否能托住钢卷。卸卷时，卸卷小车向上提升，当卸卷小车接触到钢卷时无杆腔的压力升高，当无杆腔的压力达到压力开关的设定值时即说明卸卷小车已经完全接触到了钢卷，这时关闭比例换向阀和液控单向阀，无杆腔进入保压状态。

回路中的溢流阀 8 主要起到安全阀的作用。当卸卷小车上升托举钢卷时，压力控制十分重要，如果这时候压力控制单元出现问题，则会造成以过高的压力顶举钢卷和卷取机芯轴，这对设备的损害是十分严重的，所以在回路中安装了溢流阀 8。当压力超过溢流阀 8 的设定压力时，溢流阀打开泄压，以保证托卷的压力不会过高。

卸卷小车的卸卷动作控制要非常精确，其分为卸卷准备和托举两个部分。控制过程如下，卸卷准备动作开始时，比例换向阀 5a 线圈得电，其输入的是对应于高速的电流信号，使提升缸快速提升，同时换向阀 10 的 a 线圈得电，使液控单向阀 6 打开，换向阀 1 的 a 线圈得电，减压阀设定为低压值。当卸卷小车上升到减速点时，比例换向阀的输入信号对应于低速的电流信号，提升缸切换到低速提升。当卸卷小车上升到等待位置时，比例换向阀的输入信号停止，同时换向阀 10 的 b 线圈得电，液控单向阀 6 关闭，此时卸卷小车停止，提升液压缸的无杆腔处于保压状态，卸卷小车处于等待卸卷状态，减速位置和停止位置由编码器检测计算。托卷动作开始时，换向阀 1 的 a 线圈得电，减压阀设定为低压值，然后比例换向阀 5 的 a 线圈输入对应于低速的电流信号，使卸卷小车慢速提升，同时换向阀 10 的 a 线圈得电，使液控单向阀 6 打开。卸卷小车持续上升接触到钢卷时，液压缸无杆腔的压力增大，当压力达到压力开关的设定值时，说明小车已经完全接触到了钢卷，延时 2s 后，比例换向阀 5 的输入信号停止，同时换向阀 10 的 b 线圈得电，使液控单向阀 6 关闭，换向阀 1 的 b 线圈得电，减压阀设定为高压值。此时钢卷小车停止动作，提升液压缸的无杆腔处于保压状态，使卸卷小车处于托住钢卷的状态，然后卷取机的芯轴收缩，卸卷小车就将钢卷完全托住，并进行下一步的移送钢卷的动作。

10.2.3 中间辊窜辊液压回路

1. 中间辊窜辊的设备及功能

轧机的窜辊指的是六辊轧机的中间辊轴向横移。窜辊的目的是根据不同板宽来调节中间辊的位置，以得到适合的辊缝。

窜辊机构主要由窜辊液压缸和窜辊块组成。不同的轧机设计所用的窜辊机构是不一样的，现在有些轧机采用的是窜辊液压缸和窜辊块一体的设计，虽然制造复杂但功能简单，其先通过定位装置将窜辊块与中间辊轴承座锁死，然后利用窜辊液压缸活塞杆的伸出与缩回带动中间辊的窜动。轧辊可以单独窜动或同步窜动，它可以在轧制的时候进行窜动，其窜动速度根据轧制速度和轧制力确定。窜辊的位移由齿轮齿条机构带动位移传感器检测。

中间辊的窜辊功能如图 10-16 所示。利用辊子两端的液压缸可驱动辊子做横向位移。当板带由窄变宽或者由宽变窄时，上、下中间辊的窜辊方向是不同的，而工作侧和传动侧两端的液压缸活塞杆的伸缩动作也是相反的。

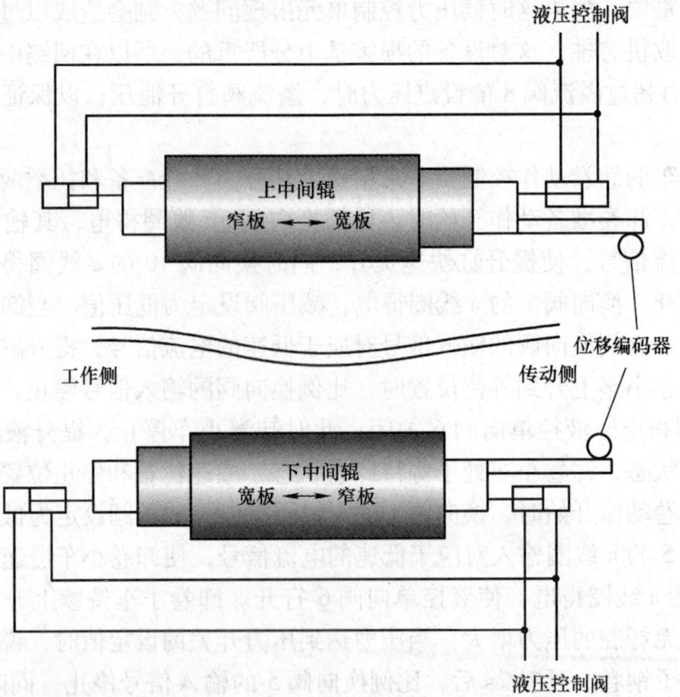

图 10-16　中间辊窜辊功能示意图

2. 中间辊窜辊的液压回路分析

中间辊窜辊是由窜辊液压缸驱动的，其液压原理如图 10-17 所示。该液压回路由两个并联的回路组成，它们分别是一套小流量的回路和一套大流量的回路。小流量回路的换向机构为 6 通径的电磁换向阀 1，中位机能为 Y 型，调速机构为调速阀 2、3，而大流量回路使用的是 22 通径的电液换向阀 6 和 16 通径的调速阀 7、8，电液换向阀的中位机能为 O 型（这里使用 O 型的换向阀并不是为了起到保压作用，而是在低速状态时小流量回路能正常向大流量回路供油）。小流量回路和大流量回路并联，构成了一套高低速切换的液压回路。该液压回路中的调速机构使用调速阀的目的是为了防止负载对窜辊速度造成影响，因为在轧制时轧制力和轧制速度是变化的，此时的负载也是变化的，故这里使用调速阀可克服负载的影响。在大流量的回路上使用了两个液控单向阀 9、10，它们分别对传动侧液压缸的有杆腔和无杆腔保压，可防止误动作和正常轧制时轧辊位置的漂移。液控单向阀接到小流量的回路上，由电磁换向阀的动作控制相应的液控单向阀的动作。由于四个窜辊液压缸的缸体都固定在辊子上，所以只要对一侧的液压缸锁紧即可。由于使用了液压锁，所以在大流量回路上使用了两个溢流阀 4、5，这两个溢流阀主要起安全阀的作用，设定压力高于正常的系统压力，主要是为了防止在轧制时轧辊受到异常负载而造成液压缸腔内压力异常升高。

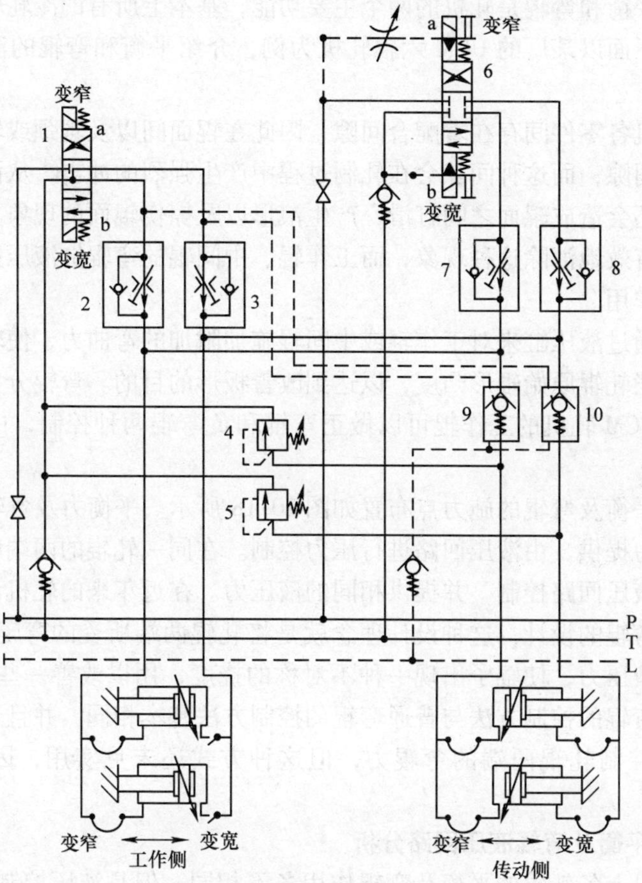

图 10-17　中间辊窜辊液压原理图

1—电磁换向阀　2、3、7、8—调速阀　4、5—溢流阀　6—电液换向阀　9、10—液控单向阀

窜辊的控制过程如下，当轧制板带由窄变宽时，中间辊开始向变宽的方向移动，此时轧辊的速度为高速，电磁换向阀 1 的 b 线圈得电，液控单向阀 9 打开，同时电液换向阀 6 的 b 线圈得电，两个回路同时供油，此时为高速状态。当窜辊快接近设定值时，电液换向阀 6 失电，整个回路仅有小流量回路供油，液压锁依然保持原状态，此时为低速状态。当轧制板带由宽变窄时，控制过程相同。

此类用两组通径不同的阀组成高低速切换液压回路在实际应用中效果很好，甚至可以代替比例换向阀。

10.2.4 轧辊平衡及弯辊液压回路

1. 轧机平衡、弯辊设备及功能

轧机的平衡和弯辊是轧机的两个主要功能，基本上所有的冷轧轧机都具备这两个功能。下面以某厂的 UCM 六辊轧机为例，介绍平衡和弯辊的液压控制及液压原理。

由于轧机各零件间存在着配合间隙，因此在辊面间以及辊颈或轴承间可能会产生一定的间隙，而这种间隙会在轧制过程中产生强烈的冲击，从而使辊缝发生跳动，同时还会造成辊面之间打滑，产生浪形以及擦伤辊面的现象。采用上支承辊平衡可以有效地消除这种现象，而工作辊、中间辊的弯辊缸液压则同时起了弯辊和平衡的作用。

弯辊是通过液压缸来对工作辊或中间辊施加附加的弯曲力，使轧辊产生附加的挠度，补偿轧辊原始辊形凸度，以达到改善板形的目的。弯辊分为正弯辊和负弯辊两种，UCM 轧机的工作辊可以做正弯辊和负弯辊两种控制，中间辊只做负弯辊控制。

轧机的平衡及弯辊的施力点布置如图 10-18 所示。平衡力及弯辊力由液压缸产生的液压力提供，由液压回路进行压力控制。在同一轧辊的两端所施加的弯辊力由同一个液压回路控制，并提供相同的液压力。在近年来的轧机设计中出现了一种不对称弯辊的设计，这种设计理念就是将轧辊两端所受的弯辊力分开控制，施加不同的液压力，使辊子出现一种不对称的挠度，用以改善一些特殊的浪形。这种不对称弯辊的控制方法与普通弯辊的控制方法基本相同，并且通过两个相同的液压回路控制轧辊两端的弯辊力，但这种方式还未见实用，因此本书不做介绍。

2. 轧机平衡及弯辊液压回路分析

虽然轧机上各轧辊的平衡及弯辊作用各不相同，但是液压控制原理都一样，以下只对工作辊的正弯辊液压回路进行分析。

轧辊的弯辊力是由弯辊液压缸提供的，工作辊正弯辊液压原理如图 10-19 所示。该回路的换向机构为 32 通径的两位四通电液换向阀，无中位机能，而该回路只用了 B 腔油路，A 腔油路封闭，使用两位四通电液换向阀后就形成了 B 腔通油和 B 腔不通油两种状态，所以轧辊弯辊力只有加载和释放两种状态。B 腔油路分为两路，分别控制传动侧和工作侧的弯辊液压缸，这样就保证了两侧液压缸的压力均衡。

在 B 腔油路的两侧油路上分别使用了两组调速阀和整流板。使用调速阀可以避免负载对速度的影响，由于轧辊两侧的负载不同，为了保证轧辊在平衡状态时两侧提升速度一致，所以使用了调速阀进行速度控制，这样不论负载状况如何

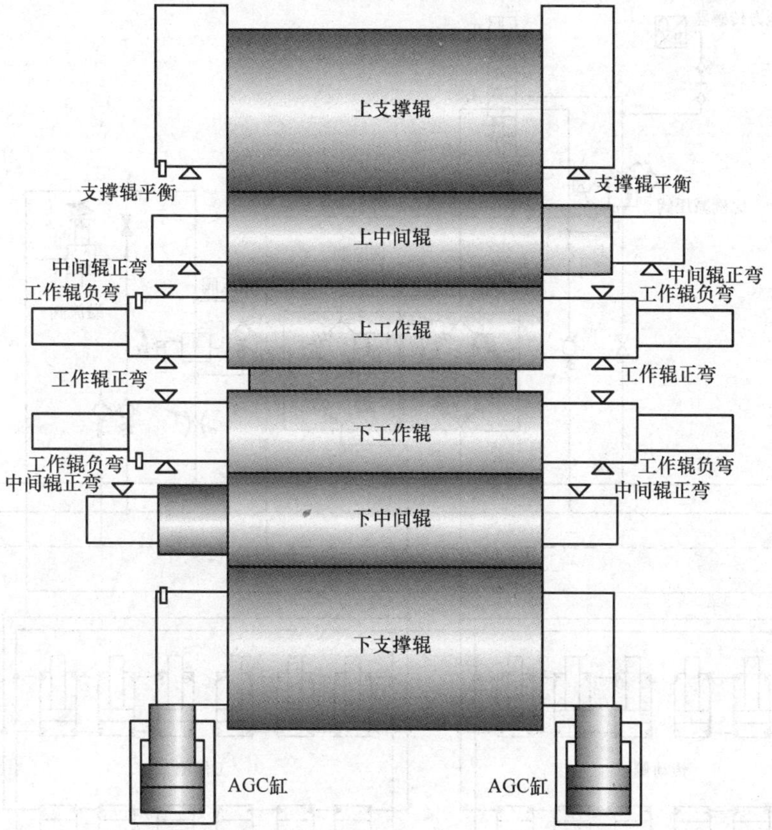

图 10-18　轧机平衡及弯辊的施力点布置图

都能保证提升速度的恒定。而整流板配合调速阀使用，可使得不论进油还是回油状态油液都要能通过调速阀，这样既可进油节流，又可回油节流，故具有两种调速功能。

回路调压控制使用了三通比例减压阀，以对输出的压力进行调节，即在加载状态时对弯辊液压缸的无杆腔进行压力控制，从而控制了轧辊的弯辊力。比例减压阀使用了外置放大器，其可根据输入的电流信号自动调节输出的压力。与比例减压阀配套使用的是一组压力传感器，压力传感器用于检测减压阀调节后的压力，并转换成电流信号输入控制系统，通过计算后显示出弯辊力的数值并参与控制。

弯辊液压缸的有杆腔由另一组支路控制，该支路由一个减压阀和一个溢流阀组成。减压阀的调定压力为 3MPa，溢流阀的调定压力为 4MPa。当处于弯辊加载状态时，该支路为弯辊液压缸的有杆腔提供 3MPa 的背压，使液压缸受力稳定，并具有一定程度上的防止液压缸内泄的作用。当处于弯辊力释放状态时，液压缸

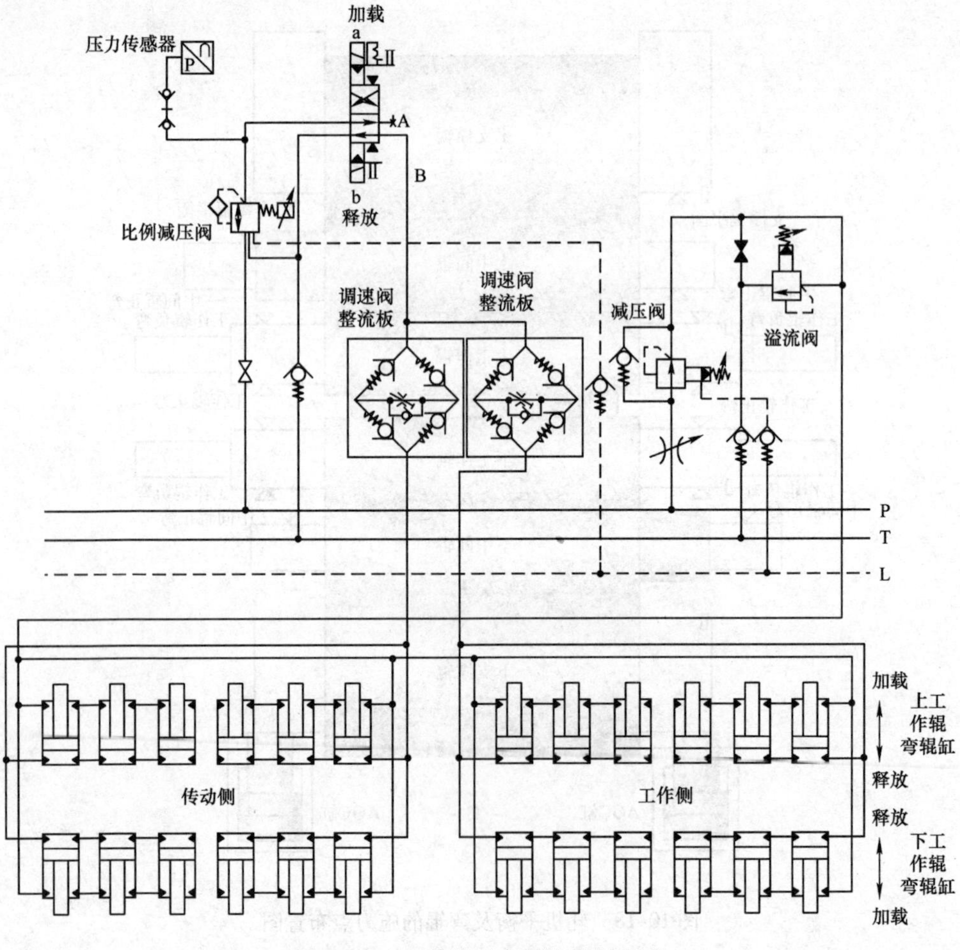

图 10-19　工作辊正弯辊液压原理图

无杆腔由于一直受到背压压力，故可使得液压缸活塞杆缩回并保持缩回状态，保证设备安全。当处于轧辊平衡状态时，液压缸活塞杆伸出，有杆腔压力升高，当压力达到 4MPa 时，油液经过溢流阀流回油箱。该支路上常闭的截止阀用于在检修状态时释放该油路中的压力。

10.3　钢带连轧跑偏控制系统介绍与分析

10.3.1　带钢纠偏系统的作用及功能

在带钢连轧线上，带钢沿设备中心线运行是最理想的状态。但由于带钢和设备本身的原因，带钢很难一直沿生产线中心运行，即带钢的运行会偏离机组的中心线，这就是带钢的“跑偏”。跑偏会导致带钢质量缺陷，并可能造成设备故障。带钢跑偏主要由两方面原因造成：一种情况是带钢本身板型的影响，即由于原料卷存在镰刀弯、浪形、厚度不均、焊缝错位等缺陷，造成了带钢在生产线上跑偏；另一种情况是由设备本身的原因造成的，如辊系安装尺寸发生偏差，辊子有磨损以及设备对带钢的加热或冷却不均匀等，都会造成带钢发生跑偏。

为了避免带钢跑偏，带钢连轧线必须配置带钢纠偏系统。带钢纠偏装置需安装在生产线的合适位置，其通过对带钢位置的实时检测，不断对带钢偏离中心线的倾向加以纠正，使之始终处于正常生产所要求的位置范围内。

纠偏控制系统一般分为 CPC 控制（中心位置控制）和 EPC 控制（边缘位置控制）两种方式，这主要是针对带钢位置检测的不同做出的分类。两种方式的工作原理基本相同。

带钢纠偏系统采用的是连续闭环控制方式，首先通过传感器测出带钢位置偏差，并将偏差值由电气控制系统进行处理变为控制信号后输入到电液伺服阀，电液伺服阀根据信号大小驱动液压缸，液压缸带动纠偏辊做相应的移动，直至带钢准确地行进在预先设定的调整好的位置上。简单地说，带钢纠偏就是一个检测偏差和消除偏差的过程。

10.3.2　带钢纠偏系统的设备介绍

带钢纠偏系统的设备主要由纠偏辊装置、液压系统、带钢位置检测元件和电气控制系统组成。在国内各钢厂冷轧带钢生产线上使用最多的是由德国 EMG 公司设计生产的纠偏系统，所以下面以 EMG 设备为例做简单介绍。

1. 纠偏辊装置

纠偏辊装置根据外形可以分为单棍、双辊和三辊三类，根据控制功能主要分为比例型纠偏辊、比例积分型纠偏辊和积分型纠偏辊三类。

（1）比例型纠偏辊　比例型纠偏辊的原理是：纠偏辊在进带平面上围绕一个固定的转轴而转动，由此将带钢的出带部分做横向移动。虽然纠偏辊本身不能纠正进带的偏差，但能纠正出带位置，使带钢回到预定的中心位置上来，如图 10-20 所示。

带钢运行时的纠偏量与纠偏机架的调节距离成比例，进带和出带与转动面成 90°，其最大的纠偏能力取决于进带和出带之间的间距，其纠偏能力 $+/-c=Ue\sin\beta$。

（2）比例积分型纠偏辊　比例积分型纠偏辊的原理是：带钢通过一段较长的自由进带距离后成 90°通过纠偏辊，两根倾斜的连杆转动有纠偏辊的机架，使带钢与滚轴之间形成一定的角度 d（积分调节），同时又能使带钢横向移动（比例调节），两者就构成了比例积分型纠偏辊，如图 10-21 所示。

这种类型的纠偏辊除了对出带的位置进行精确的纠正外，对进带也有一定的

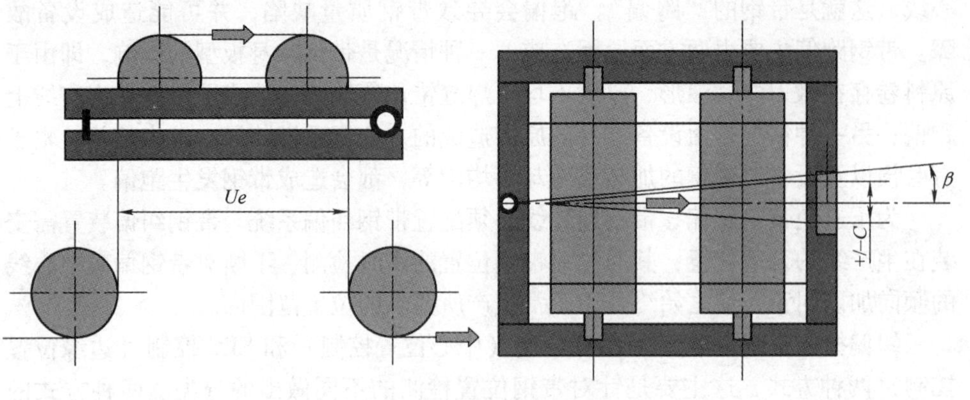

图 10-20　比例型纠偏辊原理图

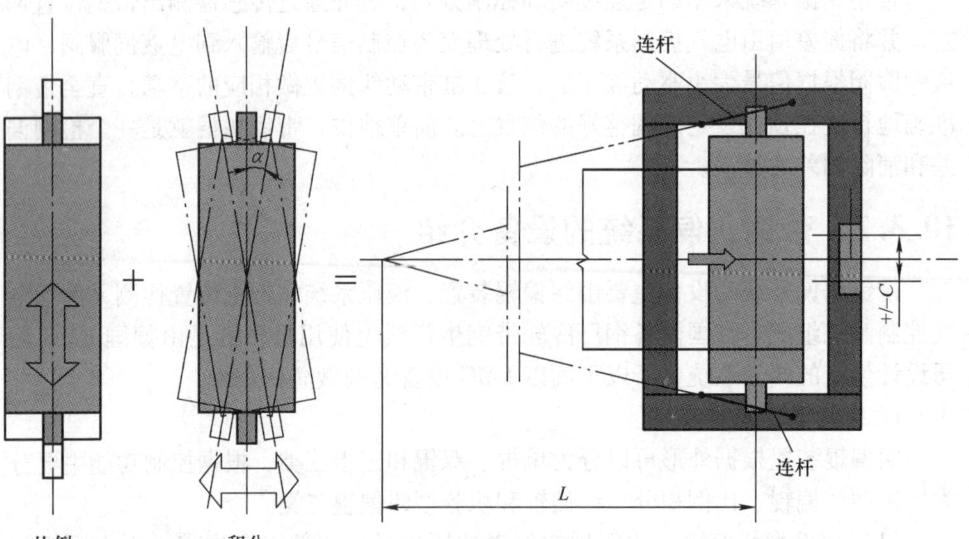

图 10-21　比例积分型纠偏辊原理图

纠正效果，其纠偏能力 $+/-c = LK\sin\alpha$，其中 $K = 0.66 \sim 0.75$，L 为虚焦点与轴的距离（15 ~ 20m）。

（3）积分型纠偏辊　积分型纠偏辊由于在控制上有一定难度，所以在实际应用中使用较少，该类型的纠偏辊主要是通过辊子的摆动来实现对带钢的位置调整。当带钢出现偏差时，纠偏辊会摆动一个角度，这时进带平面与纠偏辊的滚轴形成一定的夹角，再通过辊子的旋转，使带钢与辊子的接触面以螺旋线轨迹运行，最终使带钢回到中心线上。在使用积分型纠偏辊时必须配有位置反馈信号，以防止辊子过度摆动而引起系统振荡。

2. 液压系统

纠偏系统的液压系统由液压站、伺服阀和液压缸组成，其中最主要的部件是伺服阀。在 EMG 纠偏系统中使用的是 EMG 公司自己开发的一种伺服阀，该阀采用单级阀靠液压力压紧的转盘式结构，可以最大限度地减小摩擦，使其具有重复精度高、零漂小、泄漏量小以及调节范围大、清洁度要求低、可在线清洗等特点，而且由于阀内部没有节流孔，所以不需要安装内置式过滤器。该伺服阀的结构如图 10-22 所示。电流通过线圈产生一个力矩，力矩的大小和方向与电流的大小和方向成正比，这一力矩克服弹簧的阻力带动转子转动，从而带动旋转盘转动。转盘上有四个盲孔，当处于中位时，盲孔恰好关闭 A 口通道孔和 B 口通道孔，此时没有流量输出，当转盘从中间位置稍有转动时，则转盘的盲孔将 P-A 通道、B-T 通道接通或者 P-B 通道、A-T 通道接通，并且随着接通的面积连续增加，输出的流量也连续增加，从而控制输出流量和方向。该伺服阀还具有手动调节、在线冲洗和零位调整功能，在实际应用中效果较好并且使用方便。

从以上的结构和原理分析中可以看出，EMG 的这种伺服阀从控制原理上来说其实还是比例阀，因为它并不具备伺服阀的阀芯检测和闭环反馈的功能，但在实际使用中的效果已经足够。

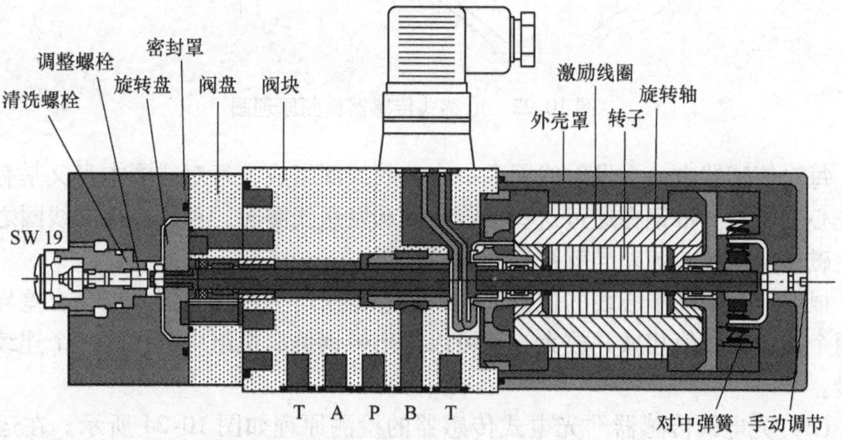

图 10-22 EMG 伺服阀结构图

EMG 伺服阀还配备了专门的伺服放大器，除了正常的控制功能外还具备了 ±10% 的零位调节（电气调节）、颤振频率调节、颤振振幅调节三个功能，在实际使用中非常方便。

3. 带钢位置检测元件

带钢位置检测元件根据其工作原理可分为电感式、光电式、CCD摄像头检测等，在冷轧酸轧、镀锌、连退机组中最常使用的是电感式和光电式两种，下面对这两种检测元件做简单介绍。

（1）电感式传感器　电感式传感器的检测原理如图10-23所示。在机组中心的对称位置安装有两对传感器，每对传感器分别用于检测带钢的一边，通过这两对传感器的信号偏差可检测金属带钢的位置偏差。

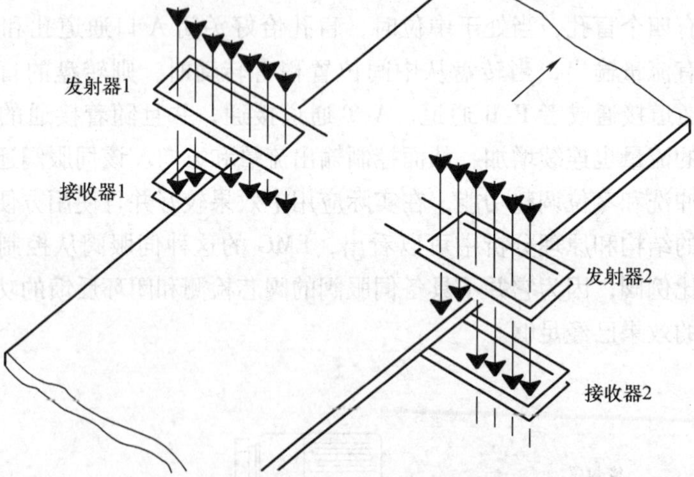

图10-23　电感式传感器检测原理图

每对传感器由一个发射线圈和一个接收线圈组成，每对线圈本身又是有方向的空心变压器。带钢在通过这些接收线圈和发送线圈时，在所连接的线圈之间会产生磁通量差异，该差异就被作为测量结果。

根据带钢偏离中心线的位置，两对传感器所产生的接收信号也会有差异，将这两个接收信号值相减并放大，就可以得出带钢偏离机组中心线的一个连续位置信号。

（2）光电式传感器　光电式传感器的检测原理如图10-24所示。在运行板带的下部，安装了一台电源，用于产生使接收器能接收到的光源。在运行板带的上部，安装了一台或两台接收器调节装置，每台接收调节装置由检测接收器和参考接收器组成，并固定在滑动导轨上。

接收器调节装置用于检测带钢边部位置，而带钢遮住检测接收器检测范围的一半光源的位置则认为是带钢边部位置。如果板带边部位置不对，则有可能是板带宽度发生了变化或跑偏，该变化可由光电探测器检测。控制回路中的控制电路可控制直流伺服电动机的动作，以使板带边部保持遮住光电检测器检测范围的一半。

为了补偿光源的变化，光电式传感器采用了参考接收器检测的方法，所以在每一套检测设备上都装配了一个检测接收器和一个参考接收器，以它们同时聚焦在同一光点时作为光电变送器。检测接收器的作用是探测板带边部的最新位置，参考接收器的作用是检测光点的亮度。

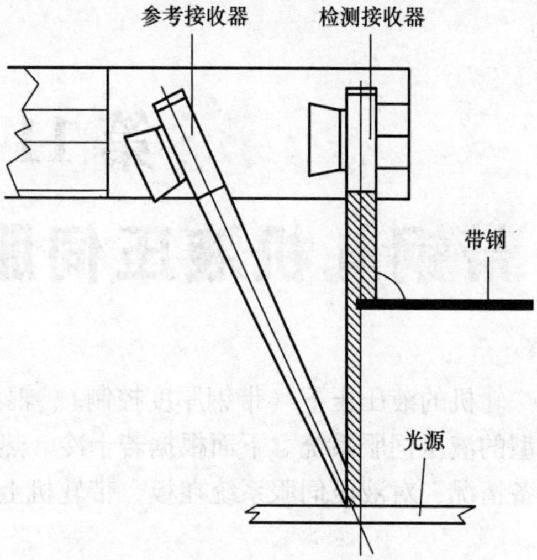

图 10-24　光电式传感器检测原理图

如果用于 EPC 控制，则一台接收器检测带钢的一边即可；如果用于 CPC 控制，则需要两台检测器检测带钢的两边，并通过计算两边的位移差来得出带钢偏离中心的位置。

4. 电气控制系统

纠偏系统的检测信号、控制信号等都是由电气控制系统进行监控、计算并进行控制的，该电气控制系统相当于整套装置的 PLC 系统。EMG 纠偏系统使用的是自己开发的数字控制系统，具有人性化的操作界面和在线监控功能。

第 11 章 带钢轧机液压伺服系统应用案例

轧机的液压压下（带钢厚度控制）、辊型调节、生产线上的跑偏控制等都是典型的液压伺服系统。下面根据若干冷、热带钢轧机和冷轧硅钢带钢轧机的液压装备情况，对液压伺服系统在板、带轧机上的应用分别加以介绍。

11.1 轧机带钢厚度控制（AGC）系统

11.1.1 AGC 系统概述

1. 带钢厚度控制的方式

带钢轧件轧出厚度的均匀性是带钢质量的重要指标，它将直接影响到各种机械加工工艺的生产率和产品质量，不断提高这一指标是带钢生产中一个很重要的课题。

板、带材的成品厚度是由轧机两工作辊的辊缝决定的。辊缝调整和控制的方式有两种，即上工作辊压下方式和下工作辊推上方式。它们对应的液压驱动辊缝调节分别称为液压压下和液压推上，有时又将液压驱动辊缝调节系统统称为液压压下系统。

2. 影响带钢轧件轧出厚度的主要因素

在带钢轧制中影响轧出厚度变化的因素较多，大致可分为轧件方面的因素和轧机方面的因素。

（1）轧件方面的因素

1）热轧板卷的纵向厚度偏差。作为冷轧原料的热轧板卷在纵向的厚度差会造成轧制过程中压下量的改变，从而引起轧制力的波动，导致辊缝发生偏差，使轧出厚度发生变化。

2）热轧带钢整个纵剖面的金相组织及化学成分的不均匀性。这种不均匀性使得带钢在整个纵剖面的机械特性不均匀，也会直接引起轧制力的波动，使轧出厚度发生变化。

3）钢卷头尾张力变化的影响。张力的变化可敏感地反映到轧件厚度上，钢卷头、尾部由于下一机架未咬入（或者卷取机未咬入）以及上一机架的抛钢，会形成“张力未建立”和“张力消失”的状态，从而使轧件头尾部产生阶梯形的厚度差。

（2）轧机的刚度不足和轧辊的偏心　在轧件通过轧辊时，会使整个机架发生弹跳现象，其结果会使辊缝增大。这种弹跳与下列因素有关：机架的弹性变形、轴承及轴承座以及压下液压缸等的弹性变形、轧辊的弯曲、轧辊的弹性压扁。

由于制造上的误差，轧辊的转动中心与几何中心不可能重合，而这种偏心会造成辊缝周期性的变化，即使有很小的偏心（如 0.03mm），也会给板厚带来 0.06mm 周期性的厚度差。

（3）轧制速度变化的影响　轧制速度的变化会影响轧件的变形抗力。增大轧制速度会使轧制咬入区温度升高，而使材料的变形抗力降低，同时在相同的润滑条件下，增大轧制速度还会减小轧制咬入区的表面摩擦因数，也会使轧制力减小，这样即使辊缝不变，轧出的厚度也会随轧制速度的增大而减小。

（4）支撑辊轴承的速度和压力特性的变化　在支撑辊轴承的速度和压力发生变化的情况下，轴承的油膜厚度也会相应地发生变化，因而也就引起了辊缝的变化，使轧出厚度发生改变，如支撑辊轴承的速度增大，则油膜厚度变厚，使实际辊缝减小，从而使轧出厚度变薄。

（5）轧辊的磨损与热膨胀　轧辊磨损使轧件的轧出厚度变厚，轧辊热膨胀使轧件的轧出厚度变薄。

从以上造成轧件轧出厚度变化的种种因素中可以看出，轧机的弹跳是起主要作用的因素，因此如何实现随着轧制过程中轧制力的波动及时地调整辊缝，补偿由于轧制力波动而产生的弹跳，减少（或消除）轧出厚度的偏差是带钢厚度控制的目标。

3. 液压压下系统的优缺点

随着板带材轧机的发展，对轧机压下机构的要求也越来越高，如具有高精度、快速性、稳定性、同步性、可靠性等，因为只有具备这些条件，才能适应高速轧制（25～40m/s）的要求。而电动机械压下系统惯性大、速度慢、精度低，显然不能满足上述要求。

液压压下系统具有以下优点：

1）快速性好。现代的液压压下系统的频宽可达 20Hz。与电动机械压下相比，液压压下调整速度可以提高 10～27 倍，加速度可以提高 20～100 倍，轧速也相应提高。

2）精度高。液压压下系统轧制的成品厚度偏差可减小到 ±4μm（在加减速段约为 ±10μm），而电动压下系统轧制的成品厚度差一般为 10～20μm。

3）过载保护方便。因为液压压下系统有自动及快速卸压装置，故可以防止轧辊及其轴承的过载和损坏。

4）简化了机械结构，消耗的功率小；液压压下轧机的高度比电动压下轧机的高度低1.5~2m，故可使厂房降低，因而降低了建设费用。

5）轧机模数可改变，控制操作方便灵活，易于实现计算机控制。

液压压下系统的缺点是：设备较复杂，制造精度要求高；技术复杂，对操作维护要求高，对故障的分析及排除较困难；液压系统对油的脏污很敏感。

11.1.2 带钢厚差控制原理

1. 轧机弹性变形 *F-H* 图及轧件轧出厚度的确定

轧机弹性变形 *F-H* 图（见图11-1）是目前讨论带钢厚差和厚控时使用的一个主要手段。

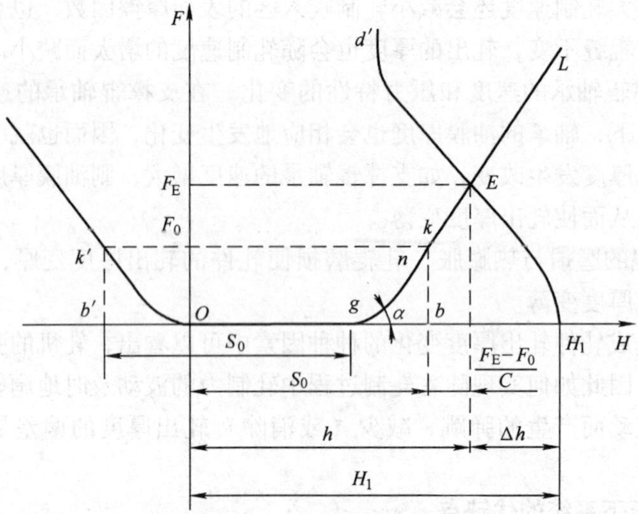

图11-1 轧机弹性变形 *F-H* 图

F-H 图是以轧制力 F 为纵坐标，轧件厚度 $H(h)$ 为横坐标绘制的坐标图，曲线 gkE 为轧机弹性变形线（弹跳量随轧制力变化的曲线）。据实验可知：此曲线在小压力段为非线性（gn 段），超过 n 点则基本上为一直线（nL 段）。为了消除此非线性段的影响，一般采用预压的办法，即给一定的预压力 F_0后作为辊缝始位（假设零位）。图11-1左边的 ok'线为预压工况：b'为假设零位，带钢以此为零值（辊缝指示仪指零）开始抬辊。例如，抬辊到 gk 时，辊缝指示值为 S_0，由于 $gb=Ob'$，所以 $Ob=S_0$，此时如果轧件轧入后的轧制力为 F_0，则轧出厚度 $Ob=S_0$，即轧出厚度和辊缝指示相同，如果轧制力为 F 且大于 F_0，则轧出厚度

h 可按下式计算：

$$h = S_0 + \frac{F_E - F_0}{C}$$

式中　C——常数，$C=\tan\alpha$，C 值只随板宽及支撑辊半径 R 变化。

图中 H_1d'线为轧件塑性线（曲线中间段可认为是直线），F 表示在此轧入厚度 H 的情况下，不同压下量时的轧制力变化情况。当辊缝为 S_0，轧入厚度为 H 时，轧制力为 F，则压下量为 Δh，轧出厚度为 h。因此，曲线 gkL 和曲线 H_1d'的交点 E 即为轧机与轧件处于相互平衡状态的工作点。

2. 厚差控制原理

1）轧件厚度不均匀引起的轧出厚度偏差的控制原理如图 11-2 所示。来料厚度为 H_E，此时曲线交点为 E，对应的轧制力为 F_E，轧出厚度为 h，若在某一瞬间，来料厚度变成了 H_1，相当于压下量增加了，则对应于交点 E_1 的轧出厚度为 h_1，因此轧出厚度偏差为 $\Delta h = h_1 - h$，轧制力增量为 $\Delta F = F_1 - F_E$。Δh 偏差的原因是由于在轧制力增量的作用下，轧机的弹性变形也有了一增量 Δh：

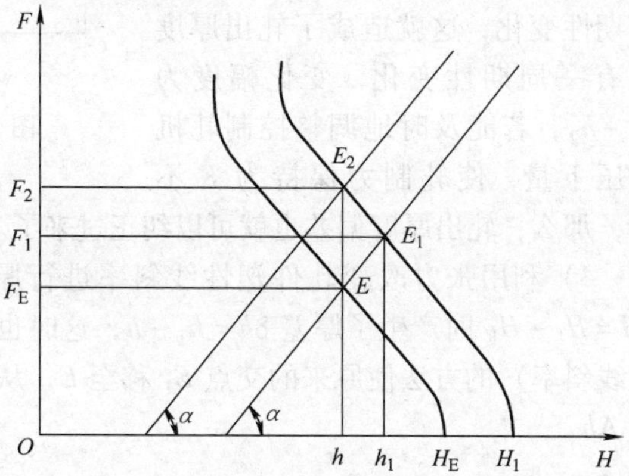

图 11-2　轧件厚度不均匀引起的轧出厚度偏差控制原理

$$\Delta h = \frac{\Delta F}{\tan\alpha}$$

为了纠正 Δh 这一偏差，就必须增加一压下量 ΔS，使两曲线交点由 E_1 移到 E_2 点，此时轧出厚度就恢复到原厚度 h，但对应的轧制力为 F_2，其增量 $\Delta F' = F_2 - F_E$，因此 $\Delta S = \dfrac{\Delta F'}{\tan\alpha}$。

当来料变薄时，控制原理相同，只不过 ΔS 和 ΔF 及 $\Delta F'$为负值。

2）轧件机械特性不均匀引起的轧出厚度偏差的控制原理如图 11-3 所示。在正常轧制中，曲线交点为 E，其对应的轧出厚度为 h，轧制力为 F，若在某一瞬间，来料的机械特性有了变化，则轧件的压缩阻抗按曲线 $H_EE_1E_2$ 变化，由于轧机的变形，交点 E 移至 E_1，此时轧出厚度偏差为

$$\Delta h = \frac{F_1 - F_E}{\tan\alpha} = \frac{\Delta F}{\tan\alpha}$$

为了纠正这一部分偏差，同样势必增加压下量 ΔS，这时 $\Delta S=\dfrac{F_2-F_E}{\tan\alpha}=\dfrac{\Delta F'}{\tan\alpha}$，这样轧出的厚度又恢复至 h，反之亦然。

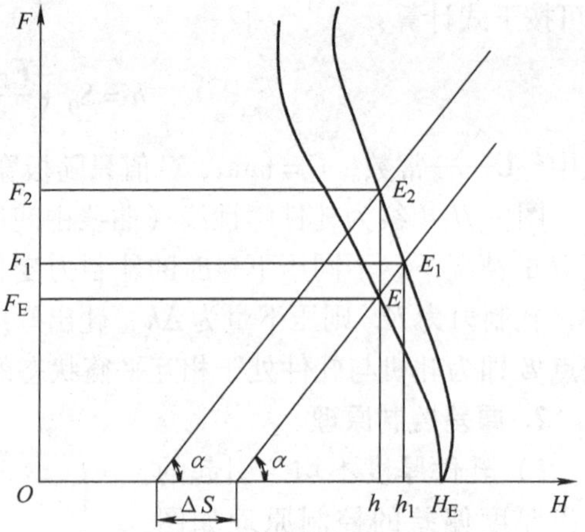

图 11-3　机械特性不均匀引起的轧出厚度偏差控制原理

3）支撑辊偏心引起的轧出厚度偏差的控制原理如图 11-4 所示。起始厚度为 h_0。由于支撑辊的偏心造成了振幅为 ΔL、压下量为 ΔS 的周期性变化，这就造成了轧出厚度也有一周期性变化，变化幅度为 h_1-h_2，若能及时地调整控制轧机的压下量，使轧制力保持为 F 不变，那么，轧出厚度偏差也就可以纠正过来了。

4）利用张力改变轧件塑性线斜率进行厚差控制原理如图 11-5 所示。若 $\delta H=H_1-H_E$ 时产生了厚差 $\delta h=h_1-h$，这时也可用改变张力（即改变轧件的塑性线斜率）的方法使原来的交点 E_1 移至 E，从而保证原轧制力 F_E 及厚度 h，消除 Δh。

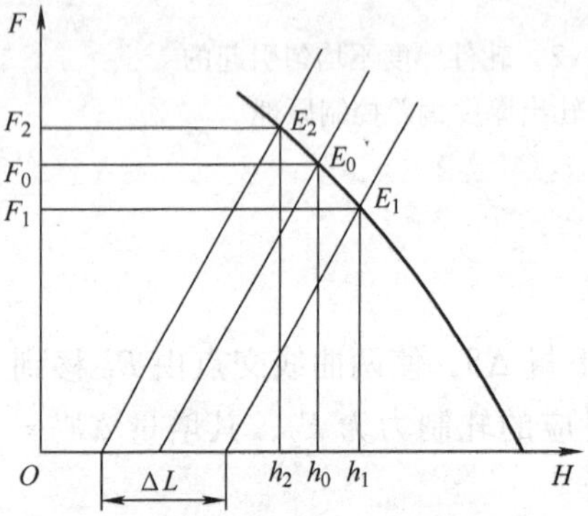

图 11-4　支撑辊偏心引起的轧出厚度偏差控制原理

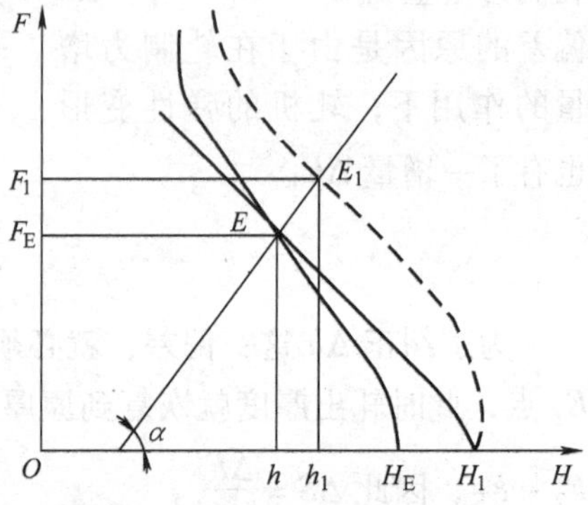

图 11-5　利用张力改变轧件塑性线斜率进行厚差控制原理

11.2　轧机的辊缝调节液压压下系统

11.2.1　五机架冷连轧机辊缝控制液压系统

某冷轧厂五机架冷连轧机组的辊缝调整有两个液压系统，即 1 号和 2 号机架为一个系统，3 号 ~ 5 号机架为一个系统。两个系统基本一样，因此只介绍 1 号和 2 号机架辊缝调整液压系统。该系统的液压压下调节系统的频率为 12 ~ 15Hz，其作用是：

1）为调节系统提供所需的液压油做准备。

2）与调节信号相适应，定量地向液压缸提供液压油。

3）通过供给低压油来润滑和保护液压缸活塞杆侧。

4）满足伺服阀和泵的要求，将液压油进行精过滤。

5）使液压油的工作温度保持稳定。

1. 概述

1 号和 2 号机架辊缝调整液压系统性能参数见表 11-1，该液压系统如图 11-6 所示。

表 11-1　1 号和 2 号机架辊缝调整液压系统性能参数

高压泵（斜盘式变量轴向柱塞泵）	3 组
泵输出流量	93L/min（每台）
泵输出压力	25MPa
高压泵用电动机	45kW（1450r/min）
低压泵	3 组
泵输出流量	107L/min（每台）
泵输出压力	1MPa
低压泵用电动机	5.5kW（1450r/min）
液体介质	HLP36VDMA24318
液体黏度	32 ~ 36mm²/s（4.5 ~ 5°E_{50}）
工作温度	45 ~ 55℃
油箱容量	1200L

2. 系统组成说明

（1）油箱　油箱用不锈钢制成，用于贮藏液压油，并保证液压油在循环过程中保持稳定。油箱上部充氮气，氮气能阻止灰尘和冷凝气进入油箱。油箱配备一个带有四个触头的液位开关，触头对应的油箱注油量见表 11-2。

油箱上有一个温度控制系统，包括：①油冷却器，可用冷却水调节阀控制回油的温度；②三个电加热器，每个电加热器功率是 0.8kW，加热表面积的能力为 1W/cm^2；③调温器，用来控制电加热器的动作，40℃时开始加热，45℃时停止加热，当油温超过 60℃时温度计 2 的触点发出警报信号。

从液压系统管道返回油箱 12 的油通过回油过滤器 8，其公称过滤精度是 10μm。这些过滤器配有电气指示器，当过滤器压差为 0.25MPa 时电气指示器动

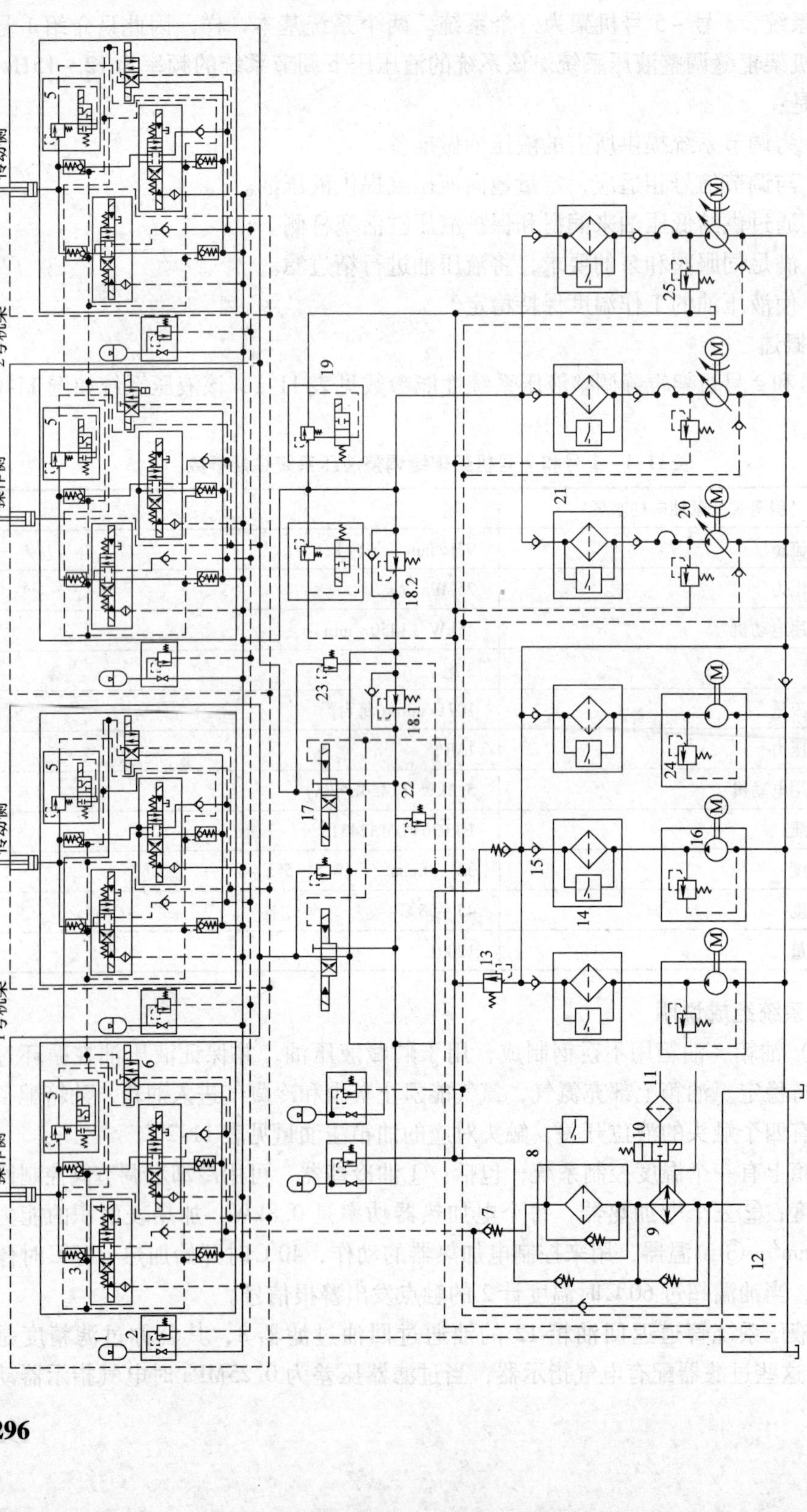

图 11-6 1号和2号机架辊缝调整液压系统

1—蓄能器 2—安全阀截止阀组件 3—液控单向阀 4—伺服阀 5—安全阀 6、17—电磁换向阀 7—带弹簧单向阀 8—回油过滤器 9—冷却器 10—冷却水调节阀
11—冷却水过滤器 12—油箱 13、22、23、24、25—溢流阀 14—进油过滤器 15—单向阀 16—低压泵 18—减压阀 19—卸荷阀 20—高压泵 21—格栅过滤器

作。过滤器配备有一个旁通阀（单向阀），开启压力为 0.35MPa。过滤器的滤芯是不能清洗重复使用的。

表 11-2　触头对应的油箱注油量

触头	系统工作情况	油箱注油量/L
1	油箱已充满	1090
2	往油箱加油	880
3	液压泵停止工作	670
4	油箱排空停泵	450

（2）泵站　低压泵 16 将液压油吸入管路，经截止阀流入进油过滤器 14。该精过滤器不带旁通阀，过滤精度为 0.45 ~ 3μm，精过滤器滤芯的破裂压力约为 1MPa，当压差达到 0.25MPa 时电气指示器给出信号。

当某一个进油过滤器出现“阻塞”信号时，与这个精过滤器相连的液压泵停止运转，这时备用泵及其进油过滤器会立即投入工作，操作人员应立即更换被“阻塞”的进油过滤器滤芯。进油过滤器滤芯只能使用一次，不能重复使用。

低压泵输出的油通过单向阀 15 被送往高压泵 20 的吸油口。

接在供油管道上的压力开关用于压力监控，当供油压力偏低时，备用液压泵立即投入工作。

调整压力为 0.3MPa 的溢流阀 13 和低压泵 16 旁的溢流阀 24 保持高压泵 20 吸油管道的给油压力稳定。

每一台高压泵配备有溢流阀 25，预调压力为 24MPa，安全阀 5 的预调压力为 25MPa。液压油经高压泵 20 送往截止阀和格栅过滤器 21，再经过单向阀将油送入压力蓄能器管路，并到达液压缸控制系统的单独的蓄能器 1。过滤器配备有电气指示器，当压差为 0.7MPa 时就会动作。

高压泵 20 是带有压力调节系统的斜盘式变量轴向柱塞泵，其操作压力为 24MPa。当达到预调压力时，压力调节系统使斜盘转到最小的倾斜角，这时泵的输出流量减小到额定输出流量的 8%。为了便于安装和拆卸，在每台高压泵的漏油管道上安装有单向阀。

高压管路上装有两个压力开关，每个压力开关上有两个触点，每个触点分别给出不同的信号，如 24MPa 表示压力正常，21MPa 表示系统压力偏低，18MPa 表示需紧急停泵。

为了能够快速排油，对应每个机架的高压管路上安装有两个卸荷阀 19。卸荷阀在紧急停泵时是断电的。

（3）减压站　在正常操作时，辊缝调整液压缸的有杆腔充有约 0.5MPa 的低压液压油（无杆腔的油压是 21MPa），在停机或换辊时，有杆腔的油压是 6MPa。

减压站的作用就是将高压泵输出的高压油的一部分从24MPa的高压减压到6MPa和0.5MPa，以满足系统的操作要求。减压站有两个减压阀18，分别将高压油减压到约6MPa和0.5MPa。两个蓄能器分别用于稳定0.5MPa和6MPa系统的压力。蓄能器的前面分别装有截止阀和安全阀，安全阀用于监视0.5MPa系统的油压最高不超过0.7MPa，通过电磁阀调整轧制生产时用的0.5MPa的压力（由溢流阀22调定），以及停机和换辊时用的6MPa的压力（由溢流阀23调定）；安全阀（预调压力7MPa）还用于保证活塞杆侧的压力。当减压到0.5MPa的低压系统出故障时，由供油泵来的低压油经过单向阀并打开截止阀，将泵站的低压油输送到液压缸的有杆腔。

（4）液压缸控制阀站　安装在每个机架的上梁和上支撑辊轴承座之间的辊缝调整液压缸是由各自的阀站控制的，4个液压缸控制阀站的组成相同。这些阀站安装有高压蓄能器1、安全阀截止阀组件2、液控单向阀3、伺服阀4（MOOG73-234）、电磁换向阀6以及防止过负载的安全阀5（预调整压力为21MPa）。

关闭液控单向阀可以切断伺服阀前后的高压油路，所以能够只用一个伺服阀回路进行操作。这时，辊缝调整液压缸的调整速度将要降低，相应地也就降低了带钢的产品精度，加大了厚度误差。因此，如果某一个伺服阀损坏时，可以只用一个伺服阀继续操作，但应迅速更换损坏了的伺服阀，以保证带钢产品的精度。液控单向阀由两个电磁阀控制。当伺服阀处在辊缝调整液压缸卸压（出事故或安装）的位置时，其余每个阀都处在励磁状态。由于实际操作中伺服阀是和外部控制油路相连接的，所以在更换伺服阀时，液控油路必须用高压截止阀切断。

当辊缝调整液压缸从液压油路切断时，也就是关闭所有的液控单向阀，打开截止阀，液压缸无杆腔的油能够排往油箱。

在伺服阀中装有一个附加的过滤器。此过滤器用来保护喷嘴挡板系统，当阀出现故障时应该进行检查和更换。

3. 辊缝调整液压缸参数

辊缝调整液压缸技术参数见表11-3。

表11-3　辊缝调整液压缸技术参数

液压缸外径/mm	1250
活塞直径/mm	965
活塞杆直径/mm	800
工作形成/mm	100
最大作用力/N	12500000

4. 五机架冷连轧机液压压下系统的特点

（1）组成结构特点　该系统是由液压站、减压装置、蓄能器装置伺服阀和控制盘等组成。液压站的油箱用不锈钢板焊接而成，站内有低压泵、低压过滤器（过滤精度 0.45～3μm）、高压泵、高压过滤器（过滤精度 10μm），回油管路流回油箱的油也经过过滤，过滤精度 25μm、各泵站、液压装置和蓄能器都装在地下室。控制压下缸的伺服阀控制盘安装在每个机架外侧靠近压下缸的最近位置。在每个机架的内侧都装有一个蓄能器，用于在任何情况下都能及时地向压下缸充油和排油。

（2）压下辊缝调整缸布置特点　五机架冷连轧机的辊缝调整缸通过液压悬挂缸将压下调整缸悬挂在窗口顶部，其优点是：辊缝调整缸和控制液压缸的伺服阀控制盘都布置在比较清洁的地方；从机架的平台上对位移传感器和伺服阀控制盘容易观测，日常维修方便；辊缝调整缸当放入机架窗口内和从机架窗口内拉出时，都放在支撑辊轴承座的上边，在轧制和换辊时也都是通过安设在上横梁的悬挂缸及其装置将辊缝调整缸悬挂。虽然增设悬挂装置引起了设备费用增高（这是辊缝调整缸安装在上部的缺点），但是设备在长期运行中容易操作和维修。

（3）控制系统的特点　该系统为了准确地测量和控制轧辊辊缝，采用了光栅式位移传感器（型号为 WMS200，测量范围为 150mm）。此种位移传感器即使是辊缝出现很小变化，它也可测得很准确。在冷轧机上，辊缝调整缸所要完成的辊缝调整范围不大于 10mm，要求的测量精度为 ±2.5μm。此种位移传感器的测量范围为 25mm，这是考虑到支撑辊重车后，在上支撑辊轴承座上加放垫板的余量。在五机架每个辊缝调整缸的缸体上，成对角线位置处装设有两个位置传感器，这两个位置传感器所检测的实际值（取其平均值）由控制系统进行处理，所以即使轧辊轴承座出现倾斜，也不会造成错误的测量。

（4）辊缝调整与故障处理　换辊后或轧制程序变更时，辊缝的零点调整可以很容易通过斜楔调整系统和辊缝调整缸的自动控制迅速地完成。当出现紧急事故，需要卸掉液压缸内的液压油时，只要接通安装在伺服阀和液压缸之间的电控溢流阀，就可使液压缸内的液压油迅速卸掉。每一机架设有两个伺服阀，当一个伺服阀出现故障，不能正常工作时，将伺服阀前后的液控单向阀切断，而另一个伺服阀仍可照常工作，不影响生产。

11.2.2　森吉米尔可逆式冷轧机压下装置液压系统

森吉米尔二十辊冷轧机具有一套完整的轧辊调整系统，以保证得到正确的板型和板厚。本节只介绍板厚调整系统。

1. 板厚调整压下机构

森吉米尔轧机用液压压下机构来调整轧辊间的开度。森吉米尔轧机轧辊布置如图 11-7 所示。B、C 支撑辊调整轧辊间开度的结构如图 11-8 所示。图 11-8 中，B、C 支撑辊在滚针轴承之间有两个偏心环，偏心环用键直接固定在轴上，通过装在轧机上部液压缸的升降带动齿条上下运动，使齿条和轴转动。齿条使固定在轴上的偏心环回转，由于支撑辊轴承与偏心环是偏心配置（偏心距 ε_1），图中 O_2 即支撑辊轴承中心，O_1 即鞍形座偏心环的中心，使 O_2 绕 O_1 转到某一位置，支撑辊的轴线向下移动一个距离，同时也将中间辊向下推动一个距离，即可达到工作辊压下或抬起的目的。

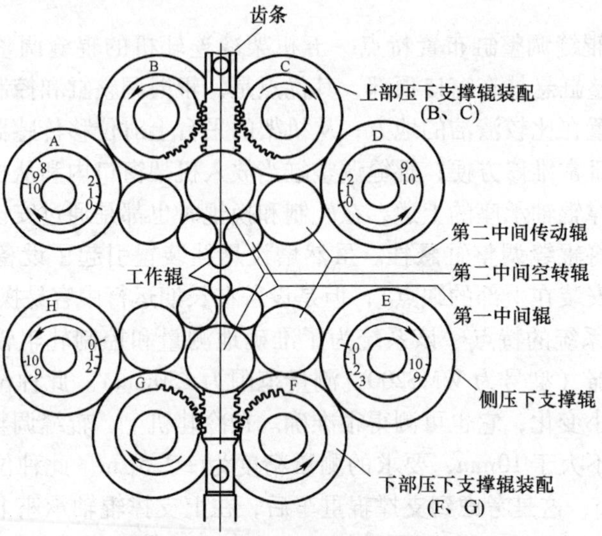

图 11-7　森吉米尔轧机轧辊布置

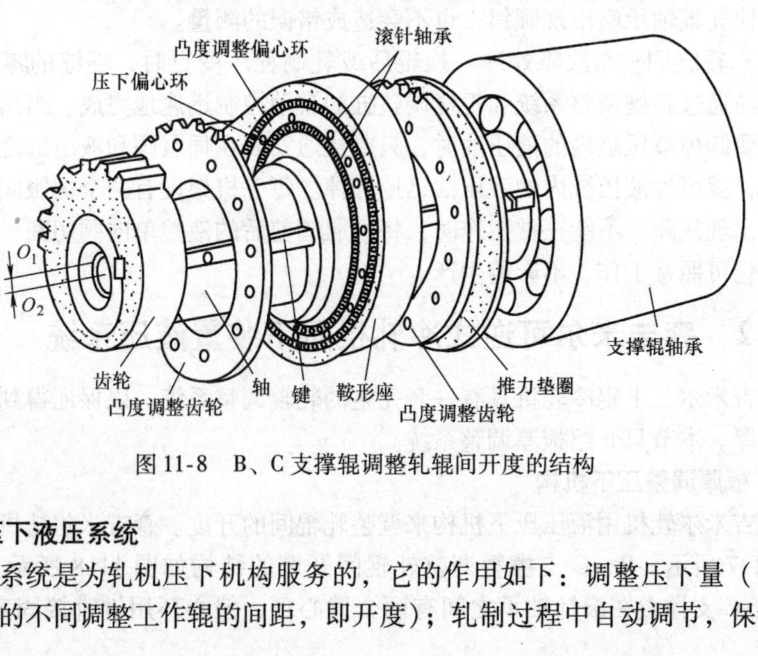

图 11-8　B、C 支撑辊调整轧辊间开度的结构

2. 压下液压系统

液压系统是为轧机压下机构服务的，它的作用如下：调整压下量（即依据轧材厚度的不同调整工作辊的间距，即开度）；轧制过程中自动调节，保证带材

的一定厚度，当轧制力变化时（轧材厚度变化）系统应允以自动调节，使其轧辊的开度被控制在要求的一定范围内；进行换辊（即轧辊快速抬起）。

（1）上部液压压下　图 11-9 所示为轧机机械液压压下机构示意图。其工作原理是：由轧机液压装置泵站的供油分别为高压（$p=7$MPa）油与低压（$p=4.3$MPa）油，高压油送入伺服阀，低压油送入控制阀。7MPa 的液压油通过电液换向阀驱动液压马达转动，使蜗杆驱动外齿轮，外齿轮转动时（这时转臂不转）行星轮自转，使得与它啮合的太阳轮旋转，从而使得与太阳轮紧固成一个整体的凸轮转动，这时控制阀的阀芯就上下移动。

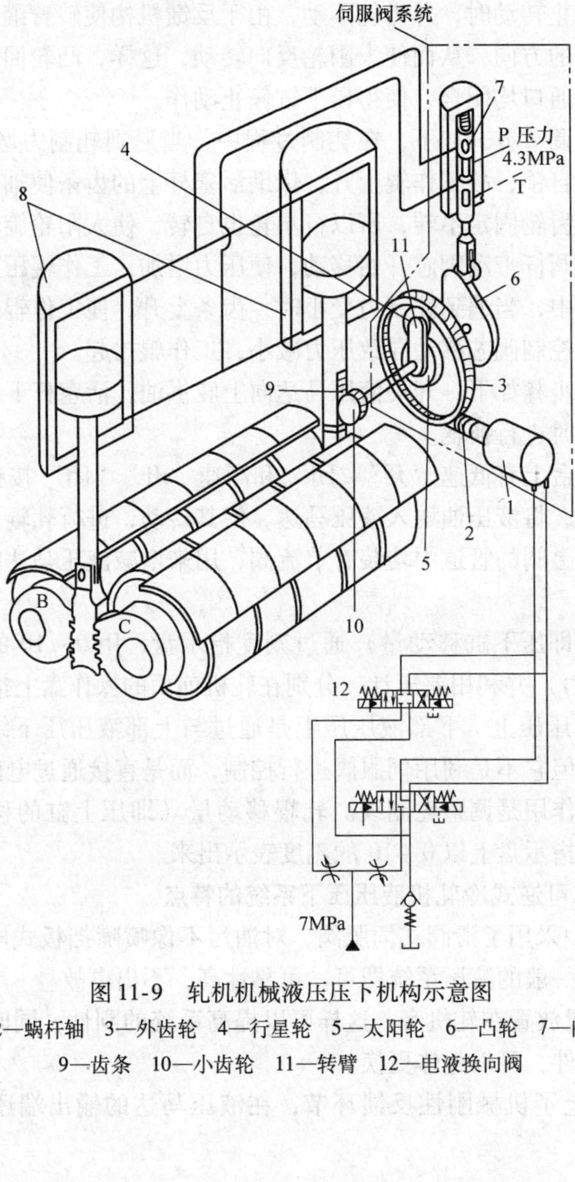

图 11-9　轧机机械液压压下机构示意图

1—液压马达　2—蜗杆轴　3—外齿轮　4—行星轮　5—太阳轮　6—凸轮　7—阀芯　8—压下缸　9—齿条　10—小齿轮　11—转臂　12—电液换向阀

如果液压油进入压下缸的下腔，则压下缸上腔的油经过控制阀返回泵站，活塞杆上升，从而将工作辊压下。反之，液压油进入压下缸的上腔，则压下缸下腔的油经过控制阀返回泵站，活塞杆下降，将工作辊提升。

工作辊的压下和提升是根据液压马达的旋转方向来决定的。

在驱动侧压下缸的活塞杆上装有反馈用的齿条，该齿条与伺服阀连接的小齿轮相啮合，因此压下缸的活塞杆动作时就会转动小齿轮，从而使装在小齿轮轴上的转臂旋转，行星轮开始公转。运动的合成使原来旋转的太阳轮停止旋转，凸轮保持在使阀芯供油的位置，此时压下继续进行。

液压马达停止转动时，外齿轮不动，由于反馈机构使转臂继续公转，这时行星轮改变了自转的方向，从而使太阳轮反向转动，这样，凸轮回到原来的中间位置，控制阀的各通口均闭合，使得压下缸停止动作。

工作辊自动调节方式如下，在轧制过程中，当遇到轧制力增大时，因 B、C 支撑辊偏心不能自锁，故工作辊上升，借助活塞杆上的齿条使轴转动，并使行星轮公转。由于外齿轮固定不转，所以行星轮也自转，使太阳轮旋转。因此，在凸轮的摆动下控制阀杆带动阀芯开始移动，使压力增加，工作辊压下。

在轧制过程中，当遇到轧制力变小时，齿条上升，使工作辊靠近，而凸轮与上述转向相反，控制阀芯移动导致压力减小，工作辊抬起。

工作辊换辊步骤如下，开动液压马达向上腔供油，活塞杆下移，使工作辊离开，至最大开度时进行换辊。

在轧机操作台上有低速“开”“闭”和高速“开”“闭”按钮，通过机架后面的电磁阀励磁，将液压油送入液压马达，使其转动，进行轧辊压下。

在进入各电磁阀的管道中均装有节流阀，用来增减液压马达的转速，以控制压下速度。

轧辊开度（即压下缸移动量）通过刻度指示盘，用 0 ~ 10 的刻度和压下力（即压下缸的压力）并利用差压计，分别在轧机前面的操作盘上指示出来。

（2）下部液压压上　下部液压压上是通过与上部液压压下结构完全相同的液压缸进行的，但它不是利用伺服阀进行控制，而是直接通过电磁阀换向使压上缸动作，其主要作用是调整轧制线。轧辊移动量（即压上缸的移动量）在轧机前面下部的刻度指示盘上以 0 ~ 10 的刻度表示出来。

3. 森吉米尔可逆式冷轧机液压压下系统的特点

1）在系统中采用了滑阀式伺服阀，对油污不像喷嘴挡板式电液伺服阀那样敏感，所以采用一般的液压系统即可，可靠性高，不出事故。

2）压下装置放置在轧机旁，这样可以提高系统的刚性，同时便于检修和维护，若有备品备件，可以整体更换。

3）系统加上了机械刚性反馈环节，在液压马达的输出端还有角位移负反馈，故稳定性较好。

4）系统的缺点是，系统采用出口测厚进行自动控制，因此使速度调节不及时，快速电磁阀实质是一个开关阀，调节压下不连续，而是断续的，同时电液转换通过快速电磁阀、液压马达、行星差速器和伺服阀等机械来实现，并通过行星差速器进行反馈（这一套复杂的系统可用一个电液伺服阀代替）。由于此系统机械结构复杂，摩擦阻力大，漏损也大，再加上运动部件惯性大，因此调节时间延长，响应慢，使系统精度下降。在现代高速轧机上不易采用此系统。

11.3 轧机的辊缝调节液压推上系统

11.3.1 双机架平整机组液压辊缝调节液压系统

1. 概述

某冷轧厂双机架平整与二次冷轧机（简称双机架平整机）主要是对冷轧过并且退过火的带钢予以平整和对镀锡原版进行二次冷轧。双机架平整机的辊缝调节柱塞缸放置在下机架的横梁上，是推上控制。虽是推上控制，但在带钢连轧机伺服系统中仍统称压下系统，其辊缝控制量仍称压下量。为区别起见，本节将系统称为推上系统，将其辊缝控制量仍称压下量。平整机上机架横梁上还设有机械辅助压下装置。设置该装置是为了调整轧制线的高度，同时在轧辊直径有变化时也由此装置进行调整轧制线的高度。

（1）辊缝调节液压系统的技术参数（见表 11-4）

表 11-4　辊缝调节液压系统的技术参数

液压系统的额定压力/ MPa	22	回程缸无杆腔作用面积/cm^2	31
推上柱塞缸规格/mm	$\phi800\times90$	回程缸有杆腔作用面积/cm^2	21
回程缸规格/mm	$\phi63/\phi36\times120$	推上柱塞缸的作用面积/cm^2	5000
推上调整最大行程/mm	60	最大允许总轧制力/ N	23000000
推上柱塞缸工作行程/mm	35	最大工作总轧制力/ N	20000000
柱塞缸快速返回速度/(mm/s)	3	推上有效调节范围/mm	±10
正常生产时推上速度（慢/快）/(mm/s)	0.02/2	长行程时推上速度（慢/快）/(mm/s)	1/2

（2）推上柱塞缸控制用伺服阀　Moog73-103 型伺服阀在阀压降为 7MPa 时的额定流量是 38L/min。伺服阀输入电流范围为 -7.5～7.5mA，2 个线圈并联，电阻为 200Ω。

（3）推上系统的辅助仪器　在一台机架上配有：2 套辊缝测量系统（位置

传感器)，测量范围为50mm，测量精度为0.002mm；2个压力传感器，额定工作压力为25MPa。

2. 双机架平整机液压辊缝调整系统组成

双机架平整机液压辊缝调整系统如图11-10所示。要说明的是，为了减少图幅和图中的连接油管，便于读者分析液压原理，在图11-10中将推上柱塞缸和回程缸二者合一，画成了活塞缸的符号。

双机架平整机组22/15MPa液压系统是供平整机的液压辊缝调整和工作辊弯辊装置共用的。两个系统共用一个容量为6000L的油箱。该油箱由不锈钢板焊接而成。油箱通向泵的吸油管路上装有带终端开关的截止阀，只有当截止阀打开后，泵才能起动工作。其中22MPa液压系统供平整机的液压辊缝调整，以下只介绍22MPa液压辊缝调整系统。

22MPa液压辊缝调整系统按其工作性能可分为由伺服阀控制的22MPa辊缝调整的推上系统，以及泵站内部循环过滤冷却兼推上回程背压的1MPa系统。

(1) 22MPa液压辊缝调整推上系统　推上柱塞缸（含回程缸）25安装在机架的下横梁上，带有导槽和聚四氟乙烯密封装置。每个机架有两个推上柱塞缸，而每个推上柱塞缸配有控制阀座。控制阀座由2个并联的伺服阀6、22和其他控制阀组成，设置在轧机机架的下部，而泵装置、蓄能器站以及油箱装置、1MPa泵站都设置在平整机的地下油库中。

1）液压泵装置。22MPa泵组设有4台带压力调节系统的变量轴向柱塞泵11，三台泵工作，一台泵备用。泵和系统用单向阀连接，以保证系统的工作压力。每台泵设置了一个溢流阀18，阀的调定压力为23MPa，此阀在泵站中起安全阀的作用。由于柱塞泵具有恒压变量特性，故此泵组未设一般定压系统泵站所常用的卸荷阀组。

为了防止电动机的误操作造成泵吸空或烧毁的事故，在泵站的起动装置上设有电气联锁装置，即在各泵的吸油口和油箱之间装有手动截止旋塞和极限开关，使吸入旋塞的关闭信号与泵起动联锁，只有完全打开泵吸油口的手动截止旋塞，泵组才能够起动，否则便无法起动。在22MPa/15MPa液压系统中的各泵均有此类装置。泵装置参数列在表11-5中。

工作介质为矿物油，运动黏度近似为33.5mm^2/s，油液最合适的工作温度为30～50℃。

2）主油路系统。由带压力调节装置的变量轴向柱塞泵从油箱中吸入液压油，然后向系统供给恒定的压力为22MPa的液压油，压力由溢流阀19调定。液压油通过单向阀进入22MPa的蓄能器站（内有两个过滤蓄能器装置，其中一个备用），再到每个压下缸的伺服阀控制盘，对压下缸进行控制。被过滤的液压油经过可变节流阀2分别输送给控制推上柱塞缸的4个控制阀座。就一个控制阀座

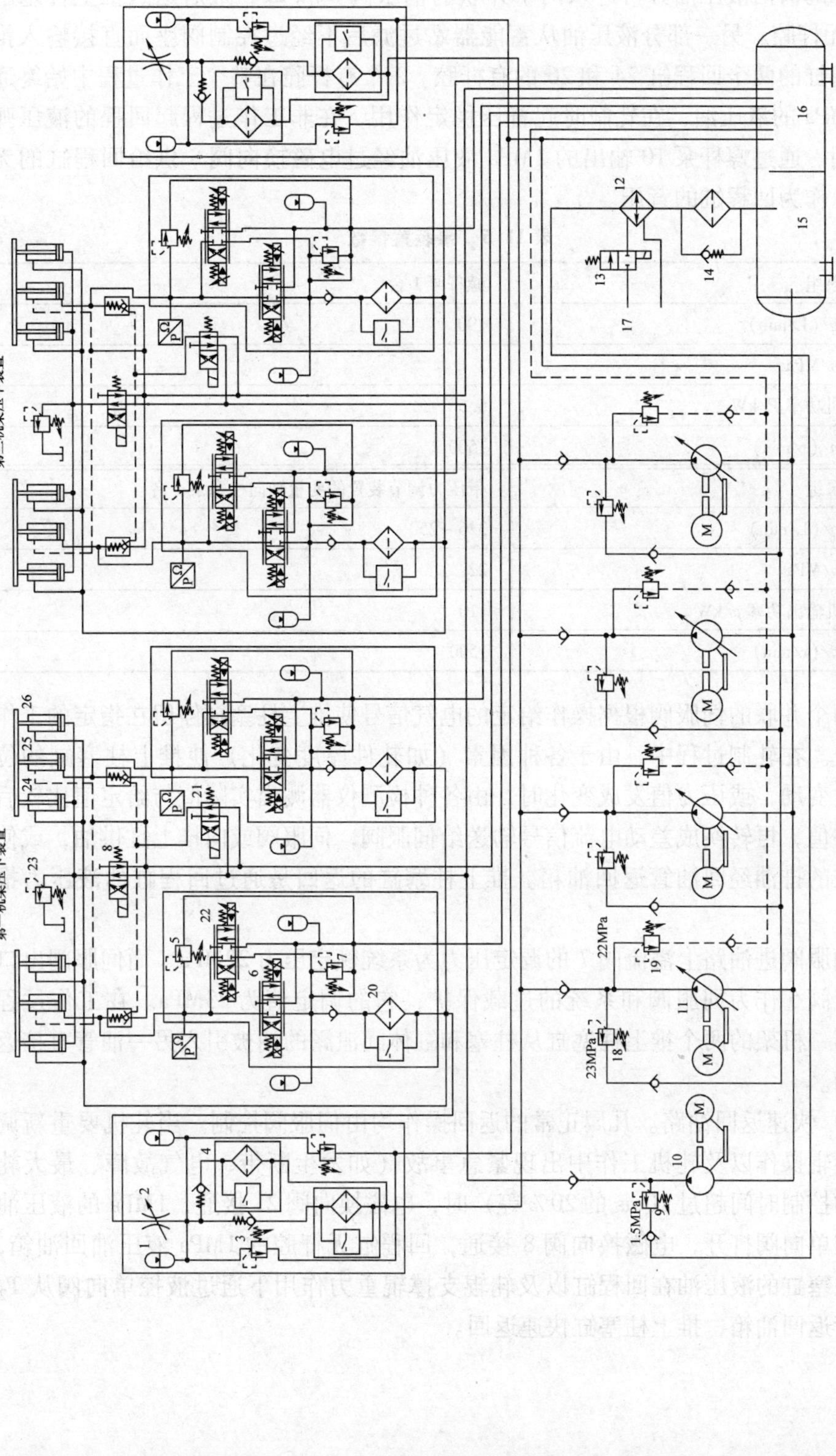

图11-10　双机架平整机液压辊缝调整系统

1—蓄能器　2—可变节流阀　3、5、7、9、18、19、23—溢流阀　4、20—过滤器　6、22—伺服阀　8、21—电磁换向阀　10—螺杆泵　11—变量轴向柱塞泵

12—冷却器　13—截止阀　14—带旁路单向阀的过滤器　15—吸油室　16—回油室　17—冷却水　24、26—单杆液压　25—柱塞缸

而言，液压油首先通过过滤精度为 10μm 的带电气污染指示的过滤器 20，经过 2 次过滤的清洁液压油方可进入两个并联的伺服阀 6 和 22，最后送入推上柱塞缸 25 的无杆腔。另一部分液压油从蓄能器站过滤后不经过控制阀座而直接输入推上柱塞缸的两个回程缸 24 和 26 的有杆腔。2 个有杆腔在整个工作过程中始终通入 22MPa 的液压油，在轧制时起背压稳定作用，在非工作过程起回程的液压弹簧作用。通过螺杆泵 10 输出的 1MPa 液压油经过电磁换向阀 8 供给回程缸的无杆腔，作为回程缸的背压。

表 11-5　泵装置参数

循环泵组	螺杆泵 1 台
流量 q/(L/min)	190
压力 p/MPa	1
电动机功率 P/kW	5.5
转速 n/(r/min)	1500
高压泵组	带压力调节装置的变量轴向柱塞泵 4 台
流量 q/(L/min)	326 ~ 250
压力 p/MPa	22
电动机输出功率 p/kW	110
转速 n/(r/min)	1500

两个并联的伺服阀根据操作给定的电气信号使推上柱塞缸停留在指定的工作位置上。在轧制过程中，由于各种因素（如轧件厚度变化）使推上柱塞缸的位置发生变动，或压力值发成变化时，由各种检测仪器测出实际值与给定值比较后的偏差值，再转换成差动电流信号输送给伺服阀，伺服阀或向推上缸供油，或使推上缸的排油经回油管返回油箱。推上柱塞缸的返回是通过回程缸的液压力推动的。

伺服阀进油路上溢流阀 7 的调定压力为系统额定压力 22MPa，而伺服阀出口端溢流阀 5 作为伺服阀和系统的过载保护，它的调定值为 23MPa。在工作过程中，第一机架的两个推上柱塞缸从柱塞和缸体间泄露的油被引入另一油管直接返回油箱。

3）快速返回油路。凡属正常的返回操作均由伺服阀控制。当轧机要重新调试、换辊操作以及轧机工作中出现紧急事故（如发生断带、电气故障、最大轧制力的控制时间超过 10ms 的 20%等）时，电磁换向阀 21 接通，1MPa 的液压油将液控单向阀打开，电磁换向阀 8 接通，回程缸无杆腔的 1MPa 液压油回油箱，推上柱塞缸的液压油在回程缸以及轧辊支撑辊重力作用下通过液控单向阀从 T_2 回油管返回油箱，推上柱塞缸快速返回。

4）22MPa 蓄能器站。因为恒压变量柱塞泵变量过程中在一个很短的过渡时间内有压力波动，故设置蓄能器站既可使液压泵排出的高压油过滤清洁，又可消除变量柱塞泵变量时的压力波动以及补充泵流量的瞬时不足。

22MPa 蓄能器站有两个并联的囊式蓄能器 1 和流量为 330L/min、过滤精度为 10μm 的带目视电气污染指示器的过滤器 4。蓄能器站的所有元件安装在带有油槽的蓄能器架上。从泵站出来的 22MPa 液压油经过两个并联的带杠杆的截止阀，然后进入两个并联的高压过滤器。通过过滤器的液压油经两个并联的单向阀和一个可变节流阀 2，送入辊缝调整系统的四个控制阀座。

在每个蓄能器管路上装有一个调定压力为 30MPa 的溢流阀 3（作安全阀用），用以防止系统在工作过程中出现压力超过工作压力 35% 的破坏事故。

5）控制伺服阀。双机架平整机组的四个伺服阀分别控制两个机架上的四个推上柱塞缸。控制阀座上的液压元件采用板式和插装式集中安装。以第一机架传动侧的伺服控制阀座为例，从蓄能器站来的 22MPa 液压油经过一个精度为 10μm 的带电气污染指示器的过滤器，然后进入两个并联的伺服阀。伺服阀由调节器给的偏差电气信号控制推上柱塞缸进行工作。两个并联的伺服阀的流量特性曲线如图 11-11 所示。

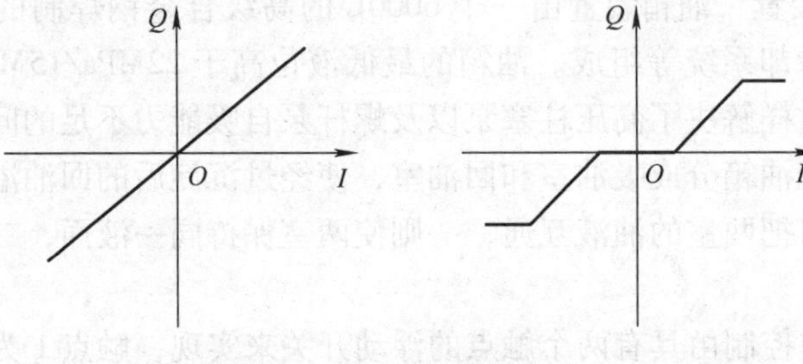

图 11-11　流量特性曲线

这两个伺服阀在工作过程中的情况是这样的：一个伺服阀的流量曲线经过零点，只要一有偏差信号电流就能有对应的流量流出；而另一个伺服阀有 3mA 的死区，当调节器输出小的信号电流，如 3mA 以内时，一个伺服阀工作，另一个伺服阀不工作。当输入较大信号电流，如大于 3mA 时，两个伺服阀同时工作。这就是说，压下量的微量调节由一个伺服阀操作完成，而压下量的正常调节由两个伺服阀同时工作实现。当流量曲线通过零点的伺服阀出现故障时，另一个有死区的伺服阀立即由电气操作改为流量特性通过零点的工作状态，继续参与轧制。这样，轧机压下装置的操作就不受干扰。因为第二个伺服阀立即调到规定的输出流量，这个坏的伺服阀必须在 1h 内换掉。通过电子传感器对轧制力进行在线监控，当轧制力超过额定数值时，伺服阀在卸载方向完全打开，压下液压缸的快速返回油路也接通，使轧机卸载。

在伺服阀进油口有两个4L的蓄能器，用以消除压力波动和流量不足，而在伺服阀的回油口装了一个4L的蓄能器，用以改善伺服阀的响应特性。推上系统的伺服阀离推上柱塞缸的距离越近，系统的响应性能越理想。

（2）1MPa泵站内部循环冷却系统　该系统由一台螺杆泵10、一个溢流阀9、一个带电气污染指示器的过滤器和一套冷却器及冷却水控制装置等元件组成。

螺杆泵在轧机的整个工作过程中始终是运行的。泵站输出的液压油经过单向阀和电磁换向阀8进入压下系统回程缸的无杆腔，作为回程液压缸的背压，增加系统的稳定性。1MPa液压油还作为推上柱塞缸的快器返回油路的4个液控单向阀的控制油源。此系统的1MPa压力由溢流阀9调定。此溢流压力调定值为1.5MPa，其中0.5MPa作为管路系统的压力损失值。

1MPa的泵站内部循环冷却系统的液压油作为平整机组的8个回程缸的背压和4个快速返回油路控制的总耗量是有限的，故螺杆泵输出160L/min的液压油主要通过溢流阀返回油箱。由于外界的气温和22MPa/15MPa系统的各类压力阀溢流回来的液压油是造成系统油温上升的主要原因，因此螺杆泵选择的160L/min流量除作为液压油源外，主要对油箱内油液进行过滤和冷却，防止油箱中油液温升过高。

（3）油箱装置　油箱装置由一个6000L的高级合金钢焊制的油箱、循环泵系统以及过滤冷却系统等组成。油箱的最低液位高于22MPa/15MPa系统的所有泵组的吸油口这样解决了高压柱塞泵以及螺杆泵自吸能力不足的问题。

中间隔板把油箱分成吸油室和回油室，使经过沉淀后的回油溢入吸油室，隔板上开有连通口把两室的油液互通，一则使两室保持同一液面，二则在吸油量大时便于补充。

油箱的液位控制由具有两个触点的浮动开关来实现，触点1为高液位报警信号，触点2是泵站低液位的事故紧急停车信号。

油的工作温度为30～50℃。油的加热和冷却由6个接触式温度计予以自动控制。油的冷却系统由冷却器及附冷却水通断阀组成。此水的通断阀借助于接触式温度计进行开关控制，用以接通冷却水或者关闭冷却水。油的加热系统由接触式温度计控制电加热器进行加热。

当油温达到50℃时，接触式温度计使冷却水通断阀接通，冷却水对油进行冷却；当油温降到40℃时，接触式温度计使冷却水通断阀通电，关闭冷却水。当油温降到30℃的低温时，接触式温度计接通6个电加热器进行电加热；当油温上升到40℃时，接触式温度计关闭6个电加热器停止加热。

接触式温度计能给出“油太冷”和“油太热”的报警信号。

油箱的端部设有油标，可在油库里直接看出油箱内的实际油位。

油箱的加油通过油箱上装备的通风过滤器进行，以保证加入油的清洁。油箱在整个工作过程中液位变化时也是通过过滤器排气和吸入清洁的空气来保持油箱内的气压的。

3. 双机架平整机的带钢厚度调节原理

双机架平整机的带钢厚度调节原理如图 11-12 所示。

双机架平整机的机座 2 是平整机组的主令机座。旋转速度和轧辊负载均保持不变。机座 1 和机座 2 之间的带钢张力由一个张力传感器和张力调节器控制，通过调节机座 1 的旋转速度实现。

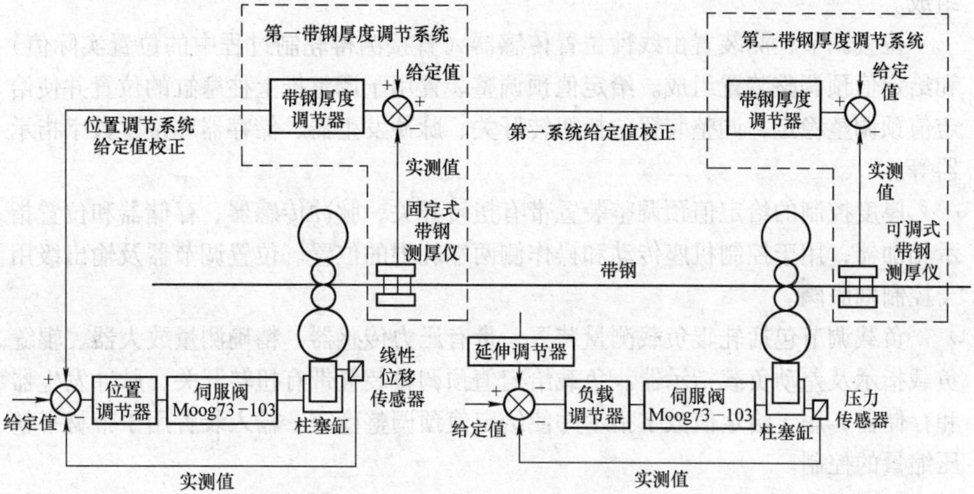

图 11-12　双机架平整机的带钢厚度调节原理

带钢厚度的实际值 h，用机座 1、2 后的 γ 射线测厚仪来测量，机座 1 后的带钢厚度给定值和实际值的差送到带钢厚度调节器，调节器将校正信号送至机座 1 的轧辊位置给定装置，因此带钢厚度的波动值主要由机座 1 来消除，其公差由机座 2 后的测厚装置检测，并作为一个校正信号通过调节器反馈到机座 1 后面的厚度给定装置。

轧辊负载调节系统相当于一个位置调节系统，负载给定值用十进位开关和旋钮开关给定，并存于储存器中，延伸调节装置的校正值加于负载给定值上，所加的辊缝负载实际值与给定值的偏差送到负载调节器。平整机的 2 个机架都设有位置调节装置和负载调节装置，由转换开关做两种调节方式的转换。如果轧辊负载调节转为位置调节方式工作，则负载储存器的储存信号总跟随轧辊总负载的实际值。

辊缝偏差位置的给定值由扭转开关设定于储存器内。偏差值与实际值的比较信号送于偏差调节器，从而以相同的量作用于一个正伺服阀和另一个负伺服阀。

这样的位置调节是调节辊缝两边的平均值。偏差位置调节是调节辊缝两侧和中间位置的差值。这种调节只有在辊缝位置得到调节时才能起到作用。

此外，轧辊调节系统有一个长行程装置，长行程最大范围为60mm。有两种运动速度通过一定的正电压和负电压直接作用于伺服阀，使推上柱塞缸动作。当长行程结束时，系统必须自动接通工作辊平衡系统，还要关闭负载和位置调节，使轧辊的转速为零。长行程运转在倾斜位置调整时进行，即长行程运转前轧辊存在倾斜位置，当长行程结束时，推上柱塞缸要正好调到所达到位置的实际值。

双机架平整机辊缝控制及调节系统由位置调节控制和负载调节控制两个闭环组成。

位置调节检测装置由线性位置传感器（直接测得轧制过程中的位置实际值）和给定值预调整装置组成。给定值预调整装置用于调整推上柱塞缸的位置并使给定值预调整稳定，调整装置包括扭转开关、脉冲发生器、储存器和位置数字指示器等。

厚度控制的给定值预调整装置带有扭转开关、脉冲传感器、存储器和位置指示相加器，用于控制机座传动和操作侧两端轧辊的位置。位置调节器及输出级用于控制伺服阀。

负载调节包括轧辊负载测量装置，带有压力传感器、精确测量放大器、辊缝负载指示及差动负载指示器。负载给定值预调整装置带有扭转开关、脉冲发生器和存储器，用于给定值数字指示并使给定值预调整稳定。输入装置用于带材平整压缩量的控制。

4. 双机架平整机液压推上系统特点

1）双机架平整机液压推上系统的安装位置及系统的组成、结构特点与五机架的液压压下系统基本相同。双机架平整机液压推上与轧辊平衡系统共用一个圆形油箱，高压泵的型号、规格与五机架液压压下系统虽然不同，但性能相同，其也是变量轴向柱塞泵，带有压力补偿装置，当供油量有变化时，压力仍然保持恒定。

2）每个辊缝调整缸都有一个控制盘，上面装有两个伺服阀和相应的其他类型阀。各种阀都集中安装在一个控制盘上的好处是减少管路连接，减少漏损和沿程损失，使伺服阀和液压缸距离近，因此控制灵敏。双机架平整机用控制盘上的伺服阀前后没有液控单向阀，当任一伺服阀出现故障时，轧机只有停车才能进行伺服阀的更换和修理。

3）辊缝测量与五机架辊缝测量一样，也是采用光栅式位置传感器（详见五机架辊缝测量部分），但是安设数量和位置不同。在每个调整缸的缸体上都安设一个位置传感器，位置传感器测头与缸盖相贴，轧制时，如果柱塞和固定在柱塞上的缸盖移动，位置传感器便发出检测信号。

4）双机架辊缝调整缸是柱塞式液压缸。柱塞缸的两侧装有两个直径很小的回程缸，回程缸固定在柱塞缸的缸体上，辊缝调整缸则是安放在机架框架的底部。其优点是：①控制辊缝调整缸用的伺服阀控制阀座直接安设在距离液压缸很近的地下室内，控制灵敏，节省管路，操作维护拆装方便；②辊缝调整缸直接安设在机架窗口的框架底部，不需要调整缸的悬挂装置；③调整缸设在下面，环境虽然较脏，但是在调整缸上采用了特殊的罩盖，使污水杂物等不会浸入缸内；④当出现紧急事故，需要卸掉液压缸内的液压油时，只需接通二位四通电磁阀，液压缸前面液压油管路上的液控单向阀开启，液压缸的液压油就排回油箱。

11.3.2　UCM 六辊轧机的压上系统

三菱日立的 UCM 六辊轧机的压上系统分为电气控制系统和液压控制系统两个部分，电气控制系统主要根据检测元件的检测数据和系统中建立的数学模型对液压系统提供的轧制力和压上缸的位移进行控制，并进行几个机架间的轧制力分配，而液压控制系统则根据控制系统的信号来进行快速响应的输出。

1. 压上系统的控制原理

轧机压上系统的控制原理如图 11-13 所示。在轧机的工作侧和传动侧各有一套压上缸提供轧制力，每套压上缸配有单独的液压控制回路、力马达伺服阀和各类传感器。压上液压缸装在机架下横梁与下支持辊之间，采用无杆腔高压供油、有杆腔低压供油的方式。轧制力由无杆腔的液压压力提供，而有杆腔的低压压力用来防止污物和空气进入伺服阀回路，并使辊缝能快速打开。每套液压缸内部装有一个位置传感器，用来精确检测压上缸的位移（即检测板厚）数据，而轧制力则由安装在无杆腔油路上的压力传感器检测压力，然后通过计算得出加载在压

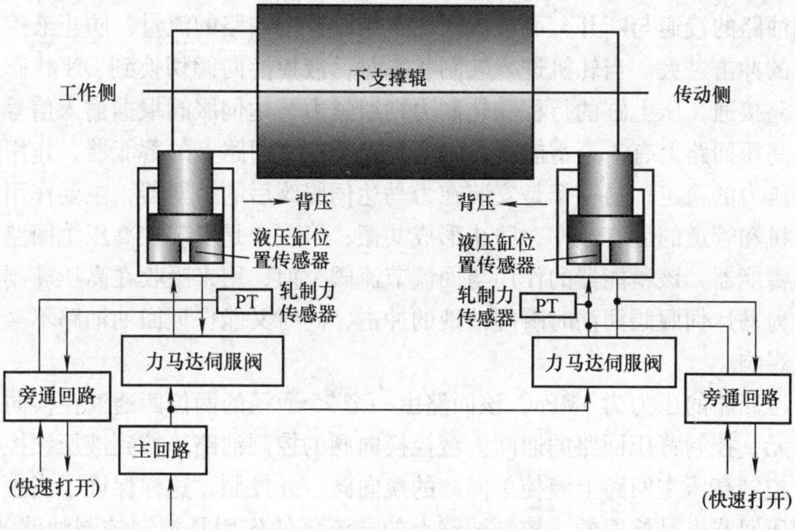

图 11-13　轧机压上系统控制原理

上缸上轧制力的数值。压上缸的位置和轧制力由力马达伺服阀根据控制系统的信号来进行快速响应控制。将测厚系统获得的板材实际厚度与设计厚度进行比较，可以获得板厚误差信号。在进行调整时，将位置传感器信号和自动测厚装置信号进行比较计算，根据这个信号控制伺服阀，并控制液压推上液压缸的动作，可达到辊缝调整的目的。在轧制过程中，由于轧机有弹性变形，所以实际辊缝随轧制力的变化而变化。轧制时，压力传感器（即测压头）测得的压力数值通过机架变形补偿器转化为变形量信号，经过与设定值进行比较，放大后给伺服阀，再以电信号控制伺服阀油量，即可调整辊缝。总之，需要将这些影响板厚的因素随时以一定信号给予综合比较，再由它来控制伺服阀，并由位置传感器进行调整，使之与设定值一致，直至板厚误差信号为零为止。

力马达伺服阀直接安装在压上缸的油路上，以减少控制系统的响应时间。整个压上系统的液压控制回路由主回路和旁通回路组成，主回路为高压回路，用于为两侧的力马达伺服阀和压上缸提供高压压力，再由力马达伺服阀进行精确控制，而旁通回路则是低压大流量回路，用于在停机换辊时快速下降和提升压上缸活塞杆，以降低换辊时间。使用旁通回路时力马达伺服阀关闭，压上缸的进油和回油都经旁通回路通过。

2. 液压系统的组成

轧机压上系统的液压系统由高压主回路、背压回路、液压锁控制回路和低压旁通回路组成。高压主回路的系统压力为20MPa，由一个32通径的二位四通液控换向阀作为控制单元，控制液压主回路的通断，即控制力马达伺服阀高压油路的通断。液控换向阀的控制油路由两组6通径的座阀和节流阀组成，座阀用于控制控制油路的接通与断开，而节流阀用于控制控制油路的流量，防止液控换向阀换向时的冲击过大。当轧机进入轧制状态时，液控换向阀切换到ON状态，这时高压回路接通，压上缸的行程和轧制力则通过力马达伺服阀根据输入信号来进行控制。高压回路上有3个蓄能器，一个是安装在主回路上的蓄能器，作用是保持主回路压力的稳定；另一个是安装在力马达伺服阀后的蓄能器，主要作用是用来吸收轧机和管道的固有频率，防止形成共振；第三个是安装在高压主回路回油油路上的蓄能器，该蓄能器的作用与回流节流阀类似，用来吸收在高压轧制时高压油通过力马达伺服阀回油时瞬间油液的冲击，同时又能保证回油油路不会对主油路产生影响。

背压回路的压力为3MPa，该回路由一个25通径的两位四通液控换向阀作为控制单元，控制背压回路的通断。液控换向阀的控制油路连接到液压锁控制油路上，由控制高压主回路上液控单向阀的换向阀一并控制，这样保证了当主回路接通时背压回路也是接通的。控制油路上的节流阀的作用是控制控制油路的流量，防止液控换向阀换向时的冲击过大。背压回路的压力采用了两级减压的方式，一级减压阀将压力由 20MPa 降到 10MPa，二级减压阀将压力由 10MPa 降到 3MPa，采用两级减压的方式避免了一次减压压差过大导致的压力不精确和不稳定。背压回路上安装了一个溢流阀，设定压力为 4MPa，作为安全阀使用，防止背压压力过大。背压回路上安装了一个蓄能器，用于保持背压的压力稳定，防止压力波动对轧制力造成误差。

液压锁控制回路由两个座阀组成，它们分别控制高压主回路和高压主回路上蓄能器油路上液压锁的通断以及旁通回路上液压锁的通断。这两个座阀失电时的位置机能相反，所以在工作时同时得电或同时失电，这样就保证了高压主回路和低压旁通回路上的单向阀不会同时打开。

低压旁通回路的压力为 7MPa，该回路由一个 32 通径的三位四通电液换向阀作为控制单元，由一对液压锁构成自锁回路来防止误动作。由于该回路流量较大，所以使用了三组调速阀构成调速机构，每组调速阀由一个进油节流的调速阀和一个回油节流的调速阀组成，调速阀组安装在压上缸的无杆腔油路，所以在无杆腔进油时是进油节流调速，无杆腔回油时是回油节流调速。使用调速阀保证了无论负载如何，经过调速阀的流量都是稳定不变的，所以快速打开时压上缸的速度也是固定的。

3. 力马达伺服阀简介

力马达伺服阀是日本三菱日立开发的一种专用伺服阀，只有在三菱日立的 UCM 轧机上才会使用。力马达伺服阀由信号转换器力马达、功率级滑阀和阀芯检测反馈机构组成。力马达伺服阀原理如图 11-14 所示。

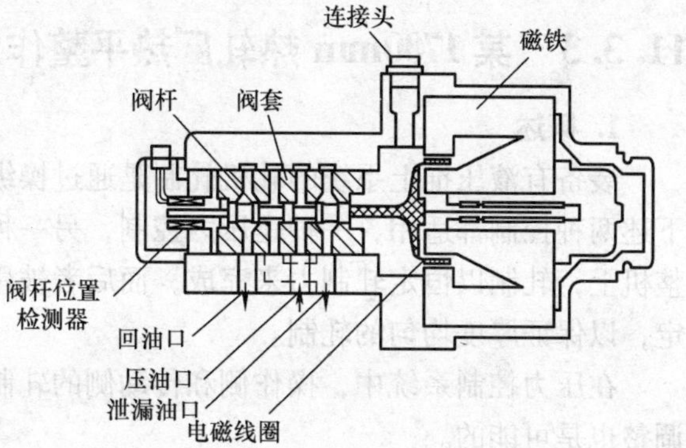

图 11-14　力马达伺服阀原理图

力马达的作用是将输入的电气控制信号转化为力，控制伺服阀的阀芯工作。力马达的可动线圈悬置于工作气隙中，永磁体在工作气隙中形成磁场，当控制电流流过线圈时，线圈就会受到电磁力的作用而运动，线圈上的电磁力克服弹簧力和负载力，使线圈产生一个与电流成正比的位移。因为永磁铁的磁场强度和线圈上的导线的长度都是一定的，因此在实际应用中可以通过改变控制电流的方向和大小来改变作用在阀芯上的力，使阀芯产生一定的位移，从而来改变阀的开口度。

滑阀是一种以机械运动来控制流体动力的元件，在液压伺服系统中，它将输入的位移信号转换为液压信号，即流量和压力的输出，并进行功率的放大，因此它既是转换元件，也是功率放大元件。滑阀是靠节流原理工作的，力马达根据电气信号产生与之相应的位移和推力，带动阀芯运动，阀芯和阀套间的相对运动产生相应大小的节流口，对流体流量或压力进行控制。

力马达伺服阀阀芯的位置检测和信号转换装置的基本原理是通过该检测转换装置检测阀芯的机械位移量，并将其转换成电气信号输出。该检测装置由一个主线圈和两个辅助线圈组成。一个可移动的磁性心轴将主线圈和辅助线圈联系起来，该心轴与阀芯相连。这种结构可以把它想象为主线圈 P 在中间，辅助线圈 S_1 和 S_2 在主线圈两边的圆柱体线圈。当阀芯在零位时，磁性心轴也在中位，此时主线圈与两个辅助线圈之间的磁偶强度相等。当阀芯向一侧移动时，阀芯带动磁性心轴也向这一侧移动，这时主线圈和一个辅助线圈之间的磁偶强度增加，而与另一个辅助线圈之间的磁偶强度减小。反之，磁偶强度的变化也相反。这种磁通的变化使两个辅助线圈中的感应电流也随之变化，辅助线圈中的感应电流的变化是线性的，并且在零点处对称。最终，力马达伺服阀阀芯的位移和输出的电流信号之间是具有方向的线性。该装置将检测到的位移信号转换成电气信号后，输出到电气控制系统，形成闭环控制，同时也作为检测信号与输入信号进行对比，检测伺服阀是否工作正常。

11.3.3 某 1700mm 热轧厂热平整作业线平整机液压推上系统

1. 概述

装备有液压推上系统的轧机轧制是通过操纵推上缸来完成的，这种轧机对于下述两种控制都适用，一种是压力控制，另一种则是辊缝控制。前者被应用于平整机上，轧制以恒定轧制力来完成，而后者被用于带材轧机上，可使辊缝保持恒定，以保证厚度均匀的轧制。

在压力控制系统中，操作侧和传动侧的轧制力可同时调整，而每一侧的单独调整也是可能的。

在辊缝控制系统中，两侧辊缝可以同时控制，或者像在通常的电动机压下系统中那样进行单独控制。此外，该平整机能容易地调整轧辊位置，保证高准确度和辊缝控制反应速度。

2. 平整机液压推上系统的原理

该平整机液压推上由伺服偏心泵（即偏心泵上装有伺服阀）来完成。在液压推上系统中使用一个变量泵来产生轧制力，泵的出口直接同推上液压缸的液压油入口相连接。

在压力控制系统中，推上液压缸的压力是用压力传感器来测定的，所测的压力（电压）被放大，而压力差（电压差）反馈给控制输送流量的泵。

在轧辊位置控制系统中，实际辊缝用数字位置检测器来检测，并将测得的辊缝值在读数计上与预设定的辊缝相比较，即在读数计的输出量部分做成读数模拟换算器，将辊缝值转换成电压并输入前置放大器输入点。前置放大器的信号经主放大器放大后驱动伺服阀的力矩马达，控制伺服阀芯的开度，进而控制泵变量活塞的位移，调定泵的流量，以保持轧辊辊缝的恒定。

推上系统辊缝控制框图如图 11-15 所示。

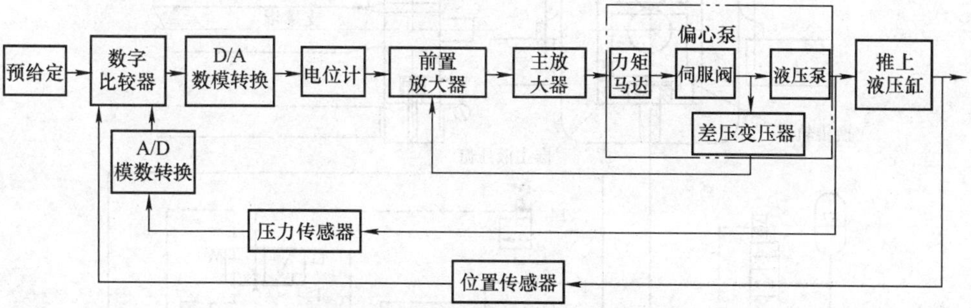

图 11-15　推上系统辊缝控制框图

3. 推上系统液压原理（见图 11-16）

工作辊和支撑辊由轴承座支撑安装于轧机机架内。在支撑辊轴承座的下面安装有换辊导轨，而工作轧辊轴承座则被支撑在推上液压缸上。

供检查推上液压缸行程的位置传感器被安装于轧机机架下面。

带有电液伺服阀 5 的变量偏心泵（主泵）6 通过改变输入电信号来控制输出流量及控制推上液压缸移动。叶片泵 4 为辅助泵，用于控制主泵变量滑块的往复移动及电液操纵系统。

溢流阀 3 用于控制辅泵提供的控制油压力以使之恒定，电磁换向阀 10 用于控制主泵卸压和工作，溢流阀 8 控制叶片泵向主泵的供油压力，溢流阀 9 用于限定最高管路压力以防止过载。先导溢流阀 14 用于控制推上液压缸工作腔的压力，推上时电磁阀 15 断电，推上液压缸工作腔的压力由阀 14 调定。电磁换向截流阀 17 用于控制推上液压缸返回时的回油流量，进而调节工作时推上液压缸的返回速度。

电磁换向阀 10 和电液换向阀 12 联锁，当电液换向阀 12 断开（不接通）时，电磁换向阀 10 必定打开（接通），从而使泵卸载。此种操作用于保持轧辊位置并使辊缝不变。

蓄能器只在压力控制系统中使用，它作为一个缓冲器，用以防止带钢厚度突然发生变化。例如，当带钢端部在互相接触的工作辊之间被咬住时，电液换向阀 13 接通，使蓄能器打开。

压力传感器安装在操纵台上，推上液压缸的压力数值被压力传感器转换为电

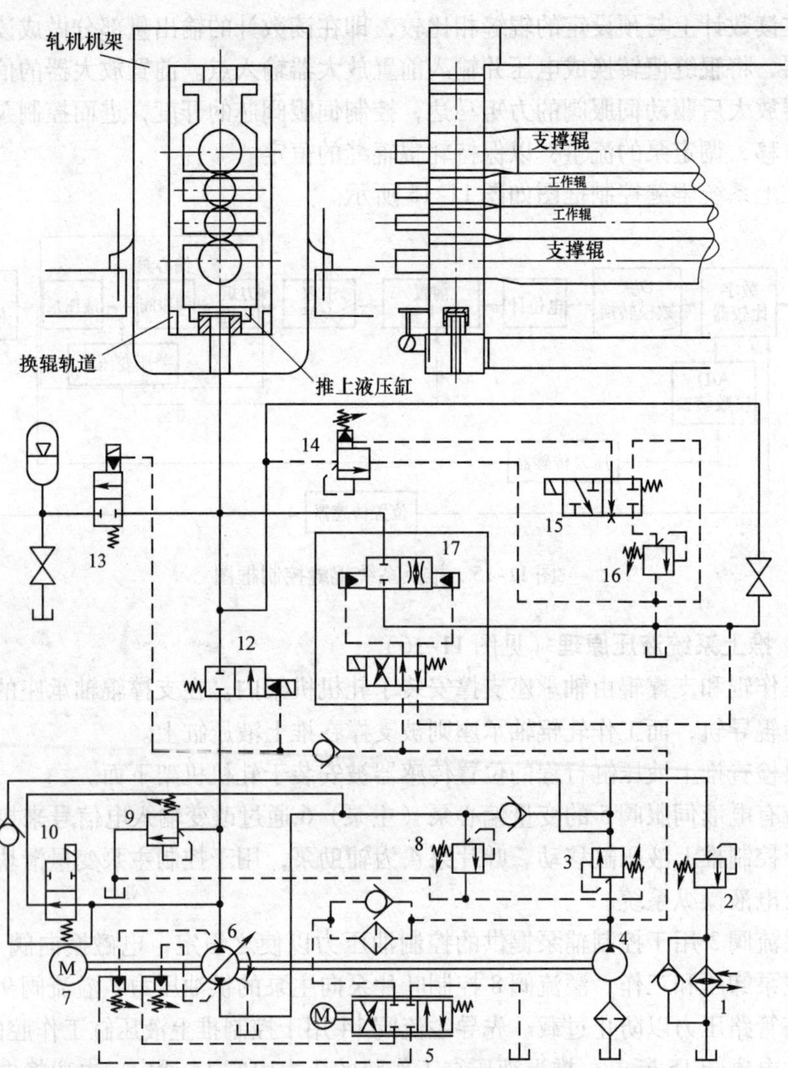

图 11-16　推上系统液压原理图

1—冷却器　2、3、8、9、16—溢流阀　4—叶片泵　5—电液伺服阀　6—变量偏心泵　7—电动机　10—电磁换向阀　11—单向阀　12、13—电液换向阀　14—先导溢流阀　15—电磁阀　17—电磁换向截流阀

压数值（线性可变微差转换器），而这个电压可由前置放大器放大后用来控制推上液压系统的压力。

在换辊时，电磁阀 15 通电，推上液压缸工作腔的压力由阀 16 调定为约 1MPa，推上液压缸的液压油经阀 14 回油箱，使轧辊迅速降低。

系统的部分回油经阀 2 到冷却器进行循环冷却。

该推上液压缸系统共有两套，分别安设在操纵侧和传动侧，共用一个油箱。

操作侧和传动侧的系统可单独操纵，也能同时控制。

11.4　各类 AGC 系统特点综述

11.4.1　辊缝调节系统的控制方式

除森吉米尔轧机采用机械-液压压下系统外，前述其他轧机均采用全液压压下系统，属于第三代轧机，其自动控制原理基本相同，主控制方式也相同，只预控和监控方式各有不同。

1. 主控制方式

根据实际操作经验或计算给定一初始辊缝调整的电信号，此值经控制器输入伺服阀的力矩马达，伺服阀动作控制柱塞（或活塞）缸使轧辊压下（或推上），与此同时，装在液压缸内（或两旁）的位置传感器测出液压缸位移信号并反馈给位置控制放大器，将之与给定信号相比较。如果轧辊未与带材接触，当压下柱塞的位移等于给定值 S_n 时，反馈的信号与给定的信号相等，则输入伺服阀的信号为零，液压缸即停止动作。这就是调节初始辊缝 S_0 的过程。

实际控制时，控制方式与对应的常数设定见表 11-6。

表 11-6　控制方式与对应的常数设定

控制方式	刚性调节系数 CP	等效轧机常数 Ke	Ke 设定值[①]
恒辊缝	$CP=1$	$Ke>3000$	3300
	$CP=0.8\sim0.9$	$Ke=2500\sim3000$	
硬特性轧机	$CP=0\sim0.8$	$Ke=KM$[②] $=500\sim2500$	1400
位置恒定	$CP=0$	$Ke=500$	—
软特性轧机	$CP=-1.5\sim0$	$Ke=200\sim500$	350
轧制力恒定	$CP=0$	$Ke<200$	—

① 此设定值是指带钢轧机在实际控制时 Ke 所使用的近似值。

② KM 为轧机模数。

2. 轧制压力反馈回路。

在轧制过程中，当咬钢、轧制、抛钢时，辊缝大小随轧制力的变化引起轧机弹跳而发生改变（参见 11.1.2 节）。轧制力波动量 ΔF 通过压头或压力传感器（操作选择开关选用）迅速转换成电信号，并通过力-位移转换装置（如模数变换器）按比例将轧制力变换成位置信号。

因为

$$\Delta S=\frac{\Delta F}{KM}$$

式中　ΔS——在轧制力增加 ΔF 后引起的变形；

KM——轧机模数。

所以对应 ΔS 有

$$CP\cdot\Delta S=CP\frac{\Delta F}{KM}$$

只要改变轧机刚性调节系数，就可以改变因轧制力引起辊缝变化所对应的轧机常数，便可补偿轧机弹跳量。这就是轧机常数可变控制原理。此时辊缝给定值不变，而反馈值改变，伺服阀反向输出，自动进行纠偏调节，使轧机变形被完全补偿。

3. 用出口测厚仪检测板差作为监控量

该方法是通过各种射线测厚仪测量带材出口处的厚差 ΔS，将此数值通过转换和放大反馈回去修正压下液压缸的位置以达到给定值。这种方法的优点是操作简单，方便，缺点是利用带材出口的厚差信号去调节辊缝，由于未轧带材的厚度、温度、力学性能等可能与原给定值不同，因而会影响调节精度，同时测厚仪远离辊缝，检测出来的轧件已轧制完毕，使测厚仪与辊缝之间部分的厚度差无法消除，所以这种反馈控制现在只作为监控使用。

4. 带材进口厚度预测法

上述反馈法无法消除测厚仪与辊缝之间部分厚差的缺陷（如用轧制力控制厚差，虽然调节时间很短，但电气设备有滞后时间，所以也有一个调节过程），而进口厚度预测法没有滞后时间，它是根据装在轧机前的测厚仪测出的带材厚差来进行控制。

5. 张力变化引起的出口带材厚差的调整

该方法是通过张力计测出的张力信号与给定的张力信号的差异，将此张力的变化值通过力-位移转换装置转换成带材厚差，然后通过放大器放大输入伺服阀，从而调节压下液压缸的位置。

6. 小结

如果以上几种控制方式同时使用，无疑将会满足高速轧制的需要，并且得到高精度的带材。但是由于控制系统多且复杂，在技术上难以使每一环节的动作时间都达到非常高的精确程度，同时每改变一次坯料的材质就需要重新调整一次，这就给系统操作带来很多困难，所以五机架冷连轧机和七机架热连轧机均采用计算机进行自动控制。

11.4.2　辊缝调节系统使用的检测元件

1. 位置传感器

位置传感器包括同步感应器、差动变压器、磁尺和光栅式位置传感器。

2. 压力信号传感器

压力信号传感器包括压力传感器和压头两种。

1）压力传感器的优点是结构简单，频率响应高，但它检测的不是轧制力，而是油压，涉及轧制力与液压缸摩擦力的代数和（即包含摩擦非线性误差），故反应精度不高。摩擦系数很小的大直径液压缸（一般大直径液压缸的摩擦非线性误差比小直径液压缸的要小些）可采用压力传感器。

2）用压磁式压头作为压力检测元件，可直接检测轧制力（仍然包含轴承座摩擦非线性和惯性的影响），故检测精度较高，且坚固耐用，但频率响应较低。检测用的压头均采用瑞典通用电气公司（ASEA）的压头，其呈圆形，在测量面上有最佳的负荷分布，同时具有最小的高度要求。

3. 测厚仪

最常用的是 X 射线测厚仪，其穿透能力介于 β 射线和 γ 射线测厚之间。β 射线测厚仪穿透能力最弱，一般用于极薄带材。γ 射线测厚仪穿透能力最强，多用于较厚板材。采用射线测厚仪的缺点是必须要特别注意对操作者的辐射防护。

对各种检测元件的共同要求是分辨率高，测量误差小，频率响应高，测量行程需满足要求。

11.4.3　辊缝调节系统的辊缝调整缸

调整缸一般分为柱塞缸和活塞缸两种，其安装位置在支撑辊上面或下面。对调整缸的要求如下：

1）液压缸应尽量安装在靠近辊缝的地方，这样可以减小或消除其他因素对辊缝调整的影响。

2）液压缸的行程应尽量短，行程只要满足辊缝调整，同时考虑工作辊和支撑辊的磨损补偿以及事故过载保护的行程需要即可。因为行程短则刚性大，故可使控制位置准确、可靠。

3）应使液压缸密封的摩擦力尽量小，以满足通过测量液压缸油压即可求得轧制力的需要。密封结构和密封材料不仅影响摩擦力，同时也影响液压缸的调节速度，所以现在使用的材料大多为含有橡胶和玻璃丝且具有弹性的卡普隆、聚四氟乙烯。这些材料摩擦系数小，且使用寿命长，一般可使用 3 ~4 年。

4）液压缸的活塞材质最好选用 45 锻钢，其表面需要研磨和镀铬，镀铬层厚为 0.03mm。缸体材质采用 45 锻钢或 GS-30Mn5。

11.4.4 辊缝调节液压系统的组成与要求

液压压下系统由高压泵站、蓄能器、控制阀和连接管道组成。

对液压压下伺服系统的基本要求和任何液压伺服系统的要求相同，关键在于液压介质的清洁度，其对于介质过滤的要求特别严格，所以在高压管路、循环冷却过滤管路、回油管路和伺服阀前面均装有过滤精度为5μm或10μm的过滤器。液压管路上的高压过滤器采用的是一种昂贵的、高强度且可回收的纸质过滤器元件。过滤器前后的压力差由压力继电器检测，当阻塞达到危险的程度时会发出更换过滤元件的信号。

由于液压压下系统要求流速变化很大，如带材进入轧机的瞬间要求流速高，换辊时要求流量大，精调厚度时要求流速低等，所以采用带压力补偿装置的变量轴向柱塞泵最为合适。此变量泵为了防止吸油侧出现吸空现象，还装有低压供油泵。

油箱采用不锈钢板焊接而成，油箱上均装备有控制液位的触点式浮动开关和加热、冷却自动控制系统，以便将液位和油温控制在最合适的范围内。

蓄能器均采用气囊式，以消除压力波动和满足高峰负荷的需要。在伺服阀前后还装有小型蓄能器，其作用主要是提高伺服阀响应性。

连接管道均采用冷拔无缝钢管，由于液压油始终在管道内流动，所以不会在钢管壁产生锈蚀，因此不必采用不锈钢管。

伺服阀均采用莫格73型伺服阀，安装在紧靠辊缝调整缸处。伺服阀与调整缸之间的距离越近越好（现在也有直接装在液压缸体上的），以便提高其响应性。此处采用软管连接，以适应缸体运动。

以上是对液压伺服系统的要求，而森吉米尔轧机和热平整机的辊缝调节液压系统按一般的液压传动系统要求即可。

11.5 CVC连续可变辊缝控制技术及其液压系统

11.5.1 CVC技术功能原理

随着板带轧机制品的宽度逐渐增加和厚度逐渐减小，纵向厚度偏差与横向厚度偏差要求越来越小。板带沿长度方向的纵向厚度偏差是由于轧制力波动和机座各零件（轧辊除外）的弹性变形引起的，它可用轧机的液压压下和AGC系统进行控制，由于上述控制系统的不断完善，使带钢的纵向厚度精度越来越高。相比之下，带钢的横向厚度偏差问题变得日益突出，成为提高带钢质量的一个主要问题。带钢的横向厚度偏差是由于轧辊辊型和辊缝形状的变化造成的，所以减小横向厚度偏差主要是控制轧辊辊缝的断面形状，而辊缝的断面形状与工作辊的凸度大小及形状有关，因此控制精度主要从工作辊的凸度入手。控制方式有多种，下面介绍一种较新的 CVC（Continuous Variable Crown）技术。

CVC 系统是将一对工作辊或中间辊的两个辊面磨削成相同的近似 S 的形状，上下轧辊的 S 形成 180°反向布置（通俗地说，就是上轧辊粗处对应下轧辊细处），这样上下轧辊的 S 形状可以相互吻合，形成一个对称的辊缝轮廓。当两个轧辊和轴承座或轧辊的辊颈在轴承座内做无级轴向移动，且其移动方向相反，数值相等时，会在两轧辊间形成一个连续可变的辊缝，从而也部分地改变了带钢横断面的凸度。

图 11-17 所示为工作辊 CVC 功能原理图。

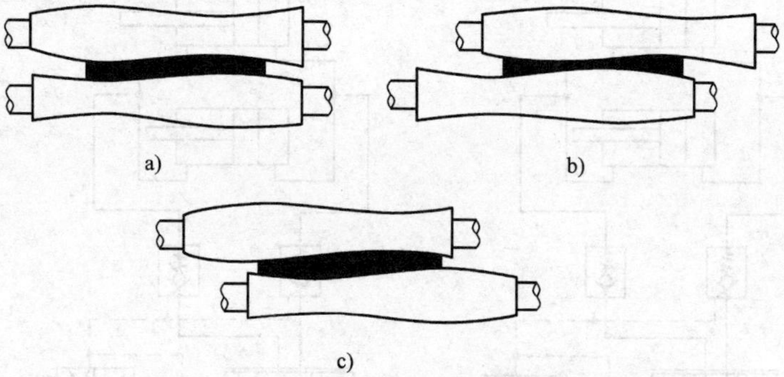

图 11-17　CVC 功能原理图

在图 11-17a 中，CVC 轧辊的轴向调节为零，以致使辊缝沿整个辊身长度上具有相同的高度，尽管辊缝呈 S 形，这时 CVC 辊和平辊一样有效凸度值为零。在图 11-17b 中，上辊向右移动，下辊向左移动，移动量相同，这样辊缝在中间位置较小，形成的凸度值大于零（即正凸度）。在图 11-17c 中，上辊向左移动，下辊向右移动，移动量相同，这时辊缝在中间位置较大，形成的凸度值小于零（即负凸度）。

CVC 轧辊的作用与一般凸度的轧辊相同，但是其凸度可以通过轧辊轴向移动在最大和最小凸值之间进行无级调节。

11.5.2　CVC 液压系统

CVC 工作辊横移控制液压系统是由位置传感器和电液伺服阀组成的位置闭环自动调节系统，用于控制液压缸活塞的位置，满足 CVC 工作辊的工艺要求，实现板形自动控制。

CVC 液压系统原理如图 11-18 所示。该系统分为两个支路，每个支路的供油泵均为一恒压变量泵，高压油经过滤后进到伺服阀前腔.由于轧制工艺上的要求，当其中的一个阀输入电流为 I 时，另一个阀的输入电流为 $-I$，所以两组液压缸的位移分别为 Y 和 $-Y$，这样上下辊的相对移动距离为 $2Y$。开始工作时，电磁阀通电，换向阀左位工作，液压油经过换向阀将液控单向阀打开，这样进出油路畅通，伺服阀工作。当工作完成后，换向阀切换至右位工作，回油路上的液控单向阀关闭，液压缸不能移动，从而有效地防止了由于阀泄漏产生的液压缸位置偏差。在系统中还设置了两个囊式蓄能器，用以补偿泵的瞬时流量不足。为保护系统，还设置了安全阀。系统的压力监控是通过两个压力继电器来实现的。当系统压力高于 23MPa 时，系统正常工作，低于 23MPa 时，则起动液压泵；而系统压力低于 22MPa 时，压力继电器报警，若低于 21MPa 则显示系统故障。

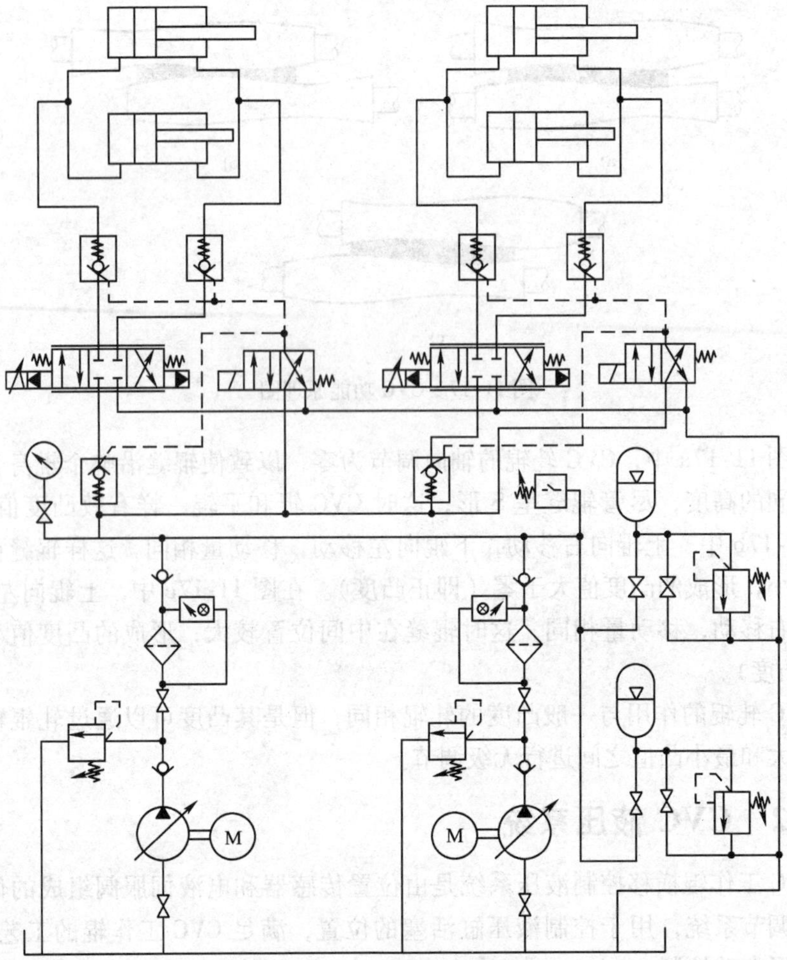

图 11-18　CVC 液压系统原理图

11.6　轧机的液压弯辊系统

11.6.1　弯辊系统概述

在现代化的板带材轧机上不仅安装有液压压下系统进行厚度自动控制，同时广泛地采用了板型控制-液压弯辊系统，因为没有可靠的板型控制系统，就不可能实现高速轧制，也得不到高质量的板带材。

1. 几种典型的板型（平直度）缺陷

1）中部浪纹：主要是中部的压下率大于边缘部分，由于塑性变形的结果使带钢中部产生较大的延伸。

2）对称的边部浪纹：主要是带钢边缘的压下率大于中部的压下率，从而使边部延伸大于中部延伸。

3）单边浪纹：即单边延伸大于另一边延伸。

4）复合浪纹：现场称为二肋起浪，一般产生于宽板轧机工作辊身长 L 与工作辊直径 D 之比 $L/D=3.5\sim4$（或更大值）时。

2. 消除板型缺陷所采取的措施

（1）将轧辊辊身磨出凸凹度　即将工作辊身磨成抛物线形或圆弧形而得到轧辊辊身的凸度和凹度。但没有一种凸凹度能对所有的产品规格都适用，因此一般应用是按产品范围分成很多组轧辊，每组轧辊有其自己的凸凹度。

（2）调节辊身温度分布　即在辊身全长上安装乳化液喷嘴，通过改变各段喷嘴的乳化液喷射量和温度，从而改变热凸度，以达到调整辊型的目的。这种方法调整速度慢，不能满足高速轧制的要求。

（3）机械控制轧辊挠度——轧辊斜置　这是根据老式轧机多年生产的经验总结出来的，即在轧辊使用周期的后期，轧辊凸度已被磨损后，在轧辊轴承座与机架立柱之间的对角方向打入斜楔，此时轧辊仍能继续使用。它的作用是产生一个相应的轧辊挠度来代替磨损了的凸度。

（4）液压弯辊　液压弯辊是通过液压力作用到支撑辊和工作辊的轴承座或支撑辊的延长轴颈上（弯曲支撑辊），使轧辊产生不同的弯曲，从而改变轧辊的凸凹度，以适应不同产品的需要。液压弯辊由于能迅速、准确地改变轧辊的凸凹度，从而得到优质的板型，所以应用最广。液压弯辊又可分为下面几种：

1）弯曲工作辊。主要用在轧辊身长 L 与轧辊直径 D 之比 $L/D=3.5\sim4$ 时。使用弯曲工作辊能节约功率，操作灵活，且能得到满意的板型。弯曲工作辊分为两类：

① 工作辊正弯。正弯液压缸安装在两工作辊轴承座之间，当弯辊力增大时，轧辊凸度增大，可用来消除中部浪纹。其主要优点是正弯液压缸处于平衡液压缸

的位置，结构简单，在咬钢和抛钢时不需进行换向，缺点为调整正弯辊力时改变了压下负荷，从而影响了板材的纵向公差，成为压下自动控制的一个干扰量，所以要求自动控制系统进行补偿。

② 工作辊负弯。负弯液压缸安装在工作辊轴承座与支撑辊轴承座之间，当弯辊力增大时，轧辊凸度减小，可用来消除对称的边部浪纹。负弯的优缺点和正弯相反，即调整负弯辊身时不增加压下负荷，所以对压下的干扰小。

2）弯曲支撑辊。其主要用在轧辊身长 L 与轧辊直径 D 之比 $L/D=3.5\sim4$ 时。弯曲支撑辊本身刚度大，能够消除复合浪纹。同样，弯曲支撑辊也有正负弯之分，其最大的弯辊力约为轧制力的 20%。

11.6.2 双机架平整机 15MPa 液压弯辊系统

1. 概述

双机架平整机组 15MPa 液压弯辊系统主要用于改善带钢的板型和平直度。该系统是一种闭环的压力控制系统。生产时，操作人员根据实际操作经验，选定正负弯辊中的一种，将弯辊力调整至被轧制的带钢的板型和平直度符合目测要求为止。例如，在轧制过程中带钢的两侧出现波纹时，操作人员预选正弯辊，将正弯辊力调整到带钢两侧的波纹消失为止；反之，当带钢的中间出现波纹时就预选负弯辊，将弯辊力调整至使中间波纹消失为止。

双机架平整机的轧辊平衡和弯曲液压缸设置在轧机机架里，其设备布置如图 11-19 所示。轧机机架由机架主柱（图 11-19 中未画出）和机架液压嵌入件组成。机架嵌入件安装在机架主柱的凹槽里，它也作为工作辊轴承座的导块。8 个锻钢制的平衡活塞（即轧辊的正弯辊缸）插入在导块里。轧辊的 8 个负弯辊液压缸设置在支撑辊轴承座里。15MPa 液压弯辊平衡系统和 22MPa 液压辊缝控制系统共用一个高级合金钢板焊制的 6000L 油箱，油箱内部循环冷却系统工作压力为 1MPa，其液压油合适的黏度在 50℃时为 4.5°E（相当于运动黏度 33.5cSt），系统油液合适的工作温度为 30～50℃。15MPa 液压弯辊平衡系统包括油箱装置、蓄势站、泵装置、控制阀座、液压缸装置以及连接这些设备的管道。

2. 弯辊及平衡系统的技术数据

液压系统的额定工作压力：15MPa。

负弯液压缸规格（mm）：8 个 $\phi120/100\times37.5$。

正弯（平衡）缸规格（mm）：下平衡缸，4 个 $\phi110/90\times57.5$。

上平衡缸，4 个 $\phi110/90\times87.5$。

支撑辊平衡缸规格（mm）：4 个 $\phi150/125\times240$。

支撑辊平衡缸的运动速度（mm/s）：10。

负弯缸活塞腔面积（cm^2）：113.3。

正弯缸活塞腔面积（cm^2）：95。

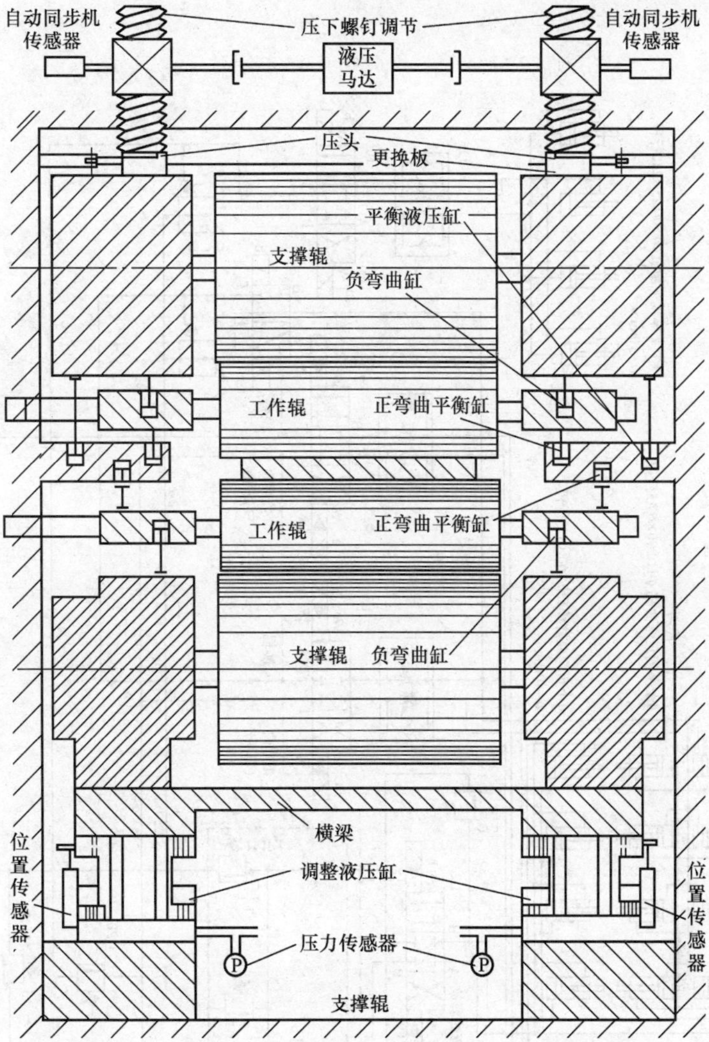

图 11-19　双机架平整机液压平衡和弯辊设备布置示意图

支撑辊重量（N）：250000。

工作辊重量（N）：45000。

支撑辊平衡力（N）：1000000。

工作辊平衡力（N）：0~500000（工作辊平衡力 = 最大正弯辊力）。

3. 弯辊及平衡控制用伺服阀

15MPa 弯辊平衡控制用 Moog73-103 伺服阀。伺服系统的电气设备包括带有整定点的预调节器、压力传感器、调节器和伺服阀用的放大器。

4. 液压伺服弯辊系统

伺服控制的 15MPa 轧辊弯曲和平衡液压系统原理如图 11-20 所示。

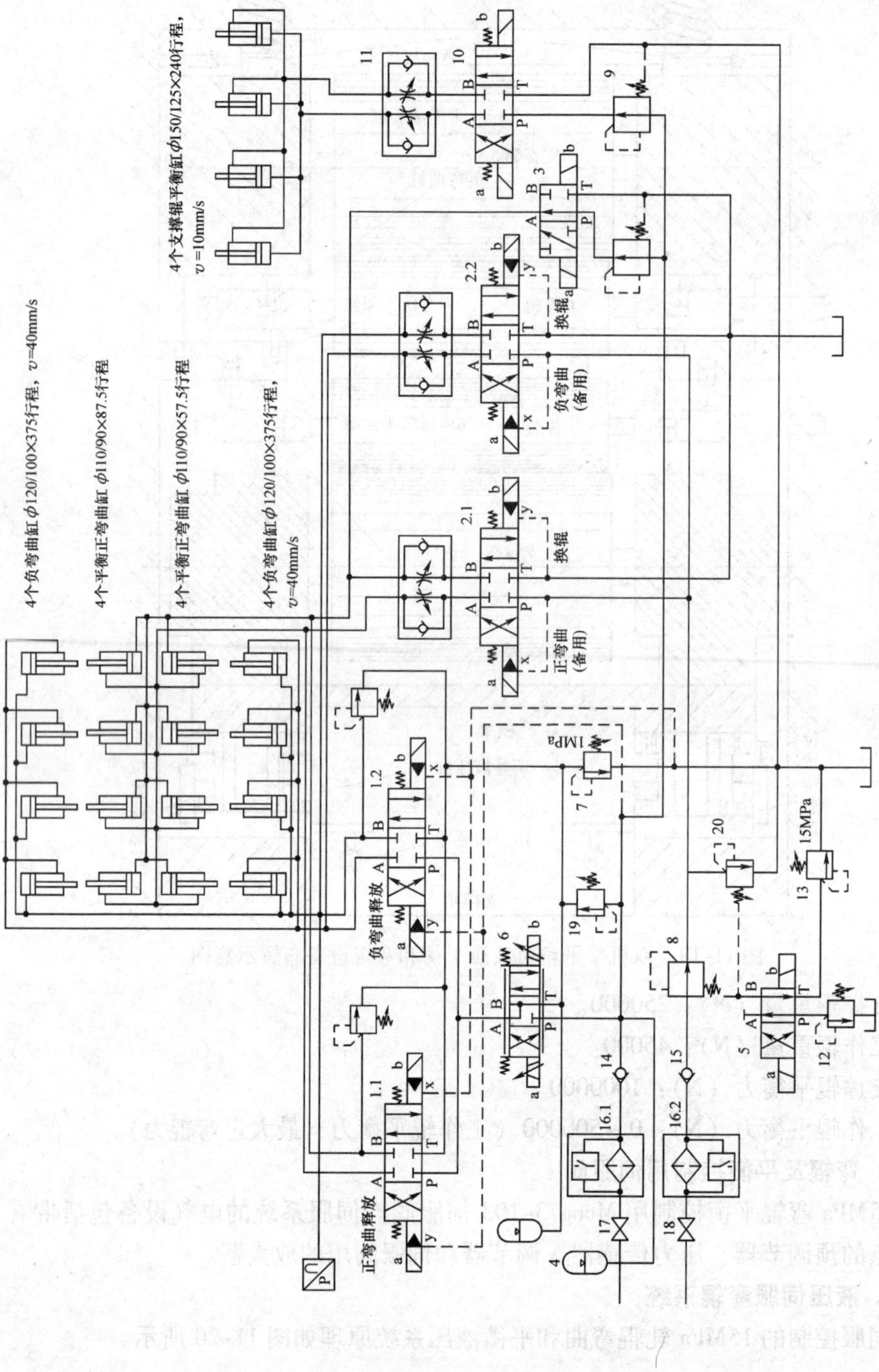

图 11-20　轧辊弯曲和平衡液压系统原理图

1.1、1.2、2.1、2.2—电液阀　3、5、10—电磁阀　4—囊式蓄能器　6—伺服阀　7—背压阀　8—减压阀　9—压力调节阀　11—单向截流阀　12、13、19、20—溢流阀　14、15—单向阀　16.1、16.2—过滤器　17、18—截止阀双机架平整机组15MPa液压泵站是液压辊缝调整和工作辊弯辊装置共用的。15MPa液压泵站装有三台（两台工作，一台备用）带压力调节的轴向变量柱塞泵。系统供给压力恒定为15MPa。液压油通过单向阀进入两个并联的过滤器蓄势站。过滤后液压油的精度为10μm，被滤清的液压油经过2个可调节流阀分别输送给控制轧辊弯辊平衡系统的两套相同的弯辊平衡控制阀座，分别用于控制第一机架和第二机架的轧辊弯辊平衡。

每套弯辊平衡控制阀座控制对应机架的16个轧辊平衡弯辊和4个支撑辊平衡缸。控制阀座上包括伺服阀在内的所有液压元件均采用板式或插装式集中安装。该弯辊平衡控制阀座和机架的压下系统的伺服控制阀座平行地设置在轧机的机架上。下面仅对第二机架的弯辊平衡控制阀座进行分析（见图11-20，第一机架弯曲平衡阀座的工况完全相同）。

（1）伺服弯辊油路　从过滤器蓄势站来的15MPa液压油首先经过一个嵌入式安装的常开的截止阀17和一个带电气污染指示器的过滤器16.1，此时液压油再次被滤清，其过滤精度为10μm，用以保证进入伺服阀的液压油的可靠的清净度。液压油在进入各控制阀前又通过一个单向阀14，这样可以避免各液压缸在工作过程中压力突增时波及油源。被滤清的液压油经过单向阀14通向Moog73伺服阀6，由操作人员根据轧制过程中的实际板型选择工作辊正弯或负弯。伺服阀在该系统中的作用是控制弯辊力和保证输出压力在允许的范围内波动。也可认为伺服弯辊系统是一个压力反馈的闭环伺服系统。

选择正弯辊时，三位四通电液阀1.1的a得电，三位四通电液阀1.2处于中间位置。三位四通电液阀2.1处于中间位置，而三位四通电液阀2.2的b处于得电状态。这时由伺服阀控制的液压油经过三位四通电液阀1.1输向8个正弯活塞液压缸的活塞腔，产生一个正弯辊力。活塞杆腔的回油也通过该阀和一个背压阀7，以1MPa背压经过回油管直接返回油箱。在轧辊正弯时，负弯辊液压缸的活塞退回，即另一路液压油经过三位四通电液阀2.2的右边工作位置控制8个负弯辊液压缸的活塞退回。

选择负弯辊时，仅一个电液阀1.2的a得电，该阀处于左边的工作位置，其他三个电液阀（1.1、2.1、2.2）处于中间零位。二位三通电磁阀3的a得电，该阀处于右边工作位置，这时由伺服阀控制的液压油经过三位四通电液阀1.2左边工作位置进入负弯辊活塞液压缸的活塞腔，产生一个负弯辊力，活塞杆腔的回油经由该阀和背压阀7以1MPa背压从回油管返回油箱。

伺服负弯辊时，正弯辊活塞液压缸的活塞腔被接通1MPa的背压，这样设计的本意是为了使正弯液压缸在负弯过程中允许在外力作用下回弹。但是从原理上说这样的设计是不周到的，正弯缸的活塞腔通了1MPa的背压而活塞杆腔都没有设置补油的油路，如果正弯辊在外力作用下活塞退回时，活塞杆腔的液压油无法补充，这样可以致使活塞杆腔被处于吸空状态无法运动，还可能在该腔被吸进空气，使系统工作的稳定性受到影响。在生产过程中此系统出现问题时，可考虑在伺服负弯辊时，让三位四通电液阀 2.2 的 b 处于得电状态，该阀处于右边工作位置，使正弯活塞缸退回。

在伺服弯辊油路上还有如下两种特点：一是在伺服阀 6 的压力管路和回油管路上各设有一个 4L 的囊式蓄能器 4，用以消除液压油路上的压力脉动和改善伺服阀的响应特性；二是在伺服阀 6 的 A 口上并联了两个三位四通电液阀 1.1 和 1.2，做正负伺服弯辊的预选。在这两个电液阀的 B 口上各设了一个安全阀，阀的调定压力比系统压力高 1MPa，并在安全阀的溢流回路上设置了 1MPa 背压阀，这是为了系统工作更为安全可靠。在伺服阀的液压油路上串联了一个溢流阀 19，将其作为系统的安全阀。

（2）备用弯辊油路　轧机在生产过程中，当控制弯辊力的伺服阀 6 出现故障时，弯辊力就会无法控制，这样就会直接影响带材的板型和产品的质量，为了在弯辊系统的伺服阀出现故障进行检修时轧机可以连续生产，同时又能够保持良好的板型，双机架平整机组里还设置了一套备用弯辊系统。

备用弯辊油路和伺服弯辊油路是并联的。从过滤器蓄势站来的 15MPa 液压油首先经过一个嵌入安装的常开式的截止阀 18 到一个带电气污染指示器的过滤器 16.2，液压油再次被滤清，精度为 10μm。液压油在进入备用弯辊系统的控制阀前设置了一个单向阀 15，以避免系统液压缸在工作过程中发生压力突跳时波及油源。

清洁的液压油经过一个外控的减压阀 8 来控制系统的工作压力，减压阀 8 的外控口分别接两个溢流阀 12 或 13，其中溢流阀 12 通过一个二位四通电磁阀 5 连接，该溢流阀可以在 0~15MPa 的范围内调整。减压阀输出压力的实际值受溢流阀 12 或 13 的控制。经减压阀输出的液压油被送到两个并联的电液阀 2.1 和 2.2。备用弯辊系统由这两个三位四通电液阀来控制正负弯辊。备用弯辊油路采用回油节流形式，以增加弯辊缸的运动稳定性。

1）备用正弯辊油路。在使用备用正弯辊时，三位四通电液阀 5 的 a 得电，阀在左边的工作位置，由溢流阀 12 定位。三位四通电液阀 2.1 的 a 得电，阀处于左边的工作位置，而三位四通电液阀 2.2 的 b 得电。由减压阀 8 输出的液压油经过三位四通电液阀 2.1 的左边工作位置进入轧辊正弯辊液压缸的活塞腔。活塞杆腔的液压油经由该阀从回油管返回油箱，液压缸产生一个正弯辊力。另一路液压油经过三位四通电液阀 2.2 的右边工作位置，使液压油进入负弯辊活塞液压缸的活塞杆腔，活塞退回。负弯辊缸的活塞运动也是采用回油节流形式，以保证活塞运动平稳。

2）备用负弯辊油路。使用备用负弯辊油路时，二位四通电磁阀 5 的 a 得电，阀处在左边工作位置，而三位四通电液阀 2.2 的 a 得电，阀处在左边工作位置，三位四通电液阀 2.1 失电，阀处在中间零位。二位三通电磁阀 3 的 a 得电，阀在右边工作位置。

由减压阀 8 来的液压油经过三位四通电液阀 2.2 的左边工作位置进入 8 个负弯辊缸的活塞腔，活塞杆腔的液压油也经由该阀和回油管流回油箱。由此负弯辊缸产生一个负弯辊力。

在采用备用负弯辊时，二位三通电磁阀 3 的 a 得电，则正弯辊缸的活塞腔有 1MPa 的背压，以增加正弯辊缸在外力作用下移动的稳定性。但是活塞杆腔没有补油系统，当正弯辊缸在外力作用下活塞需要退回时，活塞杆腔的油液无法补充，这样会引起活塞杆腔被吸空进入空气，使系统工作的稳定性受到破坏，或者活塞移动发生困难。在生产过程中出现上述问题时，备用负弯辊油路的操作方式改为控制备用负弯辊缸的三位四通电液阀 2.2 的 a 得电，产生负弯辊力，正弯辊缸由三位四通电液阀 2.1 的 b 得电，使正弯辊缸的活塞退回。

备用弯辊油路还有以下特点，即系统的工作压力也决定于减压阀 8 的出口压力，其出口压力由两个溢流阀 12、13 来调定。油路中溢流阀 20 的调定压力值为 1MPa，这是为了保证系统的最高安全压力比减压阀 8 的出口压力（系统的工作压力）始终高 1MPa，以起到安全阀的作用。

轧机在更换工作辊时必须卸掉 16 个弯辊缸所产生的弯辊力，故在换辊时要使两个三位四通电液阀 2.1、2.2 的 b 得电，两个电液阀处在左边工作位置，则 16 个正负弯辊缸的活塞全部退回。

支撑辊的平衡油路也是布置在轧辊弯辊系统的阀座内，被滤清的液压油经过一个压力调节阀 9，此阀用以调整支撑辊的平衡力。三位四通电磁阀 10 控制四个支撑辊平衡缸的动作，在该阀的 A、B 口设了一个复式单向节流阀 11，阀 11 起回油节流作用。

11.6.3　1700mm 热轧精轧机弯辊系统

该系统用于控制和操作装在热连轧机 1 ~ 7 机架和下支撑辊轴承座中的液压缸，提供作为工作辊的弯辊。该弯辊液压系统使用的工作介质为磷酸酯，最合适的工作介质黏度在 38℃下是 200SSU，液压油温度范围是 20 ~ 55℃，而 30 ~ 55℃是最合适的温度。高压油系统采用三台柱塞泵，其内部循环采用一台叶片泵（流量为 184L/min，压力为 1MPa），油箱为封闭式，容量为 3000L，且预充 0.02MPa 干燥的压缩空气。弯辊采用电液溢流型比例减压阀来控制，系统设有 3μm 的过滤器，以保证油液清洁及使减压安全阀能够正常准确地操作。

主油路系统配置三台柱塞泵，每台泵流量为 61L/min，压力为 25MPa。三台柱塞泵中，二台用于正常工作，一台作为备用。柱塞泵通过 150 目过滤器自油箱内吸液并加压到 25MPa 的高压。泵打出的液体流经单向阀和过滤器进入阀座，而后经减压安全阀进入弯辊液压缸，对工作辊进行弯辊。

泵打出的高压液体经单向阀和过滤器后还通向重物蓄能器。当蓄能器柱塞上升或下降时，由限位开关操作，使蓄能器存储油液或排出油液。该系统的主蓄能器为重物蓄能器，而重物蓄能器响应速度低，所以该系统还采用了囊式蓄能器，以提高比例电液减压安全阀的响应性。

该系统阀座包括三个油路块（见图 11-21），其一是轧辊平衡与正弯辊回路，其余两个是负弯辊回路和背压回路。背压回路用于防止水和其他杂物侵入弯辊缸

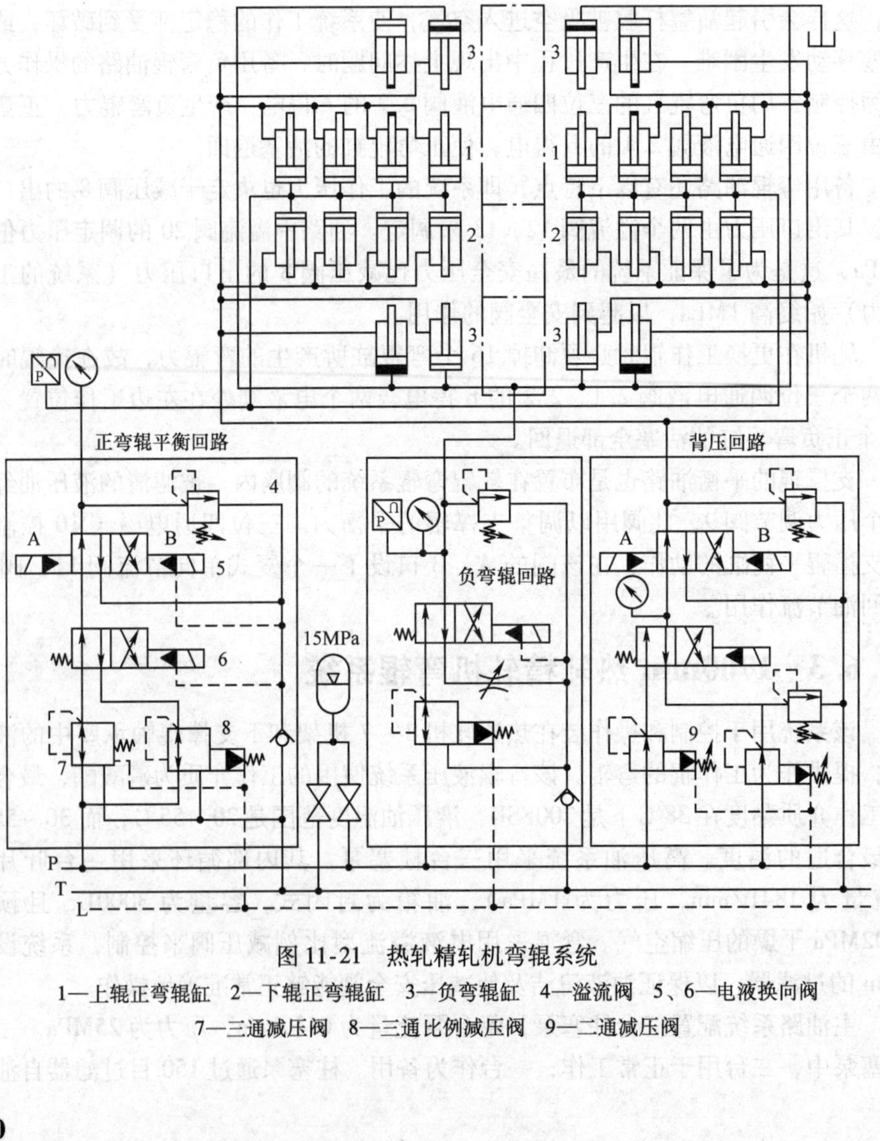

图 11-21　热轧精轧机弯辊系统

1—上辊正弯辊缸　2—下辊正弯辊缸　3—负弯辊缸　4—溢流阀　5、6—电液换向阀　7—三通减压阀　8—三通比例减压阀　9—二通减压阀

的活塞杆侧，以及使轧辊下降尽可能地快和准确。主油路有一支路，在此支路上装有 20L 的囊式蓄能器，以改善比例电液减压安全阀的响应性。

1. 工作辊平衡及正弯辊油路

该油路把减压阀、电液比例减压安全阀、换向阀、压力表、压力开关、闸阀等紧凑地布置在一个油路块上。减压阀用于工作辊平衡，比例电液减压安全阀用于正弯辊，弯辊压力可在 30～21MPa 范围内调节，它通过设在精轧机操作台控制屏上的表由人工来操控。压力管路上设有压力表，其可用于精轧机控制屏上的指示器显示，使弯辊压力容易监控。

2. 工作辊负弯辊油路

原理和组成同“工作辊平衡及正弯辊油路”，不同之处是用于负弯辊。

3. 背压油路

该油路把两个减压阀、两个安全阀、两个换向阀、压力表、闸阀等紧凑地布置在一个油块上。两个减压阀中，其一是使液压缸的活塞杆侧加以低压，以防止灰尘、氧化皮、冷却水及其他污物在轧制过程中侵入液压缸；另一个减压阀用于换辊时使液压缸拉回。

该液压系统是闭式系统，主要供给七台精轧机组弯辊的需要。系统在高峰负荷时，主要由重锤蓄能器（有效容积为 155L）和两个囊式蓄能器（有效容积共 100L）供给补油。该系统一个重要的特点是采用重锤式蓄能器和囊式蓄能器并联使用，以达到稳压、缓冲和高峰负荷时补油的需要。该系统为囊式蓄能器预充 15MPa 氮气，还附设有一套氮气增压装置。

11.6.4　森言米尔轧机轧辊凸度调整

过去二辊、三辊、四辊轧机均为在轴端支承轧辊，为了在宽度方向得到厚度均匀的产品，辊型要有补偿轧辊挠度的凸度，必须对轧辊进行研磨。但是在研磨轧辊时不太可能得到所要求的准确凸度。森言米尔轧机用 U 形径向辊型调整装置和第一中间辊轴向调整装置解决了此问题。

1. 径向辊型调整机构

森言米尔轧机采用 U 形辊弯曲调整机构（即径向调整机构）来保证获得宽度方向厚度一致的带材。它通过改变支撑辊某一段的位置来改变工作辊的辊型。径向辊型调整装置液压原理如图 11-22 所示。B、C 支撑辊有两套偏心机构（其轧辊布置和结构见图 11-7 和图 11-8），每套包括六组液压马达、双面齿条和偏心环，可以调整压下和辊型。通过电磁阀控制液压马达驱动蜗轮蜗杆机构（见图 11-23），使双面齿条带动 B、C 支撑辊的外偏心环回转，由于外偏心环与机架半圆形孔是偏心的，因而支撑辊心轴某一部位发生弯曲，从而使支撑辊的某一轴承位置发生改变，来达到凸度（辊型）调整的目的。由于外偏心环与鞍形座内面之间装有滚针轴承，因此在轧制过程中可做微细的调整。

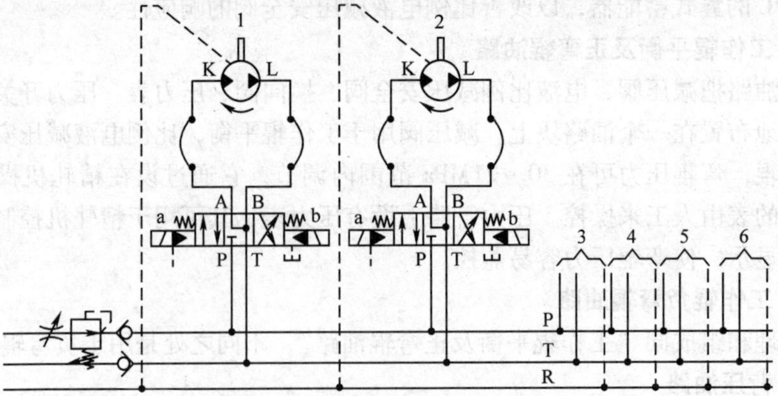

图 11-22　径向辊型调整装置液压原理图

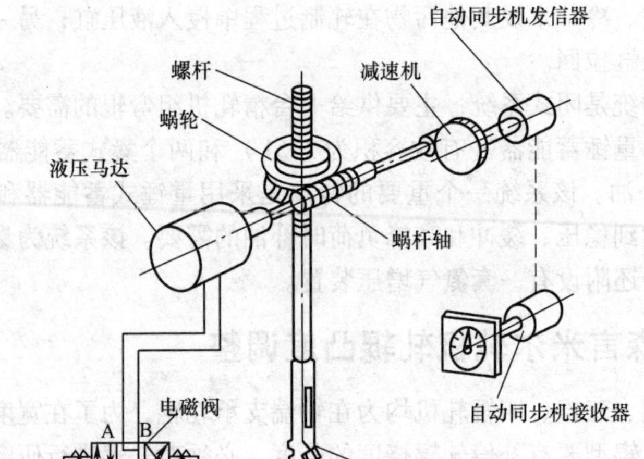

图 11-23　液压马达驱动蜗轮蜗杆机构

2. 轴向辊型调整机构

在轧制时为了调整带材边部过压而产生的不良形状，该轧机设有轴向辊型调整机构。在上下两对第一列中间辊上，将相反的两端做成锥形，以其同向或反向移动来调整重合平行部分的长度，就可以调整好带材边部的形状。该机构不能在轧制过程中在线调，只能预先调好。

第一列中间辊轴向辊型调整原理和机构如图 11-24 和图 11-25 所示。液压油通过电磁阀控制液压马达的旋转方向和角度，而液压马达经过链传动装置带动啮合的螺母，使上下辊分别做轴向移动，调整轧辊圆柱部分的长度或位置，从而补充调整凸度。调整值可通过指示器在轧机前面的操作盘上显示出来。

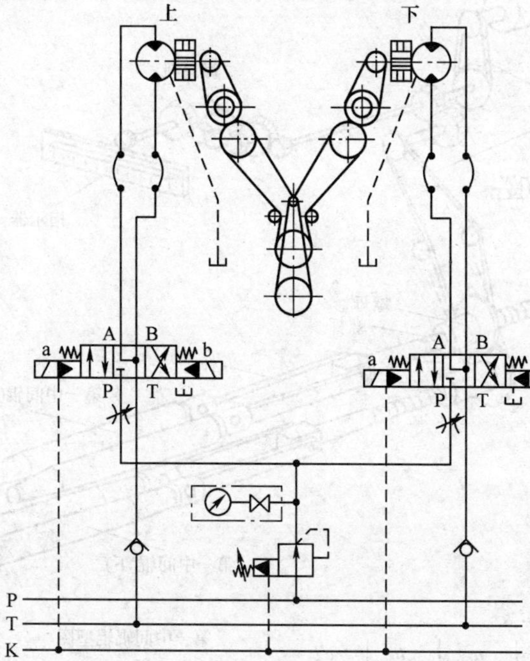

图 11-24　第一中间辊轴向辊型调整原理

11.6.5　液压弯辊系统的特点

1. 控制方法

冷轧厂五机架和双机架平整机组弯辊系统的控制原理基本相同，均为按经验或计算给定初始弯辊油压，通过给定器将初始油压大小变为电压信号后，经伺服放大器转换成输出电流，此电流输入莫格伺服比例阀，比例阀向正弯或负弯液压缸输送所需之液压油。压力经压力传感器测定，变为电压信号，并反馈回去与给定信号进行比较，再将比较后的数值输入莫格伺服比例阀进行纠正，便可得到较准确的给定弯辊油压，此即弯辊力的给定值。

五机架平整机组中前三个机架均只采用正弯，而 4 号和 5 号机架则有正弯和负弯两种弯辊方式，由操作人员根据实践经验或计算进行预选。正弯、负弯由两个莫格比例阀分别控制。

双机架平整机组中两个机架的控制方式基本相同，均通过一个莫格伺服比例阀和两个三位四通换向阀控制正弯和负弯，如果莫格伺服比例阀出现故障，则采用减压阀和备用的两个三位四通换向阀控制正弯和负弯。

热轧机的 1 ~ 7 号机架的弯辊控制方式完全相同，均由操作人员根据轧制过程中的实际操作经验预选正负弯，并确定弯辊油压，再通过电液比例减压阀输出

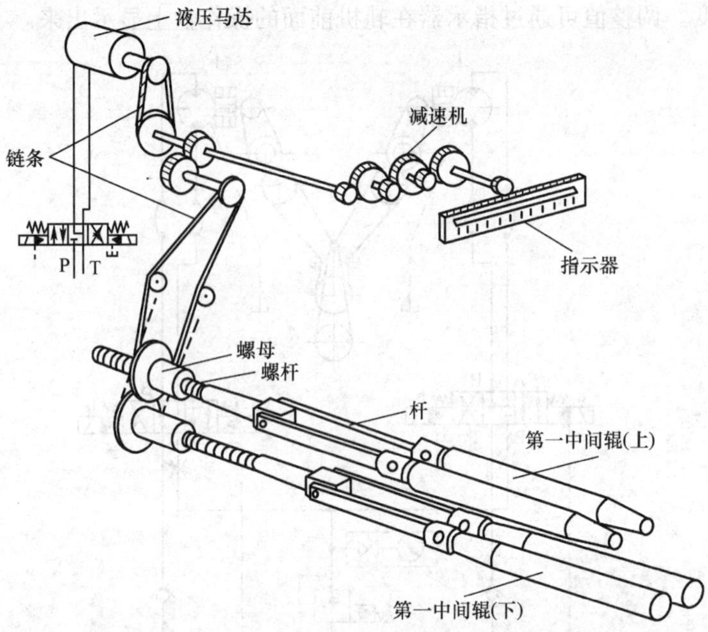

参数	*a*	*b*	*c*
长度/mm	150	150	330
锥度	9:10000	8:10000	3:10000

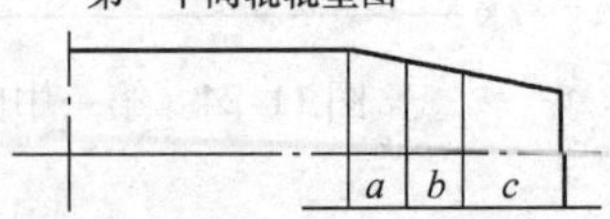

图 11-25　第一中间辊轴向辊型调整机构

所给定的稳定压力来控制弯辊液压缸。调节电液比例减压阀的输出油压，则可调节弯辊力，从而改善板型。这种方法比较简单、可靠，但是电液比例减压阀的输出油压如果有误差，会使弯辊力产生误差，从而影响板型。

森吉米尔轧机采用液压马达控制蜗轮蜗杆、传动齿条和偏心轮进行轧辊凸度调整，调整可分 6 段进行。这种调整方法简单、可靠，但设备复杂，滞后环节多，满足不了高速轧制的需要。

2. 液压站

五机架、双机架轧机液压站的型式基本相同，它们均采用液压油作为介质，油箱为不锈钢板焊接而成，液压油经过反复过滤，过滤精度为 10μm，所采用的高压泵为带有压力调节的轴向柱塞泵，其主要优点为液压油流量发生变化时压力仍能保持恒定。不同之处是五机架轧机是方形不锈钢焊接油箱，双机架轧机为圆形焊接油箱，且此油箱是与液压压下系统共用。五机架液压站内设有伺服阀，主要是给轧辊平衡液压缸以恒定的油压，如果油压发生变化，压力传感器则将此油压变化转换为电信号反馈给伺服阀进行纠正，从而保证轧辊平衡力恒定。

热轧液压站液压介质采用磷酸酯，其防火性能良好，但价钱昂贵且稍有毒性，所以特别要注意密封。其油箱为不锈钢板焊接而成，并通以 0.02MPa 的干燥压缩空气进行密封，加压。液压站内设有重物蓄能器，主要是给平衡液压缸以稳定的液压，使轧辊平衡力保持恒定。另外，还设有囊式蓄能器，主要是满足 7 个机架内正负弯辊缸高峰负荷的需要，同时也能起缓冲作用。

森吉米尔轧机液压站为一般最常用的液压站。

11.6.6　液压弯辊系统今后的发展方向

液压弯辊系统控制方式一般可分为两类：手动控制方式和自动控制方式。

1. 手动控制方式

前面（见 11.6.2 ~ 11.6.4）所介绍的三种液压弯辊型式均有手动控制，也是目前大多数轧机所采用的。手动控制能通过“目测”和“手控”来调整板型，然而用眼力来判断板型只能发现较大的波浪，而目前冷轧板所要求的板型 $\delta/L<1\%$（δ/L 称为波状系数，即为板型指标，其中，δ 为将钢板放在平台上检查时波纹的高度，L 为两波峰间的距离）。这个板型指标用目测比较困难，所以手动控制方式对高标准要求来说还存在一定的差距。冷轧五机架轧机和双机架轧机所采用的莫格电液伺服比例阀为目前手动控制中一种较好的控制方式，如果再配上准确的板型检测器进行反馈就属于自动控制了。

2. 自动控制方式

板型检测器是目前弯辊系统实现自动控制的关键技术。用目测看到的平直板形在张力去除后还可能出现瓢曲，故手动方式难以根据板形的实际情况给出最佳弯辊力。目前比较成熟的检测器方案为使用分段张力检测辊，其基本原理是利用带钢板型和带钢在宽度方向上张力分布的相关性（其延伸率较大之处张力必然较小），做成分段式张力差检测装置，再通过此装置进行反馈便可实现自动控制。

由于各种板型检测器只能放在轧机和卷取机之间，滞后无法消除，同时也是间断反馈，故效果不够理想。日本日立公司进行了六辊冷轧机的试验，即在支撑辊和工作辊之间加一个中间辊，通过移动中间辊改变板型，取得了很好的效果，其对板型的改进有重要的意义。

11.7　轧机带钢液压跑偏控制

11.7.1　带钢液压跑偏控制概述

随着主轧机速度的提高，相应辅助设备的速度也必须提高。轧机作业线上带钢纵向高速运行时，带钢的中心线或带钢的边缘会向两侧偏移，这种现象称为跑偏。带钢跑偏必须限制在一定的公差范围内，否则就会刮坏设备或使得带材边缘损坏，影响成品质量，跑偏严重时还会导致不能正常生产，所以带钢跑偏控制是带材连续作业线上必不可少的环节。

造成带钢跑偏的原因很多，如辊系的倾斜，带钢厚度不均，辊型结构不合理，辊距与带宽的比值、带钢张力等参数选择不当都会引起带钢跑偏，所以带钢在运行过程中的跑偏是不可避免的。

为了纠正带钢跑偏，常采取如下措施：

1）机械式：采用能自动定心的双锥辊、导向辊等。

2）电动式：采用光电检测器，将跑偏信号送至控制箱，从而控制直流电动机进行纠偏。

3）气液伺服系统：采用气动检测喷嘴，通过膜片控制射流管喷射的油压，从而推动滑阀控制液压缸进行纠偏。

4）光电液伺服系统：采用光电检测器将跑偏信号检测出来并经过放大器放大，控制电液伺服阀推动液压缸进行纠偏。

由于前三种纠偏速度较慢，故满足不了现代化高速生产的需要。下面仅对光电液伺服系统做一基本介绍，本书第12章还会对光电液跑偏控制系统的静、动态特性分析做详细介绍。

11.7.2 光电液跑偏控制系统类型和组成

根据纠偏控制检测位置的不同，可将跑偏控制系统分为带钢边缘位置跑偏控制（对边）和带钢中心位置跑偏控制（对中）两种。根据纠偏控制在生产线上应用部位的不同可分为三种形式：开卷纠偏控制、中间纠偏控制和卷取纠偏控制。

（1）开卷纠偏控制（见图11-26） 为了使带钢开卷后能够准确地送入生产线，通常要安装对中或对边纠偏装置，以对带钢跑偏进行纠正。

（2）中间纠偏控制（见图11-27） 为了控制带钢在许可的限定范围内行进，通常在生产线的中间位置安装对中纠偏装置，以使跑偏的带钢重新回到预定位置上。

（3）卷取机纠偏控制（见图11-28） 为了使带钢卷取后卷边平整，在卷取机处通常要安装带钢边缘控制的纠偏装置，以对带钢位置进行跟踪，使带卷的一边平齐。

（4）纠偏系统的组成 图11-29所示为带钢卷取机纠偏电液伺服系统示意图。该系统采用闭环控制。带钢纠偏装置一般由伺服液压缸、伺服比例阀、电子放大器、光电传感器和液压站等组成。首先通过光电传感器测出带钢位置偏差，然后

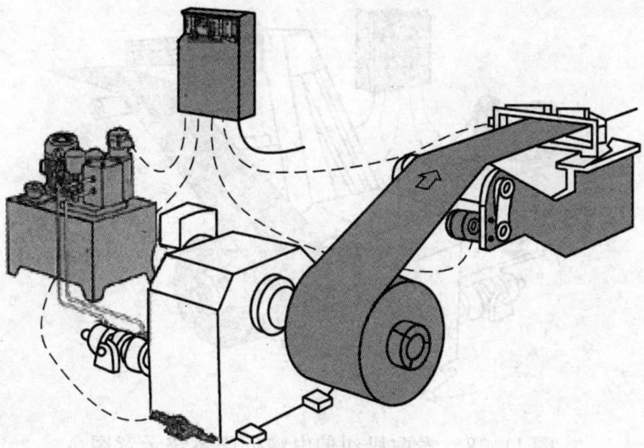

图 11-26　开卷纠偏控制示意图

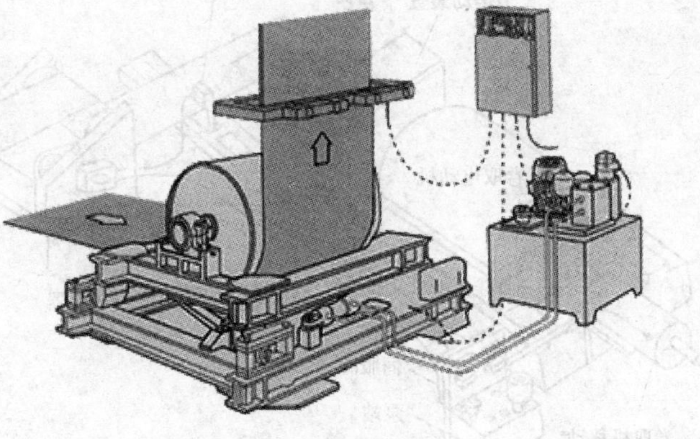

图 11-27　中间纠偏控制

将偏差值变为电信号并放大，再输入到电液伺服比例阀，伺服比例阀根据信号大小驱动伺服液压缸，使传动装置做相应的移动，从而使带钢准确地行进在预先调整好的位置上。

11.7.3　1700mm 冷轧带钢厂光电液跑偏控制系统

1. 概述

1700mm 冷轧带钢厂光电液跑偏控制系统液压原理如图 11-30 所示。该系统主要由通用的小型液压站、TR-h 7/F 型伺服阀、液控单向阀、三位四通电磁阀、液压缸、光电检测器和放大器等元件组成，跑偏控制精度为 ±1mm，系统频宽为 2 ~ 3Hz，纠偏调节速度为 25mm/s。

TR-h7/F 型电液伺服阀是永磁式动圈位置反馈双级滑阀，它比较适合一般

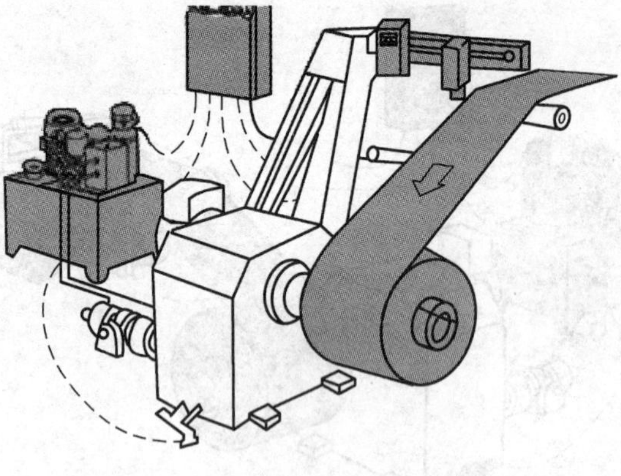

图 11-28　卷取机纠偏电液伺服系统示意图

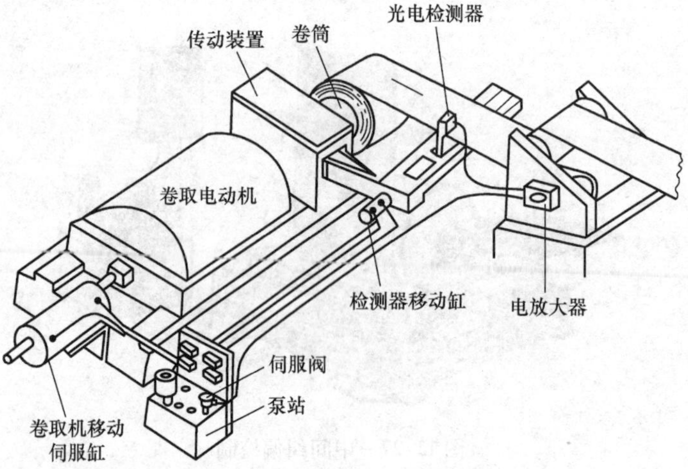

图 11-29　光电液跑偏控制系统液压原理

工业自动控制，因为它结构简单、坚固，对油液的污染敏感性较低，维护调整方便，在油温高达 90℃时还能正常工作，所以性能可靠，适应性较强。根据测定，其一级频率约为 22Hz，二级频率约为 4Hz，虽然动态响应特性不快，但能满足冶金工业上带钢跑偏控制的要求。

2. 工作原理

在图 11-30 所示光电液跑偏控制系统中，带钢运行不跑偏时，带钢边缘遮挡住光电检测镜头（圆形）的一半，此时光电管的电阻使电桥保持平衡，光电检测器处于零输出位，同时伺服阀控制绕组的输入电信号为零，伺服阀阀芯靠机械力（定位弹簧力）保持在中间位置，泵排出的液压油经过溢流阀返回油箱。当带钢边缘在检测镜头一半处有“+”或“-”（即带钢边缘遮住的镜头大于或小于一半）变化时，由于光照的改变，光电管的电阻发生变化，使电桥失去平衡，此时光电检测器给出一个偏差电信号。偏差电信号通过放大器进行放大后，给出一个与偏差信号大小、方向成比例的电流到伺服阀控制线圈，使伺服阀的输出流量也同样与电流大小、方向成比例。该流量使卷取机液压缸移动，从而抵消这个带钢边缘在检测镜头一半处的“+”或“-”的变化。光电检测器装在卷取机上，当卷取机被液压缸移动后，光电检测器也在移动，这样就实现了反馈。系统在工作过程中不可能保持在零位不动，实际上，系统总是在平衡点（检测镜头一半处）的“+”或“-”之间移动。

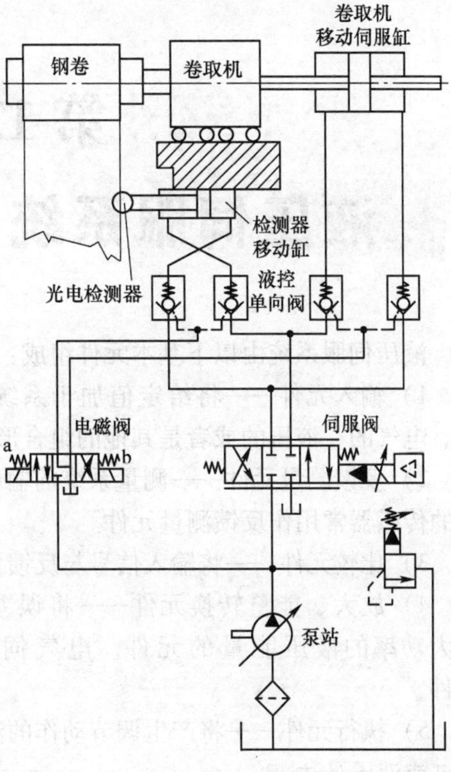

图 11-30　光电液跑偏控制系统液压原理

为了防止穿带时和卷取带钢尾部时带钢把光电检测器打坏，在该工况下，光电检测头要由检测位置退回到卷取机一边。这个动作是由光电检测器移动缸、电磁阀和四个单向阀配合伺服阀完成的，工作过程如下：穿带时，将控制系统转向用于卷取机本身中心定位的光电元件的液压缸，然后将检测带钢的光电元件退出作业线一侧，这时可进行穿带或卷取带钢尾部；穿带后，将控制系统再转回检测带钢边缘的光电元件的液压缸，把光电元件置于钢带的边缘上，这时控制系统转至检测带钢边缘的光电元件及带动卷取机液压缸上，系统便可投入工作。

第12章 液压伺服系统的设计与校正

液压伺服系统由以下基本元件组成：

1）输入元件——将给定值加于系统的输入端的元件。该元件可以是机械的、电气的、液压的或者是其他的组合形式。

2）反馈测量元件——测量系统的输出量并转换成反馈信号的元件。各种类型的传感器常用作反馈测量元件。

3）比较元件——将输入信号与反馈信号相比较，得出误差信号的元件。

4）放大、能量转换元件——将误差信号放大并将各种形式的信号转换成大功率的液压能量的元件。电气伺服放大器、电液伺服阀均属于此类元件。

5）执行元件——将产生调节动作的液压能量加于控制对象上的元件，如液压缸或液压马达。

6）控制对象——各类生产设备，如工作台、刀架、轧辊等。

本章介绍液压伺服系统设计和校正的基本方法。

由于在液压伺服系统中，泵、伺服阀（能量转换元件）及执行元件的参数设计是互相耦合的，所以通常又把泵、伺服阀（能量转换元件）及执行元件合在一起称为液压伺服系统的动力元件。

位置控制、速度控制、力控制三类液压伺服系统一般的设计步骤如下：

1）明确设计要求。充分了解设计任务提出的工艺、结构及系统各项性能的要求，并应详细分析负载条件。

2）拟定控制方案，画出系统原理图。

3）静态计算。确定伺服系统动力元件参数，选择反馈测量元件。

4）动态计算。确定系统的传递函数，绘制开环伯德图，分析稳定性，计算动态性能指标。

5）完成执行元件设计。

6）选择液压能源及相应的附属元件。

7）校核精度和性能指标，选择校正方式及设计校正元件。

12.1 液压伺服系统的方案设计和负载计算

12.1.1 明确实际工况对伺服系统的设计要求

液压伺服控制系统是主机的一个组成部分，它必须满足主机在工艺上和结构上对其提出的要求。例如，轧钢机液压压下位置控制系统除了应能够承受最大轧制负载，满足轧钢机轧辊辊缝调节最大行程、调节速度和控制精度等要求外，执行机构-压下液压缸在外形尺寸上还受轧钢机机架窗口尺寸的约束，结构上还必须保证满足更换轧辊方便等要求。此外，要设计一个好的控制系统，还必须明确对伺服系统的性能要求，包括要求的负载实况、对控制性能的要求、对工作环境的要求等。

1. 负载实况

工况中具有的各种负载包括：惯性负载（折算到研究对象目标轴上的质量 m、转动惯量 J 等）、弹性负载（弹簧刚度）、黏性摩擦负载（黏性摩擦系数 B_F）、其他外作用负载（切削力、重力、干摩擦力及相应的力矩）。

2. 对控制性能的要求

1）被控物理量的种类（力、速度、位置等），被控物理量的调节方法（恒值、随动）。

2）对控制精度（稳态误差）的要求，包括：对指令信号的稳态误差、由负载力（外干扰）引起的稳态误差、由参数变化或元件零点飘移引起的误差、非线性因素引起的误差、反馈传感器误差引起的系统误差。

3）对动态品质的要求，包括：

① 相对稳定性：

频域指标：－90°时的相位裕量、－3dB 时的幅值裕量、谐振裕量。

时域指标：超调量。

② 快速性：

频域指标：穿越频率、频宽、谐振频率。

时域指标：上升时间（伺服控制时）、调整时间（恒值控制时）。

3. 工作环境及其他要求

包括主机的工作温度、工作介质的冷却、振动与冲击、电气的噪声干扰以及相应的耐高温、防水、防腐蚀、防振等要求。

12.1.2 拟定控制方案并绘制系统框图

在全面了解了设计要求之后，便可根据不同的控制对象，选定控制方案并拟定液压伺服控制系统的框图。液压伺服控制系统的基本类型分为机液和电液。被控物理量可分为位置、速度、加速度、力、力矩、压力。调速或调压形式有阀控方式和泵控方式，其中，阀控方式包括阀控液压缸、阀控液压马达；泵控方式包括变量泵控液压缸、变量泵控液压马达。

按选定的控制方案拟定控制系统的框图，如对直线位置控制系统一般采用阀控液压缸的方案，其框图如图 12-1 所示。

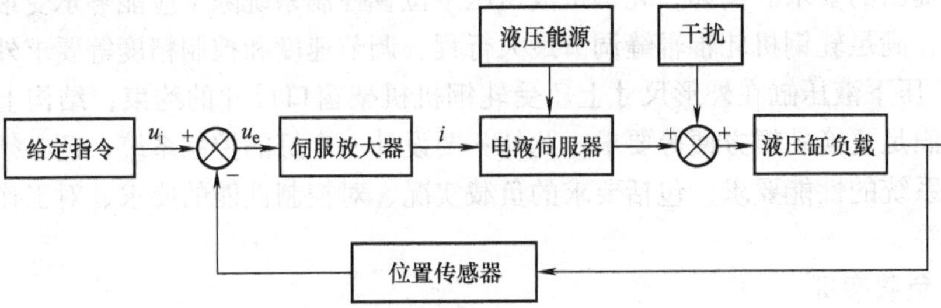

图 12-1　直线位置控制系统框图

12.1.3　计算负载力并绘制负载-速度曲线

通常，黏性摩擦系数 B_F 和弹簧刚度 K_S 不易事先得知，不过它们影响较小，在粗略分析时可忽略。

以负载 F_L 为横坐标，以速度 v 为纵坐标绘制负载-速度曲线，如图 12-2 所示。图中的曲线①和曲线②分别描述了两种不同的负载-速度工况，曲线①的 A 点为该工况下的功率（即 vF_L 值）最大点。

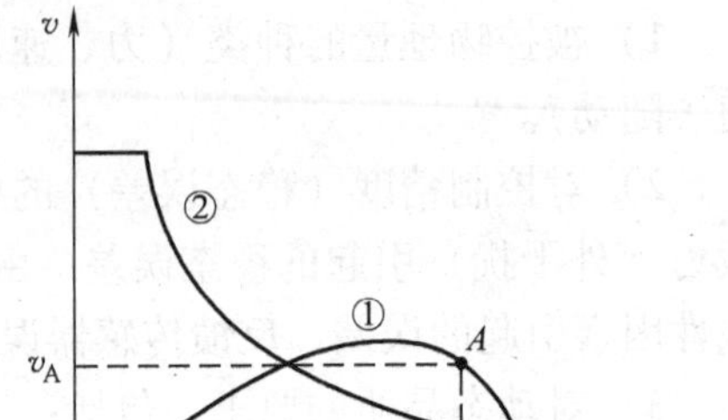

图 12-2　负载-速度曲线

如果只能给出若干不连续的负载点，则应设法确定最大功率点。

12.1.4　选择供油压力（伺服阀的进口压力）

选择供油压力的原则是在可能的条件下宜选低值。在相同输出功率的条件下，选用较高的供油压力可减小执行元件——液压缸的活塞面积（或液压马达的排量），使泵和动力元件重量减轻，设备结构紧凑；同时油腔的容积减小，容积弹性模数增大，有利于提高系统的响应速度。但是随供油压力增加，元件的加工精度也要提高，系统的造价随之提高；另外，高压时泄漏大，发热高，系统功率损失增加，噪声加大，元件寿命降低，维护也较困难。所以通常还是选用适中的供油压力。冶金设备液压伺服控制系统常用的供油压力等级为 16 ~ 28MPa，而轧机压下伺服控制系统的供油压力为 21 ~ 32MPa。

12.2 液压伺服系统动力元件的选择

动力元件是液压伺服系统的关键元件。动力元件选择主要是确定执行元件液压缸的活塞面积 A（或液压马达的排量 V_m）、供油压力和伺服阀的额定空载流量 q_0，当选定液压马达作为执行元件时，还应包括所配变速箱的传动比。在供油压力选定后，可根据最佳负载匹配或最大负载力来确定执行元件规格和伺服阀容量。动力元件的设计不但要满足拖动负载的要求，而且还要考虑它对控制性能的影响。

动力元件选择的主要作用是：首先，实现在整个工作循环中，使负载按要求的速度运动；其次，是使动力元件的主要性能参数能满足系统所要求的动态特性。此外，动力元件参数的选择还必须考虑与负载参数的最佳匹配，以保证系统的功耗最小，效率高。

12.2.1 按效率最高原则选择动力元件

选择动力元件以保证效率最高为原则，也就是使系统在满足负载-速度要求的情况下消耗功率最小。实现的方法是：使伺服阀的流量-压力特性曲线与工况的负载-速度曲线相匹配。

1. 负载曲线（轨迹）已知时的设计方法

（1）负载最大功率点的确定　在负载轨迹上找出最大功率点（即 vF_L 趋于最大值的点）A，确定该点对应的负载 F_A 和速度 v_A，如图 12-2 中负载轨迹①所示。

（2）动力元件输出特性曲线的形状　伺服阀的流量-压力特性曲线经过单位换算（或称坐标变换）后即可得到以执行元件的输出速度 v 和输出负载 F_L 为纵、横坐标的动力元件输出特性曲线，如图 12-3 所示。

由图 12-3a 可知，当伺服阀规格（空载流量 q_0）和液压缸面积 A 不变时，提高供油压力 p_s，曲线向外扩展，最大功率提高，最大功率点右移。

当供油压力 p_s 和液压缸面积 A 不变时，加大伺服阀空载流量 q_0，曲线变高，曲线的顶点（最大负载 Ap_s）不变，最大功率提高，最大负载点不变，如图 12-3b所示。

当供油压力 p_s 和伺服阀空载流量 q_0 不变时，加大液压缸面积 A，曲线变低，顶点右移，最大功率不变，最大负载点右移，如图 12-3c 所示。

（3）动力元件参数的确定　设欲选定的伺服阀流量-压力曲线上最大功率点 B 的压力为 p_B，流量为 q_B，负载-速度曲线上功率最大点 A 的压力为 p_A，流量为

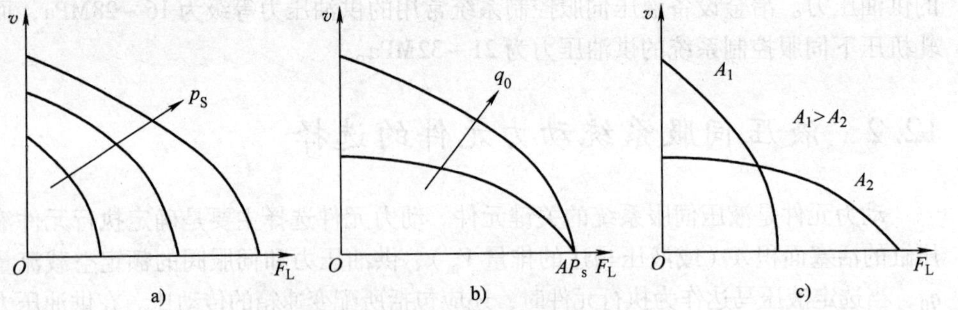

图 12-3　动力元件输出特性曲线

q_A，按消耗功率最小原则应有

$$p_A = p_B$$

$$q_A = q_B$$

设空载流量为 q_0，选定伺服阀的供油压力为 p_s，根据伺服阀流量-压力特性，有

$$p_B = \frac{2}{3}p_s$$

$$q_B = \frac{1}{\sqrt{3}}q_0$$

故有

$$p_A = \frac{2}{3}p_s$$

$$q_A = \frac{1}{\sqrt{3}}q_0$$

设液压缸的承压面积为 A_p，负载-速度曲线上功率最大点 A 的负载为 F_A，速度为 v_A，则：

$$A_p \geqslant F_A / \left(\frac{2}{3}p_s\right)$$

$$p_A = \frac{F_A}{A_p} = \frac{2}{3}p_s$$

$$q_A = v_A \cdot A_p = \frac{q_0}{\sqrt{3}}$$

$$q_0 = \sqrt{3}A_p v_A n$$

式中　n——流量富裕系数，通常 $n=1.15\sim1.3$，快速性要求高的系统取大值。

（4）设计检验　设计检验要做的工作是动力元件输出特性曲线的绘制与动力元件参数的调整。

按选定的 p_s 值和计算的 q_0 值，从伺服阀说明书中确定对应的压力-液量特性曲线。将计算的 A_p 值代入 $F_L = p_s A_p$，$v = q/A_p$，将伺服阀压力-液量特性曲线转化为以负载-速度为坐标系的伺服阀特性曲线。图 12-4 中的曲线 1、2、3 就分别是对应三种不同的动力元件参数的伺服阀特性曲线。

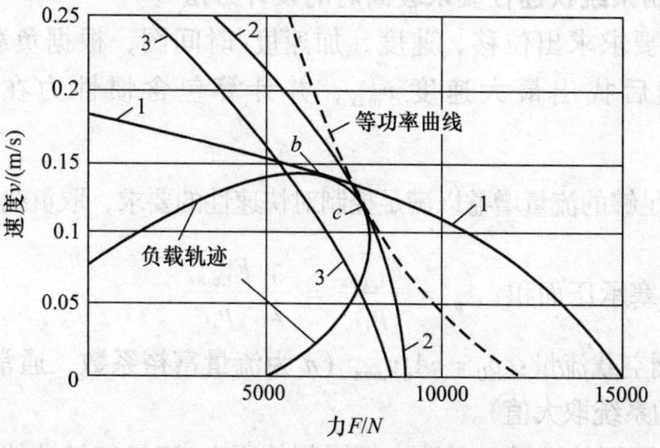

图 12-4　动力元件参数设计检验

理想的设计是：绘制的伺服阀特性曲线应包围工况给定的负载-速度曲线，并在最大功率点处相切（或有一定裕量），如图 12-4 中的曲线 2 就属于理想的设计，曲线 2 与负载-速度曲线相切于最大功率点 c。图 12-4 中的曲线 1 虽然包围负载-速度曲线，但相切的 b 点不是最大功率点，故不够合理。图 12-4 中的曲线 3 穿越了负载-速度曲线，不能包围最大功率点 c，说明该曲线对应的动力元件参数不能满足工况给定的需求，不可采用，需考虑适当调整 p_s、q_0 或 A_p。

2. 没有负载曲线且只给定若干工况点时的设计方法

1）选出工况点中的最大功率点。

2）按上述“负载曲线（轨迹）已知时的设计方法”，确定 p_s、q_0 或 A_p。

3）设计检验。按上述（4）绘制动力元件输出特性曲线，如图12-5 所示。

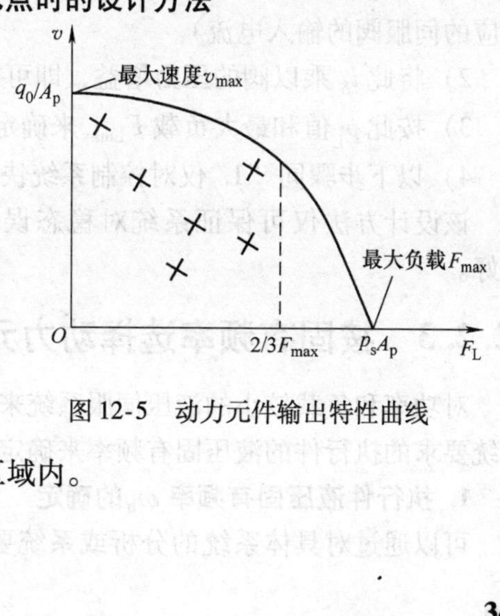

图 12-5　动力元件输出特性曲线

所有给定工况点应在选定的动力元件输出特性曲线和 $\frac{2}{3}p_s A_p$ 线之间的区域内。

12.2.2 按最大负载选择动力元件

当对液压伺服系统的控制性能要求较高时，通常按系统的最大负载（力或力矩）来选择动力元件。

1. 仅对控制系统快速性要求较高时的设计方法

1）由工况要求求出位移、速度、加速度-时间图，根据负载条件求出负载力-时间图，然后找出最大速度 v_{max}，并计算包含惯性力在内的最大负载力 F_{Lmax}。

2）为了有足够的流量增益以满足控制对快速性的要求，取负载压力 $p_L=\frac{2}{3}p_s$。

3）计算活塞承压面积：$A_p=\frac{F_{Lmax}}{p_L}=\frac{3}{2}\frac{F_{Lmax}}{p_s}$，

确定伺服阀空载流量：$q_0=nA_pv_{max}$（n 为流量富裕系数，通常 $n=1.15\sim1.3$，快速性要求高的系统取大值）。

4）选择伺服阀的型号。对选定伺服阀的压力-流量特性曲线，按选定的 A_p，转换为 F_L-v 坐标的特性曲线，即得出各工况点。

5）将各工况点描在伺服阀的特性曲线坐标图上，所有的工况点应在选定的动力元件输出特性曲线和 $\frac{2}{3}p_sA_p$ 线之间的区域内（见图 12-5）。

按系统的最大负载力（力矩）选择的动力元件将使得系统的快速性较好，精度也尚可，但传动效率不尽如人意。

2. 对控制系统的精度（稳态误差）要求较高时的设计方法

1）按对控制精度的要求，确定阀的容许“位置”误差 i_δ（与位置误差 δ 相对应的伺服阀的输入电流）。

2）将此 i_δ 乘以阀的压力增益，即可得出满足所需控制精度的最小 p_L 值。

3）按此 p_L 值和最大负载 F_{Lmax} 来确定 A_p。

4）以下步骤同“1. 仅对控制系统快速性要求较高时的设计方法”中所述。

该设计方法仅可保证系统对稳态误差的要求，而快速性和传动效率不一定好。

12.2.3 按固有频率选择动力元件

对功率和负载较小的液压伺服系统来说，功率损耗不是主要问题，可以根据系统要求的执行件的液压固有频率来确定动力元件参数。

1. 执行件液压固有频率 ω_h 的确定

可以通过对具体系统的分析或系统要求的品质指标（频宽，或稳定性，或误差）来确定执行件液压固有频率 ω_h，也可以用类比法推断而得。

从稳定性出发，可以得出 $k=(0.25\sim0.1)\omega_h$（其中 k 为系统的开环放大系数，又称开环增益），即 $\omega_h=(4\sim10)k$。

1）若要满足一定的快速性指标（给定的频宽指标 $\omega_{0.7}$），则：

对一型系统有 $k=\omega_c\approx\omega_{0.7}$，所以 $\omega_h=(4\sim10)\omega_{0.7}$，其中 ω_c 为系统的开环穿越频率；

对二型系统有 $k=\omega_c^2\approx\omega_{0.7}^2$，所以 $\omega_h=(4\sim10)\omega_{0.7}^2$。

2）若要满足系统对稳态误差（ε）的要求［如一型系统对速度输入信号 $X(t)=vt$ 的稳态误差为 $\varepsilon=\dfrac{v}{k}$，其中 k 为开环放大系数］，要使稳态误差不大于某 ε 值，必有 $k\geqslant\dfrac{v}{\varepsilon}$。

所以，$\omega_h\geqslant(4\sim10)\dfrac{v}{\varepsilon}$（适用于一型系统）。

2. 由 ω_h 确定液压缸承压面积 A_p（或液压马达排量 V_m）

对四边阀-缸组成的动力元件，高压腔容积为 V_0，液压油有效体积弹性模数为β_e，运动部件折算质量为 m，则其液压缸承压面积为 $A_p=\sqrt{\dfrac{V_0m}{4\beta_e}}\omega_h$。

对二边阀-缸组成的动力元件，其液压缸承压面积为 $A_p=\sqrt{\dfrac{V_0m}{\beta_e}}\omega_h$。

对四边阀-液压马达组成的动力元件，其液压马达排量为 $V_m=\sqrt{\dfrac{V_0m}{4\beta_e}}\omega_h$。

3. 按选定的 A_p 和系统对最大速度 v_{max} 的要求选择伺服阀的 q_0

$q_0=nA_pv_{max}$（其中 n 为考虑了泄漏后的流量富裕系数，通常 $n=1.3\sim1.15$，快速性要求高的系统取大值）。

12.2.4　选择执行元件（含惯性负载）

1. 选择执行元件时注意事项

在位置控制系统中，执行元件的规格应足够大，以保证在整个工作循环中都能拖动预期的负载。另外，执行元件的规格大些可得到较高的液压固有频率，提高系统的响应能力。但执行元件的规格不能选得过大，否则为了得到最大速度所需的流量就要过大，需要较大的伺服阀和能源装置，增大能源的功率储备，从而增大低速、空载时的功率损失。

一般来说，阀控液压缸的性能不如阀控液压马达的性能，因为液压缸中处于压缩下的油腔容积要比液压马达的大，因此液压固有频率值低，且随活塞的行程而变化，特别是在行程较大时，液压固有频率值更低，在这种情况下，即使是直线运动，也常用液压马达驱动，通过滚珠丝杠或齿轮齿条装置把旋转运动变为直线运动。

在选择执行元件时，除了考虑执行元件的规格外，还应当考虑执行元件的其他一些性能，如速度范围、低速平稳性、刚性、额定压力、效率、可靠性、寿命和价格等，以及系统对液压缸的机械刚度和最低稳定速度的要求、系统对液压马达的容积效率和最低稳定转速的要求。当系统采用了变速机构时，应把负载的质量、转动惯量、速度、位移、加速度等都折算到液压马达的输出轴上。变速机构传动比的确定原则是：在满足液压系统固有频率要求的前提下，传动比越接近1越好。

2. 执行元件（含惯性负载）环节传递函数的形式

若高压腔容积为 V_0，液压油有效体积弹性模数为β_e，运动部件折算质量为 m，以执行元件位移 X_p 为输出量，进入液压缸的流量 q_U 为输入量，负载仅为惯性负载时的传递函数可写成：

$$\frac{X_p}{q_U}=\frac{1/A_p}{S\left(\frac{S^2}{\omega_h^2}+\frac{2\xi_h}{\omega_h}S+1\right)}$$

其中，$\omega_h=\sqrt{\frac{4\beta_e}{V_0 m}}A_p$；$\xi_h=\frac{k_{co}}{A_p}\sqrt{\frac{\beta_e m}{V_0}}$，式中通常取 $\xi_h=0.1\sim0.2$；阀的零位流量-压力系数为 $k_{co}=\frac{\pi\bar{\omega}c_r^2}{32\mu}$，其中，$\mu$ 为液压油动力黏度，$\bar{\omega}$为面积梯度，c_r 为径向间隙，通常 $c_r=0.005\text{mm}$。

3. 伺服阀

伺服阀必须满足负载流量和负载压降的要求。伺服阀的输出流量应留有一定的余量。通常取冗余量为负载所需流量的15%左右，在快速性高的系统中可取到30%。除了流量规格外，在选择伺服阀时，还应考虑以下的因素：

1）阀的固有频率 ω_r 应比执行件的 ω_h 高，伺服阀的频宽应满足系统频宽的要求，一般伺服阀的频宽应大于系统频宽的5倍。但 ω_r 不能太大，太大会把寄生的高频干扰信号传到负载上去，使系统抗干扰能力变坏。

2）伺服阀的流量增益线性好。在位置控制系统中，一般选用零开口的流量阀，因为这类阀具有较高的压力增益，可使动力元件有较大的刚度，并可提高系统的快速性与控制精度。

3）伺服阀的零点漂移、零位泄漏、温度漂移和不灵敏区应尽量小，以保证由此引起的系统误差不超出设计要求。

12.2.5 选择或设计液压能源

1. 液压能源种类的选择

首先要根据工作条件、系统要求及供油压力 p_s 选择液压能源的种类。

1）定量泵-蓄能器-自动卸荷阀组成的液压能源装置如图 12-6 所示。它的特点是结构比较简单，功率损失不大，适用于高压且间隙工作的液压伺服系统。该能源装置供油压力在一定的范围内变化，对某些要求比较高的系统不适用，同时元件较多，占地面积及重量都比较大。

2）恒压变量泵供油系统如图 12-7 所示。它的特点是泵输出的流量大小决定于系统的需要，效率高，如果与蓄能器合理配合，更能取得优良的供油效果。该系统的组成简单，重量轻，但泵本身的结构较复杂。恒压变量泵液压能源适用于高压和大功率的系统，既可用于流量变化大的系统，也可用于间歇工作的系统。

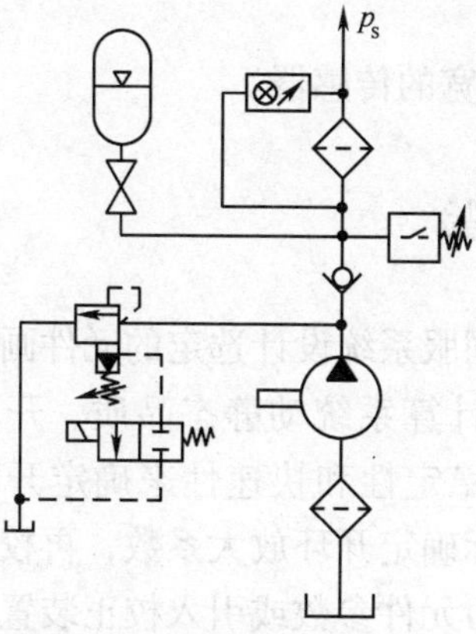

图 12-6 液压能源装置

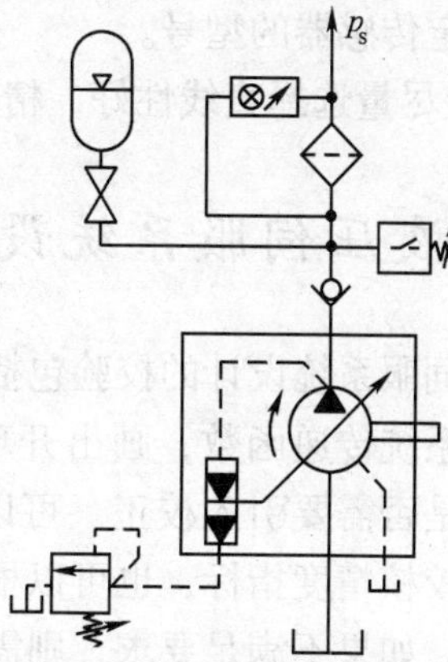

图 12-7 恒压变量泵供油系统

2. 液压能源装置参数的选择

1）液压能源装置输出压力和输出流量曲线。要使所选的液压能源装置的输出压力和输出流量特性曲线（即能源装置的 $p-q$ 曲线）能包围伺服阀的 $p-q$ 曲线，但在系统运动速度达不到的区域，允许伺服阀的额定空载流量 q_0 超出液压能源装置的输出 $p-q$ 特性曲线，即允许 $q_0>q_s$。但必须注意，伺服阀最大供油压力不得超出液压能源装置的最大输出压力，如图12-8所示。

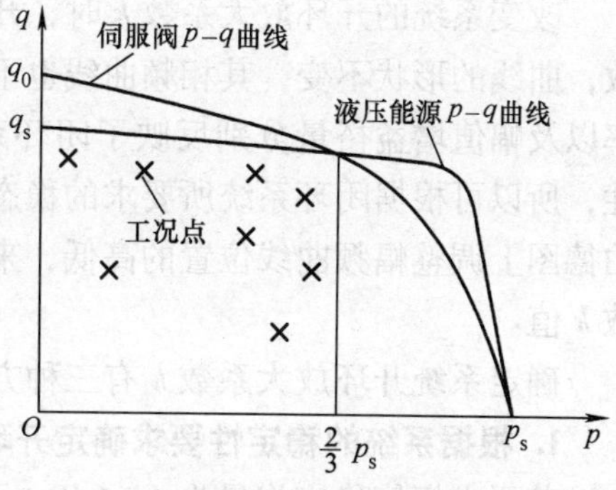

图 12-8 能源参数选择

2）液压能源输出压力等于或略大于伺服阀供油压力 p_s。

泵的出口压力：$p_B = p_s + \Delta p$，其中 Δp 为泵出口到伺服阀之间的压力损失。

泵的输出流量：$q_B = A_p v_{max} + q_c$，其中 q_c 为伺服阀 0 位漏损加上泵出口到液压缸间系统其他环节的漏损量。

压力损失 Δp 及其他环节的漏损量 q_c 的确定方法与普通传动系统相同。

12.2.6 传感器的选择

该传感器指的是反馈传感器或偏差检测器。传感器或检测器性能的好坏（精度、频宽）直接影响系统的稳态误差和动态品质。

传感器的选择原则：

1）根据被控量的性质和要求选择传感器的种类。

2）根据被控量的测量精度（该精度应比系统的设计精度高一个数量级）和量程，确定传感器的型号。

3）应尽量选择直线性好，精度高，频带宽的传感器。

12.3 液压伺服系统设计的校验

液压伺服系统设计的校验包括：对液压伺服系统设计选定的元件画出系统框图，求出系统传递函数，画出开环伯德图；计算系统动静态品质、开环放大系数，确定是否需要引入校正。可以根据系统稳定性和快速性来确定开环放大系数，然后校核精度指标，也可以根据精度指标确定开环放大系数，再校核稳定性和快速性。如果不满足要求，则需要修改动力元件参数或引入校正装置。

12.3.1 确定系统的开环放大系数 *k*

改变系统的开环放大系数 k 时，开环伯德图的幅频曲线只升高或降低一个常数，曲线的形状不变，其相频曲线也不变。伯德图上幅频曲线的低频段、穿越频率以及幅值增益裕量分别反映了闭环系统的稳态精度、截止频率及系统的稳定性，所以可根据闭环系统所要求的稳态精度、频宽以及相对稳定性，通过在开环伯德图上调整幅频曲线位置的高低，来获得与闭环系统要求相适应的开环放大系数 k 值。

确定系统开环放大系数 k 有三种方法。

1. 根据系统的稳定性要求确定开环放大系数 *k*

若要求幅值稳定裕量为 4 ~ 6dB，可取 $k = (0.1 \sim 0.25)\omega_h$，其中执行件液压固有频率 ω_h 按下式计算：

$$\omega_h = \sqrt{\frac{4\beta_e}{V_0 m}A_p}$$

式中　V_0——高压腔容积；

β_e——液压油有效体积弹性模数；

m——运动部件折算质量；

A_p——液压缸承压面积。

2. 按系统的控制精度要求确定开环放大系数 k

例如，要求系统允许的最大误差为 ε_1。

1）对一型系统：一型系统对速度输入信号 $x(t)=vt$ 的稳态误差为$\frac{v}{k}$，要使$\frac{v}{k}\leqslant\varepsilon_1$，必有 $k\geqslant\frac{v}{\varepsilon_1}$。

2）对二型系统：二型系统对加速度输入信号 $x(t)=\frac{1}{2}at^2$ 的稳态误差为$\frac{a}{k}$，要使$\frac{a}{k}\leqslant\varepsilon_1$，必有 $k\geqslant\frac{a}{\varepsilon_1}$。

3）对 0 型系统：0 型系统对阶跃信号 $x(t)=z$ 的稳态误差为$\frac{z}{1+k}$，要使$\frac{z}{1+k}\leqslant\varepsilon_1$，必有 $k\geqslant\frac{z-\varepsilon_1}{\varepsilon_1}$。

4）若考虑的是系统对一般输入指令或干扰信号的误差，则该误差可由各自的误差传递函数的总增益求出。该总增益中必包含开环放大系数 k。

3. 伯德图法确定开环放大系数 k

1）在同一横坐标（ω）画上系统中除了 k 和 $1/s$ 以外的所有环节的对数幅频特性曲线 a 和整个系统所有环节的相频特性，如图 12-9 所示。

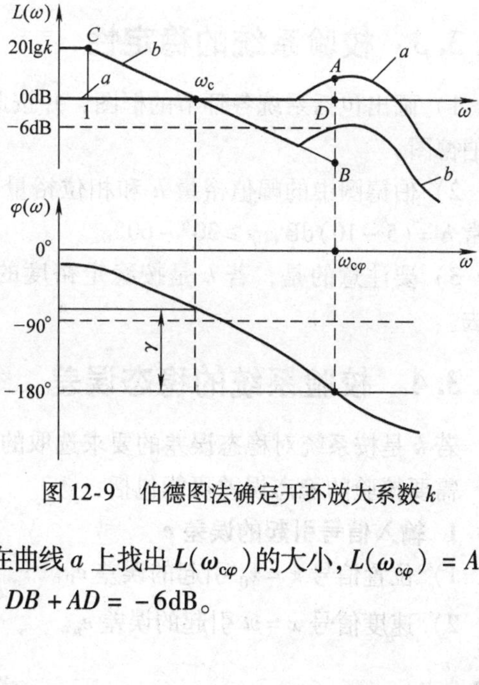

图 12-9　伯德图法确定开环放大系数 k

2）找出相频曲线与 $-180°$ 线交点处的频率 $\omega_{c\varphi}$（相频截止频率），在曲线 a 上找出 $L(\omega_{c\varphi})$ 的大小，$L(\omega_{c\varphi})=AD$。

3）在 AD 下方确定一点 B，使 $-DB+AD=-6\text{dB}$。

4）过 B 作一斜率为 -20dB/dec 的直线，交 $\omega=1$ 线于点 C，则 C 点的 dB 值就等于 $20\lg k$。

5）曲线 b 就是整个系统的对数幅频特性曲线。

作图法（俗称归一法）实际上也是按系统对幅值裕量的要求（-6dB）来确定 k 的，与方法 1 本质相同。其一般步骤是令 $k=1$，作出系统的伯德图后再上下平移幅频曲线，得出使其幅值裕度为 -6dB 时的 C 点位置，即确定了 $20\lg k$ 值。

12.3.2 选择伺服放大器及确定其增益系数 k_a

1）伺服放大器的最大输出电流应满足伺服阀的最大输入电流需求，其放大系数应能调整。

对速度控制的液压系统，要选择具有积分特性的放大器。

2）确定伺服放大器增益系数 k_a：

$$k_a=\frac{A_p k}{k_g}\quad\left(\text{因为 } k=k_a k_g \frac{1}{A_p}\right)$$

式中 k_a——伺服放大器增益系数（mA/V）；

A_p——液压缸有效面积（cm^2）；

k——系统的开环放大系数（s^{-1}）；

k_g——伺服阀空载流量增益系数[$cm^3/(s\cdot mA)$]。

12.3.3 校验系统的稳定性

1）画出包括系统各环节的框图，并按此写出系统的开环传递函数，画出开环伯德图。

2）伯德图中的幅值裕量 h 和相位裕量 γ 值应满足系统对稳定裕度的要求，通常 $h=(5\sim10)$dB，$\gamma\geqslant30°\sim60°$。

3）要注意的是，若 k 是按稳定裕度的要求选取的，则此项自然满足，可免去。

12.3.4 校验系统的稳态误差

若 k 是按系统对稳态误差的要求选取的，则此项自然满足，可免去。

需要校验的稳态误差可能包括：

1. 输入信号引起的误差 e

1）位置信号 $x=x_0$ 引起的误差 e_P。

2）速度信号 $x=vt$ 引起的误差 e_v。

3）加速度信号 $x=\frac{1}{2}at^2$ 引起的误差 e_a。

根据系统在什么输入信号下进行工作来判定应校验哪种信号引起的误差。

2. 干扰输入引起的误差

1）由零点飘移（伺服阀、伺服放大器的零点飘移）非线性因素（元件的死区、传动机械的间隙等）引起的误差 ε_1 通常都折换成伺服阀额定电流 i_R 的比率来计算，例如：

伺服放大器的零点飘移（0.5%～1%）i_R；

伺服阀的零点飘移和滞环（1%～2%）i_R；

液压缸摩擦和传动机械产生的死区（0.5%～2%）i_R。

上述三者总和折换成伺服阀额定电流的误差等于 Δi，ε_1 计算公式可以写为

$$\varepsilon_1=\frac{\Delta i}{k_a k_f}$$

或

$$\varepsilon=\frac{\Delta i}{i_R}\frac{q_0/A_p}{k}\text{（单位根据输出量决定）}$$

式中　k_a——伺服放大器增益（mA/V）；

k_f——反馈增益（单位根据输出和输入量定）；

k——系统开环放大系数。

2）由外作用力（或负载）引起的误差 ε_2 按系统对于输入的传递函数计算。

3）反馈传感器精度所引起的误差 ε_3 不因 k 的改变而减少，故必须使反馈传感器有较高的精度。当精度足够时 ε_3 可以忽略。

3. 稳态总误差

总误差应等于上述所有误差中实际存在项之代数和，即 $\varepsilon=e+\varepsilon_1+\varepsilon_2+\varepsilon_3$。

12.3.5　校验系统的动态品质

根据对系统的要求，对恒值系统需校验的指标可能是 σ、t_s、$\omega_{0.7}$，对随动系统需校验的指标可能是 σ、t_r、$\omega_{0.7}$。校验的方法是利用系统的开环频率特性的指标来估算。

1. 超调量 $\sigma\%$

$\sigma\%$ 可根据“自动控制理论”中绘出的关系曲线，由相位裕度 γ 求得，也可由表 12-1 估算。

2. 系统闭环频宽 $\omega_{0.7}$

可近似认为闭环频宽 $\omega_{0.7}$ 等于系统的开环幅频穿越频率 ω_c，即 $\omega_{0.7}\approx\omega_c$。

3. 调整时间 t_s

二阶系统的调整时间 t_s 可由 ω_c 和 γ 求出，近似公式为 $t_s\omega_c=\frac{6.5}{\mathrm{tg}\gamma}$，对应的数值关系见表 12-2。

表 12-1　由相位裕度 γ 估算 $\sigma\%$

γ	10°	20°	30°	40°	50°	60°	70°	76°
$\sigma\%$	73	52.70	37.20	25.40	16.35	9.54	4.61	0.00

表 12-2　γ 与 $t_s\omega_c$ 对应的数值关系

γ/°	10	20	30	40	50	60	70	80	90
$t_s\omega_c$	34	16.40	10.40	7.16	5.04	3.46	2.18	1.06	0

高阶系统的调整时间 t_s 可表示为 $t_s=\frac{k\pi}{\omega_c}$，其中 k 由下式确定：

$$k=2+1.5(M_r-1)+2.5(M_r-1)^2\quad(1\leqslant M_r\leqslant 1.8)$$

式中　M_r——谐振峰值，$M_r=1/\sin\gamma$。

4. 上升时间（超调时间）t_r

可由公式 $t_r\approx\frac{1}{\omega_c}$计算。

5. 校验方法

根据系统开环对数幅频 $L(\omega)$ 曲线穿越横轴时的斜率来估算：

1）当 $L(\omega)$ 以 −20dB/dec 的斜率穿越横轴时，系统的稳态误差和动态品质都会比较好，只要适当的调整开环放大系数 k 即可满足系统对稳态误差和动态品质的要求。

2）当 $L(\omega)$ 以 −40dB/dec 的斜率穿越横轴时，系统对稳态误差和动态品质的要求都将难以满足，系统需要加校正才能正常运行。

3）当 $L(\omega)$ 以 −60dB/dec 的斜率穿越横轴时，系统将不能满足稳态误差和动态品质的要求。

12.4　液压伺服系统的校正

系统经过 12.3 节中所述的校验后，若发现仅靠调整原设计系统的开环放大系数 k 不能同时满足稳态误差和动态品质这两项指标，则必须引入校正环节。校正环节通常以电子元件组成，加在伺服阀之前或主反馈通路传感器之后，校正环节通常是微分（超前）校正或滞后-超前校正。本节介绍引入校正环节的步骤，确定校正元件参数的方法及如何画出校正后的开环频率特性曲线。

12.4.1　积分校正（滞后环节）

积分校正环节的数学模型为 $G_c(s) = \dfrac{Ts+1}{\beta Ts+1}$（其中，$T$ 为时间常数，s 为数学模型的自变量，β 为衰减系数，$\beta > 1$），其伯德图如图 12-10 所示。校正时利用的是其高频部分幅值衰减的特性。其幅值衰减量为 $L(-) = 20\lg\dfrac{1}{\beta}$，其中 β 越大，衰减量 $L(-)$ 的绝对值越大，故 β 称为衰减系数。

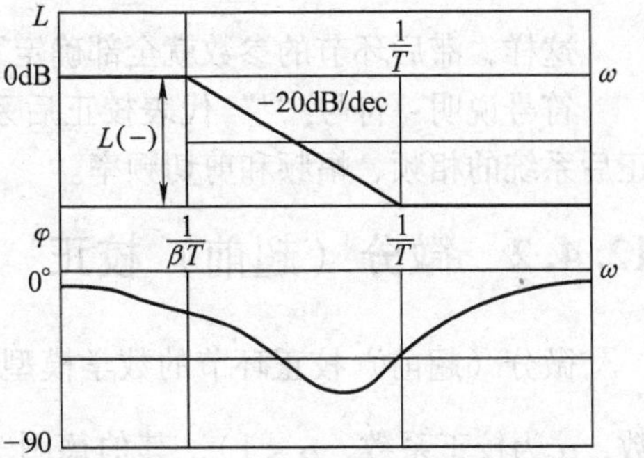

图 12-10　积分校正环节的伯德图

1. 校正原理

由于幅值衰减，就可使幅频曲线提前与 0dB 线相交（使剪切频率减小），这样就增加了相位裕度。当然，还须使得滞后环节的相位滞后区离开剪切频率附近，也就是使得它的两个转折频率 $\dfrac{1}{\beta T}$、$\dfrac{1}{T}$ 都远远小于校正后系统的剪切频率 ω'_c，这样剪切频率附近的相位滞后才不致加剧（当然相位滞后总会有少许的），才能保证校正后相位裕度的增加。

积分校正环节的参数选择也基于上述原理。

2. 参数确定

确定参数的步骤如下：

1）根据系统稳态误差的要求，确定系统的开环放大系数 k。

2）利用已确定的 k 值，画出未校正的原系统的开环对数频率特性曲线 $L(\omega)$ 和 $\varphi(\omega)$，并确定其幅值裕量 h 和相位裕度 γ，若稳定裕量不能满足规定指标，则应加校正。

3）首先找出一个频率点作为系统校正后新的剪切频率 ω'_c，ω'_c 可在原系统的相频曲线上按下式确定：

$$\varphi(\omega'_c) = -180° + \gamma_0 + \Delta\varphi$$

式中　γ_0——设计要求的相位裕度指标；

$\Delta\varphi$——为了补偿，加入校正后，滞后环节总会引起的（滞后峰值可以避开，但不能一点没有）附加的相位滞后，$\Delta\varphi = 5° \sim 12°$。

4）确定滞后环节的较大的那个交接频率 $\omega_1 = \dfrac{1}{T}$，使得 $\omega_1 = \dfrac{1}{T} = (0.5 \sim 0.1)\omega'_c$，即可确定 T（$\Delta\varphi$ 取大值时，系数取大值）。

5）在原幅频曲线 $L(\omega)$ 上找出 ω'_c 点的幅值 $L(\omega'_c)$；为了使该 ω'_c 的幅值在校正后为0dB（即成为校正后的剪切频率 ω'_c），必须有 $L(\omega'_c)=20\lg\frac{1}{\beta}$，由此即可确定 β。

6）滞后环节的另一较小的交接频率 $\omega_2=\frac{1}{\beta T}$。

这样，滞后环节的参数就全部确定了。

符号说明：符号“′”代表校正后系统的参数，如 φ'、L'、ω'_c 分别代表校正后系统的相频、幅频和剪切频率。

12.4.2　微分（超前）校正

微分（超前）校正环节的数学模型为 $G_c(s)=\frac{Ts+1}{\alpha Ts+1}$（其中，$T$ 为时间常数，α 为校正系数，$\alpha<1$），其伯德图如图12-11所示。校正时利用的是其相位超前的特性。校正环节的最大超前角 φ_m 按下式计算：

$$\varphi_m=\arcsin\frac{1-\alpha}{1+\alpha}$$

与 φ_m 对应的频率为 ω_m，$\omega_m=\frac{1}{\sqrt{\alpha}T}$，$\omega_m$ 处的幅值增量为 L_m，$L_m=20\lg\frac{1}{\sqrt{\alpha}T}$。

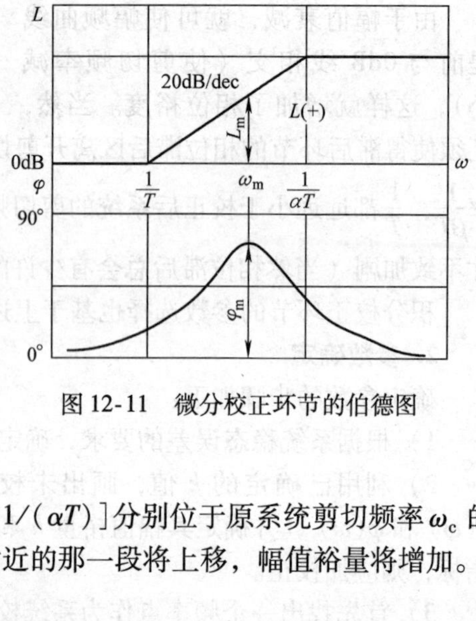

图12-11　微分校正环节的伯德图

1. 校正原理

使校正环节的两个转折频率[$1/T$ 和 $1/(\alpha T)$]分别位于原系统剪切频率 ω_c 的两侧，则校正后系统的幅频曲线在 ω_c 附近的那一段将上移，幅值裕量将增加。

2. 参数确定

1）根据稳态误差确定系统的开环放大系数 k。

2）利用已确定的 k 值，画出未校正系统的开环对数频率图，从中找出其相位稳定裕量 γ 和幅值稳定裕量 h。

3）确定最大超前角 φ_m，其计算公式为

$$\varphi_m=(\gamma_0-\gamma)+\Delta\varphi$$

式中　γ_0——设计中要求的相位裕度指标；

γ——校正前系统的相位裕度。

考虑到加上校正装置后会提高幅频曲线，使截止频率右移，而将产生相位滞

后增量，为此需附加一定的超前裕量 $\Delta\varphi$，以便补偿。通常，取 $\Delta\varphi=5°\sim10°$。

4）由 $\frac{1-\alpha}{1+\alpha}=\sin\varphi_m$ 确定 α。

5）计算 L_m：

$$L_m=20\lg\frac{1}{\sqrt{\alpha}}$$

6）在原对数幅频曲线上确定校正后的剪切频率点 ω'_c，使得原曲线上该点 ω'_c 处的幅值满足

$$L(\omega'_c)=-L_m$$

7）要使得加了校正后 ω'_c 处的幅值提高 L_m，由校正环节的伯德图可知，该 ω'_c 必须正好是校正环节的 ω_m 点。又 $\omega_m=\frac{1}{\sqrt{\alpha}T}$，所以有 $\frac{1}{T}=\sqrt{\alpha}\omega_m=\sqrt{\alpha}\omega'_c$，故 $\frac{1}{\alpha T}=\frac{\omega'_c}{\sqrt{\alpha}}$。

这就确定了校正环节的两个转折频率。

至此，校正环节的参数得以全部确定。需要强调指出的是，步骤 6）、7）的处理原则是：为了充分利用超前环节相位超前的特性，应使校正环节的最大相位超前量 φ_m 正好位于校正后的剪切频率 ω'_c 处，这样可使相位裕量得到最充分的提高。

3. 超前校正与滞后校正的比较

1）超前校正利用的是微分环节相位超前的特性，多用于改善 γ 不足的系统（采用超前校正后，虽然 γ 会增加，但 h 往往会有所减少）；滞后校正利用的是积分环节高频段幅值衰减的特性，多用于改善 h 和 γ 都不足的系统。

2）超前校正本身对系统的增益有衰减作用，可减少超前量，但会减少稳态精度，因此为了保证稳态精度，必须附加一定的增益。滞后校正不会减小系统的稳态精度，故不需附加增益。

3）采用超前校正的带宽大于采用滞后校正的带宽，对快速性要求较高（现有快速性指标不满足）的系统多采用超前校正。

4）超前校正和迟后校正虽然都可使系统满足稳定性指标的要求，但超前校正减小了稳态精度，迟后校正减小了频宽，为了使校正后的系统在稳、准、快这三方面的指标都满足要求，可引入滞后-超前校正。

12.4.3　滞后-超前校正

滞后-超前校正（先滞后，后超前）是在低频段实施滞后校正，在高频段实施超前校正，综合了两种校正的效果，即先滞后，后超前。滞后-超前校正环节

的传递函数为：

$$G_c(s) = \frac{T_2 s + 1}{\beta T_2 s + 1} \cdot \frac{T_1 s + 1}{\frac{T_1}{\beta} s + 1} \quad (\beta > 1, T_2 > T_1)。$$

滞后-超前校正环节的伯德图如图 12-12 所示。环节的四个转折频率分别为 $\frac{1}{\beta T_2}$、$\frac{1}{T_2}$、$\frac{1}{T_1}$、$\frac{\beta}{T_1}$。低频段具有负的斜率和负的相位差，起滞后校正作用。高频段具有正的斜率和正相移，起超前校正的作用。伯德图中的几何参数与单独的滞后和超前校正环节相同，最大衰减量 $L(-) = 20\lg\frac{1}{\beta}$，最大超前角 φ_m 和最大滞后角 φ_m（相等）都发生在各自两个转折频率的几何中点。

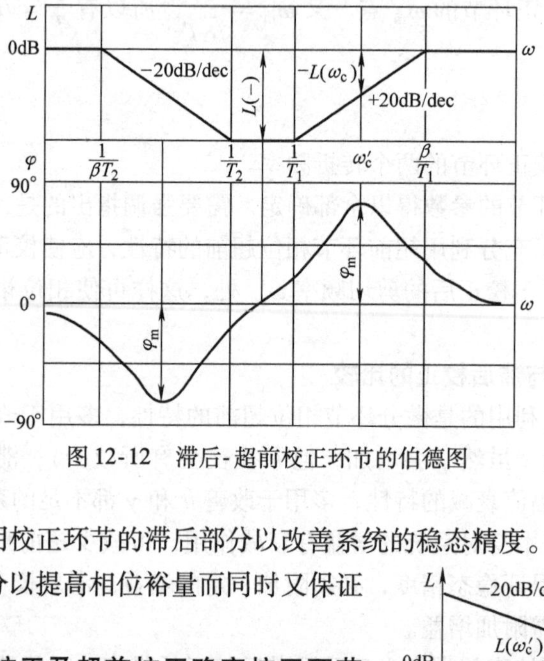

图 12-12 滞后-超前校正环节的伯德图

1. 校正原理

低频部分利用校正环节的滞后部分以改善系统的稳态精度。高频部分利用校正环节的超前部分以提高相位裕量而同时又保证足够的频宽。

2. 综合滞后校正及超前校正确定校正环节参数的方法

该方法相当于滞后校正及超前校正时参数确定的方法的综合，先按确定超前环节参数 α 的方法来确定 $\beta(\beta = 1/\alpha)$，再按确定滞后环节转折频率的方法确定 T_2。

（1）按稳定误差的要求确定系统的开环放大系数 k 根据 k 及开环传递函数画出原系统的开环伯德图，如图 12-13 所示。在图中确定相位

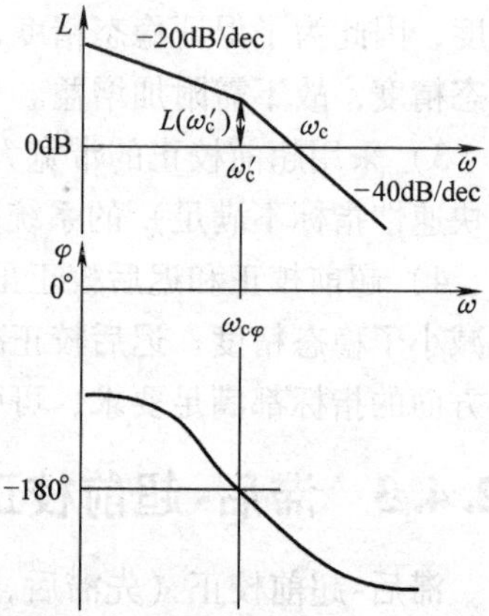

图 12-13 原系统的开环伯德图

稳定裕量 γ 及相频交界频率 $\omega_{c\varphi}$ 和幅值裕量 h, $h=-L(\omega_{c\varphi})$。

（2）选择校正后系统的幅频剪切频率 ω'_c，使得 $\omega'_c=\omega_{c\varphi}$　从理论上讲，校正后系统的相位裕度就应正好等于校正环节在该频率处的相位数。与超前环节相同，为充分利用校正环节和该超前特性，应使该相位数就是校正环节的最大相位超前量 φ_m。该方法只适用于原系统完全不稳定，即 $\omega_{c\varphi}<\omega_c$ 的系统。

为了补偿计算和作图中发生的误差，应留 5°的余量，故 $\varphi_m=\gamma_0+5°$，其中 γ_0 是设计中要求系统达到的相位裕度指标。

（3）由 φ_m 按下述公式计算 β

$$\sin\varphi_m=\frac{1-\alpha}{1+\alpha}$$

$$\beta=\frac{1}{\alpha}$$

（4）由 ω'_c 确定 T_2　校正环节滞后部分的第一个转折频率 $\frac{1}{T_2}$（较大者）按下式确定：

$$\frac{1}{T_2}=(0.1\sim0.2)\omega'_c$$

从而校正环节滞后部分的另一转折频率 $\frac{1}{\beta T_2}$ 也可求得，进而相位滞后部分的传递函数 $\left(\frac{T_2s+1}{\beta T_2s+1}\right)$ 即被求得，相位滞后部分的总衰减量 $L(-)=20\lg\frac{1}{\beta}$。

（5）校正环节超前部分的两个转折频率可由作图法确定

1）原理：因为校正环节超前部分斜线的斜率为 +20dB/dec，由图 12-12 和图 12-13 可知，为使校正后的系统稳定，必须使校正环节在 ω'_c 处的幅值满足 $L_c(\omega'_c)=-L(\omega'_c)=-L(\omega_{c\varphi})$。所以，校正环节超前部分的斜线必过点 $[\omega'_c, -L(\omega'_c)]$。

2）方法（见图 12-12）：在对数坐标纸上先画出滞后部分的幅频曲线，再过点 $[\omega'_c, -L(\omega'_c)]$ 作一斜率为 +20dB/dec 的斜线，该线与 0dB 线交点的频率即为超前部分的较大的转折频率 $\frac{\beta}{T_1}$，该线与滞后部分下水平线 $\left(20\lg\frac{1}{\beta}\right)$dB 线的交点处的频率即为超前部分较小的转折频率 $\frac{1}{T_1}$。

由此即可确定总的滞后-超前校正环节。

该校正环节的所有参数全是按系统要求的性能指标来确定的，串联此校正环节后，虽然系统的性能指标得以改善，但是会使系统的阶次增加二次，使系统变得更加复杂，为了克服这一缺点，我们可采取另一种方法来确定校正环节的参数。

3. 少增加校正后系统阶次的参数确定方法

1）根据稳态误差的要求，确定系统的开环放大系数 k。

2）根据 k，绘制未校正系统的对数频率特性，确定其剪切频率 ω_c 和相位裕度 γ。

3）在未校正系统的幅频曲线上选斜率从 -20dB/dec 变为 -40dB/dec 的转折频率作为校正环节超前部分较小的那个转折频率（$1/T$）。

这样选择的好处是：第一，可以使校正后系统的阶次只增加一阶，这是因为校正环节传递函数的分子中将有 T_1s+1 这一项，而原来系统传递函数的分子中也有 T_1s+1 这一项，串联后二者可以相消；第二，可保证校正后系统的幅频曲线以 -20dB/dec 的斜率穿越 0dB 线，稳定性好；第三，可占据较宽的频带，快速性好。

4）根据对时域响应速度指标的要求，选择校正后系统的剪切频率 ω'_c。

① 若要求的调整时间小于 t_s，要求的相位余量为 γ_0，则根据公式

$$t_s = \frac{k\pi}{\omega'_c}$$

$$k = 2 + 1.5\left(\frac{1}{\sin\gamma_0} - 1\right) + 2.5\left(\frac{1}{\sin\gamma_0} - 1\right)^2$$

可确定 ω'_c，或由图 12-14 所示曲线可得 ω'_c 的下限。

② ω'_c 的上限应小于未校正系统中幅频曲线的斜率由 -40dB/dec 向 -60dB/dec（或 -80dB/dec）转折时的交接频率，这样才能保证校正后的曲线以 -20dB/dec 的斜率穿越 0dB 线。

③ 通常使得 ω'_c 稍大于下限，能满足调整时间 t_s 的要求即可。

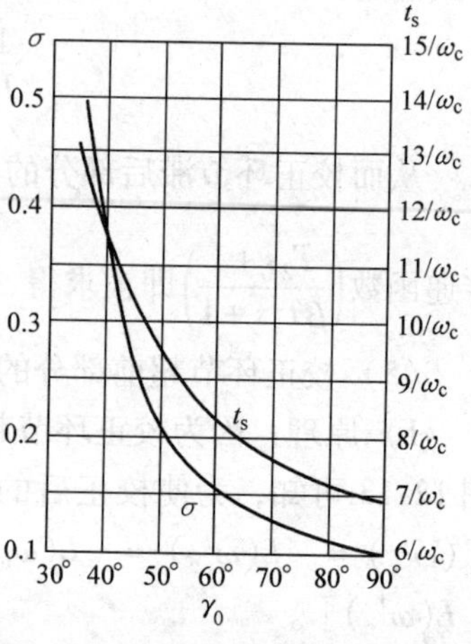

图 12-14 γ_0、t_s、ω_c 关系曲线

5）由 ω'_c 确定 β。为了使 $L(\omega'_c) = 0$，应使校正环节的最大衰减量 $L(-) = 20\lg\frac{1}{\beta}$ 和原系统在 ω'_c 处的幅值 $L(\omega'_c)$ 之和等于0，即

$$20\lg\frac{1}{\beta} + L(\omega'_c) = 0$$

故 $20\lg\beta = L(\omega'_c)$。

6）由已确定的 T_1 和 β 写出包含未知参数 T_2 的校正后系统的传递函数：

$$G = G(s) \cdot G_c(s) = G(s) \cdot \frac{T_2 s + 1}{\beta T_2 s + 1} \cdot \frac{T_1 s + 1}{\frac{T_1}{\beta} s + 1}$$

校正后系统的频率特性为 $s \to j\omega$，

$$G'(j\omega) = G(j\omega) \frac{jT_2\omega + 1}{j\beta T_2 \omega + 1} \cdot \frac{jT_1\omega + 1}{j\frac{T_1}{\beta}\omega + 1}$$

7）估算确定 γ'。若系统要求的相位裕度指标为 γ_0，则可取 $\gamma' \geqslant \gamma_0$。

8）写出包含未知参数 T_2 的校正后系统的相角裕度 γ' 的表达式：

$$\gamma' = 180° + \varphi'(\omega'_c) = 180° + \varphi(\omega'_c) + \mathrm{arctg} T_2 \omega'_c - \mathrm{arctg} \beta \omega'_c T_2 - \mathrm{arctg} \frac{T_1 \omega_c}{\beta}$$

求解此式，即可得 T_2，此值是 T_2 的下限。当然 T_2 也不可选择过大，否则 βT_2 更大，过大的时间常数是不容易实现的。由于 $\gamma' = 180° + \varphi'(\omega'_c)$，故只要使 T_2 稍大于下限即可。

12.4.4　反馈校正

以上三种校正（积分校正、微分校正和滞后-超前校正）均为串联校正，此外还有反馈校正。校正环节串在反馈回路之中可起以下作用：

1）削弱非线性影响。

2）降低系统对参数变化的敏感性。

3）抑制噪声。

4）减小时间常数。

反馈校正在液压伺服系统中几乎没有用处，故对其的介绍从略。

12.5　液压伺服系统设计案例

下面介绍对某引进轧机的卷取机 EPC 跑偏控制系统动特性进行的分析、测试和改进设计。

12.5.1　EPC 系统简介

EPC 控制系统（即边缘位置控制系统）是通过控制钢带边缘的位置来实现钢卷高速卷取时对齐的一种集机、电、液于一体的自动控制系统。该系统构成如图 12-15 所示。

该系统由卷取机心轴、光电头、电放大器、射流管伺服阀、泵站、位移传感器等元件组成。光电头用于检测钢带的边缘位置，当钢带发生偏移（称跑偏）

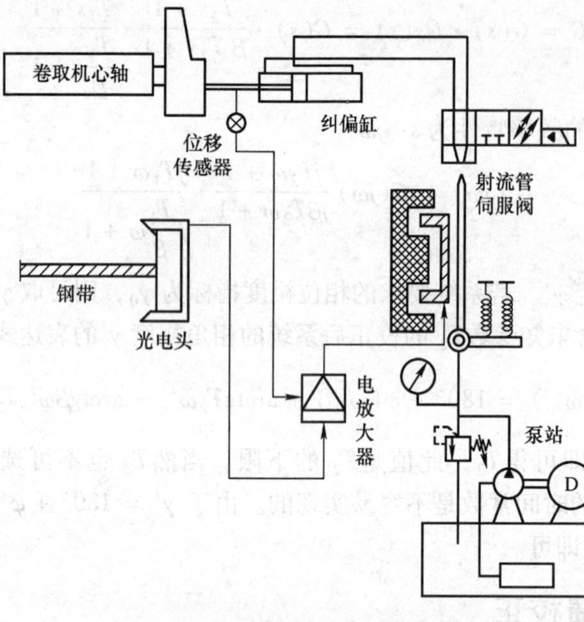

图 12-15　EPC 控制系统构成

时，光电头向导向放大器发出跑偏信号，放大器将信号放大并转换成电流信号传送给射流管伺服阀，该伺服阀将按电流信号的大小输出一定量的液压油给液压缸，使和液压缸活塞杆连成一体的卷取机随带钢跑偏做相反方向的移动，从而进行纠偏，以实现钢带边缘对齐卷取。输出位移的反馈有两路：一路靠光电头直接固定在卷取机上，卷取机的位移直接带动光电头移动，实现单位反馈；另一路靠安装在卷取机上的位移传感器来实现，位移传感器将位移信号转化成电信号并经过分压后送到电放大器的输入端实现反馈。后一路反馈只在系统比例控制的工作状态存在，正常卷取时是断开的。卷取机工作时的 EPC 系统工作原理框图如图 12-16 所示，对应的 EPC 系统传递函数框图如图 12-17 所示。

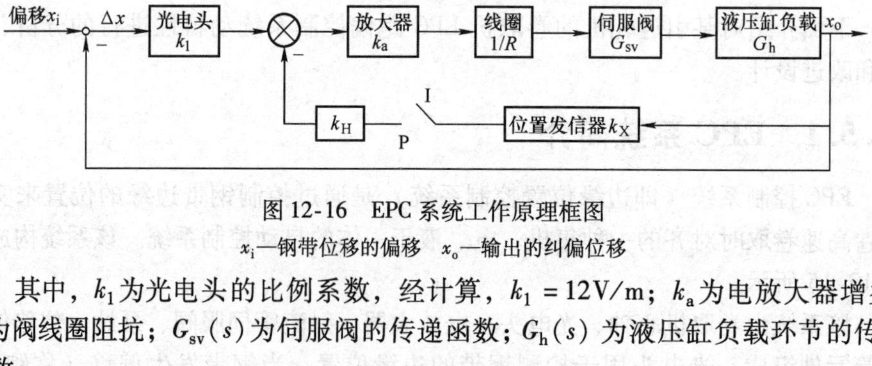

图 12-16　EPC 系统工作原理框图

x_i—钢带位移的偏移　x_o—输出的纠偏位移

其中，k_1 为光电头的比例系数，经计算，$k_1 = 12\text{V/m}$；k_a 为电放大器增益；R 为阀线圈阻抗；$G_{sv}(s)$ 为伺服阀的传递函数；$G_h(s)$ 为液压缸负载环节的传递函数。

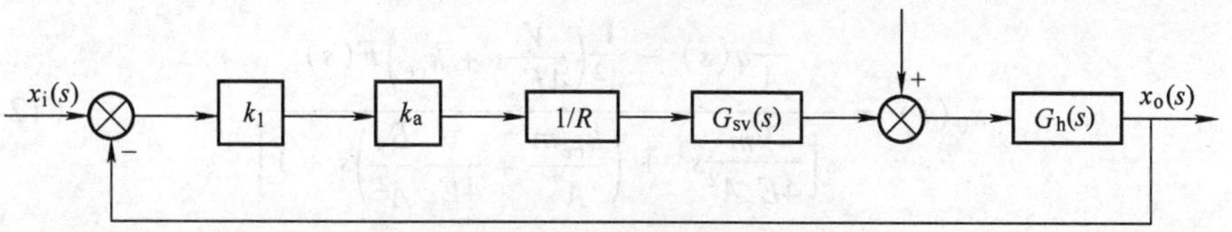

图 12-17 EPC 系统传递函数框图

经实测，$k_a=117$，$R=20\Omega$。

因为 EPC 系统正常工作的频率通常在 2Hz 以内，而射流管伺服阀的频宽（ -3dB）为 13 ~ 40Hz，所以可以把伺服阀看作一个比例环节，这时 $G_{sv}(s)=k_{sv}$。

查射流管伺服阀的流量特性曲线，可知当补助变量活塞的增益为 20% 时，阀的流量增益系数 $k_{SV}=5.83\times10^{-3}\mathrm{m^3/(s\cdot A)}$。

12.5.2 液压缸负载环节的传递函数 $G_h(s)$

设液压缸的纠偏位移为 x_0，有效工作面积为 A，折算质量为 m，折算黏性阻尼数为 B_F，作用在液压缸上的外负载力为 F，进入液压缸的流量为 q，液压缸的工作压力为 p_e，工作油腔的总容积为 V，有效体积弹性模量为 E_y，流量压力系数为 k_{ce}，列流量连续方程如下：

$$q=Ax_0+k_{ce}p_e+\frac{V}{4E_y}\frac{\partial p_e}{\partial t}$$

列动力平衡方程如下：

$$Ap_e=m\frac{\partial^2 x_0}{\partial t^2}+B_F\frac{\partial x_0}{\partial t}+F$$

对上述两个方程取拉氏变换，得

$$q(s)=AsX_0(s)+k_{ce}p_e(s)+\frac{V}{4E_y}sp_e(s)$$

$$Ap_e(s)=ms^2X_0(s)+B_FsX_0(s)+F(s)$$

将方程联立，得

$$q(s)-\left(\frac{V}{4E_y}\frac{1}{A}s+\frac{k_{ce}}{A}\right)F(s)$$

$$=s\left[\frac{Vm}{4E_yA}s^2X_0(s)+\left(\frac{V}{4E_y}-\frac{BF}{A}+\frac{k_{ce}m}{A}\right)sX_0(s)+\left(A+\frac{k_{ce}B_F}{A}\right)X_0(s)\right]$$

考虑到 $\frac{B_Fk_{ce}}{A^2}\ll1$，故有

$$x_0(s)=\frac{\frac{1}{A}q(s)-\frac{1}{A^2}\left(\frac{V}{4E_y}s+k_{ce}\right)F(s)}{s\left[\frac{Vm}{4E_yA^2}s^2+\left(\frac{k_{ce}m}{A^2}+\frac{V}{4E_y}\frac{B_F}{A^2}\right)s+1\right]} \tag{12-1}$$

因此，对液压缸-负载环节，当以流量 $q(s)$ 为输入，以纠偏位移 $X_0(s)$ 为输出时，其传递函数为

$$G_h(s)=\frac{X_0(s)}{q(s)}=\frac{1/A}{s\left(\frac{s^2}{\omega_h^2}+\frac{2\xi_h}{\omega_h}s+1\right)} \tag{12-2}$$

其中，液压缸-负载环节的自振频率

$$\omega_h=\sqrt{\frac{4E_yA^2}{V_m}} \tag{12-3}$$

液压缸-负载环节的阻尼比为

$$\xi_h=\frac{k_{ce}}{A}\sqrt{\frac{E_ym}{V}}+\frac{B_F}{4A}\sqrt{\frac{V}{E_ym}} \tag{12-4}$$

流量压力系数 $k_{ce}\approx k_e$（k_e 为伺服阀的流量压力系数），查伺服阀的 $p-q$ 曲线，可知当补助活塞增益为20%，供压力为5MPa，负载压差为2MPa时，有

$$k_{ce}\approx k_e=6.8\times10^{-11}\mathrm{m^5/(N\cdot s)}$$

根据现有机组的实测结果，即 $m=22000\mathrm{kg}$，$A=2.71\times10^{-2}\mathrm{m^2}$，$V=1.6\times10^{-2}\mathrm{m^3}$，$B_F=1.9\times10^6\ \mathrm{N\cdot s/m^2}$，取 $E_y=7\times10^8\ \mathrm{N/m^2}$，将上述参数代入 ω_h 和 ξ_h 表达式，可得 $\omega_h=76.2\mathrm{rad/s}=12\mathrm{Hz}$，$\xi_h=0.64$。

12.5.3 EPC 系统的动特性分析

由系统的传递函数框图可得 EPC 系统的开环传递函数为

$$G_k(s)=\frac{k}{s\left(\frac{s^2}{\omega_h^2}+\frac{2\xi_h}{\omega_h}s+1\right)} \tag{12-5}$$

式中　k——开环放大系数，$k=k_1k_ak_{SV}\frac{1}{R}\frac{1}{A}=120\times117\times5.83\times\frac{1}{20}\times\frac{1}{271}\frac{1}{s}=$

$15.1\times\frac{1}{s}=2.4\mathrm{Hz}$。

将算得的 ω_h、ξ_h、k 代入式（12-5），可据此画出 EPC 系统的开环伯德图。

其开环伯德图如图12-18中的曲线 A 和曲线 B 所示。开环幅频伯德图的剪切频率为 $-20\mathrm{dB/dec}$，穿越频率 ω_c 和转折频率 ω_h 相距较远，所以现有系统的稳定性较好。

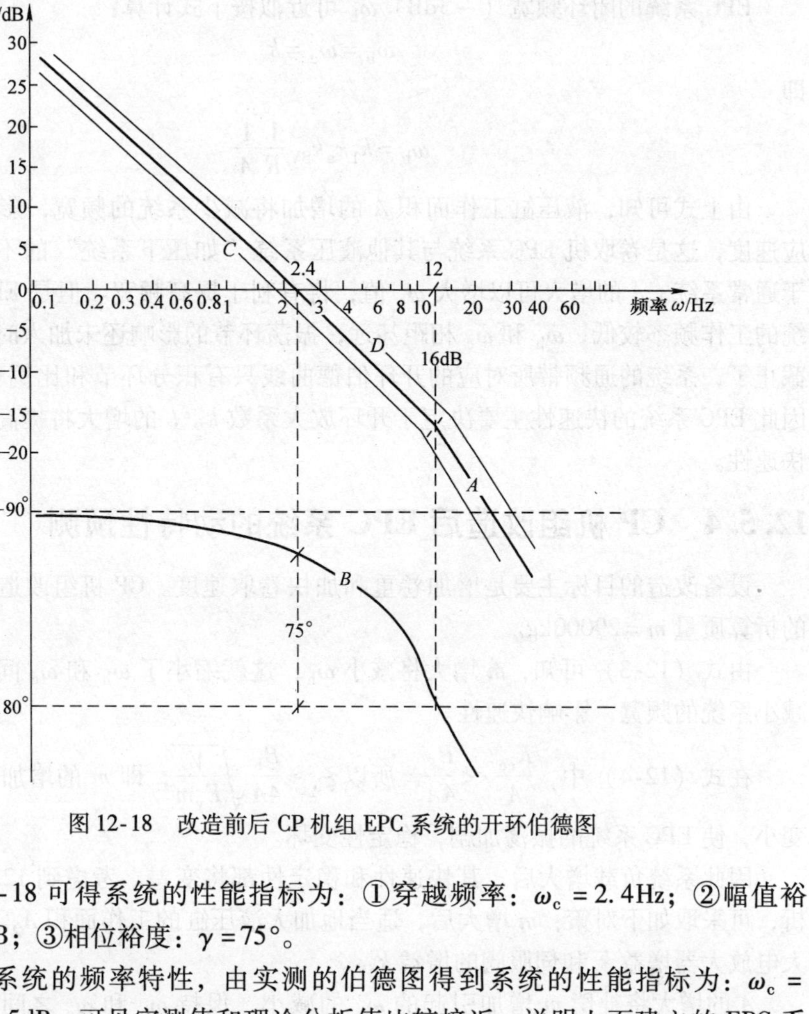

图 12-18　改造前后 CP 机组 EPC 系统的开环伯德图

由图 12-18 可得系统的性能指标为：①穿越频率：$\omega_c = 2.4\text{Hz}$；②幅值裕量：$h = 16\text{dB}$；③相位裕度：$\gamma = 75°$。

实测该系统的频率特性，由实测的伯德图得到系统的性能指标为：$\omega_c = 2\text{Hz}$，$h = 17.5\text{dB}$。可见实测值和理论分析值比较接近，说明上面建立的 EPC 系统的数学模型和确定的参数是正确的，是可以作为预测改造后系统性能的依据的。

对式（12-5）类型的传递函数，相位交界频率 $\omega_{c\varphi}$ 应满足：$\omega_{c\varphi} = \omega_h$，所以 $L(\omega_{c\varphi}) = L(\omega_h) = 20\lg \dfrac{k}{2\xi_h\omega_h}$。若要求系统的幅值裕量为 4dB 以上，则应有 $-20\lg \dfrac{k}{2\xi_h\omega_h} > 4$ ［其中 $\left(\dfrac{k}{2\xi_h\omega_h}\right) < 0.63$］，即 $k < 1.26\xi_h\omega_h$；又 $k = k_1 k_a k_{SV}\dfrac{1}{R}\dfrac{1}{A}$，所以在 EPC 系统改造中不宜过多地增大电放大器的增益 k_a 和伺服阀的补助变量活塞（也统称 C 阀）的增益，而增大液压缸的工作面积 A 将有利于提高系统的稳定程度。

EPC 系统的闭环频宽（-3dB）ω_b 可近似按下式计算：

$$\omega_b = \omega_c = k$$

即

$$\omega_b = k_1 k_a k_{SV} \frac{1}{R}\frac{1}{A}$$

由上式可知，液压缸工作面积 A 的增加将减少系统的频宽，影响系统的响应速度，这是卷取机 EPC 系统与其他液压系统“如压下系统”的不同之处。对于通常系统，A 的增大可以增大 ω_h 值，将有利于提高频宽。但是 EPC 系统中系统的工作频率较低，ω_h 和 ω_c 相距甚远，振荡环节的影响还未加入时，系统已经截止了，系统的通频带所对应的开环伯德曲线只有积分环节和比例环节的影响，因此 EPC 系统的快速性主要决定于开环放大系数 k。k 的增大将提高频宽，增强快速性。

12.5.4 CP 机组改造后 EPC 系统的动特性预测

设备改造的目标主要是增加卷重和加快卷取速度。CP 机组改造后其卷取机的折算质量 $m = 29000\text{kg}$。

由式（12-3）可知，m 增大将减小 ω_h，这就缩小了 ω_h 和 ω_c 间的距离，会减小系统的频宽，影响快速性。

在式（12-4）中，$\frac{K_{ce}}{A} \ll \frac{B_F}{4A}$，所以 $\xi_h \approx \frac{B_F}{4A}\sqrt{\frac{V}{E_y m}}$，即 m 的增加也将使得 ξ_h 变小，使 EPC 系统的振荡加剧，稳定性变坏。

因此系统负载增大后，其快速性和稳定性都将变差。考虑到 12.5.3 中的分析，可采取如下对策：m 增大后，适当地加大液压缸的工作面积 A，同时适当调大电放大器增益 k_a 和伺服阀的增益 k_{SV}。

A 的增大将补偿 m 增加引起的 ω_h 的减小，保持 ω_h 和 ω_c 之间仍有较大间距，使得 ω_c 附近仍有较大一段伯德图的斜率为 -20dB/dec，这就可以保证 EPC 系统有足够的稳定裕量。A 增大，同时提高 k_a 和 k_{SV} 值，以保持总开环放大系数 k 基本不变，使 ω_h 不降低。

我们取改造后的有效工作面积 $A = 3.34\times10^{-2}\text{m}^2$，（内径 $D = 25\text{cm}$，杆径 $d = 12.5\text{cm}$），则改造后液压缸-负载环节的参数为：$\omega_h = 77.4\text{rad/s} = 12.3\text{Hz}$，$\xi_h = 0.49$。若 EPC 系统的其他参数不改变，则可画出 A 增加后系统的开环幅频伯德图，见图 12-18 的曲线 C。由曲线 C 可知，A 增加后系统的频宽为：$\omega_b = \omega_c = k = 12.25\text{rad/s} = 1.95\text{Hz}$。

幅值裕量 $h = 16\text{dB}$（$\omega_b = \omega_c = 12.3\text{Hz}$），显然幅值裕量较大，这允许我们增大 k_a 或 k_{SV} 来提高 ω_b。

若将伺服阀增益由 20% 调为 30%，则查伺服阀流量曲线可得 $k_{SV}=8.7\times10^{-3}\mathrm{m^3/(s\cdot A)}$，故 $k=18.3\mathrm{rad/s}=2.9\mathrm{Hz}$。

这样，我们可以采用既增加 A，又调大伺服阀增益的方法进行系统改造。改造后系统的频宽约为 2.9Hz，这比改造前略有增大。画出改造后 EPC 系统的开环幅频伯德图，如图 12-18 的曲线 D 所示。

改造后的系统的幅值裕量为

$$h=16-\Delta h=\left[16-20\lg\left(\frac{2.9}{1.95}\right)\right]\mathrm{dB}=(16-3.5)\mathrm{dB}=12.5\mathrm{dB}$$

幅值裕量虽比 k_{SV} 增大前减少了 3.5dB，但仍有 12.5dB，满足系统对稳定裕量的要求。

12.5.5 CP 机组改造后卷取精度预测

卷取机跑偏 EPC 控制系统的工作目的就是要保证钢带卷齐的精度。通常要求钢卷边缘卷齐的误差 $\delta\leqslant\pm1\mathrm{mm}$。

按照现有的文献资料和设计手册中的介绍，钢带卷取时，钢带位移的偏移 x_i 存在一个跑偏频率 ω_p，只有当 EPC 系统的频宽 ω_b 大于 ω_p 时，系统才能及时纠偏，这样才能保证卷齐精度。从物理概念上分析，卷齐精度是稳态误差的对应量，应属于稳态特性，但是要达到要求的卷齐精度，系统自身必须有足够好的动态特性，必须保证 ω_b 大于 ω_p。

以上分析了改造前和改造后系统的频宽 ω_b，下面讨论跑偏频率 ω_p。

据文献介绍，跑偏频率 ω_p 是与卷取速度相对应的，当卷取速度为 1m/s 时，$\omega_p=0.5\sim1\mathrm{Hz}$。然而，该参数的范围太大，据此进行的设计不够准确，为此，又实测了机组的跑偏频率 ω_p 和纠偏速度 v_p。当卷取速度为 40m/min 时，测得的跑偏频率 $\omega_p=1.5\mathrm{Hz}$，最大纠偏速度 $v_{pmax}=1.86\mathrm{cm/s}$。

显然，这比文献中推荐的参数都大，但是由于改造后 EPC 系统的频宽 $\omega_b=2\sim2.9\mathrm{Hz}$，仍满足 ω_b 大于 ω_p。

EPC 系统输出的纠偏位移 $x_o(t)$ 的稳态误差就是卷齐误差 δ，它主要由系统对输入指令的稳态误差 δ_1 和系统对干扰信号 $F(s)$ 的稳态误差 δ_2 组成。

由式（12-1）可得，液压缸-负载环节以 $F(s)$ 为输入，以 $X_0(s)$ 为输出的干扰传递函数为

$$G_{Rh}(s)=\frac{X_0(s)}{F(s)}=\frac{-\left(\dfrac{V}{4E_y}s+k_{ce}\right)/A^2}{s\left(\dfrac{s^2}{\omega_h^2}+\dfrac{2\xi_h}{\omega_h}s+1\right)}$$

$$=-\frac{1}{A}\left(\frac{V}{4E_y}s+k_{ce}\right)G_h(s)$$

以 $F(s)$ 为输入时，系统的传递系数框图如图 12-19 所示。

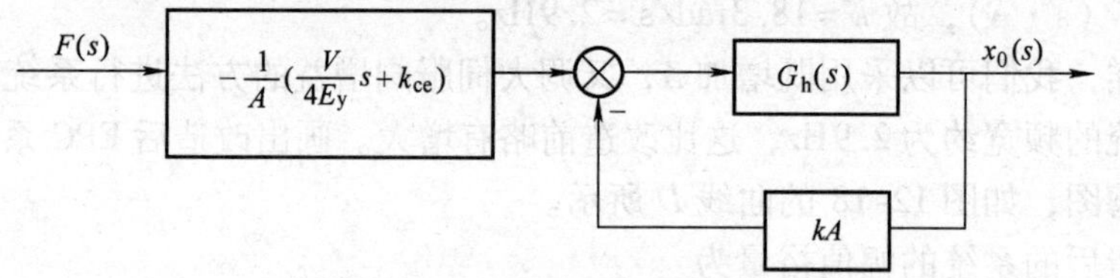

图 12-19　系统传递函数框图

整个 EPC 系统对干扰信号 $F(s)$ 的闭环传递函数为

$$G_R(s) = \frac{G_{Rh}(s)}{1+kAG_h(s)} = \frac{-\left(\frac{V}{4E_y}s+k_{ce}\right)/A^2}{s\left(\frac{s^2}{\omega_h^2}+\frac{2\xi_h}{\omega_h}s+1\right)+k}$$

其中负号表示该位移和纠偏位移的方向相反，故是误差量，计算 δ_2 时可将负号省略。

对于常值摩擦力有 $F(s) = F/s$，其中 F 为干摩擦的稳态值，则：

$$\delta_2 = \lim_{S\to 0} sG_R(s)F(s) = F\lim_{S\to 0} G_R(s) = \frac{k_{ce}}{kA^2}F \tag{12-6}$$

取导轨和液压缸的干摩擦系数 $u = 0.06$，则 $F = uG = 0.06 \times 2900 \times 9.8\text{N} = 1705.2\text{N}$。又改造后的流量压力系数为改造前的 $\frac{3}{2}$ 倍，所以有 $k_{ce} = 6.8 \times 10^{-11} \times \frac{3}{2}\text{m}^5/(\text{N}\cdot\text{s}) = 10.2 \times 10^{-11}\text{m}^5/(\text{N}\cdot\text{s})$。取 $A = 3.34 \times 10^{-2}\text{m}^2$，$k = 18.3$，代入式（12-6）得

$$\delta_2 = 0.9 \times 10^{-5}\text{m}$$

实际生产时，由于钢卷在卷筒上的位置不一定对中，所以钢带的张力将有一个沿卷筒轴向的分力，这个力有时将大大超过摩擦力而成为主要的干扰力，所以干扰力引起的卷齐误差往往比计算值大。

EPC 系统输入的钢带跑偏位移 $x_i(t)$ 可以认为是等速信号，近似认为跑偏速度等于纠偏速度 v_p，则 $x_i(t) = v_p t$，即 $X_i(s) = \frac{v_p}{s}$。

实测 v_p 的最大峰值为 1.86cm/s，取平均值 $v_p = 1.5\text{cm}$，可得

$$\delta_1 = \frac{v_p}{k} = \frac{1.5}{18.3}\text{cm} = 0.082\text{cm}$$

本系统中，伺服阀的零点飘移近似为零，电放大器的精度也相当高，它们引起的误差可忽略，所以总的卷齐误差为

$$\delta = \delta_1 + \delta_2 = 0.082\text{cm} + 0.009\text{cm} = 0.091\text{cm} = 0.91\text{mm} < 1\text{mm}$$

因此，卷齐误差满足改造对系统的要求。

12.5.6　CW 机组 EPC 系统的性能指标分析

利用 CP 机组动特性分析中得到的数学模型和公式，代入 CW 机组的结构参数就可以得到 CW 机组的动特性指标。由于分析过程相同，下面只将 CW 机组的参数和特性指标列出。

1. CW 机组的系统参数

$k_1 = 12\text{V/m}$，$k_a = 117$，$k_{SV} = 5.56 \times 10^{-3}\text{m}^3/(\text{s}\cdot\text{A})$　（GAN = 50%），$k_{ce} = 3.34 \times 10^{-11}\text{m}^5/(\text{N}\cdot\text{s})$

机组移动部分（机架自重加卷重）折算质量：

$m = 18000\text{kg}$　　　（改造前）

$m = 29000\text{kg}$　　　（改造后）

活塞有效工作面积：

$A = 204\text{cm}^2$　　　（改造前）

$A = 264\text{cm}^2$　　　（改造后）

工作腔容积：

$V = 8546\text{cm}^3$　　　（改造前）

$V = 12382\text{cm}^3$　　　（改造后）

黏性阻尼系数：

$B_F = 1.15 \times 10^6\ \text{N}\cdot\text{s/m}^2$　（改造前）

$B_F = 0.69 \times 10^6\ \text{N}\cdot\text{s/m}^2$　（改造后采用液动导轨，根据液动导轨的参数和工况，我们设改造后的 B_F 为改造前的$\frac{3}{5}$）

2. CW 机组的动特性指标

（1）改造前的指标计算

$\omega_h = 86.8\text{s}^{-1} = 13.8\text{Hz}$，$\xi_h = 0.42$，开环放大系数 $k = 19.1\text{s}^{-1} = 3\text{Hz}$。

将算得的 ω_h、ξ_h、k 代入式（12-5），可据此画出现有 CW 机组 EPC 系统开环伯德图，如图 12-20 中的曲线 A 和曲线 B 所示。

由伯德图可以得出现有机组的动特性指标为：①穿越频率：$\omega_c = 3\text{Hz}$；②幅值裕量：$h = 12\text{dB}$；③相位裕量：$\gamma = 78°$。

可以近似认为：系统的频宽 $\omega_b = 3\text{Hz}$。

（2）改造后的动特性指标预测

$$\omega_h = 73.48\text{s}^{-1} = 11.7\text{Hz}$$

$$\xi_h = 0.21$$

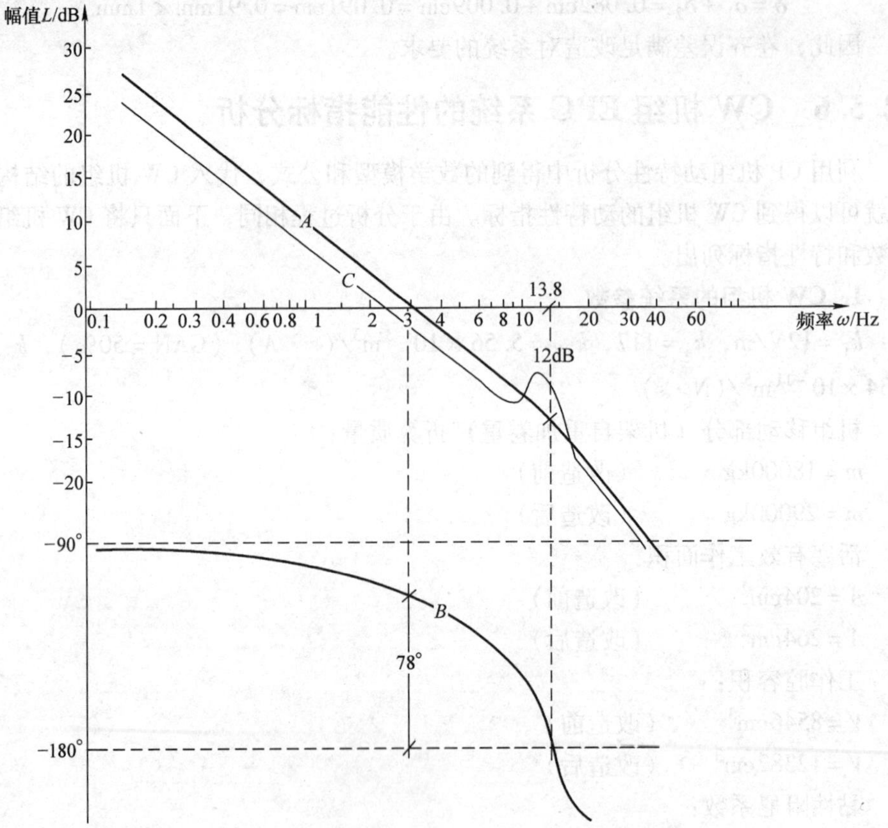

图 12-20　改造前后 CW 机组 EPC 系统的开环伯德图

开环放大系数 $k = k_1 k_a k_{SV}\dfrac{1}{R}\dfrac{1}{A}$，$k = 14.78\text{s}^{-1} = 2.35\text{Hz}$。

画出改造后 CW 机组 EPC 系统的开环幅频伯德图，如图 12-20 中的曲线 C 所示。

由图 12-20 可知：穿越频率 $\omega_c = 2.35\text{Hz}$，即频宽 $\omega_b = 2.35\text{Hz}$。

本系统的相位交界频率 $\omega_{c\varphi}$ 应为转角频率 ω_h，幅频伯德图在 $\omega = 11.7\text{Hz}$ 处的修正值等于 8dB（近似认为 $\xi_h = 0.2$ 时），所以幅值裕量 $h = 14.2\text{dB} - 8\text{dB} = 6.2\text{dB}$。

3. 卷取精度

由钢带跑偏引起的卷齐误差（板形正常时）：

$$\delta_1 = \frac{v_p}{k} = \frac{1.5}{19.1}\text{cm} = 0.08\text{cm}\qquad（改造前）$$

$$\delta'_1 = \frac{1.5}{14.78}\text{cm} \approx 0.1\text{cm}\qquad（改造后）$$

由干扰力引起的卷齐误差：

$\delta_2 = 0.004\text{cm}$　（改造前）

$\delta'_2 = 0.006\text{cm}$　（改造后）

总的卷齐误差：

$\delta = \delta_1 + \delta_2 = 0.084\text{cm} = 0.84\text{mm}$　（改造前）

$\delta' = \delta'_1 + \delta'_2 = 0.106\text{cm} = 1.06\text{mm}$　（改造后）

12.5.7　系统性能分析结论

由上述分析可知：某硅钢片厂跑偏控制 EPC 系统可以简化成一个三阶系统。由于该系统的工作频率较低，所以它的快速性、稳定性和稳态精度等指标都主要由系统的开环放大系数决定。

上面从理论上分析了现有 EPC 系统及改造后 EPC 系统的动态特性，并实测了 CP 机组和 CW 机组（以 CW1 为例）的频宽，现将结果综合列在表 12-3 中。

表 12-3　EPC 系统的性能参数

机组类别		现有 EPC 系统		改造后 EPC 系统性能指标的理论值
		实测值	理论计算值	
CP 机组	ω_b	2.4Hz	2.4Hz	2.9Hz（增大 k_{SV}后）
	h	17.5dB	16dB	12.5dB
	γ		75°	75°
	δ		1mm（板形差）	0.91mm
CW 机组	ω_b	2.2Hz	3Hz	2.35Hz
	h		12dB	6.2dB
	γ		78°	
	δ	板形正常时 $\delta < 1\text{mm}$	0.84mm（板形正常）	1.06mm

由表 12-3 可以看出：

1）增大活塞有效面积和卷重后，系统的开环放大系数 k 将降低，快速性和卷取精度都受影响。

2）由于 CP 机组的稳定裕量（γ 和 h）较大，故可采用加大 k_a 或 k_{SV} 的方法来提高改造后系统的开环放大系数，以保持或提高系统的频宽及稳态精度。

3）对于 CW 机组，改造后采用了滚柱导轨，系统阻尼比 ξ_h 较小，振荡较大，使得幅值裕量比改造前减小很多。从稳定性要有足够的裕量考虑，已不允许单纯调大 k_a或 k_{SV}了，要改善该机组的性能可采用如下方法：设法增大阻尼比 ξ_h，降低超调量，在增大 h 的基础上再适当调大 k_a或 k_{SV}；或者提高油压，适当减小液压缸工作面积 A 的增大量，A 的减小既有利于增大 ξ_h，又可加大 k，但 A 的增大量也不能减小过多，否则将使 ω_h 和 ω_c 的间距不够大，影响系统的稳定性和快速性。

第13章 冶金设备液压系统的故障处理

液压系统的故障处理包含故障的监测、分析、诊断与排除。冶金液压设备功率大、精度高、使用环境恶劣，生产线对液压系统可靠性的要求非常严格。故障分析、诊断与监测是保证液压系统可靠性的重要手段。本章结合实例介绍冶金设备液压系统的故障处理（含排除）方法。

13.1 冶炼设备液压系统的故障分析与诊断

13.1.1 SGXP-240 泥炮液压控制系统的故障分析

某炼铁厂1号750m^{3}高炉全液压SGXP-240泥炮使用初期，液压故障主要是转炮回转机构不动作和堵铁口时间过长。该泥炮的组成及工作原理参见本书7.1.2节。

1. 转炮回转机构不动作故障的诊断与分析

转炮回转缸液压控制原理如图13-1所示。其中，阀1和阀2是外控外泄的液控单向阀，组合后作液压锁用。该泥炮系统安装调试时，在系统压力正常的情况下（压力为20MPa），转炮回转机构不动作。根据经验，基本排除了阀台、管线和液压缸泄漏的可能，初步判断故障的原因可能发生在前置阀块上，而且是阀5、阀6处于关闭状态造成的。为便于分析，设定有关参数如下：

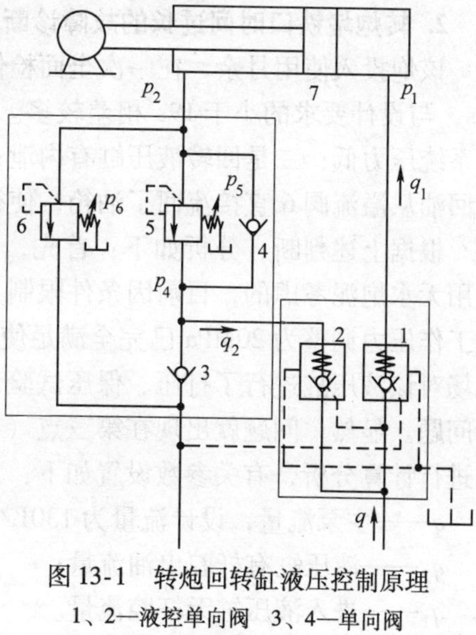

图13-1 转炮回转缸液压控制原理
1、2—液控单向阀 3、4—单向阀
5、6—溢流阀 7—液压缸

p_1——液压缸无杆腔压力（MPa）；

p_2——液压缸有杆腔压力（MPa）；

A_1——液压缸无杆腔面积（cm^2）；

A_2——液压缸有杆腔面积（cm^2）；

p_6——阀 6 弹簧开启压力（MPa）；

p_5——阀 5 弹簧开启压力（MPa）；

D——活塞直径，$D=240$mm；

d——活塞杆直径，$d=180$mm。

首先，用压力表对 p_1 和 p_2 进行测试，实测得 p_1 约为 20MPa，p_2 约为 45MPa。由图看出，如果回转液压缸不运动，那么作用于缸活塞两侧的力必然相等，即

$$p_1A_1=p_2A_2$$

将上式简化并代入 D、d 数值，得

$$p_2=D^2/(D^2-d^2)\times p_1=2.28p_1$$

实测压力数据之比 p_2/p_1 为 2.25，与上述计算结果基本相符，验证了液压缸有杆腔回油不通的分析是正确的。造成液压油无法流过顺序阀的原因是阀 5、阀 6 的开启压力 p_5、p_6 调得太高，以致 p_2 不能打开顺序阀而造成的。处理措施是将 p_5、p_6 调整压力减小，直到 p_2 足以克服 p_5 和 p_6。需要注意的是，一般取 p_6 约为 $1.25p_5$。

2. 转炮堵铁口时间过长的故障诊断与分析

该炮投入使用月余，在一次全面检修调试中，发现转炮机构回转时间大约是 30s，与设计要求的小于 19s 相差较多。造成这一现象的主要原因如下：一是液压系统压力低；二是回转液压缸有内泄；三是顺序阀没发挥作用，液压缸有杆腔的回油从溢流阀 6 直接流回了油箱，使得差动增速失效。

根据上述判断，分析如下：首先，原设计系统工作压力约为 27MPa 是基于使用无水炮泥考虑的，目前因条件限制只能使用有水炮泥，工作负荷低，因此系统工作压力调整为 20MPa 已完全满足使用要求，压力低的因素可以排除；第二，现场对该液压缸进行了打压、保压试验，测试的有关数据也表明液压缸不存在内泄问题。显然，问题就出现在第三点（即差动增速失效）上。为证实为一判断，需进行计算分析，有关参数设置如下：

q——主泵流量，设计流量为 130L/min；

q_2——液压缸有杆腔出油流量；

q_1——进入液压缸无杆腔流量。

根据图 13-1，差动增速时，$q_1=q+q_2$，液压缸向右运动的速度 v 可表示为

$$v=\frac{4(q+q_2)}{\pi D^2}$$

而 $q_2 = v\frac{\pi(D^2 - d^2)}{4}$，带入上式，得

$$v = \frac{4q}{\pi d^2}$$

设液压缸行程为 l（$l = 1407\text{mm}$），那么回转时间 $t = \frac{l}{v} = \frac{\pi d^2 l}{4q}$，代入数值得 $t = 17\text{s}$。

如果有杆腔的回油经阀 6 直接流回油箱，那么进入液压缸无杆腔的油流量就是主泵流量 q，此时回转时间 $t = \frac{l}{v} = \frac{\pi D^2 l}{4q}$，代入数据，得 $t \approx 29.4\text{s}$。

这一计算结果与实际测定的数据（30s）基本一致，说明造成这一现象的原因是阀 6 的开启压力 p_6 低于阀 5 的开启压力 p_5。处理措施是对 p_6、p_5 予以调整，使得 p_6 约为 $1.25p_5$。

13.1.2　炼钢连铸液压传动系统故障分析

1. 连铸液压系统的故障成因

（1）泄漏引起的连铸机液压系统故障　在连铸机的特定工作环境中，液压系统泄漏故障仍占较高比例。外泄是指向系统外部泄漏，直接表现是系统总油量的减少，发生点主要是在与红铸钢坯靠近的执行器（如液压缸）及其连接管路，由于这些部件完全暴露在铸坯的强红外辐射下，极易造成橡胶软管老化破裂和油管、液压缸接头处密封失效。内泄主要发生在泵体内、缸体内和阀体内，因为液压缸靠近铸坯或钢包，强热辐射造成活塞上密封件的高温老化，导致液压缸内泄，使高压腔压力降低，引起液压缸举升和收缩缓慢、无力，严重时无法完成规定动作，此时贴近缸壁可明显听到内部窜油的噪声。由于泵和阀主要安装于专用的液压泵房内，所以它们的内泄主要是因为运动部件磨损造成的。这个过程是一个较长的缓变过程，要经历磨合期、稳定期和快速磨损期 3 个阶段，其中前 2 个阶段为量变积累阶段，第 3 阶段为质变阶段，此时泵、阀运行噪声增大，严重时泵出口压力下降，导致整个系统供压不足。使用中的恒压变量泵如果内泄增大，经泵壳体泄出的油量增大，若无法及时泄流，将导致壳体处油压增高，严重时造成液压泵损坏。阀内泄则可能导致机构误动作。内泄是一种较隐蔽的故障，且从量变到质变多为突变，不易及时发现，较之外泄危害更大。

（2）油液污染引发的液压系统故障　油液污染直接后果是阀阻尼孔堵塞和阀芯卡死，导致误动作。前者主要发生于先导式压力控制阀，这类阀在结构上都有从主级通向先导级的阻尼控制长孔（直径为 0.8～1.2mm），用来产生调整主阀芯运动的压差，若堵死，则无法调整；后者主要发生于带滑阀阀芯的电磁换向阀，特别是在使用过一段时间的换向阀中更易发生，这是由于阀芯的频繁动作导

致其和阀体之间的配合间隙变大所致。

2. 故障防治

1）高温的解决方法就是增设冷却水喷淋装置，即通过喷嘴将冷却水直接喷淋到相关设备上来降温。

2）减少油污染可采取以下几个措施：①仅在需更换时才拆下元件的保护性包装，减少元件裸露的时间；②尽量将补油安排在泵房内进行，补油完毕后应将补油管包好，勿裸露；③在液压缸活塞杆伸出处设护板以阻挡部分粉尘，但不能妨碍检修；④重点还是加强油液的过滤（回油过滤和循环冷却系统过滤），勤换过滤器滤芯；⑤对使用水-乙二醇介质的系统，最好采用不锈钢管作为油管，以防介质中水对油管的锈蚀，并定期对油箱进行除锈清理。

13.1.3 钢包提升装置液压系统故障分析及改进措施

某炼钢厂矫直板坯连铸机在安装调试过程中钢包提升装置液压系统暴露出了钢包回转台整体升降不畅，同时发出节拍似的振动和噪声等问题。

1. 钢包提升装置液压系统原理

图13-2所示为钢包提升装置液压系统原理图。钢包回转台整体升降由一个液压缸1驱动，避免了多缸驱动的不同步现象。电液换向阀8的1YA断电，2YA通电时，液压油进入液压缸无杆腔（下腔），使活塞向上运动实现升降臂上升，有杆腔油液经双单向节流阀7回油节流，控制上升速度；1YA通电，2YA断电时，液压油进入有杆腔，升降臂下降，此时电磁球阀5的3YA通电，接通液控单向阀2的控制油路，使液压缸无杆腔油液经液控单向阀2反向回油，再经单向节流阀的节流通道控制下降速度。

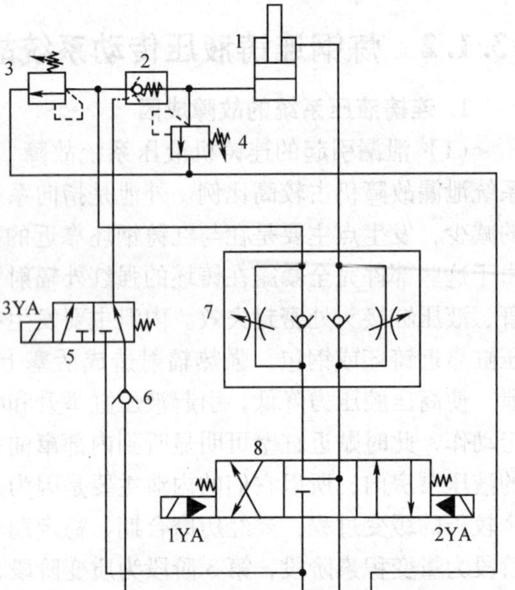

图13-2 钢包提升装置液压系统原理图

1—液压缸 2—液控单向阀 3、4—溢流阀 5—电磁球阀 6—单向阀 7—双单向节流阀 8—电液换向阀

2. 故障原因分析

经检查各元件均正常，故系统故障并非由元件本身质量造成。后来经对液控

单向阀 2 进行结构分析，确认故障原因是元件选择不当。原选择的内泄式液控单向阀结构如图 13-3 所示。

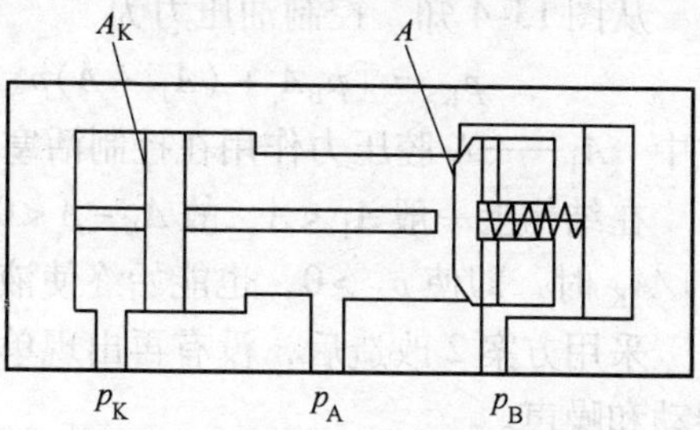

图 13-3　内泄式液控单向阀结构

当液流反向流动时，阀芯受力平衡表达式为

$$p_K A_K - p_A A_K - F_{KM} = p_B A - p_A A + F_S + F_M + W$$

式中　p_K——控制油压力；

p_A——反向出油腔油液压力；

p_B——反向进油腔油液压力；

F_{KM}——控制活塞摩擦阻力；

F_S——弹簧作用力；

F_M——锥阀的总摩擦阻力；

A_K——控制活塞面积；

A——阀座口面积；

W——阀芯惯性力。

由此可知控制油压力为

$$p_K = [p_B A + (A_K - A)p_A + F_{KM} + F_S + F_M + W]/A_K$$

该值是保证反向流动的控制油压力。当阀门关闭，油液反向流动停止时 $p_A = 0$，有

$$p_K = [p_B A + F_{KM} + F_S + F_M + W]/A_K$$

该值是打开液控单向阀的最小控制压力，由溢流阀 3 调定后不变。

由于系统采用单向节流阀调节液压缸下降速度，故油液反向流动时，$p_A > 0$。而控制油压力仍为溢流阀调定值，故阀芯受力平衡被破坏，阀芯左移使阀口关闭，出油反向流动，在反向出油腔中又产生背压，使液控单向阀关闭，一关一开反复进行，活塞下降和停止断续进行，这样便产生了振动和噪声。

3. 故障解决方案

方案 1：提高控制油压力，提高溢流阀 3 的调定压力，补偿节流压力损失，可使液控单向阀始终打开。但这样系统压力能损失太大。

方案 2：选用带外部泄油口 L 的液控单向阀，泄油压力 p_L 可视为 0。带外泄油口的液控单向阀结构如图 13-4 所示。

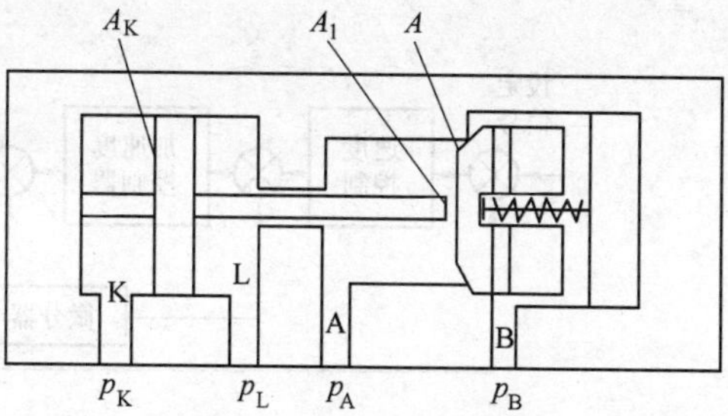

图 13-4　带外泄油口的液控单向阀结构

从图 13-4 知，控制油压力为

$$p_K = [p_B A + (A_1 - A)p_A + F_{KM} + F_S + F_M + W]/A_K$$

式中 A_1——A 腔压力作用在控制活塞的活塞杆面积。

在结构上一般 $A_1 < A$，故 $A_1 - A < 0$，因此只要 $p_K = [p_B A + F_{KM} + F_S + F_M + W]/A_K$ 时，即使 $p_A > 0$，也能始终使液控单向阀打开，而不会开、关断续进行。

采用方案 2 改造后，没有再出现单向阀打开、关闭断续进行的现象，消除了振动和噪声。

13.1.4 薄板坯连铸机液压振动台故障的诊断

1. 连铸机液压振动台简介

液压振动台是现代板坯连铸机的重要设备，其与机械振动台相比的主要优点是可方便地设定与改变波形、振幅、频率，能实现非正弦振动，极大地满足板坯连铸，尤其是薄板坯连铸工艺的需要。某公司从德国 SMS 公司引进的 CSP 连铸连轧薄板坯生产线采用的是液压振动技术，其液压系统原理如图 13-5 所示，其控制原理如图 13-6 所示，其技术参数如下：最大频率为 7.5Hz，最大振幅为 ±10mm，最大铸速为 6m/min，两液压缸（两液压缸并联，图 13-5 中只画出一只）最大振动力的偏差为 20%。

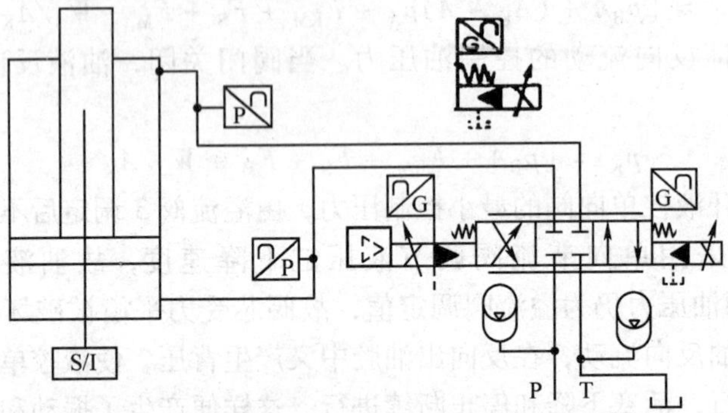

图 13-5　CSP 连铸机振动台液压系统原理图

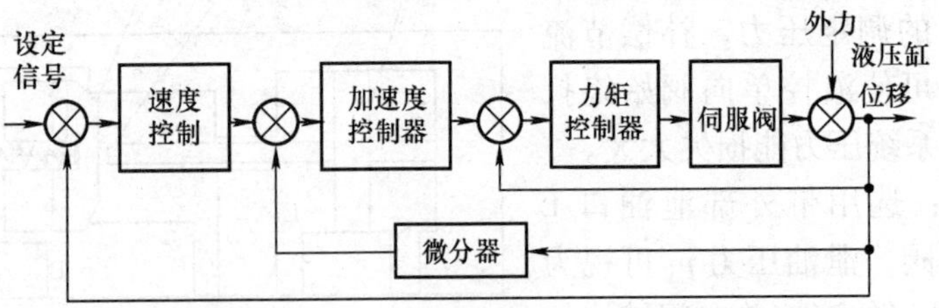

图 13-6　CSP 连铸机振动台控制原理图

2. 连铸机液压振动台液压控制故障

（1）电液伺服阀磨损故障　振动台采用两个 REXROTH 公司的 4WSE3EE 16-161X/200B8-M15Z9EM 型电液伺服阀作为主控制阀。这是一种三级电反馈伺服阀，额定流量为 200L/min。由于该阀始终处在高频大行程的状态下运动，容易引起磨损。磨损之后阀产生零位泄漏，导致零位电流增大（可从计算机监测显示器中查出）和振动曲线波峰处的抖动，严重时整条曲线都抖动，甚至一个阀磨损会引起左右两液压缸位置曲线抖动。图 13-7 所示为伺服阀正常时振动起始段液压缸位置曲线，图 13-8 所示为伺服阀磨损后振动起始段液压缸位置曲线。

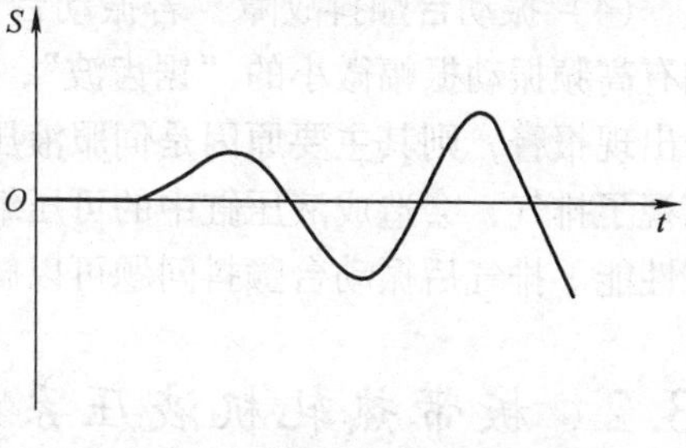

图 13-7　伺服阀正常时振动起始段液压缸位置曲线

（2）位置传感器信号紊乱故障　液压缸的内部设有位置传感器，用于实现位置反馈控制。由于处于高温环境，如果冷却不良，则传感器可能会发生故障，位置传感器产生紊乱信号。此时系统执行保护性的停机。图 13-9 所示为传感器故障时产生的紊乱信号。

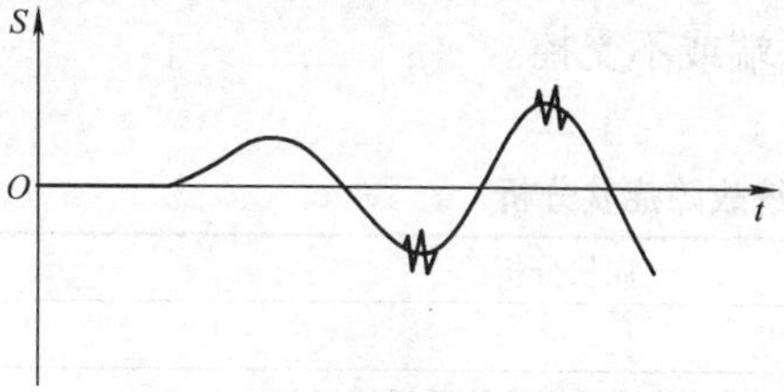

图 13-8　伺服阀磨损后振动起始段液压缸位置曲线

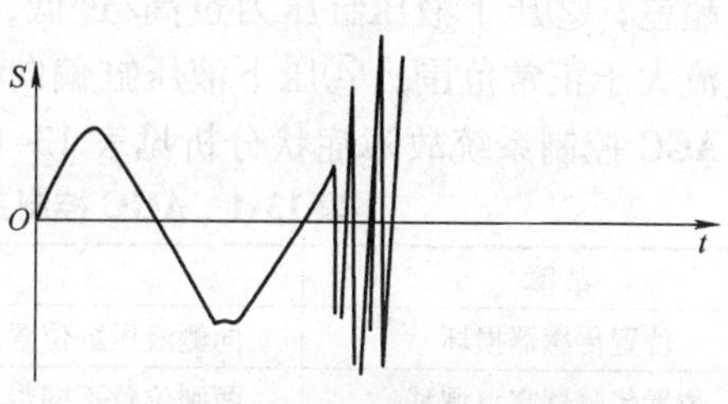

图 13-9　传感器故障时产生的紊乱信号

（3）系统振动、噪声故障　为吸收压力与流量的脉动，液压回路的进、回油口设置了 4 个小型蓄能器。当蓄能器气囊破损时，它失去了吸收脉动的功能，会造成管路的振动与噪声增大。例如，在蓄能器附近，系统正常时测得的振动速度值是 0.9～1.2mm/s，当蓄能器破损后，振动值变为 3mm/s 以上。

回油蓄能器当充氮压力调节不当、过大或过小时，均不能有效吸收回油压力与流量的脉动，将引起系统管路的谐振，造成管路系统异常有规律的周期振动和冲击噪声。通过调节回油蓄能器的氮气压力值可有效地消除管路系统的冲击振动噪声问题，实践证明，对于该高频工作的液压系统，回油蓄能器的氮气压力值以调节为回油管压力的 1/3 为佳。

(4) 振动台颤抖故障　若振动台发生高频颤抖，液压缸正弦位移曲线中叠加有高频振动振幅微小的“锯齿波”，此时正弦位移曲线尚未变形失真，系统也未出现报警，则其主要原因是伺服液压缸中含气引起。如果伺服液压缸在检修后忽视了排气，会造成液压缸中的可压缩气体降低系统的刚度，影响伺服系统的动态性能。排气后振动台颤抖问题可以解决。

13.2　板带热轧机液压系统故障的诊断与排除

13.2.1　轧机 AGC 系统故障诊断

1. 轧机 AGC 系统故障概述

轧机压下装置是针对轧制力变化实施厚度调节的一种快速精确调节定位系统。液压压下调节是由液压位置调节器调节伺服阀的电流，以控制伺服阀的液压油流量，从而控制液压缸体上下移动，达到调整辊缝的目的。

AGC 液压控制位置系统是精轧机组液压控制系统的核心，故障引起的特征症状表现在以下几个方面：①位置控制精度达不到要求，如某一位置传感器测量值大于极限位，或同一压下液压缸位置值超差，或两个压下液压缸位置在 ΔT 时间内超差；②压下液压缸压力过高/过低，或压力建立不起来；③伺服阀驱动零偏电流大于正常范围；④压下液压缸偏向一端或不受控。

AGC 控制系统故障症状分析见表 13-1。

表 13-1　AGC 控制系统故障症状分析

故障	症状分析
位置传感器损坏	同侧液压缸位置超差
位置传感器零点漂移	两则位置不同步，可能在 ΔT 时间内位置仍然超差
液压缸泄漏	伺服阀驱动电流过大，零偏电流 I 超常，当液压缸卡死时，位置无法控制
伺服放大器零点或放大系数漂移	位置偏差过大，零点偏移电流可能出现偏差，还可能引起两侧位置不同步，可能在 ΔT 时间内位置仍然超差
伺服阀寿命性故障	伺服阀零点偏移电流趋势增大
伺服阀突发性故障	液压缸位置无法控制或偏向某一端，零点偏移电流突然增大
溢流阀调节压力过高	在伺服系统发生故障时，可能引起液压缸压力过高
溢流阀调节压力过低	在伺服系统发生故障时，可能引起液压缸压力过低
溢流阀损坏	压力建立不起或起不到溢流作用
机械与电气零点不一致	伺服阀驱动电流、零点偏移电流增大
液控单向阀故障	压下液压缸位置无法控制，偏向某一端
电气断线	位置无法控制，没有驱动电流

2. 轧机 AGC 系统故障诊断

（1）位置控制故障　液压压下装置位置控制主要故障有传感器故障，包括位置传感器故障、液压缸油压传感器故障、轧制力传感器故障。

当同一液压缸两侧位置差大于 4mm 时，可能是位置传感器故障。

当两个液压缸传感器偏差大于 2.3mm 时，压下封锁，可能是位移传感器故障、伺服阀或液压缸泄漏、伺服阀偏差或零位调节不准。

AGC 液压控制系统有两套独立且完全相同的液压位置伺服系统，设定同一值，正常工作时，两套控制系统按照完全相同的指令控制压下液压缸上下移动。采用时间段 ΔT 信号进行平滑滤波，若两液压缸位置传感器位置差 $|S_1 - S_2| > 2.3\text{mm}$，则必有 1 套液压位置伺服系统存在故障，结合伺服系统状态分析（如驱动电流变化趋势），即可对故障进行定位。一般来说，趋势变化过快的系统更有可能存在故障。

当两侧压力传感器测量值超差时，可能是压力传感器故障。

（2）动作故障　BA（基础自动化）给出控制逻辑信号，而电磁阀不动作，整个伺服系统无法工作，则可能的故障是电气断线或电磁阀卡死等。

电磁阀（逻辑功能阀）开关状态与测压点压力关系不符合，则可能的故障是电气断线或电磁阀卡死。

（3）液压阀故障　主要症状有预控限压阀在工作时没有处于溢流状态。此时应检查溢流阀实际工况及溢流压力设定值是否符合实际工况（是否设定值过低等）。

轧制时，液压缸工作腔压力应基本满足：$p_1A_1 \approx p_2A_2 + F$（其中 F 为对应侧轧制力）。卸荷状态时，液压缸工作腔背压为 4MPa。

（4）伺服阀零偏电流 I 异常与相关故障　当零偏电流变化小于满量程范围的 10%（约 3mA）时，伺服阀正常；当零偏电流变化大于满量程范围的 30% 时，伺服阀应更换。

若零偏电流 I 逐渐增大，则可能的故障是伺服阀或压下液压缸寿命性故障，如磨损、泄漏、电气老化等，但控制性能仍基本达到要求，可能会使控制位置略有漂移。

若零偏电流 I 突然增大，则可能的故障是伺服阀突发性故障或液压缸卡死，如反馈杆断裂、力矩电动机卡滞、小球脱落、节流孔堵塞等，将使伺服系统失控。

还可根据电流 I、液压缸压力、伺服阀 B 腔压力、液压缸位置 S 等参量来进行故障定位。例如，若驱动电流 I 突然增大（幅度很大），液压缸位置偏向一端无法控制，伺服阀电流 I 变化而 B 腔压力不变，则可能的故障是电气断线或伺服阀故障或液控单向阀故障（故障率很低）；若 B 腔压力随伺服阀电流 I 变化，则可能的故障是伺服阀故障或液压压下液压缸故障。

3. AGC控制系统故障树分析

图13-10所示为根据故障分析与诊断案例的长期积累得出的AGC液压控制系统故障树。AGC系统主要有压力和位置两方面的故障。压力故障分为供油系统压力不正常及液压缸工作压力不正常，液压缸的工作压力有可能过高、过低或根本就建立不起来，导致这些现象的原因有：机械方面的故障，如液压缸卡死、泄漏，伺服阀或溢流阀有故障；电气方面的压力传感器故障、线路传输故障、PLC故障等。位置故障有液压缸位置超差和两个液压缸位置不同步两种，导致这些故障的原因与前面分析的压力故障的原因类似。

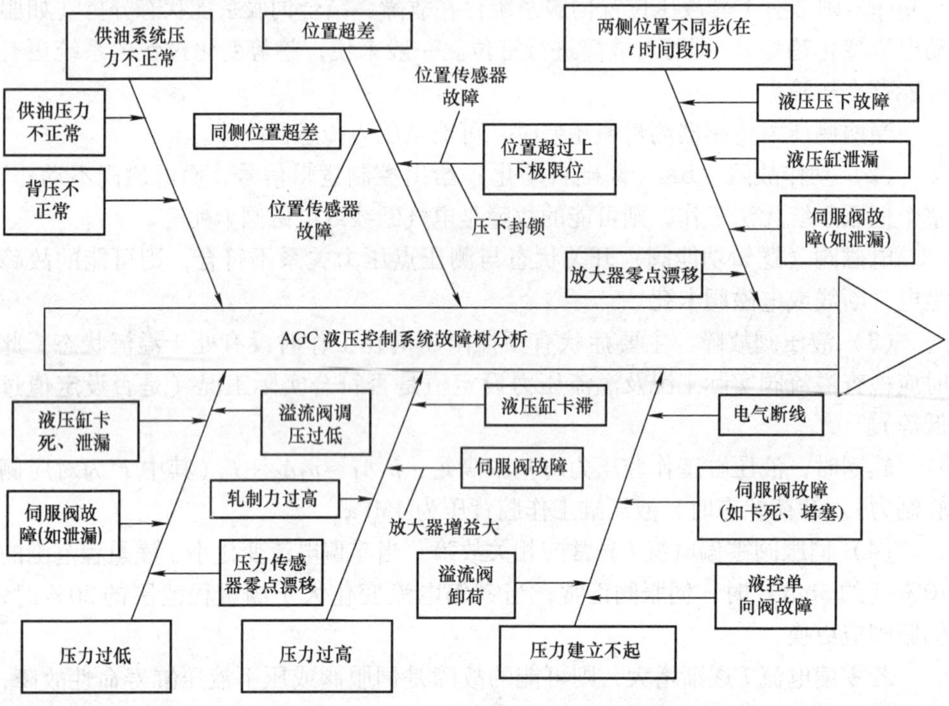

图13-10 AGC液压控制系统故障树

4. AGC典型故障案例

1）支撑辊操作侧和传动侧之间位置超差。定修期间更换F1轧机的上、下支撑辊，开机零位调节时，操作侧和传动侧之间出现位置偏差过大报警，导致零位调节不成功。机械检查液压缸各腔压力正常，动作正常，活塞能运行到上下极限位置且无渗漏；电气检查位置传感器和控制模块都没发现问题；工艺方面检查工作辊和支撑辊的直径及辊型偏差，偏差都在合格范围之内，不应该造成位置超差。最后决定重新更换支撑辊，拉出上支撑辊时发现在上支撑辊轴承座与AGC

液压缸的接触面之间有一块碎布，清理干净，重新装回后，故障消除。

引起这个故障的原因是支撑辊轴承座与 AGC 液压缸有一定厚度的杂质，引起位置测量出现偏差，而操作工未按标准化作业，未仔细检查支撑辊就上机才导致了这个故障。

2）无法调零在生产中正常更换的 F6 工作辊。对 F6 工作辊进行零位调节，在辊缝靠近时，无法达到零位，以至无法完成调零程序，而机械及电气方面都无事故报警，查看现场，发现液压缸在最大行程位置，于是建议再次更换直径较大的工作辊，之后故障消除。

引起这个故障的原因是工作辊的辊径较小，辊缝超过 AGC 液压缸的行程，解决的办法是：①更换合适的轧辊；②调整合适的垫板。

3）AGC 液压缸出现不动作故障。故障出现后马上检查工作压力，发现进油测压点检查的压力过低，现场有液压油流动的声音，这有两个可能：一是伺服阀工作异常或控制信号异常；二是溢流阀有问题。考虑到伺服阀有两个，设置一个为主工作阀，另一个为辅助工作阀，而两个伺服阀同时出现故障的可能性很小，于是更换了一个新的溢流阀，之后系统恢复正常。解体这个溢流阀，发现它的先导阀芯被杂质卡在常开位置，造成系统一直在溢流泄压，所以 AGC 液压缸无法动作。这是液压系统被污染造成的故障。

13.2.2　轧机 CVC（变凸度控制）系统故障分析

1. CVC 液压控制系统故障概述

CVC 液压控制位置系统故障引起的特征症状可归类为以下几个方面：位置控制精度达不到要求（如某一位置传感器测量值大于极限位），或同一轧辊两个传感器位置值超差，或同侧上、下辊位置值超差；伺服阀驱动零偏电流大于正常范围；某液压缸位置无法控制；某液压缸控制压力建立不起等。CVC 液压控制系统故障症状分析见表 13-2。

表 13-2　CVC 液压控制系统故障症状分析

故障	症状分析
位置感器零点漂移	位置偏差过大
位置传感器损坏	对应液压缸位置无法控制，如测量值 > 极限值
液压缸泄漏	伺服阀驱动电流过大，零偏电流 I 超常，当液压缸卡死时，位置无法控制
伺服放大器零点或放大系数漂移	位置偏差过大，零偏电流可能出现偏差过大
伺服阀寿命性故障	伺服阀零偏电流值趋势增大
伺服阀突发性故障	液压缸位置无法控制或偏向某一端，零偏电流突然增大
溢流阀调节压力过低	位置偏差过大．当卸荷时液压缸位置无法控制
液控单向阀故障	液压缸位置无法控制

2. CVC 液压控制系统故障分析

（1）位置传感器故障　如果 CVC 液压缸位移不到位，主要现象有单个位置传感器测量值 > 极限值，或控制过程中位置传感器输出信号不变，则可能是位置传感器故障。当同一个辊两个位置传感器位置差 $|E-A|>5\text{mm}$ 时（其中，E、A 分别为同一轧辊两个传感器的位置值），报警；当上、下两辊 $\|UP|-|DOWN\|>2\text{mm}$ 时，（其中，UP、DOWN 分别为上、下辊位置值）封锁。可能的故障是：液压伺服系统零点漂移、液压缸卡滞等。

（2）压力传感器故障　压力传感器故障会引起轴向力计算错误。原则上 CVC 液压缸上下两侧作用力基本相等，故可根据作用力对称性来判断可能发生的故障。

（3）不同步故障　CVC 液压控制系统由 4 套独立且完全相同的液压位置伺服系统分别控制上、下工作辊沿相反方向的轴向移动。4 个位置设定一样，4 个液压缸的移动位置绝对量可以互相作为参考基准，进行故障诊断。同时，考虑系统响应和干扰，采用时间段 ΔT 信号进行平滑滤波，如果同一个辊两个位置传感器的位置差 $|E-A|>5\text{mm}$，则必有 1 套液压位置伺服系统存在故障，此时结合伺服系统状态分析，可对故障进行定位。如果上、下两辊 $||UP|-|DOWN||>2\text{mm}$，同样可能是上辊或下辊某 2 套液压位置伺服系统存在故障。同时，还可分析 4 套液压位置控制系统位移偏差量的变化趋势，进行故障定位。一般来说，趋势变化过快的更有可能存在故障。

（4）控制逻辑故障　发生控制不符合逻辑关系的症状：一种症状是控制器给出控制逻辑信号与实际电磁阀动作不一致，伺服系统状态与预设定方式不一致，此时可能的故障是接线不正确或乱码；另一类症状是控制器给出控制逻辑信号，而实际电磁阀不动作，此时可能的故障是电气断线或电磁阀卡死等，以致整个伺服系统无法工作。CVC 移动时，电磁阀状态错误，引起液控单向阀封锁，液压缸两端压力基本不变，液压缸不移动。CVC 移动紧急断开时，若电磁阀状态错误，则液压缸两端压力将发生变化。

（5）液压伺服系统零偏　正常工况下，伺服阀零偏电流 I 小于满量程范围的 10%（约 3mA），而当零偏电流大于满量程范围的 30% 时，伺服阀需更换。对伺服阀零偏电流 I 趋势分析如下：若零偏电流 I 在适当范围内变化，则伺服系统正常；若零偏电流 I 逐步增大，位置漂移，则可能的故障是伺服阀或液压缸寿命性故障；若零偏电流 I 突然增大，伺服阀失控，液压缸偏向一端，则可能的故障是伺服阀突发性故障或液压缸卡滞。

13.3　卷取机液压系统故障诊断与排除

13.3.1　卷取机侧导板液压系统故障分析及排除

某 1450 热轧板厂主轧线卷取机安装有侧导板装置，其用途是防止带钢跑偏，使带钢与轧线对中并将其导入地下卷取机。侧导板由液压缸驱动，侧导板两侧的导板由两套独立且完全相同的液压伺服系统控制，通过 PLC 软件实现两侧的导板同步。

1. 卷取机侧导板液压系统原理

以侧导板单侧的液压系统为例，卷取机侧导板液压系统原理如图 13-11 所示。

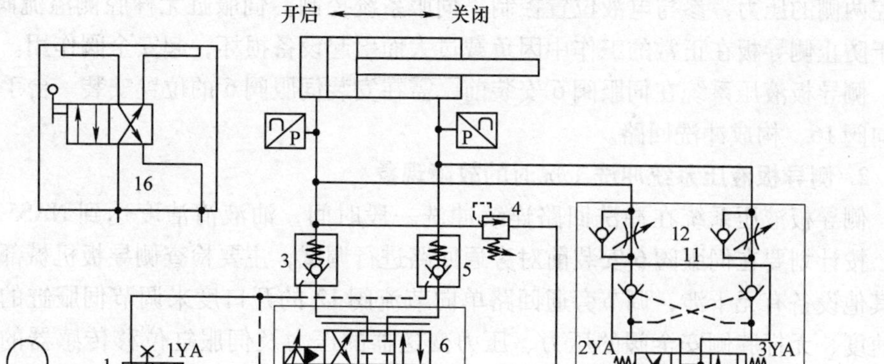

图 13-11　卷取机侧导板液压系统原理图

1—电磁换向阀　2、9、14、15—单向阀　3、5、8、11—液控单向阀　4—溢流阀　6—伺服阀　7—过滤器　10—电液换向阀　12—单向节流阀　13—截止阀　16—手动换向阀

该液压系统由主回路和旁通回路两部分组成，其中，旁通回路的作用是在主回路出现故障或侧导板检修等情况时使用，主回路是在侧导板正常轧钢过程中使用，主回路与旁通回路是通过伺服阀 6 前后三个液控单向阀 3、5、8 分开的。伺服缸内装 ILVDT 位移传感器，用以检测液压缸的实际位置（液压元件均采用美

国 VICKERS 公司提供的产品)。

操作员将操作手柄选成“侧导板旁通”方式时，侧导板旁通回路投入使用，PLC 控制电磁换向阀 1YA 失电，伺服阀 6 前后三个液控单向阀关闭，此时操作员操作“侧导板开启”或“侧导板关闭”按钮，通过 PLC 使侧导板旁通回路的 2YA 或 3YA 得电，控制该侧导板液压缸缩回或伸出，使该侧导板的单边导板向外打开或向内关闭，或停留在任一位置。

操作员将操作手柄选成“侧导板伺服”方式时，主回路投入使用，PLC 控制电磁换向阀 1YA 得电，伺服阀 6 前后三个液控单向阀打开，主回路投入使用。

操作员可通过终端设定侧导板的开口度，PLC 将操作员的设定值与液压缸内位移传感器检测实际位置的偏差值作为输入信号，控制伺服阀 6 的开口度及液压油流动的方向，使侧导板液压缸实际位置达到操作员设定值，构成电液位置控制伺服系统。伺服缸有杆腔及无杆腔的两个压力变送器用于检测液压缸有杆腔及无杆腔两侧的压力，参与电液位置控制。伺服系统控制。伺服缸无杆腔侧溢流阀 4 用于防止侧导板在正常的工作中因负载过大而引起设备损坏，起安全阀作用。

侧导板液压系统在伺服阀 6 安装前，需在安装伺服阀 6 的位置安装一台手动换向阀 16，构成冲洗回路。

2. 侧导板液压系统冲洗工况时的故障现象

侧导板液压系统在冲洗回路连续冲洗一段时间，油液清洁度达到 NAS5 级后，按计划要在伺服阀 6 安装前对旁通回路进行调试，主要检查侧导板机械部分与其他设备有无干涉，调节旁通回路单向节流阀 12 的开口度来调节伺服缸的伸缩速度、无杆腔侧安全阀的压力、压力变送器的压力及伺服缸位移传感器的零点等。

调试过程中发现：在电液换向阀 10 的 2YA 或 3YA 得电且手动换向阀 16 处于交叉位时，手动换向阀 16 处有持续不断的油流声，手动切换伺服阀的手动换向阀 16 相当困难。其中在 3YA 得电伺服缸伸出时，手动换向阀 16 内油流声音较大，且温升较快，伺服缸到位后，该阀阀内油流声音加大，且温升加快；在 2YA 得电伺服缸缩回时油流声音较小，温升较慢，伺服缸缩到位后没有油流声。在 2YA 和 3YA 均失电时，手动切换伺服阀的阀 16 时轻松。

3. 侧导板液压系统故障判断

根据故障现象，初步判断故障为伺服缸无杆腔侧的液控单向阀 3 关闭不严。解体检查伺服缸无杆腔侧的液控单向阀 3，并没有发现该阀异常，重新安装该阀后，上述故障依然存在。进一步判断认为，有某种原因引起电磁换向阀 1 的回油口压力较大，引起液控单向阀 3 打开。

4. 侧导板液压系统故障分析检查

该侧导板液压泵站由三台 A4VSO250DR 型恒压变量泵组成，两台工作，一台备用，可提供系统压力为 14MPa 及 0～500L/min 的流量。

电磁换向阀 1 的型号为 DG4V-2-2AL-M-U-H6-10，该阀最大的流量为 30L/min（25MPa）；电液换向阀 10 的型号为 DG5V-5-6CL-2-J-H-M-U-U-5-20，该阀最大的流量为 160L/min（31.5MPa）；单向阀 14、15 开启压力均为 0.035MPa；阀块内泄油管直径为 10mm，深 327mm，L 管内径为 8mm，长度为 5m 左右；液控单向阀 3、5、8 的型号为 DT8PI-10-05-11-ENB，按 VICKERS 公司提供的产品样本，打开液控单向阀的最低控制压力 p_{kx} 为

$$p_{kx} = (p_{out} - p_{in}/a) + p_{in} + C$$

式中　p_{out}——自由流动的出口压力；

p_{in}——自由流动的进口压力；

a——控制活塞对单向阀的面积比，该阀的控制活塞对单向阀的面积比为 2.6；

C——开启压力变化值，该阀为 0.4MPa。

因液控单向阀 8 前的压力为该系统压力 14MPa，按上述公式可以算出打开液控单向阀 8 最低控制压力为 6.2MPa，而侧导板液压缸在伸出时负载较小，无杆腔的压力为 2MPa 左右，按上述公式可以算出打开液控单向阀 3 的最低控制压力为 1.2MPa。

为了检查电磁换向阀 1 的 T 口有无高压，拆除 L 管单向阀 15 前的管接头，在电液换向阀 10 的 3YA 得电伺服缸伸出时，L 口处液压油持续高速喷出来，且伺服缸到位后喷出的液压油压力增大，而在电液换向阀 10 的 2YA 得电伺服缸缩回时，L 口处液压油持续不断地喷出来，且伺服缸到位后液压油不再喷出来，至此可以认为故障是油路集成块内部孔系出现错误贯通造成的。校核油路集成块孔系，发现伺服缸无杆腔侧溢流阀 4 前孔道 A 处与电磁换向阀 1 的回油孔道 B 处因设计原因造成了错误贯通，贯通后的油路如图 13-12 中 A、B 间虚线所示。

正确设计的油路应该是：伺服缸到位后，伺服缸无杆腔的压力因手动换向阀 16 泄漏维持在 3MPa 左右；在电液换向阀 10 的 2YA 得电时，伺服缸缩回，无杆腔的一部分液压油经单向节流阀 11 回油箱，另一部分液压油经液控单向阀 3 及手动换向阀 16 回油箱。正常工作时不应有大量油液从 L 管路流出。

5. 侧导板液压系统故障处理

将错误贯通的油路集成块完全重做的工作量太大，不可取。为切断 L 油路与 A、B 之间的错误贯通连接，又不影响电磁换向阀 1 的 T 口和 L 油路连通，采取在单向阀 2 进口处增加一个过渡阀块（见图 13-13），通过过渡阀块单独将电磁换向阀 1 的 T 口引出来，连接到 L 口，同时堵住原油路集成块上的 L 口。将过渡块安装且重新配管后，故障现象消失。

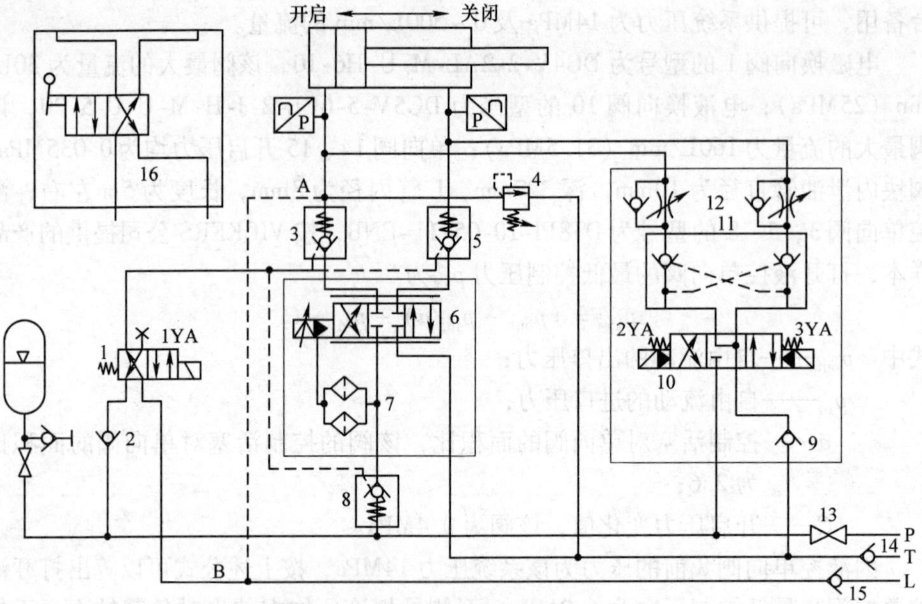

图 13-12　侧导板液压系统 A 处与 B 处贯通示意图

1—电磁换向阀　2、9、14、15—单向阀　3、5、8、11—液控单向阀　4—溢流阀　6—伺服阀　7—过滤器　10—电液换向阀　12—单向节流阀　13—截止阀　16—手动换向阀

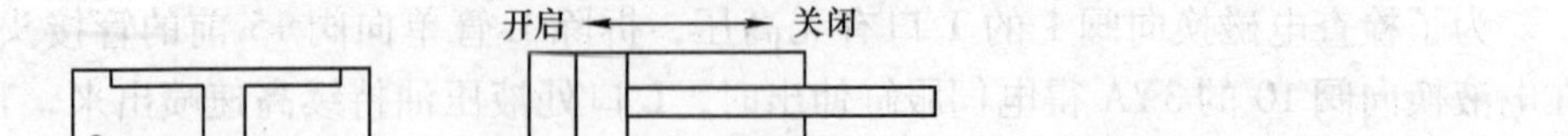

图 13-13　改进后的侧导板液压系统原理图

1—电磁换向阀　2、9、14、15—单向阀　3、5、8、11—液控单向阀　4—溢流阀　6—伺服阀　7—过滤器　10—电液换向阀　12—单向节流阀　13—截止阀　16—手动换向阀

13.3.2　卸卷小车失压事故分析及处理

某钢厂卷取机操作人员在卸卷操作时发现卸卷小车上升，接住钢卷后压力会缓慢下降，导致点动增压卸卷，当卸卷小车上升接第 4 卷、卷筒反转卸卷时，突然失压下降，导致钢卷外圈散开，挂在卷筒上。操作人员意识到问题较严重，立即报告当班生产主管，通知连铸停浇，同时请运行人员共同处理，在电气人员检查没有发现问题后，卷取液压设备管理员赶到现场，手动控制液压阀，初步判断是液压锁故障并更换了备件。试运转时卸卷小车仍然失压下降，于是又更换了控制液压锁的换向阀主体部分，然而故障依旧，再次分析认为是溢流阀出现了故障，于是对其进行了更换，同时更换了换向阀主体部分。更换完毕后试车正常，故障排除，恢复了生产。

此次事故造成误产时间约 7h，事故处理分析时间过长的主要原因是电、机、液专业技术人员分批到达现场，如果当时能够让各专业人员同时到场，及时对系统进行综合分析，情况可能会好得多。

13.4　钢卷运输设备液压故障诊断与排除

13.4.1　钢卷升降运输小车液压系统故障分析

钢卷升降运输小车广泛用于轧钢工业生产线，它的运行正常与否直接影响钢卷的运输与安装，从而影响设备的正常运转。以下是对某钢厂钢卷升降运输小车液压系统进行的故障分析。

1. 运动失控故障之一

（1）故障症状　钢卷升降运输小车在空载时横向进、退有异常振动，纵向下降时电磁铁失电后仍略微向下爬行。加载后（20t 钢卷放在小车平台上），小车横向运动时进快退慢，纵向上升停止时未待电磁阀切换呈下降状，重物即随平台缓缓下降，不能定位。

（2）故障原因分析　从现场故障情况来看，可以断定是液压元件或液压系统有问题。钢卷升降运输小车液压系统如图 13-14 所示。

1）钢卷升降运输小车加载后横向进快退慢，影响小车横向进退的原因有：①液压马达回油路中两个单向节流阀 4、5 的开口度不合适，液压马达转速和流量成正比，流量越大，转速也越快，而该小车在控制横向进退的液压马达的回油路中装了两个单向节流阀，形成回油节流调速，这两个单向节流阀的开口大小决定了液压马达旋转速度的快慢，也就是小车横向运动的快慢。②在系统调压阀 6 的设定压力为 12MPa 不变的情况下，溢流阀 7 和 8 也是决定小车横向进退的关

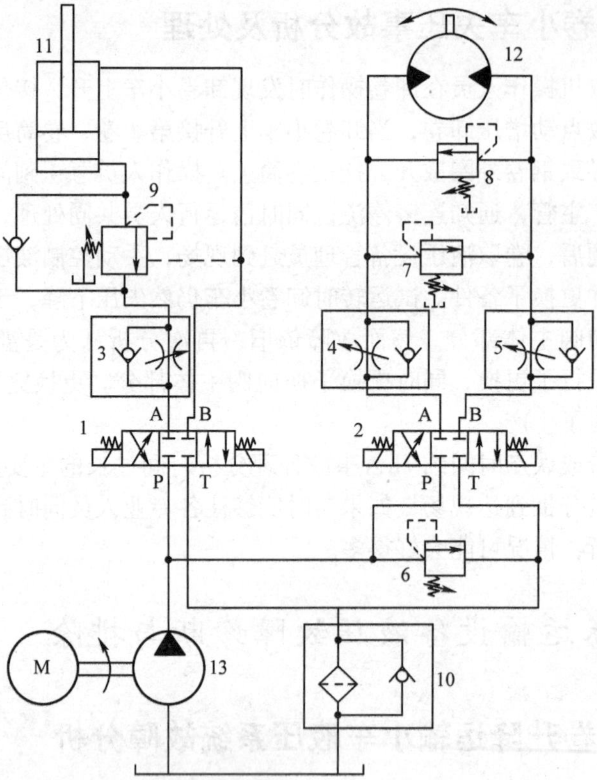

图 13-14　钢卷升降运输小车液压系统

1、2—电磁换向阀　3、4、5—单向节流阀　6—系统调压阀　7、8—溢流阀
9—平衡阀　10—带旁通单向阀的过滤器　11—液压缸　12—液压马达　13—液压泵

键元件，这两个溢流阀分别用来限制液压马达正、反转停止或切换时产生的最大冲击压力，起制动缓冲作用，因为压力设定过高，液压马达制动过猛会引起冲击和振动，压力设定过低，则导致液压马达转不动。

综合上述原因，先将液压马达进出口的两个溢流阀 7 和 8 的压力设定为 10.3MPa（根据设计要求），然后调节回油单向节流阀的节流开口大小，按用户要求，调节到该小车横向进、退的最佳速度为止。

2）加载后钢卷升降运输小车在纵向上升停止后仍向下缓缓下降，这提醒我们要对液压缸承载能力进行分析。

液压缸规格：活塞直径 $D=170\text{mm}$，活塞杆直径 $d=127\text{mm}$，行程 $L=810\text{mm}$，系统压力为 1MPa。液压缸最大推力 F 计算公式如下：

$$F=p\times A$$

式中　F——液压缸最大推力；

p——系统压力；

A——活塞面积。

$$F = p \times \pi \times D^2/4 \approx 270\text{kN}$$

20t 钢卷放在工作平台上，液压缸带动工作平台上升很平稳，速度也很正常，由计算结果得知，液压缸最大向上推力为 270kN，可见小车纵向上升的回路正常，即系统调压阀 6、液压泵 13 都没问题，那么造成故障的原因只能是：①液压缸 11 有内泄漏或外泄漏，导致液压缸下降，此项经鉴定后排除。②平衡阀 9 中的压力阀和单向阀故障，液压缸 11 下腔压力应被平衡阀 9 中的单向阀封死，使液压缸停止运动，只有当远控口的压力大于平衡阀中的压力阀的压力设定值时，才能将平衡阀打开，此时液压缸下腔的压力放出，平台下降，而实际情况是远控口没有压力，平衡阀中的压力阀也没有开启，液压油从平衡阀中流出，显然是平衡阀中的单向阀损坏（阀芯磨损、卡滞）或者是平衡阀中的压力阀阀芯磨损、泄漏。因此，在调节平衡阀无效的情况下，更换了新的平衡阀。

2. 运动失控故障之二

钢卷升降运输小车纵向下降不动作。小车纵向下降不动作的原因有：①平衡阀 9 中压力阀的压力设定值过高或关死，远控口的压力不足以打开平衡阀 9 中的压力阀，从而使液压缸下腔的液压油被平衡阀中的单向阀封死，液压缸无法向下动作。②三位四通电磁换向阀 1 存在电气故障，电器插头松动、接触不良，线路未接好、接错、断开等时，都能导致电磁铁不动作，都会使电磁阀不换向。③回油单向节流阀 3 中的节流开口度调节过小或节流关死，使液压缸下腔的液压油不能通过该节流阀回到油箱，而被封堵在管道内，液压缸无法向下运动。

3. 运动失控故障之三

（1）爬行故障症状　小车纵向下降时，有爬行和冲击振动现象；加载后小车横向退回，时退时停乃至一点也不动。

（2）爬行故障原因分析

1）纵向下降后有爬行和冲击振动现象的原因有：①单向节流阀 3 的节流口较小时，液压油中杂质和污物很容易附着在节流口处，使通过节流阀的流量减小，压差增大，压力脉动又将污物从节流口处冲走，使通过节流口的流量增加，如此反复，造成爬行故障。②阀 6 中的阻尼孔被杂质堵塞，使调定压力不稳定，造成系统压力波动很大，从而导致小车平台运动波动大并伴有冲击和振动。故障排除方法：更换新油，更换滤芯，清洗节流阀和溢流阀。

2）加载后横向回退时出现时退时停乃至停止不动的原因有：①机械故障，如小车轮子上有异物，轮子转动时会卡滞、卡死，轨道变形以至阻力过大或有阻碍物，经查此项排除。②小车横向退回，液压马达 12 逆转，溢流阀 8 设定压力过低接近临界，或溢流阀卡滞、卡死都会造成液压马达 12 进口端压力时有时无或一点压力也没有，从而液压马达带动车轮出现时转时停乃至停止不动的现象。

（3）故障排除方法　小车轮子转动不正常是由液压系统故障造成的，所以首先将回油单向节流调速阀4开口调大，将溢流阀8调压螺栓拧紧（此时压力应增大），如果无效则可断定溢流阀8阀芯卡滞、卡死，需更换溢流阀。将副线钢卷升降运输小车中溢流阀作为备件装上后，运动立刻正常，说明判断准确。

4. 横向前进不动作故障原因分析和排除方法

（1）症状　当把修复后的液压元件（溢流阀、平衡阀）安装到小车液压系统，运行一段时间后，突然小车横向前进不动作，其他方向运动都正常。

（2）故障原因分析　小车突然横向前进不动作，其他方向运动却都正常，说明系统回路中液压泵13、系统调压阀6、液压马达12完好无问题，故障的原因可能是：当电磁换向阀2突然卡滞，换向不到位，或回油单向节流阀5的节流口突然被堵塞，油流通道被堵死，或液压马达12进口前端溢流阀7阀芯突然被卡死，高压油被卸荷，液压马达12进口腔因无压力而不转。出现上述问题时才会发生突然横向前进不动作现象。

（3）故障排除方法　以手动方式检查电磁换向阀2阀心动作是否灵敏，发现无问题，再调大单向节流阀5的开口度，仍无效，此后立即拆卸、检查溢流阀7，结果在溢流阀主阀芯端发现有一块小铁皮卡在其中，因而导致溢流阀卸荷，液压马达12进口腔因无压力而转不动车轮。去除小铁皮后，溢流阀故障解除，小车恢复正常。

13.4.2　热轧厂运输线液压升降台故障分析与排除

某2050mm热轧厂运输线系统的作用是将热轧钢卷运送至精整钢卷库及冷轧厂，而液压升降台的作用是将钢卷从1号运输线摆渡到2号运输线向冷轧厂方向运送钢卷。液压升降台每次故障都会不同程度地影响钢卷直送率，造成冷轧来料吃紧。

1. 液压升降台简介

液压升降台主要由计算机、比例放大器、液压系统、检测元件及机械连杆等几个部分组成。图13-15所示为升降台液压原理图。

升降台一个工作周期的控制过程如下：钢卷从1号运输线运送到升降台后，计算机发出指令，比例换向阀1的2YA得电，升降液压缸5以适当速度（程序中将此速度设定为慢速上升）瞬时上升（补偿定位销与销孔间隙），同时定位销液压系统电磁换向阀7的4YA得电，锁紧销液压缸10后退，拔出锁紧销，锁紧销后退限位f得电发出锁紧销拔出信号。比例换向阀1的1YA得电，电磁换向阀6的3YA得电，升降台开始快速下降，下降到下降减速限位c后开始慢速下降，

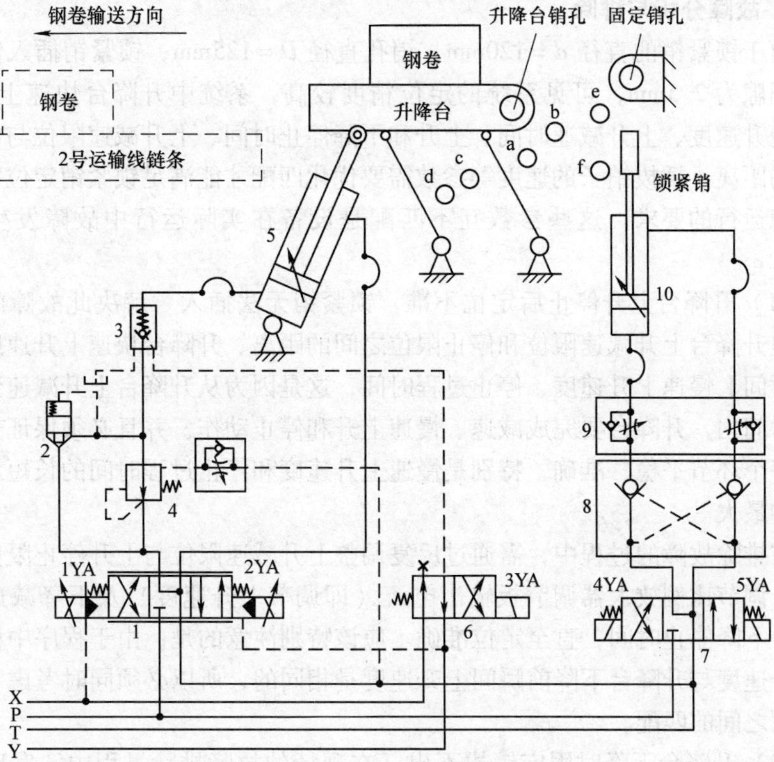

图 13-15　升降台液压原理图

a—上升减速限位　b—上升停止限位　c—下降减速限位　d—下降停止限位

e—锁紧销前进限位　f—锁紧销后退限位

1—比例换向阀　2—插装式单向阀　3—液控单向阀　4—减压阀　5—升降液压缸　6—二位四通电磁换向阀　7—三位四通电磁换向阀　8—液控单向阀　9—单向节流阀　10—锁紧销液压缸

下降到下降停止限位 d 时停止，发出停止信号，下降过程结束。2 号运输线链条将钢卷向前运送一个钢卷位，并发出钢卷到位指令。计算机接收到钢卷到位指令后，比例换向阀 1 的 2YA 得电，升降台快速上升，上升到上升减速限位 a 后转慢速上升，到上升停止限位 b 停止，发出上升停止信号。此时锁紧销液压缸 10 前进，插上锁紧销，锁紧销前进限位 e 发出锁紧销插入信号，升降台停止在基位，一个周期结束。

2. 故障现象

1）升降台上升停止后定位不准。表现为升降台上升停止后销孔还未升到固定销孔位置　或已超过固定销孔位置，锁紧销无法插入。

2）升降台要下降时，锁紧销拔不出。

3. 故障分析与排除

由于锁紧销的直径 $d=120\text{mm}$，销孔直径 $D=125\text{mm}$，锁紧销插入销孔后的单边间隙为2.5mm，可见系统的定位精度较高，系统中升降台快速上升速度、慢速上升速度、上升减速时间、上升和下降停止时间、上升减速限位与停止限位之间的距离、插拔销子的速度等参数需要优化匹配才能满足锁紧销定位精度和系统平稳运行的要求。这些参数互不匹配是设备在实际运行中故障发生的主要矛盾。

（1）升降台上升停止后定位不准，锁紧销无法插入　解决此故障的出发点是调整升降台上升减速限位和停止限位之间的距离、升降台快速上升速度、减速过程时间、慢速上升速度、停止过程时间，这是因为从升降台上升减速到停止的这段时间内，升降台要完成减速、慢速上升和停止动作，并且必须保证升降台动作的每个环节平稳、准确，特别是慢速上升速度和停止过程时间的长短对定位精度影响最大。

在排除故障的过程中，需通过反复调整上升减速限位与上升停止限位之间的距离，调节比例放大器调节板输出电流（即调节上升速度）及下降减速时间和上升、下降停止时间，直至定位准确。应该特别注意的是，由于程序中设定的慢速上升速度与升降台下降前瞬间上升速度是相同的，所以必须同时考虑它们与拔销速度之间的匹配。

（2）升降台下降时固定销拔不出　在现场的故障排除过程中，发现此故障的发生有两方面的原因：一是升降台瞬间上升速度与销紧销拔出速度不匹配，即升降台瞬间上升速度太快，销子拔出速度相对较慢时，造成升降台销孔左壁卡住销子，而升降台瞬间上升速度太慢，销子拔出速度相对较快时，造成升降台销孔右壁卡住销子，因此需要调节拔销速度，使之与升降台瞬间上升速度匹配，此时应尽量不调整瞬间上升速度，否则又将出现故障。通过调节单向节流阀9流量，使锁紧销拔出速度与升降台瞬间上升速度匹配后故障排除。二是比例阀存在泄漏。升降台停止在基位时，比例换向阀位于中位，液压油通过比例换向阀泄漏至升降液压缸5的无杆腔，升降台在基位停止时间稍长就会造成升降台上升卡住锁紧销，而升降台下降时瞬间的上升动作使升降台进一步卡紧锁紧销，造成锁紧销拔不出。更换比例换向阀1后故障排除，换下的比例换向阀在实验台的测试结果与分析判断一致。

升降液压缸存在内泄漏及比例换向阀特性的变异，都会直接影响升降台的正常工作。因此，在实际设备维护中，注意比例换向阀的定期测试，做好升降液压缸的定期检查及更换，都有利于设备的稳定运行。

13.5　现代测试仪器在液压系统故障诊断中的应用

13.5.1　设备运行记录仪信号用于连轧线活套液压系统故障诊断

1. 活套系统的作用

活套系统设置在轧机组各机座之间，它使相邻机座间的带钢在一定张力下贮存一定的活套量，作为机架间速度不协调时的缓冲环节。同时，活套臂摆动时发出角度信号，用来控制各架轧机的速度，使连轧机在稳定的小张力下进行轧制。活套在近代高速热连轧速度自动调节系统中是必不可少的环节，通过控制活套，不仅可以避免拉钢和堆钢等重大生产事故，而且可改善带钢的轧制质量。图 13-16 所示为某大型薄板连轧生产线液压活套系统工作原理图。

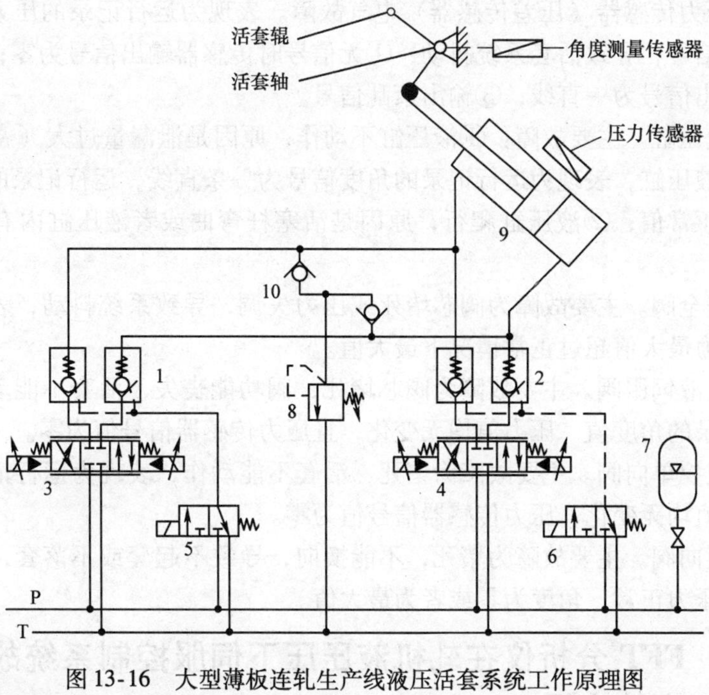

图 13-16　大型薄板连轧生产线液压活套系统工作原理图

1、2—液控单向阀　3、4—伺服阀　5、6—换向阀　7—蓄能器　8—溢流阀　9—液压缸　10—单向阀

该系统为了适应不同的情况，采用了两个伺服阀 3、4，可以一个伺服阀独立工作，也可以两个一起工作。换向阀 5、6 与液控单向阀 1、2 起锁定回路作用，蓄能器 7 用于吸收压力与流量的脉动。工作中，液压缸 9 伸出时带动活套臂转动，活套辊与带钢接触并将带钢顶起，通过控制液压缸的动作及活套量实时变

化，实现轧制过程中的恒张力控制。

2. 活套系统各部件的主要故障与运行记录仪信号特征之间的关系

通过对现场设备运行记录的分析，活套系统的故障可以归结为五种类型：活套量无变化、活套动作缓慢、中途脱套、异常抖动和起套过高。活套系统重要部件的主要易发故障与特征信号之间的关系如下：

1）活套辊。主要故障为活套辊变形，导致轧钢时活套出现抖动，表现为运行记录的转角信号中包含该抖动频率的信号。

2）活套轴。主要故障为活套轴卡死，导致活套量无变化，表现为运行记录的活套角度信号为一条直线，压力信号则上升到最大值后为一条直线。

3）角度测量传感器（位置编码器）电气故障。表现为运行记录的角度传感器输出无规律信号，导致活套系统抖动：①无信号时传感器输出信号为零；②信号不变化时输出信号为一直线；③输出紊乱信号。

4）压力传感器（压差传感器）电气故障。表现为运行记录的压力传感器输出无规律信号，导致活套系统抖动：①无信号时传感器输出信号为零；②信号不变化时输出信号为一直线；③输出紊乱信号。

5）液压缸。主要故障：①液压缸不动作，原因是泄漏量过大（密封损坏），无油进入液压缸，表现为运行记录的角度信号为一条直线，运行记录的压力值为零或低于正常值；②液压缸爬行，原因是活塞杆弯曲或者液压缸内有空气（主要原因）。

6）安全阀。主要故障为阀芯堵死或压力失调，导致系统抖动，表现为运行记录的压力最大值超过正常情况下最大值。

7）电液伺服阀。主要故障为阀芯堵死，阀功能丧失，活套不能动作，表现为运行记录的角度值、压力值均无变化，且压力传感器信号值为零。

8）液控单向阀。主要故障为堵死，活套不能动作，表现为运行记录的角度值、压力值均无变化，压力传感器信号值为零。

9）换向阀。主要故障为堵死，不能换向，导致不起套或不落套，表现为运行记录的压力正常，角度为零或者为最大值。

13.5.2 FFT 分析仪在轧机液压压下伺服控制系统故障诊断中的应用

轧机液压压下伺服控制系统如图 13-17 所示，液压压下缸（实际是推上控制）作用在下支撑辊上。

用传递函数方法进行液压伺服系统故障诊断的基本思路是，在伺服系统的控制信号上施加一个微弱的白噪声信号（即采用白噪声激励）测定控制系统整体或机械部分或电气部分的传递函数，把测得的传递函数进行对比分析，得出故障

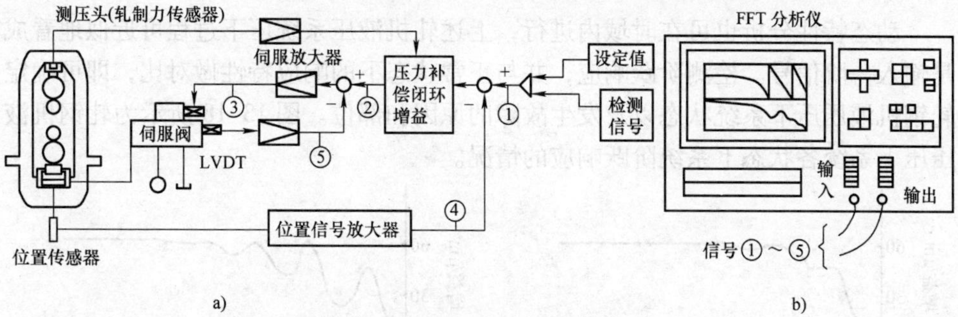

图 13-17　轧机液压压下伺服控制系统

a）轧机液压压下伺服控制系统示意图　b）FFT 分析仪示意图

程度和故障部位的结论。

进行上述诊断工作，需要配备测定传递函数的专门仪器（如 FFT 分析仪），而在软件方面则需要建立一个标准数据库（包括图表），用于对比分析。

当系统发生故障时，其整体特性和发生故障部分的特性都将发生变化，而没有发生故障部分的特性不会发生变化。在图 13-17 所示的轧机液压压下伺服控制系统中，有目的地选择适当的检测点，可以得到相应的频率特性，根据频率特性就可以判断系统中故障的原因和部位。轧机故障分析与频率特性的对应关系见表 13-3。

表 13-3　轧机故障分析与频率特性对应关系

检测类型	检测点		正常情况下的频率特性	故障分析		
	输出	输入		电气：伺服放大器增益异常	机械：伺服阀泄漏太大	机械：液压缸密封件损坏、液压缸内混入空气、位置反馈增益太小
整体特性	1	4	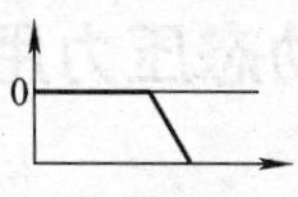	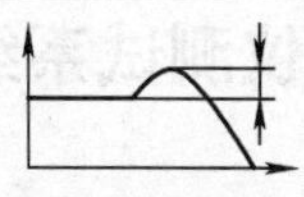	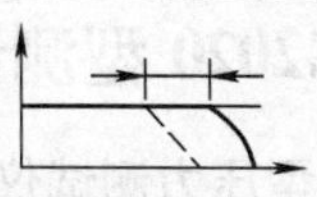	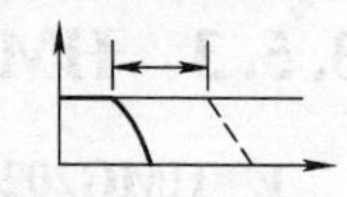
电气系统	1	3		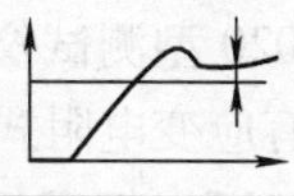	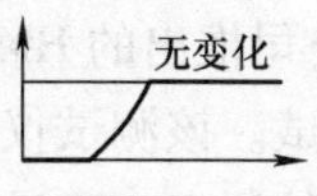	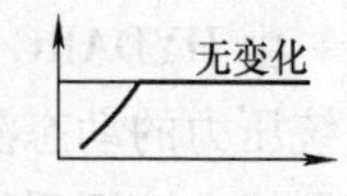
机械系统	3	4	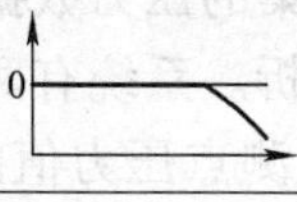	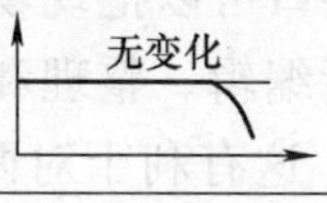	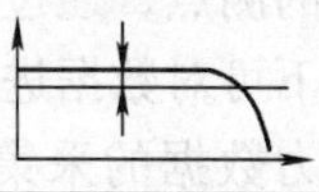	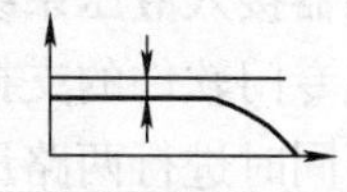
讨论和分析				整体特性产生共振点，电气特性增益提高	整体特性频宽增大，机械特性增益提高	整体特性频宽下降，机械特性增益下降

动态特性分析也可在时域内进行，上述轧机液压系统压下过程可近似地看成是输入一阶信号。检测阶跃响应，并与正常状态下的响应特性做对比，即可确定轧钢机液压压下系统状态以及发生故障的原因和部位。图 13-18 所示为轧钢机液压压下系统各状态下系统阶跃响应的情况。

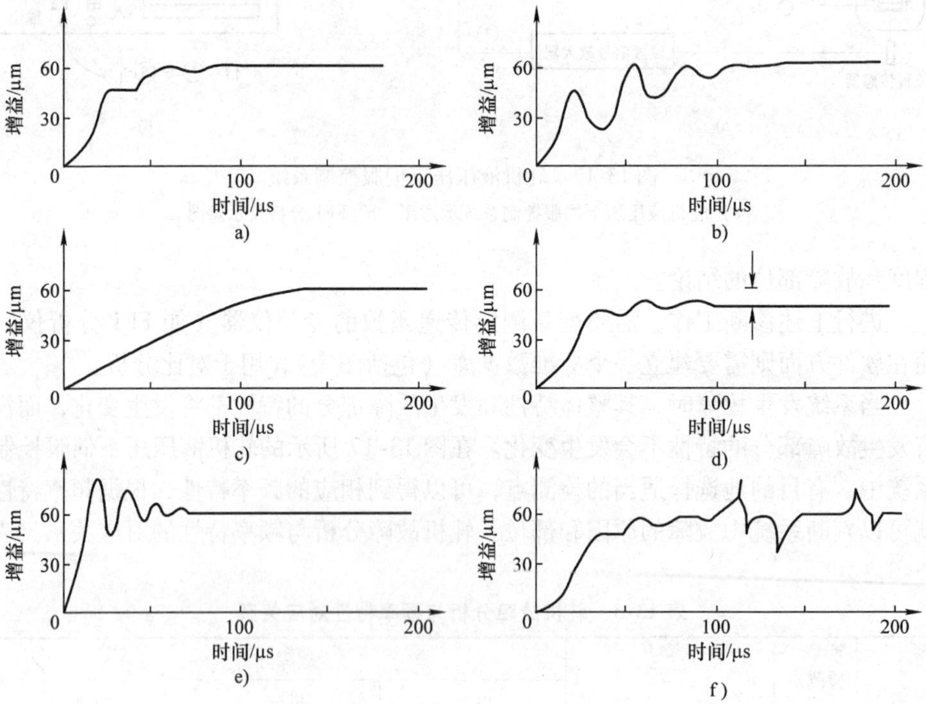

图 13-18　轧钢机液压压下系统各状态下系统阶跃响应

a）正常　b）液压缸内进入空气　c）增益偏低　d）液压缸有内泄漏

e）增益偏高　f）磁尺、LVDT 等反馈元件异常

13.5.3　HMG2020 型测试仪测试系统动态压力用于故障诊断

1. HMG2020 型压力测试仪

由 HYDARC 公司推出的 HMG2020 型测试仪是一种便携式测试仪，用于液压系统压力的动态测试。该测试仪配有应变电阻式压力传感器，可方便地将压力传感器接入液压系统的测点，通过接口可以把现场采集的压力数据传输到计算机，在专门软件的支持下可对数据进行编辑、整理和分析。系统有两个压力传感器，可同时进行两路压力数据的采集，这有利于对两个测点压力值的相互关系进行分析。

2. 卷取机液压故障诊断应用实例

某液压卷取机助卷辊液压系统采用力士乐 4WSE3EE25 型三级伺服阀实现踏

步控制。该伺服阀在投入运行一段时间以后常常出现严重抖动现象，图 13-19 和图 13-20 所示为用 HMG2020 型测试仪测出的系统正常状态和故障状态压力曲线。两图显示，同一测量点故障状态下压力比正常时发生较大偏移且成正弦波振动，经分析，认为是由于伺服阀零点漂移、零点泄漏造成系统不断补偿引起的。更换伺服阀后系统恢复正常，表明测试与判断正确。

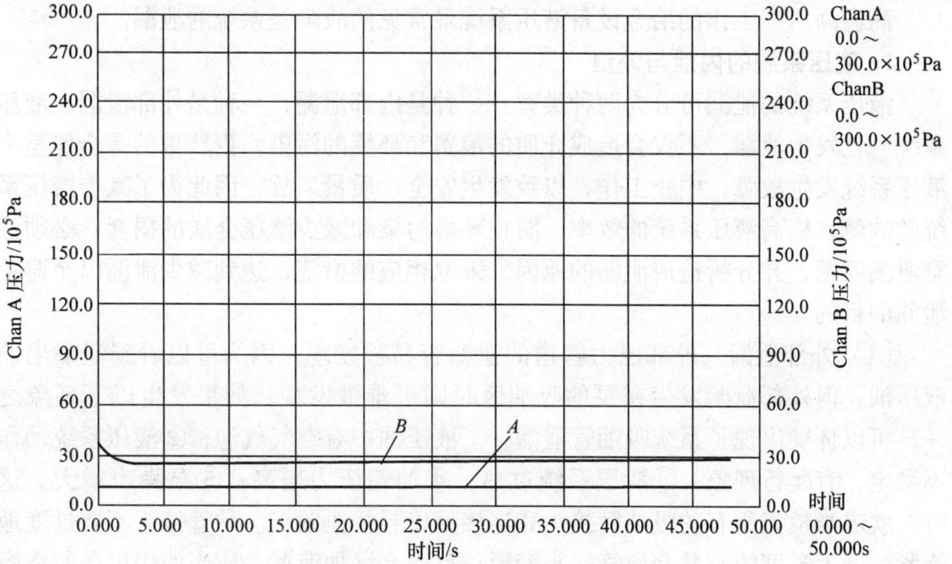

图 13-19　正常状态压力曲线

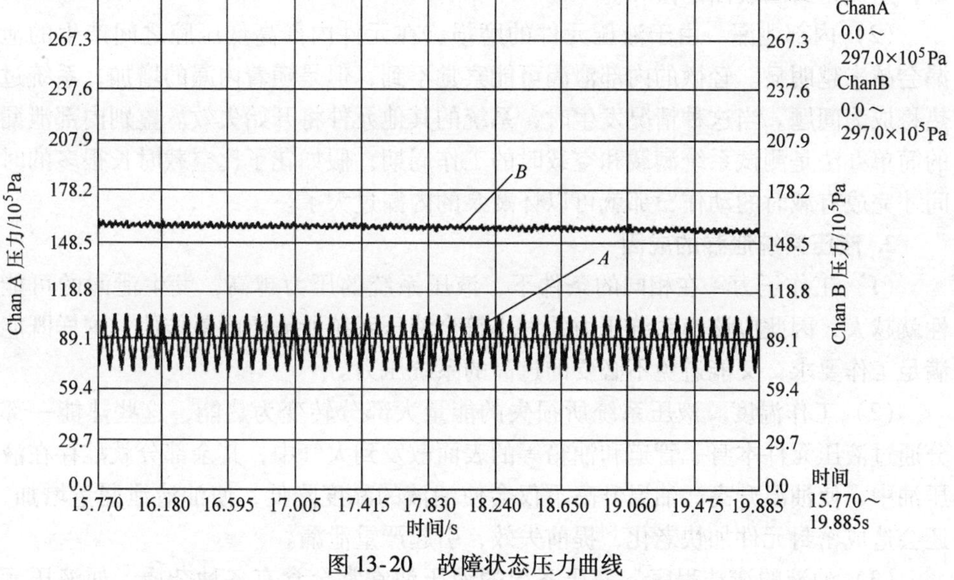

图 13-20　故障状态压力曲线

13.6 液压系统泄漏故障及处理

13.6.1 液压系统泄漏故障概述

高温高压下工作的冶金设备液压系统最常见的故障是系统的泄漏。

1. 液压系统的内泄与外泄

液压系统的泄漏可分为两种类型：一种是内部泄漏，一种是外部泄漏。液压系统一旦发生泄漏，不仅会造成介质的浪费和环境的污染，更严重的是会使整个液压系统发生故障，中止工作，以致发生安全、质量事故，因此为了减少液压系统的故障，提高液压系统的效率，防止环境污染和减少液压介质的损耗，必须注意泄漏问题，并分析造成泄漏的原因，采取相应的措施，达到减少泄漏以至避免泄漏的目的。

（1）外部泄漏　外部压力管道的泄漏容易被发现，因为可以看到泄漏出的液压油，但外部泄漏发生在泵的吸油区时则很难被发现。如果发生以下现象之一，可以怀疑出现了系统吸油管泄漏：①液压油中有空气气泡；②液压系统动作不稳定，有爬行现象；③液压系统过热；④油箱压力增高；⑤泵噪声增大。这时，就应当检查所有的吸油管接头和连接处以寻找泄漏点。软管接头不要过度地旋紧，因为过度的旋紧会使管接头变形，反而会增加泄漏，应当使用设备制造商推荐的旋紧转矩值，这将保证可靠的密封并且不会使管接头和密封圈产生扭曲变形，造成密封圈表面的损坏。

（2）内部泄漏　由于液压元件的磨损，在元件内部高低压腔之间产生的泄漏会越来越明显。轻微的内部泄漏可能察觉不到，但是随着内漏的增加，系统过热将成为问题。当这种情况发生时，系统的其他元件将开始失效。鉴别内部泄漏的简单办法是测试系统满载和空载时的工作周期，假如花了比空载时长很多的时间才完成有载时的动作，那就可以怀疑泵的内漏过大了。

2. 液压系统泄漏的成因

（1）工作压力　在相同的条件下，液压系统的压力越高，发生泄漏的可能性就越大，因此应该使系统压力的大小符合液压系统所需要的最佳值，这样既能满足工作要求，又能避免不必要的过高的系统压力。

（2）工作温度　液压系统所损失的能量大部分转变为热能，这些热能一部分通过液压元件本身、管道和油箱等的表面散发到大气中，其余部分就贮存在液压油中，使油温升高。油温升高不仅会使油液的黏度降低，使油液泄漏量增加，还会造成密封元件加快老化，提前失效，引起严重泄漏。

（3）油液的清洁程序　液压系统的液压油常常会含有各种杂质，如液压元件安装时没有清洗干净，附着在上面的铁屑和涂料等杂质进入液压油中；侵入液压设备内的灰尘和脏物污染液压油；液压油氧化变质所产生的胶质、沥青质和碳渣等。液压油中的杂质能使液压元件滑动表面的磨损加剧，液压阀的阀芯卡阻、小孔堵塞，密封件损坏等，从而造成液压阀损坏，引起液压油泄漏。

（4）密封失效　选择的密封装置不合理，密封装置不适应工作条件，造成密封元件过早地磨损或老化，就会引起介质泄漏。

此外，液压元件的加工精度、液压系统管道连接的牢固程度及其抗振能力、设备维护的状况等也都影响液压设备的泄漏。

3. 液压系统泄漏的防治

1）优化工作压力的大小。系统的工作压力应在设计时根据计算来优化确定，过高或偏低均不合适，使用过程中不应随意改变。

2）控制温度的变化。控制液压系统温度的升高，一般从油箱的设计和液压管道的设置方面着手。为了提高油箱的散热效果，可以增加油箱的散热表面，把油箱内部的出油和回油用隔板隔开。油箱液压油的温度一般允许达到 55～65℃，最高不得超过 70℃。当自然冷却的油温超过允许值时，就需要在油箱内部增加冷却水管或在回油路上设置冷却器，从而降低液压油的温度。设置液压管路时应该使油箱到执行机构之间的距离尽可能短，管路的弯头，特别是 90°的弯头要尽可能少，以减少压力损失，减少摩擦。

3）保持液压油的清洁度。采用滤油装置，把液压油定期或连续地进行过滤，尽可能减少液压油的杂质含量，保证油液的清洁度符合国家标准。

4）预防密封失效（详见本书 13.6.2 节）。

5）在日常维护中，要加强对设备的检查，对液压油进行定期化验，确保油质清洁及符合标准，选择符合标准的耐用的密封装置，定期或周期对密封装置进行更换，加强设备维护，最大限度地的减少泄漏，以确保液压设备的正常运行。

此外，液压元件的加工精度、液压系统管道连接的牢固程度及其抗振能力、设备维护的状况等也都会影响液压设备的泄漏。

13.6.2　密封失效分析

密封失效是液压系统泄漏的主要原因。

1. 密封失效的症状

各种因密封失效而引起外泄漏的情形主要是：液压缸活塞杆与端盖之间的密封失效，形成外泄漏；换向阀两端的密封失效，换向时油液外溅；阀与阀板及阀与阀之间连接处密封失效，引起外泄漏；液压泵或液压马达旋转轴密封失效，引起外泄漏；油管及管接头连接松动引起外泄漏；活动油管因密封件损坏或安装误差产生外泄漏。

各种内泄漏主要是由液压元件内部液流通道之间的密封损坏引起的，这类损坏可能是有关零件或密封件磨损，也可能是阀或阀板因铸造砂眼、裂纹或加工失误引起的流道串通。液压系统内泄漏的存在会使系统出力降低，效率降低，发热增大及油温升高，致使系统动作秩序错乱，无法正常工作。

2. 密封件损坏形式

（1）磨损　密封件与金属表面滑动产生摩擦使密封件磨损。油内污染物（尤其是金属类颗粒）、金属过高的表面粗糙度、装得太紧等因素会加速这种磨损。

（2）变形　密封件在高压下产生液化现象并进入密封面的缝隙（见图13-21）会造成缝隙挤压变形。密封件与密封沟槽之间的相对运动会促进这一过程。缝隙挤压导致密封件完全损坏、表面撕裂或破碎，还可能出现塑性变形。加密封挡圈可以避免挤出现象。

（3）翻转　这类故障是在使用唇形密封件（如液压缸里的密封件）时，以密封件从沟槽中部分地被挤出为特征的。液压设备运行时，密封沟槽里的压力很大，这个压力作用于密封件的根部，使得根部被磨损掉，继而在摩擦力的作用下，密封件被翻过来并从密封沟槽里脱出，导致密封唇被切开或压断，密封件完全损坏。

（4）谷部开裂　唇形密封件的谷部（见图13-22）是应力集中处，受到压力冲击时容易裂开。

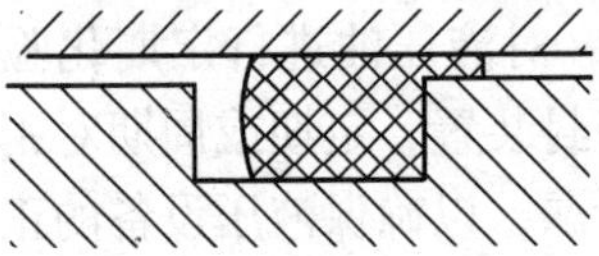

图13-21　缝隙挤压变形

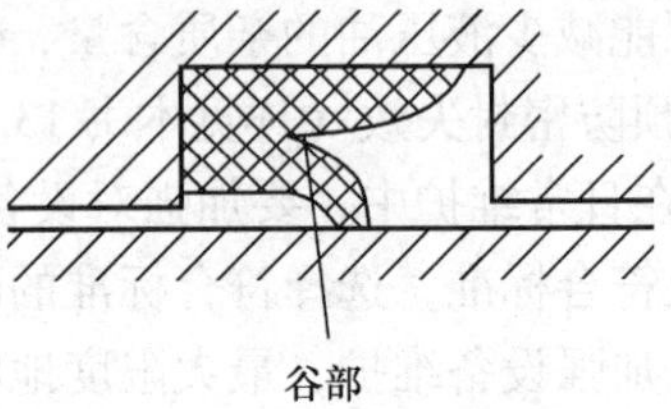

图13-22　谷部开裂

（5）扭转　当唇形密封件在运动中产生较大的摩擦力时，其可能产生整圈或局部的扭转。

（6）偏磨　这是密封件损坏的主要原因之一。密封件本身偏心、密封支持面偏心、往复运动件与密封件配合面有部分拉毛、受到径向载荷等均可引起偏磨。

（7）材料老化　密封件因使用时间太长、保存太久氧化或等其他原因而变硬、变脆或失去弹性便不再起密封作用。

3. 密封失效的原因

密封失效的原因可归纳为四大类：

（1）产品结构不合理　这类问题有：密封方式选择错误、密封件形状及材料选择错误、参数设计错误、密封支持面或接触面设计错误等。

（2）加工装配质量差　这类问题主要表现在由于密封件尺寸精度超差及表面粗糙度超大，从而引起密封部位偏心、拉伤、压不紧或压得过紧，造成安装孔口没有倒角与去毛刺的密封件在安装时被剪切与划伤，零件机械加工质量差，引起砂眼、裂纹、表面不平、油路串通等。在装配方面，引起密封失效的原因是：装配环境不清洁使得杂质进入密封部位；野蛮装配破坏了密封件；没有安装在正确位置上，使密封件压坏；安装的精度不足引起偏心，一边紧一边松；管接头没有涂密封胶；阀类件螺钉安装少了；将密封件密封方向装反等。

（3）密封件质量不好或选用不当　有的密封件外观质量差，表面粗糙，尺寸与形状误差大；旋转轴唇形密封圈弹簧尺寸误差大，并且松动；密封材料的耐油性能差，老化速度快，保存期短，压缩后产生永久变形。

（4）使用不当　工作条件恶劣（高温、高速、高压），引起密封件老化过速，失去弹性，产生泄漏；维护保养不及时、不彻底，该换的密封件未换；压力调得过高，液压冲击太大，将管接头振松；错用了密封，如截面、直径及密封方式错误等。

4. 密封的改善

事实上，液压系统的密封状况与一系列因素相关，可通过下列途径来改进：防止液压油污染，避免污染物混入密封部位，加剧密封件的磨损；消除振动与冲击，以防密封件被损坏；避免液压系统高温、高压和高速；改进与密封件接触的滑动表面，使其变得足够光滑，以避免密封件被擦伤；提高密封支持面及有关配合件的尺寸精度；除去密封件安装支持结构的锐角和毛刺，以防安装时划伤密封件；有些 O 形密封件的安装沟槽太深，使密封件的压缩量不足，可重新设计制作密封沟槽。

采用高性能的密封材料，正确地选择密封种类，对密封的改善非常重要。合理地选择密封装置，能提高设备的性能和效率，延长密封装置的使用寿命，从而有效地防止泄漏。要做到合理地选择密封装置，必须要熟悉各种密封装置的形式和特点、密封材料的特性及密封装置的使用条件（如工作压力的大小、工作环境的温度、运动部分的速度等），把实际的使用条件与密封件的允许使用条件进行比较，必须保证密封装置有良好的密封性能和较长的使用寿命。

13.6.3　连铸机大包回转台托臂液压缸密封改进实例

某 CSP 连铸机大包回转台有两个对称分布的液压缸，用于托举钢包与钢液（约 250t）。在托举的过程中，随着托臂的升高，液压缸与托臂之间的夹角发生变化。由于液压缸承受一定的径向力，在径向力的作用下，活塞杆与缸筒支持面摩擦加剧，引起活塞杆表面严重划伤，进而导致严重漏油，控制不稳。

经反复调研发现，液压缸活塞杆严重划伤的主要原因是：它的支持面的面积过小，压强过大，活塞杆表面硬度和屈服强度不够，以致在径向力的作用下，密封件变形，活塞杆直接压在了导向套的金属件上，引起严重的摩擦与磨损。

解决问题的基本对策是使其有足够的承载能力与抗磨损能力，为此，确定了以下主要的解决方案：增大缸头导向支持面，使径向压力下降；缸头与密封件支持台肩内圆孔（ϕ600mm）加工倒角，以防柱塞倾斜时锐边划伤运动的柱塞的表面；在缸头外端再增加一道软支撑环，以克服初始径向力并降低密封件及其支持件的压力；缸头导向部分开润滑槽，以提供良好的润滑，减小相互间的摩擦。

在原设计中，柱塞与导向套采用钢与青铜配合，改进后采用钢与球墨铸铁配合，摩擦系数由0.125降至0.1，下降了约20%。此外，柱塞与导向套摩擦副表面硬度及抗磨损能力有所提高，原柱塞的表面硬度是35HRC，改进后达45HRC，因此柱塞表面不易被划伤。导向套的材料由青铜改为球墨铸铁（QT400-17）后，硬度由70HBW提高到197HBW（17HRC），抗磨损能力显著提高。

通过采取以上措施，大幅度改善了液压缸密封件的受力状况。经过改进的液压缸在生产线上使用后效果良好，未出现国外备件所出现的外漏现象，受到了用户的好评。

第 14 章 液压传动知识导读

14.1 液压传动知识各章要点

14.1.1 第 1 章液压传动基本知识要点

介绍液压传动的基本工作原理；通过两个典型例子，说明液压传动的结构简图和职能符号图的区别，说明开式系统与闭式系统的区别；介绍一般液压系统的组成；介绍液压传动的优缺点；介绍液压油的物理性质；介绍静止液体、流动液体的基本规律和计算公式，雷诺数、层流、紊流的基本概念；介绍沿程与局部压力损失的影响因素及计算方法；介绍液体流经小孔及缝隙时流量与压差的关系式；了解液压冲击及空穴现象的由来及克服方法。

重要知识点：液压传动是以液体作为工质、主要用液体的压力能来传递能量的一种传动装置；液压系统的压力由负载决定；液压系统中执行元件的运动速度由进入执行元件的流量决定；液压油动力黏度和运动黏度的基本概念与单位；压力的定义、各种度量衡制的压力单位和各种压力的表示方法；液体流动的连续性原理；理想液体与实际液体流动时的伯努利方程；雷诺数、层流与紊流的区别；液体流动时的沿程压力损失与局部压力损失；液体流经小孔时压力损失与流量的关系。

14.1.2 第 2 章、第 3 章液压泵、液压马达和液压缸内容要点

介绍液压泵和液压马达的基本工作原理和分类；推导液压泵和液压马达各性能参数间的关系式；了解液压泵和液压马达中存在的各种损失和它们的计算方法；介绍齿轮泵和齿轮马达的工作原理、结构特点和排量、流量的计算方法；介绍叶片泵和叶片马达的工作原理、结构特点和排量、流量的计算方法；介绍轴向柱塞泵和轴向柱塞马达的工作原理、结构特点和排量，流量的计算方法；介绍液压缸的作用、分类、基本设计计算。

重要知识点：液压泵和液压马达的基本工作原理，液压泵和液压马达性能参

数；齿轮泵、叶片泵、轴向柱塞泵各类液压泵的结构、工作原理；限压式变量叶片泵的性能；液压缸的基本计算方法；液压缸缓冲。

14.1.3 第4章液压阀内容要点

液压阀的作用和分类。各种方向控制阀的作用和分类方法，阀芯上平衡槽的作用，三位换向阀的中位机能；各种压力控制阀的作用和分类。先导式溢流阀的工作原理，远控口的作用，溢流阀的流量压力特性；定差减压阀的原理、作用；顺序阀的原理、作用、分类。流量控制阀的原理、作用、分类，节流阀的流量特性及影响节流阀流量稳定的各种因素。液压阀的安装连接方式。二通插装阀的结构原理与特点。电液伺服阀的工作原理与特性分析。比例阀的结构原理、分类与特点。

重要知识点：方向阀选用，操作方式、位与通的选择；电液换向阀的原理，三位换向阀的中位机能。各种压力阀的共同点与不同点；先导式阀的工作原理。节流阀的流量特性，调速阀的工作原理。二通插装阀的结构原理。电液伺服阀的特性指标，比例阀的结构原理。

14.1.4 第5章液压辅件内容要点

蓄能器、过滤器的功用、分类和安装。油箱的功用和结构。热交换器的功用、分类。液压系统对密封装置的要求，液压系统中常用的密封件结构形式。

重要知识点：蓄能器的计算。

14.1.5 第6章液压基本回路内容要点

液压基本回路的种类、在液压传动系统中的作用。各种压力控制回路的作用、组成和工作特性。各种方向控制回路的作用、组成。速度控制回路的作用、分类，进油节流、回油节流和旁路节流的特性。容积调速的特点和四种常见的容积调速回路的组成原理。各种多缸工作控制回路的作用、组成。

重要知识点：压力控制回路中的多级调压回路、卸荷回路；锁紧回路的组成；三种节流阀式节流调速回路的速度、负载特性；分流阀的工作原理。

14.2 液压传动例题解答

【例1】 在图14-1所示系统中，液压泵的流量 $q=32\text{L/min}$，泵吸油管直径 $d=20\text{mm}$，液压泵吸油口距离液面高度 $h=0.5\text{m}$，液压油的运动黏度 $\nu=20\times10^{-6}\text{m}^2/\text{s}$，液压油的密度 $\rho=900\ \text{kg/m}^3$，局部压力损失 $\Delta p_1=1\times10^4\text{Pa}$，$\Delta p_2=2\times10^4\text{Pa}$，空气分离压 $p_g=4\times10^4\text{Pa}$。如果沿程损失不计，试求：①液压泵吸油

口 2—2 处的真空度；②判断在液压泵吸油口处是否会有气穴现象发生。

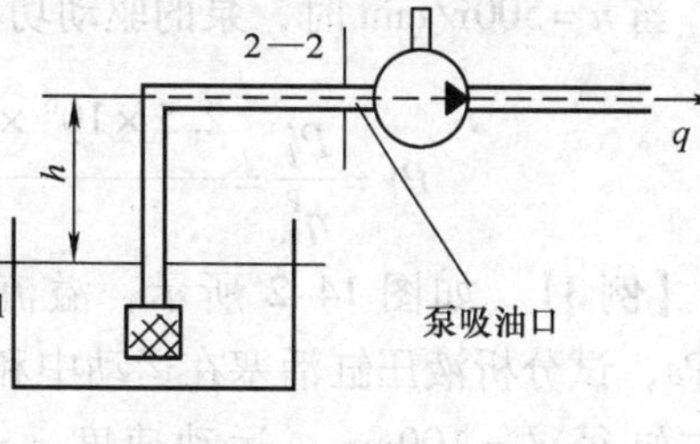

图 14-1　例 1

解：$v = q/A = q/(\pi d^2/4) = \dfrac{4 \times 32 \times 10^{-3}}{60 \times \pi \times (20 \times 10^{-3})^2}\text{m/s} \approx 1.7\text{m/s}$

$Re = \dfrac{vd}{\nu} = \dfrac{1.6985 \times 20 \times 10^{-3}}{20 \times 10^{-6}} \approx 1700 < 2000$（层流）

$$\frac{p_1}{r} + z_1 + \frac{\alpha_1 v_1^2}{2g} = \frac{p_2}{r} + z_2 + \frac{\alpha_2 v_2^2}{2g} + \sum h$$

其中 $p_1 = p_0$（p_0 为大气压），$z_2 - z_1 = h$，$v_1 << v_2$，$v_1 \to 0$，$v_2 = v$，$\alpha_1 = \alpha_2 = 2$，

$\sum h = (\Delta p_1 + \Delta p_2)/r = (0.1 \times 10^5 + 0.2 \times 10^5)/(900 \times 9.8)\text{m} \approx 3.4\text{m}$

所以

$$p_2 = p_0 - \left(h + \frac{\alpha_2 v^2}{2g} + \Sigma h\right) r = \left[1.01 \times 10^5 - \left(0.5 + \frac{2 \times 1.7^2}{2 \times 9.8} + 3.4\right) \times 900 \times 9.8\right]\text{Pa}$$

$$= 0.64 \times 10^5\text{Pa}$$

液压泵吸油口 2—2 处的真空度为

$$p_0 - p_2 = (1.01 \times 10^5 - 0.64 \times 10^5)\text{Pa} = 0.37 \times 10^5\text{Pa}$$

$$p_2 = 0.064\text{MPa} > p_g = 0.04\text{MPa}$$

所以不会有气穴现象发生。

【例 2】 某液压泵额定压力 $p = 2.5\text{MPa}$，机械效率 $\eta_m^P = 0.9$，由实际测得：①当泵的转速 $n = 1450\text{r/min}$，泵的出口压力为零时，其流量 $q_1 = 106\text{L/min}$；当泵的出口压力为 2.5MPa 时，其流量 $q_2 = 100.7\text{L/min}$。试求泵在额定压力时的容积效率。②当泵的转速 $n = 500\text{r/min}$，压力为额定压力时，泵的流量为多少？容积效率又为多少？③以上两种情况，泵的驱动功率分别为多少？

解：① 当 $n = 1450\text{r/min}$ 时，泵在额定压力时的容积效率 η_V^D 为

$$\eta_V^P = 1 - \frac{\Delta q}{q_1} = 1 - \frac{106 - 100.7}{100.7} = 95\%$$

② 当 $n = 500\text{r/min}$ 时，泵的流量 q 为

$$q = \frac{100.7 \times 500}{1450}\text{L/min} = 34.72\text{L/min}$$

η_V^P 不变，$\eta_V^P = 95\%$。

③ 当 $n = 1450\text{r/min}$ 时，泵的驱动功率 P_i 为

$$\text{驱动功率 } P_i = \frac{P_t}{\eta_m^P} = \frac{pq_t}{\eta_m^P} = \frac{2.5 \times 10^6 \times 106 \times 10^{-3}/60}{0.9}\text{W} = 4907\text{W}$$

当 $n=500\text{r/min}$ 时，泵的驱动功率 P_i' 为

$$P_i' = \frac{P_t'}{\eta_m^P} = \frac{2.5\times10^6\times\dfrac{34.72}{0.95}\times10^{-3}/60}{0.9}\text{W} = 1692\text{W}$$

【例 3】 如图 14-2 所示，溢流阀调定压力为 6MPa，减压阀调定压力为 2MPa，试分析液压缸活塞在运动中和碰到死挡铁后管路 A 和 B 的压力值。若液压缸缸径 $d=100\text{mm}$，运动速度 $v=6\text{m/min}$，减压阀正常工作时的泄油量为 0.6L/min，问通过减压阀的损失功率为多少（不计摩擦阻力与泄漏）？

解：① 求 A、B 管路的压力值：

液压缸在运动中时，$p_A = p_B = 0\text{MPa}$。

当液压缸碰到死挡铁后，$p_B = 2\text{MPa}$，$p_A = 6\text{MPa}$。

② 求减压阀的损失功率：

当液压缸在运动中时，$p_A = p_B = 0\text{MPa}$，$\Delta P = (p_A - p_B)\cdot(q_B + q_L) = 0\text{W}$。

液压缸碰到死挡铁后，$p_B = 2\text{MPa}$，$p_A = 6\text{MPa}$，

所以

$$\Delta P = (p_B - 0)q_L = (2-0)\times10^6\times\frac{0.6\times10^{-3}}{60}\text{W} = 20\text{W}$$

【例 4】 在图 14-3 所示的系统中，液压泵的额定压力为 2.5MPa，流量为 10L/min，溢流阀的调定压力为 1.8MPa，两个液压缸活塞面积 $A_1 = A_2 = 30\ \text{cm}^2$，负载 $F_1 = 4.5\text{kN}$，$F_2 = 3\text{kN}$，不计各种损失和溢流阀调压偏差，试分析计算：①液压泵起动后哪个液压缸先动作，为什么？速度分别为多少？②各液压缸的输出功率和液压泵的最大输出功率为多少？

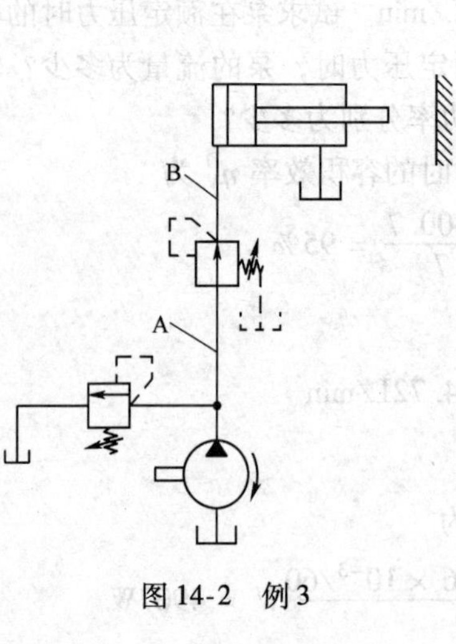

图 14-2　例 3

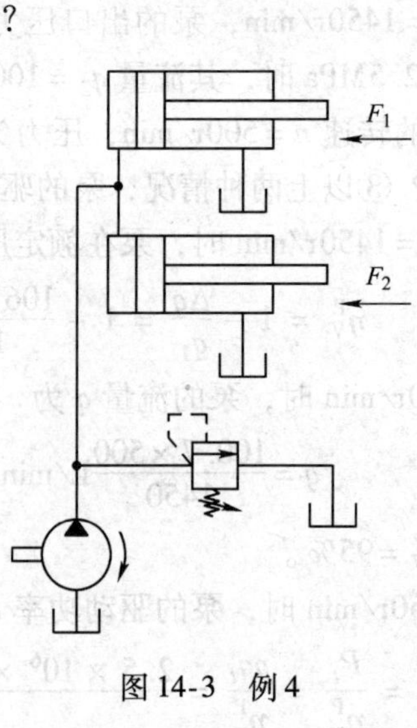

图 14-3　例 4

解：① 驱动负载 F_1 所需的液压缸无杆腔压力为

$$p_1 = \frac{F_1}{A_1} = \frac{4.5 \times 1000}{30 \times 10^{-4}}\text{MPa} = 1.5\text{MPa}$$

驱动负载 F_2 所需的液压缸无杆腔压力为

$$p_1 = \frac{F_2}{A_2} = \frac{3 \times 1000}{30 \times 10^{-4}}\text{MPa} = 1.0\text{MPa}$$

因 p_2 小于 p_1 且均小于溢流阀调定压力，所以外负载为 F_2 的液压缸先动作，当该液压缸动作到端点后，外负载为 F_1 的液压缸再动作。

因为两液压缸活塞面积相同，两个液压缸运动速度也相同，均为

$$v = \frac{q}{A_2} = \frac{10}{1000 \times 60 \times 30 \times 10^{-4}}\text{m/s} = 0.056\text{m/s}$$

② 负载 F_1 液压泵的输出功率为

$$P_1 = p_1 \times q_1 = \frac{15 \times 10}{600}\text{kW} = 0.25\text{kW}$$

负载 F_2 液压泵的输出功率为

$$P_2 = p_2 \times q_2 = \frac{10 \times 10}{600}\text{kW} = 0.17\text{kW}$$

当两个液压缸均运动到端点，溢流阀开始溢流时，泵输出的最大功率为

$$P_3 = p_3 \times q_3 = \frac{18 \times 10}{600}\text{kW} = 0.3\text{kW}$$

【例 5】 在图 14-4 所示节流阀调速系统中，节流阀为薄壁小孔，流量系数$c = 0.67$，液压油的密度$\rho = 900\text{kg/m}^3$，溢流阀调定压力 $p_r = 1.2 \times 10^6\text{Pa}$，泵流量 $q = 20\text{L/min}$，活塞面积 $A_1 = 30\ \text{cm}^2$，载荷 $F = 2400\text{N}$。试分析节流阀开口（面积为 A_T）在从全开到逐渐调小过程中，活塞运动速度如何变化及溢流阀的工作状态。

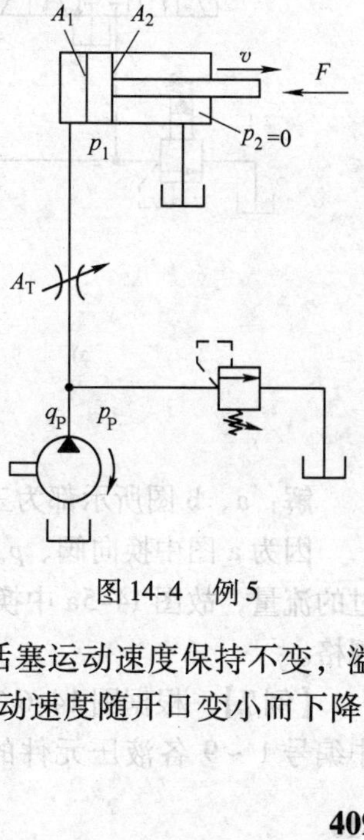

图 14-4　例 5

解：外负载 F 所能产生的最大系统压力为

$$p = \frac{F}{A_1} = \frac{2400}{30 \times 10^{-4}}\text{Pa} = 8 \times 10^5\text{Pa}$$

因外载荷所能产生的最大压力达不到溢流阀的调定压力，所以节流阀开口在从全开到逐渐调小过程中，节流阀开口面积有一临界值 A_{T0}。溢流阀工作在两种状态：当 $A_T > A_{T0}$时，虽然节流开口调小，但活塞运动速度保持不变，溢流阀阀口关闭起安全阀作用；当 $A_T < A_{T0}$时，活塞运动速度随开口变小而下降，溢流阀阀口打开起定压阀作用。

① 计算临界开口：

根据临界开口的工况可计算得临界开口为

$$A_{T0} = 0.165\text{mm}^2$$

② 计算液压缸的运动速度：

当节流阀开口大于临界开口 A_{T0} 时，溢流阀不开启，液压缸运动速度 v(m/s) 不变，数值为

$$v = \frac{q}{A_1} = 0.01\text{m/s}$$

当节流阀开口小于临界开口 A_{T0} 时，溢流阀开启，液压缸运动速度 v(m/s) 随节流阀的开口而变化，其值为

$$v = \frac{cA_T\sqrt{\frac{\Delta p}{\rho}}}{A_1} = 1665A_T$$

【例 6】 如图 14-5 所示回路，a、b 图中所示基本回路最多能实现几级调压？图中阀 1、2、3 的调整压力应满足怎样的关系？a、b 图中所示两个基本回路有何不同？

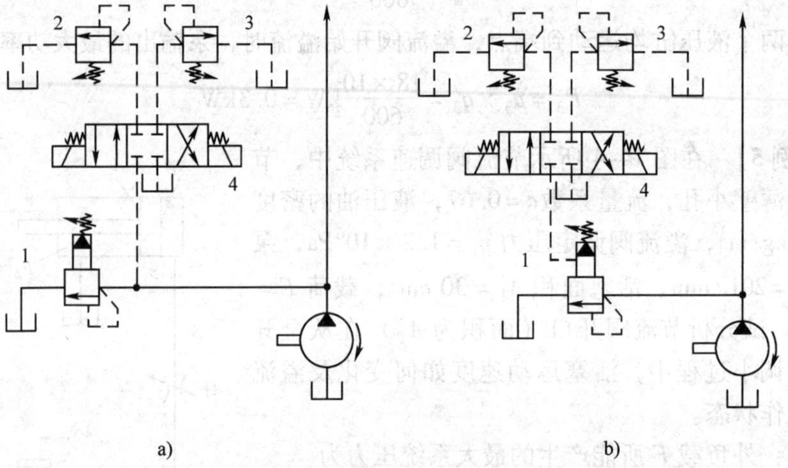

图 14-5 例 6

解：a、b 图所示都为三级调压，同时 $p_{y1} > p_{y2}$，$p_{y1} > p_{y3}$，$p_{y2} \neq p_{y3}$。

因为 a 图中换向阀、p_{y2}、p_{y3} 通过的流量大于图 14-5b 中换向阀、p_{y2}、p_{y3} 通过的流量，故图 14-5a 中换向阀、p_{y2}、p_{y3} 的规格大于 b 图中换向阀、p_{y2}、p_{y3} 的规格。

【例 7】 根据图 14-6 完成下面的习题：①说明图 14-6 所示液压系统原理图中编号 1～9 各液压元件的名称和功能。②简述图 14-6 所示液压系统的工作

原理。

解：① 图中 1 是两个安全溢流阀，用来限制系统的最高工作压力；2 是冲洗阀，用来更换部分低压腔的液压油；3 是调压溢流阀，设定冲洗阀出口的压力；4 是系统工作液压马达；5 是单向阀，用来切断高低压腔；6 是变量泵；7 是补油泵调压溢流阀；8 是补油泵；9 是带旁通的冷却器。

② 图 14-6 所示为一个变量泵驱动定量液压马达的闭式回路，液压马达的转速和方向由变量泵 6 来调节，补油泵 8 用来给闭式回路补油，溢流阀 7 设定了补油压力，补油泵 8 补进闭式回路中的液压油，一部分用来补充闭式回路的泄漏，一部分用来补充冲洗阀更换的部分油温比较高的油液。

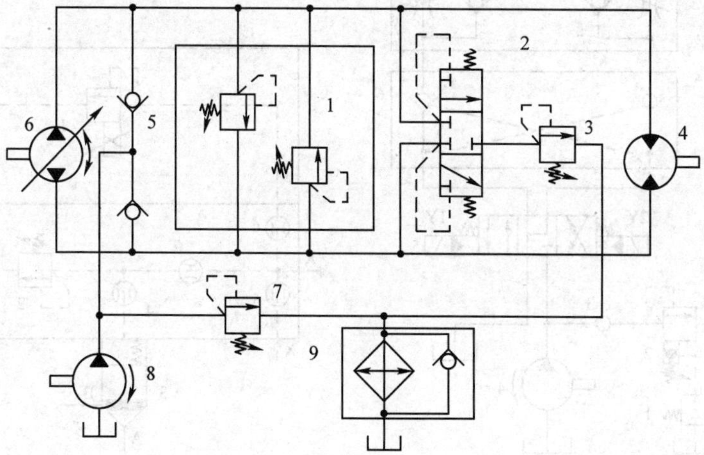

图 14-6　例 7

【例 8】 设计一个液压系统原理图，要求：①液压缸推动负载沿水平方向运动，液压缸左右运动的速度可以通过出口节流调速回路进行独立调节；②换向阀中位时液压缸使用液压锁双向锁紧；③液压泵使用先导式溢流阀卸荷；④液压缸具有双向的制动缓冲功能；⑤液压缸换向使用三位四通内控内泄式 Y 形中位机能电液换向阀实现；⑥液压系统使用定量泵；⑦说明所设计的液压原理图中各个液压元件的名称及所设计液压系统原理图的工作原理。

解：设计的液压系统原理如图 14-7 所示。图 14-7 中，1 为电磁换向阀，2 为先导式溢流阀，3 为单向阀，4 为液压泵，5 为电液换向阀，6 为液压锁，7 为双向节流阀，8 为制动缓冲回路，9 为液压缸。1 和 2 构成泵的调压和卸荷回路，3 用来实现泵卸荷时的背压，防止电液换向阀卸荷后无法换向，5 用来控制液压缸的运动方向，6 用来当 4 处于中位时对液压缸进行锁紧，7 用来实现液压缸双向速度的出口独立调节，8 用来实现制动缓冲回路。

【例 9】 ① 说明图 14-8 所示系统中元件 1 ~ 7 的名称、作用及系统的功能。

②若元件 2 实际设定压力为 10MPa，元件 1 最大调定压力为 28MPa，则此时 A 口压力比例调节的范围是多少？

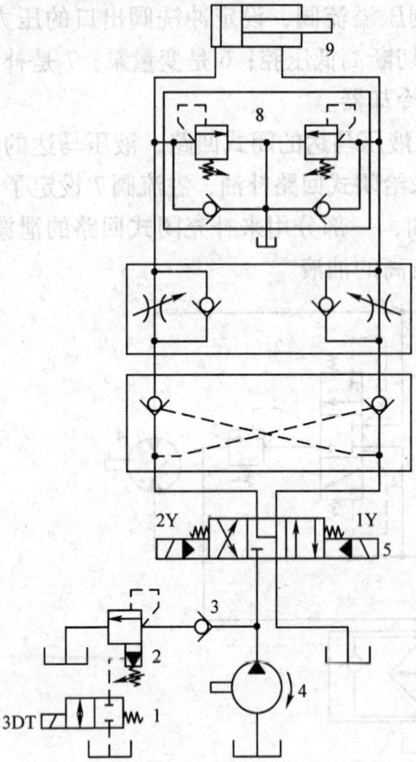

图 14-7　例 8

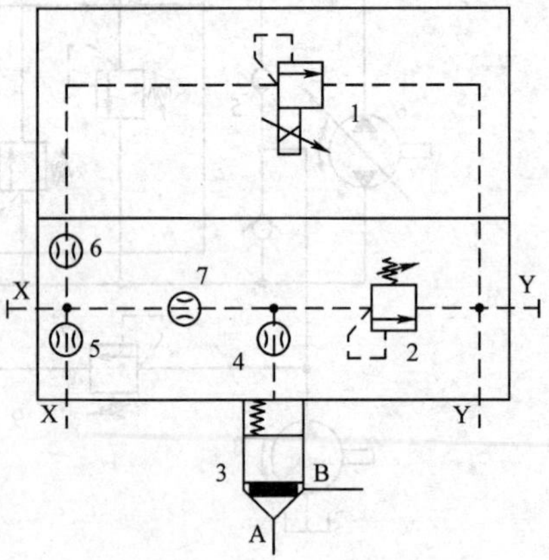

图 14-8　例 9

解：① 元件 1 为比例溢流阀；元件 2 为普通溢流阀，作为安全阀来使用，调定此系统最高工作压力；元件 3 为插装阀，系统的主阀，根据先导压力来控制 A、B 口的通断；元件 4 ~ 7 为液阻，组成液压半桥，平衡系统的压力，使阀芯运动平稳。

1 ~ 7 各元件组成一个插装式比例溢流阀。

② 比例溢流阀的调定压力由比例溢流阀 1 设定，插装式溢流阀的安全压力由普通溢流阀 2 设定，所以 A 口的压力理论上不会超过 10MPa。

14.3　液压传动思考题与习题

14.3.1　第 1 章液压传动基本知识思考题与习题

1）何谓液压传动（即液压传动的定义是什么么）？

2）液压传动有哪些基本组成部分？说明各组成部分的作用。

3）液压传动与机械传动相比有哪些优缺点？

4）液压油有哪些主要物理性质？选用液压油时如何考虑这些性质？选用石油基液压油的主要依据是什么？

5）试述黏度的定义，常用的黏度单位是什么？我国液压油的牌号与黏度有什么关系？

6）压力的定义是什么？压力有哪几种表示方法？

7）在液压系统中，压力是怎样产生的？

8）阐述帕斯卡定律，举例说明其应用。

9）伯努利方程的物理意义是什么？

10）阐述层流与紊流的物理现象及两者的区别方法。

11）管路中的压力损失有哪几种？受哪些因素的影响？

12）液压冲击和空穴现象是怎样产生的？如何防止？

13）如图 14-9 所示，已知两液压缸的内径 $D=12\text{cm}$，柱塞直径 $d=8\text{cm}$，若不计液压缸、柱塞和油液的重量，由油口 B 向液压缸输入压力油液，问各液压缸最小输入多大压力才能将 $G=30000\text{N}$ 的重物举起？

14）如图 14-10 所示，液压泵的流量 $q=63\text{L/min}$，吸油管通径 $d=20\text{mm}$，液压泵吸油口距液面高 $h=400\text{mm}$，粗滤网的压力降 $\Delta p=0.012\text{MPa}$，油液的密度 $\rho=0.9\text{g/cm}^3$，油液的黏度为 $20\text{mm}^2/\text{s}$。求液压泵吸油口处的真空度。

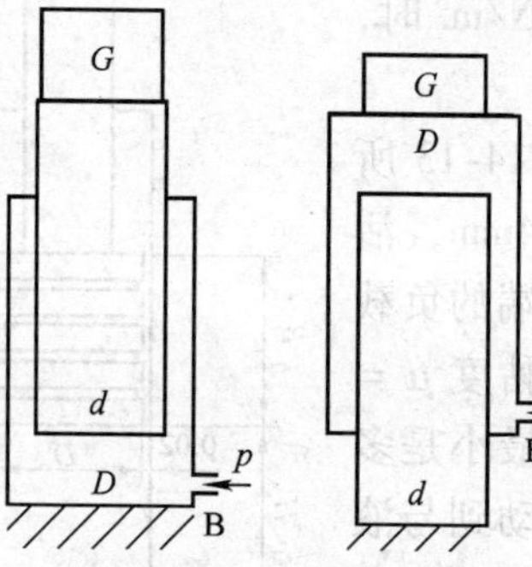

图 14-9　习题 13）

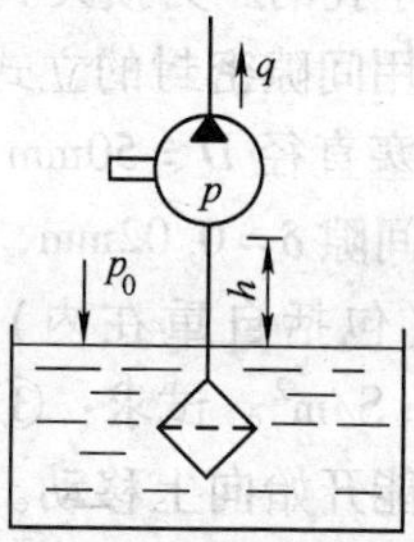

图 14-10　习题 14）

15）设有一液压千斤顶，其各部分尺寸如图 14-11所示。大柱塞与小活塞直径分别为 5cm 与 1cm。若需起升重量 30000N 的重物 G，问在杠杆端应加多大的力 F。

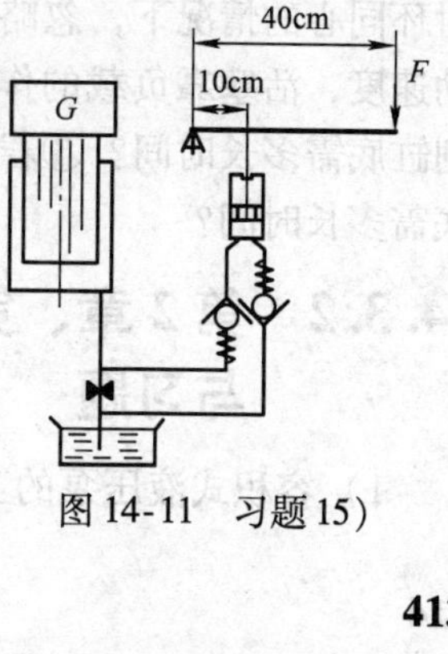

图 14-11　习题 15）

16）液压泵的流量 $q=32\text{L/min}$，吸油管通径 $d=20\text{mm}$，液压泵吸油口距液面高 $z=500\text{mm}$，粗滤网的压力降 $\Delta p=0.01\text{MPa}$，油液的密度 $\rho=0.9\text{g/cm}^3$，油液的运动黏度为 $20\text{mm}^2/\text{s}$。求液压泵吸油口处的真

空度。

17）某液压系统由液压泵至液压马达的管路如图 14-12 所示。已知管径为 1.6cm，油液重度 $\gamma=0.883\times10^4\mathrm{N/m^3}$，流速 $v=5\mathrm{m/s}$，管内壁相对表面粗糙度 $\Delta<0.0001$，45°弯时局部阻力系数为 0.3，90°弯时局部阻力系数为 1.12。试求由液压泵至液压马达的全部压力损失。

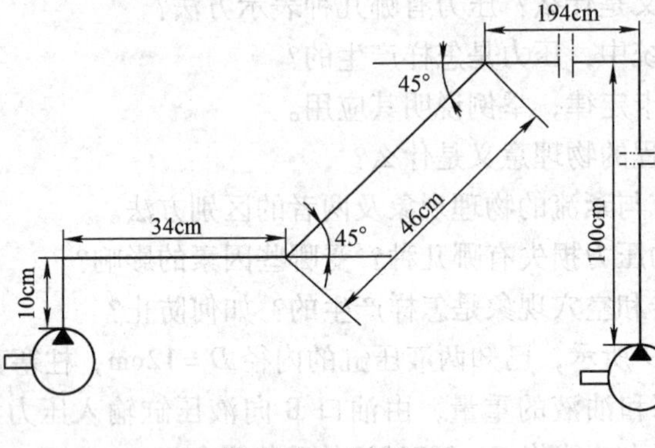

图 14-12　习题 17）

18）已知直径为 D 的液流管道中有一薄壁孔板，小孔的直径为 1.5mm，当管中的流量 $q=3\mathrm{L/min}$，油液的重度 $\gamma=0.883\times10^4\mathrm{N/m^3}$ 时，求油液通过小孔的压力损失。

19）一用间隙密封的立式液压缸如图 14-13 所示，已知活塞直径 $D=50\mathrm{mm}$，厚度 $B=54\mathrm{mm}$，活塞与缸壁的间隙 $\delta=0.02\mathrm{mm}$，加在活塞杆端的负载 $F=5000\mathrm{N}$（包括自重在内），油液动力黏度 $\mu=50\times10^{-3}\mathrm{N\cdot S/m^2}$。试求：①进油压力 p 最小是多大时活塞才能开始向上移动。②当活塞移动到与液压缸底面的距离 $H=80\mathrm{mm}$ 时，关闭进油口，在密封环同心的情况下，忽略进油口的外漏和活塞的移动速度，活塞靠负载的作用自行下落，问活塞下落到缸底需多长时间？③若条件与②相同，而活塞上不加平衡槽，问活塞下落到缸底需多长时间？

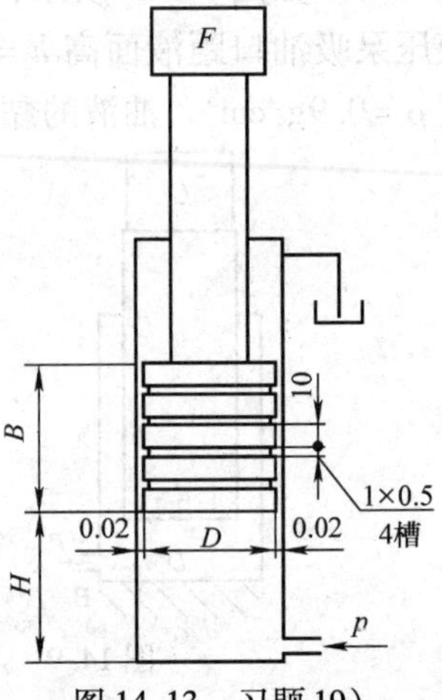

图 14-13　习题 19）

14.3.2　第 2 章、第 3 章液压泵、液压马达和液压缸思考题与习题

1）容积式液压泵的工作原理是什么？它们的工作压力取决于什么？工作压

力与铭牌上的额定压力和最大压力有什么区别？

2）液压泵的排量与流量各取决于什么参数？流量的理论值与实际值有何区别？

3）试说明齿轮泵、叶片泵和轴向柱塞泵的主要结构特点。

4）何谓齿轮泵的困油现象？这一现象有什么危害？如何解决？

5）齿轮泵的泄漏途径有哪几种？

6）一液压泵与液压马达组成的闭式回路，液压泵输出油压 $p_B=10\text{MPa}$，其机械效率 $\eta_m=0.95$，容积效率 $\eta_v=0.9$，排量 $V_B=10\text{mL/r}$，液压马达的机械效率 $\eta_{mM}=0.9$，容积效率 $\eta_{vM}=0.9$，排量 $V_M=10\text{mL/r}$。若液压泵转速为 1500r/min，试求下列各项：①电动机所需的功率；②液压泵输出的液压功率；③液压马达输出的转矩；④液压马达输出的功率；⑤液压马达输出的转速。

7）一液压泵，其最大工作压力 $p=21\text{MPa}$，实际输出流量 $q=63\text{L/min}$，容积效率 $\eta_v=0.9$，机械效率 $\eta_m=0.9$。问：驱动液压泵的电动机功率应为多少？

8）某液压泵输出油压为 10MPa，转速为 1450r/min，排量为 200mL/r，液压泵的容积效率 $\eta_v=0.95$，总效率 $\eta=0.9$。求驱动该液压泵的电动机所需的功率及液压泵输出的液压功率（不计管路压力损失）。

9）齿轮泵的齿轮模数 $m=3\text{mm}$，齿数 $z=15$，齿宽 $b=25\text{mm}$，转速为 1450r/min，在额定压力下输出流量 $q=25\text{L/min}$，试求该液压泵的容积效率。

10）已知双作用定量叶片泵的结构尺寸为：定子长径 $D=65\text{mm}$，短径 $d=57\text{mm}$，叶片厚度 $\delta=2.25\text{mm}$，叶片宽度 $B=24\text{mm}$，叶片数为 12，叶片倾角 $\theta=13°$。考虑叶片厚度的影响，求转速 $n=960\text{r/min}$ 时的理论流量。

11）某变量叶片泵的转子外径 $d=83\text{mm}$，定子内径 $D=89\text{mm}$，叶片宽度 $B=30\text{mm}$。求：①忽略叶片厚度，排量 $V=16\text{mL/r}$ 时，其偏心量是多少？②定子与转子之间的最小间隙定为 0.5mm，此变量泵最大可能的排量是多少？

12）某轴向柱塞泵柱塞直径 $d=22\text{mm}$，分布圆直径 $D=68\text{mm}$，柱塞数 $Z=7$，当斜盘倾角 $\alpha=22°30'$，转速 $n=960\text{r/min}$，输出压力 $p=10\text{MPa}$，容积效率 $\eta_v=0.95$，机械效率 $\eta_m=0.9$ 时，试计算：①泵的理论流量；②泵的实际流量；③所需电动机功率。

13）一变量轴向柱塞泵有 9 个柱塞，其分布圆直径 $D=12.5\text{cm}$，柱塞直径 $d=1.6\text{cm}$，若泵以 3000r/min 运转，其输出流量 $q=50\text{L/min}$，问：斜盘倾角是多少（忽略泄漏的影响）？

14）某液压马达排量 $V=250\text{mL/r}$，入口的压力为 9.8MPa，出口压力为 0.49MPa，其总效率 $\eta=0.9$，容积效率 $\eta_v=0.92$。当输入流量为 22L/min 时，试求液压马达的输出转矩和实际转速。

15）活塞式、柱塞式和摆动式液压缸各用于什么场合较为合理？

16）两个单杆活塞液压缸，结构尺寸相同，如图 14-14 所示。图 14-14a 所示为活塞杆固定，左侧进油压力为 p，回油压力为 0；图 14-14b 所示为液压缸体固定，油路为差动连接，进油压力为 p。问：①在输入流量 q 相同的情况下，两液压缸的运动速度是否相同？运动方向怎样？②两液压缸所能克服的最大负载各为多少？

17）如图 14-15 所示，两个相同的液压缸串联起来，两液压缸的无杆腔和有杆腔的有效工作面积分别为 $A_1=100\text{cm}^2$ 和 $A_2=80\text{cm}^2$，左缸输入油液的压力为 $p=6\text{MPa}$，输入的流量 $q=12\text{L/min}$，左缸输出油液的压力为 0。若两缸承受的负载相同，不考虑一切损失，试求：①两缸能承担的最大负载？②两液压缸中活塞的运动速度？

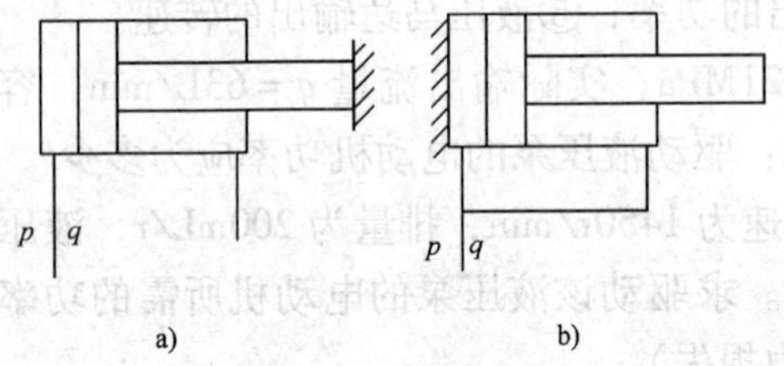

图 14-14　习题 16）

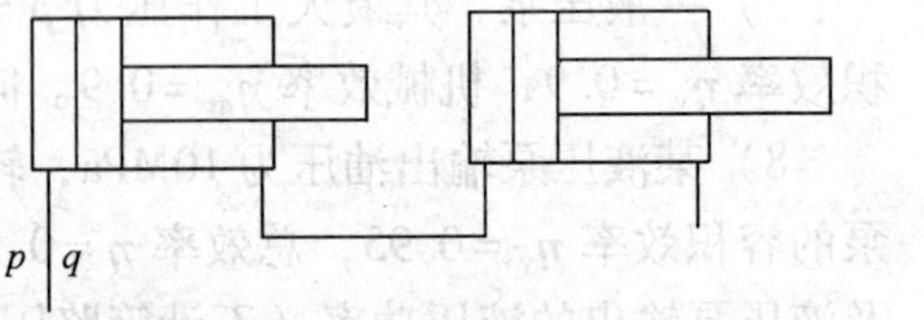

图 14-15　习题 17）

18）采用限压式变量叶片泵的液压回路如图 14-16a 所示，图 14-16b 所示为变量叶片泵调定的流量压力特性，液压缸两腔作用面积分别为 $A_1=50\text{cm}^2$，$A_2=25\text{cm}^2$。当调速阀调定的流量 $q_2=2.5\text{L/min}$ 时，试求：①液压缸左腔的压力 p_1；②当负载 $F=0\text{N}$ 时的 p_2？③当负载 $F=9000\text{N}$ 时的 p_2？

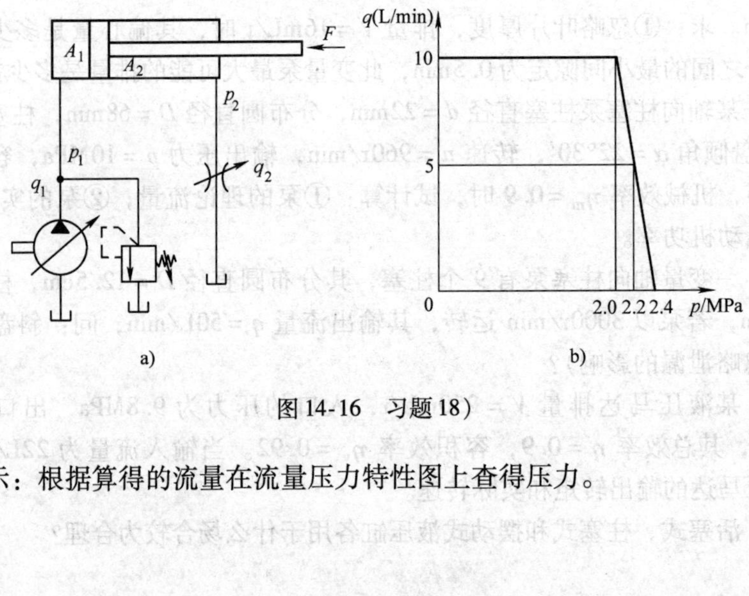

图 14-16　习题 18）

提示：根据算得的流量在流量压力特性图上查得压力。

14.3.3　第 4 章液压阀思考题与习题

1）控制阀可分为几大类？

2）方向阀有几种控制方式？何谓换向阀的“位”和“通”？试以滑阀式换向阀为例加以分析说明。

3）试说明三位换向滑阀 O、H、P、Y、M 形的中位机能，各应用于什么场合？

4）电液三位换向阀与电磁三位换向阀在结构上有什么不同？

5）Y 形溢流阀的阻尼小孔有什么作用？是否可以将阻尼孔堵死或加大？把 Y 形溢流阀的远程调压口接回油箱起什么作用？

6）画出直调式溢流阀与先导式溢流阀的流量压力特性曲线，并分析比较两者的差异。

7）溢流阀有哪几种用途？画出液压原理图并加以说明。

8）分析定值减压阀的工作原理。把减压阀的进出油口反接行不行？为什么？

9）溢流阀、减压阀和顺序阀各起什么作用？它们在原理上、结构上和图形符号上有何异同？顺序阀能否当溢流阀用？为什么？

10）有哪些阀可以在液压系统中当背压阀用？

11）对节流阀性能的主要要求是什么？试画出节流阀的流量压力特性曲线。

12）节流阀最小稳定流量有何意义？影响节流阀最小稳定流量的主要因素有哪些？

13）流量阀的节流口为什么要采用薄壁孔而不采用细长小孔？

14）试分析调速阀的工作原理。为什么调速阀比节流阀的调速性能好？两者有什么本质的区别？两种阀各用在什么场合较为合理？

15）夹紧回路如图 14-17 所示。若溢流阀调整压力 $p_1 = 6.3\text{MPa}$，减压阀调整压力 $p_2 = 2.5\text{MPa}$，试分析活塞快速运动时，A、B 两点的压力各为多少？减压阀的阀芯处于什么状态？工件夹紧之后，A、B 两点的压力各为多少？减压阀的阀芯又处于什么状态？

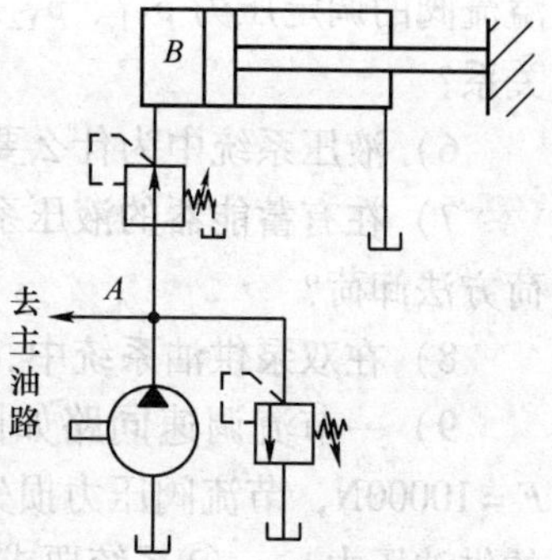

图 14-17　习题 15）

14.3.4　第 5 章液压辅助装置思考题与习题

1）比较各种密封装置的密封原理和结构特点。它们各用在什么场合较为合理？

2）过滤器有几种类型？它们的滤油效果有什么差别？

3）试举出过滤器三种可能的安装位置。各安装位置上过滤器的精度怎样选择？

4）蓄能器有哪些功用？

5）管接头有几种？它们的使用范围有何不同？

6）一波纹形囊式蓄能器容量 $V_0=4\text{L}$，若系统的最高工作压力 $p_2=6\text{MPa}$，最低工作压力 $p_1=3.5\text{MPa}$，试求蓄能器所能输出的油液容积。

7）油箱有哪些功能？应配置哪些主要部件？

14.3.5 第6章液压基本回路思考题与习题

1）三种节流调速回路各有什么优缺点？

2）何谓容积调速回路？试分析并画出三种容积调速回路的调速特性。

3）解释开式调速回路与闭式调速回路的区别，并各画一种加以分析说明。

4）容积调速回路与节流调速回路相比有何优缺点？什么工况下采用容积调速回路较为合理？

5）在图14-18所示的液压系统中，液压缸的工作压力由哪个溢流阀控制？溢流阀的调定压力 p_{Y1}、p_{Y2} 或 p_{Y3} 有什么关系？

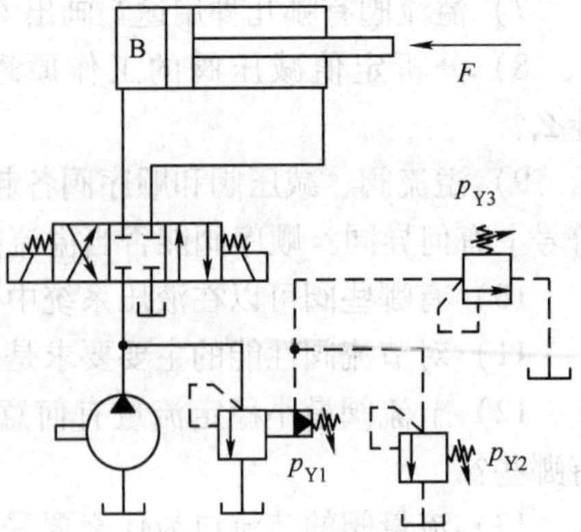

图14-18　习题5)

6）液压系统中为什么要采用卸荷回路？试举几例，并画出其回路。

7）在有蓄能器的液压系统中，蓄能器充满压力油后，液压泵常用哪两种卸荷方法卸荷？

8）在双泵供油系统中，大流量泵在高压工作时卸荷是如何实现的？

9）一节流调速同路如图14-19所示。已知 $A_1=50\text{cm}^2$，$A_2=25\text{cm}^2$，负载 $F=10000\text{N}$，节流阀压力损失 $\Delta p=0.3\text{MPa}$。若忽略其他损失，试求：①液压泵的供油压力 p_B；②系统要求最低速度 20cm/min 时，节流阀通过的流量是多大？

10）设有回油节流调速系统如图14-20所示。若负载 $F=12000\text{N}$，节流阀的压差 $\Delta p=0.3\text{MPa}$（其他损失忽略不计），$A_1=A_2=40\text{cm}^2$，试求：①进、回油腔的压力 p_1、p_2；②系统稳定工作时，溢流阀调定的压力；③当负载 F 有变化时，对活塞运动速度有何影响？若把节流阀换成调速阀，负载 F 也有同样变化时，对活塞运动速度的影响如何？

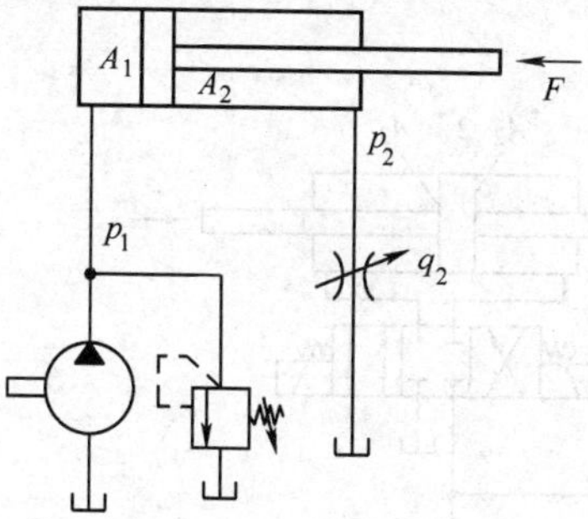

图 14-19　习题 9）

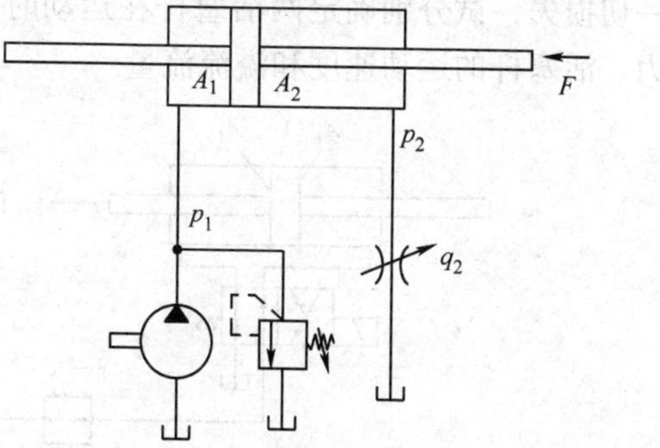

图 14-20　习题 10）

11）图 14-21 所示液压系统中，液压缸无杆腔面积 $A_1=100\text{cm}^2$，液压泵的供油量 $q_B=63\text{L/min}$，溢流阀调定压力 $p_T=5\text{MPa}$。忽略任何损失，试分别求负载为 0 或负载为 54000N 时，①液压缸的工作压力；②活塞的运动速度和溢流阀的溢流流量。

12）由变量泵、定量马达组成的容积调速回路如图 14-22 所示。已知电动机转速 $n=1450\text{r/min}$，泵的输出油压为 16MPa，最大排量为200mL/r，最小排量为40mL/r，泵的容积效率为 0.95，总效率为 0.9；液压马达的排量 $V_M=200\text{mL/r}$，容积效率为 0.95，总效率为 0.9，回油压力为 0.5MPa。若忽略油路中的一切损失，试求：①液压马达的最大的输出功率；②液压马达输出的最大转速；③液压马达输出的最低转速；④液压马达输出的转矩；⑤试问安全阀 3 的压力最少要调到多大？画出该回路调速特性。

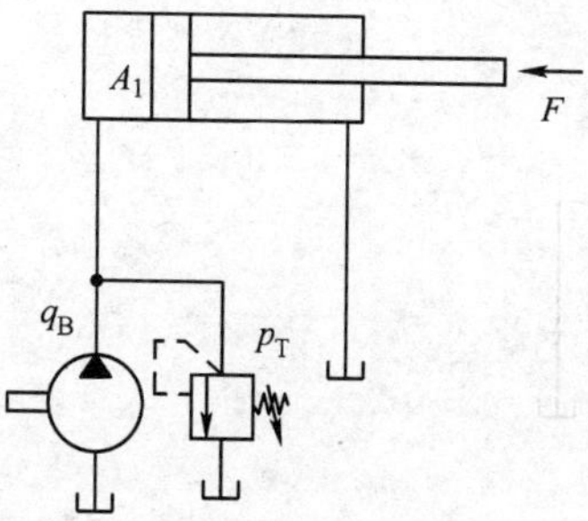

图 14-21　习题 11）

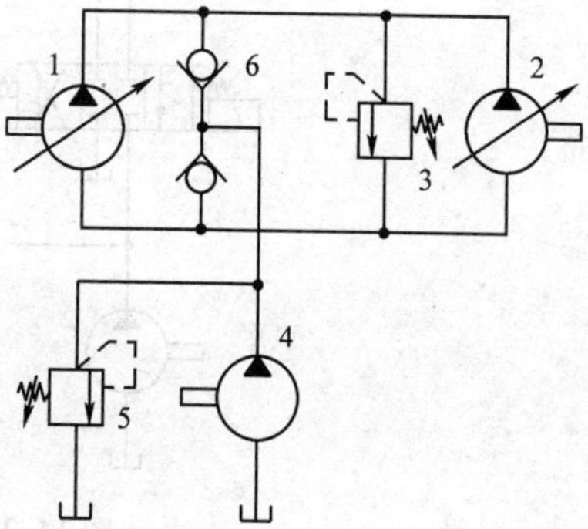

图 14-22　习题 12）

13）在图 14-23 所示液压系统中，两液压缸的有效面积 $A_1=A_2=100\text{cm}^2$，泵的流量 $q_B=40\text{L/min}$，溢流阀的调定压力 $p_T=4\text{MPa}$，减压阀的调定压力 $p_J=2.5\text{MPa}$。若作用在液压缸 1 和液压缸 2 上的负载分别为 15000N 及 40000N，不计

一切损失，试分别确定两活塞杆在运动时和活塞运动到终端停止时，各缸的压力、活塞杆的运动速度和溢流流量。

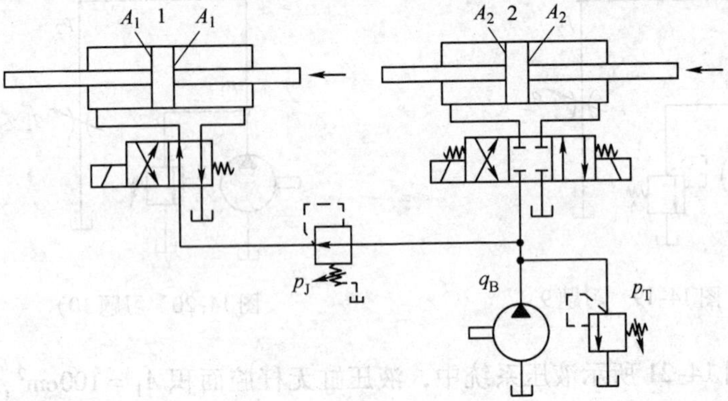

图 14-23　习题 13）

14）在图 14-24 所示液压系统中，$D=100\text{mm}$，$d=70\text{mm}$，活塞及负载的总重 $G=1500\text{kg}$。提升时要求 0.15s 内均匀地达到稳定上升速度 6m/min，停止时活塞不能下落。若不计损失，试确定溢流阀及单向顺序阀的调定压力。

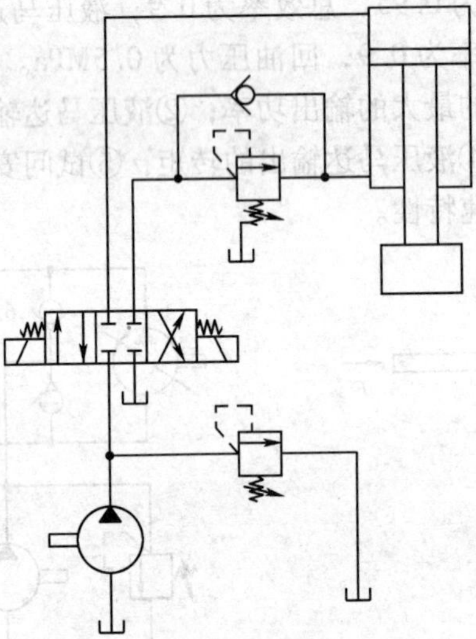

图 14-24　习题 14）

参考文献

[1] 路甬祥．液压气动技术手册［M］．北京：机械工业出版社，2002.
[2] 雷天觉．液压工程手册［M］．北京：机械工业出版社，1990.
[3] 王益群，孔祥东．控制工程基础［M］．北京：机械工业出版社，2001.
[4] 熊诗波，黄长艺．机械工程测试技术基础［M］．北京：机械工业出版社，2006.
[5] 王春行．液压伺服控制系统［M］．北京：机械工业出版社，1993.
[6] 王积伟，章宏甲．液压传动［M］．北京：机械工业出版社，2007.
[7] 黄志坚，等．液压设备故障诊断与监测实用技术［M］．北京：机械工业出版社，2006.
[8] 吴根茂，邱敏秀，王庆丰，等．新编实用电液比例技术［M］．杭州：浙江大学出版社，2006.
[9] 张利平．现代液压技术应用220例［M］．北京：化学工业出版社，2004.
[10] 孙一康，等．带钢热连轧数学模型基础［M］．北京：冶金工业出版社，1979.
[11] H E 梅里特．液压控制系统［M］．陈燕庆，译．北京：科学出版社，1976.
[12] 绪方胜彦．现代控制工程［M］．北京：科学出版社，1976.
[13] 方庆琯，等．液压跑偏控制系统的增载优化［J］．华中科技大学学报，1999（8）．

后　记

2014 年 8 月本书送审稿返回并开始再次全面修改时，恰逢由中国液压气动密封件工业协会主办的“榆次液压产业发展及液压技术交流研讨会”召开。应主办方特邀，我在会上做了“液压新技术在冶金设备上的应用及未来发展方向”的专题演讲。讲稿关于冶金设备液压技术当前的发展有如下评述：

1）主体设备的传统液压系统趋于成熟、稳定，今后的努力方向是完善高可靠性和易维修性。

2）传统液压系统的电气控制、计算机技术有更新换代的发展，许多液压（机械）信号被电气信号取代并衍生出一些新的液压元件，例如：采用电磁力马达代替传统喷嘴挡板力矩马达的新伺服阀，采用电反馈的比例阀代替传统伺服阀；网络技术使大型的冶金液压系统进入网络管理和集中控制的新运行模式，出现了一些可替代液压伺服控制的新模式，如监督控制系统和分布式控制系统。

3）冶金工艺流程优化（如冶金短流程、炉外精炼、薄坯连铸等）产生了新的冶金液压系统。

4）为适应炼轧主体设备单机运转模式向炼轧联机生产线运转模式的转变，需要配套研制一批产线辅助设备的新液压系统。

5）成熟液压系统的元件化将为液压泵、液压马达、液压缸等主体元件服务的各种阀、传感器集成在了主体元件上。

在本书最后附上关于冶金设备液压技术当前发展的评述，一是作为本书内容的技术小结，二是提醒我们冶金设备液压技术的发展还任重道远。让我们为中国冶金设备液压技术赶超世界先进水平，为中华民族的伟大复兴而继续努力！

方庆琯
2015 年 12 月 1 日于合肥锦华苑